本书由
WWF（世界自然基金会）
长沙市人才发展专项资金
湖南省环境资源植物开发与利用工程技术研究中心
资助出版

洞庭湖湿地植物
彩色图鉴

DONGTING LAKE WETLAND PLANTS
COLOR PHOTO ILLUSTRATION

赵运林　蒋道松 等 著
Zhao Yunlin　Jiang Daosong et al.

科学出版社
北 京

内 容 简 介

本书描述、报道和介绍了位于湖南省与湖北省境内的洞庭湖湿地高等植物种类708种（含种下分类群），对其形态学特征与生物学特性、识别要点、在本区域县级分布地点，以及其在湖南省、中国和世界的分布状况、生长环境、用途与应用进行了分段精简描述和介绍，并且介绍了多种植物的新用途。其中数十种为洞庭湖湿地及湖南省分布新记录种。所涉植物均有凭证标本、彩色照片及采集记录。每种一图，图文并茂。图片均由多张实地拍摄的彩色照片组合而成，突出了识别特征。本书采用扩展了的狭义湿地植物概念，物种涵盖全面、鉴定准确、描述精简。中文名力求与《中国植物志》一致，兼顾使用习惯，附有正确的拼音读音，所附俗名具有广泛代表性。学名采用符合《国际植物命名法规》的、有效而正确的合用名称，同时，考虑不同分类观点所致属名变动从而引起的种名变化，择用部分权威而较合理的学名，附于其后括号内，以便读者参考。并将整个植物系统名录附于其后，进一步方便读者查阅和统计。资料翔实可靠，编排条目清晰，检索及选阅便捷，可读性强，突出了作为彩色图鉴工具书的科学性、实用性、国际通用性、资料性和收藏价值。

本书面向国内外植物学专业相关读者，并兼顾一般的植物爱好者及国际生物多样性、湿地生态、环境与生态恢复等方面的专家和管理人员。可供从事湿地科学、植物学、生态学、园林学、环境科学、植物生物多样性、生态旅游、环境保护、林业、农业、环境、水资源、生态旅游等方面的工作者，以及自然保护区管理人员和大专院校师生参阅，是从事生态学、植物学、植物分类学和植物区系地理学研究的重要参考工具书。

图书在版编目（CIP）数据

洞庭湖湿地植物彩色图鉴 / 赵运林等著. —北京：科学出版社，2018.6
ISBN 978-7-03-057787-0

Ⅰ.①洞… Ⅱ.①赵… Ⅲ.①洞庭湖−沼泽化地−植物−图集 Ⅳ.①Q948.526.4-64

中国版本图书馆CIP数据核字（2018）第129829号

责任编辑：王 静 王 好 / 责任校对：郑金红
责任印制：肖 兴 / 书籍设计：北京美光设计制版有限公司
封面设计：刘新新

科学出版社 出版
北京东黄城根北街16号
邮政编码：100717
http://www.sciencep.com

北京汇瑞嘉合文化发展有限公司 印刷
科学出版社发行 各地新华书店经销

*

2018年6月第 一 版 开本：A4 880×1230
2018年6月第一次印刷 印张：25 1/2
字数：800 000

定价：380.00元

（如有印装质量问题，我社负责调换）

　　洞庭湖溶汇四水，吞吐长江，地跨湘鄂，纵横"八百里"，名声显赫，气势磅礴，为中国一大名湖；且洲湖与丘岗之间形成大面积湿地，名列世界 200 著名湿地内。所谓"衔远山，吞长江，浩浩汤汤……北通巫峡，南极潇湘"。自古以来，诸多文人墨客在此大发诗兴文采，留下多少佳文绝句，为世人传颂，以李杜范孟的作品构成湘楚文化的基底和精华。此乃地灵人杰，唯楚有才也。从近代科学观点出发，即在此优越地理背景下，杰出的人文和自然科学著作自当呼之欲出。

　　湿地为人类生存提供了众多的生态系统服务，被称为地球排泄之肾，贮水之塔，鸟类水禽之天堂；洞庭湖湿地既为水稻种植业基地和重要经济植物资源产地，又为重要的渔业生产场地，即鱼米之乡。从经济、文化、生态和旅游各业来看，洞庭湖湿地应视为国家的风水宝地。它北接江汉平原，南溶湘资沅澧四水，东部通过新墙河和汨罗江与幕阜山（华东植物区系）相衔，西部通过澧水与武陵山（华中植物区系）相接。洞庭湖现整体分割为东、西、南三个区域，加之湖区"水涨成湖、水落成洲"的特殊时空变化，使得洞庭湖湿地植物区系类别丰富多样，孕育繁衍出千种以上的湿地植物居群。湖区植被种群密繁、产量巨大，且多数种类的经济价值和生态价值显著，值得进行深入研究，以求更好地开发利用与生态保护。再者，随着生态科学研究的深入，湿地的生态价值日益被人们熟知，湿地生态已成为当今科学研究之热门，随之各地对湿地植物的研究势头日益高涨。近年来，《鄱阳湖湿地植物》《云南常见湿地植物图鉴》《郑州黄河湿地野生植物图谱》《北京湿地植物研究》等一系列著作相继问世，而植物资源丰富且文化根底深厚的洞庭湖却一直未见有专业的植物学专著面世。鉴于此，以赵运林教授和蒋道松教授领衔的研究团队，经多年调查研究，足迹遍布环洞庭湖湿地区域的二十余个市、县、区、农场等。共采集植物标本三千余份；按不同季节、不同生境拍摄植物动态照片逾 50 000 张，各照片均含有准确 GPS 地理坐标信息和时间信息。进而，在大量现场资料的基础上，经 3 年植物种类鉴定、照片整理、总结、撰写直至成书。其中历经千辛万苦：或长途跋涉，或风餐露宿，或烈日暴晒，或雨中行走，或伏案累牍，或彻夜不眠……其中的苦辣辛酸唯有同行专家亲体深知。

　　序者细读该著作，确信有如下值得肯定之处。

　　1）该书系作者经长期调查研究，在大量原始材料（信息）基础上，经提炼、总结和创意而形成的成果总结，其中当然要参考大量的文献，但绝非拼凑之作。

　　2）该书植物经精准鉴定，专业而全面地论述本土（含外来驯化）高等植物 708 种，填补了前所未有的空白。

3）该书深入浅出，文字精练，配图清晰生动，既能供同行专家交流，又能为广大读者共阅，实属雅俗共享，兼具学术交流和普及实用价值。

4）由于各地湿地生境有相当的共性，湿地植物群落之间，其物种共有度可能较一般陆地植物群落之间更大，因而该书的使用范围不限于该地区，至少长江中下游湿地是可通用的。

5）在湿地生态系统中，植物是主角，是第一生产者，植物物种多样性弄清楚了，再进行其他研究就有了可靠的基础。因而，该书对日后开展湿地生态研究是一大贡献。

6）该书排版严密工整，文字密度大，内容充实，系一质量上乘的专业工具书，值得同类专业著作出版借鉴。

7）由于研究投入时间的长期性，其回报也将是长效性的，如果本地植被无外来因素引起巨变，专著的有效性和可用期应以百年计。

植物学专志类（包括图鉴）书籍的编写耗时长、耗费大，编撰过程必须扎实苦干，俨如苦行僧"行万里路，读万卷书"的苦差事。从事著写专志的人士大多是愿为之奋斗终身，倾注毕生精力，甚至几代人的青春年华来完成一部志。同理，该书的出版凝聚了编写人员多年的辛勤劳动和心血，如蜂之酿蜜、蚁之筑穴，竭尽长期辛劳化为知识以飨悦读者。作为长者，亦对此书深表敬意，自当欣然命笔序之，爱之，歌之，颂之。

祁承经

中南林业科技大学　资深教授

2018 年 6 月 1 日于长沙

前 言
P r e f a c e

横跨湖南、湖北两省烟波浩渺的洞庭湖，北纳长江的松滋、太平、藕池、调弦四口来水，南和西汇湘江、资江、沅江、澧水，东接汨罗江等小支流，由岳阳市城陵矶新港区注入长江。昔为我国第一大淡水湖，盛期面积达6000平方千米以上，但近百年来，在自然和人为活动的双重作用下，湖面骤缩，现已退居为我国第二大淡水湖泊。

洞庭湖湿地是指处于水生生态系统和陆生生态系统的界面及其相互延伸扩展的重叠空间区域，地处北纬28°30'-29°31'，东经111°40'-113°10'。北起长江中游荆江南岸，南至湘阴、益阳、沅江丘岗地界，东及岳阳、汨罗、湘江东岸，西临澧县、桃源、汉寿西部丘岗岸边。区域面积达18 780平方千米，其中湖南省15 200平方千米，湖北省3580平方千米。在行政区划上，包括湖北省松滋、公安和石首3县（市），湖南省常德、益阳、岳阳3个地级市的17个区、县（市）和14个农场，以及长沙市望城区。洞庭湖湿地是我国最大的淡水湿地。湿地淹水水位在年内与年间的变化较大，随季节不同呈现"涨水成湖，落水成洲"的动态景观。由于特殊的地理位置和生态环境，它是长江中游最重要的调蓄区、国家级生态功能保护区和洞庭湖湿地自然保护区群。洞庭湖湿地作为全球200个重要生态区之一，为国际重要湿地，对维系洞庭湖区生态平衡具有决定性作用，并对长江中下游其他地区的生态平衡也有重要影响。

湿地（wetland），按照《关于特别是作为水禽栖息地的国际重要湿地公约》（1971年），是指"不问其为天然或人工、长久或暂时性的沼泽地、湿原、泥炭地或水域地带，带有或静止或流动，或为淡水、半咸水或咸水水体，包括低潮时水深不超过6米的水域"。而按照《美国的湿地深水栖息地的分类》一文的定义，则指"陆地和水域的交汇处，水位接近或处于地表面，或有浅层积水，至少有一至几个以下特征：至少周期性地以水生植物为植物优势种；底层土主要是湿土；在每年的生长季节，底层有时被水淹没"。因此，洞庭湖湿地即指洞庭湖区丘岗除外的广袤洪泛平原。

湿地植物（wetland plant），泛指生长在湿地环境中的植物。广义的湿地植物是指生长在沼泽地、湿原、泥炭地或者水深不超过6米的水域中的植物；狭义的湿地植物是指生长在水陆交汇处、土壤潮湿或者有浅层积水环境中的植物。本书所采用的湿地植物概念，是指借助自然或人为力量，在湿地环境中能正常生长发育并繁衍后代、具有一定的种群（居群）数量并有较为稳定的种群结构的植物，是各种水生植物（沉水植物、浮叶植物、漂浮植物、挺水植物）、沼生植物和耐湿植物（湿中生植物）的总称。包括专性湿地植物、兼性湿地植物和转性湿地植物（湿地归化植物）。专性湿地植物是指只在湿地中出现的植物；兼性湿地植物是指在一些地区仅见于湿地，而在另一些地区则可同时出现在湿地或非湿地中的植物；转性湿地植物（湿地归化植物）是指在湿地环境中出现并能适应湿地环境生长繁育的旱生植物。本书采用狭义湿地植物的概念，但适度放宽，包括季节性旱生植物（如景天科植物等）、旱生的转性湿地植物（如枸杞等）及部分逸生或半逸生的作物及园林观赏植物，以草本为主，木本植物从紧。

在多项国家和湖南省级课题的支撑下，作者对洞庭湖湿地植物进行了为期多年、全面而系统的实地调查研究，获取植物腊叶标本 3000 余份，并有采集记录，标本存于中南林业科技大学湖南省环境资源植物开发与利用工程技术研究中心植物标本馆；对植物与生境进行了分季节摄影，得到含有准确 GPS 地理坐标信息和时间信息的高清彩色数码照片 50 000 余张，并对照片进行了数字归档；对所采集的植物标本进行了全面鉴定、系统整理与分类学研究。在此基础上，编撰了本书。

本书以精练的文字，描述、报道和介绍了洞庭湖湿地高等植物种类 708 种（含种下分类群），对其形态学特征与生物学特性、识别要点、县级分布地点，以及其在湖南省、中国和世界的分布状况、生长环境、用途与应用进行了分段精简描述和介绍。其中，数十种为本区及湖南省分布新记录种。书中植物一种一文一图，图文并茂。图片均由多张实地拍摄的彩色照片处理而成，突出了植物的识别特征；照片几乎均为首次公布，并拥有完全自主知识产权。采用的中文名力求与《中国植物志》一致，兼顾使用习惯和使用面，附有正确的拼音读音，选附俗名具有广泛代表性。学名采用符合《国际植物命名法规》的、有效而正确的合用名称，同时，考虑不同分类观点所致属名变动从而引起的种名变化，择录了部分权威而较合理的学名，以便考阅。为进一步方便读者查阅和进行统计，还将整个植物系统名录附于其后。本书所采用的分类系统：苔藓植物薛纲按 Reimers 系统（1954 年）排列；蕨类植物按秦仁昌系统（1978年）排列；裸子植物按郑万钧系统排列；被子植物按恩格勒系统（1964 年第 12 版）排列（属、种则按拉丁文字母顺序排列），并略作修改，如荨麻目中增加大麻科，置于桑科之后。分布区按洞庭湖区（县级分布区）、湖南省、中国、世界顺序排列。为求简洁，湖南省的县及县级市或区均省去"县""市"及"区"，如"宁乡县"（现已改为宁乡市）简写为"宁乡"，原"望城县"现为长沙市望城区简写为"望城"，"长沙市"简写为"长沙"（不包含长沙县、望城区、浏阳市、宁乡市），"长沙县"写为"长沙"；湖南省东部、西部、南部、北部、中部分别简写为"湘东""湘西""湘南""湘北""湘中"，湖南省东北部、西北部、西南部、东南部、东北部分别简写为"湘东北""湘西北""湘西南""湘东南"和"湘东北"；省级分布区省略了"省""市"和"自治区"等，如"湖南省"简写为"湖南"、"广西壮族自治区"简写为"广西"、"重庆市"简写为"重庆"；大地区分布区省略了"地区"，如"华中地区"简写为"华中"。

本书撰写历时三年，为湖南省第一本湿地植物著作，也是世界第一本关于洞庭湖区的湿地植物专著。植物野外调查区域全覆盖，并分季节多次重复，可谓最为全面而彻底。力求鉴定最准确，论述最精准；力争以高水准的专业内容及大众化的版式编排，服务更广、更多的读者；

力图面向政府部门（农业、林业、环保、生态旅游、水利、自然保护区、科技管理部门的各级机构）、高校（国内农、林、师范、环境及综合院校的生物学、环境保护、生态学等相关专业）、研究院所（与植物和环境相关的科研机构）、国际组织（国际环境保护、生物多样性研究机构）及自然保护区的各类人员。一方面，向具有较高文化素养的大众普及湿地植物知识；另一方面，唤醒人们对洞庭湖湿地植物、湿地环境及其生物多样性加强保护、研究与利用的意识，同时为开展洞庭湖湿地植被演替、湿地环境变迁、植被生态修复、生物多样性保护和利用等提供基础资料。本书可作为生态学、植物学、植物分类学和植物区系地理学研究的重要参考资料和工具书。

感谢国家林业局、湖南省科学技术厅给予的项目支持，感谢湖南城市学院化学与环境工程系、湖南城市学院湿地生态研究所、湖南城市学院规划建筑设计研究院，以及湖南东洞庭湖国家级自然保护区管理局、湖南西洞庭湖国家级自然保护区管理局和湖南南洞庭湖国家级自然保护区管理局对完成洞庭湖植物野外调查工作所提供的人力、物力、财力和场地上的大力支持，感谢科学出版社对本书出版的鼎力支持，特别感谢 WWF（项目编号：10002550）、长沙市人才发展专项资金、湖南省创新平台项目（项目编号：2016TP2007、2016TP1014）、湖南省重点研发计划（项目编号：2016NK2148、2015SK20032）等为本书出版提供了经费资助，还要感谢中国科学院植物研究所林祁教授对本书校核付出的心血，感谢中南林业科技大学喻勋林教授、徐永福博士提供了部分照片，感谢祁承经教授为本书作序并对本书撰写提供了宝贵建议。

著　者

2017 年 10 月于长沙

目 录
Contents

序 Foreword

前言 Preface

地钱科 Marchantiaceae

1 地钱 di qian
Marchantia polymorpha L.

叶状体扁平，阔带状，多回二歧分叉，淡绿或深绿色，5-10×1-2厘米，波曲状缘。背面具六角形、整齐排列的气室分隔；每室中央具1气孔，孔口烟突型；孔边细胞4列，呈十字形排列。气室内具多数直立的营养丝。下部的基本组织由12-20层细胞构成。腹面具紫色鳞片，以及平滑和带有花纹的两种假根。雌雄异株。雄托圆盘状，波状浅裂成7-8瓣；精子器生于托的背面，托柄长约2厘米。雌托扁平，深裂成9-11指状瓣。孢蒴着生于托的腹面。托柄长约6厘米。叶状体背面前端往往具杯状的无性胞芽杯。

分布： 全洞庭湖区；湖南全省；陕西、甘肃、安徽、福建、湖北、广西、东北、西南。世界广布。

生境： 平地园圃，山坡路边，湿润具土岩面。

应用： 可用于环境污染监测。

识别要点： 雄托圆盘状，波状浅裂成7-8瓣，托柄长约2厘米；雌托扁平，深裂成9-11指状瓣，托柄长约6厘米。

葫芦藓科 Funariaceae

2 葫芦藓 hu lu xian
Funaria hygromitrica Hedw.

植物体小形，黄绿色，无光泽，丛集或散列群生。茎长1-3厘米，单一或稀疏分枝。叶密集簇生茎顶，干燥时皱缩，湿润时倾立，长舌形；全缘，有时内曲；中肋较粗，不到叶尖消失；叶细胞疏松，近于长方形，薄壁。雌雄同株。雄苞顶生，花蕾状。雌苞生于雄苞下的短侧枝上，在雄枝萎缩后即转成主枝。蒴柄细长，紫红色，上部弯曲。孢蒴梨形，不对称，多垂倾，具明显的台部。蒴齿两层。蒴盖微凸。蒴帽兜形，有长喙。

分布： 全洞庭湖区；湖南全省；全国。世界广布。

生境： 平原、田圃、居住处周围和火烧后的林地，有机质丰富、含氮肥较多的湿土常见。

应用： 全草舒筋活血、祛风镇痛、止血、宣肺止咳，治鼻窦炎、痨伤吐血、跌打损伤及关节炎；可用于环境污染监测。

识别要点： 植物体黄绿色；叶长舌形，全缘，簇生茎顶；顶生雄苞花蕾状；雌苞生于其下短侧枝上；紫红色蒴柄上部弯曲；梨形孢蒴垂倾，不对称；兜形蒴帽具长喙。

提灯藓科 Mniaceae

3 匐灯藓（尖叶提灯藓）fu deng xian
Plagiomnium cuspidatum (Hedw.) T. J. Kop.

植物体（鲜）绿色，略具绢丝光泽，疏松丛集群生。生殖枝直立，长 2-3 厘米，顶部密集簇生叶片，假根黄棕色，密生于植物体下部；营养枝匍匐或呈弓形弯曲。叶干燥时皱缩，湿润时伸展。生殖枝上的叶较狭长，卵状椭圆形，约 7×4 毫米，渐尖头；营养枝上的叶较宽短，卵圆形，约 5×4 毫米；叶边明显分化，上部有锯齿；中肋长达叶尖或稍突出；叶细胞六边形，薄壁。雌雄同株。蒴柄直立，长 2-5 厘米，红色。孢蒴下垂，卵圆形。

分布： 全洞庭湖区；东北、西南。印度、日本、俄罗斯（远东地区）、中亚、欧洲、北非、北美洲及中美洲。

生境： 原野、城镇附近的溪边、阴湿土坡或树干基部，山区林地及林缘土坡、草地、沟谷边或河滩地上常见，成片生长。海拔 30-3000 米。

应用： 全草止血，治鼻衄及崩漏；可用于环境污染监测。

识别要点： 植物体鲜绿色，略具绢丝光泽；营养枝匍匐或弓形弯曲；叶上部锯齿缘，中肋长达叶尖或稍突出；蒴柄直立，红色；孢蒴下垂，卵圆形。

金发藓科 Polytrichaceae

4 波叶仙鹤藓 bo ye xian he xian
Atrichum undulatum (Hedw.) P. Beauv.

柔嫩，深绿色，老时呈褐色，群集成丛生长。茎单一，高 2-5 厘米，基部密生棕色假根。叶干燥时皱缩或卷曲，潮湿时伸展，长舌形或阔披针形，短尖，长 4-6 毫米，有多数斜波纹；叶边明显分化，上部具双齿；中肋单一，长达叶尖；腹面有 4-6 列栉片，栉片高 2-3 细胞，背面有多数斜列的背刺。雌雄同株。蒴柄直立，橙红色。孢蒴倾立或略弯曲，长圆柱形，褐色。蒴盖凸圆锥形，具长喙。蒴帽兜形，无毛。

分布： 沅江、益阳；湖南全省；全国。亚洲、欧洲、非洲中部和美洲中部。

生境： 湖边密林下阴湿地；山地阴湿林边或路旁土坡上。

应用： 可药用；可用于环境污染监测。

识别要点： 叶长舌形或阔披针形，有多数斜波纹；蒴柄直立，橙红色；孢蒴长圆柱形，褐色；蒴盖具长喙；蒴帽兜形，无毛。

5 东亚小金发藓（东亚金发藓）
dong ya xiao jin fa xian
Pogonatum inflexum (Lindb.) Lac.

稍硬，绿或暗绿色，老时黄褐色，丛集成大片群生。茎长 2-8 厘米，单一，稀分枝，基部密生假根。叶干燥时紧贴，叶尖内曲，潮湿时倾立，基部圆卵形，内凹，半鞘状，上部阔披针形，渐尖；粗锯齿缘，由 2-3 个细胞构成；中肋粗，长达叶尖，腹面满布纵长栉片，高 4-6 个细胞；顶细胞内凹。雌雄异株。雄株较小，顶端花蕾状，次年由此产生新枝。蒴柄长 2-4 厘米，橙黄色。孢蒴圆柱形。蒴盖圆锥形，有长喙。蒴帽兜形，满被黄色长毛，覆盖全蒴。

分布：全洞庭湖区；安徽、福建、湖北、广西、四川和云南。日本、朝鲜半岛。

生境：平原或山区的阴湿林地、林边或路旁土坡上。海拔 30-1800 米。

应用：全草镇静、安神、解郁、散瘀止血，治情志所伤及忿怒忧郁、烦躁不安、健忘、心悸怔忡、神经衰弱、失眠多梦、跌打损伤、吐血；可作微型盆景；可用于环境污染监测。

识别要点：叶干燥时紧贴，叶尖内曲；粗锯齿缘，中肋腹面满布纵长栉片；蒴柄橙黄色；孢蒴圆柱形；蒴盖有长喙；蒴帽满被黄色长毛。

石松科 Lycopodiaceae

6 垂穗石松（灯笼草）chui sui shi song
Lycopodium cernuum L.
[*Palhinhaea cernua* (L.) Vasc. et Franco]

中大型土生植物，主茎直立，圆柱形，达 60 厘米 ×1.5-2.5 毫米，光滑无毛，多回不等位二叉分枝；主茎上的叶螺旋状排列，稀疏，钻形至线形，约 4×0.3 毫米，通直或略内弯，基部圆形，下延，无柄，渐尖头，全缘，中脉不明显，纸质。侧枝上斜，多回不等位二叉分枝，有毛或光滑无毛；侧枝及小枝上的叶螺旋状排列，密集，略上弯，钻形至线形，3-5× 约 0.4 毫米，基部下延，无柄，渐尖头，全缘，有纵沟，光滑，中脉不明显，纸质。孢子囊穗单生小枝顶端，短圆柱形，成熟下垂，3-10×2.0-2.5 毫米，淡黄色，无柄；孢子叶卵状菱形，覆瓦状排列，约 0.6×0.8 毫米，急尖头，尾状，膜质不规则锯齿缘；孢子囊生于孢子叶腋，内藏，圆肾形，黄色。

分布：益阳；湘南、长沙；浙江、江西、福建、华南、西南。亚洲热带及亚热带地区、太平洋岛屿、中南美洲。

生境：湖区平原荒草地或坡地灌丛中；林下、林缘及灌丛下荫处或岩石上。海拔 50-2800 米。

应用：全草含垂石松碱、垂石松黄酮苷等，祛风湿、舒筋络、活血、止血，治风湿拘痛麻木、肝炎、痢疾、风疹、赤目、吐血、衄血、便血、跌打损伤、汤火烫伤；在非洲煎剂治腹泻、痢疾；观赏。

识别要点：茎光滑无毛或侧枝有毛，多回不等位二叉分枝；孢子囊穗单生小枝顶，成熟时下垂，长 3-10 毫米；孢子叶卵状菱形，尾状急尖头，锯齿缘；孢子囊内藏，圆肾形。

卷柏科 Selaginellaceae

7 伏地卷柏 fu di juan bai
Selaginella nipponica Franch. et Sav.

土生，匍匐，能育枝直立，高5-12厘米。根托自茎分叉处下方生出，长1-2.7厘米，少分叉，无毛。茎自近基部开始分枝，禾秆色，具沟槽，无毛；侧枝3-4对，（不）分叉或一回羽状稀疏分枝，茎上相邻分枝相距1-2厘米，叶状分枝和茎无毛，背腹压扁，分枝中部茎连叶宽4.5-5.4毫米。叶交互排列，二形，草质，表面光滑。分枝上的腋叶有时不对称，长1.5-1.8毫米，细齿缘。中叶多少对称，分枝上的（长圆状）卵形、卵状披针形或椭圆形，长1.6-2.0毫米，紧接到覆瓦状（在先端部分）排列，（急）尖头，基部钝，不明显细齿缘。侧叶不对称，侧枝上的宽卵形或卵状三角形，常反折，长1.8-2.2毫米，急尖头；上侧基部扩大，覆盖小枝，上侧基部微齿缘。孢子叶穗疏松，通常背腹压扁，单生于小枝末端或1-2（-3）次分叉，长18-50毫米；孢子叶二形或略二形，正置，和营养叶近似，排列一致，细齿缘，渐尖头；大孢子叶分布于孢子叶穗下部的下侧。

分布： 全洞庭湖区；湖南全省；陕西、甘肃、青海、山西、华东、华中、华南、西南。日本。

生境： 湖区旷野草地、疏林下或湖边沙滩草丛中；草地、石上。海拔10-1300米。

应用： 全草清凉润肺，治气喘、咳嗽。

识别要点： 匍匐，能育枝直立；茎禾秆色，具沟槽，无毛，侧枝3-4对；叶光滑，有细齿；孢子叶穗疏松，单生小枝顶；孢子叶二形，细齿缘。

8 翠云草 cui yun cao
Selaginella uncinata (Desv.) Spring

土生，主茎先直立后攀援状，长达1.2米。根托长3-10厘米，根被毛。主茎羽状分枝，禾秆色，具沟槽，无毛，先端鞭形，侧枝5-8对，二回羽状分枝，小枝排列紧密，相距5-8厘米，分枝无毛，背腹压扁。叶交互排列，二形，草质，表面光滑，具虹彩，全缘具白边，主茎上的排列较疏，较分枝上的大，二形，绿色。主茎腋叶明显大于分支上的，肾形或略心形，3×4毫米，分枝上的对称，宽椭圆形或心形，长2.2-2.8毫米，全缘，基部近心形。中叶不对称，主茎上的明显大于侧枝上的，侧枝上的卵圆形，长1.0-2.4毫米，近覆瓦状排列，先端与轴平行或交叉或常向后弯，长渐尖头，基部钝，全缘。侧叶不对称，主茎上的明显大于侧枝上的，分枝上的长圆形，外展，紧接，长2.2-3.2毫米，急尖或短尖头，全缘，不覆盖小枝，下侧基部圆形。孢子叶穗紧密，四棱柱形，单生小枝末端，长5-25毫米；孢子叶一形，卵状三角形，全缘具白边，渐尖头，龙骨状；大孢子叶生于孢子叶穗下部至上部的下侧。大孢子灰白色或暗褐色；小孢子淡黄色。

分布： 沅江、益阳、湘阴、汨罗；湖南全省山区；陕西、安徽、浙江、福建、江西、湖北、华南、西南。

生境： 湖区湖边及丘陵林下阴湿处；山地密林下。海拔30-1200米。

应用： 收敛、止血，治盗汗、烫伤、外伤出血。

识别要点： 根被毛；主茎攀援状，禾秆色，具沟槽，先端鞭形，二回羽状分枝；叶表面光滑，具虹彩和白边；孢子叶穗四棱柱形，单生于小枝顶端。

木贼科 Equisetaceae

9 披散木贼 pi san mu zei
Equisetum diffusum D. Don

中小型植物。根茎横走，直立或斜升，黑棕色，节和根密生黄棕色长毛或光滑无毛。地上枝当年枯萎。枝一型。高10-30（-70）厘米，中部径1-2毫米，节间长1.5-6.0厘米，绿色，下部1-3节节间黑棕色，无光泽，分枝多。主枝4-10脊，脊两侧隆起成棱伸达鞘齿下部，每棱各有一行小瘤伸达鞘齿，鞘筒狭长，下部灰绿色，上部黑棕色；鞘齿5-10，披针形，尾状头，革质，黑棕色，有一深纵沟贯穿整个鞘背，宿存。侧枝纤细，较硬，圆柱状，4-8脊，脊两侧有棱及小瘤，鞘齿4-6，三角形，革质，灰绿色，宿存。孢子囊穗圆柱状，1-9×0.4-0.8厘米，钝头，成熟时柄伸长至1-3厘米。

分布： 全洞庭湖区；湘西；甘肃、江苏、湖北、广西、西南。印度、克什米尔地区、巴基斯坦、尼泊尔、不丹、缅甸、越南、日本。

生境： 湖区旷野、田边、堤岸、湖边沙洲、草地或灌丛中；路边矮灌丛中。海拔0-3400米。

应用： 茎、枝清热利尿、明目、退翳、接骨。

识别要点： 茎下部分枝多；主枝4-10脊，棱伸达鞘齿下部，每棱各有一行小瘤伸达鞘齿；鞘齿5-10，有一深纵沟贯穿整个鞘背；孢子囊穗圆柱状，长1-9厘米，具柄。

10 节节草 jie jie cao
Equisetum ramosissimum Desf.

中小型植物。根茎直立，横走或斜升，黑棕色，节和根疏生黄棕色长毛或光滑无毛。地上枝多年生，一型，20-60厘米×1-3毫米，节间长2-6厘米，绿色，主枝多在下部分枝，常成簇生状。主枝5-14脊，脊背部弧形，有一行小瘤或有浅色小横纹；鞘筒狭长达1厘米，下部灰绿色，上部灰棕色；鞘齿5-12，三角形，灰白或少数中央黑棕色，边缘或有时上部膜质，背部弧形，宿存，齿上气孔带明显。侧枝较硬，圆柱状，5-8脊，脊平滑或有一行小瘤或有浅色小横纹；鞘齿5-8，披针形，革质，膜质缘，上部棕色，宿存。孢子囊穗短棒状或椭圆形，0.5-2.5×0.4-0.7厘米，小尖突头，无柄。

分布： 全洞庭湖区；湖南全省；几遍全国。俄罗斯、蒙古国、日本、朝鲜半岛、东南亚、中亚和西亚、喜马拉雅地区、南太平洋岛屿、非洲、欧洲、北美洲传入。

生境： 向阳旷野、田边、水边沙滩草地、矮灌丛中。海拔0-3300米。

应用： 全草明目退翳、清风热、利小便、治火眼、眼雾、急淋、血尿、尿道炎、痔疮出血、肾盂肾炎、肠风下血、赤白带下、疟疾、鼻衄、咯血、跌打损伤、刀伤、骨折、肝炎。

识别要点： 茎高达60厘米，粗1-3毫米；主枝下部分枝，5-14脊；鞘齿5-12，三角形，宿存；孢子囊穗短棒状，长0.5-2.5厘米，小尖突头，无柄。

11 笔管草 bi guan cao
Equisetum ramosissimum Desf. subsp. **debile** (Roxb. ex Vauch.) Hauke

大中型植物。根茎直立和横走，黑棕色，节和根密生黄棕色长毛或光滑无毛。地上枝多年生，一型。高达 60 厘米或更多，中部径 3-7 毫米，节间长 3-10 厘米，绿色，成熟主枝常有不多分枝。主枝 10-20 脊，脊背部弧形，有一行小瘤或有浅色小横纹；鞘筒短，下部绿色，顶部略为黑棕色；鞘齿 10-22，狭三角形，上部淡棕色，膜质，早落或有时宿存，下部黑棕色，革质，扁平，两侧有明显棱角，齿上气孔带（不）明显。侧枝较硬，圆柱状，8-12 脊，脊上有小瘤或横纹；鞘齿 6-10，披针形，较短，膜质，淡棕色，早落或宿存。孢子囊穗短棒状或椭圆形，1-2.5×0.4-0.7 厘米，小尖突头，无柄。

分布: 全洞庭湖区；湖南全省；陕西、甘肃、华东、华中、华南、西南。日本、孟加拉国、印度、尼泊尔、东南亚、南太平洋群岛。

生境: 固定沙丘及沙质地、山坡灌丛及草丛、林缘、路旁向阳处。海拔 0-3200 米。

应用: 茎、枝退翳膜、清热利尿，根接骨；作马饲料。

识别要点: 与节节草（原亚种）区别：主枝较高大粗壮，600×3-7 毫米；轮生的幼枝少而不明显；鞘齿达 10-22，淡（黑）棕色，常早落，茎部扁平，两侧有棱角；齿上气孔带（不）明显。

瓶尔小草科 Ophioglossaceae

12 心叶瓶尔小草 xin ye ping er xiao cao
Ophioglossum reticulatum L.

根状茎短而直立，常 2-3 叶；总叶柄长 6-10 厘米，纤细。营养叶长卵形，4-6×2-2.8 厘米，基部最阔，圆截形或阔楔形，柄长 5-10 毫米，两侧有狭翅，向先端渐变狭，急尖或近钝头，草质，网状脉明显。孢子叶长 15-20 厘米，自营养叶柄的基部生出，高超过营养叶一倍以上，孢子囊穗长 3-4 厘米，线形，直立。

分布: 岳阳；湘东；河北、河南、甘肃、陕西、湖北、福建、江西、广西、东北、西南。日本、印度、越南、柬埔寨、马来西亚、菲律宾及南美洲。

生境: 湖区湖边洲滩草丛中成片生长；山坡灌丛、河边林下或竹林下。海拔（10-）1300-1600 米。

应用: 全草清热解毒、消肿止痛，治犬咬伤、疥疮；可观赏。

识别要点: 常 2-3 叶；营养叶长卵形，基部最阔，圆截形或阔楔形，柄长 5-10 毫米，急尖或圆钝头；孢子叶高超过营养叶一倍以上；孢子囊穗长 3-4 厘米，线形，直立。

海金沙科　Lygodiaceae

13　海金沙 hai jin sha
Lygodium japonicum (Thunb.) Sw.

植株高攀达 4 米。叶轴具狭边，羽片多数，相距 9–11 厘米，对生，平展，顶端有一丛黄色柔毛。不育羽片尖三角形，长、宽均 10–12 厘米，柄长 1.5–1.8 厘米，二回羽状；一回互生羽片 2–4 对，柄长 4–8 毫米，基部一对卵圆形，长 4–8 厘米，一回羽状；二回互生小羽片 2–3 对，卵状三角形，具短柄或无，掌状三裂；末回裂片短阔，顶端的二回羽片长 2.5–3.5 厘米，波状浅裂；一回小羽片近掌裂或不裂，较短，浅圆锯齿缘。中脉明显，侧脉纤细，一至二回二叉分歧达锯齿。叶纸质，肋脉上略有短毛。能育羽片卵状三角形，长 12–20 厘米，稍过于宽，二回羽状；一回互生小羽片 4–5 对，长圆披针形，长 5–10 厘米，一回羽状；二回小羽片 3–4 对，卵状三角形，羽状深裂。孢子囊穗长 2–4 毫米，稀疏，暗褐色，无毛。

分布：全洞庭湖区；湖南全省；甘肃、陕西、华东、华中、华南、西南。朝鲜、日本、菲律宾、印度尼西亚、斯里兰卡、印度、尼泊尔、澳大利亚、北美洲。

生境：向阳旷野、山坡、山边、土坎、河边的灌丛或草丛中，攀援他物。海拔 0–500 米。

应用：全株利水通淋、清热消肿、通利小肠，疗伤寒热狂、解热毒气，治胃炎、砂淋、百日咳、湿热肿毒、小便热淋、经痛及筋骨疼痛；可观赏。

识别要点：攀援藤本状；叶轴具狭边，羽片对生；不育羽片尖三角形，能育羽片卵状三角形；孢子囊穗长 2–4 毫米，长远超中央不育部分。

陵齿蕨科（鳞始蕨科）Lindsaeaceae

14　乌蕨 wu jue
Odontosoria chinensis (L.) J. Smith
[*Stenoloma chusanum* Ching]

植株高达 65 厘米。根状茎短而横走，粗壮，密被赤褐色钻状鳞片。叶近生，柄 25×0.2 厘米，（褐）禾秆色，有光泽，具沟，除基部外，通体光滑；叶片披针形，20–40×5–12 厘米，渐尖头，四回羽状；羽片 15–20 对，互生，密接，下部的相距 4–5 厘米，有短柄，斜展，卵状披针形，5–10×2–5 厘米，渐尖头，基部楔形，下部三回羽状；一回小羽片 10–15 对，连接，近菱形，长 1.5–3 厘米，钝头，基部不对称楔形，上先出，一至二回羽状；二回或末回小羽片小，倒披针形，截形头，齿牙缘，基部楔形下延，下部小羽片常再分裂。叶脉仅下面明显，二叉分枝。叶坚草质，干后棕褐色，光滑。孢子囊群边缘着生，每裂片 1–2，顶生于 1–2 细脉上；囊群盖灰棕色，革质，半杯形，宽，与叶缘等长，近全缘或多少啮蚀，宿存。

分布：全洞庭湖区；湖南全省；安徽、浙江、福建、华中、华南、西南。日本、朝鲜半岛、菲律宾、太平洋岛屿、中南半岛、南亚、马达加斯加。

生境：湖区林缘、坡地、路边灌丛或草丛中；林下、灌丛中阴湿地。海拔 50–1900 米。

应用：茎叶消炎解毒、止血散瘀，治火烫伤、肝炎、外伤出血，云南称"蜢蚱参"，可起死回生；可观赏。

识别要点：根状茎密被赤褐色钻状鳞片；叶四回羽状，柄（褐）禾秆色，光滑有光泽；孢子囊群边缘着生，囊群盖灰棕色，革质，半杯形，啮蚀，宿存。

姬蕨科　Hypolepidaceae

15　姬蕨 ji jue
Hypolepis punctata (Thunb.) Mett.

根状茎长而横走，密被棕色长毛。叶疏生，柄长 22-25 厘米，暗褐色，向上棕禾秆色，有毛。叶片长卵状三角形，35-70×20-28 厘米，三至四回羽状深裂，顶部一回羽状；羽片 8-16 对，下部 1-2 对卵状披针形，长 20-30 厘米，渐尖头，柄长 7-25 毫米，密生灰色腺毛，近互生，第 1-2 对相距 10-16 厘米，二至三回羽裂；一回小羽片 14-20 对，（阔）披针形，长 6-10 厘米，渐尖头，翅柄长 2-4 毫米，一至二回羽状深裂；二回羽片 10-14 对，基部的长圆（披针）形，长 10-25 毫米，圆头有齿，基部近圆形，下延连小羽轴狭翅，羽状深裂；末回裂片长约 5 毫米，长圆形，钝头，钝锯齿缘，中脉下面隆起，侧脉羽状分枝达锯齿。第 3 对羽片向上渐短，（长圆）披针形。叶坚草质，脉有短刚毛；叶轴及（小）羽轴有狭沟，有透明灰色毛。孢子囊群圆形，生小裂片基部近缺刻处，1-4 对；囊群盖由锯齿反卷而成，棕（灰）绿色，无毛。

分布： 岳阳、沅江、湘阴；桑植；长江以南、西南。日本、东南亚、澳大利亚、新西兰、夏威夷群岛及热带美洲。

生境： 湖岸及湖心小岛林下阴湿地；溪边及中低山谷阴湿处。海拔 50-2300 米。

应用： 含蕨素 K、姬蕨素 A、姬蕨素 B 和姬蕨素 C，全草入药，清热解毒、收敛止痛；可室内观赏。

识别要点： 被毛根茎横走；叶柄基部暗褐色，向上棕禾秆色，叶片二至三回羽状分裂，裂片圆齿缘，边缘反卷；孢子囊群圆形，锯齿反卷成囊群盖。

16　边缘鳞盖蕨 bian yuan lin gai jue
Microlepia marginata (Houtt.) C. Chr.

植株高达 60 厘米。根状茎长而横走，密被锈色长柔毛。叶远生；柄长达 30 厘米，深禾秆色，有纵沟，几光滑；叶片长圆三角形，渐尖头，羽状深裂，基部不变狭，与叶柄略等长，宽 13-25 厘米，一回羽状；羽片 20-25 对，基部对生，远离，上部互生，接近，平展，有短柄，近镰刀状披针形，10-15×1-1.8 厘米，渐尖头，基部上侧钝耳状，下侧楔形，缺（浅）裂缘，小裂片三角形，圆或急尖头，偏斜，全缘，或少数齿牙缘，上部各羽片渐短，无柄。侧脉明显，在裂片上为羽状，2-3 对，上先出，斜出，达边缘以内。叶干后绿色，下面灰绿色，叶轴密被锈色开展的硬毛，在叶下面各脉及囊群盖上较稀疏，叶上面多少有毛，少光滑。孢子囊群圆形，每小裂片 1-6，向边缘着生；囊群盖杯形，长宽几相等，上边截形，棕色，坚实，多少被短硬毛，距叶缘较远。

分布： 益阳、汉寿；湖南全省；长江以南。越南、日本、尼泊尔、斯里兰卡。

生境： 林下或湖边、溪边。海拔 50-1500 米。

应用： 全草治疖肿；可观赏。

识别要点： 与二回羽状边缘鳞盖蕨区别：后者叶较大，下部羽片羽状分裂，略有毛或无。与毛叶边缘鳞盖蕨区别：后者羽片羽状浅裂，背面多毛。

17　毛叶边缘鳞盖蕨 mao ye bian yuan lin gai jue
Microlepia marginata (Houtt.) C. Chr. var. **villosa** (Presl) Wu

植株高达 50 厘米。其他形态特征与边缘鳞盖蕨（原变种）极相近，但羽片羽状浅裂，叶下面多毛。

分布： 益阳、汉寿；湖南全省；长江以南。喜马拉雅地区、新几内亚岛、日本、越南。

生境： 林下或湖边、溪边。海拔 50-1500 米。

应用： 药用同边缘鳞盖蕨（原变种），全草治疖肿；可观赏。

识别要点： 羽片羽状浅裂，叶下面多毛。

蕨科　Pteridiaceae

18　蕨（蕨菜）jue
Pteridium aquilinum (L.) Kuhn var. **latiusculum** (Desv.) Underw. ex Heller

植株高达 1 米。根状茎长而横走，密被锈黄色柔毛，后渐脱落。叶远生；柄长 20-80 厘米，褐棕或棕禾秆色，略有光泽，光滑，具 1 浅纵沟；叶片阔（或长圆）三角形，30-60×20-45 厘米，渐尖头，基部圆楔形，三回羽状；羽片 4-6 对，（近）对生，斜展，基部一对最大，三角形，长 15-25 厘米，柄长 3-5 厘米，二回羽状；小羽片约 10 对，互生，斜展，披针形，长 6-10 厘米，尾状渐尖头，基部近平截，具短柄，一回羽状；裂片 10-15 对，平展，彼此接近，长圆形，14×5 毫米，钝或近圆头，分离，全缘；中部以上羽片渐为一回羽状，长圆披针形，基部较宽，尾状头，小羽片与下部羽片的裂片同形，部分浅裂或波状圆齿缘。叶脉稠密，仅下面明显。叶近革质，暗绿色，上面无毛，下面多少被棕色或灰白色疏毛。叶（羽）轴光滑，小羽轴下面被疏毛，少有密毛，各回羽轴均有 1 深纵沟，沟内无毛。

分布： 全洞庭湖区；湖南全省；全国。世界热带及暖温带。

生境： 平原开阔草地、火烧地、田边；山坡阳处或山谷疏林中的林间空地。海拔 20-3000 米。

应用： 嫩叶供蔬食，根提淀粉（蕨粉）供食用；根茎收敛止血，全株驱风湿、利尿、解热；可作驱虫剂；牛吃过量会中毒；根茎纤维制的绳缆耐水湿；可作生态景观植物。

识别要点： 根状茎长而横走，初时密被锈黄色柔毛；叶柄光滑，叶片三回羽状，羽片 4-6 对，上面无毛，下面脉被毛；小羽轴仅下面被毛。

19 毛轴蕨 mao zhou jue
Pteridium revolutum (Bl.) Nakai

植株高过1米。根状茎横走。叶远生；柄长35-50厘米，（棕）禾秆色，具1纵沟，幼时密被灰白色柔毛，后脱落渐变光滑；叶片阔（卵状）三角形，渐尖头，30-80×30-50厘米，三回羽状；羽片4-6对，对生，斜展，具柄，长圆形，渐尖头，基部几平截，下部羽片略呈三角形，长20-30厘米，柄长2-3厘米，二回羽状；小羽片12-18对，对生或互生，平展，无柄，与羽轴合生，披针形，长6-8厘米，短尾状渐尖头，基部平截，深羽裂几达小羽轴；裂片约20对，对生或互生，略斜向上，披针状镰刀形，约8×3毫米，钝或急尖头，向基渐宽，连接，全缘；叶片顶部为二回羽状，羽片披针形；下面被灰白色或浅棕色密毛，干后近草质，边缘常反卷。叶脉上凹下隆；叶（羽、小羽）轴的下面和上面的纵沟内均密被灰白色或浅棕色柔毛，老时渐稀疏。

分布: 全洞庭湖区；湖南全省；甘肃、陕西、湖北、江西、安徽、浙江、华南、西南。广布于亚洲热带及亚热带。

生境: 平原向阳空旷地；山坡阳处或山谷疏林中的林间空地。海拔20-3000米。

应用: 嫩叶作蕨菜蔬食；根状茎内所含淀粉质量比蕨为佳；根茎收敛、止血，治痢疾、外伤出血；可作生态景观植物。

识别要点: 与蕨的区别在于叶柄（棕）禾秆色，幼时密被灰白色柔毛。

凤尾蕨科 Pteridaceae

20 井栏边草 jing lan bian cao
Pteris multifida Poir.

植株高达45厘米。根状茎短而直立，先端被黑褐色鳞片。叶多数，密集簇生，二型；不育叶柄长15-25厘米，禾秆色或暗褐色而有禾秆色边，稍有光泽，光滑；叶片卵状长圆形，20-40×15-20厘米，一回羽状，羽片常3对，对生，斜向上，无柄，线状披针形，长8-15毫米，渐尖头，不整齐尖锯齿缘并有软骨质边，下部1-2对常分叉，或近羽状，顶生三叉羽片及上部羽片基部下延成狭翅，翅宽3-5毫米；能育叶有较长的柄，羽片4-6对，狭线形，10-15×0.4-0.7厘米，仅不育部分为锯齿缘，基部一对有时近羽状，有长约1厘米的柄，余均无柄，下部2-3对通常2-3叉，上部几对的基部长，下延成宽3-4毫米的翅。主脉两面隆起，禾秆色，侧脉明显，稀疏，单一或分叉，有时侧脉间具与侧脉平行的细条纹。叶草质，遍体无毛；叶轴禾秆色，稍有光泽。

分布: 全洞庭湖区；湖南全省；河北、陕西、华东、华中、华南、西南。韩国、日本、菲律宾、泰国、越南。

生境: 墙壁、井边、沟边、石灰岩缝隙或灌丛下。海拔30-1800米。

应用: 全草清热利湿、解毒止痢、凉血止血、收敛生肌，治腹泻、吐血；可观赏。

识别要点: 根状茎先端被黑褐色鳞片；不育叶一回羽状，不整齐尖锯齿缘，软骨质边，下部羽片通常分叉，顶生三叉羽片及上部羽片的基部显著下延成狭翅；能育叶羽片狭线形。

水蕨科　Parkeriaceae

21　蜈蚣草 wu gong cao
Pteris vittata L.

植株高达 1.5 米。根状茎直立，短而粗健，木质，密被黄褐色鳞片。叶簇生；柄坚硬，长 10-40 厘米，深禾秆色至浅褐色，幼时密被黄褐色鳞片，后渐稀疏；叶片倒披针状长圆形，20-90×5-30 厘米，一回羽状；侧生与顶生羽片同形，达 40 对，互生或近对生，下部羽片相距 3-4 厘米，斜展，无柄，不与叶轴合生，向下渐短，基部者仅为耳形，中部羽片最长，狭线形，6-15×0.5-1 厘米，渐尖头，基部扩大，浅心形，两侧稍呈耳形，上侧耳片较大而覆盖叶轴，羽片间隔 1-1.5 厘米，不育叶细密锯齿缘，不为软骨质。主脉下面隆起，浅禾秆色，侧脉纤细，密接，斜展，单一或分叉。叶干后薄草质，暗绿色，无光泽，无毛；叶轴禾秆色，疏被鳞片。成熟植株除下部缩短羽片外，几乎全部羽片均能育。

分布： 益阳、岳阳、沅江、湘阴；湖南全省；陕西、甘肃、华东（山东除外）、华中、华南、西南，其他省区有栽培。旧大陆热带和亚热带地区。

生境： 钙质土或石灰岩上、石隙或旧石灰墙壁上。海拔 30-2000 米。

应用： 砷超富集植物，修复土壤砷污染；观赏；钙质土和石灰岩的指示植物。

识别要点： 根状茎与幼叶柄密被黄褐色鳞片；叶柄暗禾秆色，叶一回羽状，无柄羽片达 40 对，基部的耳形，中部的狭线形，基部浅心形，稍呈耳形。

22　水蕨 shui jue
Ceratopteris thalictroides (L.) Brongn.

植株绿色，多汁柔软，高达 70 厘米。根茎短而直立。叶簇生，二型；不育叶柄长 3-40 厘米，稍膨胀，无毛；叶片直立，幼时漂浮，略短于能育叶，窄长圆形，长 6-30 厘米，渐尖头，基部圆楔形，二至四回羽状深裂；小裂片 5-8 对，互生，斜展，疏离，下部 1-2 对羽片长达 10 厘米，卵形或长圆形，渐尖头，基部近圆形、心形或近平截，一至三回羽状深裂；小裂片 2-5 对互生，（宽）卵状三角形，长达 35 厘米，（渐）尖或圆钝头，基部圆截，柄短，翅沿羽轴下延，深裂；末回裂片线形，长达 2 厘米，尖或圆钝头，下延成宽翅，全缘，疏离，向上羽片渐小；能育叶片长圆形或卵状三角形，长 15-40 厘米，渐尖头，基部圆楔（截）形，二至三回羽状深裂；具柄羽片 3-8 对互生，下部 1-2 对长达 14 厘米，卵形或长三角形，柄长达 2 厘米，向上各对渐小，一至二回分裂；裂片窄线形，渐尖头，角果状，长 1.5-6 厘米，透明反卷达主脉；叶脉网状，网眼 2-3 行，窄 5-6 角形；叶软草质，绿色，光滑。孢子囊网眼着生，稀疏，棕色，叶缘反卷成孢子囊群盖，成熟后多少张开。

分布： 汉寿、沅江、益阳；湖北、华东、华南、西南。澳大利亚、马达加斯加、东亚、东南亚、非洲、美洲、太平洋岛屿和西印度群岛。

生境： 池沼、水田或水沟中或其水面上。

应用： 茎叶消痰积、治胎毒；嫩叶可作蔬菜。

识别要点： 不育叶二至四回羽状深裂，末回裂片线形，具阔翅；能育叶二至三回羽状深裂，角果状；孢子囊生于网眼中，为反卷叶缘所覆盖。

蹄盖蕨科 Athyriaceae

23 菜蕨（食用双盖蕨）cai jue
Diplazium esculentum (Retz.) Sm.
[*Callipteris esculenta* (Retz.) J. Sm. ex Moore et Houlst.]

高达 15 厘米，根状茎直立，密被鳞片；鳞片狭披针形，约 10×1 毫米，褐色，细齿缘；叶簇生。能育叶长 60–120 厘米；柄长 50–60 厘米，褐禾秆色，基部疏被鳞片，向上光滑；叶片三角形或阔披针形，60–90×30–60 厘米，顶部羽裂渐尖，下部一至二回羽状；羽片 12–16 对，互生，斜展，下部的有柄，阔披针形，长 16–20 厘米，羽状分裂或一回羽状，上部的近无柄，线状披针形，长 6–10 厘米，渐尖头，基部截形，齿缘或浅羽裂；小羽片 8–10 对，互生，相距 1–1.5 厘米，平展，近无柄，狭披针形，长 4–6 厘米，渐尖头，基部截形，稍有耳，锯齿缘或浅羽裂；裂片上叶脉羽状，小脉 8–10 对，斜向上，下部 2–3 对通常联结。叶坚草质，无毛，叶轴平滑，无毛，羽轴具浅沟，光滑或偶被浅褐色短毛。孢子囊群多数，线形，稍弯曲，几全生小脉，达叶缘；囊群盖线形，膜质，黄褐色，全缘。

分布：沅江、益阳、湖南武岗、靖州、绥宁、通道；江西、华东（山东除外）、华南、西南。亚洲热带和亚热带及热带波利尼西亚。

生境：湖边及河沟边淤泥地或沙滩草地；山谷林下湿地。海拔 10–1200 米。

应用：嫩叶可作野菜食用；生态景观。

识别要点：根状茎密被褐色狭披针形鳞片；能育叶柄基部疏被鳞片；叶一至二回羽状。孢子囊群线形，全生小脉达叶缘；囊群盖线形，膜质，黄褐色，全缘。

金星蕨科 Thelypteridaceae

24 渐尖毛蕨 jian jian mao jue
Cyclosorus acuminatus (Houtt.) Nakai

植株高达 80 厘米。根状茎长而横走，深棕褐色，先端密被棕色披针形鳞片。叶二列，远生，相距 4–8 厘米；柄长 30–42 厘米，褐色，向上变深禾秆色，稍具柔毛；叶片 40–45×14–17 厘米，长圆状披针形，尾状渐尖头羽裂，基部不变狭，二回羽裂；羽片 13–18 对，柄极短，斜上展，间隔约 1 厘米，互生或基部的对生，中部以下的长 7–11 厘米，基部较宽，披针形，渐尖头，基部上侧凸出，平截，下侧圆楔形，羽裂达 1/2–2/3；裂片 18–24 对，斜上，略弯弓，密接，基部上侧一片最长，8–10 毫米，下侧一片长不及 5 毫米，第二对以上裂片长 4–5 毫米，近镰状披针形，（骤）尖头，全缘。叶脉下面隆起，侧脉斜上，每裂片 7–9 对，单一，基部上侧一裂片有 13 对，基部一对先端交接成钝三角形网眼，具一短外行小脉，第 2–3 对的上侧一脉伸达透明膜质连线。叶坚纸质，羽轴下面疏被针状毛，上面被极短糙毛。孢子囊群圆形，生侧脉中部以上，每裂片 5–8 对；囊群盖大，（深）棕色，密生短柔毛，宿存。叶片下部羽片不缩短，渐尖头。

分布：全洞庭湖区；湖南长沙、安江、东安、慈利、永顺、洞口、新宁；陕西、甘肃、华东、华中、华南、西南。朝鲜半岛、日本、菲律宾。

生境：灌丛、草地、田边、路边、沟旁湿地或山谷乱石中。海拔 20–2700 米。

应用：煎汤内服治狂犬咬伤；生态景观。

识别要点：根状茎先端密被棕色披针形鳞片；叶片尾状渐尖，羽片 13–18 对，下部的不缩短，上面被短糙毛，羽轴下面被针状毛；囊群盖棕色，密生短柔毛。

铁角蕨科 Aspleniaceae

25 虎尾铁角蕨 hu wei tie jiao jue
Asplenium incisum Thunb.

植株高达 40 厘米。根状茎短，直立或横卧，先端密被狭披针形全缘的膜质黑色鳞片。叶密集簇生；柄长 4-10 厘米，常栗棕色，有淡绿色狭边，具光泽，有浅阔纵沟，初时略被褐色纤维状小鳞片；叶片阔披针形，10-27×2-5 厘米，两端渐狭，渐尖头，（一）二回羽状；羽片 12-22 对，下部的（近）对生，向上互生，近平展，柄极短，下部羽片渐缩成卵形或半圆形，逐渐远离，中部各对相距 1-1.5 厘米，披针形，长 1-2 厘米，渐尖头并有粗牙齿，一回羽状或羽裂达羽轴；小羽片 4-6 对，互生，斜展，密接，基部一对较大，长 4-7 毫米，椭圆形或卵形，圆头并有粗牙齿，基部阔楔形，无柄。小羽片侧脉二叉或单一，基部的二至三叉，先端具水囊，入齿不达缘。叶薄草质，光滑；叶轴淡禾秆色或下面为红棕色，光滑，有浅阔纵沟，顶部有狭翅。孢子囊群椭圆形，长约 1 毫米，棕色，斜向上，生小脉中下部，紧靠主脉，不达叶边，基部一对小羽片有 2-4 对，密接，整齐；囊群盖灰黄色，后变灰白色，膜质，全缘，开向主脉，偶向叶边。

分布：全洞庭湖区；湖南韶山、永顺、黔阳、武岗、新宁、长沙；东北、华北、华东、华中、西南、甘肃、陕西。朝鲜半岛、日本、俄罗斯（远东地区）。

生境：林下阴湿土坡、潮湿石上。海拔 0-1900 米。

应用：全株治小儿惊风；阴生观赏植物。

识别要点：根茎密被黑色狭披针形鳞片；叶柄淡绿或栗色，具狭边，被小鳞片；小羽片粗牙齿缘，与羽轴合生并下延；孢子囊群椭圆形，囊群盖灰黄色，全缘。

鳞毛蕨科 Dryopteridaceae

26 中华复叶耳蕨 zhong hua fu ye er jue
Arachniodes chinensis (Rosenst.) Ching

植株高达 70 厘米。叶柄长 14-30 厘米，禾秆色，基部密被褐棕色、线状钻形、顶部毛髯状鳞片，向上连同叶轴具较多黑褐色、线状钻形小鳞片。叶片卵状三角形，26-35×17-20 厘米，顶部略狭缩呈长三角形，渐尖头，基部近圆形，二至三回羽状；羽状羽片 8 对，基部 1（2）对对生，向上的互生，有柄，斜展，密接，基部一对较大，三角状披针形，长 10-18 厘米，渐尖头，基部近对称，阔楔形，一至二回羽状；小羽片约 25 对，互生，有短柄，基部下侧一片略大，披针形，镰刀状，3-6×1.5-2 厘米，渐尖头，基部阔楔形，羽状或羽裂；末回小羽片（或裂片）9 对，长圆形，长 8 毫米，急尖头，上部边缘具 2-4 个长芒刺状骤尖锯齿；基部上侧一小羽片比同侧的第二片略长，羽状或羽裂；第 2-5 对羽片披针形，羽状，基部上侧一片略大，羽裂；第 6-7 对羽片明显缩短，披针形，长 5 厘米，深羽裂。叶纸质，光滑，羽轴下面被较多的线状钻形、黑褐色、基部棕色、阔圆形小鳞片。孢子囊群每小羽片 5-8 对（耳片 3-5），位于中脉与叶边之间；囊群盖棕色，近革质，脱落。

分布：全洞庭湖区；湖南全省；浙江、江西、福建、华南、西南。越南、日本。

生境：平原、丘陵、山地林下。海拔 50-2100 米。

应用：可作复叶耳蕨药用，清热解毒、敛疮，治痢疾、烧烫伤；阴生地被。

识别要点：叶柄禾秆色，基部密被褐棕色鳞片，叶轴被小鳞片；叶片二至三回羽状，羽片 8 对，小羽片镰刀状，末回长芒刺骤尖锯齿缘；囊群盖棕色，近革质。

27 贯众 guan zhong
Cyrtomium fortunei J. Sm.

植株高 25-50 厘米。根茎直立，密被棕色鳞片。叶簇生，叶柄 12-26×0.2-0.3 厘米，禾秆色，腹面有浅纵沟，密生卵形及披针形棕色或中间为深棕色的鳞片；鳞片齿缘，有时向上部秃净；叶片矩圆披针形，20-42×8-14 厘米，钝头，基部不（或略）变狭，奇数一回羽状；侧生羽片 7-16 对，互生，近平伸，柄极短，披针形，多少上弯成镰状，中部的 5-8×1.2-2 厘米，渐尖，少数成尾状头，基部偏斜，上侧近截形，有时略钝的耳状凸，下侧楔形，全缘或前倾的小齿缘；羽状脉，小脉联结成 2-3 行网眼，腹面不明显，背面微凸起；顶生羽片狭卵形，下部有时有 1-2 浅裂片，3-6×1.5-3 厘米。叶纸质，两面光滑，叶轴腹面有浅纵沟，疏生披针形及线形棕色鳞片。孢子囊群遍布羽片背面；囊群盖圆形，盾状，全缘。

分布: 全洞庭湖区；湖南全省；河北、山西、陕西、甘肃、广东、广西、华东、华中、西南。越南、泰国、韩国及日本。

生境: 肥湿的空旷地、石灰岩缝、墙隙、山坡林缘或林下、溪边、谷底。海拔 30-2400 米。

应用: 根茎清热息风、凉血补血、解毒驱虫；又作农药；根茎酿酒；阴生地被；钙质土指示植物。

识别要点: 叶柄密生棕色齿缘鳞片；叶奇数一回羽状；羽片镰状披针形，基部偏斜、上侧近截形、下侧楔形；孢子囊群遍布羽片背面；囊群盖圆形，盾状，全缘。

28 阔鳞鳞毛蕨 kuo lin lin mao jue
Dryopteris championii (Benth.) C. Chr.

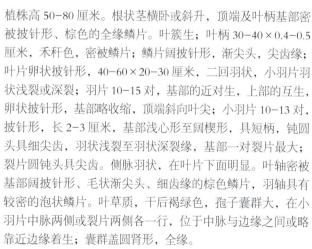

植株高 50-80 厘米。根状茎横卧或斜升，顶端及叶柄基部密被披针形、棕色的全缘鳞片。叶簇生；叶柄 30-40×0.4-0.5 厘米，禾秆色，密被鳞片；鳞片阔披针形，渐尖头，尖齿缘；叶片卵状披针形，40-60×20-30 厘米，二回羽状，小羽片羽状浅裂或深裂；羽片 10-15 对，基部的近对生，上部的互生，卵状披针形，基部略收缩，顶端斜向叶尖；小羽片 10-13 对，披针形，长 2-3 厘米，基部浅心形至阔楔形，具短柄，钝圆头具细尖齿，羽状浅裂至羽状深裂缘，基部一对裂片最大；裂片圆钝头具尖齿。侧脉羽状，在叶片下面明显。叶轴密被基部阔披针形、毛状渐尖头、细齿缘的棕色鳞片，羽轴具有较密的泡状鳞片。叶草质，干后褐绿色，孢子囊群大，在小羽片中脉两侧或裂片两侧各一行，位于中脉与边缘之间或略靠近边缘着生；囊群盖圆肾形，全缘。

分布: 全洞庭湖区；湖南全省；华东、华中、华南、西南。日本、朝鲜半岛。

生境: 透光的疏林下、向阳灌丛中、山坡林缘、路边灌丛或岩缝中。海拔 50-1500 米。

应用: 根茎清热活血、止咳平喘，治水火烫伤、痛经、感冒、气喘、便血、钩虫病；林下地被。

识别要点: 根状茎顶端及叶柄基部密被棕色鳞片；鳞片阔披针形，尖齿缘；叶二回羽状；孢子囊群在小羽片中脉两侧或裂片两侧各一行；囊群盖圆肾形，全缘。

29 红盖鳞毛蕨 hong gai lin mao jue
Dryopteris erythrosora (Eaton) O. Ktze.

植株高 40-80 厘米。根状茎横卧或斜升，粗 3-4 厘米。叶簇生；柄长 20-30 厘米，禾秆色或略呈淡紫色，基部密被栗黑色披针形鳞片；鳞片 1-1.5×1-2 毫米，全缘，边缘和顶端色较淡，中上部的较小而较稀疏。叶片长圆状披针形，40-60×15-25 厘米，二回羽状：羽片 10-15 对，（近）对生，披针形，15-20×4-6 厘米，相距 6-8 厘米，小羽片 10-15 对，披针形，2-3×0.8-1.2 厘米，斜向羽片顶端，较细圆齿或羽状浅裂缘，基部羽片的基部下侧第一对小羽片明显缩小，长不及相邻小羽片的一半；裂片明显斜向小羽片顶端，1-2 尖齿头。叶轴疏被狭披针形、暗棕色的小鳞片，或鳞片脱落后近光滑。羽轴和小羽片中脉密被棕色泡状鳞片，上面具浅沟。侧脉上面不显，下面可见，羽状。叶片上面无毛，下面疏被淡棕色毛状小鳞片。孢子囊群较小，在小羽片中脉两侧各一行至不规则多行，近中脉着生；囊群盖圆肾形，全缘，中央红色，边缘灰白色，干后常向上反卷而不脱落。

分布： 益阳、沅江、汨罗、岳阳；湖南衡山；江苏、安徽、浙江、福建、江西、湖北、广东、广西、西南。日本、朝鲜半岛。

生境： 丘陵或山地林下、林缘、灌丛、溪边、阳坡。海拔（50-）900-1500 米。

应用： 可观赏，作林下地被。

识别要点： 叶柄禾秆色或淡紫色，基部密被栗黑色披针形全缘鳞片；孢子囊群靠近小羽片中脉着生；囊群盖圆肾形，全缘，中央红色。

苹科 Marsileaceae

30 苹（田字草）ping
Marsilea quadrifolia L.

植株高 5-20 厘米。根状茎细长横走，分枝，顶端被有淡棕色毛，茎节远离，向上发出一至数枚叶子。叶柄长 5-20 厘米；叶片由 4 片倒三角形的小叶组成，呈十字形，长宽均 1-2.5 厘米，外缘半圆形，基部楔形，全缘，幼时被毛，草质。叶脉从小叶基部向上呈放射状分叉，组成狭长网眼，伸向叶边，无内藏小脉。孢子果双生或单生于短柄上，而柄着生于叶柄基部，长椭圆形，幼时被毛，褐色，木质，坚硬。每个孢子果内含多数孢子囊，大小孢子囊同生于孢子囊托上，一个大孢子囊内只有一个大孢子，而小孢子囊内有多数小孢子。

分布： 全洞庭湖区；湖南全省；山东、东北、西北、华北、华中。日本、朝鲜半岛、欧洲，北美洲东北部传入。

生境： 水田或沟塘中。

应用： 全草清热解毒、利水消肿、镇静止血，外用治疮痈、毒蛇咬伤；作猪饲料；湿生或水生生态景观；水田杂草。

识别要点： 根状茎细长横走；叶片由 4 片倒三角形的小叶组成，呈"十"字形。

槐叶苹科　Salviniaceae

31　槐叶苹 huai ye ping
Salvinia natans (L.) All.

小型漂浮植物。茎细长而横走，被褐色节状毛。三叶轮生，上面二叶漂浮水面，形如槐叶，长圆形或椭圆形，0.8-1.4×0.5-0.8厘米，钝圆头，基部圆形或稍呈心形，全缘；叶柄长1毫米，或近无柄。叶脉斜出，主脉两侧有小脉15-20对，每条小脉上面有5-8束白色刚毛；叶草质，上面深绿色，下面密被棕色茸毛。下面一叶悬垂水中，细裂成线状，被细毛，形如须根，起着根的作用。4-8孢子果簇生于沉水叶的基部，表面疏生成束的短毛，小孢子果表面淡黄色，大孢子果表面淡棕色。

分布： 全洞庭湖区；湖南全省；全国。日本、泰国、越南、印度、非洲、欧洲。

生境： 水田中、沟塘和静水溪河中。

应用： 全草煎服治虚劳发热、湿疹，外敷治丹毒、疔疮和烫伤；作猪、鸭饲料；绿肥；水生生态景观。

识别要点： 漂浮；茎横走，被褐色节状毛；三叶轮生，上面二叶漂浮水面，形如槐叶。

满江红科　Azollaceae

32　细叶满江红（蕨状满江红）xi ye man jiang hong
Azolla filiculoides Lam.

小型漂浮植物。形态特征与满江红相似，不同的是：本种生长十分迅速，但不耐低温，在温带冬季水上部分全部死亡，靠水下芽第二年萌发新枝。植株粗壮，侧枝腋外生出，侧枝数目比茎叶的少，当生境的水减少变干或植株过于密集拥挤时，植物体会由平卧变为直立状态生长，腹裂片功能也向背裂片功能转化。在生长过程中，分枝常因过度密集拥挤而折断，从而产生新植株。侧枝大孢子囊外壁只有3个浮膘，小孢子囊内的泡胶块上有无分隔的锚状毛。

分布： 全洞庭湖区；湖南长沙；几遍全国，为外来植物，我国20世纪70年代引进放养和推广利用，现已野化。原产美洲，现已扩散到全世界。

生境： 水田、沟渠、池塘。

应用： 优良饲料；水生生态景观；优良绿肥。

识别要点： 植株粗壮；侧枝腋外生出，数目较茎叶的少；生境变干或植株过密时，由平卧变为直立状态生长。

33 **满江红** man jiang hong
Azolla pinnata R. Br. subsp. **asiatica** R. M. K. Saunders et K. Fowler
[*Azolla imbricata* (Roxb.) Nakai]

小型漂浮植物。植物体呈卵形或三角状，根状茎细长横走，侧枝腋生，假二歧分枝，向下生须根。叶小如芝麻，互生，无柄，覆瓦状排列成两行，叶片深裂分为背裂片和腹裂片两部分，背裂片长圆形或卵形，肉质，绿色，但在秋后常变为紫红色，边缘无色透明，上表面密被乳状瘤突，下表面中部略凹陷，基部肥厚形成共生腔；腹裂片贝壳状，无色透明，多少饰有淡紫红色，斜沉水中。孢子果双生于分枝处，大孢子果体积小，长卵形，顶部喙状，内藏一个大孢子囊，大孢子囊只产一个大孢子，大孢子囊有9个浮胶，分上下两排附生在孢子囊体上，上部3个较大，下部6个较小；小孢子果体积远较大，圆球形或桃形，顶端有短喙，果壁薄而透明，内含多数具长柄的小孢子囊，每个小孢子囊内有64个小孢子，分别埋藏在5-8块无色海绵状的泡胶块上，泡胶块上有丝状毛。

分布： 全洞庭湖区；湖南全省；长江流域和南北各省区。朝鲜半岛、日本。

生境： 水田、沟渠、池塘中。

应用： 药用发汗、利尿、祛风湿、治顽癣；优良饲料；水生生态景观；植物体和蓝藻共生，优良绿肥。

识别要点： 漂浮植物；植物体呈卵形或三角状；叶小、覆瓦状排列成两行，叶片深裂分为背裂片和腹裂片，背裂片肉质，绿色，秋后常变为紫红色。

杉科 **Taxodiaceae**

34 **水杉** shui shan
Metasequoia glyptostroboides Hu et W. C. Cheng

乔木，高达35米；树干基部常膨大；树皮（暗）灰（褐）色，幼树裂成薄片脱落，大树成长条状脱落；枝斜展，小枝下垂，树冠尖塔形变广圆形；一年生枝光滑无毛，绿色渐变成淡褐色；侧生小枝排成羽状，长4-15厘米，冬季凋落；冬芽卵（椭）圆形，芽鳞宽卵形。叶条形，10-20（-35）×1.5-2.5毫米，上面淡绿色，下面色较淡，沿中脉有两条较边带稍宽的淡黄色气孔带，每带有4-8气孔线，叶在侧生小枝上呈羽状二列，冬季与枝一同脱落。球果下垂，近四棱状球形或矩圆状球形，熟时深褐色，1.8-2.5×1.6-2.5厘米，梗长2-4厘米，其上有交互对生的条形叶；种鳞木质，盾形，通常11-12对，交叉对生，鳞顶扁菱形，中央有一条横槽，基部楔形，高7-9毫米，能育种鳞有种子5-9；种子扁平，倒卵形，间或（矩）圆形，周围有翅，凹缺头，长约5毫米；子叶2，条形。花期2月下旬，球果11月成熟。

分布： 全洞庭湖区广泛栽培；湖南广泛栽培，龙山、桑植有野生；湖北利川、四川石柱，全国各地有栽培。国外广为引栽。我国特产，古近纪孑遗植物，国家一级保护树种。

生境： 野生于海拔750-1500米的林中，栽培于海拔20-2000米的平原低湿地、公园庭院、丘陵、山地河流两旁、湿润山

坡及沟谷中。

应用：耐腐蚀，造船、建筑用材；优美庭院观赏及水网绿化与生态景观树种；造纸；活化石植物。

识别要点：落叶乔木；叶对生，条形，在小枝上列成 2 列，羽状，冬季与小枝一同脱落。

35 落羽杉 luo yu shan
Taxodium distichum (L.) Rich.

落叶乔木，高达 50 米，胸径达 2 米；树干尖削度大，干基通常膨大，常有屈膝状呼吸根；树皮棕色，裂成长条片脱落；枝条水平开展，幼树树冠圆锥形，老则呈宽圆锥状；新生幼枝绿色，到冬季变为棕色；生叶的侧生小枝排成 2 列。叶条形，扁平，基部扭转在小枝上列成 2 列，羽状，1–1.5 厘米 × 约 1 毫米，尖头，上面中脉凹下，淡绿色，下面黄绿色或灰绿色，中脉隆起，每边有 4–8 气孔线，凋落前变成暗红褐色。雄球花卵圆形，有短梗，在小枝顶端排列成总状花序状或圆锥花序状。球果球形或卵圆形，有短梗，向下斜垂，熟时淡褐黄色，有白粉，径约 2.5 厘米；种鳞木质，盾形，顶部有（微）明显的纵槽；种子不规则三角形，有锐棱，长 1.2–1.8 厘米，褐色。球果 10 月成熟。

分布：全洞庭湖区栽培；湖南全省栽培；广东、广西、云南、四川、华东、华中引种栽培。原产美国东南部。

生境：亚热带低湿地及排水不良的沼泽地上。

应用：建筑、电杆、家具、造船等用材；江南低湿、河网地造林与生态景观树种，庭院绿化。

识别要点：落叶乔木；叶条形，扁平，互生，基部扭转成二列羽状排列。

36 池杉 chi shan
Taxodium distichum (L.) Rich. var. **imbricatum** (Nuttall) Croom
[*Taxodium ascendens* Brongn.]

乔木，高达 25 米；树干基部膨大，通常有屈膝状呼吸根；树皮褐色，纵裂，成长条片脱落；枝条向上伸展，树冠较窄，呈尖塔形；当年生小枝绿色，细长，微向下弯垂，二年生小枝褐红色。叶钻形，微内曲，在枝上螺旋状伸展，上部微向外伸展或近直展，下部通常贴近小枝，基部下延，4–10× 约 1 毫米，向上渐窄，渐尖的锐尖头，下面有棱脊，上面中脉微隆起，每边有 2–4 气孔线。球果圆（或矩圆状）球形，有短梗，向下斜垂，熟时褐黄色，2–4×1.8–3 厘米；种鳞木质，盾形，中部种鳞高 1.5–2 厘米；种子不规则三角形，微扁，红褐色，1.3–1.8×0.5–1.1 厘米，边缘有锐脊。花期 3–4 月，球果 10 月成熟。

分布：全洞庭湖区栽培；华东、华中栽培。原产美国东南部。

生境：沼泽地及低湿地上。

应用：材用；水土保持与生态景观树种，庭院绿化；水网地、堤岸、农田防护。

识别要点：落叶乔木；当年生小枝细长，通常微向下弯垂；叶大多钻形，微内曲，在枝上螺旋排列，贴近小枝或直展。与落羽杉（原变种）区别：叶钻形，长 0.4–1 厘米，在枝上近直展，不成 2 列。

胡桃科 Juglandaceae

37 枫杨 feng yang
Pterocarya stenoptera C. DC.

大乔木，高达 30 米。叶多为偶数稀奇数羽状复叶，长 8–16（–25）厘米，柄长 2–5 厘米，叶轴具宽或窄翅，与叶柄被短毛；小叶 6–16（–25），无小叶柄，（近）对生，（披针状）长椭圆形，8–12×2–3 厘米，钝圆稀急尖头，基部歪斜，上侧（阔）楔形，下侧圆形，内弯细锯齿缘，上面被细小浅色疣凸，沿脉被极短星芒状毛，下面幼时被散生短柔毛，后仅留极疏腺体及脉腋内一丛星芒状毛。雄柔荑花序长 6–10 厘米，单生叶痕腋内，花序轴常有稀疏星芒状毛。雄花常具 1（–3）枚发育的花被片，雄蕊 5–12。雌柔荑花序顶生，长 10–15 厘米，花序轴密被星芒状毛及单毛，具 2 长达 5 毫米的不孕性苞片。雌花几无梗，（小）苞片基部常有细小星芒状毛及密被腺体。果序长 20–45 厘米，果序轴常被毛。果实长椭圆形，长 6–7 毫米，常宿存星芒状毛；果翅狭，（阔）条形，长 12–20 毫米，具近平行的脉。花期 4–5 月，果熟期 8–9 月。

分布： 全洞庭湖区；湖南全省；甘肃、陕西、华东、华中、华南、西南，华北和东北栽培。日本、朝鲜。

生境： 沿溪涧河滩、阴湿山坡地的林中，现城乡广泛栽植。海拔 10–1500 米。

应用： 果实可作饲料和酿酒；材用；根、叶杀虫；庭院与行道树，优良护堤与生态景观树种；种子可榨油；树皮和枝可提烤胶；纤维原料。

识别要点： 常偶数羽状复叶，小叶（近）对生，叶轴常具翅；果序长 20–45 厘米；双翅果长椭圆形，果翅狭。

杨柳科 Salicaceae

38 意大利 214 杨（加杨，欧美杨）
yi da li 214 yang
Populus × canadensis Moench. cv. 'I-214'
[*Populus nigra × P. deltoides*]

落叶大乔木，树冠长卵形。主干通直或微弯；侧枝发达，密集；树皮灰褐色，初光滑，后变厚，浅沟裂。树皮浅裂。幼叶红色，叶长 15 厘米，叶片三角形，基部心形，有 2–4 腺点，叶长略大于宽，叶深绿色，质较厚。叶柄扁平，带红色。果序长 16–25 厘米；蒴果较小，柱头 2 裂。

分布： 全洞庭湖区广泛栽培；除广东和西藏外的全国各地均有引种栽培。原产意大利，德国、罗马尼亚等世界多国栽培。

生境： 湖区滩涂、平原空地、山区河滩地栽培。

应用： 箱板、家具、火柴杆、牙签等用材；绿荫树和行道树，生态驳岸景观树种；防风林；造纸。

识别要点： 高大乔木，侧枝密集；幼叶红色，叶柄带红色；果序长 16–25 厘米。

39 垂柳 chui liu
Salix babylonica L.

乔木，高达 12-18 米，树冠开展而疏散。树皮灰黑色，不规则开裂；枝细，下垂，淡褐黄、淡褐或带紫色，无毛。芽线形，急尖头。叶狭（或线状）披针形，9-16×0.5-1.5 厘米，长渐尖头，基部楔形两面无毛或微有毛，上面绿色，下面色较淡，锯齿缘；叶柄长（3-）5-10 毫米，有短柔毛；托叶仅生在萌发枝上，斜披针形或卵圆形，牙齿缘。花序先叶开放，或与叶同时开放；雄花序长 1.5-2（-3）厘米，有短梗，轴有毛；雄蕊 2，花丝与苞片近等长或较长，基部多少有长毛，花药红黄色；苞片披针形，外面有毛；腺体 2；雌花序长达 2-3（-5）厘米，有梗，基部有 3-4 小叶，轴有毛；子房椭圆形，无毛或下部稍有毛，（近）无柄，花柱短，柱头 2-4 深裂；苞片披针形，长 1.8-2（-2.5）毫米，外面有毛；腺体 1。萌果长 3-4 毫米，带绿黄褐色。花期 3-4 月，果期 4-5 月。

分布： 全洞庭湖区栽培；湖南全省；全国。亚洲、欧洲、美洲均有引种。

生境： 道旁、水边、庭院及池边。海拔 0-3800 米。

应用： 叶可作羊饲料；木材可供制家具；道旁、水边等绿化观赏；枝条可编筐；树皮可提制栲胶。

识别要点： 乔木，树冠开展而疏散；枝细，下垂，淡褐黄或带紫色；叶狭（或线状）披针形。

40 腺柳（河柳）xian liu
Salix chaenomeloides Kimura

小乔木。枝暗褐或红褐色，有光泽。叶椭圆形、卵圆形至椭圆状披针形，4-8×1.8-3.5（-4）厘米，急尖头，基部楔形，稀近圆形，两面光滑，上面绿色，下面苍白或灰白色，腺锯齿缘；叶柄幼时被短绒毛，后渐变光滑，长 5-12 毫米，先端具腺点；托叶半圆形或肾形，腺锯齿缘，早落，萌枝上的托叶发达。雄花序 4-5×0.8 厘米；花序梗和轴有柔毛；苞片小，卵形，长约 1 毫米；雄蕊常 5，花丝长为苞片的 2 倍，基部有毛，花药黄色，球形；雌花序 4-5.5×1 厘米；花序梗长达 2 厘米；轴被绒毛，子房狭卵形，具长柄，无毛，花柱缺，柱头头状或微裂；苞片椭圆状倒卵形，与子房柄等长或稍短；腺体 2，基部连结成假花盘状；背腺小。萌果卵状椭圆形，长 3-7 毫米。花期 4 月，果期 5 月。

分布： 全洞庭湖区；湖南全省；辽宁、河北、山西、陕西、甘肃、四川、华东、华中。朝鲜半岛、日本。

生境： 湖区平原池塘边；河滩、山沟溪水旁。海拔 30-2500 米。

应用： 木材供制器具；适作湖泊、池塘周围及河流两岸的固堤保土防护林；蜜源植物；树皮可提栲胶；纤维供纺织及做绳索；枝条供编织。

识别要点： 小乔木；枝暗（红）褐色，有光泽；叶（披针状）椭圆形，光滑，下面苍白色，腺齿缘，叶柄先端具腺点，托叶半圆形或肾形，腺齿缘。

41 旱柳 han liu
Salix matsudana Koidz.

乔木，高达 18 米。大枝斜上；树皮暗灰黑色，有裂沟；枝细长，直立或斜展，浅褐黄或带绿色，后变褐色，无毛，幼枝有毛。芽微有短柔毛。叶披针形，5–10×1–1.5 厘米，长渐尖头，基部窄圆形或楔形，上面绿色，无毛，有光泽，下面苍白色，细腺锯齿缘，幼叶有丝状柔毛；叶柄长 5–8 毫米，被长柔毛；托叶披针形或缺，细腺锯齿缘。花序与叶同时开放；雄花序圆柱形，15–25（–30）×6–8 毫米，多少有花序梗，轴有长毛；雄蕊 2，花丝基部有长毛，花药卵形，黄色；苞片卵形，黄绿色，钝头，基部多少有短柔毛；腺体 2；雌花序较雄花序短，20×4 毫米，有 3–5 小叶生于短花序梗上，轴有长毛；子房卵状长椭圆形，近无柄，无毛，几无花柱，柱头卵形，近圆裂；苞片同雄花；腺体 2，背生和腹生。果序长达 2（–2.5）厘米。花期 4 月，果期 4–5 月。

分布： 全洞庭湖区；湖南全省；广东、广西、东北、华北、华东、华中、西南。朝鲜半岛、日本、俄罗斯（远东地区）。

生境： 平原、高原、河岸、湖边及浅水中。海拔 10–3600 米。

应用： 叶为冬季羊饲料；木材质轻软，供建筑器具、造纸、人造棉、火药用；早春蜜源树；固沙保土及"四旁"绿化；树皮提制栲胶；细枝编筐。

识别要点： 乔木；芽有短柔毛；叶长渐尖头，有细腺齿；雄花序长 1.5–3 厘米，苞片卵形；雌花序长达 2 厘米；子房长椭圆形，近无柄，无毛。

42 日本三蕊柳（三蕊柳，鸡婆柳）ri ben san rui liu
Salix triandra L. var. **nipponica** (Franch. et Sav.) Seemen
[*Salix nipponica* Franch. et Sav.]

灌木或乔木，高达 8 米。幼枝有密短柔毛。叶（阔长圆状）披针形至倒披针形，7–10×1.5–3 厘米，突尖头，基部圆形或楔形，上面深绿色，有光泽，下面绿色，腺齿缘，幼时稍有短柔毛；柄长 5–6（–10）毫米，常具 2 腺点；托叶斜阔卵形或卵状披针形，齿牙缘，上面常密被黄色腺点；萌发枝的叶披针形，长达 15 厘米。花序与叶同时开放，花较紧密，近基部较疏松；雄花序长 3（–5）厘米；轴有长毛；雄蕊（2–）3（–5），花丝基部有短柔毛；苞片长圆形或卵形，长 2.5–3.5 毫米，黄绿色，两面有疏短柔毛；腺体 2；雌花序长 3.5（–6）厘米，有梗，着生有全缘叶；子房卵状圆锥形，长 4–5 毫米，无毛，绿色带苍白色，子房柄长 1–2 毫米，花柱短，柱头 2 裂；苞片长圆形，1/2–2/3 子房长，两面有疏短柔毛；腺体 2，背腺较小，常比子房柄短。花期 4 月，果期 5 月。

分布： 大通湖、沅江；湘北；河北、内蒙古、山东、浙江、江苏、东北。俄罗斯（远东地区）、蒙古国、日本、朝鲜半岛。

生境： 湖区湖边或浅水中、河流边；林区河流两岸。海拔在 10–500 米。

应用： 薪或薪炭；早春蜜源树；护岸用景观生态树种；含单宁 4.6%；树皮和嫩叶可作黄色染料。

识别要点： 幼枝叶有密短柔毛，叶下面绿色；花序梗基部的小叶全缘，花序上部的花较紧密，近基部的较疏松；苞片长常约为子房的 2/3。

榆科 Ulmaceae

43 榔榆 lang yu
Ulmus parvifolia Jacq.

落叶乔木，老叶在新叶开放后脱落，高达 25 米；有时成板状根，树皮灰（褐）色，不规则鳞状薄片剥落，露出红褐色内皮，微凹凸不平；新枝密被短柔毛，深褐色。叶质地厚，披针状卵形或窄椭圆形，稀（倒）卵形，中脉两侧长宽不等，（1.7-）2.5-5（-8）×（0.8-）1-2（-3）厘米，尖或钝头，基部偏斜，楔形或一边圆，叶面有光泽，仅中脉凹陷处有疏柔毛，叶背幼时被短柔毛，后仅沿脉有疏毛及脉腋有簇生毛，齐钝单锯齿（稀重锯齿）缘，侧脉 10-15 对，两面明显，柄长 2-6 毫米，仅上面有毛。3-6 花簇生叶腋或成簇状聚伞花序，花被上部杯状，下部管状，花被片 4，深裂至杯状花被（近）基部，花梗极短，被疏毛。翅果（卵状）椭圆形，10-13×6-8 毫米，仅顶端缺口有毛，果翅稍厚，柄长约 2 毫米，果核位于翅果中上部，上端接近缺口，花被片脱落或残存，果梗较管状花被为短，长 1-3 毫米，有疏生短毛。花果期 8-10 月。

分布： 全洞庭湖区散见；湖南全省；河北、山西、贵州、四川、陕西、西藏、华东、华中、华南。日本、朝鲜、越南、印度。

生境： 湖边、池塘边、湖心小岛；平原、丘陵、谷地、山地及石灰岩地区疏林中。海拔 10-800 米。

应用： 根治跌打损伤，根皮与嫩叶消肿解毒，治疔肿、牙痛，茎皮收敛止血；造林树种，硬木用材；观赏；茎皮纤维造蜡纸、人造棉、织麻袋；根皮可作线香。

识别要点： 常成板状根；树皮不规则鳞片状剥落而呈红褐色斑纹，近平滑，凹凸不平。

44 榆（白榆）yu
Ulmus pumila L.

落叶乔木，达 25×1 米，在干瘠地成灌木状；幼树树皮平滑，灰褐或浅灰色，老树皮暗灰色，不规则深纵裂；小枝无毛或有毛，浅（黄）灰或浅褐灰色，稀淡（褐）黄色，散生皮孔；冬芽近球形或卵圆形，芽鳞背面无毛，内层边缘具白色长柔毛。叶椭圆状卵形、长卵形或披针形，2-8×1.2-3.5 厘米，（长）渐尖头，基部偏斜或近对称，一侧楔形至圆形，另一侧圆至半心形，叶面平滑无毛，叶背幼时有短柔毛，后仅部分脉腋有簇生毛，重锯齿或单锯齿缘，侧脉 9-16 对，叶柄长 4-10 毫米，通常仅上面有短柔毛。花先叶开放，腋生呈簇生状。翅果近圆形，稀倒卵状圆形，长 1.2-2 厘米，仅顶端缺口柱头面被毛，果核部分位于翅果的中部，成熟前后与果翅同色，淡绿转白黄色；宿存花被无毛，4 浅裂，裂片有缘毛；果梗较花被为短，长 1-2 毫米，被短柔毛或稀无。花果期 3-6 月。

分布： 全洞庭湖区散见；湖南全省栽培；东北、华北、西北、西南，长江下游各省有栽培。朝鲜半岛、俄罗斯东部、蒙古国、中亚。

生境： 湖区水边、堤岸、小岛；山坡、山谷、川地、丘陵及沙岗、沙地、田埂、路边、村边。海拔 20-2500 米。

应用： 树皮、叶及果安神、利小便；树皮粉和面粉称"榆皮面"，供食用，制醋；幼果与面粉混拌蒸食；叶作饲料；材用；造林及"四旁"绿化；种子油供医药和化工用；皮纤维制绳索、麻袋、人造棉、造纸；根皮制蚊香。

识别要点： 老树皮不规则深纵裂；叶基部偏斜，一侧楔形至圆形，另一侧圆至半心形；翅果近圆形，淡绿转白黄色，果核居翅果中央；宿存花被 4 浅裂，有缘毛。

桑科　Moraceae

45 藤构（蔓构）teng gou
Broussonetia kaempferi Sieb. var. **australis** Suzuki

蔓生藤状灌木；树皮黑褐色；小枝显著伸长，幼时被浅褐色柔毛，成长脱落。叶互生，螺旋状排列，近对称的卵状椭圆形，3.5-8×2-3厘米，渐尖至尾尖头，基部心形或截形，细锯齿缘，齿尖具腺体，不裂，稀2-3裂，表面无毛，稍粗糙；叶柄长8-10毫米，被毛。花雌雄异株，雄花序短穗状，长1.5-2.5厘米，花序轴约1厘米；雄花花被片3-4，裂片外面被毛，雄蕊3-4，花药黄色，椭圆球形，退化雌蕊小；雌花集生为球形头状花序。聚花果径1厘米，花柱线形，延长。花期4-6月，果期5-7月。

分布： 全洞庭湖区；湖南全省；陕西、华东、华中、华南、西南。

生境： 湖区池塘边或向阳坡地灌丛中；山谷灌丛中或沟边、山坡、路旁。海拔20-1000米。

应用： 韧皮纤维为优良造纸、人造棉、高级混纺原料。

识别要点： 蔓生藤状灌木；叶近对称的卵状椭圆形，渐尖至尾尖头，基部心形或截形，细腺齿缘，一般不裂，表面无毛；雌雄异株；花柱线形，延长；聚花果径1厘米。

46 楮（小构树）chu
Broussonetia kazinoki Sieb.

灌木，高2-4米；小枝斜上，幼时被毛，成长脱落。叶卵形至斜卵形，3-7×3-4.5厘米，渐尖至尾尖头，基部近圆形或斜圆形，三角形锯齿缘，不裂或3裂，表面粗糙，背面近无毛；叶柄长约1厘米；托叶小，线状披针形，渐尖，3-5×0.5-1毫米。花雌雄同株；雄花序球形头状，径8-10毫米，雄花花被3-4裂，裂片三角形，外面被毛，雄蕊3-4，花药椭圆形；雌花序球形，被柔毛，花被管状，顶端齿裂或近全缘，花柱单生，仅在近中部有小突起。聚花果球形，径8-10毫米；瘦果扁球形，外果皮壳质，具瘤体。花期4-5月，果期5-6月。

分布： 全洞庭湖区；湖南全省；陕西、华东（山东除外）、华中、华南、西南。日本、朝鲜半岛。

生境： 湖区村边及向阳坡地灌丛中；低山山坡灌丛、林缘、沟边、住宅近旁；中低海拔处。

应用： 根、叶清凉解毒，可治跌打损伤；叶作猪饲料；茎皮造优质纸、绝缘纸、绵纸、人造棉。

识别要点： 灌木；叶卵形至斜卵形，不裂或3裂，三角形锯齿缘，托叶线状披针形；雌雄同株，雄花序球形头状；聚花果球形，径8-10毫米。

47 构树 gou shu
Broussonetia papyrifera (L.) L'Hér. ex Vent.

乔木，高达 20 米；树皮暗灰色；小枝密生柔毛。叶螺旋状排列，广（长椭圆状）卵形，6-18×5-9 厘米，渐尖头，基部心形，两侧常不相等，粗锯齿缘，不分裂或 3-5 裂，幼树叶常明显分裂，表面粗糙，疏生糙毛，背面密被绒毛，基生叶脉三出，侧脉 6-7 对；柄长 2.5-8 厘米，密被糙毛，托叶大，卵形，狭渐尖，1.5-2×0.8-1 厘米。雌雄异株；雄柔黄花序粗壮，长 3-8 厘米，苞片披针形，被毛，花被 4 裂，裂片三角状卵形，被毛，雄蕊 4，花药近球形，退化雌蕊小；雌花序球形头状，苞片棍棒状，顶端被毛，花被管状，顶端与花柱紧贴，子房卵圆形，柱头线形，被毛。聚花果径 1.5-3 厘米，熟时橙红色，肉质；瘦果具与其等长的柄，有小瘤，龙骨双层，外果皮壳质。花期 4-5 月，果期 6-7 月。

分布：全洞庭湖区；湖南全省；甘肃、陕西、山西、河北、华东、华中、华南、西南。印度、中南半岛、日本、朝鲜。

生境：湖区空旷地、"四旁"；低山丘陵、荒地、水边。野生或栽培。

应用：楮实子、根皮、树皮入药补肾利尿、强筋骨，叶及乳汁治疮癣；叶作饲料，也作农药杀蚜虫及瓢虫；材用；茎皮纤维造纸和制人造棉；提烤胶；种子油制皂和油漆；"四旁"绿化及环保树种，强度吸附烟尘。

识别要点：乔木；小枝密生柔毛；叶基部心形，两侧不相等，不分裂或 3-5 裂，托叶卵形；雌雄异株，分别为球形头状和柔黄花序；聚花果径 1.5-3 厘米。

48 水蛇麻 shui she ma
Fatoua villosa (Thunb.) Nakai

一年生草本，高 30-80 厘米，枝直立，纤细，少分枝或不分枝，幼时绿后变黑色，微被长柔毛。叶膜质，（宽）卵圆形，5-10×3-5 厘米，急尖头，基部心形至楔形，三角形锯齿缘，微钝，两面被粗糙贴伏柔毛，侧脉 3-4 对；叶片在基部稍下延成叶柄；叶柄被柔毛。花单性，聚伞花序腋生，径约 5 毫米；雄花钟形；花被裂片长约 1 毫米，雄蕊伸出花被片外，与花被片对生；雌花花被片宽舟状，稍长于雄花被片，子房近扁球形，花柱侧生，丝状，长 1-1.5 毫米，约为子房 2 倍。瘦果略扁，三棱，散生细小瘤体；种子 1。花期 5-8 月。

分布：全洞庭湖区；湘东；河北、云南、贵州、华东（山东除外）、华中、华南。中南半岛、朝鲜半岛、日本、菲律宾、马来西亚、印度尼西亚、巴布亚新几内亚、澳大利亚。

生境：湖区空旷地、菜园、荒草地；荒地、道旁、岩石上及灌丛中。

应用：全草清热解毒，治刀伤、无名肿毒；根皮清热解毒、凉血止血，治喉炎、流行性腮腺炎、无名肿毒、刀伤出血；叶治风热感冒、头痛咳嗽，煎汁治腹痛。

识别要点：叶膜质，三角形锯齿缘，两面被粗糙贴伏柔毛，基部稍下延；聚伞花序腋生；瘦果具三棱，有细小瘤体。

49 柘（柘树）zhe
Maclura tricuspidata Carr.
[*Cudrania tricuspidata* (Carr.) Bur. ex Lavallée]

落叶灌木或小乔木，高 1–7 米；树皮灰褐色，小枝无毛，略具棱，有棘刺，刺长 5–20 毫米；冬芽赤褐色。叶（菱状）卵形，偶 3 裂，5–14×3–6 厘米，渐尖头，基部楔形至圆形，表面深绿色，背面绿白色，无毛或被柔毛，侧脉 4–6 对；叶柄长 1–2 厘米，被微柔毛。雌雄异株，雌雄花序均为球形头状花序，单生或成对腋生，具短总花梗；雄花序径 0.5 厘米，雄花苞片 2，附着于花被片上，花被片 4，肉质，先端肥厚，内卷，内面有黄色腺体 2，雄蕊 4，与花被片对生，花丝在花芽时直立，退化雌蕊锥形；雌花序径 1–1.5 厘米，花被片与雄花同数，花被片先端盾形，内卷，内面下部有 2 黄色腺体，子房埋于花被片下部。聚花果近球形，径约 2.5 厘米，肉质，成熟时橘红色。花期 5–6 月，果期 6–7 月。

分布： 全洞庭湖区；湖南全省；陕西、华北、华东、华中、华南、西南。朝鲜半岛，日本栽培。

生境： 湖区林缘或灌丛中；阳光充足的山地或林缘。海拔 20–2200 米。

应用： 根皮补虚痨、祛风、活血散瘀，治崩血、萎痿、遗精、耳聋、肺病、跌打损伤；果可生食或酿酒；叶养蚕；木材可做家具或提黄色染料；良好的绿篱树种；茎皮纤维造纸、制人造棉。

识别要点： 小枝略具棱，有棘刺；叶（菱状）卵形，或 3 裂；雌雄花序均为球形头状，单生或成对腋生；聚花果近球形，径约 2.5 厘米，肉质，成熟时橘红色。

50 桑（桑树）sang
Morus alba L.

乔木或灌木，高达 10 余米，树皮厚，灰色，不规则浅纵裂；冬芽红褐色，卵形，芽鳞灰褐色，与小枝有细毛。叶（广）卵形，5–15×5–12 厘米，急尖、渐尖或圆钝头，基部圆形至浅心形，粗钝锯齿缘，有时叶为各种分裂，表面鲜绿色，无毛，背面沿脉有疏毛，脉腋有簇毛；叶柄长 1.5–5.5 厘米，具柔毛；托叶披针形，早落，外面密被细硬毛。花单性，叶或芽鳞腋内生，与叶同时生出；雄花序下垂，长 2–3.5 厘米，密被白色柔毛，雄花花被片宽椭圆形，淡绿色。花丝在芽时内折，花药 2 室，球形至肾形，纵裂；雌花序长 1–2 厘米，被毛，总花梗长 5–10 毫米，被柔毛，雌花无梗，花被片倒卵形，圆钝头，外面和边缘被毛，两侧紧抱子房，无花柱，柱头 2 裂，具乳头状突起。聚花果卵状椭圆形，长 1–2.5 厘米，成熟时红或暗紫色。花期 4–5 月，果期 5–8 月。

分布： 全洞庭湖区；湖南全省；全国各地均有栽培，原产我国中部和北部，有约 4000 年的栽培史；朝鲜半岛、日本、蒙古国、俄罗斯、中亚、欧洲，世界各地栽培。

生境： 湖区"四旁"、疏林下或灌丛中；丘陵或山区的山麓、谷地、河流岸边、水边，疏林下或灌丛中，园圃或"四旁"栽培。海拔 20–1200 米。

应用： 根皮、果、枝、叶入药清肺热、祛风湿、补肝肾；桑椹可酿酒、作水果和饮料；家具、乐器、雕刻、细木工用材；叶养蚕；枝条编箩筐；树皮作纺织及造纸原料；种子油制油漆。

识别要点： 叶常有各种分裂，锯齿粗钝，表面无毛，背面沿脉有疏毛，脉腋有簇毛；雄花序下垂，密被白色柔毛；花被淡绿色；聚花果卵状椭圆形。

51 鸡桑 ji sang
Morus australis Poir.

灌木或小乔木，树皮灰褐色，冬芽大，圆锥状卵圆形。叶卵形，5-14×3.5-12 厘米，急尖或尾状头，基部楔形或心形，粗锯齿缘，不分裂或 3-5 裂，表面粗糙，密生短刺毛，背面疏被粗毛；叶柄长 1-1.5 厘米，被毛；托叶线状披针形，早落。雄花序长 1-1.5 厘米，被柔毛，雄花绿色，具短梗，花被片卵形，花药黄色；雌花序球形，长约 1 厘米，密被白色柔毛，雌花花被片长圆形，暗绿色，花柱很长，柱头 2 裂，内面被柔毛。聚花果短椭圆形，径约 1 厘米，成熟时红或暗紫色。花期 3-4 月，果期 4-5 月。

分布： 全洞庭湖区；湖南全省；辽宁、河北、山西、陕西、甘肃、华东、华中、华南、西南。朝鲜半岛、日本、斯里兰卡、缅甸、不丹、尼泊尔、印度。

生境： 湖区向阳旷野灌丛中、沟渠边或疏林下；石灰岩山地、谷地、荒地、林缘及灌丛。海拔（30-）500-1000 米。

应用： 药用同桑（*Morus alba* L.）；果成熟时味甜可食；叶养蚕；韧皮纤维可造纸。

识别要点： 叶不分裂或 3-5 裂，粗锯齿缘，表面粗糙，密生短刺毛，背面疏被粗毛；雄花绿色；雌花序球形，密被白色柔毛；聚花果短椭圆形。

大麻科 Cannabaceae

52 葎草 lü cao
Humulus scandens (Lour.) Merr.

缠绕草本，茎、枝、叶柄均具倒钩刺。叶纸质，肾状五角形，掌状 5-7 深裂，稀为 3 裂，长、宽 7-10 厘米，基部心脏形，表面粗糙，疏生糙伏毛，背面有柔毛和黄色腺体，裂片卵状三角形，锯齿缘；叶柄长 5-10 厘米。雄花小，黄绿色，圆锥花序，长 15-25 厘米；雌花序球果状，径约 5 毫米，苞片纸质，三角形，渐尖头，具白色绒毛；子房为苞片包围，柱头 2，伸出苞片外。瘦果成熟时露出苞片外。花期春夏季，果期秋季。

分布： 全洞庭湖区；湖南全省；除新疆、青海、宁夏外的全国各地。日本、越南、朝鲜半岛，欧洲及北美洲归化。

生境： 沟边、荒地、废墟、林缘边。

应用： 全草清热、止痒；果穗可代啤酒花用；全草煮液杀蚜虫；茎皮纤维可造纸、制人造棉、搓绳及制麻袋；种子油制油墨、肥皂、润滑油。

识别要点： 缠绕草本；茎与叶柄均具倒钩刺；叶肾状五角形，掌状 5-7 深裂，表面粗糙，疏生糙伏毛；雌花序球果状，苞片纸质，三角形，包围子房。

荨麻科 Urticaceae

53 序叶苎麻 xu ye zhu ma
Boehmeria clidemioides Miq. var. **diffusa** (Wedd.) H.-M.

多年生草本或亚灌木；茎高 0.9–3 米，不分枝或有少数分枝，上部多少密被短伏毛。叶对生，上部的有时近对生，同一对叶常不等大；叶片纸质或草质，（狭）卵形或长圆形，5–14×2.5–7 厘米，长渐尖或骤尖头，基部圆形，稍偏斜，中部以上为小或粗牙齿缘，两面有短伏毛，上面常粗糙，基出 3 脉，侧脉 2–3 对；叶柄长 0.7–6.8 厘米。穗状花序单生叶腋，通常雌雄异株，长 4–12.5 厘米，顶部有 2–4 叶；叶狭卵形，长 1.5–6 厘米；团伞花序径 2–3 毫米，除在穗状花序上着生外，也常生于叶腋。雄花无梗，花被片 4，椭圆形，长约 1.2 毫米，下部合生，外面有疏毛；雄蕊 4，长约 2 毫米，花药长约 0.6 毫米；退化雌蕊极短，椭圆形。雌花花被椭圆形或狭倒卵形，长 0.6–1 毫米，果期长约 1.5 毫米，顶端有 2–3 小齿，外面上部有短毛；柱头长 0.7–1.8 毫米。花期 6–8 月。

分布： 全洞庭湖区；湖南永顺、武冈；甘肃、陕西、福建、浙江、安徽、江苏、湖北、江西、广东、广西、西南。越南、老挝、缅甸、印度、尼泊尔、不丹。

生境： 湖区平原；丘陵或低山山谷林中、林边、灌丛中、草坡或溪边。海拔 30–2400 米。

应用： 四川民间用全草或根治风湿、筋骨痛；可作猪饲料。

识别要点： 与白面苎麻（原变种）的区别：叶互生，或茎下部少数叶对生；茎常多分枝。

54 苎麻 zhu ma
Boehmeria nivea (L.) Gaudich.

（亚）灌木，高 0.5–1.5 米；茎上部与叶柄密被开展的长硬毛及近开展和贴伏的短糙毛。叶互生；草质，圆（宽）卵形，6–15×4–11 厘米，骤尖头，基部近截形或宽楔形，牙齿缘，上面疏被短伏毛，下面密被白色毡毛，侧脉约 3 对；柄长 2.5–9.5 厘米；托叶分生，钻状披针形，背面被毛。圆锥花序腋生，或植株上部的为雌性，其下的为雄性，或全为雌性，长 2–9 厘米；雄团伞花序径 1–3 毫米，雄花少数；雌团伞花序径 0.5–2 毫米，雌花多数密集。雄花花被片 4，狭椭圆形，长约 1.5 毫米，合生至中部，急尖头，外面有疏柔毛；雄蕊 4，长约 2 毫米；退化雌蕊狭倒卵球形。雌花花被椭圆形，长 0.6–1 毫米，顶端有 2–3 小齿，外面有短柔毛，菱状倒披针形，长 0.8–1.2 毫米；柱头丝形。瘦果近球形，长约 0.6 毫米，光滑，基部突缩成细柄。花期 8–10 月。

分布： 全洞庭湖区；湖南全省；广西、广东、福建、江西、浙江、湖北、甘肃、陕西、河南（南部）、西南广泛栽培。越南、老挝。

生境： 全洞庭湖区、特别是沅江广泛栽培，或向阳旷野广布；山谷林边或草坡。海拔 20–1700 米。

应用： 根利尿解热、安胎，叶止血，治创伤出血，根、叶并用治急性淋浊、尿道炎出血；嫩叶养蚕及作饲料；茎皮纤维织夏布、机翼布、橡胶衬布、渔网，制人造丝、棉，与棉及羊毛混纺制高级衣料；短纤维造高级纸张、火药，织地毯、麻袋；种子油制皂和食用。

识别要点： 幼茎与叶柄密被开展长硬毛和贴伏短糙毛；叶上面疏被短伏毛，下面密被雪白色毡毛；雌团伞花序雌花多而密集；瘦果基部突缩成细柄。

55　悬铃叶苎麻 xuan ling ye zhu ma
Boehmeria tricuspis (Hance) Makino

亚灌木或多年生草本；高 50-150 厘米，中上部茎与叶柄和花序轴密被短毛。叶对生，稀互生；叶纸质，扁五角形或扁圆卵形，上部叶常为卵形，8-12（-18）×7-14（-22）厘米，顶部三骤尖或三浅裂，基部截形、浅心形或宽楔形，粗牙齿缘，上面有糙伏毛，下面密被短柔毛，侧脉 2 对；柄长 1.5-6（-10）厘米。穗状花序单生叶腋，或全株全为雌性，或茎上部的雌性，其下的为雄性，雌的长 5.5-24 厘米，分枝呈圆锥状或不分枝，雄的长 8-17 厘米，分枝呈圆锥状；团伞花序径 1-2.5 毫米。雄花花被片 4，椭圆形，长约 1 毫米，下部合生，外面上部疏被短毛；雄蕊 4，长约 1.6 毫米，花药长约 0.6 毫米；退化雌蕊短，椭圆形。雌花花被椭圆形，长 0.5-0.6 毫米，不明显齿缘，楔形至倒卵状菱形，外面有密柔毛；柱头长 1-1.6 毫米。花期 7-8 月。

分布： 松滋、公安、石首、安乡、华容、岳阳；湖南衡山、宜章、桑植；甘肃、陕西、河北、山西、广东、广西、华东、华中、西南。朝鲜半岛、日本。

生境： 湖区堤岸、稻田及沟渠边；低山山谷疏林下、沟边或田边。海拔（30-）500-1400 米。

应用： 根、叶治外伤出血、跌打肿痛、风疹、荨麻疹；叶作猪饲料；茎皮纤维可纺纱织布、造高级纸；茎皮搓绳、编草鞋；种子油制肥皂及食用。

识别要点： 叶常对生；叶片扁五角形，茎上部叶常为卵形，顶部三骤尖或三浅裂，粗牙齿缘，上面有糙伏毛，下面密被短柔毛；穗状花序单生叶腋。

56　糯米团 nuo mi tuan
Gonostegia hirta (Bl.) Miq.

多年生草本，老茎基部木质；茎蔓生、铺地或渐升，长达 1.6 米，（不）分枝，上部带四棱形，有短柔毛。叶对生，草质或纸质，宽（狭）披针形、（狭）卵形或椭圆形，（1-）3-10×1-3 厘米，长或短渐尖头，基部浅心形或圆形，全缘，上面有稀疏短伏毛或近无毛，下面沿脉有疏毛或近无毛，基出 3-5 脉；叶柄长 1-4 毫米；托叶钻形。团伞花序腋生，两性或有时单性，雌雄异株，径 2-9 毫米；苞片三角形。雄花花梗长 1-4 毫米；花被片 5，分生，倒披针形，长 2-2.5 毫米，短骤尖头；雄蕊 5，花丝条形，长 2-2.5 毫米，花药长约 1 毫米；退化雌蕊极小，圆锥状。雌花花被菱状狭卵形，长约 1 毫米，顶端有 2 小齿，有疏毛，果期呈卵形，长约 1.6 毫米，10 纵肋；柱头长约 3 毫米，有密毛。瘦果卵球形，长约 1.5 毫米，白或黑色，有光泽。花期 5-9 月。

分布： 益阳、沅江；衡山、衡阳、长沙、宜章、武冈、邵阳；陕西、华东（山东除外）、华中、华南、西南。亚洲泛热带、澳大利亚。

生境： 湖区；丘陵或低山溪谷林下阴湿地、山麓水沟边、草地或灌丛中、向阳坡地水湿环境，常聚生成片。海拔（30-）100-2700 米。

应用： 全草清血拔毒，治消化不良、食积胃痛，捣敷治血管神经性水肿、疔疮疖肿、乳腺炎、外伤出血，拌醋用治肿毒症；可作猪饲料；茎皮纤维可制人造棉。

识别要点： 茎蔓生、铺地或渐升，上部四棱形，有短柔毛；叶对生，全缘，两面有疏短毛；团伞花序腋生；瘦果卵球形，白或黑色，有光泽。

57 毛花点草 mao hua dian cao
Nanocnide lobata Wedd.

一年生或多年生草本。茎柔软，铺散丛生，长达 40 厘米，被下弯微硬毛。叶宽（或三角状）卵形，长 1.5-2 厘米，钝或尖头，基部近平截或宽楔形，4-5（-7）对粗圆齿或近裂片状粗齿缘，上面疏生小刺毛和柔毛，下面脉上密生紧贴柔毛，基出脉 3-5，叶柄在茎下部的长于叶片，茎上部的短于叶片，被下弯柔毛，托叶卵形，长约 1 毫米。雄花序常生于枝上部叶腋，稀雄花散生于雌花序下部，具短梗；雌花序成团聚伞花序，生枝顶叶腋或茎下部叶腋内；雄花淡绿色，花被（4-）5 深裂，裂片卵形，背面上部有鸡冠状突起，疏生白色刺缘毛。雌花花被片绿色，不等 4 深裂，外面 1 对裂片近舟形，长于子房，内面 1 对裂片窄卵形，与子房近等长。瘦果卵圆形，扁，褐色，长约 1 毫米，有疣点，花被片宿存。花期 4-6 月，果期 6-8 月。

分布：益阳、湘阴、岳阳；长沙、江华、武冈、衡山、龙山、张家界；华东（山东除外）、华中、西南、华南。越南。

生境：湖区耕地、荒地、旷野林下、宅旁阴湿处；山谷溪旁和石缝、路旁阴湿地和草丛中。海拔 20-1400 米。

应用：全草清热解毒，治疗烧烫伤、热毒疮、湿疹、肺热咳嗽、痰中带血等症。

识别要点：与花点草相似，但茎较柔软，常上升或平卧，被向下倾的毛；雄花序短于叶。

58 紫麻 zi ma
Oreocnide frutescens (Thunb.) Miq.

小乔木或灌木状，高达 3 米。小枝被毛，后渐脱落。叶常生于枝上部，草质，（窄）卵形，稀倒卵形，长 3-15 厘米，渐尖或尾尖头，基部圆，稀宽楔形，锯齿缘，下面常被灰白色毡毛，后渐脱落，基出 3 脉，侧脉 2-3 对；叶柄长 1-7 厘米，被粗毛，托叶线状披针形，长约 1 厘米，尾尖头，背面中肋疏生粗毛。花序生于头年枝和老枝，几无梗，簇生状；团伞花簇径 3-5 毫米。雄花花被片 3，在下部合生，长圆状卵形。瘦果卵球状，两侧稍扁，长约 1.2 毫米；宿存花被深褐色，疏生微毛，内果皮稍骨质，有多数注点；肉质果托壳斗状，包果大部。花期 3-5 月，果期 6-10 月。

分布：益阳、沅江、岳阳；湖南长沙、宜章、龙山、保靖、慈利、通道、娄底；陕西、甘肃、浙江、安徽、福建、湖北、江西、广东、广西、西南。日本、印度、不丹、中南半岛。

生境：湖区丘陵谷地水边阴湿处及坡地林下或灌丛中；山谷、溪边、林下潮湿处、林缘半阴湿处、石缝、灌木丛及高草丛中、山腰及山顶建筑物周围。海拔 50-2500 米。

应用：根、茎、叶入药行气活血；茎皮纤维可供制绳索、麻袋和人造棉；提取单宁。

识别要点：灌木；小枝常褐紫色；叶常生于枝的上部，上面疏生糙伏毛，下面被灰白色毡毛；花序簇生状；瘦果卵球状，肉质花托熟时增大呈壳斗状，包围果的大部。

59 小叶冷水花 xiao ye leng shui hua
Pilea microphylla (L.) Liebm.

纤细肉质小草本，铺散或直立，高达17厘米；无毛。茎多分枝，密布线形钟乳体。同对叶不等大，倒卵形或匙形，3-7×1.5-3毫米，钝头，基部楔形或渐窄，全缘，下面干时细蜂巢状，上面钟乳体线（条）形，明显，长0.3-0.4毫米，横向整齐排列，叶脉羽状，中脉稍明显，侧脉不明显；叶柄长1-4毫米，托叶三角形，长约0.5毫米。雌雄同株或同序，聚伞花序密集成头状，长1.5-6毫米。雄花具梗；花被片3，果时中间1枚长圆形，与果近等长，侧生2枚卵形，尖头，薄膜质。瘦果卵圆形，长0.4毫米，褐色，光滑。花期夏秋季，果期秋季。

分布：松滋归化；湖南长沙、衡山；湖北、福建、江西、浙江、广东、广西，为外来归化植物，北方各地温室栽培。原产南美洲热带，现亚洲、非洲热带地区引种或归化。

生境：路边石缝和墙上阴湿处，低海拔地区。

应用：栽培观赏，被誉为美洲"礼花草"。

识别要点：纤细小草本；茎肉质，多分枝，密布条形钟乳体；叶微小，同对不等大，倒卵形至匙形，全缘，稍反曲；聚伞花序密集成近头状；瘦果卵形，褐色。

60 矮冷水花 ai leng shui hua
Pilea peploides (Gaudich.) Hook. et Arn.

一年生肉质小草本，高达20厘米，无毛，常丛生。茎单一或少分枝。叶膜质，常集生茎顶，同对近等大，菱状圆形，稀扁圆状菱形或三角状卵形，长0.4-1.8厘米，钝头，稀尖头，基部（宽）楔形，稀近圆，全缘或波状缘，稀上部有不明显钝齿，两面有紫褐色斑点，钟乳体线形，基出3脉；叶柄长0.3-2厘米，托叶小，三角形。雌雄同株，雌、雄花序常同生叶腋，或分别单生叶腋，有时雌雄花同序；聚伞花序密集成头状，雄花序长0.3-1厘米，花序梗长2-7毫米；雌花序长2-6毫米。雄花花被片4，卵形。雌花花被片2，腹生1枚近舟形或倒卵状长圆形，与果近等长或稍短，有线形钟乳体，背生1枚膜质，三角形卵形，长为腹生的1/5。瘦果，卵圆形，黄褐色，光滑。花期4-7月，果期7-8月。

分布：岳阳、益阳、沅江；湖南凤凰、江华、南岳、长沙、武冈、衡东；辽宁、内蒙古、河北、贵州、华东（山东除外）、华中、华南。俄罗斯西伯利亚、朝鲜半岛、夏威夷群岛、加拉帕戈斯群岛、印度尼西亚爪哇、泰国、缅甸、越南、印度、不丹。

生境：湖区坡地园圃、阴湿苔藓地；山坡草地、石缝阴湿处或长苔藓的石上。海拔50-1300米。

应用：含皂苷，清热解毒，祛痰止痛，治跌打损伤、无名肿毒、毒蛇咬伤、疮疖；阴生观赏植物。

识别要点：肉质小草本；叶常集于茎顶部，同对近等大，菱状圆形，钝头，全缘或波状缘，两面生紫褐色斑点，具条形钟乳体；瘦果顶端稍歪斜。

61　雾水葛 wu shui ge
Pouzolzia zeylanica (L.) Benn.

多年生草本；茎直立或渐升，高达 40 厘米，下部常有长分枝，被短伏毛或混有开展柔毛。叶对生，或仅顶部的对生，草质，（宽）卵形，1.2–3.8×0.8–2.6 厘米，短分枝的叶很小，长约 6 毫米，短渐尖或微钝头，基部圆形，全缘，两面有疏伏毛，下面的毛有时较密，侧脉 1 对；叶柄长 0.3–1.6 厘米。花两性；团伞花序径 1–2.5 毫米；苞片三角形，背面有毛。雄花有短梗，花被片 4，狭长圆形或长圆状倒披针形，长约 1.5 毫米，基部合生，外面有疏毛；雄蕊 4，长约 1.8 毫米；退化雌蕊极短，狭倒卵形。雌花花被椭圆形或近菱形，长约 0.8 毫米，顶端有 2 小齿，外面密被柔毛，果期呈菱状卵形，长约 1.5 毫米；柱头长 1.2–2 毫米。瘦果卵球形，长约 1.2 毫米，淡黄白色，上部褐或全部黑色，有光泽。花期秋季。

分布：全洞庭湖区；湖南全省；甘肃、华东（山东除外）、华中、华南、西南。日本、菲律宾、印度尼西亚、巴布亚新几内亚、波利尼西亚、澳大利亚、也门、中南半岛、南亚，非洲及美洲传入。

生境：平原荒地、园圃、路边；丘陵或低山灌丛中或疏林下、沟边。海拔（30–）300–1300 米。

应用：全草清热解毒、清肿排脓、利水通淋，治疮疡痈疽、乳痈、风火牙痛、痢疾、腹泻、小便淋痛、白浊；作猪饲料。

识别要点：茎披散或匍匐状；不分枝，通常在基部或下部有 1–3 对对生的长分枝，枝条不或有少数极短分枝，短分枝上的叶较其他的叶远小。

檀香科　Santalaceae

62　百蕊草 bai rui cao
Thesium chinense Turcz.

多年生柔弱草本，高 15–40 厘米，全株多少被白粉，无毛；茎细长，簇生，基部以上疏分枝，斜升，有纵沟。叶线形，15–35×0.5–1.5 毫米，急尖或渐尖头，单脉。花单一，5 数，腋生；花梗（极）短，长 3–3.5 毫米；苞片 1，线状披针形；小苞片 2，线形，长 2–6 毫米，粗糙缘；花被绿白色，长 2.5–3 毫米，花被管呈管状，花被裂片锐尖头，内弯，内面的微毛不明显；雄蕊不外伸；子房无柄，花柱很短。坚果椭圆状或近球形，长宽 2–2.5 毫米，淡绿色，有明显隆起的网脉，宿存花被近球形，长约 2 毫米；果柄长 3.5 毫米。花期 4–5 月，果期 6–7 月。

分布：津市，分布新记录；湖南全省；除西北、西藏外，几遍全国。日本和朝鲜。

生境：湖区堤岸草丛中；荫蔽湿润或潮湿的小溪边、田野、草甸，也见于草甸和沙漠地带边缘、干草原与栎树林的石砾坡地上。海拔 20–3200 米。

应用：含黄酮苷、甘露醇等成分，全株清热解暑、利尿，治中暑、扁桃腺炎、腰痛等症，作利尿剂，又治蛇伤；可观赏。

识别要点：植株柔弱；茎斜升；叶线形；花 5 数；宿存花被近球形，较果短；无子房柄；果实有网脉。

蓼科 Polygonaceae

63 金荞麦 jin qiao mai
Fagopyrum dibotrys (D. Don) Hara

多年生草本。根状茎木质化，黑褐色。茎直立，高50-100厘米，分枝，具纵棱，无毛。有时一侧沿棱被柔毛。叶三角形，4-12×3-11厘米，渐尖头，基部近戟形，全缘，两面具乳头状突起或被柔毛；叶柄长达10厘米；托叶鞘筒状，膜质，褐色，长5-10毫米，偏斜，截形头，无缘毛。花序伞房状，顶生或腋生；苞片卵状披针形，尖头，膜质缘，长约3毫米，每苞2-4花；花梗中部具关节，与苞片近等长；花被5深裂，白色，花被片长椭圆形，长约2.5毫米，雄蕊8，比花被短，花柱3，柱头头状。瘦果宽卵形，3锐棱，长6-8毫米，黑褐色，无光泽，超出宿存花被2-3倍。花期7-9月，果期8-10月。

分布： 全洞庭湖区；湖南长沙、湘西、隆回、绥宁；陕西、甘肃、华东、华中、华南、西南。中南半岛、喜马拉雅地区。

生境： 湖区平原"四旁"、废弃地及垃圾堆；山谷湿地、山坡灌丛。海拔20-3200米。

应用： 块根清热解毒、排脓去瘀；全株治喉痛、痈疮，为跌打要药；根治狂犬病。

识别要点： 根状茎木质，黑褐色；茎具纵棱；叶三角形，基部近戟形，全缘，具乳头状突起或被柔毛；伞房状花序顶生或腋生；瘦果宽卵形，3锐棱，超出宿存花被2-3倍。

64 何首乌 he shou wu
Fallopia multiflora (Thunb.) Harald.

多年生草质藤本。块根肥厚，长椭圆形，黑褐色。茎缠绕，长2-4米，多分枝，具纵棱，无毛，微粗糙，下部木质化。叶（长）卵形，3-7×2-5厘米，渐尖头，基部心形或近心形，全缘；柄长1.5-3厘米；托叶鞘膜质，偏斜，无毛，长3-5毫米。花序圆锥状，顶生或腋生，长10-20厘米，分枝开展，具细纵棱，沿棱密被小突起；苞片三角状卵形，尖头，具小突起，每苞2-4花；花梗细弱，长2-3毫米，下部具关节，果时延长；花被5深裂，白或淡绿色，花被片椭圆形，大小不相等，外面3片较大，背部具翅，果时增大，花被果时外形近圆形，径6-7毫米；雄蕊8，花丝下部较宽；花柱3，极短，柱头头状。瘦果卵形，3棱，长2.5-3毫米，黑褐色，有光泽，包于宿存花被内。花期8-9月，果期9-10月。

分布： 全洞庭湖区；湖南全省；东北、陕西、甘肃、青海、山西、河北、华东、华中、华南、西南。日本。

生境： 湖区村舍及旷野灌丛中；山谷灌丛、山坡林下、沟边石隙。海拔20-3000米。

应用： 块根安神、养血、活络，生用通便、解疮毒，熟用补肝肾、益气血；茎藤养心安神；根含淀粉，可制粉或酿酒，酒有药味，为滋补剂；观赏。

识别要点： 多年生草质缠绕藤本；块根肥厚，黑褐色；叶卵形，基部心形，全缘，托叶鞘膜质，偏斜；圆锥状花序；花被片大小不相等；瘦果卵形，3棱，包于宿存花被内。

65 萹蓄 bian xu
Polygonum aviculare L.

一年生草本。茎平卧、上升或直立，高 10-40 厘米，自基部多分枝，具纵棱。叶（狭）椭圆形或披针形，1-4×0.3-1.2厘米，钝圆或急头，基部楔形，全缘，两面无毛，下面侧脉明显；叶柄短或近无柄，基部具关节；托叶鞘膜质，下部褐色，上部白色，撕裂脉明显。花单生或数朵簇生叶腋，遍布植株；苞片薄膜质；花梗细，顶部具关节；花被 5 深裂，花被片椭圆形，长 2-2.5 毫米，绿色，边缘白或淡红色；雄蕊 8，花丝基部扩展；花柱 3，柱头头状。瘦果卵形，3 棱，长 2.5-3毫米，黑褐色，密被小点组成的细条纹，无光泽，与宿存花被近等长或稍长。花期 5-7 月，果期 6-8 月。

分布: 全洞庭湖区；湖南全省；全国。北温带广泛分布，南温带广泛归化。

生境: 旷野荒草地、沙滩、田边、路边、沟边湿地。海拔10-4200 米。

应用: 全草通经利尿、清热解毒；作兽药。

识别要点: 茎具纵棱；叶近无柄，基部具关节，托叶鞘撕裂脉明显；花单生或数朵簇生叶腋，遍布植株，绿色，边缘白或淡红色；瘦果卵形，3 棱，黑褐色。

66 蓼子草 liao zi cao
Polygonum criopolitanum Hance

一年生草本。茎自基部分枝，平卧，丛生，节部生根，高10-15 厘米，被长糙伏毛及稀疏的腺毛。叶狭披针形或披针形，10-30×3-8 毫米，急尖头，基部狭楔形，两面被糙伏毛，具（腺）缘毛；叶柄极短或近无柄；托叶鞘膜质，密被糙伏毛，截形头，具长缘毛。花序头状，顶生，花序梗密被腺毛；苞片卵形，长 2-2.5 毫米，密生糙伏毛，具长缘毛，每苞内 1 花；花梗比苞片长，密被腺毛，顶部具关节；花被 5 深裂，淡紫红色，花被片卵形，长 3-4 毫米；雄蕊 5，花药紫色；花柱 2，中上部合生，瘦果椭圆形，双凸镜状，长约 2.5 毫米，有光泽，包于宿存花被内。花期 7-11 月，果期 9-12 月。

分布: 全洞庭湖区；湖南沅陵、宜章；陕西、广东、广西、华东、华中。

生境: 湖洲淤泥地、河滩沙地、沟边湿地。海拔 0-900 米。

应用: 祛风解表、散寒活血、清热解毒，治感冒发热、毒蛇咬伤、麻疹、疟疾等；缀花草坪。

识别要点: 茎平卧，丛生，节部生根；茎、叶被糙伏毛；头状花序顶生；花被淡紫红色，花药紫色；瘦果椭圆形，双凸镜状。

67 水蓼（辣蓼）shui liao
Polygonum hydropiper L.

一年生草本，高40-70厘米。茎直立，多分枝，无毛，节部膨大。叶（椭圆状）披针形，4-8×0.5-2.5厘米，渐尖头，基部楔形，全缘，具缘毛，两面无毛，被褐色小点，有时沿中脉具短硬伏毛，具辛辣味，叶腋具闭花受精花；叶柄长4-8毫米；托叶鞘筒状，膜质，褐色，长1-1.5厘米，疏生短硬伏毛，截形头，具短缘毛，托叶鞘内常藏有花簇。顶生或腋生总状花序呈穗状，长3-8厘米，常下垂，花稀疏，下部间断；苞片漏斗状，绿色，膜质缘，疏生短缘毛，每苞内3-5花；花梗较苞片长；花被5（稀4），深裂，绿色，上部白或淡红色，被黄褐色透明腺点，花被片椭圆形，长3-3.5毫米；雄蕊6（稀8），较花被短；花柱2-3，柱头头状。瘦果卵形，长2-3毫米，双凸镜状或具3棱，密被小点，黑褐色，无光泽，包于宿存花被内。花期5-9月，果期6-10月。

分布：全洞庭湖区；湖南全省；全国。澳大利亚、东北亚、东南亚、南亚、中亚、欧洲及北美洲。

生境：湖洲、河滩、水沟边、山谷湿地或浅水中，常成群生长。海拔0-3500米。

应用：全草止泻止痢、利尿、消肿解毒、止痛、降压，嫩枝叶外敷消疮肿及治蛇毒，和酒敷治跌打损伤；小坚果利尿，又治水肿、疮毒、蛇及虫咬伤等；古代为常用调味剂；作农药；对鱼虾及家畜有毒；生态景观。

识别要点：茎多分枝，节部膨大；叶具缘毛，有辛辣味，托

叶鞘内通常藏有花簇；总状花序通常下垂，花下部间断，花被被黄褐色透明腺点；瘦果卵形，双凸镜状或具3棱。

68 蚕茧蓼（蚕茧草）can jian liao
Polygonum japonicum Meisn.

多年生草本；根状茎横走。茎直立，淡红色，无毛，或具稀疏短硬伏毛，节部膨大，高50-100厘米。叶披针形，近薄革质，坚硬，7-15×1-2厘米，渐尖头，基部楔形，全缘，两面疏生短硬伏毛，中脉上毛较密，具刺状缘毛；叶柄短或近无；托叶鞘筒状，膜质，长1.5-2厘米，具硬伏毛，截形头，缘毛长1-1.2厘米。顶生总状花序呈穗状，长6-12厘米，通常数个再集成圆锥状；苞片漏斗状，绿色，上部淡红色，具缘毛，每苞内3-6花；花梗长2.5-4毫米；雌雄异株，花被5深裂，白或淡红色，花被片长椭圆形，长2.5-3毫米。雄花：雄蕊8，较花被长；雌花：花柱2-3，中下部合生，较花被长。瘦果卵形，3棱或双凸镜状，长2.5-3毫米，黑色，有光泽，包于宿存花被内。花期8-10月，果期9-11月。

分布：全洞庭湖区；湖南全省；陕西、广东、广西、香港、华东、华中、西南。朝鲜半岛、日本。

生境：湖洲及路边湿地、水边及山谷草地。海拔0-1700米。

应用：全草散寒、活血、止痢；湿地生态景观。

识别要点：根状茎横走，茎淡红色，节部膨大；叶坚硬，两面疏生短硬伏毛，具刺状缘毛，托叶鞘缘毛长约1厘米；数个顶生总状花序通常集成圆锥状；花被白或淡红色。

69 显花蓼 xian hua liao
Polygonum japonicum Meisn. var. **conspicuum** Nakai

与蚕茧草（原变种）形态特征极相似，但叶稍肉质，两面无毛或几无毛，托叶鞘无毛，缘毛短；花大，花被长 5-6 毫米，具腺点；瘦果无光泽。

分布： 全洞庭湖区；湖南全省；陕西、广东、广西、香港、华东、华中、西南。朝鲜半岛、日本。

生境： 湖洲及路边湿地、水边及山谷草地。海拔 0-1700 米。

应用： 全草散寒、活血、止痢；湿地生态景观。

识别要点： 叶两面无毛或几无毛，托叶鞘无毛，缘毛短；花大，具腺点；瘦果无光泽。

70 愉悦蓼 yu yue liao
Polygonum jucundum Meisn.

一年生草本。茎直立，基部近平卧，多分枝，无毛，高60-90 厘米。叶椭圆状披针形，6-10×1.5-2.5 厘米，两面疏生硬伏毛或近无毛，渐尖头，基部楔形，全缘，具短缘毛；叶柄长 3-6 毫米；托叶鞘膜质，淡褐色，筒状，0.5-1 厘米，疏生硬伏毛，截形头，缘毛长 5-11 毫米。总状花序呈穗状，顶生或腋生，长 3-6 厘米，花排列紧密；苞片漏斗状，绿色，缘毛长 1.5-2 毫米，每苞内 3-5 花；花梗长 4-6 毫米，明显比苞片长；花被粉红或白色，5 深裂，花被片长圆形，长 2-3毫米；雄蕊 7-8；花柱 3，下部合生，柱头头状。瘦果卵形，3 棱，黑色，有光泽，长约 2.5 毫米，包于宿存花被内。花期 8-9月，果期 9-11 月。

分布： 全洞庭湖区；湖南全省；陕西、甘肃、江苏、浙江、安徽、江西、湖北、四川、贵州、福建、广东、广西和云南。

生境： 湖洲及路边、沟边湿地；山坡草地、山谷路旁及湿地。海拔 0-2000 米。

应用： 全草作农药；猪饲料；生态景观。

识别要点： 一年生；茎直立，基部近平卧，多分枝，无毛；叶椭圆状披针形，基部楔形，两面常疏生硬伏毛；总状花序呈穗状，长 3-6 厘米，花排列紧密不间断；花被粉红或白色；瘦果 3 棱。

71 酸模叶蓼（马蓼）suan mo ye liao
Polygonum lapathifolium L.

一年生草本，高40-90厘米。茎直立，分枝，无毛，节部膨大。叶（宽）披针形，5-15×1-3厘米，渐或急尖头，基部楔形，上面绿色，常具1新月形黑褐色大斑点，两面中脉被短硬伏毛，全缘，具粗缘毛；叶柄短，具短硬伏毛；托叶鞘筒状，长1.5-3厘米，膜质，淡褐色，无毛，多数脉，截形头，无或稀具短缘毛。穗状总状花序，顶生或腋生，近直立，花紧密，通常数个花穗再组成圆锥状，花序梗被腺体；苞片漏斗状，具稀疏短缘毛；花被淡红或白色，4（5）深裂，花被片椭圆形，外面两面较大，脉粗壮，顶端叉分，外弯；雄蕊通常6。瘦果宽卵形，双凹，长2-3毫米，黑褐色，有光泽，包于宿存花被内。花期6-8月，果期7-9月。

分布：全洞庭湖区；湖南全省；全国。澳大利亚、巴布亚新几内亚、东北亚、中亚、东南亚、欧洲及北美洲。

生境：湖洲湿地、田边、路旁、水边、荒地或沟边湿地。海拔0-3900米。

应用：茎治中暑、上吐下泻、痢疾、毒蛇咬伤、虫牙痛、外伤出血、无名肿痛等；生态修复及景观。

识别要点：茎粗壮无毛，节部膨大；叶上面常具一黑褐色新月形斑点，托叶鞘几无缘毛；总状花序近直立，数个呈圆锥状，花紧密；花被淡红或白色；瘦果宽卵形，双凹。

72 绵毛酸模叶蓼（绵毛马蓼）
mian mao suan mo ye liao
Polygonum lapathifolium L. var. **salicifolium** Sihbth.

与酸模叶蓼（原变种）形态近似，不同在于本变种叶下面密生白色绵毛。

分布：全洞庭湖区；湖南全省；全国。俄罗斯西伯利亚、蒙古国、朝鲜半岛、日本、菲律宾、印度尼西亚爪哇、缅甸、印度、巴基斯坦、欧洲。

生境：生田边、路旁、水边、荒地或沟边湿地。海拔20-3900米。

应用：猪饲料；生态修复及景观。

识别要点：叶下面密生白色绵毛。

73 密毛酸模叶蓼（密毛马蓼）

mi mao suan mo ye liao

Polygonum lapathifolium L. var. **lanatum** (Roxb.) Stew.

与酸模叶蓼（原变种）形态近似，不同在于本变种全植株密被白色绵毛。

分布： 全洞庭湖区；湖南全省；福建、广东、广西及云南。印度、尼泊尔、不丹、缅甸、马来西亚、印度尼西亚爪哇、菲律宾。

生境： 湖边及田边湿地、沟边及水塘边。海拔 10-2500 米。

应用： 猪饲料；生态修复及景观。

识别要点： 全植株密被白色绵毛。

74 长鬃蓼（马蓼）chang zong liao

Polygonum longisetum De Br.

一年生草本。茎直立、上升或基部近平卧，自基部分枝，高30-60厘米，无毛，节部稍膨大。叶（宽）披针形，5-13×1-2厘米，急或狭尖头，基部楔形，上面近无毛，下面叶脉具短伏毛，具缘毛；叶柄短或近无柄；托叶鞘筒状，长7-8毫米，疏生柔毛，截形头，具缘毛，长6-7毫米。总状花序呈穗状，顶生或腋生，细弱，下部间断，直立，长2-4厘米；苞片漏斗状，无毛，具长缘毛，每苞5-6花；花梗长2-2.5毫米，与苞片近等长；花被5深裂，淡红或紫红色，花被片椭圆形，长1.5-2毫米；雄蕊6-8；花柱3，中下部合生，柱头头状。瘦果宽卵形，3棱，黑色，有光泽，长约2毫米，包于宿存花被内。花期6-8月，果期7-9月。

分布： 全洞庭湖区；湖南全省；陕西、甘肃、东北、华北、华东、华中、华南、西南。俄罗斯（远东地区）、蒙古国、日本、朝鲜半岛、菲律宾、马来西亚、印度尼西亚、缅甸、印度、尼泊尔、克什米尔地区。

生境： 湖洲湿地、沟渠边、山谷、水边、河边草地。海拔0-3100 米。

应用： 猪饲料；生态修复及景观。

识别要点： 茎自基部分枝；叶下面叶脉具短伏毛，具缘毛，托叶鞘疏生柔毛，缘毛长6-7毫米；总状花序细弱，下部间断，直立；花被淡红或紫红色；瘦果宽卵形，3棱。

75 红蓼（荭草）hong liao
Polygonum orientale L.

一年生草本。茎直立，粗壮，高 1–2 米，上部多分枝，密被开展的长柔毛。叶宽卵形或卵状披针形，10–20×5–12 厘米，渐尖头，基部圆形或近心形，微下延，全缘，密生缘毛，两面密生短柔毛，脉上密生长柔毛；叶柄长 2–10 厘米，具开展的长柔毛；托叶鞘筒状，膜质，长 1–2 厘米，被长柔毛，具长缘毛，通常沿顶端具草质绿色翅。总状花序呈穗状，顶生或腋生，长 3–7 厘米，花紧密，微下垂，数个组成圆锥状；苞片宽漏斗状，长 3–5 毫米，草质，绿色，被短柔毛，具长缘毛，每苞 3–5 花；花梗比苞片长；花被 5 深裂，淡红或白色；花被片椭圆形，长 3–4 毫米；雄蕊 7，较花被长；具花盘；花柱 2，中下部合生，较花被长，柱头头状。瘦果近圆形，双凹，径 3–3.5 毫米，黑褐色，有光泽，包于宿存花被内。花期 6–9 月，果期 8–10 月。

分布： 全洞庭湖区；湖南全省；除西藏外的全国各地。俄罗斯（远东地区）、日本、澳大利亚、朝鲜半岛、东南亚、南亚、欧洲。

生境： 向阳空旷地、沟边湿地、村边路旁。海拔 0–3000 米。

应用： 根与叶治毒疮，茎叶祛风、利湿、活血、止痛，花散血消食、止痛，果实称"水红花子"，活血、止痛、消积食、利尿、清肺化痰、顺气通便；果实制饴糖、酿酒；可观赏。

识别要点： 茎粗壮，植物体密被柔毛；叶宽卵形，基部圆形或心形，托叶鞘通常沿顶端具绿色草质翅；总状花序花紧密，微下垂；瘦果近圆形，双凹。

76 杠板归 gang ban gui
Polygonum perfoliatum L.

一年生草本。茎攀援，多分枝，长 1–2 米，具纵棱，棱具稀疏的倒生皮刺。叶三角形，3–7×2–5 厘米，钝或微尖头，基部截形或微心形，薄纸质，上面无毛，下面叶脉疏生皮刺；叶柄与叶片近等长，具倒生皮刺，盾状着生于叶片的近基部；托叶鞘叶状，草质，绿色，（近）圆形，穿叶，径 1.5–3 厘米。总状花序呈短穗状，不分枝顶生或腋生，长 1–3 厘米；苞片卵圆形，每苞 2–4 花；花被 5 深裂，白或淡红色，花被片椭圆形，长约 3 毫米，果时增大，肉质，深蓝色；雄蕊 8，略短于花被；花柱 3，中上部合生；柱头头状。瘦果球形，径 3–4 毫米，黑色，有光泽，包于宿存花被内。花期 6–8 月，果期 7–10 月。

分布： 全洞庭湖区；湖南全省；陕西、甘肃、东北、华北、华东、华中、华南、西南。俄罗斯（远东地区）、日本、朝鲜半岛、东南亚、新几内亚岛、南亚、西亚；北美洲传入。

生境： 空旷地、田边、路旁、山谷、湿地、草丛或灌丛中。海拔 20–2300 米。

应用： 茎叶清热止咳、散瘀解毒、止痒，治蛇伤、结石；作农药；根可提制栲胶。

识别要点： 茎攀援，多分枝，具稀疏的倒生皮刺；叶三角形，下面叶脉疏生皮刺，叶柄具倒生皮刺，盾状着生于叶片的近基部，托叶鞘叶状，穿叶；瘦果球形，黑色。

77　习见蓼 xi jian liao
Polygonum plebeium R. Br.

一年生草本。茎平卧，自基部分枝，长 10-40 厘米，具纵棱，棱具小突起，通常小枝节间比叶片短。叶狭椭圆形或倒披针形，5-15×2-4 毫米，钝或急尖头，基部狭楔形，两面无毛，侧脉不明显；叶柄极短或近无；托叶鞘膜质，白色，透明，长 2.5-3 毫米，顶端撕裂，3-6 花簇生叶腋，遍布全植株；苞片膜质；花梗中部具关节，比苞片短；花被 5 深裂；花被片长椭圆形，绿色，背部稍隆起，边缘白或淡红色，长 1-1.5 毫米；雄蕊 5，花丝基部稍扩展，比花被短；花柱 3，稀 2，极短，柱头头状。瘦果宽卵形，3 锐棱或双凸镜状，长 1.5-2 毫米，黑褐色，平滑，有光泽，包于宿存花被内。花期 5-8 月，果期 6-9 月。

分布： 全洞庭湖区；湖南全省；全国。俄罗斯（远东地区）、日本、菲律宾、印度尼西亚、澳大利亚、泰国、缅甸、印度、尼泊尔、哈萨克斯坦、北非，欧洲引入。

生境： 田边、路旁、水边湿地。海拔 0-2200 米。

应用： 全草抗炎利尿、利胆保肝、止血、镇痛，治恶疮疥癣、淋浊、蛔虫病；猪饲料。

识别要点： 茎平卧，自基部分枝，小枝节间常比叶片短；叶常狭椭圆形，托叶鞘顶端撕裂；花簇生于叶腋，绿色，边缘白或淡红色；瘦果宽卵形，3 锐棱或双凸镜状。

78　丛枝蓼 cong zhi liao
Polygonum posumbu Buch.-Ham. ex D. Don

一年生草本。茎细弱，无毛，具纵棱，高 30-70 厘米，下部多分枝，外倾。叶卵状披针形或卵形，3-6（-8）×1-2（-3）厘米，尾状渐尖头，基部宽楔形，纸质，两面疏生硬伏毛或近无毛，下面中脉稍凸出，具缘毛；叶柄长 5-7 毫米，具硬伏毛；托叶鞘筒状，薄膜质，长 4-6 毫米，具硬伏毛，截形头，缘毛粗壮，长 7-8 毫米。总状花序呈穗状，顶生或腋生，细弱，下部间断，花稀疏，长 5-10 厘米；苞片漏斗状，无毛，淡绿色，具缘毛，每苞 3-4 花；花梗短，花被 5 深裂，淡红色，花被片椭圆形，长 2-2.5 毫米；雄蕊 8，比花被短；花柱 3，下部合生，柱头头状。瘦果卵形，3 棱，长 2-2.5 毫米，黑褐色，有光泽，包于宿存花被内。花期 6-9 月，果期 7-10 月。

分布： 全洞庭湖区；湖南全省；陕西、甘肃、东北、华东、华中、华南、西南。朝鲜半岛、日本、菲律宾、印度尼西亚、泰国、缅甸、尼泊尔、印度。

生境： 山坡、林下、山谷、水边。海拔 30-3000 米。

应用： 全草治跌打损伤、关节炎、头疮、脚癣。

识别要点： 茎细弱，具纵棱，下部多分枝；叶常卵状披针形，尾状渐尖头，具缘毛，托叶鞘具硬伏毛，缘毛粗壮；总状花序细弱，下部间断；花稀疏，淡红色；瘦果卵形，3 棱。

79 伏毛蓼 fu mao liao
Polygonum pubescens Blume

一年生草本。茎直立，高 60-90 厘米，疏生短硬伏毛，带红色，中上部多分枝，节部明显膨大。叶卵状（或宽）披针形，5-10×1-2.5 厘米，渐或急尖头，基部宽楔形，上面绿色，中部具黑褐色斑点，两面密被短硬伏毛，具缘毛；无辛辣味，叶腋无闭花受精花。叶柄稍粗壮，长 4-7 毫米，密生硬伏毛；托叶鞘筒状，膜质，长 1-1.5 厘米，具硬伏毛，截形头，具粗壮的长缘毛。总状花序呈穗状，顶生或腋生，花稀疏，长 7-15 厘米，上部下垂，下部间断；苞片漏斗状，绿色，近膜质缘，具缘毛，每苞 3-4 花；花梗细弱，比苞片长；花被 5 深裂，绿色，上部红色，密生淡紫色透明腺点，花被片椭圆形，长 3-4 毫米；雄蕊 8，比花被短；花柱 3，中下部合生。瘦果卵形，3 棱，黑色，密生小凹点，无光泽，长 2.5-3 毫米，包于宿存花被内。花期 8-9 月，果期 8-10 月。

分布： 全洞庭湖区；湖南全省；辽宁、陕西、甘肃、华东、华中、华南及西南。朝鲜、日本、印度尼西亚及印度。

生境： 沟边、水旁、田边湿地。海拔 0-2700 米。

应用： 锰超富集植物，土壤植物修复。

识别要点： 茎带红色，多分枝，节部膨大；叶面具黑褐色斑点，两面与茎被短硬伏毛；托叶鞘具长缘毛。总状花序长 7-15 厘米，花稀疏下垂，下部间断；花被绿色，上部红色，密生淡紫色腺点。

80 箭头蓼（箭叶蓼，雀翅）jian tou liao
Polygonum sagittatum L.
[*Polygonum sieboldii* Meisn.]

一年生草本。茎基部外倾，上部近直立，有分枝，无毛，四棱形，棱具倒生皮刺。叶宽披针形或长圆形，2.5-8×1-2.5 厘米，急尖头，基部箭形，上面绿色，下面淡绿色，两面无毛，下面中脉具倒生短皮刺，全缘，无缘毛；叶柄长 1-2 厘米，具倒生皮刺；托叶鞘膜质，偏斜，无缘毛，长 0.5-1.3 厘米。花序头状，通常成对，顶生或腋生，花序梗细长，疏生短皮刺；苞片椭圆形，急尖头，背部绿色，膜质缘，每苞 2-3 花；花梗短，长 1-1.5 毫米，比苞片短；花被 5 深裂，白或淡紫红色，花被片长圆形，长约 3 毫米；雄蕊 8，比花被短；花柱 3，中下部合生。瘦果宽卵形，3 棱，黑色，无光泽，长约 2.5 毫米，包于宿存花被内。花期 6-9 月，果期 8-10 月。

分布： 全洞庭湖区；湖南全省；东北、华北、华东、华中、陕西、甘肃、四川、贵州、云南。朝鲜、日本、俄罗斯（远东地区）。

生境： 浅水池塘中、水边、沟旁；山谷。海拔 20-2200 米。

应用： 全草清热解毒，止痒；作湿地水景。

识别要点： 茎基部外倾，光滑无毛，具棱，棱具倒生皮刺，成熟时紫红色；膜质托叶鞘无缘毛，叶基部箭形；花序头状，花白或淡紫红色，花柱 3，中下部合生；瘦果卵形，3 棱。

81 刺蓼（廊茵）ci liao
Polygonum senticosum (Meisn.) Franch. et Sav.

茎攀援，长 1–1.5 米，多分枝，被短柔毛，四棱形，棱具倒生皮刺。叶片（长）三角形，4–8×2–7 厘米，急或渐尖头，基部戟形，两面被短柔毛，下面叶脉具稀疏的倒生皮刺，具缘毛；叶柄粗壮，长 2–7 厘米，具倒生皮刺；托叶鞘筒状，边缘具叶状翅，翅肾圆形，草质，绿色，具短缘毛。花序头状，顶生或腋生，花序梗分枝，密被短腺毛；苞片长卵形，淡绿色，膜质缘，具短缘毛，每苞 2–3 花；花梗粗壮，比苞片短；花被 5 深裂，淡红色，花被片椭圆形，长 3–4 毫米；雄蕊 8，2 轮，比花被短；花柱 3，中下部合生；柱头头状。瘦果近球形，微 3 棱，黑褐色，无光泽，长 2.5–3 毫米，包于宿存花被内。花期 6–7 月，果期 7–9 月。

分布： 全洞庭湖区；湖南全省；河北、广东、广西、贵州、云南、东北、华东和华中。俄罗斯（远东地区）、日本、朝鲜半岛。

生境： 湖区池塘及沟渠边或浅水中；山坡、山谷及林下。海拔（30–）120–1500 米。

应用： 全草清热解毒，治急性痈疖、蛇头疮、蛇伤；可作湿地水景观赏植物。

识别要点： 茎攀援，四棱形，具倒生皮刺；叶片三角形，基部戟形，被短柔毛，下面叶脉具倒生皮刺，托叶鞘边缘具叶状翅；花序头状；花被淡红色；瘦果近球形，微 3 棱。

82 糙毛蓼（水湿蓼）cao mao liao
Polygonum strigosum R. Br.

多年生草本。茎近直立或外倾，高达 1 米，具纵棱，棱具倒生皮刺，皮刺长 1.5–2 毫米，叶长椭圆形或披针形，6–10×1–3.5 厘米，渐或急尖头，基部近心形或截形，有时近箭形，具短缘毛，上面无毛或疏被短糙伏毛，下面中脉具倒生皮刺；叶柄长 1–3 厘米，具倒生皮刺；托叶鞘筒状，膜质，长 1.5–3 厘米，截形头，具长缘毛，基部密被倒生皮刺。总状花序呈穗状，花序梗分枝，密被短柔毛及稀疏腺毛；苞片椭圆形或卵形，长 2–3 毫米，通常被糙硬毛，每苞 2–3 花；花梗长 1–2 毫米，比苞片短；花被 5 深裂，白或淡红色，花被片椭圆形，长 2–4 毫米，雄蕊 5–7，比花被短；子房宽卵形，花柱 2–3，柱头头状。瘦果近圆形，3 棱或双凸，深褐色，无光泽，长 3 毫米，包于宿存花被内。花期 8–9 月，果期 9–10 月。

分布： 沅江、益阳、岳阳；湖南全省；江苏、福建、广东、广西、贵州、云南、西藏。南亚、东南亚、新几内亚岛及澳大利亚。

生境： 湖区湖边淤滩、沙土草地；山谷水边、林下湿地。海拔 10–2000 米。

应用： 可作湿地公园造景。

识别要点： 茎、中脉及托叶鞘均具倒生皮刺；叶长椭圆状披针形，基部心形、截形或箭形，托叶鞘具长缘毛；花序梗被柔毛及腺毛；花白或淡红色；瘦果近圆形，3 棱或双凸。

83 细叶蓼 xi ye liao
Polygonum taquetii Lévl.

一年生草本。茎细弱，无毛，高 30-50 厘米，基部近平卧或上升，下部多分枝，节部生根。叶狭（或线状）披针形，20-40×3-6 毫米，急尖头，基部狭楔形，两面疏被短柔毛或近无毛，全缘；叶柄极短或近无；托叶鞘筒状，膜质，长 5-6 毫米，疏生柔毛，截形头，缘毛长 3-5 毫米。总状花序呈穗状，顶生或腋生，长 3-10 厘米，细弱，间断，下垂，长 3-10 厘米，通常数个组成圆锥状；苞片漏斗状，长约 2 毫米，绿色，具长缘毛，每苞 3-4 花，花梗细长，比苞片长；花被 5 深裂，淡红色，花被片椭圆形，长 1.5-1.7 毫米；雄蕊 7，比花被短；花柱 2-3，中下部合生。瘦果卵形，双凸镜状或 3 棱，长 1.2-1.5 毫米，褐色，有光泽，包于宿存花被内。花期 8-9 月，果期 9-10 月。

分布： 沅江、益阳；湖南全省；江苏、浙江、安徽、江西、湖北、福建、广东。朝鲜、日本。

生境： 湖区湖边淤滩、沙土草地；山谷湿地、沟边、水边。海拔 10-2000 米。

应用： 可作湿地观赏草坪。

识别要点： 细弱草本，近平卧或上升，下部多分枝，节部生根。叶线状披针形，宽 3-6 毫米，几无柄；花序细弱，间断，下垂；苞片具长缘毛；花被淡红色；瘦果卵形，双凸或 3 棱。

84 香蓼（粘毛蓼）xiang liao
Polygonum viscosum Buch.-Ham. ex D. Don

一年生草本，植株具香味。茎直立或上升，多分枝，密被开展的长糙硬毛及腺毛，高 50-90 厘米。叶卵状（或椭圆状）披针形，5-15×2-4 厘米，渐或急尖头，基部楔形下延，两面被糙硬毛，叶脉上毛较密，全缘，密生短缘毛；托叶鞘膜质，筒状，长 1-1.2 厘米，密生短腺毛及长糙硬毛，截形头，具长缘毛。总状花序呈穗状，顶生或腋生，长 2-4 厘米，花紧密，通常数个组成圆锥状，花序梗密被开展的长糙硬毛及腺毛；苞片漏斗状，具长糙硬毛及腺毛，疏生长缘毛，每苞 3-5 花；花梗比苞片长；花被 5 深裂，淡红色，花被片椭圆形，长约 3 毫米，雄蕊 8，比花被短；花柱 3，中下部合生。瘦果宽卵形，3 棱，黑褐色，有光泽，长约 2.5 毫米，包于宿存花被内。花期 7-9 月，果期 8-10 月。

分布： 湘阴；湖南全省；陕西、广东、广西、东北、华东、华中、西南。俄罗斯（远东地区）、朝鲜半岛、日本、越南、印度、尼泊尔。

生境： 田埂、路旁湿地、沟边草丛。海拔 0-1900 米。

应用： 全草有香气，治风湿；生态景观。

识别要点： 植株具香味；茎多分枝，密被长糙硬毛及腺毛；叶基部下延，两面被糙硬毛，托叶鞘具长缘毛；总状花序，花紧密；花被淡红色；瘦果宽卵形，3 棱。

85 虎杖 hu zhang
Reynoutria japonica Houtt.

多年生草本。根状茎粗壮，横走。茎直立，高达 2 米，粗壮，空心，具纵棱及小突起，无毛，散生（紫）红色斑点。叶宽卵形或卵状椭圆形，5-12×4-9 厘米，近革质，渐尖头，基部宽楔形、截形或近圆形，全缘，疏生小突起，无毛，沿叶脉具小突起；叶柄长 1-2 厘米，具小突起；托叶鞘膜质，偏斜，长 3-5 毫米，褐色，具纵脉，无毛，截形头，无缘毛，常破裂，早落。雌雄异株，花序圆锥状，长 3-8 厘米，腋生；苞片漏斗状，长 1.5-2 毫米，渐尖头，无缘毛，每苞 2-4 花；花梗长 2-4 毫米，中下部具关节；花被 5 深裂，淡绿色，雄花花被片具绿色中脉，无翅，雄蕊 8，比花被长；雌花花被片外面 3 片背部具翅，果时增大，翅扩展下延，花柱 3，柱头流苏状。瘦果卵形，3 棱，长 4-5 毫米，黑褐色，有光泽，包于宿存花被内。花期 8-9 月，果期 9-10 月。

分布: 沅江、益阳、湘阴；湖南全省；陕西、甘肃、华东、华中、华南、西南。朝鲜半岛、日本，世界广泛栽培或逸为杂草。

生境: 湖区湖边、沟边、林下、草地；山坡灌丛、山谷、路旁、田边湿地。海拔 10-2000 米。

应用: 根状茎含白藜芦醇、活血、散瘀、通经、镇咳、抑癌、根、叶消炎杀菌、收敛止血，配方治各种肿瘤；茎味酸可食；景观观赏。

识别要点: 根状茎粗壮，横走；茎粗壮，空心，具纵棱，散生紫红色斑点，味酸，托叶鞘常破裂；雄花花被片具绿色中脉，雌花外轮花被片背部具翅；瘦果卵形，3 棱。

86 酸模 suan mo
Rumex acetosa L.

多年生草本。根为须根。茎直立，高 40-100 厘米，具深沟槽，通常不分枝。基生叶和茎下部叶箭形，3-12×2-4 厘米，急尖或圆钝头，基部裂片急尖，全缘或微波状缘；叶柄长 2-10 厘米；茎上部叶较小，具短叶柄或无柄；托叶鞘膜质，易破裂。花序狭圆锥状，顶生，分枝稀疏；花单性，雌雄异株；花梗中部具关节；花被片 6，2 轮，雄花内花被片椭圆形，长约 3 毫米，外花被片较小，雄蕊 6；雌花内花被片果时增大，近圆形，径 3.5-4 毫米，全缘，基部心形，网脉明显，基部具极小的小瘤，外花被片椭圆形，反折，瘦果椭圆形，3 锐棱，两端尖，长约 2 毫米，黑褐色，有光泽。花期 5-7 月，果期 6-8 月。

分布: 全洞庭湖区；湖南全省；全国。俄罗斯、蒙古国、朝鲜半岛、日本、中亚及高加索地区、欧洲及北美洲。

生境: 湖区湖边或河边淤滩草地、旷野、丘陵坡地；山坡、林缘、沟边、路旁。海拔 10-4100 米。

应用: 根或全草凉血、解毒、消炎止血、通便杀虫；嫩茎叶可作蔬菜及饲料；全株作农药；生态景观。

识别要点: 须根；茎直立，具深沟槽，常不分枝；基生叶和茎下部叶箭形；花序狭圆锥状，顶生，分枝稀疏；花单性，雌雄异株，花梗中部具关节；瘦果椭圆形，3 锐棱，两端尖。

87 皱叶酸模 zhou ye suan mo
Rumex crispus L.

多年生草本。根粗壮，黄褐色。茎直立，高 50-120 厘米，不分枝或上部分枝，具浅沟槽。基生叶（狭）披针形，10-25×2-5 厘米，急尖头，基部楔形，皱波状缘；茎生叶较小，狭披针形；叶柄长 3-10 厘米；托叶鞘膜质，易破裂。花序狭圆锥状，花序分枝近直立或上升；花两性；淡绿色；花梗细，中下部具关节，关节果时稍膨大；花被片 6，外花被片椭圆形，长约 1 毫米，内花被片果时增大，宽卵形，长 4-5 毫米，网脉明显，稍钝头，基部近截形，近全缘，全部具小瘤，稀 1 片具小瘤，小瘤卵形，长 1.5-2 毫米。瘦果卵形，急尖头，3 锐棱，暗褐色，有光泽。花期 5-6 月，果期 6-7 月。

分布: 全洞庭湖区；湖南全省；东北、华北、西北、西南、华中、华东。泰国、蒙古国、日本、俄罗斯东部、高加索地区、中亚、朝鲜半岛、欧洲及北美洲，世界广泛归化。

生境: 湖河滩、荒地、田边、溪沟边湿地。海拔 0-2500 米。

应用: 根清热通便、杀虫、治顽癣；茎、叶作猪饲料；湿地景观。

识别要点: 根粗壮；茎上部分枝，具浅沟槽；基生叶披针形，基部楔形，皱波状缘；花序狭圆锥状；花两性，淡绿色，花梗中下部具关节；瘦果卵形，急尖头，3 锐棱。

88 齿果酸模 chi guo suan mo
Rumex dentatus L.

一年生草本。茎直立，高 30-70 厘米，自基部分枝，枝斜上，具浅沟槽。茎下部叶长（椭）圆形，4-12×1.5-3 厘米，圆钝或急尖头，基部圆形或近心形，浅波状缘，茎生叶较小；叶柄长 1.5-5 厘米。花序总状，顶生和腋生，具叶，数个组成圆锥状花序，长达 35 厘米，多花，轮状排列，花轮间断；花梗中下部具关节；外花被片椭圆形，长约 2 毫米；内花被片果时增大，三角状卵形，3.5-4×2-2.5 毫米，急尖头，基部近圆形，网纹明显，全部具小瘤，小瘤长 1.5-2 毫米，每侧边缘 2-4 个刺状齿，齿长 1.5-2 毫米。瘦果卵形，3 锐棱，长 2-2.5 毫米，两端尖，黄褐色，有光泽。花期 5-6 月，果期 6-7 月。

分布: 全洞庭湖区；湖南全省；华北、西北、华东、华中、西南。尼泊尔、印度、阿富汗、哈萨克斯坦、吉尔吉斯斯坦、俄罗斯、欧洲东南部、北非。

生境: 湖区湖河边及旷野草地；沟边湿地、山坡路旁。海拔 0-2500 米。

应用: 茎、叶作猪饲料；湿地景观。

识别要点: 茎自基部分枝，具浅沟槽；茎下部叶常长椭圆形，基部圆形或近心形，浅波状缘；内花被片具小瘤，每侧边缘 2-4 个刺状齿；瘦果卵形，3 锐棱，两端尖。

89 羊蹄 yang ti
Rumex japonicus Houtt.

多年生草本。茎直立，高 50–100 厘米，上部分枝，具沟槽。基生叶（披针状）长圆形，8–25×3–10 厘米，急尖头，基部圆形或心形，微波状缘，下面叶脉具小突起；茎上部叶狭长圆形；叶柄长 2–12 厘米；托叶鞘膜质，易破裂。花序圆锥状，花两性，多花轮生；花梗细长，中下部具关节；花被片 6，淡绿色，外花被片椭圆形，长 1.5–2 毫米，内花被片果时增大，宽心形，长 4–5 毫米，渐尖头，基部心形，网脉明显，不整齐小齿缘，齿长 0.3–0.5 毫米，全部具小瘤，小瘤长卵形，长 2–2.5 毫米。瘦果宽卵形，3 锐棱，长约 2.5 毫米，两端尖，暗褐色，有光泽。花期 5–6 月，果期 6–7 月。

分布：全洞庭湖区；湖南全省；四川、贵州、陕西、东北、华北、华东、华中、华南。朝鲜半岛、日本、俄罗斯（远东地区）。

生境：田边、路旁、河滩、沟边湿地。海拔 0–3400 米。

应用：根清热凉血；作猪饲料；湿地景观。

识别要点：茎上部分枝；基生叶常披针状长圆形，基部圆形或心形，略波状缘；花序圆锥状；内花被片宽心形，不整齐小齿缘；瘦果宽卵形，3 锐棱，两端尖。

90 长刺酸模 chang ci suan mo
Rumex trisetifer Stokes

一年生草本。根粗壮，红褐色。茎直立，高 30–80 厘米，（红）褐色，具沟槽，分枝开展。茎下部叶（披针状）长圆形，8–20×2–5 厘米，急尖头，基部楔形，波状缘，茎上部叶较小，狭披针形；叶柄长 1–5 厘米；托叶鞘膜质，早落。花序总状，顶生和腋生，具叶，再组成大型圆锥状花序。花两性，多花轮生，上部较紧密，下部稀疏，间断；花梗细长，近基部具关节；花被片 6，2 轮，黄绿色，外花被片披针形，较小，内花被片果时增大，狭三角状卵形，3–4×1.5–2 毫米（不含针刺），顶端狭窄，急尖头，基部截形，全部具小瘤，每侧边缘 1 针刺，针刺长 3–4 毫米，直伸或微弯。瘦果椭圆形，3 锐棱，两端尖，长 1.5–2 毫米，黄褐色，有光泽。花期 5–6 月，果期 6–7 月。

分布：全洞庭湖区；湖南长沙；湖北、江西、陕西、华东(山东除外)、华南、西南。中南半岛、孟加拉国、印度、不丹。

生境：田边及水边湿地、山坡草地。海拔 0–1300 米。

应用：果含羊蹄根苷、芸香苷及金丝桃苷等，杀虫、清热、凉血，治痈疮肿痛、秃疮疥癣、跌打肿痛；湿地景观。

识别要点：茎分枝开展；茎下部叶常披针状长圆形，基部楔形；花梗近基部具关节，内花被片狭三角状卵形，每侧具 1 个针刺；瘦果椭圆形，3 锐棱，两端尖。

商陆科 Phytolaccaceae

91 垂序商陆（美洲商陆）chui xu shang lu
Phytolacca americana L.

多年生草本，高 1-2 米。根粗壮，肥大，倒圆锥形。茎直立，圆柱形，有时带紫红色。叶片椭圆状卵形或卵状披针形，9-18×5-10 厘米，急尖头，基部楔形；叶柄长 1-4 厘米。总状花序顶生或侧生，长 5-20 厘米；花梗长 6-8 毫米；花白色，微带红晕，径约 6 毫米；花被片 5，雄蕊、心皮及花柱通常均为 10，心皮合生。果序下垂；浆果扁球形，熟时紫黑色；种子肾圆形，径约 3 毫米。花期 6-8 月，果期 8-10 月。

分布： 全洞庭湖区；湖南全省；陕西、河北、华东、华中、华南、西南，栽培或已野化。原产北美洲，在亚洲和欧洲已归化。

生境： "四旁"及荒地、路边。

应用： 根治水肿、白带异常、风湿，并催吐；种子利尿；叶解热，并治脚气，外用治无名肿毒及皮肤寄生虫病；全草可作农药。

识别要点： 与商陆区别：茎常紫红色；雄蕊 10；心皮 10；果序下垂；花果期夏秋季。

紫茉莉科 Nyctaginaceae

92 紫茉莉 zi mo li
Mirabilis jalapa L.

一年生草本，高达 1 米。根肥粗，倒圆锥形，黑（褐）色。茎直立，圆柱形，多分枝，无毛或疏生细柔毛，节稍膨大。叶片卵形或卵状三角形，3-15×2-9 厘米，渐尖头，基部截形或心形，全缘，两面无毛，脉隆起；叶柄长 1-4 厘米，上部叶几无柄。花常数朵簇生枝端；花梗长 1-2 毫米；总苞钟形，长约 1 厘米，5 裂，裂片三角状卵形，渐尖头，无毛，具脉纹，果时宿存；花被紫红、黄、白或杂色，高脚碟状，筒部长 2-6 厘米，檐部径 2.5-3 厘米，5 浅裂；花午后开放，有香气，次日午前凋萎；雄蕊 5，花丝细长，常伸出花外，花药球形；花柱单生，线形，伸出花外，柱头头状。瘦果球形，径 5-8 毫米，革质，黑色，具皱纹；种子胚乳白粉质。花期 6-10 月，果期 8-11 月。

分布： 全洞庭湖区；湖南全省；全国，栽培或逸为野生。原产热带美洲，现世界泛热带广布。

生境： 庭院或房前屋后栽培，村周路边常逸生。

应用： 根与叶清热解毒、活血调经和滋补；根祛湿利尿、活血解毒，作缓下剂，有小毒；全草捣敷痈疽；鲜叶治疥癣、疮毒；种子白粉可去面部瘢痣、粉刺；观赏花卉；胚乳加香料，制化妆用香粉。

识别要点： 花被高脚碟状；瘦果球形，手雷状，革质，黑色，具皱纹。

粟米草科　Molluginaceae

93　粟米草 su mi cao
Mollugo stricta L.

一年生铺散草本，高 10-30 厘米。茎纤细，多分枝，有棱角，无毛，老茎通常淡红褐色。叶 3-5，假轮生或对生，叶片（线状）披针形，15-40×2-7 毫米，急尖或长渐尖头，基部渐狭，全缘，中脉明显；叶柄短或近无。花极小，组成疏松聚伞花序，花序梗纤细长，顶生或与叶对生；花梗长 1.5-6 毫米；花被片 5，淡绿色，椭圆形或近圆形，长 1.5-2 毫米，脉达花被片 2/3，膜质缘；雄蕊通常 3，花丝基部稍宽；子房宽椭圆形或近圆形，3 室，花柱 3，短，线形。蒴果近球形，与宿存花被等长，3 瓣裂；种子多数，肾形，栗色，具多数颗粒状凸起。花期 6-8 月，果期 8-10 月。

分布： 全洞庭湖区；湖南全省；陕西、华东、华中、华南、西南。亚洲泛热带。

生境： 空旷荒地、农田、湖河海岸沙地。海拔 20-1800 米。

应用： 全草清热解毒，治腹痛泄泻、皮肤热疹、火眼及蛇伤。

识别要点： 铺散草本；茎有棱角；叶 3-5 假轮生或对生；疏松聚伞花序；蒴果与宿存花被等长；种子肾形，栗色，具颗粒状凸起。

马齿苋科　Portulacaceae

94　马齿苋 ma chi xian
Portulaca oleracea L.

一年生草本，全株无毛。茎平卧或斜倚，伏地铺散，多分枝，圆柱形，长 10-15 厘米，淡绿或带暗红色。叶互生或近对生，叶片扁平，肥厚，倒卵形，马齿状，长 1-3 厘米，圆钝、平截或微凹头，基部楔形，全缘，上面暗绿色，下面淡绿或带暗红色，中脉微隆起；叶柄粗短。花无梗，径 4-5 毫米，常 3-5 簇生枝端，午时盛开；苞片 2-6，叶状，膜质，近轮生；萼片 2，对生，绿色，盔形，左右压扁，长约 4 毫米，急尖头，背部具龙骨状凸起，基部合生；花瓣（4）5，黄色，倒卵形，长 3-5 毫米，微凹头，基部合生；雄蕊通常 8 或更多，长约 12 毫米，花药黄色；子房无毛，花柱比雄蕊稍长，柱头 4-6 裂，线形。蒴果卵球形，长约 5 毫米，盖裂；种子细小，多数，偏斜球形，黑褐色，有光泽，径不及 1 毫米，具小疣状凸起。花期 5-8 月，果期 6-9 月。

分布： 全洞庭湖区；湖南全省；全国。世界温带和热带。

生境： 菜园、农田、路旁，喜肥土，耐旱涝。

应用： 全草清热利湿、解毒消肿、止渴、止痢，治菌痢；种子明目，并作兽药，作农药杀蚜虫；嫩茎叶可作蔬菜；优良饲料；田间杂草。

识别要点： 肉质草本；叶片肥厚，倒卵形，马齿状；花无梗，常 3-5 朵簇生枝端，黄色；蒴果卵球形，盖裂；种子径不及 1 毫米，偏斜球形，黑褐色，具小疣状凸起。

95 土人参 tu ren shen
Talinum paniculatum (Jacq.) Gaertn.

一年生或多年生草本，全株无毛，高达1米。主根粗壮，圆锥形，黑褐色，断面乳白色。茎直立，肉质，基部近木质，多少分枝，圆柱形，或具槽。叶互生或近对生，具短柄或近无柄，叶片稍肉质，倒卵形或倒卵状长椭圆形，长5–10厘米，急尖或微凹头，具短尖头，基部狭楔形，全缘。圆锥花序顶生或腋生，较大型，二叉状分枝，具长花序梗；花径约6毫米；总苞片绿色或近红色，圆形，圆钝头，长3–4毫米；苞片2，膜质，披针形，急尖头，长约1毫米；花梗长5–10毫米；萼片卵形，紫红色，早落；花瓣粉红或淡紫红色，（长）椭圆形或倒卵形，长6–12毫米，圆钝稀微凹头；雄蕊（10–）15–20，比花瓣短；花柱线形，长约2毫米，基部具关节；柱头3裂，稍开展；子房卵球形，长约2毫米。蒴果近球形，径约4毫米，3瓣裂，坚纸质；种子多数，扁圆形，径约1毫米，黑（褐）色，有光泽。花期6–8月，果期9–11月。

分布： 全洞庭湖区；湖南全省；我国中部和南部，栽植或逸为野生。原产热带美洲，东南亚广泛栽培并归化。

生境： 园圃、宅旁肥湿处栽培或逸生；阴湿地。

应用： 根补中益气、润肺生津，为滋补强壮药；叶消肿解毒，鲜叶外敷治疗疮疖肿；嫩时作蔬菜。

识别要点： 主根粗壮，圆锥形；茎及叶片肉质；圆锥花序常二叉状分枝；花瓣粉红或淡紫红色；蒴果近球形，3瓣裂；种子微小，扁圆形，黑褐色。

落葵科　Basellaceae

96 落葵（木耳菜）luo kui
Basella alba L.

一年生缠绕草本。茎长达数米，无毛，肉质，绿或略带紫红色。叶片卵形或近圆形，3–9×2–8厘米，渐尖头，基部微心形或圆形，下延成柄，全缘，背面叶脉微凸起；叶柄长1–3厘米，上有凹槽。穗状花序腋生，长3–15（–20）厘米；苞片极小，早落；小苞片2，萼状，长圆形，宿存；花被片淡红或淡紫色，卵状长圆形，全缘，钝圆头，内折，下部白色，连合成筒；雄蕊着生花被筒口，花丝短，基部扁宽，白色，花药淡黄色；柱头椭圆形。果实球形，径5–6毫米，（深）红或黑色，多汁液，外包宿存小苞片及花被。花期5–9月，果期7–10月。

分布： 全洞庭湖区广布；湖南全省；全国，栽培或逸生。原产亚洲热带，非洲、美洲广布。

生境： 湖区田野沟渠边、田地边、村旁肥湿地常见；栽培或逸为野生。

应用： 全草滑肠、散热、利大小便，为缓泻剂；花汁清血解毒，能解痘毒，外敷治痈毒及乳头破裂；茎叶作蔬菜；绿化观赏；果汁可作食品着色剂。

识别要点： 缠绕肉质草本；茎常带紫红色；叶片基部下延成柄；腋生穗状花序，花淡（紫）红色，内折；果实球形，深紫红色，多汁液，外包宿存小苞片及花被。

石竹科 Caryophyllaceae

97 无心菜 wu xin cai
Arenaria serpyllifolia L.

一年生或二年生草本，高 10-30 厘米。主根细长，支根较多而纤细。茎丛生，直立或铺散，密生白色短柔毛，节间长 0.5-2.5 厘米。叶片卵形，4-12×3-7 毫米，基部狭，无柄，具缘毛，急尖头，两面近无毛或疏生柔毛，下面 3 脉，茎下部叶较大，上部叶较小。聚伞花序多花；苞片草质，卵形，长 3-7 毫米，通常密生柔毛；花梗长约 1 厘米，纤细，密生柔毛或腺毛；萼片 5，披针形，长 3-4 毫米，膜质缘，尖头，外面被柔毛，显著 3 脉；花瓣 5，白色，倒卵形，长为萼片的 1/3-1/2，钝圆头；雄蕊 10，短于萼片；子房卵圆形，无毛，花柱 3，线形。蒴果卵圆形，与宿存萼等长，顶端 6 裂；种子小，肾形，表面粗糙，淡褐色。花期 6-8 月，果期 8-9 月。

分布： 全洞庭湖区；湖南全省；全国。温带欧洲、北非、亚洲、大洋洲、北美洲。

生境： 湖区湖边沙质滩涂草地或田间荒地；湖河边、沙质或石质荒地、田野、园圃、山坡草地、林下。海拔（10-）500-4000 米。

应用： 全草清热解毒，治睑腺炎和咽喉痛。

识别要点： 茎丛生，直立或铺散，密生白色短柔毛；叶片卵形，无柄，具缘毛，茎上部叶较小；聚伞花序多花；蒴果卵圆形，与宿存萼等长，顶端 6 裂。

98 簇生卷耳（簇生泉卷耳）cu sheng juan er
Cerastium fontanum Baumg. subsp. **vulgare** (Hart.) Greut. et Burd.
[*Cerastium fontanum* Baumg. subsp. *triviale* (Link) Jalas]

多年生或一至二年生草本，高 15-30 厘米。茎单生或丛生，近直立，被白色短柔毛和腺毛。基生叶叶片近匙形或倒卵状披针形，基部渐狭呈柄状，两面被短柔毛；茎生叶近无柄，叶片卵形、狭卵状长圆形或披针形，1-3（-4）×0.3-1（-1.2）厘米，急或钝尖头，两面被短柔毛，具缘毛。聚伞花序顶生；苞片草质；花梗细，长 5-25 毫米，密被长腺毛，花后弯垂；萼片 5，长圆状披针形，长 5.5-6.5 毫米，外面密被长腺毛，边缘中部以上膜质；花瓣 5，白色，倒卵状长圆形，等长或微短于萼片，2 浅裂头，基部渐狭，无毛；雄蕊短于花瓣，花丝扁线形，无毛；花柱 5，短线形。蒴果圆柱形，长 8-10 毫米，为宿存萼的 2 倍，顶端 10 齿裂；种子褐色，具瘤状凸起。花期 5-6 月，果期 6-7 月。

分布： 全洞庭湖区；湖南全省；长江流域及以北。世界广布杂草。

生境： 湖区旷野、田间、荒地、草地；山地林缘杂草间或疏松沙质土壤。海拔 10-2300 米。

应用： 可作饲料；田间杂草。

识别要点： 直立草本，植物体被白色短柔毛和腺毛；顶生聚伞花序。

99 球序卷耳 qiu xu juan er
Cerastium glomeatum Thuill.

一年生草本，高 10-20 厘米。茎单生或丛生，密被长柔毛，上部混生腺毛。茎下部叶叶片匙形，钝头，基部渐狭呈柄状；上部的倒卵状椭圆形，1.5-2.5×0.5-1 厘米，急尖头，基部渐狭成短柄状，两面被长柔毛，具缘毛，中脉明显。聚伞花序呈簇生状或头状；花序轴密被腺柔毛；苞片草质，卵状椭圆形，密被柔毛；花梗细，长 1-3 毫米，密被柔毛；萼片 5，披针形，长约 4 毫米，尖头，外面密被长腺毛，狭膜质缘；花瓣 5，白色，线状长圆形，与萼片近等长或稍长，2 浅裂头，基部被疏柔毛；雄蕊明显短于萼；花柱 5。蒴果长圆柱形，长于宿存萼 0.5-1 倍，顶端 10 齿裂；种子褐色，扁三角形，具疣状凸起。花期 3-4 月，果期 5-6 月。

分布： 全洞庭湖区；湖南全省；广西、华东、华中、西南。世界广布。

生境： 湖区旷野、田间、荒地、水边草地；山地山坡或草地。海拔 10-3700 米。

应用： 全草降压，治筋骨痛，茎煎服治眼肿痛；作猪饲料；田间杂草。

识别要点： 与簇生卷耳的区别在于聚伞花序呈簇生状或呈头状。

100 鹅肠菜（牛繁缕）e chang cai
Myosotona quaticum (L.) Moench

二年生或多年生草本，具须根。茎上升，多分枝，长 50-80 厘米，上部被腺毛。叶片（宽）卵形，2.5-5.5×1-3 厘米，急尖头，基部稍心形，有时具缘毛；叶柄长 5-15 毫米，上部叶常无柄或具短柄，疏生柔毛。顶生二歧聚伞花序；苞片叶状，具腺缘毛；花梗细，长 1-2 厘米，花后伸长并向下弯，密被腺毛；萼片卵状披针形或长卵形，长 4-5 毫米，果期长达 7 毫米，顶端较钝，狭膜质缘，外面被腺柔毛，脉纹不明显；花瓣白色，2 深裂至基部，裂片（披针状）线形，3-3.5×约 1 毫米；雄蕊 10，稍短于花瓣；子房长圆形，花柱短，线形。蒴果卵圆形，稍长于宿存萼；种子近肾形，径约 1 毫米，稍扁，褐色，具小疣。花期 5-8 月，果期 6-9 月。

分布： 全洞庭湖区；湖南全省；全国。全世界广布。

生境： 湖区湖河边淤滩草地、园圃；河流两旁冲积沙地的低湿处或灌丛林缘和水沟旁。海拔（20-）350-2700 米。

应用： 全草祛风解毒，外敷治疖疮；幼苗可作野菜和饲料。

识别要点： 植物体相对较粗壮；叶片（宽）卵形；顶生二歧聚伞花序；苞片叶状，具腺缘毛；花瓣 2 深裂至基部；蒴果卵圆形，稍长于宿存萼；种子肾形，具小疣。

101 漆姑草 qi gu cao
Sagina japonica (Sw.) Ohwi

一年生小草本，高5-20厘米，上部被稀疏腺柔毛。茎丛生，稍铺散。叶片线形，5-20×0.8-1.5毫米，急尖头，无毛。花小形，单生枝端；花梗细，长1-2厘米，被稀疏短柔毛；萼片5，卵状椭圆形，长约2毫米，尖或钝头，外面疏生短腺柔毛，膜质缘；花瓣5，狭卵形，稍短于萼片，白色，圆钝头，全缘；雄蕊5，短于花瓣；子房卵圆形，花柱5，线形。蒴果卵圆形，稍长于宿存萼，5瓣裂；种子细，圆肾形，微扁，褐色，具尖瘤状凸起。花期3-5月，果期5-6月。

分布： 全洞庭湖区；湖南全省；陕西、甘肃、青海、东北、华北、华东、华中、西南。俄罗斯（远东地区）、朝鲜半岛、日本、印度、尼泊尔、不丹。

生境： 湖区平原田间、洲滩、宅旁；河岸沙地、撂荒地、路旁草地、山地或田间。海拔30-4000米。

应用： 全草药用退热解毒，鲜叶揉汁涂治漆疮；可作猪饲料。

识别要点： 丛生铺散小草本；叶片线形，无毛；花单生枝端；蒴果卵圆形，略长于宿存萼，5瓣裂；种子圆肾形，具尖瘤状凸起。

102 雀舌草 que she cao
Stellaria alsine Grimm

[*Stellaria uliginosa* Murr.]

二年生草本，高达35厘米，全株无毛。茎丛生，稍铺散，上升，多分枝。叶无柄，叶片（长圆状）披针形，5-20×2-4毫米，渐尖头，基部楔形，半抱茎，软骨质微波状缘，基部具疏缘毛，两面粉绿色。聚伞花序通常具3-5花，顶生或花单生叶腋；花梗细，长5-20毫米，无毛，果时稍下弯，基部有时具2披针形苞片；萼片5，披针形，2-4×1毫米，渐尖头，膜质缘，中脉明显，无毛；花瓣5，白色，短于萼片或近等长，2深裂几达基部，裂片条形，钝头；雄蕊5（-10），有时6-7，微短于花瓣；子房卵形，花柱3（2），短线形。蒴果卵圆形，与宿存萼等长或稍长，6齿裂；种子多数，肾脏形，微扁，褐色，具皱纹状凸起。花期5-6月，果期7-8月。

分布： 全洞庭湖区；湖南全省；内蒙古、甘肃、华东、华中、华南、西南。印度、巴基斯坦、越南、日本、欧洲、喜马拉雅地区、朝鲜半岛。

生境： 农田、园圃、溪河湖岸、潮湿地。海拔20-4000米。

应用： 全株强筋骨，治刀伤；饲料；农田常见杂草。

识别要点： 全株无毛；茎丛生，铺散，多分枝；叶无柄，基部半抱茎，两面粉绿色；聚伞花序常具3-5花；蒴果卵圆形，与宿存萼近等长，6齿裂；种子肾形，具皱纹状凸起。

103 繁缕 fan lü
Stellaria media (L.) Cyr.

一年生或二年生草本，高 10−30 厘米。茎铺散或上升，基部分枝，常带淡紫红色，被 1（−2）列毛。叶片（宽）卵形，1.5−2.5×1−1.5 厘米，渐或急尖头，基部渐狭或近心形，全缘；基生叶具长柄，上部叶常无柄或具短柄。疏聚伞花序顶生；花梗细弱，具 1 列短毛，花后伸长，下垂，长 7−14 毫米；萼片 5，卵状披针形，长约 4 毫米，稍钝或近圆形头，宽膜质缘，外面被短腺毛；花瓣白色，长椭圆形，比萼片短，深 2 裂达基部，裂片近线形；雄蕊 3−5，短于花瓣；花柱 3，线形。蒴果卵形，稍长于宿存萼，顶端 6 裂。种子多数，卵圆形至近圆形，稍扁，红褐色，径 1−1.2 毫米，具半球形瘤状凸起，脊较显著。花期 6−7 月，果期 7−8 月。

分布： 全洞庭湖区；湖南全省；全国。俄罗斯、日本、朝鲜半岛、不丹、印度（锡金）、尼泊尔、巴基斯坦、阿富汗，为世界广布种。

生境： 田间、路旁或溪边草地。

应用： 全草及种子入药消炎抗菌；嫩苗可食；饲料；田间杂草。

识别要点： 茎常带淡紫红色，被 1（−2）列毛；疏聚伞花序顶生；花瓣比萼片短，深 2 裂达基部；蒴果卵形，稍长于宿存萼，顶端 6 裂；种子卵圆形，具半球形瘤状凸起，脊较显著。

藜科 Chenopodiaceae

104 藜 li
Chenopodium album L.

一年生草本，高 30−150 厘米。茎直立，粗壮，具条棱及绿或紫红色色条，多分枝；枝条斜升或开展。叶片菱状卵形至宽披针形，3−6×2.5−5 厘米，急尖或微钝头，基部（宽）楔形，上面通常无粉，或嫩时上面有紫红色粉，下面多少有粉，不整齐锯齿缘；叶柄与叶片近等长，或为叶片长度的 1/2。花两性，簇生于枝上部排列成大或小的(穗状)圆锥状花序；花被裂片 5，宽卵形至椭圆形，背面具纵隆脊，有粉，先端或微凹，膜质缘；雄蕊 5，花药伸出花被，柱头 2。果皮与种子贴生。种子横生，双凸镜状，径 1.2−1.5 毫米，边缘钝，黑色，有光泽，具浅沟纹；胚环形。花果期 5−10 月。

分布： 全洞庭湖区；湖南全省；全国。全球温带至热带。

生境： 路旁、荒地、田间、宅旁。

应用： 全草止泻痢、止痒，治痢疾腹泻，配合野菊花煎汤外洗治皮肤湿毒、周身发痒、疮疖、疥癣；叶外敷治虫伤、去癫风；果实称"灰藋子"，代"地肤子"药用；嫩苗作蔬菜或猪饲料；种子可酿酒；种子油食用及工业用；植株提取维生素 C。

识别要点： 直立粗壮草本；具条棱及绿或紫红色色条，多分枝；叶片菱状卵形至宽披针形，不整齐锯齿缘；种子双凸镜状，具浅沟纹。

105 小藜 xiao li
Chenopodium ficifolium Smith
[Chenopodium serotinum L.]

一年生草本，高 20-50 厘米。茎直立，具条棱及绿色色条。叶片卵状矩圆形，2.5-5×1-3.5 厘米，通常三浅裂；中裂片两边近平行，钝或急尖头并具短尖头，深波状锯齿缘；侧裂片位于中部以下，通常各具 2 浅裂齿。花两性，数个团集，排列于上部的枝上形成较开展的顶生圆锥状花序；花被近球形，5 深裂，裂片宽卵形，不开展，背面具微纵隆脊并有密粉；雄蕊 5，花时外伸；柱头 2，丝形。胞果包在花被内，果皮与种子贴生。种子双凸镜状，黑色，有光泽，径约 1 毫米，边缘微钝，表面具六角形细洼；胚环形。始花期 4-5 月。

分布： 全洞庭湖区；湖南全省；西藏除外的全国各地。亚洲、欧洲、北美洲及其他地区归化。

生境： 荒地、道旁、垃圾堆等处。

应用： 幼苗作蔬菜；全株杀虫；田间杂草。

识别要点： 茎具条棱及绿色色条；叶片卵状矩圆形，通常三浅裂，中裂片两边近平行，深波状锯齿缘；侧裂片常各具 2 浅裂齿；种子双凸镜状，具六角形细洼。

106 土荆芥 tu jing jie
Dysphania ambrosioides (L.) Mosyakin et Clemants
[Chenopodium ambrosioides L.]

一年生或多年生草本，高 50-80 厘米，有强烈气味。茎直立，多分枝，有色条及钝条棱；枝通常细瘦，有短柔毛并兼有具节长柔毛，有时近无毛。叶片（矩圆状）披针形，急或渐尖头，稀疏不整齐大锯齿缘，基部渐狭具短柄，上面平滑无毛，下面有散生油点并沿叶脉稍有毛，下部的叶达 15×5 厘米，上部叶渐狭小而近全缘。花两性及雌性，通常 3-5 团集，生上部叶腋；花被裂片 5，较少为 3，绿色，果时通常闭合；雄蕊 5，花药长 0.5 毫米；花柱不明显，柱头通常 3，较少为 4，丝形，伸出花被外。胞果扁球形，完全包于花被内。种子横生或斜生，黑色或暗红色，平滑，有光泽，边缘钝，径约 0.7 毫米。花果期 6-10 月。

分布： 全洞庭湖区；湖南全省；福建、江苏、浙江、四川、云南、华南。原产热带美洲，现世界泛热带及暖温带地区广布。

生境： 荒地、村旁、路边、河湖岸空旷地。

应用： 果实挥发油（土荆芥油）中含驱蛔素；全草有毒，入药治蛔虫病、钩虫病、蛲虫病，外用治皮肤湿疹、止痒、毒虫咬伤，并能杀蛆虫，晒干燃点驱蚊蝇。

识别要点： 植物体有强烈气味；茎有色条及钝条棱，具短柔毛及具节长柔毛；叶片矩圆状披针形，稀疏不整齐大锯齿缘；胞果扁球形，完全包于花被内。

苋科　Amaranthaceae

107 地肤 di fu
Kochia scoparia (L.) Schrad.

一年生草本，高 50–100 厘米。根略呈纺锤形。茎直立，圆柱状，淡绿或带紫红色，有多数条棱，稍有短柔毛或下部几无毛；分枝稀疏，斜上。叶为平面叶，（条状）披针形，20–50×3–7 毫米，无毛或稍有毛，短渐尖头，基部渐狭入短柄，通常有 3 明显主脉，有锈色绢状疏缘毛；茎上部叶较小，无柄，1 脉。花两性或雌性，通常 1–3 生于上部叶腋，构成疏穗状圆锥状花序，花下有时有锈色长柔毛；花被近球形，淡绿色，花被裂片近三角形，无毛或先端稍有毛；翅端附属物三角形至倒卵形，有时近扇形，膜质，脉不明显，微波状或具缺刻缘；花丝丝状，花药淡黄色；柱头 2，丝状，紫褐色，花柱极短。胞果扁球形，果皮膜质，与种子离生。种子卵形，黑褐色，长 1.5–2 毫米，稍有光泽；胚环形，胚乳块状。花期 6–9 月，果期 7–10 月。

分布: 全洞庭湖区；湖南全省，栽培或逸生；全国。亚洲、欧洲、非洲、大洋洲、北美洲和南美洲广泛归化。

生境: 田边、路旁、荒地、宅旁。

应用: 果实称"地肤子"，为常用中药，清湿热、利尿，治尿痛、尿急、小便不利及荨麻疹，外用治皮肤癣及阴囊湿疹；幼苗可作蔬菜；观赏。

识别要点: 茎淡绿或带紫红色，有多数条棱；分枝稀疏，斜上；平面叶，条状披针形，茎上部叶较小，无柄；花被淡绿色；胞果扁球形，果皮与种子离生。

108 土牛膝 tu niu xi
Achyranthes aspera L.

多年生草本，高 20–120 厘米；根细长，径 3–5 毫米，土黄色；茎四棱形，有柔毛，节部稍膨大，分枝对生。叶片纸质，宽卵状倒卵形或椭圆状矩圆形，1.5–7×0.4–4 厘米，圆钝头，具突尖，基部楔形或圆形，全缘或波状缘，两面密生柔毛或近无毛；叶柄长 5–15 毫米，密生柔毛或近无毛。穗状花序顶生，直立，长 10–30 厘米，花期后反折；总花梗具棱角，粗壮，坚硬，密生白色伏贴或开展柔毛；花长 3–4 毫米，疏生；苞片披针形，长 3–4 毫米，长渐尖头，小苞片刺状，长 2.5–4.5 毫米，坚硬，光亮，常带紫色，基部两侧各有 1 个薄膜质翅，长 1.5–2 毫米，全缘，全部贴生在刺部，但易于分离；花被片披针形，长 3.5–5 毫米，长渐尖头，花后变硬且锐尖，1 脉；雄蕊长 2.5–3.5 毫米；退化雄蕊顶端截状或细圆齿状，具分枝流苏状长缘毛。胞果卵形，长 2.5–3 毫米。种子卵形，不扁压，长约 2 毫米，棕色。花期 6–8 月，果期 10 月。

分布: 全洞庭湖区；湖南全省；湖北、江西、江苏、浙江、福建、华南、西南。东南亚、南亚、西亚、非洲、欧洲。

生境: 湖区旷野、荒地；丘陵或山地山坡疏林中或村庄附近空旷地。海拔 30–2900 米。

应用: 根清热解毒、利尿，治感冒发热、扁桃体炎、白喉、流行性腮腺炎、泌尿系统结石、肾炎水肿。

识别要点: 茎有柔毛，节部膨大；叶片圆钝头具突尖，两面密生柔毛；顶生穗状花序花后反折；刺状小苞片基部具翅；宿存花被片尖硬；胞果及种子卵形。

109　少毛牛膝 shao mao niu xi
Achyranthes bidentata Blume var. **japonica** Miq.

多年生草本，高 70-120 厘米；根圆柱形，径 5-10 毫米，土黄色；茎有棱角或四方形，绿或带紫色，有白色贴生或开展柔毛，或近无毛，分枝对生。叶片椭圆（披针）形，少数倒披针形，4.5-12×2-7.5 厘米，尾尖头，尖长 5-10 毫米，基部（宽）楔形，两面有贴生或开展的柔毛；叶柄长 5-30 毫米，有柔毛。穗状花序顶生及腋生，长 3-5 厘米，花期后反折；总花梗长 1-2 厘米，有白色柔毛；花多数，密生，长 5 毫米；苞片宽卵形，长 2-3 毫米，长渐尖头；小苞片刺状，长 2.5-3 毫米，顶端弯曲，基部两侧各有 1 卵形膜质小裂片，长约 1 毫米；花被片披针形，长 3-5 毫米，光亮，急尖头，有 1 中脉；雄蕊长 2-2.5 毫米；退化雄蕊顶端平圆，稍有缺刻状细锯齿。胞果矩圆形，长 2-2.5 毫米，黄褐色，光滑。种子矩圆形，长 1 毫米，黄褐色。花期 7-9 月，果期 9-10 月。

分布： 全洞庭湖区；湖南全省；湖北、安徽、浙江。日本。

生境： 林下荫地、路边及四旁空地。

应用： 根入药，生用活血通经，治产后腹痛、月经不调、闭经、鼻衄、虚火牙痛、脚气水肿，熟用补肝肾、强腰膝，治腰膝酸痛、肝肾亏虚、跌打瘀痛，兽用治牛软脚症、跌伤断骨等。

识别要点： 植物体细瘦；全株比牛膝毛少；穗状花序较长，花排列较疏；小苞片的刺比花被片短；花被片 3 脉；退化雄蕊顶端截形，有不整齐齿牙或不明显 2 浅裂。

110　喜旱莲子草（空心莲子草）xi han lian zi cao
Alternanthera philoxeroides (Matt.) Griseb.

多年生草本；茎基部匍匐，上部上升，管状，不明显 4 棱，长 55-120 厘米，具分枝，幼茎及叶腋有白或锈色柔毛，茎老时无毛，仅在两侧纵沟内留有毛。叶片矩圆形、矩圆状倒卵形或倒卵状披针形，2.5-5×0.7-2 厘米，急尖或圆钝头，具短尖，基部渐狭，全缘，两面无毛或上面有贴生毛，具缘毛，下面有颗粒状突起；叶柄长 3-10 毫米，无毛或微有柔毛。花密生，呈头状，具总花梗，单生叶腋，球形，径 8-15 毫米；（小）苞片白色，渐尖头，具 1 脉；苞片卵形，长 2-2.5 毫米，小苞片披针形，长 2 毫米；花被片矩圆形，长 5-6 毫米，白色，光亮，无毛，急尖头，背部侧扁；雄蕊花丝长 2.5-3 毫米，基部连合成杯状；退化雄蕊矩圆状条形，与雄蕊近等长，顶端裂成窄条；子房倒卵形，具短柄，背面侧扁，顶端圆形。花果期 5-10 月。

分布： 全洞庭湖区；湘中、湘东；河北、北京、江苏、安徽、浙江、福建、江西、湖北、四川，引种并已野化。原产巴西。

生境： 田地、池沼、水沟内。海拔 10-750 米。

应用： 全草清热利水、凉血解毒；可作饲料；湿地景观；可作钾肥。

识别要点： 茎管状，具不明显 4 棱，幼茎及叶腋有白或锈色柔毛；叶片短尖头，下面有颗粒状突起；花密生，呈具总花梗的头状花序，单生叶腋，球形。

111 莲子草 lian zi cao
Alternanthera sessilis (L.) DC.

多年生草本，高 10-45 厘米；圆锥根粗；茎上升或匍匐，绿或稍带紫色，有条纹及纵沟，沟内有柔毛，在节处有一行横生柔毛。叶片条状披针形、（卵状）矩圆形及倒卵形，1-8×0.2-2 厘米，急尖或圆钝头，基部渐狭，全缘或不明显锯齿缘，两面及叶柄无毛或疏生柔毛；叶柄长 1-4 毫米。头状花序 1-4，腋生，无总花梗，球形渐成圆柱形，径 3-6 毫米；花密生，花轴密生白色柔毛；（小）苞片白色，短渐尖头，无毛；苞片卵状披针形，长约 1 毫米，小苞片钻形，长 1-1.5 毫米；花被片卵形，长 2-3 毫米，白色，渐尖或急尖头，无毛，1 脉；雄蕊 3，花丝长约 0.7 毫米，基部连合成杯状，花药矩圆形；退化雄蕊短，三角状钻形，渐尖头，全缘；花柱极短，柱头短裂。胞果倒心形，长 2-2.5 毫米，侧扁，翅状，深棕色，包在宿存花被片内。种子卵球形。花期 5-7 月，果期 7-9 月。

分布： 全洞庭湖区；湖南全省；华东、华中、华南、西南。印度、不丹、尼泊尔、东南亚。

生境： 村庄附近的草坡、荒地、池塘、水沟、田边或沼泽、海边潮湿处。海拔 0-1800 米。

应用： 全草散瘀消毒、清火退热、止痒、催乳，治牙痛、痢疾、肠风、下血、疥癣；嫩叶可作野菜食用；可作饲料。

识别要点： 茎绿带紫色，有条纹及纵沟，沟内有柔毛，在节处有一行横生柔毛；腋生头状花序 1-4，无总花梗，圆柱形；胞果倒心形。

112 凹头苋 ao tou xian
Amaranthus blitum L.
[*Amaranthus lividus* L.]

一年生草本，高 10-30 厘米，全体无毛；茎伏卧而上升，从基部分枝，淡绿或紫红色。叶片（菱状）卵形，1.5-4.5×1-3 厘米，凹缺头，具芒尖或微小不显，基部宽楔形，全缘或稍呈波状缘；叶柄长 1-3.5 厘米。花簇生叶腋，直至下部叶的腋部，生在茎枝端者成直立穗状或圆锥花序；（小）苞片矩圆形，长不及 1 毫米；花被片矩圆形或披针形，长 1.2-1.5 毫米，淡绿色，急尖头，边缘内曲，背部中脉隆起；雄蕊比花被片稍短；柱头 3 或 2，果熟时脱落。胞果扁卵形，长 3 毫米，不裂，微皱缩而近平滑，超出宿存花被片。种子环形，径约 12 毫米，黑至黑褐色，边缘具环状边。花期 7-8 月，果期 8-9 月。

分布： 全洞庭湖区；湖南全省；除内蒙古、宁夏和青藏高原外的全国各地。日本、越南、老挝、印度（锡金）、尼泊尔、欧洲、北非、南美洲。

生境： 田野、宅旁杂草地上。

应用： 全草作缓和止痛、收敛、利尿、解热剂，种子清肝明目、利大小便、去寒热，鲜根清热解毒；嫩时可作野菜食用；作猪饲料。

识别要点： 和皱果苋区别：茎伏卧而上升，自基部分枝，胞果微皱缩而近平滑。

113 繁穗苋（老鸦谷）fan sui xian
Amaranthus cruentus L.
[Amaranthus paniculatus L.]

一年生草本，高达 1.5 米；茎直立，粗壮，具钝棱角，绿色，无毛。叶柄绿色；叶片菱状卵形或矩圆状披针形，4-15×2-8 厘米，渐尖或急尖头，基部楔形，全缘或波状缘。复合圆锥花序顶生，直立；苞片及花被片顶端具长芒刺；雌花的苞片约为花被片长的一倍半；花被片显著短于果实。胞果径 3-4 毫米，周裂。种子近球形。花期 6-7 月，果期 9-10 月。

分布： 全洞庭湖区；湖南全省，栽培或野生；我国各地栽培或野生；世界广布。

生境： 旷野、荒地、园圃、公园野生或栽培。海拔 0-2150 米。

应用： 为粮食作物，种子食用或酿酒；茎叶作蔬菜；观赏。

识别要点： 近尾穗苋，但直立圆锥花序后下垂，花穗顶端尖；苞片及花被片顶端具芒刺。与千穗谷区别：雌花花被片为 2/3 苞片长，圆钝头。

114 绿穗苋 lü sui xian
Amaranthus hybridus L.

一年生草本，高 30-50 厘米；茎直立，分枝，上部近弯曲，有开展柔毛。叶片（菱状）卵形，3-4.5×1.5-2.5 厘米，急尖或微凹头，具凸尖，基部楔形，波状或不明显锯齿缘，微粗糙，上面近无毛，下面疏生柔毛；叶柄长 1-2.5 厘米，有柔毛。圆锥花序顶生，细长，上升稍弯曲，有分枝，由穗状花序而成，中间花穗最长；（小）苞片钻状披针形，长 3.5-4 毫米，中脉坚硬，绿色，前伸成尖芒；花被片矩圆状披针形，长约 2 毫米，锐尖头，具凸尖，中脉绿色；雄蕊和花被片略等长或稍长；柱头 3。胞果卵形，长 2 毫米，环状横裂，超出宿存花被片。种子近球形，径约 1 毫米，黑色。花期 7-8 月，果期 9-10 月。

分布： 全洞庭湖区；湖南全省；陕西、四川、贵州、华东、华中。喜马拉雅地区、越南、老挝、日本、欧洲、南美洲及北美洲。

生境： 田野、旷地、山坡、宅旁、垃圾堆。海拔（30-）400-1100 米。

应用： 作猪饲料；对镉及砷有较强的富集作用，可用于重金属污染土壤的修复。

识别要点： 与反枝苋极相近，但花序较细长，苞片较短，胞果超出宿存花被片。

115 反枝苋 fan zhi xian
Amaranthus retroflexus L.

一年生草本，高 20-80 厘米，有时达 1 米多；茎直立，粗壮，单一或分枝，淡绿色，有时具带紫色条纹，稍具钝棱，密生短柔毛。叶片菱状（或椭圆状）卵形，5-12×2-5 厘米，锐尖或尖凹头，有小凸尖，基部楔形，全缘或波状缘，两面及边缘有柔毛，下面毛较密；叶柄长 1.5-5.5 厘米，淡绿或淡紫色，有柔毛。圆锥花序顶生及腋生，直立，径 2-4 厘米，由多数穗状花序形成，顶生花穗较侧生者长；（小）苞片钻形，长 4-6 毫米，白色，背面有 1 龙骨状突起，伸出顶端成白色尖芒；花被片矩圆形或矩圆状倒卵形，长 2-2.5 毫米，薄膜质，白色，有 1 淡绿色细中脉，急尖或尖凹头，具凸尖；雄蕊比花被片稍长；柱头 3，有时 2。胞果扁卵形，长约 1.5 毫米，环状横裂，薄膜质，淡绿色，包裹在宿存花被片内。种子近球形，径 1 毫米，棕或黑色，边缘钝。花期 7-8 月，果期 8-9 月。

分布： 全洞庭湖区；湘中，栽培并野化；河南、湖北、东北、西北、华北，栽培并野化。原产美洲热带，世界各地归化。

生境： 农田、园圃、村边、宅旁草地、瓦房上、垃圾堆上。

应用： 全草治腹泻、痢疾、痔疮肿痛出血，种子作"青葙子"入药；幼嫩时作野菜；家畜饲料。

识别要点： 与短苞反枝苋区别：后者茎较细且少棱角，毛较少；叶片基部骤狭成叶柄，下面稍有斑；苞片长 3-4 毫米，稍超过花被片，顶端不很尖锐。

116 刺苋 ci xian
Amaranthus spinosus L.

一年生草本，高 30-100 厘米；茎直立，圆柱形或钝棱形，多分枝，有纵条纹，绿或带紫色，无或稍有柔毛。叶片菱状卵形或卵状披针形，3-12×1-5.5 厘米，圆钝头，具微凸头，基部楔形，全缘，无毛或幼时沿叶脉稍有柔毛；叶柄长 1-8 厘米，无毛，旁具 2 刺，刺长 5-10 毫米。圆锥花序腋生及顶生，长 3-25 厘米，下部顶生花穗常全部为雄花；苞片在腋生花簇及顶生花穗的基部者变成尖锐直刺，长 5-15 毫米，顶生花穗上部者狭披针形，长 1.5 毫米，急尖头，具凸尖，中脉绿色；小苞片狭披针形，长约 1.5 毫米；花被片绿色，急尖头，具凸尖，边缘透明，中脉绿或带紫色，雄花者矩圆形，长 2-2.5 毫米，雌花者矩圆状匙形，长 1.5 毫米；雄蕊花丝略和花被片等长或较短；柱头 3，有时 2。胞果矩圆形，长 1-1.2 毫米，在中部以下不规则横裂，包裹在宿存花被片内。种子近球形，径约 1 毫米，黑或带棕黑色。花果期 7-11 月。

分布： 全洞庭湖区广布；湖南长沙、娄底、安仁；陕西、华东（山东除外）、华中、华南、西南。可能起源于新热带区，现世界热带至暖温带广布；日本、印度、中南半岛、菲律宾、美洲等地。

生境： 湖区堤岸、向阳荒野；旷地或园圃中。

应用： 全草清热解毒、散血消肿；野菜。

识别要点： 茎有纵条纹，绿或带紫色；叶片圆钝头，具微凸头；叶柄旁有 2 刺；胞果矩圆形；种子近球形，棕黑色。

117 苋 xian
Amaranthus tricolor L.

一年生草本，高80-150厘米；茎粗壮，绿或红色，常分枝，幼时有毛或无毛。叶片（菱状）卵形或披针形，4-10×2-7厘米，绿或常红色，紫或黄色，或部分绿色夹杂其他颜色，圆钝或尖凹头，具凸尖，基部楔形，全缘或波状缘，无毛；叶柄长2-6厘米，绿或红色。花簇腋生，直到下部叶，或同时具顶生花簇，成下垂的穗状花序；花簇球形，径5-15毫米，雄、雌花混生；（小）苞片卵状披针形，长2.5-3毫米，透明，长芒尖头，背面具1绿或红色隆起中脉；花被片矩圆形，长3-4毫米，（黄）绿色，长芒尖头，背面具1绿或紫色隆起中脉；雄蕊比花被片长或短。胞果卵状矩圆形，长2-2.5毫米，环状横裂，包裹在宿存花被片内。种子近圆形或倒卵形，径约1毫米，黑（棕）色，边缘钝。花期5-8月，果期7-9月。

分布：全洞庭湖区；湖南全省；全国，栽培或半逸野。原产热带亚洲，亚洲南部、中亚、日本等地广泛栽培或野化。

生境：菜园、村旁附近荒地、垃圾堆，栽培或逸为半野生。海拔20-2100米。

应用：根、果实及全草明目、利大小便、去寒热；蔬菜；叶夹杂有各种颜色者供观赏。

识别要点：茎绿或红色；叶片绿、红、紫或黄色，或绿色夹杂其他颜色，凸尖头；花簇腋生直到下部叶，或同时具顶生下垂穗状花序；胞果卵状矩圆形。

118 皱果苋（绿苋）zhou guo xian
Amaranthus viridis L.

一年生草本，高40-80厘米，全体无毛；茎直立，有不明显棱角，稍有分枝，绿或带紫色。叶片卵形、卵状矩（椭）圆形，3-9×2.5-6厘米，尖凹或凹缺头，少数圆钝，有1芒尖，基部宽楔形或近截形，全缘或微呈波状缘；叶柄长3-6厘米，绿或带紫红色。圆锥花序顶生，6-12×1.5-3厘米，有分枝，由穗状花序形成，圆柱形，细长，直立，顶生花穗比侧生者长；总花梗长2-2.5厘米；苞片及小苞片披针形，长不及1毫米，凸尖头；花被片矩圆形或宽倒披针形，长1.2-1.5毫米，内曲，急尖头，背部有1绿色隆起中脉；雄蕊比花被片短；柱头3或2。胞果扁球形，径约2毫米，绿色，不裂，极皱缩，超出花被片。种子近球形，径约1毫米，黑（褐）色，具薄且锐的环状边缘。花期6-8月，果期8-10月。

分布：全洞庭湖区；湖南长沙；东北、华北、华东、华南、华中、西南，已归化。原产热带非洲，世界暖温带和泛热带广布。

生境：宅旁、杂草地或田野间。

应用：全草清热解毒、利尿止痛；根治菌痢、蛇伤；野菜；猪饲料；田间杂草。

识别要点：茎稍分枝；顶生穗状圆锥花序，圆柱形，细长，直立；苞片披针形；胞果扁球形，不裂，极皱缩，超出花被片。

119 青葙 qing xiang
Celosia argentea L.

一年生草本，高达 1 米，全体无毛；茎直立，有分枝，绿或红色，具明显条纹。叶片（矩圆状）披针形、披针状条形或卵状矩圆形，5-8×1-3 厘米，绿常带红色，急尖或渐尖头，具小芒尖，基部渐狭；叶柄长 2-15 毫米，或无柄。花多数，密生，在茎枝端成单一无分枝的塔状或圆柱状穗状花序，长3-10 厘米；（小）苞片披针形，长 3-4 毫米，白色，光亮，渐尖头，延长成细芒，具 1 中脉，在背部隆起；花被片矩圆状披针形，长 6-10 毫米，初为白色顶端带红色，或全部粉红色，后成白色，渐尖头，具 1 中脉，在背面凸起；花丝长 5-6 毫米，分离部分长 2.5-3 毫米，花药紫色；子房有短柄，花柱紫色，长 3-5 毫米。胞果卵形，长 3-3.5 毫米，包裹在宿存花被内。种子凸透镜状肾形，径约 1.5 毫米。花期 5-8 月，果期 6-10 月。

分布： 全洞庭湖区；湖南全省，野生或栽培；内蒙古、西北、华东、华中、华南、西南。俄罗斯、朝鲜半岛、日本、东南亚、喜马拉雅地区、非洲热带。

生境： 平原空旷地、田边、丘陵、山坡。海拔 20-1500 米。

应用： 种子入药清肝明目，治鼻出血；种子炒熟后可加工成各种糖食；种子油可食用；嫩茎叶水浸去苦味后，可作野菜食用；嫩茎叶作饲料；观赏。

识别要点： 茎绿或红色，具条纹；叶片常带红色；花多数密生成顶生塔状或圆柱状穗状花序，白、红或粉红色；胞果卵形；种子凸透镜状肾形。

120 鸡冠花 ji guan hua
Celosia cristata L.

与青葙的形态特征极相近，但叶片卵形或（卵状）披针形，宽 2-6 厘米；花多数，极密生，成扁平肉质鸡冠状、卷冠状或羽毛状的穗状花序，一个大花序下面有数个较小的分枝，圆锥状矩圆形，表面羽毛状；花被片红、紫、黄、橙或红、黄相间。花果期 7-9 月。

分布： 全洞庭湖区；湖南全省，栽培或半逸野；全国各地均有栽培。世界泛热带。

生境： 房前屋后、路边、公园、花坛栽种。

应用： 种子作"青葙子"用，花序和种子为收敛剂，止血、凉血、止泻；观赏花卉。

识别要点： 与青葙区别：叶片卵状披针形；穗状花序多分枝呈扁平肉质鸡冠状、卷冠状或羽毛状；花被片红、紫、黄、橙色或红、黄相间。

毛茛科 Ranunculaceae

121 华北耧斗菜 hua bei lou dou cai
Aquilegia yabeana Kitag.

多年生草本，根圆柱形，粗约 1.5 厘米。茎高 40-60 厘米，有稀疏短柔毛和少数腺毛，上部分枝。基生叶数枚，有长柄，为一至二回三出复叶；叶片宽约 10 厘米；小叶菱状倒卵形或宽菱形，2.5-5×2.5-4 厘米，三裂，圆齿缘，表面无毛，背面疏被短柔毛；叶柄长 8-25 厘米。茎中部叶有稍长柄，通常为二回三出复叶，宽达 20 厘米；上部叶小，有短柄，为一回三出复叶。花序有少数花，密被短腺毛；苞片三裂或不裂，狭长圆形；花下垂；萼片紫色，狭卵形，（1.6-）2-2.6×0.7-1 厘米；花瓣紫色，长 1.2-1.5 厘米，圆截形头，距长 1.7-2 厘米，末端钩状内曲，外面有稀疏短柔毛；雄蕊长达 1.2 厘米，退化雄蕊短；心皮 5，子房密被短腺毛。蓇葖长（1.2-）1.5-2 厘米，脉网隆起；种子黑色，狭卵球形，长约 2 毫米。5-6 月开花。

分布： 岳阳；湘北，分布新记录；四川、陕西、河南、山西、山东、河北和辽宁。

生境： 平原湖边或丘陵林下草丛中；山地草坡或林边、山谷较阴湿处或石缝内。海拔 30 米以上。

应用： 根含糖类 35.5%，鲜根可熬制甜味较浓的饴糖，也可酿酒；观赏；种子油可供工业用。

识别要点： 叶背面通常有较长柔毛；萼片长（1.6-）2-2.6 厘米；花瓣与萼片同为紫色，距的末端超过 150 度角向内弯曲；蓇葖长（1.2-）1.5-2 厘米。

122 短柱铁线莲 duan zhu tie xian lian
Clematis cadmia Buch.-Ham. ex Wall.

草质藤本，高达 1.5 米。茎幼时浅黄色，老时紫红棕色，6 纵纹，疏被开展柔毛。二回三出或羽状复叶，长达 12 厘米，疏被开展柔毛或近无毛；小叶片狭卵形或椭圆状披针形，2-5×1-2 厘米，钝尖头，基部楔形，全缘或有深或浅的分裂，仅中脉上被疏柔毛；小叶柄不明显；叶柄长 2-3 厘米。单花腋生；花梗长 7-10 厘米，疏被开展柔毛，中下部有一对叶状苞片；苞片宽卵形，2.5-4×1.5-2 厘米，无或有短柄；花径 4 厘米，淡紫或淡白色；萼片 5-6，倒卵状椭圆形或狭倒卵形，钝尖头，基部渐狭，表面无毛，脉纹显著，背面沿三条直的中脉形成一线状披针形的带，被短绒毛，边缘无毛；雄蕊长约 7 毫米，花药线形，长 5 毫米，花丝扁而短，无毛；子房狭卵形，长 3-4 毫米，被紧贴的伏毛，花柱棒状，被毛，柱头不膨大。瘦果扁平，倒卵形，喙状花柱宿存，12-15×5-6 毫米，棕红色，被伏毛至脱落。花期 4-5 月，果期 6-7 月。

分布： 益阳、沅江、湘阴、岳阳、汉寿、津市；湖南全省；湖北、浙江、江西、广东、广西、云南。日本栽培。

生境： 湖河边草地或灌丛中；低山及丘陵溪边、路边的草丛中，喜阴湿环境。海拔 10-100 米。

应用： 药用同铁线莲，根和全草利尿通经，根可通经络、解毒、利尿、祛瘀，治痛风、虫蛇咬伤；可作庭院观赏花卉。

识别要点： 极近铁线莲，但小叶片狭卵形，常分裂，小叶柄不显著；花径 4 厘米，稍小，淡紫或淡白色；花药长于花丝；花柱棒状，柱头不膨大。

123 威灵仙 wei ling xian
Clematis chinensis Osbeck

木质藤本。干后变黑色。茎、小枝近无毛或疏生短柔毛。一回羽状复叶有 5 小叶，有时 3 或 7，偶尔基部第 1-2 对 2-3 裂为小叶；小叶片纸质，卵形、卵状（线状）披针形或卵圆形，1.5-10×1-7 厘米，锐尖至渐尖头，偶微凹，基部圆形、宽楔形至浅心形，全缘，两面近无毛或疏生短柔毛。圆锥状聚伞花序，多花，腋生或顶生；花径 1-2 厘米，萼片 4（5），开展，白色，（倒卵状）长圆形，长 0.5-1（-1.5）厘米，常凸尖头，外面边缘密生绒毛或中间有短柔毛，雄蕊无毛。瘦果 3-7，扁，卵形至宽椭圆形，长 5-7 毫米，有柔毛，宿存花柱长 2-5 厘米。花期 6-9 月，果期 8-11 月。

分布： 全洞庭湖区；湖南全省；陕西、华东(山东除外)、华中、华南、西南。越南、日本。

生境： 平原、山坡、山谷灌丛中或沟边、路旁草丛中。海拔 30-1500 米。

应用： 鲜株治急性扁桃体炎、咽喉炎；根祛风湿、利尿、通经、镇痛，治风寒湿热、偏头疼、黄疸、水肿、鱼骨梗喉、腰膝腿脚冷痛、丝虫病，外用治牙痛；全株作农药杀造桥虫、菜青虫、地老虎，灭孑孓；可观赏。

识别要点： 木质藤本；一回羽状复叶常有 5 小叶；圆锥状聚伞花序，多花，萼片白色，常凸尖头；瘦果 3-7，扁，宿存花柱长 2-5 厘米。

124 还亮草 huan liang cao
Delphinium anthriscifolium Hance

一年生草本，高达 78 厘米。具直根。茎无毛或上部疏被反曲柔毛。二至三回近羽状复叶，或三出复叶；叶菱状（三角状）卵形，5-11×4.5-8 厘米，羽片 2-4 对，对生，稀互生，窄卵形，长渐尖头，常分裂至近中脉，小裂片窄卵形或披针形，上面疏被柔毛，下面（近）无毛；叶柄长 2.5-6 厘米。总状花序（1-）2-15 花；序轴及花梗被反曲短柔毛或近无毛。小苞片披针状线形，长 2.5-4 毫米；花梗长 0.4-1.2 厘米；花长 1-1.8（-2.5）厘米；萼片（堇）紫色，椭圆形，长 6-9（-11）毫米，疏被短柔毛，距（圆锥状）钻形，长 5-9（-15）毫米；花瓣顶部宽，退化雄蕊无毛，蓝紫色，瓣片斧形，2 深裂近基部，雄蕊无毛；心皮 3，子房疏被短柔毛或近无毛。蓇葖长 1.1-1.6 厘米；种子扁球形，径 2-2.5 毫米，种子球形，具横窄膜翅。花期 3-5 月。

分布： 沅江、益阳、岳阳、湘阴；湘南、湘西北；甘肃、陕西、山西、广东、广西、贵州、云南、华东(山东除外)、华中。越南。

生境： 湖区湖边洲滩泥沙地草丛中；丘陵或低山的山坡草丛或溪边草地。海拔 10-1700 米。

应用： 全草治风湿骨痛，外涂治痈疮癣癫；可作观赏花卉。

识别要点： 二至三回近羽状复叶；总状花序；苞片叶状；矩圆锥状钻形，稍向上弯曲；花瓣紫色，退化雄蕊堇（紫）色，瓣片斧形，二深裂近基部；种子扁球形，具横膜翅。

125 **禺毛茛** yu mao gen
Ranunculus cantoniensis DC.

多年生草本。茎直立，高 25–80 厘米，上部分枝，与叶柄均密生开展的黄白色糙毛。三出复叶，基生叶和下部叶有长达 15 厘米的叶柄；叶片宽卵形至肾圆形，3–6×3–9 厘米；小叶（宽）卵形，宽 2–4 厘米，2–3 中裂，密锯齿或齿牙缘，稍尖头，两面贴生糙毛；小叶柄长 1–2 厘米，侧生小叶柄较短，生开展糙毛，具膜质耳状宽鞘。上部叶渐小，3 全裂，短柄至无柄。花序疏生较多花；花梗长 2–5 厘米，与萼片均生糙毛；花径 1–1.2 厘米，生茎枝顶端；萼片卵形，长 3 毫米，开展；花瓣 5，椭圆形，长 5–6 毫米，基部狭窄成爪，蜜槽上有倒卵形小鳞片；花药长约 1 毫米；花托长圆形，生白色短毛。聚合果近球形，径约 1 厘米；瘦果扁平，约 3×2 毫米，为厚的 5 倍以上，无毛，边缘有宽约 0.3 毫米的棱翼，喙基部宽扁，顶端弯钩状，长约 1 毫米。花果期 4–7 月。

分布： 全洞庭湖区；湖南全省；陕西、广东、广西、香港、华东（山东除外）、华中、西南。印度、不丹、尼泊尔、越南、韩国、日本。

生境： 平原、丘陵或山地林缘、草坡、田边、溪边、沟旁水湿地。海拔 20–2500 米。

应用： 全草含原白头翁素，有毒，药用解毒消炎，治黄疸、目疾，捣敷发泡，功效同石龙芮，但性更烈。

识别要点： 直立；三出复叶，小叶较细密锯齿缘；花生茎枝顶端成疏散的聚伞花序；聚合果近球形，瘦果喙顶端弯钩状，长约 1 毫米。

126 **茴茴蒜** hui hui suan
Ranunculus chinensis Bunge

一年生草本。茎直立，高达 70 厘米，中空，有纵条纹，分枝多，与叶柄均密生开展的淡黄色糙毛。三出复叶；基生叶与下部叶叶柄长达 12 厘米，叶片宽卵形至三角形，长 3–8（–12）厘米，小叶 2–3 深裂，裂片倒披针状楔形，宽 5–10 毫米，上部有不等的粗齿或缺刻，或 2–3 裂，尖头，伏生糙毛，小叶柄长 1–2 厘米，生开展的糙毛。上部叶较小，3 全裂，裂片粗齿牙缘或再分裂。花序有较多疏生的花，花梗贴生糙毛，径 6–12 毫米；萼片狭卵形，长 3–5 毫米，外生柔毛；花瓣 5，宽卵形，与萼片近等长或稍长，黄色，具短爪，蜜槽有卵形小鳞片；花药长约 1 毫米；花托在果期显著伸长，圆柱形，长达 1 厘米，密生白色短毛。聚合果长圆形，径 6–10 毫米；瘦果扁平，3–3.5× 约 2 毫米，无毛，边缘有宽约 0.2 毫米的棱，喙极短，呈点状，长 0.1–0.2 毫米。花果期 5–9 月。

分布： 全洞庭湖区；湖南全省；全国（福建和海南除外）。俄罗斯西伯利亚、哈萨克斯坦、蒙古国、朝鲜半岛、日本、泰国、印度、不丹、巴基斯坦。

生境： 平原、丘陵、山地溪边、田旁的水湿草地。海拔 30–3000 米。

应用： 全草有毒，外敷引赤发泡、消炎、截疟、杀虫、消肿，治疮癣。

识别要点： 三出复叶，小叶再分裂；聚合果长圆形，瘦果喙极短，多数着生于圆柱形密生短毛的花托上。

127 毛茛 mao gen
Ranunculus japonicus Thunb.

多年生草本。茎直立，高达 70 厘米，中空，有槽，具分枝，生开展或贴伏的柔毛。基生叶多数；叶片圆心形或五角形，长宽 3-10 厘米，基部心形或截形，通常 3 深裂不达基部，中裂片倒卵状楔形、宽卵圆形或菱形，3 浅裂，粗齿或缺刻缘，侧裂片不等 2 裂，贴生柔毛；叶柄长达 15 厘米，生开展柔毛。下部叶与基生叶相似，渐向上叶柄变短，叶片较小，3 深裂，裂片披针形，有尖齿牙或再分裂；最上部叶线形，全缘，无柄。聚伞花序多花，疏散；花径 1.5-2.2 厘米；花梗长达 8 厘米，贴生柔毛；萼片椭圆形，长 4-6 毫米，生白柔毛；花瓣 5，倒卵状圆形，6-11×4-8 毫米，具长约 0.5 毫米的爪，蜜槽鳞片长 1-2 毫米；花托短小，无毛。聚合果近球形，径 6-8 毫米；瘦果扁平，长宽 2-2.5 毫米，边缘有宽约 0.2 毫米的棱，无毛，喙短直或外弯，长约 0.5 毫米。花果期 4-9 月。

分布: 全洞庭湖区；湖南全省；除西藏外的全国各地。朝鲜、日本、俄罗斯（远东地区）。

生境: 平原、丘陵或山地田沟旁和林缘路边的湿草地上。海拔 20-2500 米。

应用: 全草含原白头翁素，有毒，为发泡剂和杀菌剂，捣碎外敷可截疟、消肿及治疮癣。

识别要点: 基生及下部叶叶片 3 深裂不达基部，聚伞花序疏散，花径约 1.5 厘米，花托无毛，瘦果扁平，长宽 2-2.5 毫米。

128 刺果毛茛 ci guo mao gen
Ranunculus muricatus L.

一年生草本。须根扭转伸长。茎高达 30 厘米，自基部多分枝，倾斜上升，近无毛。叶均有长柄；叶片近圆形，长宽 2-5 厘米，钝头，基部截形或稍心形，3 中（深）裂，裂片宽卵状楔形，缺刻状浅裂或粗齿缘，通常无毛；叶柄长 2-6 厘米，无毛或疏生柔毛，具膜质宽鞘。上部叶较小，柄较短。花多，径 1-2 厘米；花梗与叶对生，散生柔毛；萼片长椭圆形，长 5-6 毫米，带膜质，或有柔毛；花瓣 5，狭倒卵形，长 5-10 毫米，圆头，基部狭窄成爪，蜜槽上有小鳞片；花药长圆形，长约 2 毫米；花托疏生柔毛。聚合果球形，径达 1.5 厘米；瘦果扁平，椭圆形，约 5×3 毫米，周围有宽约 0.4 毫米的棱翼，两面各生有一圈 10 多枚刺，刺直伸或钩曲，有疣基，喙基部宽厚，顶端稍弯，长达 2 毫米。花果期 4-6 月。

分布: 沅江、汨罗，已归化；湘北，分布新记录；安徽、江苏、上海、浙江、广西等地栽培，已野化。亚洲、北美洲、大洋洲，原产欧洲及亚洲西部。

生境: 湖区堤岸低矮杂草丛中；草地、田边或庭院。

应用: 全草入药治疮疖、堕胎；缀花草坪。

识别要点: 瘦果宽扁，周围有窄的棱翼，两面有一圈具疣基的弯刺。

129　石龙芮 shi long rui
Ranunculus sceleratus L.

一年生草本。须根簇生。茎直立，高 10–50 厘米，上部多分枝，具节，下部节上有时生根，无毛或疏生柔毛。基生叶多数；叶片肾状圆形，1–4×1.5–5 厘米，基部心形，3 深裂，裂片倒卵状楔形，不等 2–3 裂，钝圆头，粗圆齿缘，无毛；叶柄长 3–15 厘米，近无毛。下部茎生叶与基生叶相似；上部叶较小，3 全裂，裂片披针形至线形，全缘，无毛，钝圆头，基部扩大成膜质宽鞘抱茎。聚伞花序多花；花径 4–8 毫米；花梗长 1–2 厘米，无毛；萼片椭圆形，长 2–3.5 毫米，外面有短柔毛，花瓣 5，倒卵形，基部有短爪，蜜槽呈棱状袋穴；雄蕊 10 多枚，花药卵形，长约 0.2 毫米；花托增大呈圆柱形，3–10×1–3 毫米，生短柔毛。聚合果长圆形，长 8–12 毫米，为宽的 2–3 倍，瘦果极多数，近 100 枚，紧密排列，倒卵球形，稍扁，长 1–1.2 毫米，无毛，喙短至近无，长 0.1–0.2 毫米。花果期 5–8 月。

分布： 全洞庭湖区；湖南全省；全国（海南和青藏高原除外）。亚洲亚热带至温带、欧洲、北美洲。

生境： 湿地、湖边、溪边、稻田、沟渠中或湿草地。海拔 20–2300 米。

应用： 草药，有毒，全草含原白头翁素，药用消结核、清肝利湿、活血消肿、截疟，治痈肿、疮毒、蛇毒和风寒湿痹、急性黄疸型肝炎；污水净化。

识别要点： 聚伞花序有多数小花，花径 4–8 毫米，花托伸长被毛；瘦果小而极多，喙短，近点状。

130　扬子毛茛 yang zi mao gen
Ranunculus sieboldii Miq.

多年生草本。茎铺散，斜升，高 20–50 厘米，下部节偃地生根，多分枝，密生开展的白或淡黄色柔毛。基生叶与茎生叶相似，为三出复叶；叶片圆肾形至宽卵形，2–5×3–6 厘米，基部心形，中央小叶宽（菱状）卵形，3 浅裂至较深裂，锯齿缘，小叶柄长 1–5 毫米；侧生小叶不等 2 裂，背面或两面疏生柔毛，柄长 2–5 厘米，与小叶柄密生开展的柔毛，褐色膜质宽鞘抱茎；上部叶较小。花与叶对生，径 1.2–1.8 厘米；花梗长 3–8 厘米，密生柔毛；萼片狭卵形，长 4–6 毫米，外面生柔毛，花期向下反折，迟落；花瓣 5，黄或上面变白色，狭倒卵形至椭圆形，6–10×3–5 毫米，5–9 深色脉纹，下部成长爪，蜜槽小鳞片位于爪的基部；雄蕊逾 20，花药长约 2 毫米；花托粗短，密生白柔毛。聚合果圆球形，径约 1 厘米；瘦果扁平，3–5×3–3.5 毫米，无毛，棱宽约 0.4 毫米，喙锥状外弯，长约 1 毫米。花果期 5–10 月。

分布： 全洞庭湖区；湖南全省；陕西、甘肃、广东、广西、华中、华东、西南。日本。

生境： 平原湿地、路边、荒草地；山坡林边、溪边、草丛或灌丛中。海拔 20–2500 米。

应用： 全草捣敷发泡截疟，治疮毒、腹水水肿；茎叶外用治恶疮、鱼口、跌打、蛇伤。

识别要点： 茎偃卧，节上生根；花与叶对生，花萼向下反折，花瓣狭椭圆形，有长爪；聚合果圆球形，瘦果宽大，长约 4 毫米，边缘有宽棱，喙锥状外弯，长约 1 毫米。

131 猫爪草（小毛茛）mao zhua cao
Ranunculus ternatus Thunb.

一年生草本。簇生多数肉质小块根，块根卵球形或纺锤形，顶端质硬，形似猫爪，径 3-5 毫米。茎铺散，高 5-20 厘米，多分枝，较柔软，大多无毛。基生叶有长柄；叶片形状多变，单叶或三出复叶，宽卵形至圆肾形，5-40×4-25 毫米，小叶 3 浅裂至 3 深裂或多次细裂，末回裂片倒卵形至线形，无毛；叶柄长 6-10 厘米。茎生叶无柄，叶片较小，全裂或细裂，裂片线形，宽 1-3 毫米。花单生茎枝顶端，径 1-1.5 厘米；萼片 5-7，长 3-4 毫米，外面疏生柔毛；花瓣 5-7 或更多，黄或后变白色，倒卵形，长 6-8 毫米，基部有长约 0.8 毫米的爪，蜜槽棱形；花药长约 1 毫米；花托无毛。聚合果近球形，径约 6 毫米；瘦果卵球形，长约 1.5 毫米，无毛，边缘有纵肋，喙细短，长约 0.5 毫米。花期早，3 月开花，果期 4-7 月。

分布： 全洞庭湖区；湖南全省；广西、华中、华东（山东除外）。日本。

生境： 湖边及沟渠边沙土或淤泥湿草地；田边、荒地、草地、草坡或林缘。海拔 10-500 米。

应用： 块根散结消瘀，治淋巴结核；湿地景观。

识别要点： 一年生铺散小草本；有纺锤形的肉质小块根。

132 天葵 tian kui
Semiaquilegia adoxoides (DC.) Makino

宿根草本。块根 1-2×0.3-0.6 厘米，棕黑色。1-5 茎，高 10-32 厘米，被稀疏的白色柔毛，分歧。基生叶多数，掌状三出复叶；叶片轮廓卵圆形至肾形，长 1.2-3 厘米；小叶扇状菱形或倒卵状菱形，0.6-2.5×1-2.8 厘米，三深裂，深裂片又有 2-3 小裂片，两面无毛；叶柄长 3-12 厘米，基部扩大呈鞘状；茎生叶较小。花径 4-6 毫米；苞片小，倒披针形至倒卵圆形，不裂或三深裂；花梗纤细，长 1-2.5 厘米，被伸展的白色短柔毛；萼片白色，常带淡紫色，狭椭圆形，4-6×1.2-2.5 毫米，急尖头；花瓣匙形，长 2.5-3.5 毫米，近截形头，基部凸起呈囊状；退化雄蕊 2，线状披针形，白膜质；心皮无毛。蓇葖卵状长椭圆形，6-7×2 毫米，具凸起的横向脉纹，种子卵状椭圆形，（黑）褐色，长约 1 毫米，具小瘤状突起。花期 3-4 月，果期 4-5 月。

分布： 全洞庭湖区；湖南全省；陕西、四川、贵州、广西、华中、华东（山东除外）。日本、朝鲜半岛。

生境： 向阳草丛中或疏林下、路旁或山谷地的较阴处。海拔 30-1050 米。

应用： 块根及种子利水、通淋、解毒；块根称"天葵子"，为常用中药，治疮疖肿、乳腺炎、扁桃体炎、淋巴结核、跌打损伤；作农药可防治蚜虫、红蜘蛛、稻螟；可观赏。

识别要点： 具棕黑色小块根；基生叶为掌状三出复叶，小叶扇状菱形三深裂，深裂片有 2-3 小裂片；萼片白色，常带淡紫色；蓇葖果具横向脉纹。

133 东亚唐松草 dong ya tang song cao
Thalictrum minus L. var. **hypoleucum** (S. et Z.) Miq.

植株全部无毛。四回三出羽状复叶，茎下部叶有稍长柄或短柄，中部叶有短柄或近无柄；叶片长达 20 厘米；小叶纸质或薄革质，长、宽 1.5-4（-5）厘米，背面有白粉，粉绿色，脉隆起，脉网明显，顶生小叶楔状倒卵形、宽倒卵形、近圆形或狭菱形，基部楔形至圆形，三浅裂或为疏牙齿缘，偶尔不裂；叶柄长达 4 厘米，基部有狭鞘。圆锥花序长达 30 厘米；花梗长 3-8 毫米，萼片 4，淡黄绿色，脱落，狭椭圆形，长约 3.5 毫米；雄蕊多数，长约 6 毫米，花药狭长圆形，长约 2 毫米，短尖头，花丝丝状；心皮 3-5，无柄，柱头正三角状箭头形。瘦果狭椭圆形，稍扁，长约 3.5 毫米，8 纵肋。花期 6-7 月。

分布： 沅江、益阳、湘阴；湘（西）北；陕西、四川、贵州、广东、安徽、江苏、山东、东北、华北、华中。朝鲜半岛、日本。

生境： 湖边、湖心小岛灌丛或草丛中；丘陵或山地林边、山谷沟边、潮湿岩石旁。海拔 20-1400 米。

应用： 根治牙痛、急性皮炎、湿疹等症；可作观赏植物。

识别要点： 与亚欧唐松草（原变种）的区别：小叶较大，长和宽均为 1.5-4（-5）厘米，背面有白粉，粉绿色，脉隆起，脉网明显。

木通科 Lardizabalaceae

134 木通 mu tong
Akebia quinata (Houtt.) Decne.

落叶或半常绿木质藤本，长达 10 米。幼枝淡红褐色，老枝具灰或银白色皮孔。小叶 5（3-8），薄革质，叶柄长 3-14 厘米，小叶柄长 0.5-2 厘米；小叶倒卵状（椭圆形），顶生小叶 2-6×1-3 厘米，侧生小叶较小，圆头稍凹入，基部阔楔形或圆形，全缘或浅波状缘。总状或伞房状花序，腋生，长 4-13 厘米，每花序具雄花 4-8（-13），生上部，雌花 2，生基部或无。雄花：花梗长 0.5-1.5 厘米，萼片 3（-5），淡紫色，卵形或椭圆形，长 3-8 毫米；雄蕊 6（-7），紫黑色，长 4-5 毫米。雌花：花梗长 2.5-5 厘米，萼片 3 或 4，紫红色，长 1-2 厘米，卵（圆）形；退化雄蕊常与雌蕊同数互生；雌蕊 5-7（-9），紫红色。膏葖果孪生或单生，椭圆形，6-9×3-5 厘米，淡紫色，腹缝开裂。胎座白色多汁。种子卵形，褐黑色，多数，长约 6 毫米。花期 4-5 月，果期 6-8 月。

分布： 沅江、益阳、湘阴、汨罗、岳阳；湖南全省；长江流域西至四川、南至两广、东至东南沿海、西至陕西。日本和朝鲜半岛。

生境： 湖边、湖心小岛灌丛或草丛中；丘陵或山地灌木丛、林缘和沟谷中。海拔（10-）300-1500 米。

应用： 茎、根和果实利尿、通乳、消炎，治风湿关节炎和腰痛；果味甜可食、酿酒；可观赏；茎藤代绳。

识别要点：（半）落叶藤本；小叶通常 5（3-8），薄革质，下面青白色；总状花序长 4-13 厘米，4-13 花；花较大，雄花长 6-10 毫米。

防己科 Menispermaceae

135 木防己 mu fang ji
Cocculus orbiculatus (L.) DC.

木质藤本；小枝被绒毛或近无毛，有条纹。叶片纸质至近革质，线状或倒披针形、（阔卵状）近圆形、狭椭圆形、倒（卵状）心形，短尖头或具小凸尖，有时微缺或2裂，全缘、3裂或掌状5裂，长3-8（-10）厘米，两面被密或疏柔毛，或除下面中脉外近无毛；掌状脉3（-5）；叶柄长1-3（-5）厘米，被稍密的白色柔毛。聚伞花序少花腋生，或多花排成狭窄聚伞圆锥花序，顶生或腋生，长达10厘米，被柔毛；雄花小苞片2或1，长约0.5毫米，紧贴花萼，被柔毛；萼片6，外轮（椭圆状）卵形，长1-1.8毫米，内轮阔椭圆形至近圆形，或阔倒卵形，长达2.5毫米；花瓣6，长1-2毫米，下部边缘内折抱着花丝，顶端2裂，裂片叉开，渐尖或短尖；雄蕊6，较花瓣短。雌花退化雄蕊6；心皮6，无毛。核果近球形，（紫）红色，径7-8毫米；果核骨质，背部有小横肋状雕纹。

分布：全洞庭湖区；湖南全省；除西藏和西北（不含陕西）外的全国各地。东亚、东南亚、南亚，传入印度洋岛屿、东至夏威夷群岛的太平洋岛屿。

生境：田坎、灌丛、村边、林缘、水边等处。海拔20-1200米。

应用：祛风除湿、通经活络、解毒消肿；根清热解毒，治湿肿，作强壮剂，外用治蛇伤；根可酿酒；垂直绿化；藤茎编藤器。

识别要点：与毛木防己相似，但后者的萼片背面被白色柔毛。

136 千金藤（粉防己，金线钓乌龟）qian jin teng
Stephania japonica (Thunb.) Miers

稍木质藤本，全株无毛；根条状，褐黄色；小枝纤细，有直线纹。叶（坚）纸质，通常三角状近圆形（阔卵形），长6-15（-10）厘米，近于宽或略短，小凸尖头，基部圆，下面粉白；掌状脉10-11，下面凸起；叶柄长3-12厘米，盾状着生。复伞形聚伞花序腋生，伞梗4-8，小聚伞花序近无梗，密集呈头状；花近无梗。雄花萼片6或8，膜质，倒卵状椭圆形至匙形，长1.2-1.5毫米，无毛；花瓣3或4，黄色，稍肉质，阔倒卵形，长0.8-1毫米；聚药雄蕊长0.5-1毫米，伸出或不伸出。雌花萼片和花瓣各3-4，形状和大小与雄花的近似或较小；心皮卵状。果倒卵形至近圆形，长约8毫米，成熟时红色；果核背部有2行小横肋状雕纹，每行8-10条，小横肋常断裂。花期6-7月，果期8-10月。

分布：岳阳、益阳；湖南全省；华东、华中、华南、西南。日本、澳大利亚、朝鲜半岛、东南亚、南亚、太平洋岛屿。

生境：村边、路旁、沟边、灌丛中及山坡林下。

应用：民间常用草药。根含多种生物碱，入药祛风活络、利尿消肿、清热解毒，治风湿痹痛、水肿、淋浊、咽喉肿痛、痈肿、疮疖、疟疾、痢疾；块根可酿酒；可观赏；藤茎编织用。

识别要点：全株无毛；根褐黄色；叶三角状近圆形，下面粉白，盾状着生；腋生复伞形聚伞花序，小聚伞花序密集呈头状；花近无梗，雄花黄色；果倒卵状近圆形，红色。

睡莲科　Nymphaeaceae

137　水盾草（白花穗莼）*shui dun cao*
Cabomba caroliniana A. Gray

多年生沉水草本，有时漂浮。具短而易断的根状茎，根状茎横走并生根，后扩生成直立茎枝，高 40-100 厘米，茎枝草绿或橄榄绿色，有时红棕色。叶两型：沉水叶对生，圆扇形，第一次掌状 5 分裂，每裂片再 3-6 次二叉分裂，末回裂片扁线形，上面草绿或橄榄绿色，下面颜色稍淡；浮水叶在开花前出现，不显眼，少数，在花枝顶端互生，叶柄较长，叶片椭圆状矩形、梭状条形或箭形，中部盾状着生，13×6.4 毫米。花单生枝上部叶腋，或几朵呈聚伞状花序，在水面以上开放；花小形，径达 13 毫米；萼片 3，白色，花瓣状；花瓣 3，白色，基部具 2 腰果状黄斑，倒卵状椭圆形；雄蕊 6，花药黄色，侧向药；雌蕊心皮 3，离生；子房卵球形。花期 10-11 月。

分布： 益阳、长沙、湘北，分布新记录；江苏、上海、福建、浙江、北京、湖北入侵并归化。美国、南美洲、澳大利亚。

生境： 平原水网地带的水深 1 米以下的浅水池塘、缓流溪河、湖泊、运河和渠道中。

应用： 可食用；草食性鱼类饵料；沉水叶雅致美观，常被作为水族馆观赏植物；恶性杂草。

识别要点： 沉水叶对生，圆扇形，掌状二叉分裂，裂片 3-5次二叉分裂；花小，白色，萼片花瓣状，水面以上开放。

138　芡实　*qian shi*
Euryale ferox Salisb. ex Konig et Sims

一年生大型水生草本。沉水叶箭形或椭圆肾形，长 4-10 厘米，两面无刺；叶柄无刺；浮水叶革质，椭圆肾形至圆形，径 10-130 厘米，盾状，有或无弯缺，全缘，下面带紫色，有短柔毛，两面在叶脉分枝处有锐刺；叶柄及花梗粗壮，长达 25 厘米，皆有硬刺。花长约 5 厘米；萼片披针形，长 1-1.5 厘米，内面紫色，外面密生稍弯硬刺；花瓣（矩圆状）披针形，长 1.5-2 厘米，紫红色，数轮排列，向内渐变成雄蕊；无花柱，柱头红色，成凹入的柱头盘。浆果球形，径 3-5 厘米，污紫红色，外面密生硬刺；种子球形，径 10 余毫米，黑色。花期 7-8月，果期 8-9 月。

分布： 全洞庭湖区；湖南全省；陕西、东北、华北、华东、华中、华南、西南。俄罗斯（远东地区）、日本、印度、孟加拉国、朝鲜半岛、克什米尔地区。

生境： 池塘、湖沼中。

应用： 根与茎可食；根、茎、叶均可药用，种子药用补脾益肾、涩精、镇痛收敛；种子制芡粉、酿酒及制副食品；全草为猪饲料；水景；可作绿肥。

识别要点： 浮水叶椭圆肾形至圆形，盾状，下面带紫色，两面有锐刺；叶柄、花梗及浆果皆有硬刺；花瓣紫红色，向内渐变成雄蕊；浆果球形，污紫红色；种子球形，栗黑褐色。

139 莲（荷花）lian
Nelumbo nucifera Gaertn.

多年生水生草本；根状茎横生，肥厚，节间膨大，内有多数纵行通气孔道，节部缢缩，上生黑色鳞叶，下生须状不定根。叶圆形，盾状，径25-90厘米，全缘稍呈波状，上面光滑，具白粉，下面叶脉从中央射出，1-2次叉状分枝；叶柄粗壮，圆柱形，长1-2米，中空，与花梗散生小刺。花梗和叶柄等长或稍长；花径10-20厘米，芳香；花瓣（粉）红或白色，矩圆状椭圆形至倒卵形，5-10×3-5厘米，向内渐小，或变成雄蕊，圆钝或微尖头；花药条形，花丝细长，着生在花托之下；花柱极短，柱头顶生；花托（莲房）径5-10厘米。坚果椭圆形或卵形，长1.8-2.5厘米，果皮革质，坚硬，熟时黑褐色；种子（莲子）卵形或椭圆形，长1.2-1.7厘米，种皮红或白色。花期6-8月，果期8-10月。

分布： 全洞庭湖区；湖南全省，栽培或逸生；除内蒙古及青藏高原外的全国各地。俄罗斯（远东地区）、朝鲜半岛、日本、菲律宾、新几内亚岛、大洋洲、南亚、西亚。

生境： 池沼或水田中，自生或栽培。

应用： 叶、花托、花、果实、种子及根状茎入药清暑热及止血，莲蓬消瘀止血，莲子补脾止泻、养心益肾，莲心清火、强心降压，叶柄煎服清暑热，藕节、荷叶、荷梗、莲房、雄蕊及莲子作收敛止血药；莲藕蔬食或提淀粉；叶可代茶饮；水面景观。

识别要点： 根状茎肥大，内具通气道，节部缢缩；叶圆形，盾状，具白粉；花大，花托大，圆锥形；坚果卵状椭圆形，果皮坚硬；种皮红或白色。

140 萍蓬草 ping peng cao
Nuphar pumila (Timm) DC.
[*Nuphar pumilum* (Hoffm.) DC.]

多年水生草本；根状茎径2-3厘米。叶纸质，（宽）卵形，少数椭圆形，6-17×6-12厘米，圆钝头，基部具弯缺，心形，裂片远离，圆钝，上面光亮，无毛，下面密生柔毛，侧脉羽状，几次二歧分枝；叶柄长20-50厘米，有柔毛。花径3-4厘米；花梗长40-50厘米，有柔毛；萼片黄色，外面中央绿色，矩圆形或椭圆形，长1-2厘米；花瓣窄楔形，长5-7毫米，先端微凹；柱头盘常10浅裂，淡黄或带红色。浆果卵形，长约3厘米；种子矩圆形，长5毫米，褐色。花期5-7月，果期7-9月。

分布： 全洞庭湖区；湖南各大城市栽培；新疆、黑龙江、吉林、广东、广西、贵州、四川、华中、华东（山东除外），常见栽培。北欧、俄罗斯西伯利亚、蒙古国、朝鲜半岛、日本。

生境： 湖泊、池沼或沟渠湿地中。

应用： 根状茎食用，药用强壮、净血，用于补虚止血，治神经衰弱、刀伤；水生或湿生观赏植物。

识别要点： 与贵州萍蓬草的区别：后者叶近圆形或卵形，株型较小；与中华萍蓬草的区别：后者叶心脏卵形，花大，径5-6厘米。

141 白睡莲 bai shui lian
Nymphaea alba L.

多年生水生草本；根状茎匍匐；叶纸质，近圆形，径 10-25
厘米，基部具深弯缺，裂片尖锐，近平行或开展，全缘或波
状缘，两面无毛，有小点；叶柄长达 50 厘米。花径 10-20
厘米，芳香；花梗略和叶柄等长；萼片披针形，长 3-5 厘
米，脱落或花期后腐烂；花瓣 20-25，白色，卵状矩圆形，
长 3-5.5 厘米，外轮比萼片稍长；花托圆柱形；花药先端不
延长，花粉粒皱缩，具乳突；柱头具 14-20 辐射线，扁平。
浆果扁平至半球形，长 2.5-3 厘米；种子椭圆形，长 2-3 厘米。
花期 6-8 月，果期 8-10 月。

分布： 全洞庭湖区；湖南各大城市常见栽培；陕西、河北、
山东、安徽、浙江、福建、云南及西藏，栽培。印度、克什
米尔地区、西南亚、高加索地区、欧洲、非洲。

生境： 池沼中。

应用： 根状茎可食；水生观赏花卉。

识别要点： 叶近圆形，基部具深弯缺，裂片尖锐，两面无毛，
有小点；花芳香，花瓣多，白色；浆果扁平至半球形；种子
椭圆形。

142 红睡莲 hong shui lian
Nymphaea alba L. var. rubra Lonnr.

多年生中型水生草本。与白睡莲（原变种）形态特征相同或
极相近，但花玫瑰红色，径约 10 厘米，近全日开放。

分布： 全洞庭湖区；湖南全省，栽培；全国各大城市常见栽培。
原产瑞典。

生境： 池沼中。

应用： 根状茎可食；水生观赏花卉。

识别要点： 花较小，花瓣粉红或玫瑰红色。

金鱼藻科　Ceratopyllaceae

143　金鱼藻 jin yu zao
Ceratophyllum demersum L.

多年生沉水草本；茎长 40-150 厘米，平滑，具分枝。叶 4-12 轮生，1-2 次二叉状分歧，裂片丝状（条形），15-20×0.1-0.5 毫米，先端带白色软骨质，仅一侧为数细齿缘。花径约 2 毫米；苞片 9-12，条形，长 1.5-2 毫米，浅绿色，透明，先端有 3 齿及带紫色毛；雄蕊 10-16，微密集；子房卵形，花柱钻状。坚果宽椭圆形，4-5× 约 2 毫米，黑色，平滑，边缘无翅，3 刺，顶生刺（宿存花柱）长 8-10 毫米，先端具钩，基部 2 刺向下斜伸，长 4-7 毫米，先端渐细成刺状。花期 6-7 月，果期 8-10 月。

分布： 全洞庭湖区；湖南全省；全国。世界广布。

生境： 池塘、湖泊、河流、沟渠中。

应用： 全草治内伤吐血、咯血、热淋涩痛；鱼类、猪及家禽饲料；水族箱布景。

识别要点： 叶 1-2 次二叉状分歧；果实有 3 刺：顶生 1 个，基部以上 2 个。

三白草科　Saururaceae

144　蕺菜（鱼腥草）ji cai
Houttuynia cordata Thunb.

腥臭草本，高 30-60 厘米；茎下部伏地，节上轮生小根，上部直立，无毛或节上被毛，有时带紫红色。叶薄纸质，有腺点，（阔）卵形，4-10×2.5-6 厘米，短渐尖头，基部心形，两面有时除叶脉被毛外余均无毛，背面常呈紫红色；叶脉 5-7，全部基出或最内 1 对离基约 5 毫米从中脉发出，第 3 对纤细不明显；叶柄长 1-3.5 厘米，无毛；托叶膜质，长 1-2.5 厘米，钝头，下部与叶柄合生而成长 8-20 毫米的鞘，常有缘毛，基部扩大略抱茎。花序长约 2 厘米；总花梗长 1.5-3 厘米，无毛；总苞片长圆形或倒卵形，10-15×5-7 毫米，钝圆头；雄蕊长于子房，花丝长为花药的 3 倍。蒴果长 2-3 毫米，具宿存花柱。花期 4-7 月。

分布： 全洞庭湖区；湖南全省；甘肃、陕西、华东、华中、华南、西南。东亚、东南亚、喜马拉雅地区。

生境： 溪沟边、林下湿地、田边、路边。海拔 30-2500 米。

应用： 全草清热解毒、消肿、利水、消食积，治肺病、吐浓血、淋疾、尿道炎、梅毒、子宫病、乳腺炎、白带异常、肠炎、痢疾、肾炎水肿、中耳炎、痈疖，外敷或煎汤熏洗治痈肿恶疮、脱肛、痔漏、虫毒、痔疮；作农药；嫩茎作凉拌菜或调味品。

识别要点： 腥臭；根状茎白色，节上轮生细根，地上茎常带紫红色；叶背面常呈紫红色，膜质托叶鞘略抱茎；总苞片花瓣状，白色；花柱宿存。

145 三白草 san bai cao
Saururus chinensis (Lour.) Baill.

湿生草本，高逾1米；茎粗壮，有纵长粗棱和沟槽，下部伏地，常带白色，上部直立，绿色。叶纸质，密生腺点，阔卵形至卵状披针形，10-20×5-10厘米，短尖或渐尖头，基部（斜）心形，两面无毛，上部的叶较小，顶端的2-3片于花期常为白色，呈花瓣状；叶脉5-7，基出，第3对纤细，斜升2-2.5厘米即弯拱网结，网状脉明显；叶柄长1-3厘米，无毛，基部与托叶合生成鞘状，略抱茎。花序白色，长12-20厘米；总花梗长3-4.5厘米，无毛，花序轴密被短柔毛；苞片近匙形，上部圆，有时有疏缘毛，下部线形，被柔毛，贴生于花梗上；雄蕊6，花药长圆形，纵裂，花丝比花药略长。果近球形，径约3毫米，表面多疣状凸起。花期4-6月。

分布： 岳阳、益阳、沅江；湖南全省；陕西、河北、华东、华中、华南、西南。朝鲜半岛、日本、东南亚、喜马拉雅地区。

生境： 低湿沟边、塘边、溪旁、湿草地、水田边、谷地、林下、灌丛中。海拔30-2500米。

应用： 全草内服治尿路感染及结石、脚气水肿及营养性水肿，外敷治痈疮疖肿、皮肤湿疹；根状茎清热、消炎、利尿，治白带病。

识别要点： 地下茎白色，地上茎具粗棱和沟槽；叶密生腺点，基部常斜心形，茎顶端的2-3片常变白色呈花瓣状；花序白色；果实表面多疣状凸起。

马兜铃科 Aristolochiaceae

146 马兜铃（青木香）ma dou ling
Aristolochia debilis S. et Z.

草质藤本。茎有腐肉味。根圆柱形，径达1.5厘米。叶卵状三角形、长圆状卵形或戟形，3-6×1.5-3.5厘米，钝圆或短尖头，基部宽，心形，两面无毛；叶柄长1-2厘米。花单生或2朵并生叶腋。花梗长1-1.5厘米；花被筒长3-3.5厘米，基部球形，与子房连接处具关节，径3-6毫米，向上骤缢缩成长管，管20-25×2-3毫米，口部漏斗状，黄绿色，具紫斑，檐部一侧延伸成卵状披针形舌片，长2-3厘米，钝头；花药卵圆形，合蕊柱6裂。蒴果近球形，长约6厘米。种子扁平，钝三角形，长约6毫米，具白色膜质宽翅。花期7-8月，果期9-11月。

分布： 全洞庭湖区；湖南全省；广东、广西、贵州、四川、华中、华东，野生或栽培。日本。

生境： 湖区堤岸或湖边灌丛或草丛中；山谷、沟边、路旁阴湿处及山坡灌丛中。海拔20-1500米。

应用： 含马兜铃酸、木兰花碱、汉防己碱等，有毒。根行气止痛，治肠胃病及解蛇毒；藤利尿；果镇咳；根茎提芳香油；可观赏。

识别要点： 茎常暗紫色，有腐肉味；叶卵状或戟状三角形，基部两侧裂片圆形；花被管基部膨大呈球形，管口漏斗状，黄绿色，有紫斑；蒴果6棱；种子钝三角形，具白色膜质宽翅。

藤黄科 Guttiferae

147 地耳草 di er cao
Hypericum japonicum Thunb. ex Murray

一年生或多年生草本，高达 45 厘米。茎直立、外倾或匍地生根，具 4 纵线棱，有腺点。叶无柄，叶片卵形、卵状三角形、长圆形或椭圆形，0.2-1.8×0.1-1 厘米，近锐尖至圆形头，基部心形抱茎至截形，全缘，基脉 1-5，侧脉 1-2 对，无明显脉网，具透明腺点。二歧或呈单歧状花序 1-30 花；（小）苞片线形、披针形至叶状，微小至与叶等长。花径 4-8 毫米，平展；花梗长 2-5 毫米。萼片窄长圆形、披针形或椭圆形，长 2-5.5 毫米，锐尖至钝头，全缘，散生透明腺点或腺条纹，直伸。花瓣白色、淡（橙）黄色，椭圆形，长 2-5 毫米，钝头，宿存。雄蕊 5-30，不成束，长约 2 毫米，宿存，花药黄色，具松脂状腺体。子房长 1.5-2 毫米；花柱（2-）3，长 0.4-1 毫米，离生。蒴果短圆柱形至圆球形，长 2.5-6 毫米。种子淡黄色，圆柱形，长约 0.5 毫米，两端锐尖，具细蜂窝纹。花期 3-8 月，果期 6-10 月。

分布：全洞庭湖区；湖南全省；辽宁、华东、华中、华南、西南。日本、澳大利亚、新西兰、朝鲜半岛、东南亚、南亚、夏威夷群岛。

生境：田边、沟边、撂荒草地。海拔 0-3000 米。

应用：全草清热解毒、渗湿利水、消肿散瘀、止血，治黄疸型肝炎、肠炎、跌打损伤及疮毒。

识别要点：植株有黑色腺点；叶卵形、卵状三角形至椭圆形；雄蕊不成束，与花瓣一起宿存；蒴果短圆柱形至圆球形；种子圆柱形，两端锐尖。

148 元宝草 yuan bao cao
Hypericum sampsonii Hance

多年生，高达 0.8 米，无毛。茎常单一，上部分枝。叶对生，无柄，基部完全合生而穿茎，（倒）披针形或长圆形，长（2-）2.5-7（-8）厘米，圆钝头，基部宽，全缘，边缘密生黑色腺点，全面散生透明及黑色腺点，中脉直贯叶端，侧脉约 4 对，两面明显，近边缘弧状连结。伞房状花序顶生，多花组成柱状圆锥花序；（小）苞片线状（披针形），长达 4 毫米。花径 6-15 毫米，基部杯状；花梗长 2-3 毫米。萼片长圆形、长圆状匙形（线形），长 3-10 毫米，圆头，与花瓣边缘疏生黑腺点而全面具腺点及腺斑，直伸。花瓣淡黄色，椭圆状长圆形，长 4-8（-13）毫米，与雄蕊宿存。雄蕊 3 束，每束 10-14，花药淡黄色。子房（狭）卵球形，长约 3 毫米；花柱 3，分离。蒴果宽卵球形或卵球状圆锥形，长 6-9 毫米，具黄褐色囊状腺体。种子黄褐色，长卵柱形，长约 1 毫米，具细蜂窝纹。花期 5-6 月，果期 7-8 月。

分布：全洞庭湖区；湖南全省；陕西、甘肃、广东、广西、华东、华中、西南。日本、越南、缅甸、印度。

生境：路旁、山坡、草地、灌丛、田边、沟边等处。海拔 30-1700 米。

应用：全株通经活络止血、定痛，含金丝桃素，治精神抑郁症；可观赏。

识别要点：植株有黑色腺点；叶穿茎；圆锥花序；雄蕊 3 束，与花瓣宿存；蒴果宽卵球形至卵状圆锥形；种子长卵柱形，具细蜂窝纹。

罂粟科 Papaveraceae

149 夏天无（伏生紫堇）xia tian wu
Corydalis decumbens (Thunb.) Pers.

一年生草本。块茎小，圆形或多少伸长，径 4-15 毫米；新块茎形成于老块茎顶端和基生叶叶腋，向上抽出多茎。茎高达 25 厘米，柔弱，细长，不分枝，2-3 叶，无鳞片。叶二回三出，小叶片倒卵圆形，全缘或深裂成卵圆形或披针形的裂片。总状花序疏具 3-10 花。苞片小，卵圆形，全缘，长 5-8 毫米；花梗长 10-20 毫米；花近白、淡粉红或淡蓝色；萼片早落；外花瓣顶端下凹，常具狭鸡冠状突起；上花瓣长 14-17 毫米，瓣片多少上弯；距稍短于瓣片，渐狭，平直或稍上弯；蜜腺体短，占距长的 1/3-1/2，末端渐尖；下花瓣宽匙形，通常无基生小囊；内花瓣具超出顶端的宽而圆的鸡冠状突起。蒴果线形，多少扭曲，长 13-18 毫米。种子 6-14，具龙骨状突起和泡状小突起。花期 4-5 月，果期 5-6 月。

分布：全洞庭湖区；湖南衡山、桃江；陕西、山西、华中、华东（山东除外）。日本南部、琉球群岛。

生境：平原、丘陵或低山山坡草地或路边。海拔 50-300 米。

应用：块茎含延胡索甲素、延胡索乙素等多种生物碱，舒筋活络、活血止痛，治风湿关节痛、跌打损伤、腰肌劳损和高血压；可观赏。

识别要点：茎不分枝，新块茎形成于老块茎之上；2-3 叶，二回三出，无锯齿；总状花序疏具 3-10 花；花淡粉红、淡蓝或紫红色，外花瓣顶端下凹，具狭鸡冠状突起；蒴果线形，稍扭曲。

150 紫堇 zi jin
Corydalis edulis Maxim.

一年生草本，灰绿色，高达 50 厘米。茎分枝；花枝花葶状，与叶对生。基生叶具长柄，叶片近三角形，长 5-9 厘米，下面苍白色，一至二回羽状全裂；一回羽片 2-3 对，具短柄；二回羽片近无柄，倒卵圆形，羽状分裂，裂片狭卵圆形，钝头近具短尖。茎生叶与基生叶同形。总状花序疏具 3-10 花。苞片狭卵圆形至披针形，渐尖，全缘，或下部的疏齿缘；花梗长约 5 毫米；萼片小，近圆形，齿缘；花粉（紫）红色，平展；外花瓣较宽展，微凹头；上花瓣长 1.5-2 厘米；距圆筒形，基部稍下弯，约 1/3 花瓣长；蜜腺体长，伸达距末端，大部分与距贴生，末端不变狭；下花瓣近基部渐狭；内花瓣具鸡冠状突起；爪纤细，稍长于瓣片；柱头横向纺锤形，两端各 1 乳突，上面具沟槽，槽内具极细乳突。蒴果线形，下垂，长 3-3.5 厘米。种子 1 列，径约 1.5 毫米，密生环状小凹点；种阜小，紧贴种子。花果期 3-6 月。

分布：全洞庭湖区；湖南全省；陕西、甘肃、青海、辽宁、河北、山西、华东（山东除外）、华中、西南。日本。

生境：湖区平原旷野；丘陵、沟边或多石地。海拔（30-）400-1200 米。

应用：全草清热解毒、止痒、收敛、固精、润肺、止咳；古时蔬菜，称"芹"；家兔草料；可观赏。

识别要点：主根细长；叶一至二回羽状全裂，下面苍白色；花枝对叶生；花（紫）红色，外花瓣微凹头，距短于瓣片，柱头横向纺锤形，两端各 1 乳突。

151 蛇果黄堇 she guo huang jin
Corydalis ophiocarpa Hook. f. et Thoms.

二年生、稀一年生灰绿色丛生草本，高达 1.2 米。具主根。茎多条，具叶，分枝花葶状，对叶生。基生叶多数，长 10-50 厘米；叶柄与叶片近等长，具膜质翅；叶二回或一回羽状全裂，一回羽片 4-5 对，具短柄；二回羽片 2-3 对，无柄，倒卵圆形或长圆形，3-5 裂，裂片长 0.3-1 厘米。茎生叶与基生叶同形，下部叶具长柄，上部叶短柄，近一回羽状全裂，叶柄具翅。总状花序长 10-30 厘米，多花；苞片线状披针形，长约 5 毫米。花梗长 5-7 毫米；花冠淡黄或苍白色，外花瓣先端色较深，上花瓣长 0.9-1.2 厘米，距短囊状，长 3-4 毫米，蜜腺贯穿距长 1/2，下花瓣舟状，内花瓣先端暗紫红或暗绿色，鸡冠状突起伸出顶端，爪短于瓣片；雄蕊束上部缢缩成丝状；子房长于花柱；柱头具 4 乳突。蒴果线形，长 1.5-2.5 厘米，弯曲，种子 1 列。种阜窄直。花果期 5-8 月。

分布：沅江、湘阴、益阳；湖南全省；安徽、西南、西北（新疆除外）、华北（内蒙古除外）、华中。印度（锡金）、不丹、日本。

生境：湖区平原旷野；沟谷林缘。海拔（20-）1100-2700（-4000）米。

应用：根作藏药，舒筋、祛风湿；可观赏。

识别要点：与紫堇相似，但花较大，距上翘；蒴果扭曲至蛇形；种子无小刺状突起。

152 黄堇 huang jin
Corydalis pallida (Thunb.) Pers.

一年生灰绿色丛生草本，高 20-60 厘米。茎具棱。基生叶莲座状。茎生叶稍密集，下部的具柄，上部的近无柄，下面苍白色，二回羽状全裂，一回羽片 4-6 对，具短柄至无柄，二回羽片无柄，卵（长）圆形，顶生的较大，1.5-2×1.2-1.5 厘米，三深裂，圆齿状裂片缘，圆钝头，侧生的较小，4-5 圆齿缘。总状花顶生、腋生或对叶生，长约 5 厘米，疏具多花。苞片披针形至长圆形，短尖头。花梗长 4-7 毫米。花（淡）黄色，较粗大，平展。萼片近圆形，中央着生，齿缘。外花瓣顶端勺状，短尖头，有时上花瓣具浅鸡冠状突起。上花瓣长 1.7-2.3 厘米；距约 1/3 花瓣长，背部较平直，腹部下垂；蜜腺体末端钩状弯曲。下花瓣长约 1.4 厘米。内花瓣长约 1.3 厘米，具鸡冠状突起，爪约与瓣片等长。雄蕊束披针形。子房线形；柱头具横伸的 2 臂，各枝顶端具 3 乳突。蒴果线形，念珠状，长 2-4 厘米，斜伸至下垂。种子 1 列，黑亮，径约 2 毫米，密具圆锥状突起；种阜帽状，包裹种子约 1/2。花果期 3-6 月。

分布：全洞庭湖区；湘东；陕西、东北、华北、华东、华中。朝鲜半岛、日本、俄罗斯（远东地区）。

生境：湖区平原空旷地；林间空地、沟边潮湿地、火烧迹地、林缘、河岸或多石坡地。

应用：全草含原阿片碱，服后能使人畜中毒，具清热解毒和杀虫的功能；家兔草料；可观赏。

识别要点：植物体灰绿色；叶二回羽状全裂，侧裂片 4-5 圆齿，基生叶莲座状；花（淡）黄色，外花瓣顶端勺状，距约 1/3 花瓣长；线形蒴果念珠状。

153 小花黄堇 xiao hua huang jin
Corydalis racemosa (Thunb.) Pers.

灰绿色丛生草本，高达 30 厘米，具主根。茎具棱，分枝，枝花葶状，对叶生。基生叶具长柄。茎生叶柄短，叶片三角形，上面绿色，下面灰白色，二回羽状全裂，一回羽片 3–4 对，具短柄，二回羽片 1–2 对，（宽）卵圆形，2×1.5 厘米，通常二回三深裂，末回裂片圆钝。总状花序长 3–10 厘米，密具多花，后渐疏离。苞片披针形至钻形，渐尖至具短尖。花梗长 3–5 毫米。花（淡）黄色。萼片小，卵圆形，早落。外花瓣不宽展，无鸡冠状突起，近圆头，具宽短尖，有时略下凹并具较长短尖。上花瓣长 6–7 毫米；距短囊状，占花瓣全长的 1/6–1/5；蜜腺体约占距长的 1/2。子房线形，近扭曲，约与花柱等长；柱头宽浅，具 4 乳突，顶生 2 枚呈广角状叉分，侧生的先下弯再弧形上升。蒴果线形。种子 1 列，黑亮，近肾形，具短刺状突起，种阜三角形。花果期 4–5 月。

分布： 全洞庭湖区；湖南龙山、南岳、芷江、桃江、临湘、绥宁；甘肃、陕西、河北、山西、广东、香港、广西、华中、华东、西南。日本。

生境： 湖区平原肥湿处；路边、墙边、田坎、草丛、林缘阴湿地、多石处、山地溪沟边湿草地。海拔（20–）400–2700 米。

应用： 全草杀虫解毒，外敷治疮疥和蛇伤；根清热利尿，治目赤肿痛；家兔饲料；可观赏。

识别要点： 花（淡）黄色，较小，长 6–7 毫米；外花瓣较狭，距约 1/5 花瓣长；种子具短刺状突起。

154 地锦苗（尖距紫堇）di jin miao
Corydalis shearreri S. Moore

多年生草本，高达 60 厘米。主根具多数须根；根茎粗，叶基宿存。茎 1–2，上部分枝。基生叶长 12–30 厘米，具长柄，上部叶腋无珠芽，叶长 3–13 厘米，二回羽状全裂，一回全裂片具柄，二回无柄，卵形，中上部具深圆齿，基部楔形；茎生叶数枚，互生，叶柄较短，常具腋生珠芽。总状花序顶生，长 4–10 厘米，10–20 花，稀疏；下部苞片 3–5 深裂，中部者 3 浅裂，上者全缘。花梗较苞片短；萼片缺刻流苏状；花瓣紫红色；上花瓣长 2–2.5（–3）厘米，背部具短鸡冠状突起，超出瓣片先端，不规则齿裂，距圆锥形，极尖头，较瓣片长 1.5 倍，下花瓣长 1.2–1.8 厘米，背部鸡冠状突起，伸出花瓣，不规则齿裂，爪线形，约 2 倍瓣片长，内花瓣长 1.1–1.6 厘米，倒卵形，具 1 侧生囊，爪窄楔形，长于瓣片；雄蕊束长 1–1.4 厘米，蜜腺贯穿距 2/5；子房窄椭圆形，花柱稍短于子房，柱头双卵形，具 8–10 乳突。蒴果窄圆柱形，长 2–3 厘米。种子 2 列，近圆形，具多数乳突。花果期 3–6 月。

分布： 全洞庭湖区；湘中；陕西、华东（山东除外）、华中（河南除外）、华南、西南。

生境： 水边或林下潮湿地。海拔 50–2600 米。

应用： 根或全草治瘀血，泡酒治跌打损伤；兔喜食；阴生地被。

识别要点： 仅上部茎分枝；第二回叶裂片锯齿圆齿状；花大，外花瓣的鸡冠状突起超出瓣片，距长于花瓣片，占上花瓣长的 3/5；蒴果种子 2 列。

155 珠芽地锦苗 zhu ya di jin miao
Corydalis sheareri S. Moore f. **bulbillifera** H.-M.

多年生草本，高 20-40 厘米。主根明显，具多数纤维根；根茎粗壮。茎 1-2，绿或带红色，多汁液，上部分枝。叶二回羽状全裂，叶片轮廓（卵状）三角形，长 3-13 厘米；茎上部叶腋具易脱落的珠芽。总状花序生茎枝先端，长 4-10 厘米，10-20 花；花瓣紫红色，上花瓣片舟状卵形，背部具短鸡冠状突起；距圆锥形，末端极尖，长为花瓣片的 1.5 倍。蒴果狭圆柱形，长 2-3 厘米，种子近圆形。花果期 3-6 月。

分布： 全洞庭湖区；长沙、湘东；浙江、江西、广东、广西。

生境： 林下、草丛、沟边阴湿地、路旁。海拔 30-1600 米。

应用： 根或全草治瘀血，泡酒治跌打损伤；可观赏。

识别要点： 与地锦苗（原变型）的区别：茎上部叶腋具易脱落的珠芽。

156 博落回 bo luo hui
Macleaya cordata (Willd.) R. Br.

直立草本，基部木质化，具乳黄色浆汁。高 1-4 米，光滑，多白粉，中空。叶片宽卵形或近圆形，5-27×5-25 厘米，急尖、渐尖、钝或圆形头，常 7 或 9 裂，裂片半圆形或三角形等，波状、缺刻状、粗齿或多细齿缘，上面无毛，背面多白粉，被细绒毛，基出脉常 5，侧脉 2（-3）对；叶柄长 1-12 厘米。大型圆锥花序，长 15-40 厘米，顶生和腋生；花梗长 2-7 毫米；苞片狭披针形。花芽棒状，近白色，长约 1 厘米；萼片倒卵状长圆形，长约 1 厘米，舟状，黄白色；花瓣无；雄蕊 24-30，花丝长约 5 毫米，花药条形，与花丝等长；子房倒卵形至狭倒卵形，长 2-4 毫米，花柱长约 1 毫米，柱头 2 裂，下延。蒴果狭倒卵形或倒披针形，长 1.3-3 厘米，圆或钝头，基部渐狭，无毛。种子 4-6（-8），卵球形，长 1.5-2 毫米，具蜂窝状孔穴，有狭的种阜。花果期 6-11 月。

分布： 全洞庭湖区；湖南全省；甘肃、陕西、山西、安徽、浙江、贵州、四川、华中。日本。

生境： 湖区空旷地；丘陵或低山林中、灌丛、草丛、新垦造林地、果园、火烧地。海拔 20-830 米。

应用： 全草有毒，外用麻醉镇痛、消肿，治跌打损伤、关节炎、汗斑、恶疮、蜂螫；作农药；果可提血根碱，可抗菌、杀虫、改善肝功能、增强免疫力。

识别要点： 具乳黄色浆汁；茎中空。与小果博落回区别：雄蕊 24-30，花丝与花药近等长；蒴果狭倒卵形；种子 4-6，生于缝线两侧。

山柑科（白花菜科）Capparidaceae

157 白花菜（羊角菜）bai hua cai
Gynandropsis gynandra (L.) Briq.
[*Cleome gynandra* L.]

一年生直立草本，高达 1.5 米，常被腺毛。掌状复叶；小叶 3-7，倒卵状椭圆形、倒披针形或菱形，渐（急）尖或圆钝头，基部楔形，两面近无毛，细锯齿缘或具腺纤毛，中央小叶最大，长 1-5 厘米；叶柄长 2-7 厘米；小叶柄长 2-4 毫米，汇合处蹼状；无托叶。总状花序长 15-30 厘米，花少数至多数；苞片 3，小叶状；花梗长约 1.5 厘米；萼片分离，披针状椭圆形或卵形，3-6 毫米，被腺毛；花瓣白色，稀淡黄或淡紫色，连爪长 10-20 毫米，瓣片近圆形或阔倒卵形；花盘圆锥状，2-3×2 毫米；雄蕊 6，伸出花冠外；雌雄蕊柄长 5-18 毫米；两性花的雌蕊柄长 4-16 毫米，雄花中的短或无；子房线柱形；花柱短或无，柱头头状。果圆柱形；斜举，长 3-8 厘米。种子近扁球形，黑褐色，1.2-1.8 毫米，有横向皱纹或常为疣状小突起，爪开张。花果期 7-10 月。

分布： 全洞庭湖区；湖南全省；河北、北京、华东、华中、华南、西南。亚洲、非洲和美洲的泛热带，可能原产古热带。

生境： 湖区湖边淤滩草地；村边、道旁、荒地或田野间常见。海拔 10-800 米。

应用： 全草抗痉挛，治下气，煎水洗痔，捣敷治风湿痹痛，擂酒饮止疟，混敷剂治头痛、局部疼痛；种子煎服驱肠道寄生虫，外用治创伤脓肿；蔬食，种子粉功用似芥末；种子油杀头虱及寄生虫；可观赏。

识别要点： 植物体常被腺毛；雌雄蕊柄长 5-18 毫米；苞片 3，小叶状；花瓣白、淡黄或淡紫色；花柱粗短；果瓣脉纹不清晰，常自基部向顶裂开。

158 醉蝶花 zui die hua
Tarenaya hassleriana (Chodat) Iltis
[*Cleome spinosa* Jacq.]

一年生草本，高达 1.5 米，全株被黏质腺毛，有特殊臭味，托叶刺长达 4 毫米，外弯。掌状复叶；小叶 5-7，草质，椭圆状（倒）披针形，中央小叶最大，长 6-8 厘米，最外侧的最小，长约 2 毫米，基部楔形，下延成小叶柄，与叶柄相接处稍呈蹼状，渐狭或急尖，有短尖头，被毛，背脉常有刺，侧脉 10-15 对；叶柄长 2-8 厘米，具刺。总状花序长达 40 厘米；苞片 1，叶状，卵状长圆形，长 5-20 毫米；花梗长 2-3 厘米；萼片 4，长达 6 毫米，长圆状椭圆形，渐尖头；花瓣粉红变白色，无毛，爪长 5-12 毫米，瓣片倒卵伏匙形，长 10-15 毫米，圆头，基部渐狭；雄蕊 6，花药线形；雌雄蕊柄长 1-3 毫米；雌蕊柄长 4 厘米；子房线柱形，长 3-4 毫米，无毛；几无花柱，柱头头状。果圆柱形，长 5.5-6.5 厘米，两端稍钝，表面略呈念珠状，有不清晰细密脉纹。种子径约 2 毫米，近平滑或有小疣状突起。花期初夏，果期夏末秋初。

分布： 岳阳；湖南长沙、宁乡、望城等城市栽培或半逸生；我国各大城市常见栽培。原产热带美洲，现全球热带至温带栽培。

生境： 栽培，或逸生园圃林下。海拔 30-2000 米。

应用： 全草有小毒，祛风散寒、杀虫止痒，果实民间试用治

肝癌；观赏花卉；优良蜜源植物。

识别要点： 植物体被黏质腺毛；茎、叶柄与叶脉上有刺；苞片单一；花瓣在花蕾时期覆盖着花蕊，粉红或白色，雌雄蕊柄长 1–3 毫米。

十字花科 Cruciferae, Brassicaceae

159 油芥菜（高油菜）you jie cai
Brassica juncea (L.) Czern. et Coss. var. **gracilis** Tsen et Lee

一年生草本，高 30–150 厘米，常无毛，有时幼茎及叶具刺毛，带粉霜，有辣味；茎直立，有分枝。基生叶长圆形或倒卵形，重锯齿或缺刻缘，长 15–35 厘米，圆钝头，基部楔形，大头羽裂，具 2–3 对裂片，或不裂，均为缺刻或牙齿缘，叶柄长 3–9 厘米，具小裂片；茎下部叶较小，缺刻或牙齿缘，有时为圆钝锯齿缘，不抱茎；茎上部叶窄披针形，2.5–5 厘米 ×4–9 毫米，不明显疏齿状或全缘。总状花序顶生，花后延长；花黄色，径 7–10 毫米；花梗长 4–9 毫米；萼片淡黄色，长圆状椭圆形，长 4–5 毫米，直立开展；花瓣倒卵形，长 8–10 毫米，长 4–5 毫米。长角果线形，30–55×2–3.5 毫米，果瓣具 1 突出中脉，喙长 6–12 毫米；果梗长 5–15 毫米。种子球形，径约 1 毫米，紫褐色。花期 3–5 月，果期 5–6 月。

分布： 全洞庭湖区栽培或普遍逸生；湖南全省，栽培或逸生；我国南北各地栽培。原产亚洲，世界各地栽培或已野化。

生境： 湖区堤岸、田边、宅旁、水边及旷野肥湿处遍布；农田栽培。

应用： 种子可入药；油料作物，榨油供食用；种子磨粉可作

调味品；湖区湿地生态景观。

识别要点： 基生叶长圆形或倒卵形，重锯齿或缺刻缘。

160 青菜（小白菜）qing cai
Brassica rapa L. var. **chinensis** (L.) Kit.
[*Brassica chinensis* L.]

一至二年生草本，高 25–70 厘米，无毛，带粉霜；根粗，坚硬，常成纺锤形块根，常有短根颈。茎直立，有分枝。基生叶（宽）倒卵形，长 20–30 厘米，坚实，深绿色，有光泽，基部渐狭成宽柄，全缘或不明显圆齿或波状齿缘；中脉白色，宽达 1.5 厘米，有多条纵脉；叶柄长 3–5 厘米，有或无窄边；下部茎生叶和基生叶相似，基部渐狭成柄；上部的倒卵形或椭圆形，3–7×1–3.5 厘米，基部抱茎，宽展，两侧有垂耳，全缘，微带粉霜。总状花序顶生，呈圆锥状；花浅黄色，长 1–1.5 厘米；花梗细，和花等长或较短；萼片长圆形，长 3–4 毫米，白或黄色；花瓣长圆形，长约 5 毫米，圆钝头，有脉纹，具宽爪。长角果线形，2–6×3–4 毫米，坚硬，无毛，果瓣有明显中脉及网结侧脉；喙顶端细，基部宽，长 8–12 毫米；果梗长 8–30 毫米。种子球形，径 1–1.5 毫米，紫褐色，有蜂窝纹。花期 4 月，果期 5 月。

分布： 全洞庭湖区；湖南全省，栽培；全国各地常见栽培，尤以长江流域为广。原产亚洲。

生境： 菜园栽培或半逸野。

应用： 嫩叶供蔬食，为我国最普遍的蔬菜之一。

识别要点： 植物绿色或稍具粉霜；基生叶丛发育，不明显圆齿缘或全缘，幼时无毛，叶柄厚，无明显翅；茎生叶倒卵形或椭圆形，基部常扩展，抱茎但不成耳状；角果长，有长喙。

161　油白菜（中国油菜）you bai cai
Brassica rapa L. var. **oleifera** DC.

[*Brassica chinensis* L. var. *oleifera* Makino et Nemoto]

一至二年生草本，高达1米。其他特征与青菜(原变种)很相似，但基生叶倒卵形，全缘或有不明显钝齿，幼时有单毛。

分布： 全洞庭湖区，栽培或逸生；湖南全省，栽培；长江以南地区多有栽培。

生境： 菜园栽培或半逸野于菜园周围、堤岸边。

应用： 种子散瘀消肿；油料作物，种子榨油供食用；蔬菜。

识别要点： 基生叶倒卵形，全缘或有不明显钝齿，幼时有单毛。

162　芸苔（油菜，欧洲油菜）yun tai
Brassica rapa L. var. **rapifera** Metzg.

[*Brassica rapa* L. var. *oleifera* DC.; *Brassica campestris* L.]

二年生草本，高 30-90 厘米；茎粗壮，直立，（不）分枝，（近）无毛，稍带粉霜。基生叶大头羽裂，顶裂片圆形或卵形，不整齐弯缺牙齿缘，侧裂片 1 至数对，卵形；叶柄宽，长 2-6 厘米，基部抱茎；下部茎生叶羽状半裂，长 6-10 厘米，基部扩展且抱茎，两面有硬毛及缘毛；上部茎生叶长圆状倒卵形（或披针形）或长圆形，2.5-8（-15）×0.5-4（-5）厘米，基部心形，抱茎，两侧有垂耳，全缘或波状细齿缘。总状花序在花期成伞房状，以后伸长；花鲜黄色，径 7-10 毫米；萼片长圆形，长 3-5 毫米，直立开展，圆形头，边缘透明，稍有毛；花瓣倒卵形，长 7-9 毫米，近微缺头，基部有爪。长角果线形，30-80×2-4 毫米，果瓣有中脉及网纹，萼直立，长 9-24 毫米；果梗长 5-15 毫米。种子球形，径约 1.5 毫米，紫褐色。花期 3-4 月，果期 5 月。

分布： 全洞庭湖区；湖南全省，栽培或半逸生；全国各地常见栽培，陕西、江苏、安徽、浙江、江西、湖北、四川、甘肃大量栽培。原产欧洲。

生境： 农田栽培或田边、村旁半逸生。

应用： 种子药用行血、散结、消肿；叶外敷治痈肿；为主要油料作物之一，种子含油量 40% 左右，作食用油；嫩时作蔬菜。

识别要点： 植物具粉霜，无辛辣味，橄榄绿色；基生叶丛长存，茎生叶基部耳状，部分或全部茎生叶抱茎；花小，鲜黄或浅黄色，花瓣具不明显爪。

163 荠（荠菜）ji
Capsella bursa-pastoris (L.) Medic.

一年生或二年生草本，高（7-）10-50厘米，无毛、有单毛或分叉毛；茎直立，单一或从下部分枝。基生叶丛生呈莲座状，大头羽状分裂，可达12×2.5厘米，顶裂片卵形至长圆形，5-30×2-20毫米，侧裂片3-8对，长圆形至卵形，长5-15毫米，渐尖头，浅裂、不规则粗锯齿缘或近全缘，叶柄长5-40毫米；茎生叶（窄）披针形，5-6.5×2-15毫米，基部箭形，抱茎，缺刻或锯齿缘。总状花序顶生及腋生，果期延长达20厘米；花梗长3-8毫米；萼片长圆形，长1.5-2毫米；花瓣白色，卵形，长2-3毫米，有短爪。短角果倒（心状）三角形，5-8×4-7毫米，扁平，无毛，微凹头，裂瓣具网脉；花柱长约0.5毫米；果梗长5-15毫米。种子2行，长椭圆形，长约1毫米，浅褐色。花果期4-6月。

分布：全洞庭湖区；湖南全省；全国，野生或偶有栽培。原产欧洲及西亚，现世界广布。

生境：山坡、沟边、路旁、田野、荒地、废墟中。海拔0-1600米。

应用：全草利尿、降压、止血、清热、明目、消积；嫩苗为清香的野菜；家畜饲料；种子油属干性油，供制油漆及肥皂用。

识别要点：基生叶丛生莲座状，大头羽状分裂；茎生叶披针形，基部箭形，抱茎，缺刻或锯齿缘；花瓣白色，有短爪；短角果倒（心状）三角形，微凹头，裂瓣具网脉。

164 弯曲碎米荠 wan qu sui mi ji
Cardamine flexuosa With.

一年生或二年生草本，高达30厘米。茎自基部多分枝，斜升呈铺散状，表面疏生柔毛。基生叶有叶柄，小叶3-7对，顶生小叶（倒）卵形或长圆形，长宽2-5毫米、3齿裂头，基部宽楔形，有小叶柄，侧生小叶卵形，较顶生的形小，1-3齿裂，有小叶柄；茎生叶小叶3-5对，小叶多长卵形或线形，1-3裂或全缘，小叶柄有或无，全部小叶近无毛。总状花序多数，生于枝顶，花小，花梗纤细，长2-4毫米；萼片长椭圆形，长约2.5毫米，膜质缘；花瓣白色，倒卵状楔形，长约3.5毫米；花丝不扩大；雌蕊柱状，花柱极短，柱头扁球状。长角果线形，扁平，12-20×约1毫米，与果序轴近平行排列，果序轴左右弯曲，果梗直立开展，长3-9毫米。种子长圆形而扁，长约1毫米，黄绿色，顶端有极窄翅。花期3-5月，果期4-6月。

分布：全洞庭湖区；湖南全省；全国。欧洲、俄罗斯、朝鲜半岛、日本、东南亚、南亚，南美洲、北美洲、澳大利亚归化。

生境：田边、路旁、草地、溪边、浅水中、林下湿地或干旱地。海拔10-3600米。

应用：全草清热、利湿、健胃、止泻；可作野菜；猪饲料。

识别要点：植株高达30厘米；茎生叶有小叶3-5对；长角果线形而扁，12-20×约1毫米；果序轴上部左右弯曲。

165 碎米荠 sui mi ji
Cardamine hirsuta L.

一年生小草本，高 15–35 厘米。茎直立或斜升，（不）分枝，下部有时淡紫色，被较密柔毛，上部毛渐少。基生叶具叶柄，小叶 2–5 对，顶生小叶肾（圆）形，4–10×5–13 毫米，3–5 圆齿缘，小叶柄明显，侧生小叶卵形或圆形，较顶生的形小，基部楔形而两侧稍歪斜，2–3 圆齿缘，有或无小叶柄；茎生叶具短柄，小叶 3–6 对，茎下部叶与基生叶相似，上部的顶生小叶菱状长卵形，3 齿裂头，侧生小叶长卵形至线形，多全缘；全部小叶两面稍有毛。总状花序顶生，花径约 3 毫米，花梗长 2.5–4 毫米；萼片绿或淡紫色，长椭圆形，长约 2 毫米，膜质缘，外面有疏毛；花瓣白色，倒卵形，长 3–5 毫米，钝头，向基部渐狭；花丝稍扩大；雌蕊柱状，花柱极短，柱头扁球形。长角果线形，稍扁，无毛，长达 30 毫米；果梗纤细，直立开展，长 4–12 毫米。种子椭圆形，宽约 1 毫米，顶端有的具明显的翅。花期 2–4 月，果期 4–6 月。

分布： 全洞庭湖区；湖南全省；全国。欧洲、东亚、东南亚、新几内亚岛、南亚、中亚、西亚、南非、澳大利亚、北美洲和南美洲归化。

生境： 平原、山坡、路旁、荒地及耕地的草丛中。海拔 10–3000 米。

应用： 清热去湿；可作野菜；猪饲料。

识别要点： 茎上部复叶的顶生小叶菱状长卵形，顶端 3 齿裂，侧生小叶长卵形至线形，全缘。

166 毛果碎米荠 mao guo sui mi ji
Cardamine impatiens L. var. **dasycarpa** (M. Bieb.) T. Y. Cheo et R. C. Fang

一至二年生草木，高 20–60 厘米。茎直立，具沟棱，有硬毛或无毛。羽状复叶，基生叶柄长 1–5 厘米，两面通常有毛，基部有 1 对托叶状耳，小叶 2–8 对，顶生小叶卵形，2–5×1–1.7 厘米，不整齐钝齿状浅裂缘，基部楔形，具小叶柄，侧生小叶向下渐小，最下 1–2 对近披针形，全缘，都具小叶柄；茎生叶有柄，基部有抱茎线形弯曲的耳，长 3–8 毫米，渐尖头，缘毛显著，小叶 5–8 对，顶生小叶卵形或卵状披针形，侧生小叶较小；最上部的小叶片较狭，少齿裂缘或近全缘；全部小叶常散生硬毛，有缘毛。总状花序顶生和腋生，花多数，径约 2 毫米，果期花序极延长，花梗纤细，长 2–6 毫米；萼片长椭圆形，长约 2 毫米；花瓣白色，狭长椭圆形，长 2–3 毫米；雌蕊柱状，无毛，花柱极短，柱头较花柱稍宽。长角果扁狭条形，长 20–28 毫米；果瓣与果梗具污白色硬毛，成熟时自下而上弹裂；果梗长 10–15 毫米。种子椭圆形，长约 1.3 毫米，具极狭的翅。花期 4–6 月，果期 5–7 月。

分布： 岳阳；湖南全省；山东、河南、安徽、江苏、浙江、福建、甘肃、四川、贵州、云南。高加索地区、朝鲜半岛、日本。

生境： 路旁、山坡、沟谷、水边或阴湿地。海拔 30–3500 米。

应用： 全草清热去湿，民间治月经不调；幼嫩茎叶可蔬食；种子可榨油。

识别要点： 与弹裂碎米荠（原变种）区别：小叶较宽大，2–5×1–1.7 厘米；茎、叶、萼片与长角果均显著有毛。

167 水田碎米荠 shui tian sui mi ji
Cardamine lyrata Bunge

多年生草本，高 30-70 厘米，无毛。根状茎较短。茎直立，不分枝，有沟棱，具细长的匍匐茎。匍匐茎具单叶，心形或圆肾形，1-3×0.7-2.3 厘米，圆或微凹头，基部心形，波状圆齿缘或近全缘，叶柄长 3-12 毫米，偶有小叶 1-2 对；茎生羽状复叶无柄，小叶 2-9 对，顶生小叶大，圆形或卵形，长 1.2-2.5 厘米，圆或微凹头，基部心形、截形或宽楔形，波状圆齿缘或近全缘，侧生小叶卵形、近圆形或菱状卵形，长 5-13 毫米，少数粗大钝齿缘或近全裂，基部两侧不对称，楔形，几无柄，最下的 1 对小叶全缘，耳状抱茎。总状花序顶生，花梗长 5-20 毫米；萼片长卵形，长约 4.5 毫米，内轮的基部囊状；花瓣白色，倒卵形，长约 8 毫米，截平或微凹头；雌蕊圆柱形，花柱长约为子房之半，柱头球形。长角果线形，长 2-3 厘米；果瓣平，1 不明显中脉；果梗水平开展，长 12-22 毫米。种子椭圆形，长 1.6 毫米，具膜质宽翅。花期 4-6 月，果期 5-7 月。

分布: 全洞庭湖区；湖南长沙、桃江；贵州、四川、东北、华北、华东、华中、华南。俄罗斯西伯利亚、朝鲜半岛、日本。

生境: 水田边、溪边、湖河边及浅水池塘。海拔 10-1000 米。

应用: 全草清热祛湿，治月经不调；幼嫩茎叶可蔬食。

识别要点: 根状茎具匍匐茎；匍匐茎具单叶，基生与茎生羽状复叶的小叶 2-7 对，中上部叶片无柄，最下 1 对小叶耳状抱茎；花白色；种子具膜质翅。

168 臭荠（肾果荠）chou ji
Coronopus didymus (L.) J. E. Smith
[*Lepidium didymum* L.]

一年生或二年生匍匐草本，高 5-30 厘米，全体有臭味；主茎短且不明显，基部多分枝，无毛或有长单毛。叶为一至二回羽状全裂，裂片 3-5 对，线形或窄长圆形，4-8×0.5-1 毫米，急尖头，基部楔形，全缘，两面无毛，叶柄长 5-8 毫米。花极小，径约 1 毫米，萼片白色膜质缘；花瓣白色，长圆形，比萼片稍长，或无花瓣；雄蕊通常 2。短角果肾形，约 1.5×2-2.5 毫米，2 裂，果瓣半球形，表面有粗糙皱纹，成熟时分离成 2 瓣。种子肾形，长约 1 毫米，红棕色。花期 3 月，果期 4-5 月。

分布: 全洞庭湖区；湖南全省；新疆、华东、华中、华南、西南，外来归化种。原产南美洲，世界各地归化。

生境: 田间、园圃、路旁、荒地、水边肥湿地。海拔 20-1000 米。

应用: 可作猪饲料；杂草。

识别要点: 匍匐草本；有臭味；花极小；花瓣白色，或无；短角果肾形，果瓣半球形；种子肾形。

169 北美独行菜 bei mei du xing cai
Lepidium virginicum L.

一年生或二年生草本，高 20–50 厘米；茎单一，直立，上部分枝，具柱状腺毛。基生叶倒披针形，长 1–5 厘米，羽状分裂或大头羽裂，裂片大小不等，卵形或长圆形，锯齿缘，两面有短伏毛；叶柄长 1–1.5 厘米；茎生叶有短柄，倒披针形或线形，15–50×2–10 毫米，急尖头，基部渐狭，尖锯齿缘或全缘。总状花序顶生；萼片椭圆形，长约 1 毫米；花瓣白色，倒卵形，和萼片等长或稍长；雄蕊 2 或 4。短角果近圆形，2–3×1–2 毫米，扁平，有窄翅，微缺头，花柱极短；果梗长 2–3 毫米。种子卵形，长约 1 毫米，光滑，红棕色，边缘有窄翅；子叶缘倚胚根。花期 4–5 月，果期 6–7 月。

分布：全洞庭湖区；湖南全省；辽宁、华东、华中、华南、西南，已归化。欧洲、俄罗斯（远东地区）、日本、不丹、印度、巴基斯坦，原产北美洲，世界各地归化。

生境：田边、荒地或路边。海拔 20–1000 米。

应用：种子利水平喘，也作葶苈子用；全草可作饲料；田间杂草。

识别要点：基生叶羽状分裂，中部以上茎生叶羽状半裂，长圆形、倒披针形或线形，锯齿缘；花瓣白或带紫色，与萼片等长或稍长；短角果近圆形，有窄翅，微缺头；子叶缘倚胚根。

170 诸葛菜（二月蓝）zhu ge cai
Orychophragmus violaceus (L.) O. E. Schulz

一年生或二年生草本，高 10–50 厘米，无毛；茎单一，直立，基部或上部稍有分枝，浅绿或带紫色。基生叶及下部茎生叶大头羽状全裂，顶裂片近圆形或短卵形，3–7×2–3.5 厘米，钝头，基部心形，钝齿缘，侧裂片 2–6 对，（三角状）卵形，长 3–10 毫米，向下渐小，偶叶轴杂有极小裂片，全缘或牙齿缘，叶柄长 2–4 厘米，疏生细柔毛；上部叶长圆形或窄卵形，长 4–9 厘米，急尖头，基部耳状，抱茎，不整齐牙齿缘。花紫、浅红或褪成白色，径 2–4 厘米；花梗长 5–10 毫米；花萼筒状，紫色，萼片长约 3 毫米；花瓣宽倒卵形，10–15×7–15 毫米，密生细脉纹，爪长 3–6 毫米。长角果线形，长 7–10 厘米，4 棱，裂瓣有 1 凸出中脊，喙长 1.5–2.5 厘米；果梗长 8–15 毫米。种子卵形至长圆形，长约 2 毫米，稍扁平，黑棕色，有纵条纹。花期 4–5 月，果期 5–6 月。

分布：岳阳；湖南长沙等地偶见栽培；辽宁、陕西、甘肃、四川、华北、华东、华中。朝鲜半岛，日本归化。

生境：平原、山地、路旁或地边。海拔 30–1500 米。

应用：嫩茎叶可炒食；观赏花卉；种子榨油。

识别要点：茎浅绿常带紫色；基生叶及下部茎生叶大头羽状全裂，顶裂片全缘或牙齿缘，（三角状）卵形；花瓣紫、浅红或褪成白色，花萼紫色；长角果无毛，4 棱，喙长 1.5–2.5 厘米。

171 广州蔊菜（细子蔊菜）guang zhou han cai
Rorippa cantoniensis (Lour.) Ohwi

一年生或二年生草本。高 10-30 厘米，植株无毛；茎直立或呈铺散状分枝。基生叶具柄，基部扩大贴茎，叶片羽状深裂或浅裂，4-7×1-2 厘米，裂片 4-6，2-3 缺刻状齿缘，顶端裂片较大；茎生叶渐缩小，无柄，基部呈短耳状，抱茎，叶片倒卵状长圆形或匙形，不规则齿裂缘，向上渐小。总状花序顶生，花黄色，近无柄，每花生于叶状苞片腋部；萼片 4，宽披针形，1.5-2× 约 1 毫米；花瓣 4，倒卵形，基部渐狭成爪，稍长于萼片；雄蕊 6，近等长，花丝线形。短角果圆柱形，6-8×1.5-2 毫米，柱头短，头状。种子极多数，细小、扁卵形，红褐色，具网纹，一端凹缺；子叶缘倚胚根。花期 3-4 月，果期 4-6 月，秋季也常开花结实。

分布： 全洞庭湖区；湖南全省；辽宁、河北、陕西、四川、云南、华东、华中、华南。俄罗斯（远东地区）、朝鲜半岛、日本、越南。

生境： 田边、路旁、山沟、河边或潮湿地。海拔 10-1800 米。

应用： 幼苗可作野菜；优质饲料。

识别要点： 叶片羽状深裂或浅裂；总状花序顶生；花均具叶状苞片；短角果圆柱形。

172 无瓣蔊菜 wu ban han cai
Rorippa dubia (Pers.) Hara

一年生草本，高 10-30 厘米；植株较柔弱，光滑无毛，直立或呈铺散状分枝，具纵沟。单叶互生，基生叶与茎下部叶倒卵形或倒卵状披针形，3-8×1.5-3.5 厘米，多数呈大头羽状分裂，顶裂片大，不规则锯齿缘，下部具 1-2 对小裂片，稀不裂，叶质薄；茎上部叶卵状披针形或长圆形，波状齿缘，上下部叶形及大小均多变化，具短柄或无柄。总状花序顶生或侧生，花小，多数，具细花梗；萼片 4，直立，披针形至线形，约 3×1 毫米，膜质缘；无花瓣（偶有不完全花瓣）；雄蕊 6，2 枚较短。长角果线形，20-35× 约 1 毫米，细而直；果梗纤细，斜升或近水平开展。种子每室 1 行，多数，细小、褐色、近卵形，一端尖而微凹，具细网纹；子叶缘倚胚根。花期 4-6 月，果期 6-8 月。

分布： 全洞庭湖区；湖南全省；华东、长江中下游、华南、西南。日本、菲律宾、印度尼西亚、印度及美国南部。

生境： 山坡路旁、山谷、河边湿地、园圃及田野较潮湿处。海拔（10-）500-3700 米。

应用： 全草内服解表健胃、止咳化痰、平喘、清热解毒、利尿、散热消肿退黄，治干血痨，外用治痈肿疮毒及烫火伤；野菜。

识别要点： 与蔊菜相似，但植株较柔弱，常呈铺散状分枝，叶大而薄；花无瓣；长角果细而直，果瓣近扁平；种子每室 1 行。

173 风花菜（球果蔊菜）feng hua cai
Rorippa globosa (Turc. ex Fisch. et C. A. Meyer) Hayek

一年生或二年生直立粗壮草本，高 20-80 厘米，植株被白色硬毛或近无毛。茎单一，基部木质化，下部被白色长毛，上部近无毛，（不）分枝。茎下部叶具柄，上部叶无柄，叶片长圆形至倒卵状披针形，5-15×1-2.5 厘米，基部渐狭，下延成短耳状而半抱茎，不整齐粗齿缘，两面被疏毛，叶脉上尤多。多数总状花序组成圆锥状花序，果期伸长。花小，黄色，具细梗，长 4-5 毫米；萼片 4，长卵形，长约 1.5 毫米，开展，基部等大，膜质缘；花瓣 4，倒卵形，与萼片等长或稍短，基部渐狭成短爪；雄蕊 6，4 强或近于等长。短角果近球形，径约 2 毫米，果瓣隆起，平滑无毛，有不明显网纹，具宿存短花柱；果梗纤细，呈水平开展或稍向下弯，长 4-6 毫米。种子多数，淡褐色，极细小，扁卵形，一端微凹；子叶缘倚胚根。花期 4-6 月，果期 7-9 月。

分布： 全洞庭湖区；湖南全省；宁夏、东北、华北、华东、华中、华南、西南。俄罗斯西伯利亚、蒙古国、日本、朝鲜半岛、越南。

生境： 河湖岸、湿地、路旁、沟边、荒地草丛中。海拔 10-2500 米。

应用： 清热利尿、解毒，民间用治黄疸、水肿、淋病、咽痛、关节炎等症，外用治烧伤；幼嫩植株作野菜食用；种子油食用；湿地生态景观植物。

识别要点： 叶片羽状深裂至全裂或大头羽裂；总状花序顶生或腋生，无苞片；果实近球形，径 2-4 毫米，4 瓣裂。

174 蔊菜 han cai
Rorippa indica (L.) Hiern.

一至二年生直立草本，高达 40 厘米，无毛或具疏毛。茎单一或分枝，具纵沟。叶互生，基生叶及茎下部叶具长柄，叶形多变化，通常大头羽状分裂，4-10×1.5-2.5 厘米，顶端裂片大，卵状披针形，不整齐牙齿缘，侧裂片 1-5 对；茎上部叶片宽披针形或匙形，疏齿缘，具短柄或基部耳状抱茎。总状花序顶生或侧生，花小，多数，花梗细；萼片 4，卵状长圆形，长 3-4 毫米；花瓣 4，黄色，匙形，具短爪，与萼片近等长；4 强雄蕊。角果线状圆柱形，粗短，长 1-2 厘米，直立或稍内弯，成熟时果瓣隆起；果梗细，长 3-5 毫米，斜升或近水平开展。种子每室 2 行，多数，细小，扁卵圆形，微凹，褐色，具细网纹；子叶缘倚胚根。花期 4-6 月，果期 6-8 月。

分布： 全洞庭湖区；湖南全省；辽宁、河北、山西、陕西、甘肃、青海、华东、华中、华南、西南。日本、印度、尼泊尔、巴基斯坦、朝鲜半岛、东南亚，北美洲和南美洲归化。

生境： 路旁、田边、园圃、河边、屋边墙脚及山坡路旁等较潮湿处。海拔 20-3200 米。

应用： 全草内服解表健胃、止咳化痰、平喘、清热解毒、利尿、散热消肿，外用治痈肿疮毒、皮肤病、蛇伤及烫火伤；野菜；作猪饲料。

识别要点： 叶片通常大头羽裂，具长柄；上部叶具短柄，基部耳状抱茎；花瓣黄色，与萼片近等长；长角果线状圆柱形，短而粗。

175 沼生蔊菜 zhao sheng han cai
Rorippa palustris (L.) Bess.
[*Rorippa islandica* (Oed.) Borb.]

一至二年生草本，高达 50 厘米；无毛或有单毛。茎直立，具棱，下部常带紫色。基生叶多数，有柄，（窄）长圆形，羽状深裂或大头羽裂，5–10×1–3 厘米，侧裂片 3–7 对，不规则浅裂或深波状缘，基部耳状抱茎；茎生叶向上渐小，近无柄，羽状深裂或齿缘，基部耳状抱茎。总状花序顶生或腋生，花多数。花梗纤细；萼片长椭圆形，1.6–2.6× 约 0.5 毫米；花瓣（淡）黄色，长倒卵形或楔形，与萼近等长；6 雄蕊近等长。短角果椭圆形或稍弯曲，3–8×1–3 毫米；果瓣肿胀；果柄长于角果。种子每室 2 行，多数，褐色，微小，近卵形而扁，微凹头，具细网纹；子叶缘倚胚根。花期 4–7 月，果期 6–8 月。

分布： 津市；湘北、长沙；广西、东北、西北、华北、华东、华中、西南。北半球温暖地区。

生境： 近水处、溪岸、路旁、田边、山坡草地及草场潮湿环境。

应用： 民间药用，清热解毒、利水消肿、活血通经；作猪饲料。

识别要点： 叶片羽状深裂或大头羽裂；果梗比果实长，斜向开展；果实椭圆形，有时稍弯曲，3–8×1–3 毫米。

景天科　Crassulaceae

176 珠芽景天（马尿花）zhu ya jing tian
Sedum bulbiferum Makino

多年生草本。根须状。茎高 7–22 厘米，茎下部常横卧。叶腋常生圆球形、肉质的小形珠芽。基部叶常对生，上部叶互生，下部叶卵状匙形，上部叶匙状倒披针形，10–15×2–4 毫米，钝头，基部渐狭。花序聚伞状，分枝 3，常再二歧分枝；萼片 5，披针形至倒披针形，达 3–4×1 毫米，有短距，钝头；花瓣 5，黄色，披针形，4–5×1.25 毫米，短尖头；雄蕊 10，长 3 毫米；心皮 5，略叉开，基部 1 毫米合生，全长 4 毫米（含花柱 1 毫米）。花期 4–5 月。

分布： 全洞庭湖区；湖南全省；湖北、江西、广东、广西、四川、华东（山东除外）。日本。

生境： 平原、丘陵、低山石边草丛中或树荫下。海拔 20–1000 米。

应用： 全草散寒理气，治疟疾、食积腹痛；屋顶绿化、垂直绿化、盆花或观赏草坪。

识别要点： 基部叶对生，上部叶互生，匙形或稍呈楔形或倒卵形，叶柄不明显，上部的叶腋有珠芽；花瓣黄色，短尖头，萼片较花瓣为短。

177 凹叶景天 ao ye jing tian
Sedum emarginatum Migo

多年生草本。茎细弱，高10–15厘米。叶对生，匙状倒卵形至宽卵形，10–20×5–10毫米，圆头，有微缺，基部渐狭，有短距。花序聚伞状，顶生，宽3–6毫米，常3分枝，多花；花无梗；萼片5，披针形至狭长圆形，2–5×0.7–2毫米，钝头；基部有短距；花瓣5，黄色，（线状）披针形，6–8×1.5–2毫米；鳞片5，长圆形，长0.6毫米，钝圆，心皮5，长圆形，长4–5毫米，基部合生。蓇葖略叉开，腹面有浅囊状隆起；种子细小，褐色。花期5–6月，果期6月。

分布: 全洞庭湖区；湘东、湘西；甘肃、陕西、华东（山东除外）、华中、华南、西南。

生境: 湖区平原宅旁石墙、林下阴湿岩石上；山坡阴湿处。海拔（30–）500–1800米。

应用: 全草清热解毒、散瘀消肿，治跌打损伤、热疖、痢疾、疮毒、杀虫、治癣；屋顶绿化、垂直绿化、盆花。

识别要点: 叶对生，匙状倒卵形至宽卵形，圆头有微缺，基部渐狭；萼片基部有短距；花瓣黄色，（线状）披针形。

178 垂盆草 chui pen cao
Sedum sarmentosum Bunge

多年生草本。不育枝及花茎细，匍匐而节上生根至花序之下，长10–25厘米。3叶轮生，叶倒披针形至长圆形，15–28×3–7毫米，近急尖头，基部急狭，有距。聚伞花序，3–5分枝，宽5–6厘米，花少；花无梗；萼片5，披针形至长圆形，长3.5–5毫米，钝头，基部无距；花瓣5，黄色，披针形至长圆形，长5–8毫米，稍长的短尖头；雄蕊10，较花瓣短；鳞片10，楔状四方形，长0.5毫米，微缺头；心皮5，长圆形，长5–6毫米，略叉开，花柱长。种子卵形，长0.5毫米。花期5–7月，果期8月。

分布: 全洞庭湖区；湖南全省；甘肃、陕西、山西、河北、东北、华东、华中、华南、西南。朝鲜半岛、日本、泰国北部。

生境: 湖区堤岸、半岛、湖心小岛岩石上或岩石边草丛中；山坡阳处或石上。海拔20–1600米。

应用: 全草清热解毒、消炎止痛，治蛇伤；屋顶绿化、垂直绿化、盆花或观赏草坪。

识别要点: 叶轮生，倒披针形至椭圆状长圆形，长15–28毫米，有距；萼片较花瓣短，花瓣黄色，披针形至长圆形，有稍长的短尖头。

蔷薇科 Rosaceae

179 龙芽草（仙鹤草）long ya cao
Agrimonia pilosa Ledeb.

多年生草本。根多块茎状，根茎短，常有地下芽。茎高达 1.2 米，被疏柔毛及短柔毛，稀下部被稀疏长硬毛。间断奇数羽状复叶，小叶 2-4 对，向上减至 3 小叶，叶柄被稀疏（短）柔毛；小叶片几无柄，倒卵形，倒卵状椭圆形（披针形），1.5-5×1-2.5 厘米，急尖至圆钝头，稀渐尖头，基部（宽）楔形，急尖到圆钝锯齿缘，上面通常被疏柔毛，下面通常脉上伏生疏柔毛，有显著腺点；托叶镰形稀卵形，急尖或渐尖头，尖锐锯齿缘或裂片，稀全缘，下部托叶或卵状披针形，常全缘。花序穗状总状顶生，（不）分枝，花序轴被柔毛，花梗长 1-5 毫米，被柔毛；苞片通常深 3 裂，裂片带形，小苞片对生，卵形、全缘或分裂；花径 6-9 毫米；萼片 5，三角状卵形；花瓣黄色，长圆形；雄蕊 5-8（-15）；花柱 2，丝状，柱头头状。果实倒卵状圆锥形，10 肋，被疏柔毛，顶端有数层钩刺，幼时直立，成熟时靠合，连钩刺长 7-8 毫米。花果期 5-12 月。

分布： 全洞庭湖区；湖南全省；全国。欧洲中东部、俄罗斯、蒙古国、朝鲜半岛、日本、东南亚、喜马拉雅地区。

生境： 湖边、溪沟边、路旁、草地、灌丛、林缘及疏林下。海拔 20-3800 米。

应用： 全草收敛止血、强心，可提仙鹤草素作止血剂，提制栲胶；地下芽含鹤草酚，为驱绦虫特效药；可观赏。

识别要点： 具地下芽；间断奇数羽状复叶，小叶片常倒卵形，

下面脉上伏生柔毛，托叶镰形或半圆形；花径 6-9 毫米，雄蕊 5-15；果实连钩刺长 7-8 毫米。

180 蛇莓 she mei
Duchesnea indica (Andr.) Focke

多年生草本；根茎短，粗壮；匍匐茎多数，长达 1 米，有柔毛。小叶片倒卵形至菱状长圆形，2-3.5（-5）×1-3 厘米，圆钝头，钝锯齿缘，两面有柔毛或上面无毛，具小叶柄；叶柄长 1-5 厘米，有柔毛；托叶窄卵形至宽披针形，长 5-8 毫米。单花腋生；径 1.5-2.5 厘米；花梗长 3-6 厘米，有柔毛；萼片卵形，长 4-6 毫米，锐尖头，外面有散生柔毛；副萼片倒卵形，长 5-8 毫米，3-5 锯齿头；花瓣倒卵形，长 5-10 毫米，黄色，圆钝头；雄蕊 20-30；心皮多数，离生；花托在果期膨大，海绵质，鲜红色，有光泽，径 10-20 毫米，外面有长柔毛。瘦果卵形，长约 1.5 毫米，光滑或具不明显突起，鲜时有光泽。花期 6-8 月，果期 8-10 月。

分布： 全洞庭湖区；湖南全省；辽宁以南各省区。阿富汗、不丹、印度、尼泊尔、印度尼西亚、日本、朝鲜半岛，非洲、欧洲、北美洲归化。

生境： 湖河岸、荒地、山坡、草地或潮湿地。海拔 10-3100 米。

应用： 全草散瘀消肿、收敛止血、清热解毒，茎叶捣敷治蛇咬伤、烫伤、烧伤，疗疮有特效，果煎服治支气管炎；全草水浸液杀害虫、蛆及孑孓；可作观赏草坪。

识别要点： 与皱果蛇莓区别：叶、花和果较大；小叶片倒卵形至菱状长圆形，长 2-5 厘米；花托果期鲜红色，径 10-20 毫米，有光泽；瘦果光滑具光泽。

181 路边青（水杨梅）lu bian qing
Geum aleppicum Jacq.

多年生草本。茎直立，高达 1 米，常被开展粗硬毛。基生叶大头羽状复叶，长 10-25 厘米，叶柄被粗硬毛，小叶 2-6 对，大小极不相等，顶生者最大，菱状广卵形或宽扁圆形，4-8×5-10 厘米，急尖或圆钝头，基部宽心形（楔形），浅裂，不规则粗大急尖或圆钝锯齿缘，疏生粗硬毛；茎生叶羽状复叶或重复分裂，向上小叶渐少，顶生小叶（倒卵状）披针形，（短）渐头头，基部楔形；茎生叶叶状托叶大，卵形，不规则粗大锯齿缘。花序顶生，疏散，花梗被短柔毛或微硬毛；花径 1-1.7 厘米；花瓣黄色，几圆形，比萼片长；萼片卵状三角形，渐尖头，副萼片短小，披针形，渐尖稀 2 裂头，外被短或长柔毛；花柱在上部 1/4 处扭曲，成熟后自扭曲处脱落，脱落部分被疏柔毛。聚合果倒卵球形，瘦果被长硬毛，花柱宿存部分无毛，顶端有小钩；果托被短硬毛，长约 1 毫米。花果期 7-10 月。

分布: 全洞庭湖区；湖南全省；山东、东北、华北、西北、华中、华南、西南。北温带。

生境: 山坡草地、湖边、沟边、地边、河滩、林间隙地及林缘。海拔 20-3500 米。

应用: 全草祛风、除湿、止痛、镇痉，根治肾虚腰痛、头晕眼花；嫩叶可蔬食；种子含干性油，制皂和油漆；全株可提取栲胶。

识别要点: 茎生叶变化大，2-6 小叶或重复羽裂，小叶常菱状椭圆形；花径 1-1.7 厘米，直立，萼片平展，花瓣黄色，无长爪；果托具短硬毛。

182 翻白草 fan bai cao
Potentilla discolor Bunge

多年生草本。纺锤根。花茎直立，上升或微铺散，高达 45 厘米，密被白色绵毛。基生叶小叶 2-4 对，连柄长 4-20 厘米，叶柄密被白色绵毛，或并有长柔毛；小叶无柄，小叶片长圆形或长圆披针形，长 1-5 厘米，圆钝稀急尖头，基部（宽）楔形或偏斜圆形，圆钝稀急尖锯齿缘，上面被稀疏白色绵毛或脱落，下面密被（灰）白色绵毛，茎生叶 1-2，掌状 3-5 小叶；基生叶托叶膜质，褐色，茎生叶托叶草质，绿色，（宽）卵形，常为缺刻状牙齿缘，下面密被白色绵毛。聚伞花序数花，疏散，花梗长 1-2.5 厘米，外被绵毛；花径 1-2 厘米；萼片三角状卵形，副萼片较短，披针形，外面被白色绵毛；花瓣黄色，倒卵形，微凹或圆钝头，比萼片长；花柱近顶生，基部具乳头状膨大，柱头稍微扩大。瘦果近肾形，宽约 1 毫米，光滑。花果期 5-9 月。

分布: 全洞庭湖区；湖南全省；陕西、四川、贵州、广东、东北、华北、华东、华中。日本、朝鲜半岛。

生境: 湖区平原沙土草地，丘陵、山地、路旁、畦埂、荒地、山谷、沟边、山坡草地、草甸及疏林下。海拔 10-1850 米。

应用: 根及全草解热、凉血止血、消肿、止痢、止咳、祛风止痛，作清热润燥、解毒消肿剂，治痈疮、疔肿、吐血、下血和血崩；嫩苗及块根可食；可观赏。

识别要点: 根下部常肥厚呈纺锤形。小叶 2-4 对，长圆形或长圆披针形；小叶下面脉上被白色绒毛，缺刻状锯齿缘。萼片外面密被白色绒毛。

183 三叶委陵菜 san ye wei ling cai
Potentilla freyniana Bornm.

多年生草本，常有纤匍枝。根分枝多，簇生。花茎纤细，直立或上升，高 8–25 厘米，被平铺或开展疏柔毛。基生叶掌状 3 出复叶，4–30×1–4 厘米；小叶片长圆形、卵形或椭圆形，急尖或圆钝头，基部（宽）楔形，多数急尖锯齿缘，两面疏生平铺柔毛，下面沿脉较密；茎生叶 1–2，小叶与基生叶的相似，但叶柄很短，叶缘锯齿减少；基生叶托叶膜质，褐色，外面被稀疏长柔毛，茎生叶托叶草质，绿色，呈缺刻状锐裂，有稀疏长柔毛。伞房状聚伞花序顶生，多花，松散，花梗纤细，长 1–1.5 厘米，外被疏柔毛；花径 0.8–1 厘米；萼片三角卵形，渐尖头，副萼片披针形，渐尖头，与萼片近等长，外面被平铺柔毛；花瓣淡黄色，长圆倒卵形，微凹或圆钝头；花柱近顶生，上粗下细。瘦果卵球形，径 0.5–1 毫米，有显著脉纹。花果期 3–6 月。

分布： 全洞庭湖区；湘东；陕西、甘肃、东北、华北、华东、华中、华南、西南。俄罗斯、日本、朝鲜半岛。

生境： 平原、山坡、草地、溪边及疏林下阴湿处。海拔 20–2100 米。

应用： 根或全草清热解毒、止痛止血，用于妇科止血，抑制金黄色葡萄球菌；可观赏。

识别要点： 花茎延长平卧，呈匍匐状，常于节处生根；基生叶为 3 小叶，小叶片无柄，较深锯齿缘，托叶草质，全缘；单花侧生或顶生。

184 蛇含委陵菜（蛇含）she han wei ling cai
Potentilla kleiniana Wight et Arn.

一至二年生或多年生宿根草本。花茎上升或匍匐，长达 50 厘米，被疏柔毛及长柔毛。基生叶为近鸟足状 5 小叶，连叶柄长 3–20 厘米，叶柄被疏（长）柔毛，小叶（长圆状）倒卵形，长 0.5–4 厘米，锯齿缘，两面绿色，被疏柔毛；有时上面几无毛，或下面沿脉密被伏生长柔毛；下部茎生叶 5 小叶，上部茎生叶 3 小叶，小叶与基生小叶相似；基生叶托叶膜质，淡褐色，外面被疏柔毛或脱落近无毛，茎生叶托叶草质，绿色，卵形或卵状披针形，全缘，稀 1–2 齿，外被稀疏长柔毛。聚伞花序密集枝顶呈假伞形。花梗长 1–1.5 厘米，密被长柔毛，下有苞片状茎生叶；花径 0.8–1 厘米；萼片三角状卵圆形，副萼片（椭圆状）披针形，外被稀疏长柔毛；花瓣黄色，倒卵形，长于萼片；花柱近顶生，圆锥形，基部膨大，柱头扩大。瘦果近圆形，径约 0.5 毫米，具皱纹。花果期 4–9 月。

分布： 全洞庭湖区；湖南全省；辽宁、甘肃、陕西、华东、华中、华南、西南。朝鲜半岛、日本、印度尼西亚、马来西亚、印度、不丹、尼泊尔。

生境： 田边、水旁、荒地、路边、草甸及山坡草地。海拔 20–3000 米。

应用： 全草清热解毒、止咳化痰、收敛镇痉、止血，捣敷治疮毒、肿痛及蛇虫咬伤；观赏草坪。

识别要点： 茎平卧，具匍匐茎，常在节处生根或上升；根纤细；基生叶为掌状 5 小叶，稀间 3 小叶；花径 0.8–1 厘米。

185 朝天委陵菜 chao tian wei ling cai
Potentilla supina L.

一年生或二年生草本。茎平展、上升或直立，叉状分枝，长20-50厘米，被疏柔毛或脱落。基生叶羽状复叶小叶2-5对，长4-15厘米，叶柄被疏柔毛或脱落；小叶无柄，最上面1-2对基部下延与叶轴合生，小叶片（倒卵状）长圆形，长1-2.5厘米，圆钝或急尖头，基部（宽）楔形，圆钝或缺刻状锯齿缘，两面被稀疏柔毛或脱落；茎生叶向上小叶渐少；基生叶托叶膜质，褐色，外面被疏柔毛或几无毛，茎生叶托叶草质，绿色、全缘、齿缘或分裂。花茎上多叶，下部花自叶腋生，呈伞房状聚伞花序；花梗长0.8-1.5厘米，常密被短柔毛；花径0.6-0.8厘米，萼片三角卵形，急尖头，副萼片长椭圆形或椭圆披针形，急尖头，比萼片稍长；花瓣黄色，倒卵形，微凹头，比萼片稍短；花柱近顶生，基部乳头状膨大，花柱扩大。瘦果长圆形，尖头，具脉纹，腹部鼓胀若翅或有时不明显。花果期3-10月。

分布：全洞庭湖区；湖南全省；全国。北半球温带及部分亚热带地区广布。

生境：河湖岸沙地、水边、田边、路旁、荒地、草甸、山坡湿地、山顶。海拔10-2000米。

应用：全草清热解毒、凉血、止痢；可观赏。

识别要点：基生叶为羽状复叶，小叶2-5对；单花侧生或顶生。

186 杜梨 du li
Pyrus betulifolia Bge.

落叶乔木，高达10米，具枝刺，嫩时密被灰白色绒毛，二年生枝具稀疏绒毛或近无毛，紫褐色。叶片菱状卵形至长圆卵形，4-8×2.5-3.5厘米，渐尖头，基部宽楔形，稀近圆形，粗锐锯齿缘，幼叶密被灰白色绒毛，老叶上面无毛，具光泽，下面近无毛；叶柄长2-3厘米，被灰白色绒毛；托叶线状披针形，长约2毫米，早落。伞形总状花序10-15花，（总）花梗被灰白色绒毛，花梗长2-2.5厘米；苞片线形，长5-8毫米，早落；花径1.5-2厘米；萼筒外密被灰白色绒毛；萼片三角状卵形，长约3毫米，急尖头，全缘，密被绒毛，花瓣宽卵形，长5-8毫米，圆钝头，具短爪，白色；雄蕊20，花药紫色；花柱2-3，微具毛。果实近球形，径5-10毫米，褐色有淡斑，萼片脱落，果梗具绒毛。花期4月，果期8-9月。

分布：沅江、湘阴；湖南长沙、湘北，野生或栽培；贵州、西藏、甘肃、陕西、辽宁、华北、华东、华中。老挝。

生境：湖区湖边或池塘边、灌丛中、沙滩草地、肥沃沙土或黏土；丘陵、山地、向阳山坡、庭院。海拔0-1800米。

应用：果实润肠通便、消肿止痛、敛肺涩肠及止咳止痢，并可做果酱或酿酒；根及叶润肺止咳、清热解毒；叶含根皮苷（保健型甜味剂）；叶代茶饮治神经性呕吐；上等用材；庭院观赏；砧木；蜜源植物。

识别要点：叶尖锐锯齿缘；花柱2-3；果实褐色，萼片多数脱落或少数部分宿存。

187 月季花 yue ji hua
Rosa chinensis Jacq.

直立灌木，高 1-2 米；小枝粗壮，近无毛，有短粗的钩状皮刺或无刺。小叶 3-5（-7），长 5-11 厘米，小叶片宽卵形至卵状长圆形，2.5-6×1-3 厘米，（长）渐尖头，基部近圆形或宽楔形，锐锯齿缘，两面近无毛，上面常带光泽，下面颜色较浅，顶生小叶有柄，侧生小叶近无柄，总叶柄较长，有散生皮刺和腺毛；托叶大部贴生于叶柄，仅顶端分离部分成耳状，常具腺缘毛。花几朵集生，稀单生，径 4-5 厘米；花梗长 2.5-6 厘米，近无毛或有腺毛，萼片卵形，尾状渐尖头，有时呈叶状，常羽状裂片缘，稀全缘，外面无毛，内面密被长柔毛；花瓣（半）重瓣，红、粉红至白色，倒卵形，凹缺头，基部楔形；花柱离生，伸出萼筒口外，约与雄蕊等长。果卵球形或梨形，长 1-2 厘米，红色，萼片脱落。花期 4-9 月，果期 6-11 月。

分布: 全洞庭湖区；湖南全省，栽培或半逸野；全国各地普遍栽培，原产贵州、四川、湖北。世界各地广泛栽培。

生境: 山坡、路旁或居住区，庭院、公园、道路花坛栽培。

应用: 花、根与叶药用活血祛瘀、拔毒消肿；花通经、活血化瘀，治月经不调、痛经、痈疖肿毒；叶及鲜花捣敷治跌打损伤；观赏花卉；花提精油。

识别要点: 小叶 3 或 5，托叶有腺缘毛；花常 4-5 朵，稀单生，红、粉红稀白色；萼片常有羽裂片，稀全缘；果卵球形或梨形。

188 小果蔷薇（山木香）xiao guo qiang wei
Rosa cymosa Tratt.

攀援灌木，高达 5 米；小枝无毛或稍有柔毛，有钩状皮刺。小叶 3-5（-7），长 5-10 厘米；小叶片卵状披针形或椭圆形，稀长圆披针形，2.5-6×0.8-2.5 厘米，渐尖头，基部近圆形，紧贴尖锐细锯齿缘，无毛，上面亮绿色，中脉突起，沿脉有稀疏长柔毛；小叶柄和叶轴无毛或有柔毛，有稀疏皮刺和腺毛；托叶膜质，离生，线形，早落。花多朵成复伞房花序；花径 2-2.5 厘米，花梗长约 1.5 厘米，幼时密被长柔毛，后渐落近于无毛；萼片卵形，渐尖头，常有羽状裂片，外面近无毛，稀有刺毛，内面被稀疏白色绒毛，沿边缘较密；花瓣白色，倒卵形，凹头，基部楔形；花柱离生，稍伸出花托口外，与雄蕊近等长，密被白色柔毛。果球形，径 4-7 毫米，红至黑褐色，萼片脱落。花期 5-6 月，果期 7-11 月。

分布: 全洞庭湖区；湖南全省；陕西、甘肃、华东、华中、华南、西南。老挝、越南。

生境: 湖区平原及丘陵灌丛中；向阳山坡、路旁、溪边、林缘及灌丛中。海拔 50-1800 米。

应用: 根与果消肿止痛、祛风除湿、止血解毒，补脾固涩，治风湿关节炎、跌打损伤、阴挺、脱肛；花清热化湿、顺气和胃；叶解毒消肿，治痈疮肿毒及烧烫伤；可观赏；蜜源；保土；花提芳香油。

识别要点: 3-5 小叶，托叶线形，离生；复伞房状花序；花白色，芳香，外萼片常有羽状裂片，花柱被毛，突出花托口外；果球形，红色。

189 软条七蔷薇（亨利蔷薇）ruan tiao qi qiang wei
Rosa henryi Boulenger

灌木，高 3-5 米，有长匍枝；小枝有短扁、弯曲皮刺或无刺。小叶通常 5，近花序小叶片常为 3，连叶柄长 9-14 厘米；小叶片长圆形、（椭圆状）卵形或椭圆形，3.5-9×1.5-5 厘米，长渐尖或尾尖头，基部近圆形或宽楔形，锐锯齿缘，两面无毛，下面中脉突起；小叶柄和叶轴无毛，散生小皮刺；托叶大部贴生于叶柄，离生部分披针形，渐尖头，全缘，无毛或有稀疏腺毛。5-15 花成伞形伞房状花序；花径 3-4 厘米；花梗和萼筒无毛，有时具腺毛，萼片披针形，渐尖头，全缘，有少数裂片，外面近无毛而有稀疏腺点，内面有长柔毛；花瓣白色，宽倒卵形，微凹头，基部宽楔形；花柱结合成柱，被柔毛，比雄蕊稍长。果近球形，径 8-10 毫米，成熟后褐红色，有光泽，果梗有稀疏腺点；萼片脱落。

分布： 全洞庭湖区；湖南全省；陕西、甘肃、华东（山东除外）、华中、华南、西南。

生境： 山谷、山坡、田边、丘陵、林缘、灌丛中。海拔 30-2000 米。

应用： 果、根消肿止痛、祛风除湿、止血解毒、补脾固涩，治月经过多；果富含糖分及维生素，颇具发展前途；良好保土地被植物。

识别要点： 有长匍枝；小叶 3-5，小叶片大，长 3.5-9 厘米，无毛，锐单锯齿缘；托叶全缘，常有腺毛；花瓣白色，外面无毛；果褐红色。

190 金樱子 jin ying zi
Rosa laevigata Michx.

常绿攀援灌木，高达 5 米；小枝散生扁弯皮刺，幼时被腺毛，老时脱落。叶长 5-10 厘米，小叶 3（-5），革质；小叶片椭圆状卵形或披针状（倒）卵形，2-6×1.2-3.5 厘米，急尖、圆钝或尾状渐尖，锐锯齿缘，上面亮绿色，无毛，幼时沿中肋有腺毛，老时脱落；小叶柄和叶轴有皮刺和腺毛；托叶离生或基部与叶柄合生，披针形，细腺齿缘，早落。花单生叶腋，径 5-7 厘米；花梗长 1.8-2.5（-3）厘米，花梗和萼筒密被腺毛，后变针刺；萼片卵状披针形，先端呈叶状，羽状浅裂或全缘，具刺毛和腺毛，内面密被柔毛，比花瓣稍短；花瓣白色，宽倒卵形，微凹头；雄蕊与心皮多数，花柱离生，有毛，远较雄蕊短。果梨形或倒卵形，紫褐色，外面密被刺毛，果梗长约 3 厘米，萼片宿存。花期 4-6 月，果期 7-11 月。

分布： 全洞庭湖区；湖南全省；陕西、甘肃、华东（山东除外）、华中、华南、西南。越南，世界各地栽培。

生境： 向阳的山野、田边、溪畔、山坡、林缘、灌丛中。海拔 30-1600 米。

应用： 根活血散瘀、祛风除湿、解毒收敛及杀虫；叶治疮疖、烧烫伤；果止腹泻，治流感、遗精、遗尿、小便频繁、女子带下、脾久虚泄泻下痢不止，滋补强壮，可生食、熬糖及酿酒；可观赏。

识别要点： 小叶 3（5），革质，锐单锯齿缘；托叶几离生，细腺齿缘；花大，白色；果大，梨形，紫红褐色，外面密被刺毛。

191 **野蔷薇**（多花蔷薇）ye qiang wei
Rosa multiflora Thunb.

攀援灌木；小枝通常无毛，有粗短稍弯曲皮刺。叶长 5–10 厘米，小叶 5–9，近花序的有时 3；小叶片（倒）卵形或长圆形，15–50×8–28 毫米，急尖或圆钝头，基部近圆或楔形，尖锐单锯齿缘，稀混有重锯齿，上面无毛，下面有柔毛；小叶柄和叶轴有或无柔毛，散生腺毛；托叶篦齿状，大部贴生于叶柄，边缘有或无腺毛。花多朵，排成圆锥状花序，花梗长 1.5–2.5 厘米，无毛或有腺毛，有时基部有篦齿状小苞片；花径 1.5–2 厘米，萼片披针形，有时中部具 2 线形裂片，外面无毛，内面有柔毛；花瓣白色，宽倒卵形，微凹头，基部楔形；花柱结合成束，无毛，比雄蕊稍长。果近球形，径 6–8 毫米，红褐或紫褐色，有光泽，无毛，萼片脱落。花期 4–9 月，果期 6–11 月。

分布：全洞庭湖区；湖南全省；陕西、甘肃、山西、河北、华东、华中、华南、西南。日本、朝鲜半岛。

生境：湖区湖河边、村旁及旷野灌丛中；向阳山坡、田野、路旁、溪沟或池塘边。海拔 10–2000 米。

应用：花、果及根作泻下剂和利尿剂，又能收敛活血、祛风活络；花芳香理气，治胃痛及胃溃疡；果通经，治水肿，叶治肿毒；可观赏。

识别要点：托叶篦齿状，大部贴生于叶柄。花瓣白色，宽倒卵形，微凹头。

192 **粉团蔷薇**（中华野蔷薇）fen tuan qiang wei
Rosa multiflora Thunb. var. **cathayensis** Rehd. et Wils.

与野蔷薇（原变种）形态特征极相似，但花为粉红色，单瓣；而后者花白色，单瓣。七姊妹（变种）花为重瓣，粉红色。白玉堂（变种）花白色，重瓣。花期 4–9 月，果期 5–11 月。

分布：全洞庭湖区，普遍；湖南全省；甘肃、陕西、河北、华东、华中、华南。

生境：湖区湖河边、堤岸、田坎及旷野；山坡、灌丛或河边等处。海拔 10–1300 米。

应用：根、叶、花和种子均入药，根活血、通络、收敛；叶外用治肿毒；种子称营实，能峻泻、利水通经；观赏、绿篱、棚架绿化，生态堤岸；根提制栲胶；鲜花提制香精。

识别要点：托叶篦齿状，大部贴生于叶柄；花为单瓣，粉红色。

193 **周毛悬钩子** zhou mao xuan gou zi
Rubus amphidasys Focke ex Diels

蔓性小灌木，高达 1 米；枝红褐色，与叶柄、总花梗、花梗和花萼密被红褐色长腺毛、软刺毛和淡黄色长柔毛，常无皮刺。单叶，宽长卵形，5–11×3.5–9 厘米，短渐尖或急尖头，基部心形，被长柔毛，3–5 浅裂缘，裂片圆钝，顶生裂片远大，不整齐尖锐锯齿缘；叶柄长 2–5.5 厘米；托叶离生，羽状深条裂，裂片条形或披针形，被长腺毛和长柔毛。常 5–12 花成近总状花序，顶生或腋生，稀 3–5 簇生；花梗长 5–14 毫米；苞片与托叶相似，但较小；花径 1–1.5 厘米；萼筒长约 5 毫米；萼片狭披针形，长 1–1.7 厘米，尾尖头，外萼片常 2–3 条裂，果期直立开展；花瓣宽卵形至长圆形，4–6×3–4 毫米，白色，几无爪，远较萼片短；花丝宽扁，短于花柱；子房无毛。果实扁球形，径约 1 厘米，暗红色，无毛，包藏在宿萼内。花期 5–6 月，果期 7–8 月。

分布：益阳、沅江、湘阴、岳阳；湖南全省；湖北、广东、广西、四川、贵州、华东（山东除外）。

生境：湖区池塘边林下阴湿处；山坡路旁、丛林或竹林内、山地红黄壤林下。海拔 30–1600 米。

应用：全株入药活血，治风湿、产后风寒、月经不调、四肢麻木；果可生食；地被。

识别要点：枝红褐色，密被红褐色长腺毛、软刺毛和淡黄色长柔毛；叶片宽长卵形，3–5 裂，顶生裂片远大；花径 1–1.5 厘米；花瓣白色，远较萼片短。

194 **寒莓** han mei
Rubus buergeri Miq.

直立或匍匐小灌木，茎常伏地生根，出长新株；匍匐枝长达 2 米，与花枝、总花梗、花梗和花萼外均密被绒毛状长柔毛，无或具稀疏小皮刺。叶卵形至近圆形，径 5–11 厘米，圆钝或急尖头，基部心形，嫩叶密被绒毛，老叶则下面仅具柔毛，5–7 浅裂，裂片圆钝，不整齐锐锯齿缘，基出掌状 5 脉，侧脉 2–3 对；柄长 4–9 厘米，密被绒毛状长柔毛，无或疏生针刺；托叶离生，早落，掌状或羽状深裂，裂片常线状披针形，具柔毛。总状花序顶生或腋生，或数朵簇生于叶腋；花梗长 0.5–0.9 厘米；苞片与托叶相似，较小；花径 0.6–1 厘米；萼片（卵状）披针形，渐尖头，外萼片顶端常浅裂，内萼片全缘，在果期常直立开展，稀反折；花瓣倒卵形，白色，几与萼片等长；雄蕊多数，花丝线形，无毛；雌蕊无毛，花柱长于雄蕊。果实近球形，径 6–10 毫米，紫黑色，无毛；核具粗皱纹。花期 7–8 月，果期 9–10 月。

分布：益阳、沅江、湘阴、岳阳；湖南全省；湖北、华东（山东除外）、华南、西南。日本、朝鲜半岛。

生境：湖区池塘边林下阴湿处；中低海拔的阔叶林下、山地疏密杂木林内及山路边。

应用：根及全草清热解毒、活血止血，治黄疸型肝炎；叶止血；果可生食、制糖、酿酒或作饮料；阴生地被。

识别要点：与湖南悬钩子区别：枝、叶柄、萼片和花序被绒毛状长柔毛；叶边裂片圆钝；萼片（卵状）披针形，外萼片仅顶端浅裂。

195 山莓 shan mei
Rubus corchorifolius L. f.

直立灌木，高 1-3 米；枝具皮刺，幼时被柔毛。单叶，卵形至卵状披针形，5-12×2.5-5 厘米，渐尖头，基部微心形、近截形或近圆形，上面沿叶脉有细柔毛，下面幼时密被细柔毛，后脱落，沿中脉疏生小皮刺，边缘不分裂或通常不育枝上的叶 3 裂，不规则锐锯齿或重锯齿缘，基部具 3 脉；叶柄长 1-2 厘米，疏生小皮刺，幼时密生细柔毛；托叶线状披针形，具柔毛。花单生或少数生于短枝上；花梗长 0.6-2 厘米，具细柔毛；花径达 3 厘米；花萼外密被细柔毛，无刺；萼片（三角状）卵形，长 5-8 毫米，急尖至短渐尖头；花瓣长圆或椭圆形，白色，圆钝头，9-12×6-8 毫米，长于萼片；雄蕊多数，花丝宽扁；雌蕊多数，子房有柔毛。果实由多数小核果组成，近球形或卵球形，径 1-1.2 厘米，红色，密被细柔毛；核具皱纹。花期 2-3 月，果期 4-6 月。

分布： 全洞庭湖区；湖南全省；除新疆和青海外的全国各地。朝鲜半岛、日本、缅甸、越南。

生境： 湖区荒野灌丛中、新垦地或火烧迹地；向阳山坡、溪边、山谷、荒地和疏密灌丛中潮湿处。海拔 30-2600 米。

应用： 果、根及叶入药活血散瘀、解毒、止血、止泻；根、叶治吐血；果味甜美，供生食、制果酱及酿酒；根皮、茎皮、叶可提取栲胶。

识别要点： 与广西悬钩子区别：广西悬钩子植株全体无毛或仅于叶脉稍有柔毛；萼片三角状披针形，长 10-15 毫米，渐尖至尾尖头；花瓣红色，较萼片略短。

196 插田泡 cha tian pao
Rubus coreanus Miq.

灌木，高 1-3 米；枝粗壮，红褐色，被白粉，具近直立或钩状扁平皮刺。小叶（3）5，（菱状或宽）卵形，（2-）3-8×2-5 厘米，急尖头，基部楔形至近圆形，上面无毛或仅沿叶脉有短柔毛，下面被稀疏柔毛或仅沿叶脉被短柔毛，不整齐或缺刻状粗锯齿缘，顶生小叶顶端有时 3 浅裂；叶柄长 2-5 厘米，顶生小叶柄长 1-2 厘米，侧生者近无柄，与叶轴均被短柔毛和疏生皮刺；托叶线状披针形，有柔毛。伞房花序侧生枝顶，花数朵至多数，总花梗和花梗均被灰白色短柔毛；花梗长 5-10 毫米；苞片线形，与花萼外面有白色短柔毛；花径 7-10 毫米；萼片长卵形至卵状披针形，长 4-6 毫米，渐尖头，具绒缘毛，花时开展，果时反折；花瓣倒卵形，淡红至深红色，长近萼片；雄蕊长近花瓣，花丝带粉红色；雌蕊多数；花柱无毛，子房被稀疏短柔毛。果实近球形，径 5-8 毫米，紫红黑色，（近）无毛；核具皱纹。花期 4-6 月，果期 6-8 月。

分布： 全洞庭湖区；湖南全省；陕西、甘肃、新疆、华中、华东（山东除外）、西南。朝鲜半岛和日本。

生境： 平原向阳旷野；丘陵及山地山坡灌丛、林边、沟边、山谷、河边、路旁。海拔 30-3100 米。

应用： 未熟果作"覆盆子"用，治痿萎、遗尿；根止血止痛；叶明目；果生食、熬糖、酿酒和制醋。

识别要点： 枝红褐色，被白粉，具扁平皮刺；小叶（3）5，顶生小叶柄长 1-2 厘米；顶生伞房花序；萼片卵状披针形，果时反折；花瓣倒卵形，长近萼片。

197 大红泡 da hong pao
Rubus eustephanos Focke

[*Rubus eustephanus* Focke ex Diels]

灌木，高达2米；小枝灰褐色，有棱角，无毛，疏生钩状皮刺。小叶3-5（-7），卵形、椭圆形或卵状披针形，2-5（-7）×1-3厘米，（长）渐尖头，基部圆形，幼时两面疏生柔毛，老时仅下面叶脉有柔毛，中脉有皮刺，缺刻状尖锐重锯齿缘；柄长1.5-2（-4）厘米，顶生小叶柄长1-1.5厘米，与叶轴均无毛或幼时疏生柔毛，有皮刺；托叶披针形，尾尖头，仅边缘稍有柔毛。花常单生侧枝顶端，稀2-3；梗长2.5-5厘米，无毛，有皮刺，无或变种疏生短腺毛；苞片和托叶相似；花径3-4厘米；萼无毛；萼片长圆披针形，钻状长渐尖头，内萼片有绒缘毛，开展，果时常反折；花瓣椭圆形或宽卵形，白色，长于萼片；雄蕊多数，花丝线形；雌蕊多数，无毛。果实近球形，径达1厘米，红色，无毛。核较平滑或微皱。花期4-5月，果期6-7月。

分布: 全洞庭湖区；石门、沅陵；浙江、陕西、湖北、四川、贵州。

生境: 平原向阳旷野；丘陵及山地山麓潮湿地、山坡密林下或河沟边灌丛中。海拔20-2310米。

应用: 果实味甜，可生食；湿地景观；根皮可提制栲胶。

识别要点: 与空心泡区别：植株大部分疏生柔毛或无毛，不具腺点，果形较小，近球形；后者全株有柔毛和浅黄色腺点；果实卵球形或长圆状卵形。

198 茅莓 mao mei
Rubus parvifolius L.

灌木，高1-2米；枝弓形弯曲，被柔毛和稀疏钩状皮刺。小叶3，新枝上的偶5，菱状圆形或倒卵形，2.5-6×2-6厘米，圆钝或急尖头，基部圆形或宽楔形，上面伏生疏柔毛，下面密被灰白色绒毛，不整齐粗锯齿或缺刻状粗重锯齿缘，常具浅裂片；叶柄长2.5-5厘米，顶生小叶柄长1-2厘米，均被柔毛和稀疏皮刺；托叶线形，长5-7毫米，具柔毛。顶生或腋生伞房花序，稀呈短总状，花数朵至多朵，被柔毛和细刺；花梗长0.5-1.5厘米，具柔毛和稀疏皮刺；苞片线形，有柔毛；花径约1厘米；花萼外面密被柔毛和针刺；萼片（卵状）披针形，渐尖头，有时条裂，直立开展；花瓣卵（或长）圆形，粉红至紫红色，基部具爪；雄蕊花丝白色，稍短于花瓣；子房具柔毛。果实卵球形，径1-1.5厘米，红色，无毛或具稀疏柔毛；核有浅皱纹。花期5-6月，果期7-8月。

分布: 全洞庭湖区；湖南全省；河北、山西、东北、西北（新疆除外）、华东、华中、华南、西南。日本、朝鲜半岛、越南。

生境: 湖区旷野、田坎、堤岸草丛或灌丛中；阳坡、路旁、林下、山谷或荒野。海拔30-2600米。

应用: 全株散瘀、止痛、解毒、杀虫，治吐血、跌打刀伤、产后瘀滞腹痛、痢疾、痔疮、疥疮、瘰疬；果代"覆盆子"用；果可生食、酿酒及制醋；可观赏。

识别要点: 枝被柔毛和钩状皮刺；小叶3（5），下面密被灰白色绒毛，不整齐粗锯齿或缺刻状粗重锯齿缘，常具浅裂片；伞房状花序顶生或腋生；心皮多于10；果实红色，具柔毛或无毛。

199 空心泡 kong xin pao
Rubus rosifolius Smith

[*Rubus rosaefolius* Smith]

直立或攀援灌木，高达 3 米；枝、（小）叶柄（轴）、叶背中脉及花梗具皮刺；小枝有柔毛或近无毛，具浅黄色腺点。小叶 5-7，（卵状）披针形，长 3-5 (-7) 厘米，渐尖头，基部圆形，两面疏生柔毛，后几无毛，有亮浅黄色腺点，尖锐缺刻状重锯齿缘；柄长 2-3 厘米，顶生小叶柄长 0.8-1.5 厘米，与叶轴均有柔毛，或近无毛，被浅黄色腺点；托叶（卵状）披针形，具柔毛；花 1-2 顶生或腋生；花梗长 2-3.5 厘米；花径 2-3 厘米；花萼外与花梗被柔毛和腺点；萼片（卵状）披针形，长尾尖头，花后常反折；花瓣长（近）圆形或长倒卵形，长 1-1.5 厘米，白色，具爪，长于萼片，外面有短柔毛，后渐落；雌蕊多数，无毛；花托具短柄。果实卵球形或长圆状卵圆形，长 1-1.5 厘米，红色，有光泽，无毛；核有深窝孔。花期 3-5 月，果期 6-7 月。

分布: 全洞庭湖区；湖南全省；陕西、华东（除山东外）、华中、华南、西南。日本、印度、尼泊尔、马达加斯加、澳大利亚、东南亚、非洲。

生境: 湖区旷野、沟渠边、田地边、宅旁灌丛或草丛中；山地杂木林内阴处、草坡或高山腐殖土上。海拔 20-2000 米。

应用: 根、嫩枝及叶入药，清热止咳、止血、祛风湿；果可生食；阴生地被。

识别要点: 植株具柔毛和浅黄色腺点；小叶 5-7，（卵状）披针形，尖锐缺刻状重锯齿缘；常 1-2 花；果亮红色，卵球形或长圆状卵圆形。

200 灰白毛莓 hui bai mao mei
Rubus tephrodes Hance

攀援灌木。枝密被灰白色绒毛，疏生微弯皮刺，并具刺毛和腺毛。叶近圆形，长宽均 5-8 (-11) 厘米，基部心形，上面有疏柔毛或疏腺毛，下面密被灰白色绒毛，中脉有时疏生刺毛和小皮刺，基脉掌状 5 出，钝圆裂片 5-7，不整齐锯齿缘；叶柄长 1-3 厘米，具绒毛，疏生小皮刺、刺毛及腺毛，托叶离生，脱落，深条裂或梳齿状深裂，有绒毛状柔毛。大型圆锥花序顶生，花序轴和花梗密被绒毛或绒毛状柔毛，花序梗下部疏生刺毛或腺毛。花梗长达 1 厘米；苞片与托叶相似；花径约 1 厘米；花萼密被灰白色绒毛，通常无刺毛和腺毛，萼片卵形，长 4-7 毫米，急尖头，全缘；花瓣白色，近圆形或长圆形；花丝基部稍膨大；雌蕊 30-50，无毛。果球形，径 1-1.5 厘米，成熟时紫黑色，无毛；核有皱纹。花期 6-8 月，果期 8-10 月。

分布: 全洞庭湖区；湖南全省；贵州、四川、华东（山东除外）、华中、华南。

生境: 湖区旷野、村边、池塘边、田边灌丛中；山坡（麓）、山谷溪边、路旁灌丛中。海拔 30-1500 米。

应用: 根祛风湿、活血调经，叶可止血，种子为强壮剂；果可生食；生态驳岸。

识别要点: 枝、叶柄和花序有绒毛，并有长短不等的腺毛及刺毛；叶片心状近圆形，下面密被灰白色绒毛；果实红色转紫黑色。

201 地榆 di yu
Sanguisorba officinalis L.

多年生草本，高 30–120 厘米。根纺锤形或圆柱形，棕（紫）褐色，切面黄白或紫红色。茎有棱，无毛或基部有稀疏腺毛。基生羽状复叶有小叶 4–6 对，叶柄无毛或基部有稀疏腺毛；小叶片有短柄，（长圆状）卵形，长 1–7 厘米，圆钝稀急尖头，基部（浅）心形，粗大圆钝稀急尖锯齿缘，无毛；茎生叶小叶片有短柄至几无柄，常长圆状披针形，基部微心形至圆形，急尖头；基生叶托叶膜质，褐色，无毛或被稀疏腺毛，茎生叶托叶草质，半卵形，外侧为尖锐锯齿缘。穗状花序椭圆形、圆柱形或卵球形，直立，长 1–3（–4）厘米，向下开放，花序梗光滑或偶有稀疏腺毛，苞片膜质，披针形，渐尖至尾尖头，近于萼片长，背面及边缘有柔毛；萼片 4，紫红色，椭圆形至宽卵形，背面被疏柔毛，中央微有纵棱脊，常具短尖头；雄蕊 4，花丝丝状，近于萼片长；子房外面无毛或基部微被毛，柱头顶端盘状，边缘具流苏状乳头。果实包藏在宿存萼筒内，外面有斗棱。花果期 7–10 月。

分布： 全洞庭湖区；衡阳、湘南；除海南及香港外的全国各地。欧洲、亚洲亚热带至温带。

生境： 湖区湖边草地、路边荒地；草原、草甸、山坡草地、灌丛中、疏林下。海拔 10–3000 米。

应用： 根收敛、止血、止泻，治肠胃发炎或出血、吐血、月经过多、烫火伤、血痢，为止血要药；根、茎、叶提制栲胶；嫩叶可食，可代茶饮；地被。

识别要点： 基生叶小叶片（长圆状）卵形，基部心形。花序椭圆形或（长）圆柱形；花红、紫红、粉红或白色；花丝丝状与萼片近等长，稀稍长。

202 单瓣李叶绣线菊（单瓣笑靥花）
dan ban li ye xiu xian ju
Spiraea prunifolia S. et Z. var. **simpliciflora** (Nakai) Nakai

灌木，高达 3 米；小枝细长，稍有棱角，幼时被短柔毛，以后逐渐脱落，老时近无毛；冬芽小，卵形，无毛，有数枚鳞片。叶片卵形至长圆披针形，1.5–3×0.7–1.4 厘米，急尖头，基部楔形，细锐单锯齿缘，上面幼时微被短柔毛，老时仅下面有短柔毛，羽状脉；叶柄长 2–4 毫米，被短柔毛。伞形花序无总梗，花 3–6，基部着生数枚小形叶片；花梗长 6–10 毫米，有短柔毛；花单瓣，径约 6 毫米；萼筒钟状，内外均被短柔毛；萼片卵状三角形，急尖头，外面微被短柔毛，内面毛较密；花瓣宽倒卵形，圆钝头，长 2–4 毫米，宽几与长相等，白色；雄蕊 20，约 1/2 或 1/3 花瓣长；花盘圆环形，具 10 个明显裂片；子房具短柔毛，花柱短于雄蕊。蓇葖果仅在腹缝上具柔毛，开张，花柱顶生于背部，具直立萼片。花期 3–4 月，果期 4–7 月。

分布： 全洞庭湖区；湘中；华东、华中。

生境： 湖区池塘边、灌丛或草丛中；坡地或岩石上。海拔 50–1000 米。

应用： 园林观赏，造景。

识别要点： 叶片卵形至长圆披针形，下面具短柔毛而与珍珠绣线菊不同；花单瓣，径较小而与李叶绣线菊（原变种）不同。

豆科 Leguminosae

203 合萌（田皂角）he meng
Aeschynomene indica L.

一年生亚灌木状草本。茎直立，高达 1 米，多分枝，无毛。羽状复叶小叶 20-60；托叶卵形或披针形，长约 1 厘米，下延，缺刻缘；叶柄长约 3 毫米；小叶线状长圆形，长 0.5-1 厘米，上面密生腺点，下面被白粉，钝或微凹头，具细尖，基部歪斜，全缘。总状花序短于叶，腋生，长 1.5-2 厘米；花序梗长 0.8-1.2 厘米；小苞片宿存。花萼钟状，长约 4 毫米，无毛，上唇 2 裂，下唇 3 裂；花冠黄色，具紫色条纹，早落，旗瓣近圆形，长 8-9 毫米，几无瓣柄，翼瓣短于旗瓣，龙骨瓣长于翼瓣，半月形；二体雄蕊；子房扁平。荚果线状长圆形，直或微弯，长 3-4 厘米，腹缝线直，背缝线微波状，荚节 4-8，无毛，不开裂，成熟时逐节脱落。种子肾形，黑棕色。花果期 7-10 月。

分布： 全洞庭湖区；湖南全省；吉林、辽宁、陕西、河北、山西、华东、华中、华南、西南。日本、朝鲜半岛、大洋洲、太平洋岛屿、中南半岛、南亚、西亚、热带非洲、南美洲。

生境： 湖区田边、荒地、湿地、池塘及沟渠边；灌丛或林缘。海拔 20-1300 米。

应用： 全草清热利湿、祛风消肿、解毒，茎髓清热、利尿、解毒；优良绿肥；茎髓可制浮子、救生圈、遮阳帽、瓶塞等。种子有毒，不可食。

识别要点： 亚灌木状；托叶下延成耳状，小叶逾 20 对，线状长圆形，上面密布腺点，细刺尖头；腋生总状花序比叶短；花淡黄色，具紫色纵脉纹；荚果线状长圆形，荚节成熟时逐节脱落。

204 两型豆（三籽两型豆）liang xing dou
Amphicarpaea edgeworthii Benth.

一年生缠绕草本。茎纤细，被淡褐色柔毛。三出羽状复叶；叶柄长 2-5.5 厘米；顶生小叶菱状卵形或扁卵形，2.5-5.5×2-5 厘米，钝或急尖头，基部圆、宽楔形或平截，两面被白色伏贴柔毛，基出脉 3，侧生小叶常偏斜。花二型：茎上部的正常花 2-7 排成腋生总状花序，除花冠外，各部均被淡褐色长柔毛，苞片膜质，卵形或椭圆形，长 3-5 毫米，腋内 1 花，宿存。花萼筒状，5 裂；花冠淡紫或白色，长 1-1.7 厘米，各瓣近等长，旗瓣倒卵形，瓣片基部两侧具耳，翼瓣与龙骨瓣近相等；子房被毛；茎下部闭锁花无瓣，柱头弯曲与花药接触；子房伸入地下结实。果二型：茎上部的长圆形或倒卵状长圆形，2-3.5×0.6 厘米，被淡褐色毛，种子 2-3；茎下部的椭圆形或近球形，种子 1。花期 7-9 月，果期 9-11 月。

分布： 益阳、沅江；湖南全省；陕西、甘肃、海南、东北、华北、华东、华中、西南。俄罗斯西伯利亚、朝鲜半岛、日本、越南、印度。

生境： 湖区平原及丘陵荒地、路边、草丛、林缘和灌丛中；山坡路旁及旷野草地。海拔 40-3000 米。

应用： 含异黄酮、抗氧化、抗肿瘤、抗菌消炎、降血脂、抗血栓，块根止痛；可食用；优质青饲料。

识别要点： 顶生小叶菱状卵形或扁卵形，长宽近相等，2.5-5.5×2-5 厘米，两面被伏贴柔毛；苞片宿存；荚果宽约 6 毫米。

205 紫云英 zi yun ying
Astragalus sinicus L.

二年生草本，多分枝，匍匐，高达 30 厘米，被白色疏柔毛。奇数羽状复叶，7–13 小叶，长 5–15 厘米；叶柄较叶轴短；托叶离生，卵形，长 3–6 毫米，尖头，具缘毛；小叶倒卵形或椭圆形，10–15×4–10 毫米，钝圆或微凹头，基部宽楔形，上面近无毛，下面散生白色柔毛，具短柄。伞形状总状花序 5–10 花；总花梗腋生，较叶长；苞片三角状卵形，长约 0.5 毫米；花梗短；花萼钟状，长约 4 毫米，被白色柔毛，萼齿披针形，约 1/2 萼筒长；花冠紫红或橙黄色，旗瓣倒卵形，长 10–11 毫米，微凹头，具瓣柄，翼瓣长约 8 毫米，瓣片长圆形，基部具短耳，瓣柄约 1/2 瓣片长，龙骨瓣与旗瓣近等长，瓣片半圆形，瓣柄约 1/3 瓣片长；子房无毛或疏被短柔毛，具短柄。荚果线状长圆形，稍弯曲，12–20×4 毫米，具短喙，黑色，网纹隆起；种子肾形，栗褐色，长约 3 毫米。花期 2–6 月，果期 3–7 月。

分布： 全洞庭湖区；湖南全省，野生或栽培；陕西、甘肃、河北、华东（山东除外）、华中、华南、西南，常见栽培。朝鲜半岛、日本。

生境： 湖区草地、农田；田间、牧场、山坡、溪边及潮湿处。海拔 20–3000 米。

应用： 种子及全草清热解毒、补气固精、益肝明目、利尿、祛风止咳；嫩梢供蔬食；饲料；观赏草坪；优质绿肥。

识别要点： 奇数羽状复叶，小叶 7–13，叶柄、叶轴脱落；稍疏松近伞形的总状花序；花冠紫红或橙黄色，子房无毛或疏被白色短柔毛；荚果线状长圆形，具短喙，黑色；种子肾形，栗褐色。

206 宽序鸡血藤（宽序崖豆藤）kuan xu ji xue teng
Callerya eurybotrya (Drake) Schot
[*Millettia eurybotrya* Drake]

攀援灌木。小枝浅黄色，初被平伏柔毛，后脱落。叶长 20–25（–40）厘米；柄长 3–7 厘米，叶轴具沟；托叶锥刺状，基部成距；小叶 2–3 对，纸质，阔披针状椭圆形，长 6–16 厘米，急尖头，基部圆形或阔楔形，无毛，暗绿色，侧脉 6–7 对，两面隆起；小叶柄长 3–5 毫米；小托叶针刺状。顶生圆锥花序长约 30 厘米；花单生；（小）苞片卵状披针形，长约 2 毫米；花长 1.4–1.5 厘米；花梗长 4–8 毫米；花萼钟状至杯状，密被平伏绒毛，萼齿短，阔三角形；花冠紫红色，花瓣近等长，旗瓣无毛，具瓣柄，中央具黄绿色斑晕，翼瓣镰形，狭尖头，基具 2 耳，龙骨瓣锐尖头；雄蕊二体；花盘筒状；子房线形，无毛，花柱短而上弯，胚珠多数。荚果长圆形，10–11×2–3 厘米，喙尖头，肿胀，缝线增厚，种子间稍缢缩，瓣片木质；种子 1–7，棕色，椭圆形，宽约 2 厘米，种脐厚，白色。花期 7–8 月，果期 9–11 月。

分布： 湘阴、益阳、沅江、汨罗、岳阳；湘北、湘南；广东、广西、贵州、云南。越南、老挝、泰国。

生境： 湖区平原、丘陵或小岛疏林林缘或灌丛中；山谷、溪沟旁或疏林中。海拔 10–1200 米。

应用： 茎有毒，祛风湿，治疮毒；根治白带异常、便血；垂直绿化、藤架。

识别要点： 5–7 小叶，长逾 8 厘米；托叶具距突；圆锥花序分枝长，花单生或兼腋生总状花序；花紫红色；荚果长圆形，凸起，朱红色，缝线增厚。

207 野扁豆（毛野扁豆）ye bian dou
Dunbaria villosa (Thunb.) Makino

多年生缠绕藤本。茎细弱，疏被短柔毛。羽状复叶具 3 小叶；叶柄长 0.8-2.5 厘米，被短柔毛；顶生小叶菱形或近三角形，长 1.5-3.5（-4）厘米，渐尖或急尖头，基部圆形、宽楔形或近截形，两面几无或疏被短柔毛，有锈色腺点；侧生小叶略小而偏斜。（复）总状花序腋生，长 1.5-5 厘米，2-7 花；花序梗及花序轴密被短柔毛。萼钟状，长 5-9 毫米，被短柔毛和锈色腺点，萼齿 5，（线状）披针形，上方 2 齿合生，下方 1 齿最长；花冠黄色，旗瓣近圆形或椭圆形，长 1.3-1.4 厘米，具短瓣柄，翼瓣短于旗瓣，微弯，龙骨瓣与翼瓣等长，上部弯呈喙状，均具瓣柄和耳；子房密被短柔毛和锈色腺点，近无柄。荚果线状长圆形，3-5×0.8 厘米，扁平，微弯，几无或疏被短柔毛，近无果颈，种子 6-7。花果期 8-10 月。

分布： 全洞庭湖区；湘东、湘南；贵州、华东（山东除外）、华中、华南。日本、朝鲜半岛、东南亚。

生境： 湖区开敞地草丛或灌丛中；旷野或山谷、路旁灌丛中。海拔 30-2100 米。

应用： 全草清热解毒、消肿止痛，治咽喉肿痛、乳痈、牙痛、无名肿毒、毒蛇咬伤、白带过多；种子油工业用或药用；可观赏。

识别要点： 顶生小叶长 1.5-4 厘米，与宽（近）相等，下面和荚果无毛或疏被短柔毛；腋生短（复）总状花序 2-7 花；子房无柄；荚果无或有极短果颈；种子 6-7，近圆形，黑色。

208 野大豆 ye da dou
Glycine soja S. et Z.

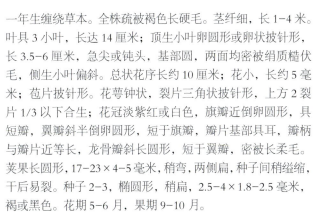

一年生缠绕草本。全株疏被褐色长硬毛。茎纤细，长 1-4 米。叶具 3 小叶，长达 14 厘米；顶生小叶卵圆形或卵状披针形，长 3.5-6 厘米，急尖或钝头，基部圆，两面均密被绢质糙伏毛，侧生小叶偏斜。总状花序长约 10 厘米；花小，长约 5 毫米；苞片披针形。花萼钟状，裂片三角状披针形，上方 2 裂片 1/3 以下合生；花冠淡紫红或白色，旗瓣近倒卵圆形，具短瓣，翼瓣斜半倒卵形，短于旗瓣，瓣片基部具耳，瓣柄与瓣片近等长，龙骨瓣斜长圆形，短于翼瓣，密被长柔毛。荚果长圆形，17-23×4-5 毫米，稍弯，两侧扁，种子间稍缢缩，干后易裂。种子 2-3，椭圆形，稍扁，2.5-4×1.8-2.5 毫米，褐或黑色。花期 5-6 月，果期 9-10 月。

分布： 全洞庭湖区；湖南全省；新疆及海南除外的全国各地。阿富汗、俄罗斯、朝鲜半岛、日本。

生境： 湖区堤岸旁、田边、荒地、沟边、沼泽、草甸、山坡、路边、杂草丛中、沿海岛屿向阳灌丛中。海拔 20-2650 米。

应用： 全草补气血、强壮、利尿，治盗汗、目疾、黄疸、肝火过旺、小儿疳疾，种子强壮、利尿、平肝、敛汗；种子供食用，制酱（油）和豆腐；可榨油，油粕为优良饲料和肥料；牧草、家畜饲料；可作绿肥和水土保持植物；茎皮纤维织麻袋；国家重点保护植物。

识别要点： 缠绕茎疏被褐色长硬毛；三出羽状复叶；总状花序短于叶，长 1-3 厘米；花冠淡红紫或白色；荚果 17-23×4-5 毫米；种子 2-3，小，褐黑色。

209　马棘（河北木蓝）ma ji
Indigofera bungeana Walp.

[*Indigofera pseudotinctoria* Matsum.]

直立灌木，高达 1 米。茎褐色，小枝圆柱形，银灰色，被白色丁字毛。羽状复叶长 2.5-5 厘米；柄长约 1 厘米，与叶轴均被白色丁字毛；托叶三角形，早落；小叶 2-4 对，椭圆形或倒卵状长圆形，0.5-1.5×0.3-1 厘米，钝圆头，基部圆，两面被丁字毛；小叶柄长 0.5 毫米。总状花序长 4-8 厘米，10-15 花，稍疏生。花梗长 1 毫米；花萼长约 2 毫米，外面被丁字毛，萼齿几相等，三角状披针形，与萼筒近等长；花冠紫（红）色，旗瓣宽倒卵形，长约 5 毫米，外面被毛，翼瓣与龙骨瓣近等长，龙骨瓣有距；花药无毛；子房被疏毛。圆柱形荚果长达 2.5 厘米，被丁字毛，种子间有横隔。种子椭圆形。花期 5-6 月，果期 8-10 月。

分布: 全洞庭湖区；娄底、湘乡、浏阳、湘西；西北（新疆除外）、华北、华东、华中、华南、西南。日本、朝鲜半岛。

生境: 草地、河滩地、山坡林缘及灌木丛中。海拔 50-1300 米。

应用: 全株清热止血、消肿生肌，外敷治创伤；根清凉解表、活血祛瘀；根与叶平喘消积，外用治疗疮、跌打损伤；马饲料；观赏；可提制蓝色染料。

识别要点: 茎、叶两面及旗瓣外面均被白色丁字毛；枝细长，有棱；小叶 2-4 对，对生，（倒卵状）椭圆形，具小尖头；花冠淡红或紫红色；荚果线状圆柱形；种子间有横隔，椭圆形。

210　鸡眼草 ji yan cao
Kummerowia striata (Thunb.) Schindl.

一年生草本，披散或平卧，多分枝，高 5-45 厘米，茎枝被倒生的白色细毛。三出羽状复叶；托叶大，膜质，卵状长圆形，长 3-4 毫米，具条纹，有缘毛；叶柄极短；小叶（长）倒卵形或长圆形，6-22×3-8 毫米，圆形头，稀微缺，基部近圆形或宽楔形，全缘；两面沿中脉及边缘有白色粗毛，上面毛较稀，侧脉多密。花小，单生或 2-3 簇生于叶腋；花梗具 2 大小不等的苞片，萼基部小苞片 4，其中 1 枚极小，位于花梗关节处，小苞片 5-7 纵脉；花萼钟状，带紫色，5 裂，裂片宽卵形，网状脉，外面及边缘具白毛；花冠粉红或紫色，长 5-6 毫米，较萼片约长 1 倍，旗瓣椭圆形，具瓣柄，具耳，龙骨瓣比旗瓣稍长或近等长，翼瓣比龙骨瓣稍短。荚果圆形或倒卵形，稍侧扁，长 3.5-5 毫米，较萼片稍长或长 1 倍，短尖头，被小柔毛。花期 7-9 月，果期 8-10 月。

分布: 全洞庭湖区；湖南全省；东北、华北、华东、华中、华南、西南。俄罗斯西伯利亚东部、朝鲜半岛、日本、印度、越南，美国东南部归化。

生境: 路旁、田边、林边和林下、溪旁、砂质地或缓坡草地。海拔 20-500 米。

应用: 全草利尿通淋、清热解毒、排脓生肌、止痢、消积滞、煎水治风疹；牧草；观赏草坪；绿肥；保土固沙。

识别要点: 披散或平卧，多分枝；三出羽状复叶，拉扯小叶成"V"字形断口；花萼紫色；花冠粉红或紫色；荚果圆形或倒卵形，被柔毛。

211 中华胡枝子 zhong hua hu zhi zi
Lespedeza chinensis G. Don

小灌木，高达1米。全株被白色伏毛，茎下部毛渐脱落，茎直立或铺散；分枝斜升，被柔毛。托叶钻状，长3-5毫米；叶柄长约1厘米；羽状复叶具3小叶，小叶倒卵状长圆形、长圆形或（倒）卵形，1.5-4×1-1.5厘米，（近）截形、微凹或钝头，具小刺尖，边缘稍反卷，上面无毛或疏生短柔毛，下面密被白色伏毛。总状花序腋生，不超出叶，少花；总花梗极短；花梗长1-2毫米；（小）苞片披针形，小苞片2，长2毫米，被伏毛；花萼长为花冠之半，5深裂，裂片狭披针形，长约3毫米，被伏毛，具缘毛；花冠白或黄色，旗瓣椭圆形，7×3毫米，基部具瓣柄及2耳状物，翼瓣狭长圆形，长约6毫米，具长瓣柄，龙骨瓣长约8毫米，闭锁花簇生于茎下部叶腋。荚果卵圆形，4×2.5-3毫米，先端具喙，基部稍偏斜，表面有网纹，密被白色伏毛。花期8-9月，果期10-11月。

分布： 全洞庭湖区；湖南全省；四川、贵州、华东（山东除外）、华中、华南。

生境： 灌丛中、林缘、路旁、山坡、林下草丛等处。海拔30-2500米。

应用： 全株清热止痢、祛风止痛、消肿活络、截疟，治急性菌痢、关节痛、疟疾；根治关节炎、跌打损伤、骨折；可观赏；水土保持。

识别要点： 小叶（倒卵状）长圆形或卵形，截形或微凹头，波状缘；总花梗粗壮；花萼长为花冠之半，裂片狭披针形；花冠白或黄色；荚果卵圆形，密被白伏毛，先端具喙。

212 截叶铁扫帚（截叶胡枝子）jie ye tie sao zhou
Lespedeza cuneata (Dum.-Cours.) G. Don

小灌木，高达1米。茎直立或斜升，被毛，上部分枝；分枝斜上举。叶密集，柄短；小叶（线状）楔形，10-30×2-5（-7）毫米，（近）截形头，具小刺尖，基部楔形，上面近无毛，下面密被伏毛。总状花序腋生，2-4花；总花梗极短；小苞片（狭）卵形，长1-1.5毫米，渐尖头，背面被白色伏毛，具缘毛；花萼狭钟形，密被伏毛，5深裂，裂片披针形；花冠淡黄或白色，旗瓣基部有紫斑，有时龙骨瓣先端带紫色，翼瓣与旗瓣近等长，龙骨瓣稍长；闭锁花簇生叶腋。荚果宽卵形或近球形，被伏毛，2.5-3.5×2.5毫米。花期7-8月，果期9-10月。

分布： 全洞庭湖区；湖南全省；陕西、甘肃、华东、华中、华南、西南。朝鲜半岛、日本、印度、不丹、尼泊尔、巴基斯坦、阿富汗、东南亚，澳大利亚和北美洲归化。

生境： 山坡、路旁。海拔30-2500米。

应用： 平肝明目、祛风利湿、散瘀消肿，治病毒性肝炎、痢疾、慢性支气管炎、小儿疳积、风湿关节、夜盲、角膜溃疡、乳腺炎；可作地被植物。

识别要点： 小叶（线状）楔形，（近）截形头，具小刺尖，长为宽的5倍以下；腋生总状花序2-4花；花冠淡黄或白色，旗瓣基部有紫斑；荚果宽卵形或近球形，被伏毛。

213 铁马鞭 tie ma bian
Lespedeza pilosa (Thunb.) S. et Z.

多年生草本。全株密被长柔毛，茎平卧，细长，长60-100厘米，少分枝，匍匐地面。托叶钻形，长约3毫米，渐尖头；叶柄长6-15毫米；羽状三出复叶；小叶宽倒卵形或倒卵圆形，1.5-2×1-1.5厘米，圆形、近截形或微凹头，有小刺尖，基部圆形或近截形，两面密被长毛，顶生小叶较大。总状花序腋生，比叶短；苞片钻形，长5-8毫米，上部具缘毛；总花梗极短，密被长毛；小苞片2，披针状钻形，长1.5毫米，背部中脉具长毛，具缘毛；花萼密被长毛，5深裂，上方2裂片基部合生，裂片狭披针形，长约3毫米，长渐尖头，具长缘毛；花冠黄白或白色，旗瓣椭圆形，7-8×2.5-3毫米，微凹头，具瓣柄，翼瓣比旗瓣与龙骨瓣短；闭锁花常1-3集生于茎上部叶腋，（近）无梗，结实。荚果广卵形，长3-4毫米，凸镜状，两面密被长毛，尖喙头。花期7-9月，果期9-10月。

分布： 全洞庭湖区；湖南全省；陕西、甘肃、四川、贵州、西藏、华东（山东除外）、华中（河南除外）、华南。朝鲜半岛、日本。

生境： 荒山坡及草地。海拔30-1000米。

应用： 全株祛风活络、健胃、益气、安神，治体虚而长热不退，根舒筋活血、散瘀止痛；可作被。

识别要点： 茎平卧，细长，全株密被毛；小叶宽倒卵形或倒卵圆形；花黄白或白色；荚果广卵形，凸镜状，具尖喙。

214 南苜蓿 nan mu xu
Medicago polymorpha L.

一年生或二年生草本，高20-90厘米。茎平卧、上升或直立，近四棱形，基部分枝，无毛或微被毛。羽状三出复叶；托叶大，卵状长圆形，长4-7毫米；叶柄细柔，长1-5厘米；小叶（三角状）倒卵形，几等大，长0.7-2厘米，1/3以上为浅锯齿缘，上面无毛，下面被疏柔毛。花序头状伞形，腋生，1-10花；花序梗通常短于叶，花序轴先端不呈芒状尖；苞片甚小。花长3-4毫米；花梗长不及1毫米；花萼钟形，萼齿披针形，与萼筒近等长；花冠黄色，旗瓣倒卵形，较翼瓣和龙骨瓣长，翼瓣长圆形，基部具耳和稍宽的瓣柄，齿突甚发达，龙骨瓣较翼瓣稍短；子房长圆形，镰状上弯，微被毛。荚果盘形，暗绿褐色，紧旋1.5-2.5圈，径0.4-1厘米，有辐射状脉纹，近边缘处环结，每圈外具棘刺或瘤突15。种子1-2，长肾形，平滑。花期3-5月，果期5-6月。

分布： 全洞庭湖区；湖南全省，栽培或逸为野生；陕西、甘肃、华东（山东除外）、华中（河南除外）、华南、西南，已归化。原产欧洲南部、西亚、北非，美洲、大洋洲引种。

生境： 旷野、河湖边、田边、路边、山脚，常栽培或呈半野生状态。

应用： 嫩叶可作蔬菜；牧草；草坪草；绿肥。

识别要点： 叶柄长不超过总花梗的2倍，叶片（近）无毛，小叶无斑纹，托叶撕裂或条状缺刻；花冠黄色；荚果盘形，螺旋形转曲，径4-10毫米。

215 紫苜蓿 zi mu xu
Medicago sativa L.

多年生草本，高 30-100 厘米。茎直立、丛生或平卧，四棱形，无毛或微被柔毛。羽状三出复叶；托叶大，卵状披针形；叶柄比小叶短；小叶（倒）长卵形或线状卵形，等大，或顶生小叶稍大，长 1-4 厘米，1/3 以上为锯齿缘，上面无毛，下面被贴伏柔毛，侧脉 8-10 对；顶生小叶柄比侧生小叶柄稍长。花序总状或头状，长 1-2.5 厘米，5-10 花；花序梗比叶长；苞片线状锥形，比花梗长或等长。花长 0.6-1.2 厘米；花梗长约 2 毫米；花萼钟形，萼齿比萼筒长；花冠淡黄、深蓝或暗紫色，花瓣均具长瓣柄，旗瓣长圆形，明显长于翼瓣和龙骨瓣，龙骨瓣稍短于翼瓣；子房线形，具柔毛，花柱短宽，柱头点状，胚珠多数。荚果螺旋状，紧卷 2-6 圈，中央（近）无孔，径 5-9 毫米，脉纹细，不清晰。种子 10-20，卵圆形，平滑。花期 5-7 月，果期 6-8 月。

分布： 全洞庭湖区；湖南全省；全国，栽培或半逸野。原产北亚、西亚或南欧，现世界广布。

生境： 田边、路旁、旷野、草原、河岸及沟谷等地，或栽培。

应用： 全草清热利尿、凉血通淋；优良饲料与牧草；观赏；绿肥；蜜源。

识别要点： 多年生草本；花冠紫色或各色；荚果旋转 2-4（-6）圈，中央（近）无孔。

216 草木犀（黄香草木樨）cao mu xi
Melilotus officinalis (L.) Pall.

二年生草本，高 0.4-1（-2.5）米。茎直立，粗壮，多分枝，微被柔毛。羽状三出复叶；托叶镰状线形；叶柄细长；小叶倒（宽）卵形、倒披针形或线形，长 1.5-2.5（-3）厘米，不整齐疏浅齿缘，上面无毛，粗糙，下面散生短柔毛，侧脉 8-12 对，在两面均不隆起，顶生小叶稍大，具较长的小叶柄，侧生的叶柄短。总状花序腋生，长 6-15（-20）厘米，30-70 花，花序轴在花期中显著伸展；苞片刺毛状，长约 1 毫米。花长 3.5-7 毫米；花萼钟形，萼齿三角状披针形，稍不等长，短于萼筒；花冠黄色，旗瓣倒卵形，与翼瓣近等长，龙骨瓣稍短或三者均近等长；雄蕊筒在花后常宿存包于果外；子房卵状披针形，胚珠 4-8，花柱长于子房。荚果卵圆形，长 3-5 毫米，钝圆头，花柱宿存，具凹凸不平的横向细网纹，棕黑色。种子 1-2，卵圆形，平滑。花期 5-9 月，果期 6-10 月。

分布： 全洞庭湖区；湖南全省；西北、东北、华北、华中、华东、西南。欧洲地中海东岸、中东、中亚、东亚，在欧洲为野生杂草。

生境： 山坡、河岸、路旁、砂质草地或林缘，各地常见栽培，宜种于半干燥、温湿地区。

应用： 全草清热解毒、化湿止痛；种子可酿酒；茎皮纤维可造纸及人造棉；牧草；绿肥；全草提芳香油（避汗草油），用作烟草、化妆及皂用等香精调和原料；花干燥后可直接拌入烟草内作芳香剂。

识别要点： 小叶边缘每侧具不明显锯齿 15 个以下，托叶镰状线形；花黄色，较大，长 3.5-7 毫米；荚果卵形，较大，长 3-5 毫米，圆钝头。

217 葛麻姆（葛）ge ma mu
Pueraria montana (Lour.) Merr. var. **lobata** (Willd.) Maes. et S. M. Alm. ex Sanj. et Pred.
[*Pueraria lobata* (Willd.) Ohwi]

粗壮藤本，长达8米，全体被黄色长硬毛；块根肥厚。小叶3，三裂或全缘，顶生小叶阔卵形，9-18×6-12厘米，渐尖头，基部圆形，上面有稀疏长硬毛，下面有绢质柔毛，侧生小叶略小而偏斜；托叶披针形，基部于着生处下延为盾形。总状花序或圆锥花序腋生，花多而密，苞片卵形，比小苞片短，有毛；萼钟状，萼齿5，披针形，最下一个萼齿较长，均有黄色硬毛；花冠紫色，长约1.2厘米。荚果条形，扁平，长4-9厘米，密生锈色长硬毛。花期9-10月，果期11-12月。

分布： 全洞庭湖区；湖南全省；除新疆及青藏高原外的全国各地。东南亚至澳大利亚。

生境： 湖区沟渠及河岸边、旷野草地或灌丛中；丘陵或山地山坡、山脚、谷地疏林下或密林缘、灌丛中或开阔地。

应用： 葛根解表退热、生津止渴、止泻，并能改善高血压患者的项强、头晕、头痛、耳鸣症状；茎皮纤维供织布和造纸用，古代制葛衣、葛巾平民服饰和葛纸、葛绳；葛粉食用，并可解酒，嫩茎叶可作饲料；水土保持植物。

识别要点： 全体被黄色长硬毛；花冠紫色，花萼长8-10毫米，旗瓣倒卵形，长10-12毫米，翼瓣和龙骨瓣近等长；荚果50-90×8-11毫米。

218 鹿藿 lu huo
Rhynchosia volubilis Lour.

缠绕草质藤本。全株被灰至淡黄色柔毛；茎略具棱。羽状三出复叶；托叶披针形，长3-5毫米，被短柔毛；叶柄长2-5.5厘米；小叶纸质，顶生小叶（倒卵状）菱形，3-8×3-5.5厘米，钝或急尖头，常有小凸尖，基部圆形或阔楔形，两面均被灰或淡黄色柔毛，下面尤密，并被黄褐色腺点；基出脉3；小叶柄长2-4毫米，侧生小叶较小，常偏斜。总状花序长1.5-4厘米，1-3个腋生；花长约1厘米，排列稍密集；花梗长约2毫米；花萼钟状，长约5毫米，裂片披针形，外面被短柔毛及腺点；花冠黄色，旗瓣近圆形，有宽而内弯的耳，翼瓣倒卵状长圆形，基部一侧具长耳，龙骨瓣具喙；雄蕊二体；子房被毛及密集的小腺点，胚珠2。荚果长圆形，红紫色，1-1.5×0.8厘米，极扁平，在种子间略收缩，稍被毛或近无毛，先端有小喙；种子通常2，椭圆形或近肾形，黑色，光亮。花期5-8月，果期9-12月。

分布： 全洞庭湖区；湖南全省；长江以南。朝鲜半岛、日本、越南。

生境： 平原、丘陵、山地、山坡、路旁、草丛或灌丛中。海拔20-1000米。

应用： 种子可食，药用镇咳祛痰、祛风和血、解毒杀虫；根祛风和血、镇咳祛痰，治风湿骨痛、气管炎；叶止痛、止血，治牙痛、乳痛、刀伤及疮疥；可观赏。

识别要点： 茎与叶背面密被灰至淡黄色柔毛；总状花序长达4厘米；花冠黄色；荚果长圆形，扁平，长不及2倍宽，红紫色；种子常2，黑色。

219 决明 jue ming
Senna tora (L.) Roxb.
[*Cassia tora* L.]

一年生亚灌木状草本，直立，粗壮，高1-2米。叶长4-8厘米；每对小叶间有一棒状腺体；小叶3对，膜质，倒卵形或倒卵状长椭圆形，2-6×1.5-2.5厘米，圆钝头有小尖头，基部渐狭，偏斜，上面被稀疏柔毛，下面与叶柄被柔毛；小叶柄长1.5-2毫米；托叶线状，早落。花通常2朵聚生叶腋；总花梗长6-10毫米；花梗长1-1.5厘米；萼片稍不等大，卵形或卵状长圆形，膜质，外面被柔毛，长约8毫米；花瓣黄色，下面2片略长，12-15×5-7毫米；能育雄蕊7，花药方形，顶孔开裂，长约4毫米，花丝短于花药；子房无柄，被白色柔毛。荚果纤细，近四棱形，两端渐尖，15×0.3-0.4厘米，膜质；种子20-30，菱形，光亮。花果期8-11月。

分布： 汨罗、屈原农场、岳阳、湘阴、沅江、益阳、汉寿；几遍湖南全省；长江以南，已归化。原产美洲热带，世界泛热带地区广泛栽培或野化。

生境： 湖区堤岸及湖边滩涂草地、开敞旷野；山坡、旷野及河滩沙地上。

应用： 种子称"决明子"，清肝明目、轻泻、解毒、止痛、利水通便，治慢性便秘、高血压、头胀、急性结膜炎及目赤肿；叶有泻下作用；嫩时可作蔬菜；茎皮代麻；种子可提取蓝色染料。

识别要点： 亚灌木状草本；叶仅有小叶3对，具腺体3枚，位于小叶间的叶轴上；荚果近四棱柱形，长达15厘米。

220 红车轴草（红三叶）hong che zhou cao
Trifolium pratense L.

2-5（-9）年生草本。主根发达。茎粗壮，具纵棱，直立或平卧上升，疏生柔毛或秃净。掌状三出复叶；托叶近卵形，膜质，基部抱茎，渐尖头，具锥刺状尖头；叶柄较长，茎上部的短，被伸展毛或秃净；小叶卵状椭圆形至倒卵形，1.5-3.5（-5）×1-2厘米，钝或微凹头，基部阔楔形，两面疏生褐色长柔毛，叶面常有"V"形白斑，侧脉约15对，在叶边处分叉隆起并伸出成不明显钝齿；小叶柄长约1.5毫米。花序球状或卵状，包于顶生叶焰苞状托叶内；总花梗几无，30-70花，密集；花长12-14（-18）毫米；几无花梗；萼钟形，被长柔毛，脉纹10，萼齿丝状，锥尖，比萼筒长，最下方1齿比其余萼齿长1倍，萼喉开张，具一多毛的加厚环；花冠紫红至淡红色，旗瓣匙形，圆形微凹缺头，基部狭楔形，比翼瓣和龙骨瓣长，龙骨瓣比翼瓣稍短；子房椭圆形，花柱丝状细长，胚珠1-2。荚果卵形；种子通常1，扁圆形。花果期5-9月。

分布： 全洞庭湖区；湖南全省；全国，栽培或半逸野。原产北非、西南亚及中欧，世界各国引种。

生境： 林缘、路边、草地湿润处，或园地栽培。

应用： 花序为止咳平喘镇痉药；可提取大豆异黄酮，具植物雌激素样作用，延缓女性衰老、改善更年期症状等；良好饲料；可供观赏；绿肥。

识别要点： 叶柄长；花序无总苞及总花梗，包于顶生叶焰苞状托叶内，卵球形，长1.5-2.5厘米；花紫红至淡红色，长逾12毫米，萼被长柔毛，萼喉内具一多毛的加厚环；荚果卵形，具1粒种子。

221　白车轴草（白三叶）bai che zhou cao
Trifolium repens L.

短期多年生草本，生长期达 5 年，高 10-30 厘米。主根短，侧根和须根发达。茎匍匐蔓生，上部稍上升，节上生根，全株无毛。掌状三出复叶；托叶卵状披针形，膜质，基部抱茎成鞘状，离生部分锐尖；叶柄较长，长 10-30 厘米；小叶倒卵形至近圆形，8-20（-30）×8-16（-25）毫米，凹至钝圆头，基部楔形渐窄至小叶柄，中脉在下面隆起，侧脉约 13 对，与中脉作 50 度角展开，两面均隆起，近叶边分叉并伸达锯齿齿尖；小叶柄长 1.5 毫米，微被柔毛。花序球形，顶生，径 15-40 毫米；总花梗甚长，比叶柄长近 1 倍，20-50（-80）花，密集；无总苞；苞片披针形，膜质，锥尖；花长 7-12 毫米；花梗比花萼稍长或等长，开花立即下垂；萼钟形，脉纹 10，萼齿 5，披针形，稍不等长，短于萼筒，萼喉开张，无毛；花冠白、乳黄或淡红色，具香气。旗瓣椭圆形，比翼瓣和龙骨瓣长近 1 倍，龙骨瓣比翼瓣稍短；子房线状长圆形，花柱比子房略长，胚珠 3-4。荚果长圆形；种子通常 3，阔卵形。花果期 5-10 月。

分布： 全洞庭湖区；湖南全省，栽培或半逸野；全国，种植或逸为野生。原产北非、欧洲、中亚及西亚，现世界各地栽培。

生境： 湿润草地、河岸、沟谷、路边，半野生或栽培。

应用： 全草清热、凉血；优良牧草及绿肥；观赏草坪草；水土保持、堤岸防护草种；蜜源。

识别要点： 与杂种车轴草区别：茎平卧或匍匐，节生根；总花梗长 6-20 厘米，萼齿比萼筒短，脉纹 10。

222　小巢菜 xiao chao cai
Vicia hirsuta (L.) S. F. Gray

一年生草本，高 15-120 厘米，攀援或蔓生。茎细柔有棱，近无毛。偶数羽状复叶末端卷须分支；托叶线形，基部有 2-3 裂齿；小叶 4-8 对，线形或狭长圆形，0.5-1.5×0.1-0.3 厘米，平截头，具短尖头，基渐狭，无毛。总状花序明显短于叶；花萼钟形，萼齿披针形，长约 0.2 厘米；花 2-4（-7）密集于花序轴顶端，花甚小，仅长 0.3-0.5 厘米；花冠白、淡蓝（青）、紫白稀粉红色，旗瓣椭圆形，长约 0.3 厘米，平截头有凹，翼瓣近勺形，与旗瓣近等长，龙骨瓣较短；子房无柄，密被褐色长硬毛，胚珠 2，花柱上部四周被毛。荚果长圆菱形，长 0.5-1 厘米，密被棕褐色长硬毛；种子 2，扁圆形，径 1.5-2.5 毫米，两面凸出，种脐长为种子圆周的 1/3。花果期 2-7 月。

分布： 全洞庭湖区；长沙、湘西北；西北、华东、华中、华南、西南。俄罗斯、日本、不丹、尼泊尔、印度、朝鲜半岛、大西洋岛屿、北美洲、北欧、非洲、中亚、西南亚，世界各地引种或归化。

生境： 湖区平原旷野；山沟、溪边、河滩、牧场、田边或路旁草丛中。海拔 0-2900 米。

应用： 全草活血、平胃、明目、消炎；牲畜喜食饲料；绿肥。

识别要点： 小叶 4-8 对，线形或狭长圆形，长 5-15 毫米，平截头，具短尖头；总状花序明显短于叶；花白、淡蓝（青）、紫白或粉红色，长仅 3-5 毫米；荚果被褐色长硬毛；种子 2，扁圆形，两面凸出。

223 救荒野豌豆 jiu huang ye wan dou
Vicia sativa L.

一至二年生草本，高 15–90（–105）厘米。茎斜升或攀援，单一或多分枝，具棱，被微柔毛。偶数羽状复叶，长 2–10 厘米，叶轴顶端卷须有 2–3 分支；托叶戟形，2–4 裂齿，0.3–0.4×0.15–0.35 厘米；小叶 2–7 对，长椭圆形或近心形，0.9–2.5×0.3–1 厘米，圆或平截头有凹，具短尖头，基部楔形，侧脉不甚明显，两面被贴伏黄柔毛。1–2（–4）花腋生，近无梗，萼钟形，外面被柔毛，萼齿披针形或锥形；花冠紫红或红色，旗瓣长倒卵圆形，圆头微凹，中部缢缩，翼瓣短于旗瓣，长于龙骨瓣；子房线形，微被柔毛，胚珠 4–8，子房具短柄，花柱上部被淡黄白色髯毛。荚果线长圆形，长 4–6 厘米，土黄色，种子间缢缩，有毛，成熟时背腹开裂，果瓣扭曲。种子 4–8，圆球形，棕或黑褐色，种脐长为 1/5 种子圆周。花期 4–7 月，果期 7–9 月。

分布： 全洞庭湖区；湖南全省；全国。巴基斯坦、印度、不丹、尼泊尔、欧洲、非洲、北大西洋群岛、中亚、西亚、东亚和北亚，世界各地栽培或归化。

生境： 湖区开敞旷野；荒山、田边、草丛、灌木林下及林中。海拔 20–3700 米。

应用： 全草祛痰止咳、活血调经、平胃、利五脏、明耳目，捣敷治疗疮；嫩茎叶可蔬食；绿肥；优良牧草。种子及在花果期的植株有毒。

识别要点： 植株微被短柔毛；小叶常长椭圆形，长 9–25 毫米，具短尖头；花（紫）红色，长 18–30 毫米；荚果黄色，无毛或微被细柔毛；种子间略缢缩，种子 4–8，圆球形，棕或黑褐色。

224 四籽野豌豆 si zi ye wan dou
Vicia tetrasperma (L.) Schreber

一年生缠绕草本，高 20–60 厘米。茎细软有棱，多分枝，被微柔毛。偶数羽状复叶，长 2–4 厘米；顶端为卷须，托叶箭头形或半三角形，长 0.2–0.3 厘米；小叶 2–6 对，长圆形或线形，0.6–0.7×0.3 厘米，圆头，具短尖头，基部楔形。总状花序长约 3 厘米，1–2 花生于花序轴先端，花甚小，仅长约 0.3 厘米；花萼斜钟状，长约 0.3 厘米，萼齿圆三角形；花冠淡蓝或带蓝、紫白色，旗瓣长圆倒卵形，约 0.6×0.3 厘米，翼瓣与龙骨瓣近等长；子房长圆形，0.3–0.4×约 0.15 厘米，有柄，胚珠 4，花柱上部四周被毛。荚果长圆形，0.8–1.2×0.2–0.4 厘米，棕黄色，近革质，具网纹。种子 4，扁圆形，径约 0.2 厘米，褐色，种脐白色，长为 1/4 种子周长。花期 3–6 月，果期 6–8 月。

分布： 全洞庭湖区；湘西北；陕西、甘肃、新疆、河北、广西、华东、华中、西南。欧洲、大西洋群岛北部、北非、中亚、西亚和东北亚、北非，世界各地引种或归化。

生境： 湖区旷野草丛中；山谷、草地、阳坡。海拔 10–2900 米。

应用： 全草活血、健脾平胃、利五脏、明目；嫩叶可蔬食；优良牧草。

识别要点： 小叶 2–6 对，长圆形或线形，长 6–7 毫米，圆头具短尖头；总状花序长约 3 厘米，与叶等长；花淡蓝或带蓝、紫白色，长仅约 3 毫米；花序、荚果无毛；种子 4，扁圆形，褐色。

225 柳叶野豌豆（脉叶野豌豆）liu ye ye wan dou
Vicia venosa (Willd.) Maxim.

多年生草本，高达 80 厘米。常数茎丛生。茎具棱，被疏柔毛，后脱落无毛。偶数羽状复叶，小叶 2-3 对，但通常为 3 对，长 3-5.5 厘米，叶轴末端仅有长 1-2 毫米短尖头；托叶半箭头形，1-1.5×0.3-0.5 厘米，长渐尖头，全缘或下部具蚀状齿；小叶线披针形，4-6.5（-9）×0.4-1（1.3）厘米，渐尖或长尾尖头，基部长尾尖，下面中脉突出，细齿缘，微被细毛，总状花序（近等）长于叶，长 3.5-6（-7）厘米，花序 2-3 分枝，呈复总状；花萼钟状，萼齿短三角形，长约 0.1 厘米；4-9 花稀疏着生于花序轴上部，花冠红、紫红或蓝色，旗瓣倒卵状长圆形，1.2×0.6 厘米，圆头微凹，翼瓣与龙骨瓣均短于旗瓣；子房无毛，胚珠 5-6，柱头被柔毛。荚果长圆形，扁平，2.5-3.3×0.5 厘米；两端渐尖，（黄）棕色，革质。种子 3-6，圆形，径约 3 毫米，种皮褐色，种脐长为周长的 1/3。花果期 7-9 月。

分布：沅江、湘阴、益阳；长沙、湘西、湘（西）北、湘东北；黑龙江、吉林、辽宁、内蒙古及河北。朝鲜、日本、蒙古国、俄罗斯西伯利亚。

生境：湖区旷野草丛中；山脚、针阔叶混交林下湿草地。海拔（10-）600-1800 米。

应用：牛羊喜食牧草；可作绿肥。

识别要点：小叶 2-3 对，线形至狭披针形，托叶长 10-16 毫米，全缘；总状花序有分枝；花冠红、紫红或蓝色，萼齿短尖。

226 贼小豆（山绿豆，小豇豆）zei xiao dou
Vigna minima (Roxb.) Ohwi et Ohashi

一年生缠绕草本。茎纤细，无毛或被疏毛。羽状三出复叶；托叶披针形，长约 4 毫米，盾状着生、被疏硬毛；小叶长圆状卵形至近圆形，2.2-5×0.8-3 厘米，急尖或钝头，基部圆形或宽楔形，两面近无毛或被极稀疏的糙伏毛。总状花序柔弱；总花梗远长于叶柄，通常 3-4 花，小苞片线形或线状披针形；花萼钟状，长约 3 毫米，5 齿不等大，裂齿被硬缘毛；花冠黄色，旗瓣极外弯，近圆形，约 1×8 毫米；龙骨瓣具长而尖的耳。荚果圆柱形，3.5-6.5×0.4 厘米，无毛，开裂后旋卷；种子 4-8，长圆形，约 4×2 毫米，深灰色，种脐线形，凸起，长 3 毫米。花果期 8-10 月。

分布：全洞庭湖区；湖南全省；辽宁、河北、天津、山西、江西、贵州、云南、华东、华南。日本、菲律宾、印度。

生境：湖区沟渠边、池塘边及荒野常见；开阔地、草丛或灌丛中。

应用：种子硬度大，可供食用；豆类育种资源。

识别要点：缠绕草本；托叶长约 4 毫米，披针形，盾状着生；小叶全缘，卵形、圆形、披针形至线形，无毛或被极稀疏的糙伏毛；花冠黄色；荚果圆柱形，黑褐色，无毛；种子深灰色。

227 绿豆 lü dou
Vigna radiata (L.) Wilczek

一年生直立草本，高达 60 厘米。茎被褐色长硬毛。羽状三出复叶；托叶盾状着生，卵形，长 0.8-1.2 厘米，具缘毛；小托叶披针形；小叶卵形，5-16×3-12 厘米，侧生的多少偏斜，全缘，渐尖头，基部阔楔形或浑圆，两面多少被疏长毛，基部三脉明显；叶柄长 5-21 厘米；叶轴长 1.5-4 厘米；小叶柄长 3-6 毫米。总状花序腋生，4-25 花；总花梗长 2.5-9.5 厘米；花梗长 2-3 毫米；小苞片线状披针形或长圆形，长 4-7 毫米；萼管无毛，长 3-4 毫米，裂片狭三角形，长 1.5-4 毫米，具缘毛，上方一对合生成一 2 裂头裂片；旗瓣近方形，1.2×1.6 厘米，外面黄绿色，里面或粉红色，微凹头，内弯；翼瓣卵形，黄色；龙骨瓣镰刀状，绿染粉红色，右侧有显著的囊。荚果线状圆柱形，平展，长 4-9 厘米，散生淡褐色长硬毛，种子间多少收缩；种子 8-14，淡绿或黄绿色，短圆柱形，2.5-4×2.5-3 毫米，种脐白色而不凹陷。花期初夏，果期 6-8 月。

分布： 全洞庭湖区，栽培或逸生；湖南全省，栽培；我国南部有野生，全国各地栽培。东南亚、斯里兰卡、印度，世界热带、亚热带地区广泛栽培。

生境： 湖区空旷地、堤岸、路边、灌丛边常见，常旱地栽培。海拔 20-500 米。

应用： 入药清凉解毒、消暑利尿、明目、解砒霜中毒；种子作稀饭煮食，作芽菜，亦可提取淀粉，制成豆沙、粉丝；优良夏季绿肥。

识别要点： 直立；托叶卵形，长 8-12 毫米，盾状着生；小叶卵形，长 5-16 厘米，被疏长毛；荚果长 4-9 厘米，被长硬毛；种子淡绿或黄褐色，短柱形。

228 赤小豆（饭豆）chi xiao dou
Vigna umbellata (Thunb.) Ohwi et Ohashi

一年生草本。茎纤细，长可逾 1 米，幼时被黄色长柔毛，老时无毛。羽状三出复叶；托叶盾状着生，（卵状）披针形，长 10-15 毫米，两端渐尖；小托叶钻形，小叶纸质，卵形或披针形，10-13×（2-）5-7.5 厘米，急尖头，基部宽楔形或钝，全缘或微 3 裂，沿两面脉上薄被疏毛，基出脉 3。总状花序腋生，短，2-3 花；苞片披针形；花梗短，着生处有腺体；花黄色，约 1.8×1.2 厘米；龙骨瓣右侧具长角状附属体。荚果线状圆柱形，下垂，6-10×约 0.5 厘米，无毛，种子 6-10，长椭圆形，通常暗红色，有时为褐、黑或草黄色，径 3-3.5 毫米，种脐凹陷。花期 5-8 月。

分布： 全洞庭湖区；湖南全省，栽培；我国南部，野生或栽培。原产亚洲热带地区，朝鲜半岛、日本、东南亚栽培或野生，热带地区广泛栽培。

生境： 湖区沟渠旁灌丛或草丛中；旱土栽培。

应用： 入药行血补血、健脾去湿、利水消肿、排脓；种子食用。

识别要点： 缠绕草本；茎幼时被黄色长柔毛，后脱落；小叶全缘，卵形或披针形，10-13×（2-）5-7.5 厘米；花冠黄色，长约 1.8 厘米；荚果无毛；种子长椭圆形，通常暗红色，或褐、黑及草黄色。

229 紫藤 zi teng
Wisteria sinensis (Sims) Sweet

落叶木质藤本。茎左旋，嫩枝被白柔毛。奇数羽状复叶，长15–25厘米；托叶线形，早落；小叶3–6对，纸质，卵状椭圆形（披针形），基部1对最小，向上渐大，5–8×2–4厘米，渐尖至尾尖头，基部钝圆、楔形或歪斜，嫩叶被平伏毛；小叶柄长3–4毫米，与花序轴被柔毛；小托叶刺毛状，宿存。总状花序长15–30（–35）厘米；苞片披针形，早落；花长2–2.5厘米；花梗细，长2–3厘米；花萼杯状，长5–6毫米，与花冠密被细绢毛，与花冠上方2齿甚钝，下方3齿卵状三角形；花紫色，旗瓣圆形，微凹头，花开后反折，具2胼胝体，翼瓣长圆形，龙骨瓣较翼瓣短，阔镰形，子房线形，密被绒毛，花柱上弯，胚珠6–8。荚果倒披针形，10–15×1.5–2厘米，密被绒毛，悬垂不落；种子1–3，褐色，具光泽，圆形，宽1.5厘米，扁平。花期4–5月，果期5–8月。

分布： 湘阴、益阳、沅江、汨罗、岳阳；湖南全省；广西、贵州、云南、陕西、华北、华东、华中，其他各地有栽培。日本。

生境： 湖心小岛、沙滩草地及林缘；山坡、山谷、沟边或草地上，庭院常栽培。海拔10–1800米。

应用： 花作煎剂和糖服，治腹水及性病，鲜花常加入糕饼中食用；根通小便，治咳嗽、水肿；茎皮和胃解毒、驱虫、止吐泻；庭院棚架观赏植物；种子有防腐作用；茎皮纤维制人造棉；藤茎可编箩筐。

识别要点： 茎左旋；小叶3–6对；花序长10–35厘米；花几同时开放，长2–2.5厘米，梗长2–3厘米，旗瓣圆形，微凹头，无毛，最下1枚萼齿长于两侧萼齿。

酢浆草科 Oxalidaceae

230 酢浆草 cu jiang cao
Oxalis corniculata L.

一年或短期多年生草本，高达35厘米，被柔毛。茎细弱，多分枝，直立或匍匐生根。叶基生或茎上互生；托叶小，长圆形或卵形，边缘被密长柔毛，基部与叶柄合生；叶柄长1–13厘米，具关节；小叶3，无柄，倒心形，4–16×4–22毫米，先端凹入，基部宽楔形，两面被柔毛或表面无毛，具贴伏缘毛。花单生或数朵集为伞形花序状，腋生，总花梗淡红色，与叶近等长；花梗长4–15毫米；小苞片2，披针形，长2.5–4毫米，膜质；萼片5，（长圆状）披针形，长3–5毫米，背面和边缘被柔毛，宿存；花瓣5，黄色，长圆状倒卵形，6–8×4–5毫米；雄蕊10，花丝白色半透明，或被疏短柔毛，基部合生，长、短互间，长者花药较大；子房长圆形，5室，被短伏毛，花柱5，柱头头状。蒴果长圆柱形，长1–2.5厘米，5棱。种子长卵形，长1–1.5毫米，褐或红棕色，具横向肋状网纹。花果期2–9月。

分布： 全洞庭湖区；湖南全省；全国。俄罗斯、日本、印度、不丹、尼泊尔、巴基斯坦、朝鲜半岛、东南亚，几遍全球。

生境： 湖区空旷地；山坡草池、河谷沿岸、路边、田边、荒地或林下阴湿处。

应用： 全草清热解毒、消肿散瘀、利尿、止痛；观赏地被；茎叶含草酸，可磨镜或擦铜器。牛羊过食可中毒致死。

识别要点： 全株被柔毛；茎多分枝，直立或匍匐；小叶3，无柄，倒心形，先端凹入；花黄色，径小于1厘米；蒴果长圆柱形，长1–2.5厘米，5棱。

231 红花酢浆草（铜锤草）hong hua cu jiang cao
Oxalis corymbosa DC.

多年生直立草本。无地上茎，具球状鳞茎，外层鳞片膜质，褐色，被长缘毛，内层鳞片呈三角形，无毛。叶基生；叶柄长 5–30 厘米或更长，被毛；小叶 3，扁圆状倒心形，1–4×1.5–6 厘米，顶端凹入，两侧角圆形，基部宽楔形，表面绿色，被毛或近无毛；背面浅绿色，被疏毛，两面或仅边缘有小腺体；托叶长圆形，顶部狭尖，与叶柄基部合生。总花梗基生，二歧聚伞花序呈伞形花序式，总花梗长 10–40 厘米或更长，被毛；花梗、苞片、萼片均被毛；花梗长 5–25 毫米，苞片 2，披针形，干膜质；萼片 5，披针形，长 4–7 毫米，先端有暗红色长圆形的小腺体 2，顶部腹面被疏柔毛；花瓣 5，倒心形，长 1.5–2 厘米，为萼长的 2–4 倍，淡紫至紫红色，基部颜色较深；雄蕊 10，长的 5 枚超出花柱，另 5 枚长至子房中部，花丝被长柔毛；子房 5 室，花柱 5，被锈色长柔毛，柱头浅 2 裂。花果期 3–12 月。

分布：全洞庭湖区；湖南全省，栽培或逸生；新疆、甘肃、陕西、河北、华东、华中、华南、西南，栽培或已归化。原产南美洲热带，世界各地引种栽培，在暖温带地区已归化。

生境：平原阴湿处；山地、路旁、荒地，或花坛、庭院栽培。海拔 20–2300 米。

应用：全草清热、止血、消肿，治跌打损伤、赤白痢；观赏花卉；田间莠草。

识别要点：无地上茎，有球状鳞茎；小叶 1–4×1.5–6 厘米；花紫红色，径小于 2 厘米。

牻牛儿苗科 Geraniaceae

232 野老鹳草 ye lao guan cao
Geranium carolinianum L.

一年生草本，高 20–60 厘米。茎直立或仰卧，单一或多数，具棱角，密被倒向短柔毛。基生叶早枯，茎生叶互生或最上部的对生；托叶（三角状）披针形，5–7×1.5–2.5 毫米，外被短柔毛；茎下部叶具长柄，柄长为叶片的 2–3 倍，被倒向短柔毛，上部的渐短；叶片圆肾形，2–3×4–6 厘米，基部心形，掌状 5–7 深裂，裂片楔状倒卵形或菱形，下部楔形、全缘，上部羽状深裂，小裂片条状矩圆形，急尖头，表面及背面主要沿脉被短伏毛。花序腋生和顶生，长于叶，被倒生短柔毛和开展的长腺毛，每总花梗具 2 花，顶生总花梗常数个集生，花序呈伞形状；花梗与总花梗相似，等于或稍短于花；苞片钻状，长 3–4 毫米，被短柔毛；萼片长卵形或近椭圆形，5–7×3–4 毫米，急尖具尖头，外被短柔毛或沿脉被开展的糙柔毛和腺毛；花瓣淡紫红色，倒卵形，稍长于萼，圆形头，基部宽楔形，雄蕊稍短于萼片，中部以下被长糙柔毛；雌蕊稍长于雄蕊，密被糙柔毛。蒴果长约 2 厘米，被短糙毛，果瓣由上向下卷曲开裂。花期 4–7 月，果期 5–9 月。

分布：全洞庭湖区；长沙、湘中、湘东；广西、华东、华中、西南，为归化种。原产北美洲，南美洲、北欧、日本归化。

生境：平原和低山荒坡杂草丛中。海拔 0–800 米。

应用：全草入药，祛风收敛、止泻；可观赏。

识别要点：一年生；叶片掌状深裂；总花梗通常数个集生茎端，呈伞形状花序；花淡紫红色，径 3–6（–10）毫米；花瓣基部无斑眼或紫斑。

233 尼泊尔老鹳草 ni bo er lao guan cao
Geranium nepalense Sweet

多年生草本，高 30-50 厘米。直根。茎多数，细弱，多分枝，仰卧，被倒生柔毛。叶对生或偶互生；托叶披针形，棕褐色干膜质，长 5-8 毫米，外被柔毛；基生叶和茎下部叶具长柄，柄长为叶片的 2-3 倍，被开展的倒向柔毛；叶片五角状肾形，茎部心形，掌状 5 深裂，裂片菱形或菱状卵形，2-4×3-5 厘米，锐尖或钝圆头，基部楔形，中部为齿状浅裂或缺刻状缘，表面被疏伏毛，背面被疏柔毛，沿脉毛较密；上部叶具短柄，叶片较小，通常 3 裂。总花梗腋生，长于叶，被倒向柔毛，每梗 2（1）花；苞片披针状钻形，棕褐色干膜质；萼片卵状披针形（椭圆形），长 4-5 毫米，被疏柔毛，锐尖头，具短尖头，膜质缘；花瓣（淡）紫红色，倒卵形，等于或稍长于萼片，截平或圆形头，基部楔形，雄蕊下部扩大成披针形，具缘毛；花柱不明显，柱头分枝长约 1 毫米。蒴果长 15-17 毫米，果瓣被长柔毛，喙被短柔毛。花期 4-9 月，果期 5-10 月。

分布： 全洞庭湖区；湖南全省；福建、华北、西北、华中、华南、西南。印度尼西亚、阿富汗、中南半岛、南亚。

生境： 湖区平原或丘陵空旷地；山地阔叶林林缘、灌丛、荒山草坡。海拔（50-）1000-3600 米。

应用： 全草强筋骨、祛风湿、收敛和止泻；可作观赏地被；山地杂草。

识别要点： 多年生；植株无腺毛；叶片 5 裂或仅茎上部叶 3 裂，裂片卵圆头，背面常为淡紫色；总花梗纤细，每梗具 2（1）花；花深（或淡）紫红色。

大戟科 Euphorbiaceae

234 铁苋菜（海蚌含珠）tie xian cai
Acalypha australis L.

一年生草本，高达 0.5 米，小枝细长，被贴伏柔毛。叶膜质，长（或近菱状）卵形或阔披针形，3-9×1-5 厘米，短渐尖头，基部楔形，稀圆钝，圆锯齿缘，上面无毛，下面沿中脉具柔毛；基出脉 3，侧脉 3 对；叶柄长 2-6 厘米，与托叶具短柔毛；托叶披针形，长 1.5-2 毫米。雌雄同序，花序腋生，稀顶生，长 1.5-5 厘米，花序梗长 0.5-3 厘米，花序轴具短毛，雌花苞片 1-2（-4），卵状心形，花后增大，1.4-2.5×1-2 厘米，三角形齿缘，外面沿掌状脉具疏柔毛，苞腋雌花 1-3；花梗无；雄花生花序上部，穗（头）状，雄花苞片卵形，长约 0.5 毫米，苞腋雄花 5-7，簇生；花梗长 0.5 毫米；雄花蕾期近球形，无毛，花萼裂片 4，卵形，长约 0.5 毫米；雄蕊 7-8；雌花萼片 3，长卵形，长 0.5-1 毫米，具疏毛；子房具疏毛，花柱 3，长 2 毫米，撕裂 5-7 条。蒴果径 4 毫米，分果爿 3，具疏毛和小瘤体；种子近卵状，长 1.5-2 毫米，平滑，假种阜细长。花果期 4-12 月。

分布： 全洞庭湖区；湖南全省；除内蒙古和新疆外的全国各地。俄罗斯（远东地区）、朝鲜半岛、日本、菲律宾、越南、老挝、印度和澳大利亚归化。

生境： 平原或山坡较湿润耕地和空旷草地，有时石灰岩山疏林下。海拔 20-1900 米。

应用： 全草清热解毒、利水消肿、治痢止泻、散血止血，外洗治皮肤湿疹；作兽药，治禽流感。

识别要点： 雌雄同序，花序梗长 0.5–3 厘米，基部具雌花部分明显长于上部具雄花部分；雌花苞片 1–2（–4），卵状心形，长 1.4–2.5 厘米，齿缘，花后增大。

235 重阳木 chong yang mu
Bischofia polycarpa (Lévl.) Airy Shaw

落叶乔木，高达 15 米，胸径达 1 米，树皮褐色，纵裂；树冠伞形状，大枝斜展，小枝无毛，当年生枝绿色，皮孔明显，灰白色，老枝变褐色，皮孔变锈褐色；全株均无毛。三出复叶；叶柄长 9–13.5 厘米；顶生小叶通常较两侧的大，小叶片纸质，（椭圆状或长圆状）卵形，5–9（–14）×3–6（–9）厘米，突尖或短渐尖头，基部圆或浅心形，钝细锯齿缘；顶生小叶柄长 1.5–4（–6）厘米，侧生小叶柄长 3–14 毫米；托叶小，早落。花雌雄异株，春季与叶同时开放，组成总状花序；花序通常着生于新枝下部，花序轴纤细下垂；雄花序长 8–13 厘米；雌花序长 3–12 厘米；雄花：萼片半圆形，膜质，向外张开；花丝短，有明显退化雌蕊；雌花：萼片与雄花的相同，白色膜质缘；子房 3–4 室，每室 2 胚珠，花柱 2–3，顶端不分裂。果实浆果状，圆球形，径 5–7 毫米，成熟时褐红色。花期 4–5 月，果期 10–11 月。

分布： 全洞庭湖区习见栽培；湖南全省；陕西、华东（山东除外）、华中、华南、西南。

生境： 湖区"四旁"、堤岸内外；山地林中或平原栽培。海拔 10–1000 米。

应用： 果肉可酿酒；种子含油量 30%，可供食用，也可作润滑油和肥皂油；建筑、造船、车辆、家具等用材；风景行道树。

识别要点： 落叶乔木；小叶片基部圆或浅心形，叶缘每 1 厘米长有 4–5 细锯齿；总状花序。

236 假奓包叶 jia zha bao ye
Discocleidion rufescens (Franch.) Pax et Hoffm.

灌木或小乔木，高 1.5–5 米；小枝、叶柄、花序均密被白或淡黄色长柔毛。叶纸质，卵形或卵状椭圆形，7–14×5–12 厘米，渐尖头，基部圆形或近截平，稀浅心形或阔楔形，锯齿缘，上面被糙伏毛，下面被绒毛，叶脉上被白色长柔毛；基出脉 3–5，侧脉 4–6 对；近基部两侧常具褐色斑状腺体 2–4；叶柄长 3–8 厘米，顶端具 2 枚线形小托叶，长约 3 毫米，被毛，边缘具黄色小腺体。总状花序或下部多分枝呈圆锥花序，长 15–20 厘米，苞片卵形，长约 2 毫米；雄花 3–5 簇生于苞腋，花梗长约 3 毫米；花萼裂片 3–5，卵形，长约 2 毫米，渐尖头；雄蕊 35–60，花丝细；腺体小，棒状圆锥形；雌花 1–2 生于苞腋，苞片披针形，长约 2 毫米，疏生长柔毛，花梗长约 3 毫米；花萼裂片卵形，长约 3 毫米；花盘具圆齿，被毛；子房被黄色糙伏毛，花柱长 1–3 毫米，外反，2 深裂至近基部，密生羽毛状突起。蒴果扁球形，径 6–8 毫米，被柔毛。花期 4–8 月，果期 8–10 月。

分布： 全洞庭湖区；湘西、湘中、湘南；陕西、甘肃、山西、安徽、河南、湖北、广西、广东、四川、贵州。

生境： 湖区堤岸、池塘边、空旷地或灌丛中；林中或山坡灌丛中。海拔 10–1000 米。

应用： 茎皮纤维可作编织物；作绿肥。叶有毒，牲畜误食导致肝、肾损害。

识别要点： 与光假奓包叶相近，但小枝、叶和花序均密被白或淡黄色长柔毛；果被毛而不同。

237 乳浆大戟（猫眼草）ru jiang da ji
Euphorbia esula L.

多年生草本。根圆柱状。茎单生或丛生，单生时自基部多分枝，高 30-60 厘米；不育枝常发自基部，较矮，有时发自叶腋。叶线形至卵形，变幅大，20-70×4-7 毫米，尖或钝尖头，基部楔形至平截；无柄；不育枝叶松针状，长 2-3 厘米；总苞叶 3-5，与茎生叶同形；伞幅 3-5，长 2-4（-5）厘米；苞叶 2，肾形或（三角状）卵形，4-12×4-10 毫米，渐尖或近圆头，基部近平截。花序单生于二歧分枝顶端，无柄；总苞钟状，高约 3 毫米，径 2.5-3.0 毫米，5 裂，裂片半圆形至三角形，被毛；腺体 4，新月形，两端具角，变幅较大，褐色。雄花多枚，苞片宽线形，无毛；雌花 1，子房柄伸出总苞之外；子房光滑无毛；花柱 3，分离；柱头 2 裂。蒴果三棱状球形，径 5-6 毫米，3 纵沟；花柱宿存；成熟时分裂为 3 个分果片。种子卵球状，2.5-3.0×2.0-2.5 毫米，成熟时黄褐色；种阜盾状，无柄。花果期 4-10 月。

分布： 岳阳；湖南全省；除海南和西藏外的全国各地。欧洲、东北亚、中亚和西亚，北美洲归化。

生境： 湖区湖边淤滩或沙滩草地；路旁、杂草丛、山坡、林下、河沟边、荒山、沙丘及草地。

应用： 全草拔毒止痒；根称"鸡肠狼毒"，利水道、消水肿、杀虫、消肠胃中积滞；全草能杀蛆；种子油工业用。

识别要点： 多年生；根圆柱状；叶线形至卵形，宽不足 1 厘米；不育枝矮，叶松针状；花序 2 至多歧分枝，总苞叶与伞幅 3-5；总苞钟状，腺体 4，新月形。

238 泽漆（五朵云）ze qi
Euphorbia helioscopia L.

一年生草本。根纤细。茎直立，单一或自基部多分枝，分枝斜展向上，高 10-30（-50）厘米，光滑无毛。叶互生，倒卵形或匙形，1-3.5×0.5-1.5 厘米，先端具牙齿，中部以下渐狭或呈楔形；总苞叶 5，倒卵状长圆形，30-40×8-14 毫米，先端具牙齿，基部略渐狭，无柄；总伞幅 5，长 2-4 厘米；苞叶 2，卵圆形，先端具牙齿，基部呈圆形。花序单生，有柄或近无柄；总苞钟状，约 2.5×2 毫米，光滑无毛，边缘 5 裂，裂片半圆形，边缘和内侧具柔毛；腺体 4，盘状，中部内凹，基部具短柄，淡褐色。雄花数枚，明显伸出总苞外；雌花 1，子房柄略伸出总苞边缘。蒴果三棱状阔圆形，光滑，无毛，明显 3 纵沟，长 2.5-3.0 毫米，径 3-4.5 毫米；成熟时分裂为 3 个分果片。种子卵状，约 2×1.5 毫米，暗褐色，具明显脊网；种阜扁平状，无柄。花果期 4-10 月。

分布： 全洞庭湖区常见；湖南全省；除西藏外的全国各地。北非及欧亚大陆广布，北美洲引种。

生境： 湖区旷野、堤岸、荒地及草丛中；山沟、路旁、荒野、湿地。

应用： 全草清热、祛痰、利尿消肿及杀虫；茎、叶作农药防治作物病虫害；可作地被；种子油可供工业用。新鲜乳汁毒性大，触到眼睛可致失明。

识别要点： 一年生；苞叶和分枝常 5；总苞腺体 4，盘状略呈肾形；种子具网状纹脊。

239　地锦草（地锦）di jin cao
Euphorbia humifusa Willd. ex Schlecht.

一年生草本。茎匍匐，自基部以上多分枝，偶尔先端斜向上伸展，基部常（淡）红色，长达 20 (-30) 厘米，被（疏）柔毛。叶对生，矩圆形或椭圆形，5-10×3-6 毫米，钝圆头，基部偏斜，中部以上为细锯齿缘；叶上面绿色，背面淡绿或淡红色，两面被疏柔毛；叶柄长 1-2 毫米。花序单生叶腋，基部具 1-3 毫米的短柄；总苞陀螺状，高与径各约 1 毫米，4 裂，裂片三角形；腺体 4，矩圆形，边缘具白或淡红色附属物。雄花数枚，近与总苞边缘等长；雌花 1，子房柄伸出至总苞边缘；子房三棱状卵形，光滑无毛；花柱 3，分离；柱头 2 裂。蒴果三棱状卵球形，约 2×2.2 毫米，成熟时分裂为 3 个分果爿，花柱宿存。种子三棱状卵球形，约 1.3×0.9 毫米，灰色，棱面无横沟，无种阜。花果期 5-10 月。

分布： 全洞庭湖区；湖南全省；除海南外的全国各地。非洲及欧亚大陆温带、日本。

生境： 湖区旷野、园圃、宅旁、荒地；田间、路旁、沙丘、海滩、山坡。海拔 10-3800 米。

应用： 全草清热解毒、止痢、利尿、通乳、止血及杀虫，山东用为通乳药，并治高血压，浙江用治赤痢，与鸡肝煎服治腹泻及小儿疳积、肢倦、腹泻，还可配制蛇药；可作地被。

识别要点： 一年生；茎常红色，被柔毛；叶对生，叶片矩圆或椭圆形，基部不对称，圆头，5-10×3-6 毫米，托叶钻形；花序单一腋生；总苞的腺体附属物肾形；蒴果具毛。

240　斑地锦 ban di jin
Euphorbia maculata L.

一年生草本。茎匍匐，长 10-17 厘米，被白色疏柔毛。叶对生，长椭圆形至肾状长圆形，6-12×2-4 毫米，钝头，基部偏斜，不对称，略呈渐圆形，中部以下全缘，以上常为细小疏锯齿缘；叶上面绿色，中部常具有一长圆形紫色斑点，叶背淡绿或灰绿色，具紫色斑，两面无毛；叶柄长约 1 毫米；托叶钻状，不分裂，边缘具睫毛。花序单生叶腋，基部柄长 1-2 毫米；总苞狭杯状，0.7-1.0×约 0.5 毫米，外部具白色疏柔毛，5 裂，裂片三角状圆形；腺体 4，黄绿色，横椭圆形，边缘具白色附属物。雄花 4-5，微伸出总苞外；雌花 1，子房柄伸出总苞外，被柔毛；子房被疏柔毛；花柱短，近基部合生；柱头 2 裂。蒴果三角状卵形，约 2×2 毫米，被稀疏柔毛，成熟时易分裂为 3 个分果爿。种子卵状四棱形，约 1×0.7 毫米，灰（棕）色，每棱面 5 横沟，无种阜。花果期 4-9 月。

分布： 全洞庭湖区；湖南全省；江苏、浙江、河北、华中，为外来归化种。原产北美洲，欧亚大陆归化。

生境： 平原或低山坡的路旁。

应用： 止血、清湿热、通乳，治黄疸、泄泻、疳积、血痢、尿血、血崩、外伤出血、乳汁不多、痈肿疮毒；可作地被。

识别要点： 茎被绢毛；叶中部常有长圆形的紫色斑点；花粉 3 沟。

241 钩腺大戟 gou xian da ji
Euphorbia sieboldiana Morr. et Decne

多年生草本。根状茎较粗壮。茎单一或自基部多分枝，高达70厘米。叶互生，（长）椭圆形或倒卵状披针形，变异较大，2-5（-7）×0.5-1.5厘米，钝或（渐）尖头，基部渐狭或呈狭楔形，全缘；叶柄（几）无；总苞叶 3-5，（卵状）椭圆形，15-25×4-8毫米，钝尖头，基部近平截；伞幅 3-5，长 2-4厘米；苞叶 2，肾状圆形，少卵状三角形或半圆形，8-14×8-16毫米，圆或略凸尖头，基部近平截、微凹或近圆形。花序单生于二歧分枝顶端，无柄；总苞杯状，3-4×3-5毫米，4裂，裂片（卵状）三角形，内侧略具短柔毛，腺体 4，新月形，端角钝或长刺芒状，（黄）褐（绿）或淡黄色。雄花多数，伸出总苞之外；雌花 1，子房柄伸出总苞边缘；花柱 3，分离；柱头 2裂。蒴果三棱球状，3.5-4.0×4-5毫米，光滑，成熟时分裂为 3个分果片；花柱宿存，易脱落。种子近长球状，约 2.5×1.5毫米，灰褐色，具不明显纹饰；种阜无柄。花果期 4-9 月。

分布： 全洞庭湖区；湖南全省；除新疆、青藏高原、海南和台湾外的全国各地。日本、朝鲜半岛、俄罗斯（远东地区）。

生境： 田间、林缘、灌丛、林下、山坡、草地。

应用： 根状茎入药泻下、破积聚、止咳逆、利尿、逐水气，煎水洗疥疮；又作农药。有毒，慎用。

识别要点： 根状茎较粗长；叶（倒、长圆状）卵形，长 2-7厘米；总苞叶与伞幅 3-5；腺体新月形；蒴果三棱球状；种子长球状，灰褐色，具条纹。

242 千根草 qian gen cao
Euphorbia thymifolia L.

一年生草本。茎纤细，匍匐状，自基部极多分枝，长 10-20厘米，被稀疏柔毛。叶对生，椭圆形、长圆形或倒卵形，4-8×2-5毫米，圆头，基部偏斜，圆形或近心形，细锯齿缘，稀全缘，两面常被稀疏柔毛，稀无毛；叶柄长约 1毫米，托叶披针形或线形，长 1-1.5毫米，易脱落。花序单生或数个簇生于叶腋，具短柄，长 1-2毫米，被稀疏柔毛；总苞狭钟状至陀螺状，约 1×1毫米，外部被稀疏的短柔毛，5裂，裂片卵形；腺体 4，被白色附属物。雄花少数，微伸出总苞边缘；雌花 1，子房柄极短；子房被贴伏的短柔毛；花柱 3，分离；柱头 2裂。蒴果卵状三棱形，约 1.5×1.3-1.5毫米，被贴伏的短柔毛，成熟时分裂为 3个分果片。种子长卵状四棱形，约 0.7×0.5毫米，暗红色，每棱面 4-5横沟；无种阜。花果期 6-11 月。

分布： 全洞庭湖区；桂东、长沙、浏阳、湘北；江苏、浙江、江西、福建、华南和云南。世界热带和亚热带（澳大利亚除外）。

生境： 荒地、路旁、屋旁、草丛、稀疏灌丛等，常见于沙质土。

应用： 全草清热利湿、收敛止痒，主治菌痢、肠炎、腹泻等；可作地被。

识别要点： 一年生；茎纤细匍匐，被稀疏柔毛，分枝极多而细长；叶对生，4-8×2-5毫米，柄极短，托叶线状披针形；花序单生或数个簇生于叶腋，总苞的腺体具白色附属物；蒴果被贴伏短柔毛。

243 算盘子 suan pan zi
Glochidion puberum (L.) Hutch.

直立灌木，高 1-5 米；小枝灰褐色，与叶片下面、萼片外面、子房和果实均密被短柔毛。叶纸质或近革质，（倒卵状）长圆形或长卵形，稀披针形，3-8×1-2.5 厘米，钝、急尖、短渐尖或圆头，基部楔形或钝，上面仅中脉被疏短柔毛或几无毛，下面粉绿色；侧脉 5-7 对，下面凸起；叶柄长 1-3 毫米；托叶三角形，长约 1 毫米。花小，雌雄同株或异株，2-5 簇生叶腋，雄花束常生小枝下部，雌花束在上部，或二者生于同一叶腋；雄花花梗长 4-15 毫米；萼片 6，狭长圆形或长圆状倒卵形，长 2.5-3.5 毫米；雄蕊 3，合生呈圆柱状。雌花花梗长约 1 毫米；萼片 6，与雄花的相似，但较短厚；子房球状，5-10 室，每室胚珠 2，花柱合生呈环状，与子房接连处缢缩。蒴果扁球状，径 8-15 毫米，8-10 纵沟，成熟时紫红色。种子近肾形，三棱，长约 4 毫米，朱红色。花期 4-8 月，果期 7-11 月。

分布： 全洞庭湖区；湖南全省；陕西、甘肃、华东（山东除外）、华中、华南、西南。日本。

生境： 湖区旷野、沙洲；山坡、溪旁灌木丛中或林缘。海拔（10-）300-2200 米。

应用： 全株活血散瘀、消肿解毒、止咳，治痢疾、腹泻、感冒发热、咳嗽、食滞腹痛、湿热腰痛、跌打损伤、氙气；种子油制皂或润滑油；作农药；可观赏；全株可提制栲胶；先锋植物；酸性土壤指示植物。

识别要点： 叶片和蒴果被短柔毛或绒毛，宽 1-2.5 厘米；雌雄花萼片狭长圆形或长圆状倒卵形，长 2.5-3.5 毫米；花柱合生呈环状；蒴果南瓜状扁球形，紫红色。

244 落萼叶下珠 luo e ye xia zhu
Phyllanthus flexuosus (S. et Z.) Muell.-Arg.

灌木，高达 3 米；枝条弯曲，小枝长 8-15 厘米，褐色；全株无毛。叶片纸质，椭圆形至卵形，2-4.5×1-2.5 厘米，渐尖或钝头，基部钝至圆，下面稍带白绿色；侧脉 5-7 对；叶柄长 2-3 毫米；托叶卵状三角形，早落。数雄花和 1 雌花簇生于叶腋；雄花：花梗短；萼片 5，宽卵形或近圆形，长约 1 毫米，暗紫红色；花盘腺体 5；雄蕊 5，花丝分离，花药 2 室，纵裂；花粉（近）球形，3 孔沟；雌花：径约 3 毫米；花梗长约 1 厘米；萼片 6，卵形或椭圆形，长约 1 毫米；花盘腺体 6；子房卵圆形，3 室，花柱 3，顶端 2 深裂。蒴果浆果状，扁球形，径约 6 毫米，3 室，每室 1 种子，萼片脱落；种子近三棱形，长约 3 毫米。花期 4-5 月，果期 6-9 月。

分布： 全洞庭湖区；湖南全省；华东（山东除外）、华中（河南除外）、华南、西南。日本。

生境： 湖区旷野灌丛、林缘、路旁、水边；山地疏林下、沟边、路旁或灌丛中。海拔 30-1500 米。

应用： 绿篱；固沙保土，水源涵养。

识别要点： 与青灰叶下珠相似，但枝条弯曲；叶侧脉 5-7 对；托叶卵状三角形，早落；雄花萼片 5，花盘腺体 5；蒴果扁球形，径约 6 毫米。

245 叶下珠 ye xia zhu
Phyllanthus urinaria L.

一年生草本，高 10–60 厘米。常直立，茎基部多分枝，枝倾卧而后上升，具翅状纵棱，上部被一纵列疏短柔毛。叶纸质，呈羽状排列，长圆形或倒卵形，4–10×2–5 毫米，圆、钝或急尖头而有小尖头，下面灰绿色，(近)边缘有 1–3 列短粗毛；侧脉 4–5 对；柄极短而扭转；托叶卵状披针形，长约 1.5 毫米。花雌雄同株，径约 4 毫米；雄花 2–4 簇生于叶腋；花梗长约 0.5 毫米，基部有苞片 1–2；萼片 6，倒卵形，长约 0.6 毫米，钝头；雄蕊 3，花丝全部合生成柱状；花粉粒长球形；花盘腺体 6，分离，与萼片互生。雌花单生于小枝中下部叶腋；花梗长约 0.5 毫米；萼片 6，近相等，卵状披针形，长约 1 毫米，膜质缘，黄白色；花盘圆盘状，全缘；子房卵状，有鳞片状凸起，花柱分离，顶端 2 裂，裂片弯卷。蒴果圆球状，径 1–2 毫米，红色，具一小凸刺，有宿存的花柱和萼片，开裂后轴柱宿存；种子长 1.2 毫米，橙黄色。花期 4–6 月，果期 7–11 月。
分布: 全洞庭湖区；湘东、湘南；河北、山西、陕西、华东、华中、华南、西南。日本、印度尼西亚、中南半岛、印度、斯里兰卡、南美洲。
生境: 平地、旷野、旱田、山地路旁或林缘、湿润山坡草地。海拔 30–1100 米。
应用: 全草解毒、消炎、清热止泻、利尿、清肝明目、渗湿利水，治赤目肿痛、肠炎腹泻、痢疾、肝炎、小儿疳积、肾炎水肿、尿路感染。
识别要点: 叶片下面边缘有 1–3 列短硬毛；花或花序生于叶腋，苞片远小于花；雄花萼片覆瓦状排列，雄蕊 3，花丝合生；蒴果红色，具小疣，开裂。

246 蜜甘草 mi gan cao
Phyllanthus ussuriensis Rupr. et Maxim.

一年生草本，高达 60 厘米；茎直立，常基部分枝，枝条细长；小枝具棱；全株无毛。叶片纸质，椭圆形至长圆形，5–15×3–6 毫米，急尖至钝头，基部近圆，下面白绿色；侧脉 5–6 对；叶柄极短或几乎无叶柄；托叶卵状披针形。花雌雄同株，单生或数朵簇生于叶腋；花梗长约 2 毫米，丝状，基部有数枚苞片；雄花：萼片 4，宽卵形；花盘腺体 4，分离，与萼片互生；雄蕊 2，花丝分离，药室纵裂；雌花：萼片 6，长椭圆形，果时反折；花盘腺体 6，长圆形；子房卵圆形，3 室，花柱 3，顶端 2 裂。蒴果扁球状，径约 2.5 毫米，平滑；果梗短；种子长约 1.2 毫米，黄褐色，具有褐色疣点。花期 4–7 月，果期 7–10 月。
分布: 全洞庭湖区；湖南全省；内蒙古、东北、华东、华中、华南。俄罗斯东南部、蒙古国、朝鲜半岛和日本。
生境: 湖区旷野、荒地、草丛或林下；山坡或路旁草地。
应用: 全草清热利湿、清肝明目、消食、止泻；可作地被。
识别要点: 一年生草本；花单生或簇生于叶腋；雄花萼片 4，覆瓦状排列；雄蕊 2，花丝离生；子房 3 室；蒴果平滑，干后开裂。

247 蓖麻 bi ma
Ricinus communis L.

一年生粗壮灌木状草本，高达 5 米；常被白霜，茎多液汁。叶近圆形，长宽达（逾）40 厘米，掌状 7–11 深裂，裂片卵状长圆形或披针形，急尖或渐尖头，锯齿缘；掌状脉 7–11。

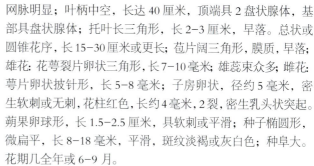

网脉明显；叶柄中空，长达 40 厘米，顶端具 2 盘状腺体，基部具盘状腺体；托叶长三角形，长 2-3 厘米，早落。总状或圆锥花序，长 15-30 厘米或更长；苞片阔三角形，膜质，早落；雄花：花萼裂片卵状三角形，长 7-10 毫米；雄蕊束众多；雌花：萼片卵状披针形，长 5-8 毫米；子房卵状，径约 5 毫米，密生软刺或无刺，花柱红色，长约 4 毫米，2 裂，密生乳头状突起。蒴果卵球形，长 1.5-2.5 厘米，具软刺或平滑；种子椭圆形，微扁平，长 8-18 毫米，平滑，斑纹淡褐或灰白色；种阜大。花期几全年或 6-9 月。

分布: 澧县、临澧；湖南全省；华南、华中、华东、西南，栽培或逸为野生。原产非洲东北部，现世界热带至暖温带广泛栽培。

生境: 村旁空旷地、疏林或河流两岸冲积地。海拔 20-2300 米。

应用: 根、叶消炎、杀菌、拔脓，种子通便；栽培作油脂作物，种子油工业用，医药上作缓泻剂。种子含蓖麻毒蛋白及蓖麻碱，过量可致中毒死亡。

识别要点: 粗壮灌木状草本；被白霜，具水汁；掌状叶大型；叶柄中空，两端具腺体；总状或圆锥花序；蒴果常具软刺；种子椭圆形，平滑，有斑纹，种阜大。

248 乌桕 wu jiu

Triadica sebifera (L.) Small
[*Sapium sebiferum* (L.) Roxb.]

乔木，高达 15 米，具乳汁。叶互生，纸质，菱形、菱状（倒）卵形，3-8×3-9 厘米，顶端骤缩而具尖头，基部阔楔形，全缘；侧脉 6-10 对；叶柄长 2.5-6 厘米，顶端具 2 腺体；托叶极短。雌雄同株，顶生总状花序长 6-12 厘米，雌花通常生于花序轴下部（罕有雄花），雄花生于上部，或全为雄花。雄花：花梗长 1-3 毫米；苞片阔卵形，长宽约 2 毫米，与雌花苞片一样，基部具 2 腺体，10-15 花；小苞片 3，不等大，撕裂状；花萼杯状，3 浅裂，裂片钝，细齿缘；雄蕊 2（-3），伸出花萼外，花丝分离，花药球状。雌花：花梗长 3-3.5 毫米；苞片深 3 裂，雌花 1，间有雌花和雄花同生 1 苞腋内；花萼 3 深裂，裂片卵状（披针形）；子房平滑，3 室，花柱 3，基部合生，柱头外卷。蒴果梨状球形，熟时黑色，径 1-1.5 厘米。种子 3，中轴宿存；种子扁球形，黑色，约 8×6-7 毫米，外被白色、蜡质的假种皮。花期 4-8 月。

分布: 全洞庭湖区；湖南全省，野生或栽培；陕西、甘肃、华东、华中、华南、西南。日本、越南、印度、欧洲、美洲和非洲有栽培。

生境: 平原、水边、沙滩、山地向阳荒坡、疏林下、石灰岩及紫色土区域。海拔 20-900 米。

应用: 根皮、树皮和叶杀虫、解毒、利尿、通便，治血吸虫病、肝硬化腹水、大小便不利、毒蛇咬伤等；小用材，紫色土造林；观叶植物；蜜源；叶提制黑色染料；蜡质层制肥皂、蜡烛；种子油适作涂料；抗氟化氢。

识别要点: 叶菱形，长和宽近相等，全缘；花雌雄同序，或整个花序只有雄花；种子具蜡质层。

芸香科 Rutaceae

249　酸橙 suan cheng
Citrus × aurantium L.

[*Citrus aurantium* L.]

小乔木，枝叶茂密，刺多，徒长枝上刺长达8厘米。叶色浓绿，质地厚，翼叶倒卵形，基部狭尖，1-3×0.6-1.5厘米，或个别品种几无翼叶。总状花序花少数，或兼有腋生单花，有雄蕊发育而雌蕊退化的单性花；花蕾椭圆形或近圆球形；花萼5或4浅裂，有时花后增厚，无毛或个别品种被毛；花大小不等，花径2-3.5厘米；雄蕊20-25，通常基部合生成多束。果圆球形或扁圆形，果皮稍厚至甚厚，难剥离，橙黄至朱红色，油胞大小不均匀，凹凸不平，果心实或半充实，瓤囊10-13瓣，果肉味酸，有时有苦味或兼有特异气味；种子多且大，常有肋状棱，子叶乳白色，单或多胚。花期4-5月，果期9-12月。

分布： 全洞庭湖区；湖南全省，栽培或半野生；秦岭南坡以南各地，通常栽种，有时逸为半野生。

生境： 湖区平原或丘陵、湖岸林下、宅旁栽培或逸生；山地及平原栽种，山地偶有半野生的。

应用： 黄皮酸橙代中药枳实及枳壳，有持久的升压、改善微循环作用，治疗休克；作柑的砧木；观赏。

识别要点： 小乔木，刺多而长；翼叶几无或宽阔；总状花序兼有腋生单花；果径10厘米以内，橙红色，无乳头状突，果皮难剥离，果肉味酸而带苦味或特异气味；种子具肋状棱；子叶乳白色。

250　臭辣吴萸（楝叶吴萸，臭辣树）chou la wu yu
Tetradium glabrifolium (Champ. ex Benth.) T. G. Hartley

[*Evodia fargesii* Dode]

落叶乔木，高达17米。嫩枝紫褐色，散生小皮孔。羽状复叶，小叶5-9（-11），斜卵形至斜披针形，8-16×3-7厘米，叶轴基部的较小，基部通常一侧圆，另一侧楔尖，叶面无毛，叶背灰绿色，干后带苍灰色，中脉两侧有灰白色卷曲长毛，或脉腋上有卷曲丛毛，油点不显或小少，波纹状或细钝齿缘，叶轴及小叶柄均无毛，侧脉8-14对；小叶柄长很少达1厘米。花序顶生，花甚多；5基数；萼片卵形，长不及1毫米，被短缘毛；花瓣长约3毫米，腹面被短柔毛；雄花雄蕊长约5毫米，花丝中部以下被长柔毛，退化雌蕊顶部5深裂，裂瓣被毛；雌花退化雄蕊甚短，子房近圆球形，无毛，花柱长约0.5毫米。成熟心皮5-4（3），紫红色，干后色较暗淡，每分果瓣种子1；种子约3×2.5毫米，褐黑色，有光泽。花期6-8月，果期8-10月。

分布： 全洞庭湖区；湖南全省；陕西、安徽、浙江、福建、华中、华南、西南。不丹、印度、日本、东南亚。

生境： 湖区平原或丘陵、湖边、池塘边、开敞地、山坡林中或灌丛中；山地山谷较湿润地方，平原村边、庭院栽培。海拔20-1500米。

应用： 果治腹痛、止咳，治麻疹后咳嗽，湖北民间作吴茱萸代品；行道树、庭院观赏。

识别要点： 奇数羽状复叶，无腥臭味；小叶无油点，背面中脉两侧有疏长毛；雌花的不育雄蕊甚短；果无毛，紫红色，每分果瓣有成熟种子1。

251 枳（枳壳，枸橘）zhi
Poncirus trifoliata (L.) Raffin.
[*Citrus trifoliata* L.]

小乔木，高1–5米。枝绿色，嫩枝扁，有纵棱，刺长达4厘米，基部扁平。叶柄有狭长翼叶，通常指状3出叶，很少4–5，稀间有1–2，小叶等长或中间一片较大，2–5×1–3厘米，两侧（不）对称，细钝裂齿缘或全缘，嫩叶中脉有细毛，花单朵或成对腋生，先叶开放，也有先叶后花的，有完全花及不完全花，后者雄蕊发育，雌蕊萎缩，花有大、小二型，花径3.5–8厘米；萼片长5–7毫米；花瓣白色，匙形，长1.5–3厘米；雄蕊通常20，花丝不等长。果近圆球形或梨形，大小差异较大，3–4.5×3.5–6厘米，微凹头，有或无环圈，果皮暗黄色，粗糙，果皮平滑者，油胞小而密，果心充实，瓤囊6–8，汁胞有短柄，果肉含黏液，微有香橼气味，酸、苦而涩，种子20–50；种子阔卵形，乳白或乳黄色，有黏液，平滑或间有不明显的细脉纹，长9–12毫米。花期5–6月，果期10–11月。

分布： 全洞庭湖区；湖南全省，栽培或逸生；陕西、甘肃、山西、华东（安徽除外）、华中、华南、西南。

生境： 荒地、路旁、园圃边、庭院。

应用： 果舒肝止痛，破气散结、消食化滞、除痰镇咳，治肝、胃、疝气等痛症，配伍治子宫脱垂和脱肛，静脉注射制剂治感染性中毒、过敏性及药物中毒引致的休克；绿篱；嫁接柑橘砧木；叶、花、果提芳香油，果提柠檬酸。

识别要点： 与富民枳相近，但本种冬季落叶；花瓣无毛，雄蕊约20枚。

252 竹叶花椒 zhu ye hua jiao
Zanthoxylum armatum DC.

落叶小乔木，高达5米；茎刺多而锐，基部宽扁，红褐色，小枝的刺劲直平出，小叶背面中脉具小刺，叶背基部中脉两侧有丛状柔毛，或嫩枝梢及花序轴均被锈褐色短柔毛。羽状复叶小叶3–9（11），具翼叶；小叶对生，披针形，3–12×1–3厘米，两端尖，或基部宽楔形；或为椭圆形，4–9×2–4.5厘米，顶端一片最大，基部一对最小；或为卵形，小而疏离的裂齿缘，或近全缘，仅在齿缝处或沿小叶边缘有油点；小叶柄几无。花序近腋生或同时顶生，长2–5厘米，达30花；花被片6–8，长约1.5毫米；雄花雄蕊5–6，药隔顶端有1干后黑褐色油点；不育雌蕊垫状凸起，顶端2–3浅裂；雌花心皮3或2，背部近顶侧各有1油点，花柱斜向背弯，不育雄蕊短线状。果紫红色，有少数微凸油点，分果瓣径4–5毫米；种子径3–4毫米，褐黑色。花期4–5月，果期8–10月。

分布： 全洞庭湖区；湖南全省；甘肃、陕西、华东、华中、华南、西南。日本、印度、不丹、尼泊尔、巴基斯坦、朝鲜半岛、东南亚。

生境： 湖区平原旷野及"四旁"；低山及丘陵坡地、石灰岩山地林缘、灌丛中。海拔20–3100米。

应用： 根、茎、叶、果及种子祛风散寒、行气止痛，治风湿性关节炎、牙痛、跌打肿痛；果作调味料、防腐剂并提取芳香油；种子油供食用；作驱虫及醉鱼剂。

识别要点： 落叶；小叶3–9（11），对生，叶轴有宽翼；总花梗明显；花被片大小相等；花柱分离，向背弯；心皮背部顶侧有1较大油点，分果瓣具凸起油点。

253 花椒 hua jiao
Zanthoxylum bungeanum Maxim.

落叶小乔木，高 3-7 米；茎干上的刺常早落，枝有短刺，小枝的刺基部宽扁劲直，长三角形，当年生枝被短柔毛。5-13 小叶，叶轴常具极窄叶翅；小叶对生，无柄，卵形、椭圆形稀披针形，顶部的较大，近基部的有时圆形，2-7×1-3.5 厘米，细裂齿缘，齿缝有油点。其余无或散生油点，叶背基部中脉两侧有丛毛或小叶两面均被柔毛，中脉在叶面微凹陷，叶背干后常有红褐色斑纹。花序顶生，花序轴及花梗密被短柔毛或无毛；花被片 6-8，黄绿色；雄花雄蕊 5（-8）；退化雌蕊顶端叉状浅裂；雌花很少有发育雄蕊，心皮 3 或 2（4），花柱斜向背弯。果紫红色，分果瓣径 4-5 毫米，散生微凸起的油点，或为短芒尖头；种子长 3.5-4.5 毫米。花期 4-5 月，果期 8-10 月。

分布： 全洞庭湖区；湖南全省；辽宁、山西、河北、广西、西北、华东、华中、西南，野生或栽培。不丹。

生境： 平原、山地、坡地。海拔 20-3200 米。

应用： 香料及油料，果温中行气、逐寒、止痛、杀虫，治胃腹冷痛、呕吐、泄泻、血吸虫病、蛔虫病；作调味剂；作表皮麻醉剂；大材有美术工艺价值；绿篱；芳香防腐剂；果皮精油作调料或工业用油。

识别要点： 落叶；小叶 5-13，对生，背面基部中脉两侧有小丛毛，仅叶缘及齿缝处有油点，长常逾 3 厘米；叶轴有窄翼；花被片大小相等；果紫红色，分果瓣散生微凸油点。

苦木科 Simaroubaceae

254 臭椿（樗）chou chun
Ailanthus altissima (Mill.) Swingle

落叶乔木，高达 30 米；嫩枝有髓，幼时被黄（褐）色柔毛。奇数羽状复叶 13-27 小叶，长 40-60 厘米，柄长 7-13 厘米；小叶（近）对生，纸质，卵状披针形，7-13×2.5-4 厘米，长渐尖头，基部偏斜，截形或稍圆，1-3 对粗锯齿缘，齿背有 1 腺体，叶面深绿色，背面灰绿色，揉碎后具臭味。圆锥花序长 10-30 厘米；花淡绿色，花梗长 1-2.5 毫米；萼片 5，覆瓦状排列，裂片长 0.5-1 毫米；花瓣 5，长 2-2.5 毫米，基部两侧被硬粗毛；雄蕊 10，花丝基部密被硬粗毛，雄花中的花丝长于花瓣，雌花中的短于花瓣；花药长圆形，长约 1 毫米；心皮 5，花柱黏合，柱头 5 裂。翅果长椭圆形，3-4.5×1-1.2 厘米；种子位于翅中央，扁圆形。花期 4-5 月，果期 8-10 月。

分布： 全洞庭湖区；湖南全省；黑龙江、吉林和海南除外的全国各地。世界各地栽培并归化。

生境： 湖区平原旷野、林地、村庄附近；在石灰岩地区生长良好。海拔 10-2500 米。

应用： 树皮、根皮、果实清热利湿、收敛止痢；材用，石灰岩地区造林；园林风景树和行道树；叶饲椿蚕（天蚕）；树皮可提制栲胶；种子含油 35%。

识别要点： 幼嫩枝初被黄（褐）色柔毛，后脱落，与叶柄均无刺；奇数羽状复叶，小叶 13-27，（近）对生，全缘或（浅）波状锯齿缘，基部两侧各有 1 至数个粗锯齿；心皮 5。

楝科 Meliaceae

255 香椿 xiang chun
Toona sinensis (A. Juss.) Roem.

乔木。偶数羽状复叶，长 30-120 厘米，叶柄长；小叶 16-20，对生或互生，纸质，卵状披针形（或长椭圆形），9-15×2.5-4 厘米，尾尖头，基部一侧圆形，另一侧楔形，全缘或疏离小锯齿缘，两面无毛，背面常粉绿色，侧脉 18-24 对，平展，背面略凸起；小叶柄长 5-10 毫米。圆锥花序长达 1 米，被稀疏锈色短柔毛或近无毛，小聚伞花序生于短枝上，多花；花长 4-5 毫米，具短花梗；花萼 5 齿裂或浅波状缘，外面被柔毛及睫毛；花瓣 5，白色，长圆形，钝头，4-5×2-3 毫米，无毛；雄蕊 10，5 能育，5 退化；花盘近念珠状；子房圆锥形，5 细沟纹，无毛，每室胚珠 8，花柱比子房长，柱头盘状。蒴果狭椭圆形，长 2-3.5 厘米，深褐色，有苍白色小皮孔，果瓣薄；种子基部通常钝，上端具膜质长翅。花期 6-8 月，果期 10-12 月。

分布: 全洞庭湖区；湖南全省；辽宁、甘肃、陕西、华北、华东、华中、华南、西南，各地多栽培。朝鲜半岛、东南亚、不丹、印度、尼泊尔。

生境: 平原旷野及宅旁、山地杂木林或疏林中，常栽培。海拔 20-2900 米。

应用: 根皮及果收敛止血、祛湿止痛；嫩叶芽供蔬食；家具、室内装饰品及造船的优良木材；庭院绿化；种子油食用、制漆与皂；树皮提制栲胶；根皮作农药；木材提芳香油作雪茄烟盒的赋香剂。

识别要点: 树皮片状脱落；羽状复 16-20 小叶，全缘或小锯齿缘；雄蕊 10，5 不育；子房及花盘无毛；蒴果具苍白色小皮孔；种子上端具膜质翅。

远志科 Polygalaceae

256 瓜子金 gua zi jin
Polygala japonica Houtt.

多年生草本，高达 20 厘米。茎枝绿（褐）色，被卷曲柔毛。叶厚纸质或近革质，卵形或卵状（稀窄）披针形，10-23（-30）×（3-）5-9 毫米，钝头，基部宽楔形或圆，无毛或沿脉被柔毛，侧脉 3-5 对；叶柄长 1 毫米，被柔毛。总状花序与叶对生或腋外生，最上花序低于茎顶。花梗长 7 毫米，被柔毛；苞片 1，早落；萼片宿存，外 3 枚披针形，被毛，内 2 枚花瓣状，卵形或长圆形；花瓣白或紫色，龙骨瓣舟状，具流苏状附属物，侧瓣长圆形，基部合生，内侧被柔毛；花丝全部合生成鞘，1/2 与花瓣贴生。蒴果球形，径 6 毫米，具宽翅。种子密被白色柔毛，种阜 2 裂下延，疏被柔毛。花期 4-5 月，果期 5-8 月。

分布: 益阳、沅江、湘阴、汨罗、岳阳、安乡、公安；湖南全省；全国。俄罗斯东西伯利亚、日本、巴布亚新几内亚、斯里兰卡、印度、朝鲜半岛、东南亚。

生境: 林下、灌丛中、山坡草地或田埂上。海拔 50-2100 米。

应用: 根含三萜皂苷、树脂、脂肪油、远志醇和远志醇的四乙酸酯。全草和根镇咳、化痰、活血、止血、安神、解毒、安神强心、利尿；可观赏。

识别要点: 叶片近革质，卵状（披针形），无毛或脉被短柔毛，侧脉两面突起；花序与叶对生；花瓣 3，白至紫色；花丝全部合生成一侧开放的鞘；蒴果圆形，径 6 毫米，具阔翅，无缘毛。

无患子科 Sapindaceae

257 复羽叶栾树 fu yu ye luan shu
Koelreuteria bipinnata Franch.

乔木，高达 20 余米。二回羽状复叶，长 45–70 厘米，小叶 9–17，互生，稀对生，斜卵形，长 3.5–7 厘米，短（渐）尖头，基部宽楔形或圆，内弯小锯齿缘；小叶柄长约 3 毫米或近无柄。圆锥花序长 35–70 厘米，分枝广展，与花梗均被柔毛。萼 5 裂达中部，裂片宽卵状三角形或长圆形，有短硬缘毛及流苏状腺体，啮蚀状缘；花瓣 4，长圆状披针形，瓣片长 6–9 毫米，瓣爪长 1.5–3 毫米，被长柔毛，鳞片 2 深裂。蒴果椭圆形或近球形，3 棱，淡紫红色，熟时褐色，4–7×3.5–5 厘米，钝或圆头，有小凸尖，果瓣椭圆形或近圆形，具网状脉纹，内面有光泽。花期 7–9 月，果期 8–10 月。

分布： 全洞庭湖区；湖南全省；陕西、安徽、江苏、浙江、西南、华中、华南。

生境： 湖区广泛栽培并能自然更新；山地疏林中。海拔 20–2500 米。

应用： 根消肿、止痛、活血、驱蛔，治风热咳嗽；花清肝明目、清热止咳；木材可制家具，速生造林树种；庭院观赏及行道树；种子油工业用；提制黄色染料。

识别要点： 二回羽状复叶；小叶 9–17，基部略偏斜，短（渐）尖头，稍密、内弯小锯齿缘；花瓣 4（5）；蒴果椭圆形或近球形，圆钝头，淡紫红转褐色。

凤仙花科 Balsaminaceae

258 凤仙花 feng xian hua
Impatiens balsamina L.

一年生草本，高 40–100 厘米。茎肉质，直立，粗壮，下部节常膨大。叶互生，披针形，4–12×1–3 厘米，长渐尖头，基部渐狭，锐锯齿缘，侧脉 4–9 对；叶柄长 1–3 厘米，上面有浅沟，两侧有数个具柄腺体。花梗短，单生或 2–3 簇生叶腋，密生短柔毛；花大，通常粉红、紫、白或杂色，单或重瓣；萼片 2，宽卵形，有疏短柔毛；旗瓣圆，凹头，有小尖头，背面中肋有龙骨突；翼瓣宽大，有短柄，二裂，基部裂片近圆形，上部裂片宽斧形，先端二浅裂；唇瓣舟形，生疏短柔毛，基部突然延长成细而内弯的距；花药钝。蒴果纺锤形，长 1–2 厘米，密生茸毛。种子多数，球形，径 1.5–3 毫米，黑褐色。花期 7–10 月。

分布： 全洞庭湖区；湖南全省；全国，栽培或逸生。原产东南亚，世界各地广泛栽培。

生境： 野生于比较潮湿的地方，宅旁、庭院栽种或半逸野。

应用： 茎祛风湿、活血、止痛，治风湿性关节痛、屈伸不利，榨汁兑黄酒冲服治跌打损伤；种子入药称"急性子"，软坚、消积，治噎膈、积块、骨鲠咽喉、腹部肿块、闭经、难产；观赏花卉；花及叶可染指甲；种子可榨油。

识别要点： 叶互生，披针形或狭椭圆形，基部具数对黑色腺体，锐锯齿缘，无毛或被柔毛；花单生或 2–3 簇生于叶腋，白、粉红或紫色；蒴果宽纺锤形，成熟时弹裂为 5 卷曲果瓣，与花均被密柔毛。

冬青科 Aquifoliaceae

259 枸骨 gou gu
Ilex cornuta Lindl. et Paxt.

常绿灌木或小乔木，高 1–3 米。小枝粗，具纵沟，沟内被微柔毛。叶二型，叶片厚革质，四角状长圆形，先端宽三角形，有硬刺齿，或长圆形、卵形及倒卵状长圆形，全缘，长 4–9 厘米，尖硬刺头，反曲，基部圆或平截，具 1–3 对刺齿，无毛，侧脉 5–6 对；叶柄长 4–8 毫米，被微柔毛。花序簇生叶腋，花 4 基数，淡黄绿色；雄花花梗长 5–6 毫米，无毛；花萼径 2.5 毫米，裂片疏被微柔毛；花瓣长圆状卵形，长 3–4 毫米；雄蕊与花瓣几等长，退化子房近球形。雌花花梗长 8–9 毫米，花萼与花瓣同雄花；退化雄蕊长为花瓣的 4/5。果球形，径 0.8–1 厘米，熟时红色，宿存柱头盘状；分核 4，倒卵形或椭圆形，长 7–8 毫米，背部密被皱纹、纹孔及纵沟，内果皮骨质。花期 4–5 月，果期 10–12 月。

分布： 全洞庭湖区；湖南全省；北京、天津、广东、海南、华东、华中，昆明等地栽培。朝鲜半岛，欧美诸国引种。

生境： 湖区湖边湿地、池塘边或丘陵山坡灌丛中；山坡、丘陵等的灌丛中、疏林中、路边、溪旁和村舍附近。海拔 20–1900 米。

应用： 根滋补强壮、活络、清风热、祛风湿；枝叶治肺痨咳嗽、劳伤失血、腰膝痿弱、风湿痹痛；果实治阴虚身热、淋浊、崩带、筋骨疼痛；庭院观赏与绿篱；种子油制皂；树皮提制染料和栲胶；茎皮黏液可粘鸟。

识别要点： 叶片厚革质，四角状长圆形，稀卵形，全缘或波

状缘，具 1–7 硬刺；果梗长 8–14 毫米；每果具 4 石质分核，分核具不规则皱纹和洼穴。

卫矛科 Celastraceae

260 南蛇藤 nan she teng
Celastrus orbiculatus Thunb.

木质藤本。小枝无毛。叶宽倒卵形、近圆形或椭圆形，5–13×3–9 厘米，圆头、具小尖头或短渐尖头，基部宽楔形或近圆，锯齿缘，两面无毛或下面沿脉疏被柔毛，侧脉 3–5 对；叶柄长 1–2 厘米。聚伞花序腋生兼有顶生，花序长 1–3 厘米，1–3 花。关节在花梗中下部或近基部；雄花萼片钝三角形；花瓣倒卵状椭圆形或长圆形，长 3–4 厘米；花盘浅杯状，裂片浅；雄蕊长 2–3 毫米；雌花花冠较雄花窄小；子房近球形；退化雄蕊长约 1 毫米。蒴果近球形，径 8–10 毫米。种子椭圆形，赤褐色，长 4–5 毫米。花期 5–6 月，果期 7–10 月。

分布： 沅江、益阳、湘阴、岳阳；湖南全省；甘肃、陕西、四川、贵州、东北、华北、华东、华中、华南。朝鲜半岛、日本。

生境： 湖区平原旷野灌丛中；山坡灌丛。海拔 20–2200 米。

应用： 全株散瘀消肿，茎祛风除湿、活血脉，根及根皮治跌打损伤、风湿、带状疱疹、肿毒，叶治湿疹、痈疮、蛇伤，果调理心脾、安神；杀蔬菜害虫；茎皮纤维制人造棉；种子油制皂。

识别要点： 冬芽小，皮孔不明显；叶片长 5–13 厘米；叶柄细，长 1–2 厘米；叶背几无毛，不被白粉；聚伞花序腋生或兼有顶生，长 1–3 厘米；花梗关节近基部至中部；果径 8–10 毫米；种子 3–6，椭圆形。

261 扶芳藤 fu fang teng
Euonymus fortunei (Turcz.) H.-M.

常绿藤本状灌木，长 1 至数米；小枝方棱不明显。叶薄革质，（长方）椭圆形或长倒卵形，宽窄变异较大，可窄至近披针形，3.5–8×1.5–4 厘米，钝或急尖头，基部楔形，不明显浅齿缘，侧脉细微，和小脉均不明显；叶柄长 3–6 毫米。聚伞花序 3–4 次分枝；花序梗长 1.5–3 厘米，第一次分枝长 5–10 毫米，第二次分枝 5 毫米以下，最终小聚伞花密集，4–7 花，分枝中央有单花，小花梗长约 5 毫米；花白绿色，4 数，径约 6 毫米；花盘方形，径约 2.5 毫米；花丝细长，长 2–3 毫米，花药圆心形；子房三角锥状，四棱，粗壮明显，花柱长约 1 毫米。蒴果粉红色，果皮光滑，近球状，径 6–12 毫米；果序梗长 2–3.5 厘米；小果梗长 5–8 毫米；种子长方椭圆状，棕褐色，假种皮鲜红色，全包种子。花期 6 月，果期 10 月。

分布： 全洞庭湖区；湘东、湘中；辽宁、西北、华北（内蒙古除外）、华东、华中、华南、西南。日本、巴基斯坦、印度、朝鲜半岛、东南亚、非洲、欧洲、北美洲、大洋洲、南美洲栽培。

生境： 湖区旷野灌丛中或疏林下；山坡丛林中、岩石缝中或林缘。海拔 10–3400 米。

应用： 全株舒经络、散瘀血，茎、叶补肾强筋、安胎、止血、消瘀；阴生地被与垂直绿化。

识别要点： 常绿藤本灌木，茎枝具随生根（气生根）。侧脉两面明显隆起；3–4 歧聚伞花序多花，花序梗长达 3 厘米，第二分枝长达 5 毫米；花白绿色，径 6 毫米；果皮光滑无细点。

262 白杜（丝绵木）bai du
Euonymus maackii Rupr.

小乔木，高达 6 米。叶卵状（窄）椭圆形或卵圆形，4–8×2–5 厘米，长渐尖头，基部阔楔形或近圆形，细锯齿缘，有时极深而锐利；叶柄通常细长，常为叶片的 1/4–1/3，但有时较短。聚伞花序 3 至多花，花序梗略扁，长 1–2 厘米；花 4 数，淡白（黄）绿色，径约 8 毫米；小花梗长 2.5–4 毫米；雄蕊花药紫红色，花丝细长，长 1–2 毫米。蒴果倒圆心状，4 浅裂，6–8×9–10 毫米，成熟后粉红色；种子长椭圆状，5–6× 约 4 毫米，棕黄色，假种皮橙红色，全包种子，顶端常有小口。花期 5–6 月，果期 9 月。

分布： 全洞庭湖区；湘中、湘西；除西藏外的全国各地，野生或常栽培。俄罗斯（远东地区）、朝鲜半岛、日本，欧洲、北美洲栽培。

生境： 湖区平原旷野、水边；草原带沙地、沟边灌丛、河边开阔地、林缘及林中、山区山谷、山坡、山麓、路旁土壤湿润肥沃处，庭院及公园栽培。海拔 20–2200 米。

应用： 嫩叶可作茶饮，又可杀菜青虫；木材可供器具及细工雕刻用；庭院观赏；空气净化；果实可作红色染料；种子油制皂；树皮含硬橡胶。

识别要点： 落叶小乔木；叶片卵状（或窄）椭（或卵）圆形，4–8×2–5 厘米，柄长 15–35 毫米；花淡白绿或黄绿色；花丝长 1–2 毫米；每室 2 胚珠；蒴果长不及 1 厘米；种子全包于橙红色假种皮中。

鼠李科 Rhamnaceae

263　马甲子 ma jia zi
Paliurus ramosissimus (Lour.) Poir.

灌木，高达 6 米；小枝常被短柔毛。叶互生，纸质，宽卵形、卵状椭圆形或近圆形，3-5.5（-7）×2.2-5 厘米，钝或圆形头，基部（宽）楔形或近圆形，稍偏斜，（钝）细锯齿缘，稀上部近全缘，上面脉被棕褐色短柔毛，幼叶下面密生棕褐色细柔毛，后或仅沿脉被短柔毛，基出三出脉；叶柄长 5-9 毫米，被毛，基部有 2 紫红色针刺，长 0.4-1.7 厘米。腋生聚伞花序，被黄色绒毛；萼片宽卵形，2×1.6-1.8 毫米；花瓣匙形，短于萼片，1.5-1.6×1 毫米；雄蕊与花瓣等长或略长；花盘圆形，5 或 10 齿裂；子房 3 室，每室 1 胚珠，花柱 3 深裂。核果杯状，被黄（棕）褐色绒毛，周围具木栓质 3 浅裂的窄翅，7-8×10-17 毫米；果梗被棕褐色绒毛；种子紫红或红褐色，扁圆形。花期 5-8 月，果期 9-10 月。

分布：全洞庭湖区；湖南全省；陕西、华东、华中、华南、西南。朝鲜半岛、日本、越南。

生境：湖区湖心小岛或半岛灌丛中；山地和平原，野生或栽培。海拔 10-2000 米。

应用：枝、刺、叶、花、果解毒消肿、止痛活血，治心腹痪痹、痈肿溃脓，根祛风利湿，根皮治喉痛；小硬木，可作农具柄；绿篱；种子油制烛。

识别要点：分枝密且具针刺；叶基出三出脉，下面无毛或沿脉被柔毛，钝或圆形头；花序和果被绒毛；核果小，杯状，周围有木栓质 3 浅裂的厚窄翅，径 10-17 毫米，果梗长 6-10 毫米。

264　冻绿 dong lü
Rhamnus utilis Decne.

灌木或小乔木。幼枝无毛，枝端具刺；腋芽小，鳞片有白色缘毛。叶片纸质，（倒卵状）椭圆形，4-15×2-6.5 厘米，突尖或锐尖头，基部楔形或稀圆形，细齿或圆齿缘，下面干后黄色，沿脉或脉腋有金黄色柔毛，侧脉 5-6 对，两面凸起，网脉明显；叶柄长 0.5-1.5 厘米，上面具小沟，有疏微毛或无毛；托叶披针形，常具疏毛。花单性异株，4 基数，具花瓣；花梗无毛；雄花数朵簇生叶腋，或 10-30 聚生小枝下部，有退化雌蕊；雌花 2-6 簇生叶腋或小枝下部；花柱较长，2 裂。核果近球形，熟时黑色，2 分核，萼筒宿存；梗长 0.5-1.2 厘米。种子背侧基部有短沟。花期 4-6 月，果期 5-8 月。

分布：岳阳；湘中、湘西；甘肃、陕西、山西、河北、华东（山东除外）、华中、华南、西南。朝鲜半岛、日本。

生境：湖边林缘、灌丛中；山地、丘陵、山坡、沟旁潮湿地草丛、灌丛或疏林下。海拔 20-3300 米。

应用：硬木，造车辆、辘轳、供细工雕刻；可观赏；种子油作机械润滑油；果实、树皮及叶可提制黄色染料及栲胶。

识别要点：枝端常具针刺；枝、叶（近）对生，或少兼互生；叶在短枝上簇生，较大，（倒卵状）椭圆形或矩圆形，细或圆锯齿缘，上面（近）无毛，下面脉被柔毛；果梗长常不及 1 厘米。

葡萄科 Vitaceae, Ampelidaceae

265 蓝果蛇葡萄 lan guo she pu tao
Ampelopsis bodinieri (Lévl. et Vant.) Rehd.

木质藤本。小枝圆柱形，有纵棱纹，无毛。卷须二叉分枝，相隔 2 节间断与叶对生。叶片卵（椭）圆形，不分裂或上部微 3 浅裂，7-12.5×5-12 厘米，急尖或渐尖头，基部（微）心形，每侧 9-19 急尖锯齿缘，两面无毛；基出脉 5，中脉有侧脉 4-6 对，网脉两面不明显突出；叶柄长 2-6 厘米，无毛。复二歧聚伞花序，疏散，花序梗长 2.5-6 厘米，无毛；花梗长 2.5-3 毫米，无毛；花蕾椭圆形，高 2.5-3 毫米，萼浅碟形，萼齿不明显，波状缘，外面无毛；花瓣 5，长椭圆形，高 2-2.5 毫米；雄蕊 5，花丝丝状，花药黄色，椭圆形；花盘明显，5 浅裂；子房圆锥形，花柱明显，基部略粗，柱头不明显扩大。果实近球圆形，径 0.6-0.8 厘米，种子 3-4，倒卵椭圆形，圆钝头，基部有短喙，腹面两侧洼沟向上达种子中上部。花期 4-6 月，果期 7-8 月。

分布：全洞庭湖区；湖南全省；陕西、甘肃、河北、福建、华中、华南、西南。

生境：湖区旷野、田边、沟边、草丛或灌丛中；山野阴湿处、林缘或灌丛中。海拔 30-3000 米。

应用：根消肿解毒、止痛止血、排脓生肌、祛风除湿，治跌打损伤、骨折、风湿腿痛、便血、崩漏、带下、慢性胃炎、胃溃疡等；果实可酿酒及制成饮料；茎皮可提制栲胶。

识别要点：单叶，不裂或 3-5 微裂，侧裂片较短或不明显，不外展，较浅锯齿缘，（阔）三角形，下面苍白色；小枝、叶柄和叶片完全无毛或仅叶片下面脉腋有簇毛；果实蓝、紫红或紫黑色。

266 乌蔹莓 wu lian mei
Cayratia japonica (Thunb.) Gagnep.

草质藤本。小枝疏被柔毛或近无毛。卷须 2-3 叉分枝。鸟足状 5 小叶复叶，中央小叶长椭圆形或椭圆状披针形，2.5-4.5×1.5-4.5 厘米，侧生小叶（长）椭圆形，1-7×0.5-3.5 厘米，渐尖头，基部楔形或宽圆，每边 6-15 疏锯齿，下面无或微被毛；叶柄长 1.5-10 厘米，中央小叶柄长 0.5-2.5 厘米，侧生小叶几无柄或有短柄。复二歧聚伞花序腋生，花序梗长达 13 厘米，无或微被毛。花萼碟形，全缘或波状浅裂缘，花瓣二角状宽卵形，外面被乳突状毛；花盘发达，4 浅裂。果近球形，径约 1 厘米。种子 2-4，倒三角状卵圆形，腹面两侧洼穴从近基部向上过种子顶端。花期 3-8 月，果期 8-11 月。

分布：全洞庭湖区；湖南全省；陕西、华东、华中、华南、西南。日本、澳大利亚、印度、不丹、尼泊尔、东南亚。

生境：湖区旷野、田野草丛或灌丛中；山谷林中或山坡灌丛。海拔 20-2500 米。

应用：全草凉血解毒、利尿消肿；果可酿酒；猪饲料；藤茎造纸浆板；根含胶质，可作造纸胶料。

识别要点：鸟足状 5（稀 3）小叶，两面无毛，整齐不外弯锯齿缘；花序梗中部以下无节和苞片；花瓣顶端无角状突起，花柱细；种子三角状倒卵形，腹部中棱脊突出，两侧各有一半月形洼。

267 地锦（爬山虎）di jin
Parthenocissus tricuspidata (S. et Z.) Planch.

大型落叶木质藤本。小枝无毛或嫩时被极稀疏柔毛，老枝无木栓翅。卷须 5-9 分枝，顶端嫩时膨大呈圆球形，遇附着物时扩大成吸盘，相隔 2 节间断与叶对生。单叶，倒卵圆形，通常 3 裂，幼苗或下部枝上叶较小，4.5-20×4-16 厘米，基部心形，顶端裂片急尖头，粗锯齿缘，两面无毛或下面脉上有短柔毛，基出脉 5；叶柄长 4-20 厘米，无毛或疏生短柔毛。花序生短枝上，基部分枝成多歧聚伞花序，序轴不明显，花序梗长 1-3.5 厘米。花萼碟形，全缘或呈波状缘，无毛；花瓣长椭圆形，花药长椭圆卵形，子房椭球形。果球形，径 1-1.5 厘米，成熟时蓝色，种子 1-3，倒卵圆形，基部急尖成短喙，两侧洼穴沟状纵达两极。花期 5-8 月，果期 9-10 月。

分布：全洞庭湖区；湖南全省；吉林、辽宁、河北、华中、华东。朝鲜半岛、日本。

生境：墙壁、岩石、树干上或灌丛中，各地多有栽培。海拔 30-1200 米。

应用：根、茎活血消肿、清凉利尿、消炎、止血、洗涤皮肤；果实味酸，可生食及酿果酒；著名垂直绿化观叶植物，常庭院栽植供观赏。

识别要点：老枝无木栓翅；小枝无毛或嫩枝被极为稀疏的柔毛；单叶，仅植株基部着生有 3 出复叶；叶柄和叶片无毛或叶片下面脉上被稀疏短柔毛。

268 蘡薁 ying yu
Vitis bryoniaefolia Bge.

木质藤本。嫩枝密被蛛丝状绒毛或柔毛。卷须二叉分枝，每隔 2 节间断与叶对生。叶长圆卵形，2.5-8×2-5 厘米，叶片 3-5（7）深（或浅）裂，稀不裂，中裂片急尖至渐尖头，缺刻粗齿缘或成羽状分裂，基部（深）心形，基缺凹成圆形，下面密被蛛丝状绒毛和柔毛；基生脉 5 出；叶柄长 0.5-4.5 厘米，初时密被（蛛丝状）绒毛和柔毛，托叶卵状长圆形或长圆披针形，膜质，褐色，长 3.5-8 毫米。花杂性异株，圆锥花序与叶对生，基部分枝常发达；花序梗长 0.5-2.5 厘米，初时被蛛丝状丝绒毛；花梗长 1.5-3 毫米；花瓣 5，呈帽状黏合脱落；雄蕊 5，花丝长 1.5-1.8 毫米，花药黄色，椭圆形，长 0.4-0.5 毫米，雌花雄蕊退化；花盘发达，5 裂；子房椭圆卵形，花柱细短，柱头扩大。果实球形，成熟时紫红色，径 0.5-0.8 厘米；种子倒卵形，基部有短喙，两侧洼穴狭窄，向上达种子 3/4 处。花期 4-8 月，果期 6-10 月。

分布：全洞庭湖区；湖南全省；河北、陕西、山西、华东、华中、华南、西南。

生境：湖区田野、池塘或沟渠边灌丛中；山谷林中、灌丛、沟边或田埂。海拔 20-2500 米。

应用：全株祛风湿、消肿痛；可作藤架植物；藤可造纸；果可酿果酒。

识别要点：小枝和叶柄被柔毛或蛛丝状绒毛；单深裂者常重复羽裂，中裂者裂片不再分裂，下面为密集的白或锈色蛛丝状或毡状绒毛所遮盖。

269 小叶葡萄 xiao ye pu tao
Vitis sinocinerea W. T. Wang

木质藤本。小枝被疏或密的短柔毛和稀疏蛛丝状绒毛。卷须不分枝或二叉分枝，每隔 2 节间断与叶对生。叶阔卵形，3-8×3-6 厘米，三浅裂或不明显分裂，急尖头，基部浅心形或近截形，每边 5-9 锯齿，上面密被短柔毛或脱落，下面密被淡褐色蛛丝状绒毛；基生脉 5 出；叶柄长 1-3 厘米，密被短柔毛；托叶膜质，褐色，卵状披针形，长约 2 毫米。圆锥花序狭窄，长 3-6 厘米，基部分枝不发达，花序梗长 1.5-2 厘米，被短柔毛；花梗长 1.5-2 毫米；萼碟形，近全缘，无毛；花瓣 5，帽状黏合脱落；雄蕊 5，花药黄色，椭圆形，长约 0.5 毫米；花盘 5 裂。雄花雌蕊退化。果实成熟时紫褐色，径 0.6-1 厘米；种子倒卵圆形，基部有短喙，两侧洼穴沟状向上达种子 1/4-1/3 处。花期 4-6 月，果期 7-10 月。

分布： 全洞庭湖区；湖南全省；江苏、浙江、福建、云南、华中、华南。

生境： 湖区平原村庄附近、田地、沟渠、池塘及湖边灌丛中；山地山坡或山谷林缘、林中及河岸灌丛中。海拔 20-2800 米。

应用： 果实成熟后酸甜可食，并可酿酒；可作垂直绿化材料，尤其适宜作藤架绿化材料。

识别要点： 小枝和叶柄被柔毛或蛛丝状绒毛；卷须不分枝或混有二叉分枝；单叶 3-5 浅裂，裂片较宽阔，下面被密集的白或锈色蛛丝状或毡状绒毛。

锦葵科 Malvaceae

270 苘麻 qing ma
Abutilon theophrasti Medic.

一年生亚灌木状草本，高达 1-2 米，茎枝被柔毛。叶互生，圆心形，长 5-10 厘米，长渐尖头，基部心形，细圆锯齿缘，两面密被星状柔毛；柄长 3-12 厘米，被星状细柔毛；托叶早落。单花腋生，花梗长 1-13 厘米，被柔毛，近顶端具节；花萼杯状，密被短绒毛，裂片 5，卵形，长约 6 毫米；花黄色，花瓣倒卵形，长约 1 厘米；雄蕊柱平滑无毛，心皮 15-20，长 1-1.5 厘米，平截头，具扩展、被毛的长芒 2，排列成轮状，密被软毛。蒴果半球形，约 1.2×2 厘米，分果爿 15-20，被粗毛，顶端具 2 长芒；种子肾形，褐色，被星状柔毛。花期 7-8 月。

分布： 全洞庭湖区；湖南全省；青藏高原除外的全国各地，东北栽培。俄罗斯、蒙古国、日本、朝鲜半岛、澳大利亚、越南、印度、巴基斯坦、中亚、西南亚、非洲、欧洲、北美洲。

生境： 路旁、田野、荒地、堤岸上，少见栽培。

应用： 全草清热利湿、解毒开窍、治痢疾、中耳炎、耳鸣、睾丸炎、化脓性扁桃体炎、痈疽肿毒；种子入药称"冬葵子"，通乳汁、消乳腺炎、顺产，并为润滑性利尿剂；茎、叶提浸膏，止血有良效；种子油可供食用及制皂、油漆、工业用润滑油、木材防腐剂；茎皮纤维称"中国黄麻"或"天津黄麻"，代麻制品、人造棉。

识别要点： 与磨盘草极相似，但花梗较叶柄为短；分果爿先端具 2 长芒，芒长 3 毫米。

271 蜀葵 shu kui
Alcea rosea L.
[*Althaea rosea* (L.) Cavan.]

二年生直立草本，高达2米，茎枝密被刺毛。叶近圆心形，径6-16厘米，掌状5-7浅裂或波状棱角，裂片三角形或圆形，中裂片较大，两面被星状柔毛，下面兼被星状长硬毛；柄长5-15厘米，与果梗被星状长硬毛；托叶卵形，长约8毫米，3尖头。花单生或近簇生于叶腋，排成总状花序式，具叶状苞片，花梗长约5毫米，果梗长1-2.5厘米；杯状小苞片6-7裂，裂片卵状披针形，长10毫米，与萼片密被星状粗硬毛，基部合生；萼钟状，径2-3厘米，5齿裂，裂片卵状三角形，长1.2-1.5厘米；花径6-10厘米，红、白、粉红、黄和（黑）紫色等，单或重瓣，花瓣倒卵状三角形，长约4厘米，凹缺头，基部狭，爪被长髯毛；雄蕊柱长约2厘米；花柱多分枝，微被细毛。果盘状，径约2厘米，被短柔毛，分果片近圆形，多数，具纵槽。花期2-8月。

分布： 全洞庭湖区；湖南全省栽培。全国各地广泛栽培，少见野生，原产我国西南地区。世界温带地区广泛栽培。

生境： 宅周、庭院及公园花坛栽培。

应用： 全草清热止血、消肿解毒，治吐血、血崩；观赏花卉；茎皮含纤维可代麻用，作麻制品、人造棉原料；种子可榨油；花提制食用色素。

识别要点： 二年生草本；下部叶浅裂，裂片圆形至三角形，中裂片3×4-6厘米；花径逾6厘米，红或各色，单生或排列成总状花序，具叶状苞片。

272 木芙蓉 mu fu rong
Hibiscus mutabilis L.

落叶灌木或小乔木，高达5米。小枝、叶柄、花梗和花萼均密被星状毛与直毛相混的细绒毛。叶卵状心形，径10-15厘米，常5-7裂，裂片三角形，渐尖头，钝圆锯齿缘，上面疏被星状毛和细点，下面密被星状细绒毛，掌状脉5-11；叶柄长5-20厘米，托叶披针形，长5-8毫米，常早落。花单生枝端叶腋。花梗长5-8厘米，近顶端具节；小苞片8，线形，8-16×1.5-2毫米，密被星状绵毛，基部合生；花萼钟形，长约3厘米，裂片5，卵形，渐尖头；花冠初白或淡红色，后深红色，径约8厘米，花瓣5，近圆形，基部具髯毛；雄蕊柱长2-3厘米，无毛；花柱分枝5，疏被柔毛，柱头头状。蒴果扁球形，径约2.5厘米，被淡黄色刚毛和绵毛，果爿5。种子肾形，背面被长柔毛。花期7-10月，果期8-11月。

分布： 全洞庭湖区；湖南全省，野生或栽培；福建、广东、云南逸生，辽宁、陕西、河北、河南、山东、浙江、安徽、广西、香港、四川、贵州栽培或逸野。日本、东南亚及世界各地引种栽培或野化。

生境： 河堤或山溪边、公园、庭院、池旁、水边常见栽培。

应用： 花、叶清肺、凉血、散热和解毒；叶专治化脓性炎肿；花瓣可蔬食；观赏花卉；茎皮纤维供纺织、制绳索和造纸；种子及蒴果壳油可制皂。

识别要点： 叶心形，5-7裂，掌状脉5-11，裂片三角形，渐尖头；花梗长4-13厘米，和小苞片密被星状短绵毛；小苞片8，线形，（8-）10-12（-16）×1.5-2毫米。

273 重瓣木芙蓉 chong ban mu fu rong
Hibiscus mutabilis L. f. **plenus** (Andrews) S. Y. Hu

落叶灌木或小乔木，高 2-5 米。其他形态特征与木芙蓉（原变型）相同，仅花系重瓣不同。

分布: 全洞庭湖区；湖南全省，栽培；福建、广东、湖北、云南、江西和浙江等省栽培。

生境: 宅旁、庭院、公园。

应用: 花、叶入药清肺、凉血、散热和解毒；叶专治化脓性炎肿；花瓣可蔬食；庭院观赏花卉；茎皮纤维供纺织、制绳索和造纸；种子油及蒴果壳油可制皂。

识别要点: 花重瓣。

274 木槿 mu jin
Hibiscus syriacus L.

落叶灌木，高 3-4 米，小枝密被黄色星状绒毛。叶菱形至三角状卵形，310×2-4 厘米，3 裂或不裂，钝头，基部楔形，不整齐齿缺缘，下面沿脉微被毛；叶柄长 5-25 毫米，上面被星状柔毛；托叶线形，长约 6 毫米，疏被柔毛。花单生枝端叶腋，花梗长 4-14 毫米，被星状短绒毛；小苞片 6-8，线形，6-15×（0.5-）1-2 毫米，密被星状疏绒毛；花萼钟形，长 14-20 毫米，密被星状短绒毛，裂片 5，三角形；花钟形，淡紫色，径 5-6 厘米，花瓣倒卵形，长 3.5-4.5 厘米，外疏被纤毛和星状长柔毛；雄蕊柱长约 3 厘米；花柱分枝无毛。蒴果卵圆形，径约 12 毫米，密被黄色星状绒毛；种子肾形，背被黄白色长柔毛。花期 6-10 月，果期 9-11 月。

分布: 全洞庭湖区栽培；湖南全省，栽培或野生；河北、陕西、甘肃、华中、华东、华南、西南，野生或栽培，原产我国中部。世界热带至温带地区栽培。

生境: 湖区农村及城镇广泛栽培；山野、丘陵、路旁、沟边黑色土壤上、灌丛中、庭院及公园栽培。海拔 10-1200 米。

应用: 花入药内服治反胃、痢疾、脱肛、吐血、下血、疟腮、白带过多、肠风泻血，外敷治疮疖肿，焙干研粉用或与生姜及红糖煎水服治痢疾、腹痛；茎皮入药称"川槿皮"，止痒灭菌，煎汤洗治顽癣；种子称"朝天子"，烧烟熏患处治偏正头风，用猪骨髓调涂敷患处治黄水脓疮；花蔬食；园林观赏、绿篱；茎皮纤维制麻袋、人造棉及造纸。

识别要点: 与华木槿极相近，但本种叶（菱状）卵圆形；小苞片线形，宽 0.5-2 毫米。

275 紫花重瓣木槿 zi hua chong ban mu jin
Hibiscus syriacus L. f. **violaceus** Gagn.
[*Hibiscus syriacus* L. var. *violaceus* L. f. Gagn.]

落叶灌木，高达 4 米。其他形态特征与木槿（原变型）相同，唯花青紫色，重瓣而不同。

分布： 全洞庭湖区；湖南全省；西南、湖北等省区，均系栽培。

生境： 庭院及公园栽培。

应用： 观赏花卉，绿篱。

识别要点： 花青紫色，重瓣。

276 冬葵 dong kui
Malva verticillata L. var. **crispa** L.
[*Malva crispa* (L.) L.]

一年生草本，高达 1 米；不分枝，茎被柔毛。叶圆形，常 5-7 裂或角裂，径 5-8 厘米，基部心形，裂片三角状圆形，细锯齿缘，并极皱缩扭曲，两面无毛至疏被糙伏毛或星状毛，在脉上尤为明显；叶柄瘦弱，长 4-7 厘米，疏被柔毛。花小，白色，径约 6 毫米，单生或几个簇生叶腋，近无花梗至具极短梗；小苞片 3，披针形，4-5×1 毫米，疏被糙伏毛；萼浅杯状，5 裂，长 8-10 毫米，裂片三角形，疏被星状柔毛；花瓣 5，较萼片略长。果扁球形，径约 8 毫米，分果片 11，网状，具细柔毛；种子肾形，径约 1 毫米，暗黑色。花果期 4-10 月。

分布： 全洞庭湖区；湖南全省；甘肃、北京、西南、华中，栽培或半逸野，汉代以前即已栽培。印度、巴基斯坦、欧洲，在北美洲为入侵植物。

生境： 菜园栽培或半逸野。

应用： 蔬菜；观赏。

识别要点： 一年生；叶缘皱曲；花径 5-15 毫米，白至淡粉红色；小苞片线状披针形，锐尖头；果扁圆形，径 8 毫米，分果片 11，背面无毛，边缘被条纹。

277 白背黄花稔 bai bei huang hua ren
Sida rhombifolia L.

直立亚灌木，高约 1 米，分枝多，枝被星状绵毛。叶菱形或长圆状披针形，25-45×6-20 毫米，浑圆至短尖头，基部宽楔形，锯齿缘，上面疏被星状柔毛至近无毛，下面被灰白色星状柔毛；叶柄长 3-5 毫米，被星状柔毛；托叶纤细，刺毛状，与叶柄近等长。单花腋生，花梗长 1-2 厘米，密被星状柔毛，中部以上有节；萼杯形，长 4-5 毫米，被星状短绵毛，裂片 5，三角形；花黄色，径约 1 厘米，花瓣倒卵形，长约 8 毫米，圆头，基部狭；雄蕊柱无毛，疏被腺状乳突，长约 5 毫米，花柱分枝 8-10。果半球形，径 6-7 毫米，分果爿 8-10，被星状柔毛，顶端 2 短芒。花果期秋冬季。

分布： 湘阴、沅江；湘中、湘南；湖北、江苏、浙江、福建、华南、西南。中南半岛、印度、不丹、尼泊尔，泛热带广布。

生境： 荒地、路边、田地边、旷野草丛或灌丛中、山坡和沟谷两岸。

应用： 全草疏风解热、散瘀拔毒、祛风除湿、止痛；可观赏；茎皮纤维可代麻。

识别要点： 叶菱形或长圆状披针形，锯齿缘，被毛，柄长 3-5 毫米；单花腋生，黄色，萼具星状短绵毛，雄蕊柱无毛；分果爿 8-10，具直槽，顶端 2 短芒。

278 地桃花（肖梵天花）di tao hua
Urena lobata L.

直立亚灌木状草本，高达 1 米，小枝被星状绒毛。茎下部叶近圆形，4-5×5-6 厘米，先端浅 3 裂，基部圆形或近心形，锯齿缘；中部叶卵形，5-7×3-6.5 厘米；上部叶长圆形至披针形，4-7×1.5-3 厘米；叶上面被柔毛，下面被灰白色星状绒毛；叶柄长 1-4 厘米，被灰白色星状毛；托叶线形，长约 2 毫米，早落。花腋生，单生或稍丛生，淡红色，径约 15 毫米；花梗长约 3 毫米，被绵毛；小苞片 5，长约 6 毫米，基部 1/3 合生；花萼杯状，裂片 5，较小苞片略短，二者均被星状柔毛；花瓣 5，倒卵形，长约 15 毫米，外面被星状柔毛；雄蕊柱长约 15 毫米，无毛；花柱分枝 10，微被长硬毛。果扁球形，径约 1 厘米，分果爿被星状短柔毛和锚状刺。花期 5-12 月，果期 6 月至次年 1 月。

分布： 全洞庭湖区；湖南全省；华东（山东除外）、华中（河南除外）、华南、西南。日本、印度尼西亚、孟加拉国、中南半岛、印度、尼泊尔，全球泛热带地区。

生境： 湖区湖边疏林下、湿草地或灌丛间；溪边沙土草地、干热的空旷地、草坡或疏林下。海拔 10-2200 米。

应用： 根、叶祛风解毒、行气活血，治痢疾等症，根煎水点酒服可治疗白痢；可观赏；茎皮纤维可代麻，供纺织、搓绳索、制麻袋、造纸用；种子油制皂或作机械润滑油。

识别要点： 下部叶近圆形，常 3 浅裂，中部叶卵形，上部叶披针形至长圆形；花腋生，单生或近簇生；花萼裂片和小苞片近等长；花瓣淡红色，长约 15 毫米；分果爿具倒刺毛和短柔毛。

椴树科 Tiliaceae

279 田麻 tian ma
Corchoropsis tomentosa (Thunb.) Makino
[*Corchoropsis crenata* S. et Z.]

一年生草本，高40-60厘米；分枝有星状短柔毛。叶（狭）卵形，2.5-6×1-3厘米，钝牙齿缘，两面密生星状短柔毛，基出脉3；叶柄长0.2-2.3厘米；托叶钻形，长2-4毫米，脱落。花有细柄，单生叶腋，径1.5-2厘米；萼片5，狭窄披针形，长约5毫米；花瓣5，黄色，倒卵形；发育雄蕊15，每3枚成一束，退化雄蕊5，与萼片对生，匙状条形，长约1厘米；子房被短茸毛。蒴果角状圆筒形，长1.7-3厘米，有星状柔毛。花果期7-10月。

分布： 全洞庭湖区；湖南全省；甘肃、陕西、东北、华北、华东、华中、华南、西南。朝鲜半岛、日本。

生境： 湖区旷野、荒地、田埂上、草丛中；丘陵或低山山坡或多石处。

应用： 茎叶清热利湿、解毒止血，治痈疖肿毒、咽喉肿痛、疥疮、小儿疳积、白带过多、外伤出血；茎皮纤维可代黄麻制作绳索及麻袋。

识别要点： 与光果田麻的区别：子房被短茸毛；果长1.7-3厘米，有星状柔毛。

梧桐科 Sterculiaceae

280 马松子 ma song zi
Melochia corchorifolia L.

半灌木状草本，高约1米；枝黄褐色，略被星状短柔毛。叶薄纸质，（矩圆状）卵形或披针形，稀不明显3浅裂，2.5-7×1-1.3厘米，急尖或钝头，基部圆形或心形，锯齿缘，上面近无毛，下面略被星状短柔毛，基生脉5；叶柄长5-25毫米；托叶条形，长2-4毫米。花排成顶生或腋生的密聚伞或团伞花序；小苞片条形，混生在花序内；萼钟状，5浅裂，长约2.5毫米，外面被长柔毛和刚毛，内面无毛，裂片三角形；花瓣5，白变淡红色，矩圆形，长约6毫米，基部收缩；雄蕊5，下部连合成筒，与花瓣对生；子房无柄，5室，密被柔毛，花柱5，线状。蒴果圆球形，5棱，径5-6毫米，被长柔毛，每室种子1-2；种子卵圆形，略呈三角状，褐黑色，长2-3毫米。花期夏秋。

分布： 全洞庭湖区；湖南全省；华东（山东除外）、华中、华南、西南。日本、亚洲热带和亚热带。

生境： 田野、低山丘陵原野、草地或灌丛中。

应用： 地上部分含蛇婆子碱、马松子环肽碱等生物碱。根叶止痒退疹，治皮肤瘙痒、癣症、瘾疹、湿疮、湿疹、阴部湿痒等症，茎叶治急性黄疸型肝炎；茎皮富含纤维，韧皮纤维品质优于黄麻，可织麻布、麻袋、作人造棉及造纸原料。

识别要点： 半灌木状草本；叶（矩圆状）卵形或披针形，稀3浅裂，基部圆形或心形，锯齿缘，基生脉5；密聚伞或团伞花序；花白转淡红色；蒴果圆球形，5棱，被长柔毛。

瑞香科 Thymelaeaceae

281 芫花 yuan hua
Daphne genkwa S. et Z.

落叶灌木，高达 1 米。多分枝，幼枝纤细，黄绿色，密被淡黄色丝状毛，老枝褐或带紫红色，无毛。叶对生，稀互生，纸质，卵状（披针形）或椭圆形，急尖或短渐尖头，3–4×1–1.5 厘米，上面无毛，幼时下面密被丝状黄色柔毛，老后仅叶脉基部疏被毛，侧脉 5–7 对；叶柄长约 2 毫米，被灰色柔毛。3–7 花簇生叶腋或侧生，淡紫红或紫色，先叶开花。花梗短，被灰色柔毛；萼筒长 0.6–1 厘米，外面被丝状柔毛；裂片 4，卵形或长圆形，5–6×4 毫米，圆头，外面疏被柔毛；雄蕊 8，2 轮；分别着生于萼筒中部和上部，花丝极短，花药黄色，花盘环状，不发达；子房倒卵形，长 2 毫米，密被淡黄色柔毛，花柱短或几无，柱头橘红色。果肉质，白色，椭圆形，长约 4 毫米，包于宿存花萼下部，种子 1。花期 3–5 月，果期 6–7 月。
分布： 全洞庭湖区；湖南全省；陕西、甘肃、四川、贵州、河北、山西、华东、华中。日本、朝鲜半岛。
生境： 湖区平原或丘陵旷野疏林下、灌丛或草丛中；山地、山坡、山谷、路旁、疏林或灌丛中，庭院中偶有栽培。海拔 50–1000 米。
应用： 毒性大。消肿解毒、拔毒生肌；花蕾为泻下利尿和祛痰药，治水肿、腹水诸症；根活血消肿、解毒，可毒鱼；全株煮汁杀虫、灭天牛；观赏；茎皮纤维柔韧，可作打字纸、复写纸和人造棉原料。
识别要点： 落叶灌木；叶对生，稀互生；常 3–6 花簇生叶腋或侧生，紫或淡蓝紫色，先叶开放。

胡颓子科 Elaeagnaceae

282 佘山羊奶子（佘山胡颓子）she shan yang nai zi
Elaeagnus argyi Lévl.

半落叶或常绿灌木，高达 3 米。具刺；小枝近 90 度角开展，幼枝被淡黄色鳞片。叶大小不等，发于春秋两季，薄纸质或膜质，春叶椭圆形或矩圆形，1–4×0.8–2 厘米，秋叶矩圆状倒卵形至阔椭圆形，6–10×3–5 厘米，两端钝圆，上面幼时被白色鳞毛，下面幼时被星状毛和鳞毛，老时仅被白色鳞片，侧脉 8–10 对，上面凹下，边缘网结；叶柄黄褐色，长 5–7 毫米。花无毛，淡（泥）黄色，被银白或淡黄色鳞片，质厚，下垂或开展，常 5–7 花簇生新枝基部成伞形总状花序。花梗长 3 毫米；萼筒漏斗状圆筒形，长 5.5–6 毫米，在裂片之下扩大，在子房之上缢缩，裂片卵形或卵状三角形，长 2 毫米，内面疏生柔毛；花丝极短，花药椭圆形；花柱直立，无毛。果倒卵状长圆形，13–15×6 毫米，幼时被银白色鳞片，熟时红色，果柄长 0.8–1 厘米。花期 1–3 月，果期 4–5 月。
分布： 全洞庭湖区；浙江、江苏、安徽、华中。
生境： 湖区湖边、湖心岛、旷野及村旁灌丛中；林下、路旁、宅旁，庭院常有栽培。海拔 20–300 米。
应用： 根祛痰止咳、利湿退黄、解毒，治咳喘、黄疸型肝炎、

风湿痹痛、痈疖；果实可生食和酿酒；观赏。

识别要点： 春秋两季发新叶，大小形状不等；幼叶两面具星状柔毛；果倒卵状矩圆形，具白色鳞片。

283 银果牛奶子（银果胡颓子）yin guo niu nai zi
Elaeagnus magna (Serv.) Rehd.

落叶直立散生灌木，高达 3 米。常有刺，稀无刺；幼枝被银白色鳞片，老枝鳞片脱落，灰黑色。叶膜质或纸质，倒卵状长圆形（披针形），4–10×1.5–3.7 厘米，钝尖，基部宽楔形，上面幼时被白色鳞片，老时部分鳞片脱落，下面灰白色，密被银白色及散生淡黄色鳞片，有光泽，侧脉 7–10 对不甚明显；叶柄长 4–8 毫米，密被白色鳞片。花银白色，密被鳞片，常 1–3 花着生新枝基部，单生叶腋；花梗长 1–2 毫米；萼筒圆筒形，长 0.8–1 厘米，在裂片下面稍扩展，在子房之上缢缩，裂片卵状三角形或卵形，长 3–4 毫米，内面无毛；花丝极短，花柱直立，无毛或具星状柔毛，柱头偏向一边膨大，长 2–3 毫米，超过雄蕊。果长圆形或长椭圆形，长 1.2–1.6 厘米，密被白色和少数褐色鳞片，熟时粉红色；果柄粗，直立，银白色，长 4–6 毫米。花期 4–5 月，果期 6 月。

分布： 全洞庭湖区；湘北、湘西、湘南；湖北、四川、贵州、江西、广东、广西。

生境： 湖区湖边、池塘边向阳坡地林中或灌丛中；林下、山地、路旁、林缘、河边向阳的沙质土壤上。海拔 30–1200 米。

应用： 果实可生食和酿酒；观赏。

识别要点： 与牛奶子相近，但本种的萼筒长 8–10 毫米；果实矩圆形或长椭圆形，12–16 毫米，果硬直立，粗壮，长 4–6 毫米。

堇菜科 Violaceae

284 堇菜（如意草）jin cai
Viola arcuata Blume
[*Viola verecunda* A. Gray]

多年生草本，高达 20 厘米。根状茎长 1.5–2 厘米。地上茎丛生，直立或斜升，平滑无毛。基生叶叶片宽（卵状）心形或肾形，1.5–3×1.5–3.5 厘米，圆或微尖头，基部宽心形，垂片平展，内弯浅波状圆齿缘，两面近无毛；茎生叶少，疏列；叶柄长 1.5–7 厘米，具翅；基生叶托叶下部与叶柄合生，褐色，茎生叶的离生，绿色。花小，白或淡紫色，腋生；花梗远长于叶片，中部以上有 2 近对生线形小苞片；萼片卵状披针形，长 4–5 毫米，尖头，基部附属物短，末端平截具浅齿，狭膜质缘；上方花瓣长倒卵形，约 9×2 毫米，侧方花瓣长圆状倒卵形，约 1×2.5 毫米，有短须毛，下方花瓣连距长约 1 厘米，微凹头，有深紫色条纹；距浅囊状，长 1.5–2 毫米；下方雄蕊背部具三角形短距；子房无毛，花柱基部向前膝曲，柱头 2 裂，裂片稍肥厚而直立，2 裂片间的基部有短喙，喙端具圆形柱头孔。蒴果椭圆形，长约 8 毫米，尖头，无毛。种子卵球形，淡黄色，基部具狭翅。花果期 5–10 月。

分布： 全洞庭湖区；湖南全省；陕西、甘肃、东北、华北、华东、华中、华南、西南。蒙古国、俄罗斯、日本、印度尼西亚、巴布亚新几内亚、印度、不丹、尼泊尔、朝鲜半岛、中南半岛。

生境： 溪谷湿草地、山坡草丛、灌丛、林缘、田野、宅旁。海拔 20–3000 米。

应用： 全草清热解毒，治节疮、肿毒等症；观赏。

识别要点： 与紫花堇菜区别：基生叶托叶下部与叶柄合生，上部离生呈狭披针形，茎生叶托叶离生，卵状（或狭）披针形或匙形；花小，白或淡紫色，距长 1.5–2 毫米。

285 戟叶堇菜 ji ye jin cai
Viola betonicifolia J. E. Smith

多年生草本，无地上茎。叶基生，莲座状，叶窄披针形、长三角状戟形（或卵形），2-8×0.5-3厘米，基部平截或略浅心形，有时宽楔形，基部垂片开展并具牙齿，波状疏齿缘，两面（近）无毛；叶柄长1.5-13厘米，上半部有窄翅，托叶褐色，线状披针形或钻形，约3/4与叶柄合生，全缘或疏细齿缘。花白或淡紫色，有深色条纹，长1.4-1.7厘米；花梗基部附属物较短；上方花瓣倒卵形，长1-1.2厘米，侧瓣长圆状倒卵形，内面基部密生或有少量须毛，下瓣常稍短，距管状，粗短，直或稍上弯；花药及药隔顶部附属物均长约2毫米，下方2雄蕊具长1-3毫米的距；子房卵球形，无毛，花柱基部稍向前膝曲，前方具短喙，喙端具柱头孔。蒴果椭圆形或长圆形，长6-9毫米，无毛。花果期4-9月。

分布： 全洞庭湖区；湖南全省；陕西、甘肃、华东、华中、华南、西南。日本、斯里兰卡、阿富汗、澳大利亚北部、东南亚、喜马拉雅地区、印度、克什米尔地区。

生境： 田野较湿润处、路边、山坡草地、灌丛、林缘。海拔30-2500米。

应用： 全草清热解毒、消肿散瘀、平肝明目、拔毒、通便，外敷可治节疮痛肿、烧伤、烫伤；可观赏。

识别要点： 与紫花地丁区别：下方花瓣的距较短，侧方花瓣密被须毛，叶形差异较明显。与长萼堇菜区别：萼附属物较短，末端钝圆，叶柄上半部具明显而狭长的翅。

286 七星莲 qi xing lian
Viola diffusa Ging.

一年生草本，根状茎短。匍匐枝先端具莲座状叶丛。叶基生，莲座状，或互生于匍匐枝上；叶卵形或卵状长圆形，1.5-3.5×1-2厘米，钝或稍尖头，基部宽楔形或平截，稀浅心形，钝齿缘，具缘毛，幼叶两面密被白色柔毛，后稀疏，叶脉及边缘被较密的毛；叶柄具翅，有毛，托叶基部与叶柄合生，线状披针形，渐尖头，疏细齿或流苏状齿缘。花较小，淡紫或浅黄色；花梗细长，中部有1对小苞片；萼片披针形，长4-5.5毫米，基部附属物短，末端圆或疏生细齿；侧瓣（长圆状）倒卵形，长6-8毫米，内面无须毛，下瓣连距长约6毫米，距极短；柱头两侧及后方具肥厚的缘边，中央部分稍隆起，前方具短喙。蒴果长圆形，无毛。花期3-5月，果期5-8月。

分布： 全洞庭湖区；湖南全省；甘肃、陕西、河北、华东（山东除外）、华中、华南、西南。日本、东南亚、巴布亚新几内亚、印度、尼泊尔。

生境： 湖区平原或丘陵林下石边阴湿处、田野近水阴湿地、宅旁土石墙脚；山地林下、林缘、草坡、溪谷旁、岩石缝隙中。海拔20-200米。

应用： 全草清热解毒；外用消肿、排脓；地被。

识别要点： 全体常被毛；多条匍匐枝先端具莲座状叶丛；叶片基部下延，钝齿缘，具缘毛；托叶与叶柄2/3离生；花淡紫或浅黄色；柱头中央部分稍隆起，两侧及后方具肥厚缘边，前方具短喙。

287 紫花堇菜 zi hua jin cai
Viola grypoceras A. Gray

多年生草本，主根发达。根状茎短粗，褐色；地上茎高达30厘米。基生叶（宽）心形，1-4×1-3.5厘米，钝或微尖头，基部弯缺窄，钝锯齿缘，两面无毛，密布褐色腺点；茎生叶三角（或卵）状心形；基生叶叶柄长达8厘米，茎生叶者较短，托叶褐色，窄披针形，具流苏状长齿，齿长2-5毫米。花淡紫色；花梗长6-11厘米，中部以上有2线形小苞片；萼片披针形，长约7毫米，有褐色腺点，基部附属物末端平截，浅齿缘；花瓣倒卵状长圆形，圆头，有褐色腺点，波状缘，侧瓣无须毛，下瓣连距长1.5-2厘米，距长6-7毫米，通常下弯；下方2雄蕊具近直立长距；子房无毛，花柱基部稍膝曲，柱头无乳头状突起，具短喙，柱头孔较宽。蒴果椭圆形，长约1厘米，密生褐色腺点，短尖头。花期4-5月，果期6-8月。
分布： 全洞庭湖区；湖南通道、永顺；陕西、甘肃、华东（山东除外）、华中、华南、西南。日本、韩国。
生境： 草坡、疏林下、空旷地、水边草丛中。海拔30-2400米。
应用： 全草作草药，清热解毒、消肿去瘀；观赏草坪。
识别要点： 托叶窄披针形，具流苏状长齿，齿长2-5毫米，比托叶宽度长约2倍；花大，花淡紫色，距长达6毫米。

288 长萼堇菜 chang e jin cai
Viola inconspicua Blume

多年生草本，无地上茎。根状茎较粗壮，长1-2厘米；叶基生，莲座状，叶三角形、三角状卵形或戟形，1.5-7×1-3.5厘米，基部宽心形，弯缺呈宽半圆形，圆齿缘，两面常无毛，上面密生乳点；叶柄具窄翅，长2-7厘米，托叶3/4与叶合生，离生部分披针形，疏生流苏状短齿。花淡紫色，有暗紫色条纹；花梗与叶片等长或稍高出于叶，中部稍上有2小苞片；萼片（卵状）披针形，长4-7毫米，基部附属物长，末端具缺刻状浅齿；花瓣长圆状倒卵形，长7-9毫米，侧瓣内面基部有须毛，下瓣连距长1-1.2厘米，距管状，直伸，长2.5-3毫米；下方雄蕊背部距角状，长约2.5毫米，尖头，基部宽；子房球形，无毛，花柱棍棒状，基部稍膝曲，柱头顶端平，两侧具较宽缘边，前方具短喙，喙端具向上的柱头孔。蒴果长圆形，无毛。花果期3-11月。
分布： 全洞庭湖区；湖南全省；陕西、甘肃、华东（山东除外）、华中、华南、西南。日本、东南亚、新几内亚岛、印度。
生境： 林缘、山坡草地、田边及溪旁。海拔30-2400米。
应用： 全草清热解毒，治目赤肿痛、湿热黄疸、炎症；观赏草坪。
识别要点： 与狭托叶堇菜和戟叶堇菜近似，但叶片三角形或戟形，渐尖头，基部弯缺呈宽半圆形，两侧垂片发达，稍下延于叶柄；萼片伸长，基部附属物长2-3毫米，末端具浅裂齿等，极易区别。

289 紫花地丁（犁头草）zi hua di ding
Viola philippica Cav.

多年生草本，无地上茎，高达 20 余厘米。根状茎短，垂直，节密生，淡褐色。基生叶莲座状；下部叶较小，三角状（或窄）卵形，上部者较大，圆形、窄卵状披针形或长圆状卵形，1.5-4×0.5-1 厘米，圆钝头，基部截形或楔形，圆齿缘，两面无毛或被细毛，果期叶长达 10 厘米；叶柄果期上部具宽翅，托叶膜质，离生部分线状披针形，疏生流苏状细齿或近全缘。花紫堇色或淡紫色，稀白色或侧方花瓣粉红色，喉部有紫色条纹；花梗与叶等长或高于叶，中部有 2 线形小苞片；萼片卵状披针形或披针形，长 5-7 毫米，基部附属物短；花瓣（长圆状）倒卵形，侧瓣长 1-1.2 厘米，内面无毛或有须毛，下瓣连管状距长 1.3-2 厘米，有紫色脉纹；距细管状，末端不向上弯；柱头三角形，两侧及后方具微隆起的缘边，顶部略平，前方具短喙。蒴果长圆形，长 5-12 毫米，无毛；种子卵球形，淡黄色。花果期 4-9 月。

分布： 全洞庭湖区；湖南全省；陕西、甘肃、宁夏、东北、华北、华东、华中、华南、西南。蒙古国、俄罗斯（远东地区）、日本、印度、朝鲜半岛、东南亚。

生境： 田间、荒地、山坡草丛、林缘或灌丛中；在庭院较湿润处常形成小群落。海拔 30-1700 米。

应用： 全草清热解毒，凉血消肿，治肝炎；嫩叶可作野菜；可作早春观赏花卉。

识别要点： 与早开董菜相似，但本种叶片较狭长，通常呈长圆形，基部截形；花较小，距较短而细；始花期通常稍晚。

290 三角叶董菜 san jiao ye jin cai
Viola triangulifolia W. Beck.

多年生草本，具地上茎，高达 35 厘米。根状茎深褐色，粗短，斜生，节密。基生叶早枯，叶（宽）卵形；茎生叶卵状（或窄）三角形，2-5×1.5-2.8 厘米，尖头，基部心形或平截，浅齿缘，两面无毛，具长柄，托叶离生，（线状）披针形，全缘或疏细齿缘。花小，白色有紫色条纹，单生叶腋；花梗细弱，与叶近等长或更长，上部有 2 对生小苞片；萼片（卵状）披针形，长约 3 毫米，基部附属物长约 0.5 毫米；上方花瓣长倒卵形，长 5-7.5 毫米，侧瓣长圆形，长 5-8 毫米，内面基部有须毛，下瓣较短，匙形，连浅囊状距长约 6 毫米；花药药隔顶端附属物长约 1.5 毫米，下方 2 雄蕊的距长约 1.1 毫米，方形；子房卵球形，无毛，柱头两侧及背部增厚成斜展的缘边，前方具短喙，柱头孔较粗。蒴果较小，椭圆形，无毛。花期 4-6 月。

分布： 全洞庭湖区；湘南、湘北；安徽、浙江、福建、湖北、江西、广东、广西、贵州。

生境： 山谷溪旁、林缘或路旁。海拔（40-）200-1800 米。

应用： 全草清热消炎，治结膜炎；可观赏。

识别要点： 茎生叶卵状（狭）三角形，基部心形或截形，浅锯齿缘，长柄，托叶离生；花小，白色有紫色条纹；柱头有片状缘边。与立董菜区别：后者叶较狭，基部略作箭形，叶柄较短而托叶较长。

291 心叶堇菜 xin ye jin cai
Viola concordifolia C. J. Wang
[*Viola yunnanfuensis* W. Beck. et H. de Boiss.]

多年生草本，无地上茎和匍匐枝。根状茎粗短，节密生，粗4–5毫米。叶多数，基生；叶片宽（或三角状）卵形，稀肾状，3–8×3–8厘米，尖或稍钝头，基部深心形或宽心形，圆钝齿缘，两面无毛或疏生短毛；叶柄在花期通常与叶片近等长，在果期远较叶片长，最上部具极狭的翅，通常无毛；托叶短，下部与叶柄合生，长约1厘米，离生部分开展。花淡紫、蓝紫或紫红色；花梗不高出叶片，被短毛或无毛，近中部有2线状披针形小苞片；萼片宽披针形，5–7×2毫米，渐尖头，基部附属物长约2毫米，末端钝或平截；上方与侧方花瓣倒卵形，12–14×5–6毫米，后者里面无毛，下方花瓣长倒心形，微缺头，连距长约1.5厘米，距圆筒状，4–5×约2毫米；下方雄蕊的距细长，长约3毫米；子房圆锥状，无毛，花柱棍棒状，基部稍膝曲，上部变粗，柱头顶部平坦，两侧及背方具明显缘边，前端具短喙，柱头孔较粗。蒴果椭圆形，长约1厘米。花期2–5月，果期5–10月。

分布： 全洞庭湖区；湘南、湘西、衡山；江苏、安徽、浙江、江西、西南。不丹。

生境： 林缘、林下、开阔草地、山地草丛、溪谷旁、路边。海拔30–3500米。

应用： 全草捣敷治疗疮肿痛；可观赏。

识别要点： 无地上茎和匍匐枝；叶片（宽）卵形，基部深心形，圆钝齿缘，托叶下部与叶柄合生；花淡紫色，花梗不高出叶片；花柱基部微膝曲，柱头顶部平坦，两侧及背方具缘边，前端具短喙。

葫芦科 Cucurbitaceae

292 盒子草 he zi cao
Actinostemma tenerum Griff.

纤细攀援草本。枝纤细，疏被长柔毛，后脱落无毛。叶心状戟形（窄卵形）、宽卵形或披针状三角形，3–12×2–8厘米，不裂、3–5裂或基部分裂，微波状或疏锯齿缘，基部弯缺半（或长）圆形或深心形，两面疏生疣状凸起；叶柄细，长2–6厘米，被柔毛，卷须细，2叉，稀单一。花单性，雌雄同株，稀两性。雄花序总状或圆锥状，稀单生或双生；花萼辐状，筒部杯状，裂片线状披针形，花冠辐状，裂片披针形，尾尖；雄蕊5（–6），离生，花丝短，花药近卵形，外向，基着，药隔在花药背面乳头状凸出，1室，纵裂。雌花单生、双生或雌雄同序；雌花梗具关节，长4–8厘米，花萼和花冠同雄花、子房有疣状凸起。果（宽）卵形或长圆状椭圆形，1.6–2.5×1–2厘米，疏生暗绿色鳞片状凸起，近中部盖裂，果盖锥形，种子2–4。种子稍扁，卵形，长1.1–1.3厘米，有不规则雕纹。花期7–9月，果期9–11月。

分布： 全洞庭湖区；内蒙古、河北、东北、华东、华中、华南、西南。朝鲜半岛、日本、中南半岛、印度。

生境： 湖区平原湖边、池塘边、河流及沟渠边的草丛或灌丛中；水边草丛中。

应用： 种子及全草利尿消肿、清热解毒、去湿；种子油供食用、可制皂，油饼可作肥料及猪饲料。

识别要点： 与云南盒子草区别：后者花两性，雄蕊6。

293 马泡瓜 ma pao gua
Citrullus melo L. var. **agrestis** Naud.
[*Citrullus melo* subsp. *agrestis* (Naud.) Pangalo]

一年生匍匐或攀援草本；茎有棱，有黄褐或白色糙硬毛和疣突。卷须单一纤细，被微柔毛。叶柄长 5-10 厘米，具槽沟及短刚毛；叶片厚纸质，近圆形或肾形，径 5-12 厘米，上面被白色糙硬毛，背面沿脉更密，不裂或 3-7 浅裂，裂片圆钝头，锯齿缘，基部截形或具半圆形弯缺，掌状脉。雌雄同株。雄花 2-3 聚生叶腋；花梗纤细，被柔毛；花萼筒狭钟形，密被白色长柔毛，裂片近钻形，比筒部短；花冠黄色，裂片卵状长圆形，急尖；雄蕊 3，药室折曲，药隔顶端引长；退化雌蕊极短。雌花单生，花梗被柔毛；子房近圆形，密被微柔毛和糙硬毛，柱头靠合。果实小，长圆形、球形或陀螺状，果皮平滑，有纵沟纹或斑纹，果肉极薄，白、黄或绿色，香而不甜；种子污（黄）白色，卵形或长圆形，尖头，基部钝，表面光滑，无边缘。花果期夏季。

分布: 石首、沅江、益阳；湘北；我国中、东部有少许栽培，普遍逸为野生。东亚及东南亚有栽培，其他国家少见栽培。
生境: 湖边或江边沙滩草地上；农田、路边。
应用: 瓜味香甜、或酸或苦，香甜者可食用；种子含油高，可榨油，可作油料作物；观果。
识别要点: 与甜瓜（原变种）区别：植株纤细；花较小，2-3 聚生；子房密被微柔毛和糙硬毛，果实小，长圆形、球形或陀螺状，香而不甜，果肉极薄。

294 王瓜 wang gua
Trichosanthes cucumeroides (Ser.) Maxim.

多年生攀援藤本；块根纺锤形。茎被柔毛。叶纸质，宽卵形或圆形，3-13（-19）×5-12（-18）厘米，3-5 浅至深裂，稀不裂，裂片三角形、卵形或倒卵状椭圆形，细齿或波状齿缘，叶基深心形，凹入 2-5 厘米，叶上面与叶柄（密）被绒毛及刚毛，下面密被茸毛，基出掌状脉 5-7；叶柄长 340 厘米；卷须 2 歧，被毛。雌雄异株；雄总状花序长 5-10 厘米，被茸毛；花梗长 5 毫米，小苞片线状披针形，均被茸毛；萼筒喇叭形，长 6-7 厘米，裂片线状披针形，全缘，被毛；花冠白色，裂片长圆状卵形，具极长丝状流苏，药隔有毛；退化雌蕊刚毛状。雌花单生；花梗长 0.5-1 厘米，与子房均有毛。种子横长圆形，长 0.7-1.2 厘米，3 室，两侧室近圆形，具瘤凸。花期 5-8 月，果期 8-11 月。

分布: 澧县、汉寿、沅江；湘西北；华东、华中、华南、西南。日本、印度。
生境: 湖区旷野、村边、沟渠边灌丛或草丛中；山谷密林、山坡疏林或灌丛中。海拔 20-1700 米。
应用: 果实、种子、根均可供药用，果清热、生津、化瘀、通乳；可观赏。
识别要点: 与全缘栝楼区别：后者的小苞片（倒）披针形，较大，中上部粗齿缘；花萼裂片三角状卵形；种子两侧室较小，中央环带宽而隆起。

295 栝楼 gua lou
Trichosanthes kirilowii Maxim.

攀援藤本，长达 10 米；块根圆柱状。茎多分枝，被伸展柔毛。叶纸质，近圆形，径 5–20 厘米，3–5（–7）浅至中裂，裂片菱状倒卵形、长圆形，常再浅裂，叶基心形，弯缺深 2–4 厘米，沿脉被长柔毛状硬毛，基出掌状脉 5；叶柄长 3–10 厘米，被长柔毛，卷须 3–7 歧，被柔毛。雌雄异株；雄总状花序单生或与单花并存，长 10–20 厘米，被柔毛，顶端 5–8 花；花梗长 15 厘米；小苞片倒（宽）卵形，长 1.5–2.5 厘米，粗齿缘，与萼筒被柔毛；萼筒筒状，长 2–4 厘米，裂片披针形，全缘；花冠白色，裂片倒卵形，长 2 厘米，具丝状流苏；花丝被柔毛。雌花单生；花梗长 7.5 厘米，被柔毛。果（椭）圆形，长 7–10.5 厘米，黄褐或橙黄色。种子卵状椭圆形，扁，长 11–16 毫米，棱线近边缘。花期 5–8 月，果期 8–10 月。

分布： 全洞庭湖区；湖南全省；辽宁、华北、华东、华中、华南、西南、西北（新疆除外）。朝鲜半岛、日本、越南和老挝。

生境： 湖区旷野、村庄附近、沟渠边、疏林下或灌丛中；向阳山坡、山脚林下、灌丛中、草地与石缝中、村旁田边，或广为栽培。海拔 10–1800 米。

应用： 根解热止渴、催乳、利尿、消肿毒、镇咳祛痰；果皮（栝楼皮）解热利尿、镇咳镇静；种子（栝楼仁）解热及镇咳祛痰，并治呼吸器官疾患；根中蛋白（天花粉）可引产、避孕、淀粉食用及酿酒；种子油制皂。

识别要点： 与中华栝楼区别：叶近圆形，3–5（–7）浅至中裂，裂片常再分裂；雄花小苞片大，花萼裂片披针形；种子棱线近边缘。

296 马㼉儿 ma bei er
Zehneria japonica (Thunb.) H. Y. Liu
[*Zehneria indica* (Lour.) Keraudren]

攀援草本；茎纤细无毛。叶柄长 2.5–3.5 厘米，初具长柔毛；叶片膜质，三角状卵形、卵状心形或戟形，常 3–5 浅裂，3–5×2–4 厘米，中裂片较长，三角形或披针状长圆形；侧裂片（披针状）三角形，上面脉上有极短柔毛，背面无毛；常急尖头，基部弯缺半圆形，微波状缘或疏齿缘。雌雄同株。雄花单生或稀 2–3 成总状花序；花（序）梗细短，无毛；花萼宽钟形，长 1.5 毫米；花冠淡黄色，有极短柔毛，裂片（卵状）长圆形，长 2–2.5 毫米；雄蕊 3，生萼筒基部。雌花与雄花同一叶腋内单生稀双生；花梗长 1–2 厘米，花冠阔钟形，径 2.5 毫米，裂片披针形，长 2.5–3 毫米；子房狭卵形，有疣凸，柱头 3 裂，退化雄蕊腺体状。果梗长 2–3 厘米；果实长圆形或狭卵形，两端钝，无毛，长 1–1.5 厘米，（橘）红色。种子灰白色，卵形，3–5×3–4 毫米。花期 4–7 月，果期 7–10 月。

分布： 全洞庭湖区；湖南娄底、衡山、湘北；华东（山东除外）、华中、华南、西南。日本、朝鲜半岛、菲律宾、印度尼西亚爪哇、越南、尼泊尔、印度半岛。

生境： 湖区湖河边、池塘沟渠边、疏林下、草丛或灌丛中；林中阴湿处及路旁、田边和灌丛中。海拔 20–1600 米。

应用： 全草清热、利尿、消肿；可观赏。

识别要点： 与云南马㼉儿区别：叶（三角状）卵形或戟形，常 3–5 浅裂，疏齿缘，基部弯缺显著；雄花单生或 2–3 成总状花序；种子边缘不拱起。

千屈菜科 Lythraceae

297 水苋菜 shui xian cai
Ammannia baccifera L.

一年生草本，无毛，高达 50 厘米；茎直立，多分枝，带淡紫色，稍呈 4 棱，具狭翅。下部叶对生，上部或侧枝的有时近互生，长椭圆形、矩圆形或披针形，茎上叶长达 7 厘米，侧枝叶 6-15×3-5 毫米，短尖或钝头，基部渐狭，侧脉不明显，近无柄。数花组成腋生聚伞花序或花束，结实时稍疏松，几无总花梗，花梗长 1.5 毫米；花极小，长约 1 毫米，绿或淡紫色；花萼蕾期钟形，顶端呈四方形，裂片 4，正三角形，短于萼筒的 2-3 倍，果时半球形，包围蒴果下半部，无棱，附属体褶叠状或小齿状；通常无花瓣；雄蕊通常 4，贴生萼筒中部，与花萼裂片等长或较短；子房球形，花柱极短或无。蒴果球形，紫红色，径 1.2-1.5 毫米，中部以上不规则周裂；种子极小，形状不规则，近三角形，黑色。花期 8-10 月，果期 9-12 月。

分布： 全洞庭湖区；湖南全省；陕西、河北、福建、安徽、浙江、江苏、华中、华南、西南。东南亚、印度、尼泊尔、不丹、阿富汗、热带非洲、澳大利亚及加勒比群岛。

生境： 湿地或水田中，冬春始现。

应用： 全草消瘀、止血、接骨；湿地植被；农田杂草。有辛辣味，牲畜不喜食。

识别要点： 湿生；茎带淡紫色，呈 4 棱，具狭翅；叶对生或上部的近对生，基部渐狭；腋生聚伞花序几无总梗；花绿或淡紫色，萼近无棱；蒴果球形，紫红色，径约 1.5 毫米。

298 千屈菜 qian qu cai
Lythrum salicaria L.

多年生草本，根茎横卧于地下，粗壮；茎直立，多分枝，高达 1 米，全株青绿色，略被粗毛或密被绒毛，枝通常 4 棱。叶对生或三叶轮生，(阔)披针形，4-6(-10)×0.8-1.5 厘米，钝形或短尖头，基部圆形或心形，有时略抱茎，全缘，无柄。花组成小聚伞花序，簇生，因花梗及总梗极短，花枝似一大型穗状花序；苞片阔披针形至三角状卵形，长 5-12 毫米；萼筒长 5-8 毫米，12 纵棱，稍被粗毛，裂片 6，三角形；附属体针状，直立，长 1.5-2 毫米；花瓣 6，红紫或淡紫色，倒披针状长椭圆形，基部楔形，长 7-8 毫米，生萼筒上部，有短爪，稍皱缩；雄蕊 12，6 长 6 短，伸出萼筒之外；子房 2 室，花柱长短不一。蒴果扁圆形。花期 7-8 月，果期 8-10 月。

分布： 全洞庭湖区；湖南全省；全国，有栽培。印度、阿富汗、东南亚、中亚、东北亚、欧洲、北非、北美洲、澳大利亚东南部。

生境： 河岸、湖畔、溪沟边和潮湿草地。

应用： 全草收敛止泻，治肠炎、痢疾、便血，外用于外伤出血；观赏花卉、湿地景观。

识别要点： 全株被灰白色的绒毛或粗毛，花序尤多；叶片基部圆形或近心形，无柄，略抱茎；花红（淡）紫色；蒴果扁圆形。

299 节节菜 jie jie cai
Rotala indica (Willd.) Koehne

一年生草本，多分枝，节上生根，茎常略4棱，基部常匍匐，上部直立或稍披散。叶对生，（近）无柄，倒卵状椭圆形或矩圆状倒卵形，4−17×3−8毫米，侧枝叶长仅约5毫米，顶端近圆形或钝形，具小尖头，基部楔形或渐狭，下面叶脉明显，软骨质缘。花小，长不及3毫米，通常组成长8−25毫米的腋生穗状花序，稀单生，苞片叶状，矩圆状倒卵形，长4−5毫米，小苞片2，极小，线状披针形，长约为花萼之半或稍过之；萼筒管状钟形，膜质，半透明，长2−2.5毫米，裂片4，披针状三角形，渐尖头；花瓣4，极小，倒卵形，长不及萼裂片之半，淡红色，宿存；雄蕊4；子房椭圆形，顶端狭，长约1毫米，花柱丝状，长为子房之半或近相等。蒴果椭圆形，稍有棱，长约1.5毫米，常2瓣裂。花期9−10月，果期10月至次年4月。

分布： 全洞庭湖区；湖南全省；陕西、山西、华东、华中、华南、西南。俄罗斯（远东地区）、日本、朝鲜半岛、东南亚、南亚、中亚、刚果、意大利、葡萄牙、美国等地引种。

生境： 稻田中或湿地上。

应用： 全株治热疮；嫩苗可食；作猪饲料；湿地景观；稻田杂草。

识别要点： 叶对生，倒卵状椭圆形或矩圆状倒卵形，基部楔形；小苞片线状披针形，花淡红色，花瓣长不及花萼裂片的1/2，花萼裂片间无附属体；蒴果2瓣裂。

300 圆叶节节菜 yuan ye jie jie cai
Rotala rotundifolia (Buch.-Ham. ex Roxb.) Koehne

一年生草本，各部无毛；根茎细长，匍匐地上；茎单一或稍分枝，直立，丛生，高5−30厘米，带紫红色。叶对生，无或具短柄，近圆形、阔倒卵形或阔椭圆形，5−10（−20）×3.5−5毫米，圆形头，基部钝形，或无柄时近心形，侧脉4对，纤细。花单生苞片内，组成顶生稠密的穗状花序，花序长1−4厘米，每株1−3个，有时5−7；花极小，长约2毫米，几无梗，苞片叶状，卵形或卵状矩圆形，约与花等长，小苞片2，披针形或钻形，约与萼筒等长；萼筒阔钟形，膜质，半透明，长1−1.5毫米，裂片4，三角形，裂片间无附属体；花瓣4，倒卵形，淡紫红色，长约为花萼裂片的2倍；雄蕊4；子房近梨形，长约2毫米，花柱长度为子房的1/2，柱头盘状。蒴果椭圆形，3−4瓣裂。花果期12月至次年6月。

分布： 全洞庭湖区；湖南全省；华东、华中、华南、西南。日本、中南半岛、南亚。

生境： 水田或池塘边潮湿地。海拔20−2700米。

应用： 全株清热解毒、通便消肿、治蛇伤；作猪饲料；观赏、湿地景观；水稻田杂草。

识别要点： 叶片近圆形，基部钝形或近心形；小苞片披针形或钻形，花瓣长约为花萼裂片的2倍；蒴果开裂成3−4瓣。

菱科 Trapaceae

301 野菱（四角刻叶菱，细果野菱）ye ling
Trapa incisa S. et Z.

[*Trapa maximowiczii* Korsh.；*Trapa incisa* S. et Z. var. *quadricaudata* Gluck.]

一年生浮水草本。叶柄长 5–15 厘米，纤细，中上部不或稍膨大，无毛；叶片三角状菱形或斜方形，1.5–3×2–4 厘米，上面有时带紫色，常具深棕色马蹄形斑块或基部具 2 黑斑，无毛或脉上疏被短毛，基部宽楔形，中上部边为缺刻状锐齿缘。单花腋生，小；花梗细，无毛；萼筒 4 裂，绿色，无毛；花瓣 4，粉红、淡紫或白色，长 5–7 毫米；子房半下位，上位花盘，8 瘤状物围着子房。坚果窄菱形，0.8–1.5×1.2–2×0.7–1 厘米，4 刺角，有各种棱纹或光滑，无果冠，果喙呈丘状突起或不明显，高 1–3 毫米；刺角圆锥状，不等长，长 1–1.5 厘米，2 肩角刺斜上举，2 腰角斜下伸，先端具倒钩刺短刚毛。花期 5–10 月，果期 7–11 月。

分布： 全洞庭湖区；陕西、东北、华北（内蒙古除外）、华东（山东除外）、华中、华南、西南。俄罗斯（远东地区）、日本、印度尼西亚、印度、中南半岛、朝鲜半岛。

生境： 池塘或湖泊中、河水流动极缓而有淤泥的河床中或小溪中。海拔 10–1000 米（西南至 2000 米）。

应用： 果小，种仁富含淀粉，生食或提取淀粉、酿酒；茎叶可作饲料；果壳可提取鞣料。

识别要点： 植物体较小；茎粗 1–2.5 毫米；叶片三角状菱形，1.5–3×2–4 厘米，中部边缘呈近直角形，锯齿缺刻状；果狭菱形，常带绿色，4 刺角弯而细锐。

302 菱（欧菱，四角菱）ling
Trapa natans L.

[*Trapa bispinosa* Roxb.；*Trapa quadrispinosa* Roxb.]

一年生浮水草本。着泥根细铁丝状，同化根羽状细丝裂。茎柔弱分枝。沉水叶小而早落；浮水叶互生，聚生茎枝顶端，旋叠状排列成莲座状菱盘，叶柄粗壮，长（2–）5–8 厘米，中上部多少膨大，被短柔毛；叶片圆（或三角状）菱形，4–6×4–8 厘米，表面深亮绿色，无毛，背面被短毛，中上部为不整齐锯齿缘，下部全缘，基部阔楔形；花单生叶腋；萼筒 4 深裂；花瓣 4，白色，长 7–10 毫米；雄蕊 4；雌蕊子房半下位，2 心皮，2 室，每室具 1 倒生胚珠，仅 1 室胚珠发育；花盘上位，鸡冠状。坚果陀螺状至短菱形，1.8–3×2–4.5×1–2.8 厘米，2–4 刺角或无，果喙圆锥体形或具簇毛，显著突起或呈薄脊状，果冠长 1–8（–11）毫米，4 角，圆钝或圆屋顶状头，稀无果冠；刺角扁平三角形或粗圆锥体形，直伸、斜举或先端外弯，长 2–3.5 厘米，先端（不）具倒钩刺短刚毛。花期 5–10 月，果期 7–11 月。

分布： 全洞庭湖区；湖南全省；全国，野生或栽培。俄罗斯、日本、印度、巴基斯坦、伊朗、朝鲜半岛、东南亚、非洲、欧洲、泛热带亚洲广泛栽培，澳大利亚和北美洲归化。

生境： 湖湾、池塘、缓流河湾，常栽培。海拔 10–2700 米。

应用： 果可生食，含淀粉 50% 以上，供食用及酿酒；全株可作饲料；果壳提制栲胶。

识别要点： 粗壮；茎粗 2.5–6 毫米；叶片三角状菱形，4–6×4–8 厘米，中部边缘圆形，不整齐锯齿缘；果锚状宽菱形，（0）2–4 刺角，刺角不规则三角形或圆锥形。

野牡丹科 Melastomataceae

303 地菍 di nie
Melastoma dodecandrum Lour.

匍匐小灌木，长10-30厘米。茎匍匐上升，逐节生根，分枝多，披散，幼时疏被糙伏毛。叶卵形或椭圆形，急尖头，基部宽楔形，1-4×0.8-2（-3）厘米，全缘或具密浅细锯齿缘，基出脉3-5，上面初被、后仅边缘或基出脉行间被糙伏毛，下面仅基出脉疏被糙伏毛；叶柄长2-6（-15）毫米，被糙伏毛。顶生聚伞花序（1-）3花，叶状总苞2，常较叶小；花梗被糙伏毛；苞片卵形，具缘毛，背面被糙伏毛。花萼管长约5毫米，被糙伏毛，裂片披针形，疏被糙伏毛，具缘毛，裂片间具1小裂片；花瓣淡紫红或紫红色，菱状倒卵形，长1.2-2厘米，先端有1束刺毛，疏被缘毛；子房顶端具刺毛。果坛状球形，近顶端略缢缩，平截，肉质，不开裂，7-9×约7毫米；宿存花萼疏被糙伏毛。花期5-7月，果期7-9月。

分布： 全洞庭湖区；湖南全省；华东（山东除外）、华中（河南除外）、华南、西南。越南。

生境： 旷野、林下路边、坡地草丛、沟底灌丛、草地，酸性土壤常见植物。海拔50-1300米。

应用： 全株涩肠止痢、舒筋活血、补血安胎、清热燥湿，捣敷治疮、痈、疽、疖；叶煎水治疳痔、热毒、疥癞、烂脚及蛇伤；根煎服治产后腹痛、赤白痢，可解木薯中毒；果熟可食及酿酒，观赏地被植物；果、叶可提制烤胶；保土固沙。

识别要点： 矮小灌木，茎匍匐上升，逐节生根，小枝、叶片边缘、花萼及有时基出脉行间被糙伏毛；叶片椭圆形或卵形，达4×2厘米；花瓣淡紫红至紫红色；果坛状球形，具刺毛。

304 金锦香 jin jin xiang
Osbeckia chinensis L. ex Walp.

直立亚灌木状草本，高达60厘米。茎四棱形，具紧贴糙伏毛。叶线形或线状（稀卵状）披针形，急尖头，基部钝或近圆形，2-4（-5）×0.3-0.8（-1.5）厘米，全缘，两面被糙伏毛，基出脉3-5；叶柄短或几无，被糙伏毛。顶生头状花序2-8（-10）花，基部叶状总苞2-6，苞片卵形。花4数；萼管常带红色，无毛或具1-5刺毛突起，裂片4，三角状披针形，与萼管等长，具缘毛，裂片间外缘具一刺毛状突起；花瓣4，淡紫红或粉红色，倒卵形，长约1厘米，具缘毛；雄蕊常偏向一侧，花丝与花药等长，花药具长喙；子房近球形，无毛，顶端有16刚毛。蒴果卵状球形，紫红色，先顶孔开裂，后4纵裂，宿存花萼坛状，约6×4毫米，外面无毛或具少数刺毛突起。花期7-9月，果期9-11月。

分布： 益阳；湖南全省；吉林、华东（山东除外）、华中、华南、西南。日本、东南亚、澳大利亚、印度、尼泊尔。

生境： 湖区池塘边矮草丛中；荒山草坡、路旁、田地边或疏林下阳处。海拔30-1100米。

应用： 全草清热解毒、收敛止血，治痢疾止泻、蛇咬伤，鲜草捣敷治痈疮肿毒及外伤出血；可观赏。

识别要点： 草本或亚灌木，高20-60厘米；叶片线形、线状披针形或长圆状（或椭圆状）卵形；花小，花瓣长约1厘米，淡紫红或粉红色；花萼被刺毛突起；子房除顶端具刚毛外，其余通常无毛。

柳叶菜科 Onagraceae

305 柳叶菜 liu ye cai
Epilobium hirsutum L.

多年生草本，秋季常自根颈平卧生出长而粗壮的根状茎，先端叶芽莲座状。茎高达 2.5 米，多分枝，密被伸展长柔毛，常混生短腺毛，花序上较密，稀密被白色绵毛。叶无柄，对生，茎上部的互生，多少抱茎，（披针状）椭圆形、窄倒卵形，稀窄披针形，长 4-12（-20）厘米，锐尖至渐尖，基部近楔形，细锯齿缘，两面被长柔毛，下面或混生短腺毛、密被绵毛或近无毛，侧脉 7-9 对。总状花序与花直立；花梗长 0.3-1.5 厘米；萼片长圆状线形，长 0.6-1.2 厘米，背面隆起成龙骨状；花瓣玫瑰红、粉红或紫红色，宽倒心形，长 9-20 毫米，凹缺头；子房灰绿或紫色，长 2-5 厘米，花柱无毛或疏被长柔毛，柱头伸出稍高过雄蕊，4 深裂。蒴果长 2.5-9 厘米，密被长柔毛与短腺毛，果柄长 0.5-2 厘米。种子倒卵圆形，长 0.8-1.2 毫米，具粗乳突；具短喙；种缨长 7-10 毫米，黄褐或灰白色，易脱落。花期 6-8 月，果期 7-9 月。

分布： 全洞庭湖区；湖南全省；全国（除海南外），城市常栽培。阿富汗、巴基斯坦、印度、尼泊尔、西亚、北亚、东亚、欧洲、非洲温带，北美洲栽培或野化。

生境： 湖边向阳湿处、河谷、溪流河床沙砾地或沟边、灌丛、荒坡、路旁。海拔 30-3500 米。

应用： 全草消炎止痛、祛风除湿、活血止血、生肌，治骨折、跌打损伤、疔疮痈肿、外伤出血、水泻肠炎；根理气、活血、止血；花清热消炎、调经止滞、止痛；嫩苗嫩叶可作凉菜；可供观赏。

识别要点： 与小花柳叶菜相似，但叶基部半抱茎；花瓣长 9-20 毫米；柱头花时伸出高过花药不同。

306 假柳叶菜 jia liu ye cai
Ludwigia epilobioides Maxim.

一年生粗壮直立草本。茎高达 1.5 米，四棱形，带紫红色，多分枝。叶窄椭圆形或窄披针形，长（2-）3-10 厘米，渐尖头，基部窄楔形，侧脉 8-13 对，脉上疏被微柔毛；叶柄长 0.4-1.3 厘米。萼片 4-5（-6），三角状卵形，4-5 棱，表面瘤状隆起，淡褐色，长 2-4.5 毫米，被微柔毛；花瓣黄色，倒卵形，长 2-2.5 毫米；雄蕊与萼片同数，花药具单体花粉；柱头球状，微凹头；花盘无毛。蒴果近无梗，10-28×1.2-2 毫米，初时 4-5 棱，表面瘤状隆起，熟时淡褐色，内果皮增厚变硬成木栓质，蒴果圆柱状，每室种子 1 或 2 列，稀疏嵌埋于内果皮中；果皮薄，熟时不规则开裂。种子窄卵圆形，稍歪斜，长 0.7-1.4 毫米，钝突尖头，淡褐色，具红褐色纵条纹，其间有横向细网纹；种脊不明显。花期 8-10 月，果期 9-11 月。

分布： 全洞庭湖区；湖南全省；东北、华北、华东、华中、华南、西南、陕西。俄罗斯阿穆尔地区、日本、朝鲜半岛、越南。

生境： 湖、塘、稻田、溪边等湿润处。海拔 10-800 米，在云南为 1200-1600 米。

应用： 全草清热解毒、利尿消肿，治痢疾效果显著；猪饲料；可观赏。

识别要点： 粗壮直立草本；茎四棱形，带紫红色；叶狭椭圆至狭披针形；花瓣黄色，雄蕊与萼片同数；种子熟时嵌入海绵质内果皮中。

307 卵叶丁香蓼 luan ye ding xiang liao
Ludwigia ovalis Miq.

多年生匍匐草本，近无毛，节上生根；茎长达 50 厘米，茎枝顶端上升。叶卵形至椭圆形，1-2.2×0.5-1.5 厘米，锐尖头，基部骤狭成翅柄，侧脉 4-7 对，无毛；叶柄长 2-7 毫米。花单生茎枝上部叶腋，几无梗；小苞片 2，生花基部；卵状长圆形，约 1.8×0.4 毫米；萼片 4，卵状三角形，2-3×1-2 毫米，锐尖头，有微缘毛；花瓣无；雄蕊 4；花丝长 0.5-0.8 毫米；花药淡黄色，近基着生，近球形，长 0.6-0.9 毫米，花粉粒以单体授粉；花盘隆起，绿色，深 4 裂，无毛，裂片对瓣；花柱绿色，长 0.6-1 毫米，无毛；柱头绿色，头状，径 0.3-0.5 毫米。蒴果近长圆形，4 棱，3-5×2.5-4 毫米，被微毛，果皮木栓质，易不规则室背开裂；果梗很短。种子每室多列，游离生，淡褐至红褐色，椭圆状，0.7-0.9×0.4-0.5 毫米，两端稍尖，一侧与内果皮连接，种脊明显，平坦，有纵横条纹。花期 7-8 月，果期 8-9 月。

分布： 全洞庭湖区；湖南全省；江西、广东、华东（山东除外）。日本、朝鲜半岛。

生境： 池塘边、湖边、田边、沟边、草坡、沼泽地。海拔 20-200 米。

应用： 盆花；鱼缸观赏或湿地公园造景。

识别要点： 茎匍匐，枝端上升，与叶常带紫红色；叶卵形至椭圆形，长 1-2.2 厘米；无花瓣；雄蕊与萼片同数。

308 丁香蓼 ding xiang liao
Ludwigia prostrata Roxb.

一年生直立草本；茎高 25-60 厘米，下部圆柱状，上部四棱形，常淡红色，近无毛，多分枝，小枝近水平开展。叶狭椭圆形，3-9×1.2-2.8 厘米，锐尖头或稍钝，基部狭楔形，在下部骤变窄，侧脉 5-11 对，至近边缘渐消失，两面近无毛或幼时脉上疏生微柔毛；叶柄长 5-18 毫米，稍具翅；托叶几全退化。萼片 4（5），三角状卵形至披针形，1.5-3×0.8-1.2 毫米，疏被微柔毛或近无毛；花瓣黄色，匙形，1.2-2×0.4-0.8 毫米，近圆形头，基部楔形，雄蕊 4，花丝长 0.8-1.2 毫米；花药扁圆形，宽 0.4-0.5 毫米，开花时以四合花粉直接授在柱头上；花柱长约 1 毫米；柱头近卵状或球状，径约 0.6 毫米；花盘围以花柱基部，稍隆起，无毛。蒴果四棱形，12-23×1.5-2 毫米，淡褐色，无毛，熟时迅速不规则室背开裂；果梗长 3-5 毫米。种子呈一列横卧于每室内，里生，卵状，0.5-0.6×约 0.3 毫米，顶端稍偏斜，具小尖头，有横条排成的棕褐色纵横条纹；种脊线形，长约 0.4 毫米。花期 6-7 月，果期 8-9 月。

分布： 全洞庭湖区；湖南全省；长江以南、海南、广西与云南南部。印度、不丹、尼泊尔、斯里兰卡、中南半岛、印度尼西亚、菲律宾。

生境： 稻田、河滩、溪谷旁湿处。海拔 20-800 米。

应用： 全株清热利水，治淋病、水肿；可观赏。

识别要点： 与假柳叶菜酷似，但种子离生，每室 1 列，横卧，种脊明显；萼片 4，较小；花瓣很小，匙形等不同。与细花丁香蓼区别：种子每室 1 列；蒴果四棱柱状，长 1.2-2.3 厘米；花瓣匙形。

309 月见草（待霄草）yue jian cao
Oenothera biennis L.

二年生直立草本，基生莲座叶丛紧贴地面；茎高达 2 米，与叶两面被曲柔毛与伸展长毛，常混生有腺毛。基生叶倒披针形，10–25×2–4.5 厘米，不整齐疏浅钝齿缘，侧脉 12–15 对，叶柄长 1.5–3 厘米；茎生叶椭圆形或倒披针形，7–20×1–5 厘米，基部楔形，稀疏钝齿缘，侧脉 6–12 对，茎上部叶下面与叶缘常混生有腺毛，叶柄长达 1.5 厘米。穗状花序不分枝或具次级侧生花序；苞片叶状，长 1.5–9 厘米，宿存。萼片长圆状披针形，长 1.8–2.2 厘米，尾尖头，自基部反折，在中部上翻；花瓣（淡）黄色，宽倒卵形，2.5–3×2–2.8 厘米，微凹头；子房圆柱状，4 棱，长 1–1.2 厘米，花柱长 3.5–5 厘米，伸出花筒，柱头裂片长 3–5 毫米。蒴果锥状圆柱形，长 2–3.5 厘米，直立，绿色，具棱，密被伸展长毛与短腺毛，有时混生曲柔毛，渐稀疏。种子在果中呈水平排列，暗褐色，棱形，长 1–1.5 毫米，具棱角和不整齐洼点。

分布： 全洞庭湖区散见，湖南隆回、长沙、宁乡，栽培或半逸野；我国东北至西南有栽培，常逸生并已野化。原产美洲东北部，早期引入欧洲，后传入世界温带与亚热带地区。

生境： 荒坡、路旁，栽培或逸生。海拔 10–1500 米。

应用： 观赏花卉；种子油为优质食用油，含油量达 25.1%，其中 γ–亚麻酸含量达 8.1%；花提芳香油，制成浸膏作调和香精；茎皮纤维制绳及人造棉；根可酿酒。

识别要点： 粗壮草本，被长柔毛及腺毛；基生莲座叶丛紧贴地面，倒披针形，浅钝齿缘；花瓣（淡）黄色，长 2.5–3 厘米，柱头围以花药；蒴果圆柱状，无果梗；种子棱形，具棱角及不整齐洼点。

小二仙草科 Haloragaceae

310 粉绿狐尾藻 fen lü hu wei zao
Myriophyllum aquaticum (Vell.) Verdc.

多年生水生或半湿生草本，半蔓性或直立。根状茎发达，在水底泥中蔓延，节部生根。茎粗壮，绿色或紫红色，水中茎常木质化，圆柱形，长 20–80 厘米，多分枝。（4）5–6（7）叶轮生，水中叶长 3–5 厘米，丝状全裂，无叶柄，老时红色；裂片 8–12 对，互生，长 0.5–2 厘米；水上叶互生，披针形，粉绿色、蓝绿色或灰绿色，表面具蜡质层，长约 1.5 厘米，羽状或丝状全裂，裂片互生，10–16 对，宽 1.5–2.5 毫米。苞片羽状篦齿状分裂。花单性，雌雄同株，上半部为雄花，下半部为雌花，或几乎全为雌花。花小，花瓣 4，早落，无柄，粉红白色，长 1.4–1.6 毫米，单生水上叶腋内，每轮常 5–6 花。核果坚果状，小，长 2–3 毫米，具 4 凹沟，成熟后分裂成 2 小坚果状果瓣，每果瓣具 1 种子，很少结果。花期 4–10 月。

分布： 全洞庭湖区；湖南全省；全国多地，外来入侵植物。原产南美洲亚马孙流域，现世界各地有分布。

生境： 稻田、池塘、湖泊、沟渠、沼泽及缓流溪河或干枯池塘中。

应用： 可作猪、鸭及鱼饲料；室内盆栽或水族箱栽培观赏，公园、风景区等水体或水岸边湿地造景；净化水体，吸收水

中的氮、磷等物质，抑制蓝藻暴发；恶性杂草。

识别要点： 叶通常 5-6 片轮生；水上叶粉绿色、蓝绿色或灰绿色。

311 穗状狐尾藻 sui zhuang hu wei zao
Myriophyllum spicatum L.

多年生沉水草本。根状茎发达。茎长 1-2.5 米，多分枝。（3-4）5（6）叶轮生，长 3.5 厘米，丝状细裂，裂片约 13 对，线形，长 1-1.5 厘米；叶柄几无。花两性、单性或杂性，雌雄同株，单生于水上枝苞片状叶腋，常 4 花轮生，多花组成顶生或腋生穗状花序，长 6-10 厘米；如为单性花，则上部为雄花，下部为雌花，中部有时为两性花，基部有 1 对苞片，其中 1 片稍大，宽椭圆形，长 1-3 毫米，全缘或羽状齿裂缘。雄花萼筒宽钟状，顶端 4 深裂，平滑；花瓣 4，宽匙形，凹入，长 2.5 毫米，圆头，粉红色；雄蕊 8，花药长椭圆形，长 2 毫米，淡黄色；无花梗。雌花萼筒管状，4 深裂；无花瓣或不明显；子房 4 室，花柱 4，很短，偏于一侧，柱头羽毛状，外反；大苞片长圆形，全缘或细齿缘，较花瓣短，小苞片近圆形，锯齿缘。果爿宽卵形或卵状椭圆形，长 2-3 毫米，4 纵深沟，沟缘光滑或具小瘤。花期春至秋，果期 4-9 月。

分布： 全洞庭湖区；湖南全省；全国。亚洲、欧洲，世界广布种。

生境： 静水池塘、沼泽、湖泊及缓流沟渠、河川、水井中，喜含钙水域。海拔 10-4200（-5200）米。

应用： 全草清凉、解毒、止痢，治慢性下痢；可为养猪、养鱼、养鸭的饲料；沉水观赏植物。

识别要点： 具水中叶和水上叶，5 片（假）轮生及互生，丝状全细裂；雌雄同株，顶生或腋生穗状花序；雄蕊 8，雌花无花瓣，苞片全缘或细锯齿缘；果皮平滑。

八角枫科 Alangiaceae

312 八角枫（华瓜木） ba jiao feng
Alangium chinense (Lour.) Harms

落叶乔木或灌木，高 3-5（-15）米。小枝略呈"之"字形，无毛或被疏柔毛。叶近圆形或卵形，长 13-19（-26）厘米，3-7裂或不裂，全缘或微波状缘，渐尖或急尖头，基部两侧常不对称，斜截形或斜心形；不定芽长出的叶常 5（7）裂，基部心形，下面脉腋被簇毛，侧脉 3-4 对，基出掌状脉，侧脉 3-5（-7）对，叶柄长 2.5-3.5 厘米，无毛。腋生聚伞花序 7-30（-50）花；花序梗及花序分枝均无毛。花萼具齿状萼片 6-8；花瓣与萼齿同数，线形，长 1-1.5 厘米，白或黄色；雄蕊与瓣同数而近等长，花丝被短柔毛，微扁，长 2-3 毫米，花药长 6-8 毫米，药隔无毛；子房 2 室，花柱无毛或疏生短柔毛，柱头状，常2-4 裂；花盘近球形。核果近圆形或椭圆形，长 5-7 毫米，顶端宿存萼齿及花盘。花期 5-7 月和 9-10 月，果期 7-11 月。

分布： 全洞庭湖区；湖南全省；陕西、甘肃、华东、华中、华南、西南。不丹、印度、尼泊尔、东南亚、东非。

生境： 湖区旷野、沟渠边、村旁；山地或疏林中。海拔 20-2500 米。

应用： 根入药称"白龙须"，茎称"白龙条"，祛风除湿、舒筋活络、散瘀痛，治风湿、跌打损伤、外伤出血；家具用材；可观赏；树皮纤维可编绳索。

识别要点： 叶片近圆、椭圆或卵形，不分裂或常 3-7 裂，基部两侧不对称；每花序 7-30（-50）花；花瓣长 1-1.5 厘米，雄蕊 6-8，常与花瓣同数，花丝远较花药短，药隔无毛；核果卵圆形，长 5-7 毫米。

313　稀花八角枫 xi hua ba jiao feng
Alangium chinense (Lour.) Harms subsp. **pauciflorum** Fang

形态特征与八角枫（原亚种）相似，但为纤细的灌木或小乔木；叶较小，卵形，锐尖头，常不分裂，稀3（−5）微裂，6−9×4−6厘米，花较稀少，每花序仅3−6花，花瓣8，雄蕊8，花丝有白色疏柔毛。

分布：全洞庭湖区；湖南全省；陕西、甘肃、华中、西南。

生境：湖区旷野林地、丘陵坡地林中；山地山坡丛林中。海拔（20−）1100−2500米。

应用：同八角枫（原亚种）。

识别要点：植株较矮小柔弱；叶卵形，较小，常不分裂；花序仅3−6花。

蓝果树科 Nyssaceae

314　喜树 xi shu
Camptotheca acuminata Decne.

落叶乔木，高达20余米；树皮灰色，浅纵裂。小枝皮孔（长）圆形，幼枝被灰色微柔毛。叶互生，长圆形或椭圆形，12−28×6−12厘米，短尖头，基部圆或宽楔形，稀近心形，全缘，幼时上面脉上被柔毛，下面疏生柔毛，侧脉11−15对；叶柄长1.5−3厘米，幼时被微柔毛。花杂性同株；头状花序生于枝顶及上部叶腋，常2−6（−9）组成复花序，雌花序位上部，雄花序位下部，花序梗长4−6厘米，幼时被微柔毛；苞片3，卵状三角形，长2.5−3毫米。花无梗；花萼杯状，齿状5裂，具缘毛；花瓣5，卵状长圆形，长2毫米，雄蕊10，着生花盘周围，花丝不等长，外轮长于花瓣，内轮较短，花药4室；子房下位，1室，胚珠下垂，花柱长约4毫米，顶端2（3）裂。头状果序15−20瘦果，果长2−2.5厘米，花盘宿存，无果柄。种子1，子叶较薄，胚根圆筒状。花期5−7月，果期9月。

分布：全洞庭湖区，广泛栽培并自然更新；湖南全省；华东（山东除外）、华中（河南除外）、华南、西南。

生境：湖区平原林地中、村庄、宅旁；林边或溪边。海拔20−1000米。

应用：全株抗癌、散结、清热、杀菌，治癌症、白血病、血吸虫病、肝脾肿大，外治牛皮癣；根、果可提喜树碱，为抗癌要药；材用；庭院或行道树；造纸原料。

识别要点：与薄叶喜树（变种）的区别：后者翅果比较纤细而长，长3−3.2厘米；叶比较薄而细，8−10×4−6厘米，侧脉常仅11−12对。

五加科 Araliaceae

315 常春藤 chang chun teng
Hedera nepalensis K. Koch. var. **sinensis** (Tobl.) Rehd.

常绿攀援灌木；茎长达20米，有气生根，幼时疏生锈色鳞片。叶片革质，不育枝上的为三角状卵形（长圆形），稀三角形或箭形，5–12×3–10厘米，短渐尖头，基部截形，稀心形，全缘或3裂，花枝上的为椭圆状卵形（披针形），略歪斜而带菱形，稀（阔）卵形、披针形或箭形，5–16×1.5–10.5厘米，（长）渐尖，基部（阔）楔形，稀圆形，全缘或1–3浅裂，上面光泽，下面无毛或疏生鳞片；叶柄长2–9厘米，有鳞片，无托叶。单个顶生伞形花序，或2–7排列成圆锥花序，有花5–40；总花梗长1–3.5厘米，苞片三角形，长1–2毫米；花梗长0.4–1.2厘米；花淡黄（绿）白色；萼密生棕色鳞片，长2毫米，近全缘；花瓣5，三角状卵形，长3–3.5毫米，外面有鳞片；雄蕊5，花药紫色；子房5室；花盘隆起，黄色；花柱全部合生成柱状。果实球形，红或黄色，径7–13毫米；宿存花柱长1–1.5毫米。花期9–11月，果期次年3–5月。
分布：全洞庭湖区；湖南全省；甘肃、陕西、华东、华中、华南、西南。老挝、越南。
生境：常攀援于林缘树木上、林下路旁、岩石和房屋墙壁上，庭院中常栽培。海拔20–3500米。
应用：全株舒筋散风，茎叶捣碎治衄血、痛疽或其他初起肿毒；垂直绿化；茎叶可提制烤胶。
识别要点：植物体幼嫩部分和花序上有锈色鳞片；萼长2毫米；

花瓣长3–3.5毫米；果实红或黄色。而台湾菱叶常春藤植物体幼嫩部分和花序上有星状毛；萼长约1毫米；花瓣长2–2.5毫米；果实黑色。

316 通脱木 tong tuo mu
Tetrapanax papyrifer (Hook.) K. Koch

灌木或小乔木，无刺，高1–3.5米；新枝淡（黄）棕色，有明显叶痕和大形皮孔，幼时密生黄色星状厚绒毛，后渐脱落。茎髓大，白色，纸质。叶大，集生茎顶，径50–70厘米，基部心形，掌状5–11裂，裂片浅或深达中部，每一裂片常又有2–3个小裂片，全缘或粗齿缘，上面初具毛，后无毛，下面密被白色星状绒毛；叶柄粗壮，长30–50厘米；托叶膜质，锥形，基部合生，有星状厚绒毛。伞形花序聚生成（近）顶生大型复圆锥花序，长达50厘米以上；苞片披针形，长1–3.5厘米，密生星状绒毛；小苞片线形，长2–6毫米；花淡黄白色；萼密生星状绒毛，（几）全缘，长1毫米；花瓣4（5），三角状卵形，长2毫米；雄蕊4，稀5；子房下位，2室；花柱2，分离，开展。果球形，紫黑色，径约4毫米。花期10–12月，果期次年1–2月。
分布：湘阴、益阳、沅江；湘西、湘西南；陕西、长江以南、西南。
生境：向阳肥厚的土壤上，庭院栽培。海拔30–2800米。
应用：茎髓即中药"通草"，切成的薄片称"通草纸"，清热解毒、消肿通乳，作利尿剂，治尿道炎、乳汁不下；可观赏；供精制纸花和小工艺品原料。
识别要点：叶片掌状7–12裂；大型圆锥花序长达50厘米；伞形花序总状排列；花较大。

伞形科 Umbelliferae, Apiaceae

317 积雪草（破铜钱）ji xue cao
Centella asiatica (L.) Urban

多年生草本，茎匍匐，细长，节上生根。叶片膜质至草质，圆形、肾形或马蹄形，1−2.8×1.5−5 厘米，钝锯齿缘，基部阔心形，两面无毛或在背面脉上疏生柔毛，掌状脉 5−7，两面隆起，脉上部分叉；叶柄长 1.5−27 厘米，无毛或上部有柔毛，基部叶鞘透明，膜质。伞形花序梗 2−4，聚生于叶腋，长 0.2−1.5 厘米，有或无毛；苞片 2（3），卵形，膜质，3−4×2.1−3 毫米；每一伞形花序 3−4 花，聚集呈头状，花柄 0−1 毫米；花瓣卵形，紫红或乳白色，膜质，1.2−1.5×1.1−1.2 毫米；花柱长约 0.6 毫米；花丝短于花瓣，与花柱等长。果实两侧扁压，圆球形，基部心形至平截形，2.1−3×2.2−3.6 毫米，每侧有数条纵棱，表面有毛或平滑。花果期 4−10 月。

分布： 全洞庭湖区；湖南全省；青海、陕西、山西、华东（山东除外）、华中、华南、西南。日本、澳大利亚、朝鲜半岛、东南亚、大洋洲群岛、南亚、中非、南非，世界泛热带广布。

生境： 路旁、沟边、田坎边稍湿润而肥沃的土壤上、阴湿的草地或水沟边，常成群生长，高山少见。海拔 20−1900 米。

应用： 全草清热解毒、利水渗湿、凉（止、活）血、祛瘀消肿，治痧氙腹痛、痢疾、黄疸、砂淋血淋、吐血咯血、目赤、喉肿、风疹、疥癣、疔痈肿毒、跌打损伤、蛇伤、风寒、肺热咳嗽；在广西作煮鱼佐料；凉茶；农药、兽药；草坪、地被。

识别要点： 匍匐茎细长，节上生根；叶片圆肾形或马蹄形，1−2.8×1.5−5 厘米，钝锯齿缘，基部阔心形，掌状脉 5−7；花序梗 2−4，头状伞形花序；花 3−4，几无柄，紫红或乳白色；果实两侧扁压，圆球形。

318 蛇床 she chuang
Cnidium monnieri (L.) Cuss.

一年生草本，高达 60 厘米。茎单生，中空，具棱，多分枝。下部叶具短柄，叶鞘宽短，膜质缘，上部叶柄鞘状；叶（三角状）卵形，3−8×2−5 厘米，二至三回羽裂，裂片线形或线状披针形，3−10×1−3 毫米，全缘或浅裂。复伞形花序径 2−3 厘米，总苞片 6−10，线形，长约 5 毫米，具细睫毛；伞辐 8−20，长 0.5−2 厘米，小总苞片多数，线形，长 3−5 毫米，具细睫毛；伞形花序 15−20 花。花瓣白色；花柱基垫状，花柱稍弯曲。分果长圆形，1.5−3×1−2 毫米，横剖面近五边形，5 棱均成宽翅。花期 4−7 月，果期 6−10 月。

分布： 全洞庭湖区；湖南全省；青藏高原除外的全国各地。俄罗斯、蒙古国、朝鲜半岛、中南半岛、欧洲，北美洲为偶见外来种。

生境： 湖区平原田野湿润地、湖河边滩涂；田边、路旁、草地及溪河边湿地。

应用： 果即中药"蛇床子"，燥湿、杀虫止痒、壮阳，为兴奋药，治肾虚阳痿，"蛇床子药膏"外用治皮肤湿疹、阴道滴虫、妇女阴肿；果提芳香油（蛇床子油），供配制喷雾香水香精用；种子油作农药，杀虫及防治多种植病；湿地景观。

识别要点： 叶二至三回三出式羽状全裂，末回裂片线形至线状披针形；伞辐 8−20，不等长；小总苞片多数，线形，狭膜质缘，具细睫毛；小伞形花序 15−20 花，白色。

319 **细叶旱芹** xi ye han qin
Cyclospermum leptophyllum (Pers.) Sprag. ex Britt. et P. Wilson
[*Apium leptophyllum* (Pers.) F. Muell.]

一年生草本，高 25-45 厘米。茎多分枝，光滑。根生叶有柄，柄长 2-5（-11）厘米，基部边缘略扩大成膜质叶鞘；叶片轮廓呈长圆形至长圆状卵形，2-10×2-8 厘米，三至四回羽状多裂，裂片线形至丝状；茎生叶通常三出式羽状多裂，裂片线形，长 10-15 毫米。复伞形花序顶生或腋生，通常无梗或少有短梗，无（小）总苞片；伞辐 2-3（-5），长 1-2 厘米，无毛；小伞形花序 5-23 花，花柄不等长；无萼齿；花瓣（绿）白或略带粉红色，卵圆形，约 0.8×0.6 毫米，顶端内折，1 中脉；花丝短于花瓣，少与花瓣同长，花药近圆形，长约 0.1 毫米；花柱基扁压，花柱极短。果实圆心脏形或圆卵形，长宽 1.5-2 毫米，分果 5 棱圆钝；胚乳腹面平直，每棱槽内有油管 1，合生面油管 2。心皮柄顶端 2 浅裂。花期 5 月，果期 6-7 月。
分布：全洞庭湖区；湖北、江苏、福建、广东，为外来归化种。世界热带至温带地区广泛归化，原产南美洲加勒比海地区。
生境：田间、路旁、庭院杂草地及水沟边。
应用：含精油；常见杂草。
识别要点：一年生草本；叶三至四回羽状多裂，裂片线形；花（绿）白或略带粉红色；果棱圆钝。

320 **野胡萝卜** ye hu luo bo
Daucus carota L.

二年生草本，高 15-120 厘米。茎单生，全体有白色粗硬毛。基生叶薄膜质，长圆形，二至三回羽状全裂，末回裂片线形或披针形，2-15×0.5-4 毫米，尖锐头，有小尖头，光滑或有糙硬毛；叶柄长 3-12 厘米；茎生叶近无柄，有叶鞘，末回裂片小或细长。复伞形花序，花序梗长 10-55 厘米，有糙硬毛；总苞有多数苞片，呈叶状，羽状分裂，少不裂，裂片线形，长 3-30 毫米；伞辐多数，长 2-7.5 厘米，结果时外缘的伞辐向内弯曲；小总苞片 5-7，线形，不分裂或 2-3 裂，膜质缘，具纤毛；花通常白色，有时带淡红色；花柄不等长，长 3-10 毫米。果实圆卵形，3-4×2 毫米，棱上有白色刺毛。花期 5-7 月。
分布：全洞庭湖区；湘中、湘西、湘西北；西北（青海除外）、华北（内蒙古除外）、华东、华中、西南。北非、欧洲、西亚、东南亚，世界温带地区广泛入侵或栽培。
生境：湖区堤岸、荒地；山坡路旁、旷野或田间。海拔 20-3000 米。
应用：果实入药称"鹤虱"，为驱虫药；又可提取芳香油，可用于调香。
识别要点：与胡萝卜区别：根细而多分枝，浅棕色，难食用；而后者根长圆锥形，肉质粗肥，红或黄色，供蔬食。

321　**天胡荽** tian hu sui
Hydrocotyle sibthorpioides Lam.

多年生草本。茎细长，匍匐，铺地成片，节生根。叶（肾状）圆形，0.5–1.5×0.8–2.5厘米，不裂或5–7浅裂，裂片宽倒卵形，基部心形，钝齿缘，上面无毛，下面脉上有毛；叶柄长0.7–9厘米。伞形花序与叶对生，单生节上，花序梗纤细，长0.5–3.5厘米，伞形花序5–18花。花无梗或梗极短；花瓣卵形，长约1.2毫米，绿白色；花丝与花瓣等长或稍长；花柱长约1毫米。果近心形，1–1.4×1.2–2毫米，两侧扁，中棱隆起，幼时草黄色，成熟后有紫色斑点。花果期4–9月。

分布: 全洞庭湖区；湖南全省；陕西、河北、华东、华中、华南、西南。朝鲜半岛、东南亚、印度、不丹、尼泊尔；热带非洲。

生境: 湿润的草地、河沟边、林下、宅旁。海拔20–3000米。

应用: 全草清热解毒、利尿、止咳、消肿散结、通鼻气、利九窍、吐风痰、去目翳，治黄疸、赤白痢疾、目翳、喉肿、痈疽疔疮、鼻窦炎、胆结石、尿路结石，全草治跌打损伤，煎水服治风寒症；观赏草坪。

识别要点: 叶（肾）圆形，小，长小于1.5厘米，不分裂或5–7裂，叶柄无毛或顶端有毛；花序梗长0.5–3.5厘米，短于叶柄，单生于节部或枝梢，与叶对生，光滑或有毛；果实无毛。

322　**破铜钱** po tong qian
Hydrocotyle sibthorpioides Lam. var. **batrachium** (Hance) H.-M. ex Shan

与天胡荽（原变种）形态特征相似，但叶片较小，3–5深裂几达基部，侧面裂片间有一侧或两侧仅裂达基部1/3处，裂片均呈楔形。

分布: 全洞庭湖区；湘西黔阳；四川、华东（山东除外）、华中、华南。越南、菲律宾。

生境: 湿润的路旁、草地、河沟边、湖滩、溪谷及山地。海拔20–2500米。

应用: 全草消肿解毒，治砂淋、黄疸、肝炎、肾炎、胃炎、肝火头痛、火眼、百日咳；观赏草坪。

识别要点: 叶片较小，3–5深裂几达基部，侧面裂片间有一侧或两侧仅裂达基部1/3处，裂片楔形。

323 普通天胡荽（香菇草）pu tong tian hu sui
Hydrocotyle vulgaris L.

多年生湿生或挺水草本。茎纤细，匍匐，横走茎发达，节上生根。叶柄细长，盾状着生于叶片背部中心，叶片圆形或肾形，上面鲜绿或深绿色，光滑具光泽，背面密被贴生丁字形毛，钝圆齿缘或近全缘，掌状脉 6-9（-12），径达 4 厘米；头状伞形花序 3-6 花，径 3 毫米，1-4 伞形花序再组成总状花序；花近无柄，白色，带浅粉红或浅绿色，径 1 毫米；蒴果近球形。花果期 4-7 月。

分布：岳阳、益阳；湘西、长沙；辽宁、华东、华中、华南、西南，栽培或野化。印度、东南亚、南美洲热带、欧洲。为入侵植物。

生境：池塘边、湿润路旁、草地、沟边及林下。

应用：全草清热解毒、利湿消肿，印度民间用治麻风病、湿疹及其他皮肤病、淋巴结核、溃疡、风湿病、头痛、头晕、血便，马来西亚用治创伤及作利尿剂，丹麦用治咳嗽；全草含黄酮类成分，根和茎的提取物对白血病有活性；常作水缘、水盆或湿地的造景或观叶植物；水体净化。

识别要点：地下横走茎发达；叶圆伞形，具长柄，钝圆锯齿缘，上面鲜绿色，有光泽；花黄绿色。

324 水芹 shui qin
Oenanthe javanica (Bl.) DC.

多年生草本，高 15-80 厘米，茎直立或基部匍匐。基生叶有柄，柄长达 10 厘米，基部有叶鞘；叶片轮廓三角形，一至二回羽状分裂，末回裂片卵形至菱状披针形，2-5×1-2 厘米，牙齿或圆齿状锯齿缘；茎上部叶无柄，裂片和基生叶的裂片相似，较小。复伞形花序顶生，花序梗长 2-16 厘米；无总苞；伞辐 6-16，不等长，长 1-3 厘米，直立和展开；小总苞片 2-8，线形，长 2-4 毫米；小伞形花序 20 余花，花柄长 2-4 毫米；萼齿线状披针形，长与花柱基相等；花瓣白色，倒卵形，1×0.7 毫米，有一长而内折的小舌片；花柱基圆锥形，花柱直立或两侧分开，长 2 毫米。果实近四角状椭圆形或筒状长圆形，2.5-3×2 毫米，侧棱较背棱和中棱隆起，木栓质，分果横剖面近五边状的半圆形；每棱槽内油管 1，合生面油管 2。花期 6-7 月，果期 8-9 月。

分布：全洞庭湖区；湖南全省；除新疆及青海外的全国各地。俄罗斯（远东地区）、日本、印度、尼泊尔、巴基斯坦、朝鲜半岛、东南亚、新几内亚岛。

生境：浅水低洼地方或池沼、水沟旁，农舍附近湿润旱地或水田里常见栽培。海拔 20-4000 米。

应用：民间将新鲜的茎叶榨汁服降血压，将茎叶煮食治神经痛症；野生或栽培蔬菜；湿地景观；水体净化。

识别要点：植株不粗壮；叶裂片小，2.5-4×1.5-2 厘米，卵形或菱状披针形，牙齿或圆齿状锯齿缘；茎分枝不多；伞辐 6-16，长 1-3 厘米。

325 卵叶水芹 luan ye shui qin
Oenanthe javanica (Blume) DC. subsp. **rosthornii** (Diels) F. T. Pu
[*Oenanthe rosthornii* Diels]

多年生草本，高 50–70 厘米，粗壮。茎下部匍匐，上部直立，有棱，被柔毛。叶片轮廓广三角形或卵形，7–15×8–12 厘米，末回裂片菱状卵形或长圆形，3–5×1.5–3 厘米，长渐尖头，有近突尖的楔形齿缘。复伞形花序顶生和侧生，花序梗长 16–20 厘米；无总苞；伞辐 10–24，不等长，长 2–6 厘米，直立开展；小总苞片披针形，6–12，长 4–6 毫米；小伞形花序 30 余花，花柄长 2–5 毫米；萼齿披针形，长不及 1 毫米；花瓣白色，倒卵形，1–1.5×0.7–0.8 毫米，顶端有一内折的小舌片；花柱基圆锥形，花柱直立，长 1–1.5 毫米。果实椭圆形或长圆形，3–4× 约 2 毫米，侧棱较背棱和中棱隆起，木栓质，分果横剖面半圆形，每棱槽内油管 1，合生面油管 2。花期 8–9 月，果期 10–11 月。

分布：全洞庭湖区；湘西；西南、广东、广西。

生境：湖河边沙地及较阴湿草地，水沟旁，湿润旱地或水田边；山谷林下水沟旁草丛中。海拔（20–）1400–4000 米。

应用：补气益血、止血、利尿，主治气虚血亏、头目眩晕、水肿、外伤出血；野生蔬菜；猪饲料；湿地景观；水体净化。

识别要点：植株较粗壮；叶裂片大，常 4–5×2–3 厘米，菱状卵形或椭圆形，长渐尖头，钝锯齿缘；伞辐 10–24，长 2–6 厘米。

326 线叶水芹（中华水芹）xian ye shui qin
Oenanthe linearis Wall. ex DC.
[*Oenanthe sinensis* Dunn]

多年生草本，高 20–70 厘米，光滑无毛。茎直立，基部匍匐，节上生根，上部不分枝或有短枝。叶柄长 5–10 厘米，逐渐窄狭成叶鞘，广卵形，微抱茎。叶片一至二回羽状分裂，茎下部叶末回裂片楔状（或线状）披针形，1–3×2–10 毫米，羽状半裂缘或全缘，1–3×2–10 毫米；茎上部叶末回裂片通常线形，10–40×1–2 毫米。复伞形花序顶生与腋生，花序梗长 4–7.5 厘米，通常与叶对生；无总苞；伞辐 4–9，不等长，长 1.5–2 厘米；小总苞片线形，多数，4–5×0.5 毫米，长与花柄相等；小伞形花序 10 余花，花柄长 3–5 毫米；萼齿三角形或披针状卵形，长约 0.5 毫米；花瓣白色，倒卵形，顶端有内折的小舌片；花柱基圆锥形，花柱直立，长 3 毫米。果实圆筒状长圆形，3×1.5–2 毫米，侧棱略较中棱和背棱为厚；棱槽窄狭，有油管 1，合生面油管 2。花期 6–7 月，果期 8 月。

分布：全洞庭湖区；湖南全省；华东、华中、西南。印度、尼泊尔、老挝、缅甸、越南。

生境：湖区平原沟渠、稻田、池塘等水边湿地；山坡路旁湿地及水田沼池。海拔（20–）800–3000 米。

应用：野菜；猪饲料；湿地景观；水体净化。

识别要点：叶一至二回羽状分裂，末回裂片广卵形或长线形；柄长 5–10 厘米；茎上下部叶同形，楔状（或线状）披针形或卵形，羽状半裂缘或全缘。

327 小窃衣（破子草）xiao qie yi
Torilis japonica (Houtt.) DC.

一年生或多年生草本，高达 1.2 米。叶柄长 2-7 厘米，具窄膜质叶鞘；叶片长卵形，一至二回羽状分裂，两面疏生紧贴粗毛，一回羽片卵状披针形，2-6×1-2.5 厘米，先端渐窄，边缘羽状深裂至全裂，小裂片有粗齿、缺刻或分裂。复伞形花序，花序梗长 3-25 厘米，有倒生粗毛；总苞片 3-6，常线形；伞辐 4-12，长 1-3 厘米；小总苞片 5-8，线形或钻形；伞形花序 4-12 花。萼齿三角状披针形；花瓣白、紫红或蓝紫色，倒圆卵形，长宽均 0.8-1.2 毫米，被平伏细毛，先端有内折小舌片。果圆卵形，1.5-4×1.5-2.5 毫米，常有内弯或钩状皮刺。花果期 4-10 月。

分布：全洞庭湖区；湖南全省；全国各地（黑龙江、新疆除外）。欧洲、北非、亚洲温暖地区广布。

生境：湖区平原旷野、荒地、灌丛或草丛中；杂木林下、林缘、路旁、河沟边及溪边草丛。海拔 10-3800 米。

应用：果实可提芳香油；根治食物中毒，果实入药亦称"鹤虱"，内服收敛，治虫积腹痛、驱蛔虫，外用消炎；生态景观。

识别要点：总苞片 3-6，小总苞片 5-8；伞辐（4-）5-12；果实圆卵形，长 1.5-4 毫米。

328 窃衣 qie yi
Torilis scabra (Thunb.) DC.

一年生或多年生草本，植株高达 70 厘米，全株被平伏硬毛。茎上部分枝。叶卵形，一至二回羽状分裂，小叶窄披针形或卵形，2-10×2-5 毫米，渐尖头，缺刻状锯齿缘或分裂；叶柄长 3-4 厘米。复伞形花梗长 1-8 厘米，常无总苞片，稀有 1 钻形苞片；伞辐 2-4，长 1-5 厘米；小总苞片数个，钻形，长 2-3 毫米；伞形花序 3-10 花。花白或带淡紫色；萼齿三角形；花瓣被平伏毛。果长圆形，4-7×2-3 毫米，有皮刺。花果期 4-11 月。总苞片通常无；伞辐 2-4，长 1-5 厘米，粗壮，有纵棱及向上紧贴的粗毛。果实长圆形，4-7×2-3 毫米。花果期 4-11 月。

分布：全洞庭湖区；湖南全省；西北（新疆、青海除外）、华东、华中、华南、西南。朝鲜半岛、日本，北美洲引种。

生境：湖区旷野草地及灌丛中；山坡、林下、路旁、河边及空旷草地上。海拔 20-2400 米。

应用：全草活血、消肿、收敛，治慢性腹泻，外用治痈疮溃疡久不收口、阴道滴虫等，果驱蛔虫；茎叶含芳香油；生态景观。

识别要点：与小窃衣的形态特征相近，但通常无总苞片，苞片无或很少 1，钻形或线形；伞辐 2-4；果实长圆形，较长粗，4-7×2-3 毫米。

紫金牛科 Myrsinaceae

329 紫金牛（矮地茶）zi jin niu
Ardisia japonica (Thunb) Blume

小灌木，近蔓生。直立茎长达 30（–40）厘米，幼茎被细微柔毛，后无毛。叶对生或轮生，椭圆形或椭圆状倒卵形，尖头，基部楔形，4–7（–12）×1.5–3（–4.5）厘米，细齿缘，稍具腺点，两面无毛或下面仅中脉被微柔毛，侧脉 5–8 对；叶柄长 0.6–1 厘米，被微柔毛。亚伞形花序 3–5 花，腋生或生近茎顶叶腋，花序梗长约 5 毫米。花梗长 0.7–1 厘米，常下弯，均被微柔毛。花长 4–5 毫米，有时 6 数，萼片卵形，无毛，具缘毛，有时具腺点，长达 1.5 毫米；花瓣粉红或白色，广卵形，长 4–5 毫米，无毛，具密腺点；花药背部具腺点；子房卵珠形。果球形，径 5–6 毫米，鲜红至黑色，稍具腺点。花期 5–6 月，果期 11–12 月。

分布： 全洞庭湖区；湖南全省；陕西、华东（除山东外）、华中、华南、西南。朝鲜半岛、日本。

生境： 湖区湖边或丘陵密林下的阴湿地；山地林下阴湿处。海拔 0–1200 米。

应用： 全株治肺结核、慢性气管炎、跌打风湿、黄疸、睾丸炎、闭经、白带异常、尿路感染、煎服治吐血；茎叶止血，作强壮剂，治肺结核、咳嗽、咯血，和酒服治跌打损伤、睾丸肿痛；根皮解毒破血，根煎服治晚期热淋，作通经药；阴生观赏地被植物。

识别要点： 矮小灌木；具匍匐生根的根茎，茎单一；叶对生或近轮生，啮蚀状细齿缘，边缘具腺点；花序腋生，花瓣粉红或白色；果球形，鲜红转黑色，具腺点。

报春花科 Primulaceae

330 泽珍珠菜 ze zhen zhu cai
Lysimachia candida Lindl.

一年生或二年生草本，全株无毛。茎高 10–30 厘米。基生叶匙形或倒披针形，柄有狭翅，2.5–6×0.5–2 厘米；茎叶互生，稀对生，近无柄；叶片倒卵形、倒披针形或线形，1–5×0.2–1.2 厘米，两面有深色腺点，基部渐狭，下延，几无柄。总状花序顶生，初时花密集呈宽圆锥形，长 5–10 厘米；苞片线形，长 4–5 毫米。花梗长约为苞片 2 倍；花萼裂片披针形，长 3–5 毫米，背面有黑色腺条；花冠白色，长 0.6–1.22 厘米，筒部长 3–6 毫米，裂片（倒卵状）长圆形；雄蕊稍短于花冠，花丝贴生花冠中下部，分离部分长约 1.5 毫米，花药近线形，背着纵裂。蒴果球形，径 2–3 毫米。花期 5–6 月，果期 7 月。

分布： 沅江、汉寿、益阳；湘南、湘西、湘北；陕西、华东、华中、华南、西南。日本、越南、缅甸。

生境： 湖区湖河、池塘、沟渠、水田边湿地；田边、溪边和山坡路旁潮湿处。海拔 10–2100 米。

应用： 广西民间用全草捣敷治痈疮和无名肿毒；湿地生态景观。

识别要点： 与小叶珍珠菜相近，但茎单生或数条簇生，直立，单一或有分枝；叶互生，稀对生；基生叶较大，2.5–6×0.5–2 厘米，具狭翅的柄；叶片两面有黑或带红色腺点。

331 矮桃（珍珠菜）ai tao
Lysimachia clethroides Duby

多年生草本，高 0.4-1 米，全株多少被褐色卷曲柔毛；具横走根茎。叶互生，近无柄或柄长 0.2-1 厘米；叶椭圆形或宽披针形，6-16×2-5 厘米，渐尖头，基部渐窄，两面散生黑色腺点。总状花序顶生，盛花期长约 6 厘米，果时长 20-40 厘米。苞片线状钻形，稍长于花梗；花梗长 4-6 毫米；花萼裂片卵状椭圆形，长 2.5-3 毫米，有腺状缘毛；花冠白色，长 5-6 毫米，筒部长约 1.5 毫米，裂片窄长圆形，长 3.5-4.5 毫米；雄蕊内藏，花丝长约 3 毫米，下部 1 毫米贴生花冠基部，花药长圆形，背着，纵裂；子房卵珠形。蒴果近球形，径 2.5-3 毫米。花期 5-7 月，果期 7-10 月。

分布： 全洞庭湖区；湖南全省；河北、陕西、东北、华东、华中、华南、西南。俄罗斯东部、朝鲜半岛及日本。

生境： 路旁、地边、溪边、池塘边、山坡、林缘或草丛中。海拔 30-3500 米。

应用： 全草活血、解毒、消肿，治水肿、小儿疳积、口鼻出血、蛇咬伤，内服调经，外洗消肿；野菜；果可酿酒；猪饲料；观赏；种子油制皂。

识别要点： 具横走的淡红色根状茎；茎直立，不分枝，带红色；叶互生，阔披针形或长椭圆形，有黑色腺点；顶生总状花序粗壮，花密集；花梗长于花萼，果时长于蒴果；花冠白色，长 5-6 毫米。

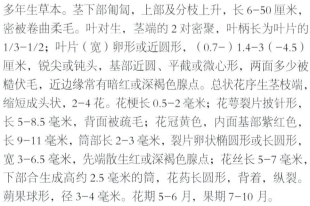

332 临时救（聚花过路黄）lin shi jiu
Lysimachia congestiflora Hemsl.

多年生草本。茎下部匍匐，上部及分枝上升，长 6-50 厘米，密被卷曲柔毛。叶对生，茎端的 2 对密聚，叶柄长为叶片的 1/3-1/2；叶片（宽）卵形或近圆形，（0.7-）1.4-3（-4.5）厘米，锐尖或钝头，基部近圆、平截或微心形，两面多少被糙伏毛，近边缘常有暗红或深褐色腺点。总状花序生茎枝端，缩短成头状，2-4 花。花梗长 0.5-2 毫米；花萼裂片披针形，长 5-8.5 毫米，背面被疏毛；花冠黄色，内面基部紫红色，长 9-11 毫米，筒部长 2-3 毫米，裂片卵状椭圆形或长圆形，宽 3-6.5 毫米，先端散生红或深褐色腺点；花丝长 5-7 毫米，下部合生成高约 2.5 毫米的筒，花药长圆形，背着，纵裂。蒴果球形，径 3-4 毫米。花期 5-6 月，果期 7-10 月。

分布： 全洞庭湖区；湖南全省；西北（新疆、宁夏除外）、华东（山东除外）、华中、华南、西南。不丹、尼泊尔、印度、缅甸、泰国、越南。

生境： 路边草丛、池塘边、水沟边、田埂上和山坡林缘、草地等湿润处。海拔 30-2100 米。

应用： 全草清热解毒，治风寒头痛、咽喉肿痛、肾炎水肿、肾结石、小儿疳积、疔疮、毒蛇咬伤、跌打损伤，据传伤重垂毙，灌之可活；观赏、地被。

识别要点： 茎下部匍匐，节上生根，上部及分枝密被多细胞卷曲柔毛；叶对生，卵形至椭圆形；2-4（-8）花集生茎枝端呈近头状的总状花序，花冠黄色，钟状，分裂达 3/4。

333 延叶珍珠菜 yan ye zhen zhu cai
Lysimachia decurrens Forst. f.

多年生草本，全体无毛。茎直立，粗壮，高 40–90 厘米，有棱角，上部分枝，基部常木质化。叶互生或近对生，叶片（椭圆状）披针形，6–13×1.5–4 厘米，锐尖或渐尖头，基部楔形，下延成狭翅，两面或仅叶缘有黑色腺点或腺条；叶柄长 1–4 厘米，基部沿茎下延。总状花序顶生，长 10–25 厘米；苞片钻形，长 2–3 毫米；花梗长 2–9 毫米，斜展或下弯，果时伸长达 10–18 毫米；花萼长 3–4 毫米，分裂近达基部，裂片狭披针形，有腺状缘毛，背面具黑色短腺条；花冠白或淡紫色，长 2.5–4 毫米，基部合生部分长约 1.5 毫米，裂片匙状长圆形，圆钝头，裂片间弯缺近圆形；雄蕊伸出花冠外，花丝密被小腺体，贴生于花冠裂片基部，分离部分长约 5 毫米；花药卵圆形，紫色，长约 1 毫米；花粉粒 3 孔沟，长球形；子房球形，花柱细长，长约 5 毫米。蒴果球形或略扁，径 3–4 毫米。花期 4–5 月，果期 6–7 月。

分布： 沅江、益阳；湘南；湖北、江西、福建、广东、广西、云南、贵州。日本、印度、不丹、东南亚、太平洋岛屿。

生境： 湖区田边、沟渠边草丛中；村旁荒地、路边、山谷溪边疏林下及草丛中。

应用： 全草消肿止痛，广西民间用于治跌打损伤、疔毒；湿地生态景观。

识别要点： 体态与北延叶珍珠菜较近似，但后者花较大，花丝短于花冠。

334 红根草（星宿菜）hong gen cao
Lysimachia fortunei Maxim

多年生草本，全株无毛。根状茎横走，紫红色。茎直立，高 30–70 厘米，有黑色腺点，基部紫红色，通常不分枝，嫩梢和花序轴具褐色腺体。叶互生，近无柄，叶片长圆状披针形至狭椭圆形，4–11×1–2.5 厘米，（短）渐尖头，基部渐狭，两面有黑色腺点，干后成粒状突起。总状花序顶生，细瘦，长 10–20 厘米；苞片披针形，长 2–3 毫米；花梗与苞片近等长或稍短，花萼长约 1.5 毫米，分裂近达基部，裂片卵状椭圆形，钝头，膜质缘，有腺状缘毛，背面有黑色腺点；花冠白色，长约 3 毫米，基部合生部分长约 1.5 毫米，裂片（卵状）椭圆形，圆钝头，有黑色腺点；雄蕊比花冠短，花丝贴生于花冠裂片的下部，分离部分长约 1 毫米；花药卵圆形，长约 0.5 毫米；花粉粒 3 孔沟，长球形，表面近平滑；子房卵圆形，花柱粗短，长约 1 毫米。蒴果球形，径 2–2.5 毫米。花期 6–8 月，果期 8–11 月。

分布： 全洞庭湖区；湖南全省；华中、华东、华南。朝鲜、日本、越南。

生境： 湖边、田边、沟边、溪边等低湿地。海拔 0–1500 米。

应用： 清热利湿、活血调经，治感冒、咳嗽咯血、肠炎、痢疾、肝炎、风湿性关节炎、痛经、白带异常、乳腺炎、毒蛇咬伤、跌打损伤等；观赏、地被。

识别要点： 根茎横走，红褐色；茎单一或少有少数分枝，稍光滑；叶长圆状披针形；顶生总状花序细瘦，长 10–20 厘米；白色花冠长约 3 毫米。

335 小叶珍珠菜（小叶星宿菜）xiao ye zhen zhu cai
Lysimachia parvifolia Franch. ex F. B. Forbes et Hemsley

茎簇生，近直立或下部倾卧，长 30-50 厘米，常自基部发出匍匐枝，茎上部亦多分枝；匍枝纤细，常伸长成鞭状。叶互生，近无柄，叶片狭椭圆形、倒披针形或匙形，10-45×5-10 毫米，锐尖或圆钝头，基部楔形，两面均散生暗紫或黑色腺点。总状花序顶生，初时花稍密集，后渐疏松；苞片钻形，长 5-10 毫米；最下方的花梗长达 1.5 厘米，向顶渐短；花萼长约 5 毫米，分裂近达基部，裂片狭披针形，渐尖头，膜质缘，背面有黑色腺点；花冠白色，狭钟形，长 8-9 毫米，合生部分长约 4 毫米，裂片长圆形，宽约 2 毫米，钝头；雄蕊短于花冠，花丝贴生于花冠裂片的中下部，分离部分长约 2 毫米；花药狭长圆形，长 1.5-2 毫米；花粉粒 3 孔沟，长球形；子房球形，花柱自花蕾中伸出，长约 6 毫米。蒴果球形，径约 3 毫米。花期 4-6 月，果期 7-9 月。

分布： 沅江、汉寿、益阳；湘东、湘西、临湘、长沙；华东（山东除外）、湖北、江西、广东、西南。

生境： 湖边、田边、沟边、溪边湿地草丛中。

应用： 可作湿地造景植物。

识别要点： 与泽珍珠菜相近，但茎簇生，下部倾卧，常自基部发出纤细鞭状匍匐枝，茎上部多分枝；叶互生，近无柄；叶片较小，1-4.5×0.5-1 厘米，狭椭圆形、倒披针形或匙形，具暗紫黑色腺点。

336 巴东过路黄 ba dong guo lu huang
Lysimachia patungensis H.-M.

多年生草本。茎匍匐，节上生根，长 10-40 厘米，密被铁锈色柔毛；分枝上升，长 3-10 厘米。叶对生，茎端的 2 对密聚近轮生状，叶柄长约为叶片 1/2 或与叶片等长；叶宽卵形或近圆形，1.3-3.8×0.8-3 厘米，（钝）圆头，基部平截，稀楔形，两面密布糙伏毛，近边缘有半透明腺条。2-4 花集生于茎枝端；无苞片。花梗长 0.6-2.5 厘米，密被铁锈色柔毛；花萼裂片披针形，6-7×3-5 毫米，密被柔毛；花冠黄色，内面基部橙红色，长 1.2-1.4 厘米，筒部长 2-3 毫米，裂片长圆形，宽 3-5 毫米，圆钝头，有少数透明粗腺条；花丝长 6-9 毫米，下部合生成长 2-3 毫米的筒，花药卵状长圆形，长约 1.5 毫米，背着，纵裂；花粉粒 3 孔沟，近球形。蒴果球形，径 4-5 毫米。花期 5-6 月，果期 7-8 月。

分布： 沅江、益阳；湖南全省；湖北、江西、安徽、浙江、福建、广东、广西。日本。

生境： 湖区平原田边、沟渠边草丛中；山区林下和山谷溪边。海拔（10-）500-1000 米。

应用： 湿地耐阴地被植物，观赏。

识别要点： 与英德过路黄相近，但本种花 2-6 朵生于茎枝端，无苞片；花梗长 8-25 毫米；萼片背面扁平，被柔毛。

睡菜科 Menyanthaceae

337 荇菜（莕菜）xing cai
Nymphoides peltata (S. G. Gmel.) O. Kuntze
[*Nymphoides peltatum* (Gmel.) O. Kuntze]

多年生浮水草本。茎密具褐斑。上部叶对生，下部叶互生，叶片近革质，（卵）圆形，径 1.5–8 厘米，基部心形，全缘，掌状脉，下面紫褐色，密生腺体，上面光滑；柄长 5–10 厘米，基部鞘状半抱茎。花常多数，簇生节上，5 数；梗长 3–7 厘米；萼长 9–11 毫米，分裂近基部，裂片（披针状）椭圆形，钝头；花冠金黄色，2–3×2.5–3 厘米，冠筒短，喉部具 5 束长柔毛，裂片宽倒卵形，圆或凹陷头，中部质厚部分卵状长圆形，宽膜质细条裂齿缘；雄蕊着生冠筒上，整齐，花丝基部疏被长毛；短花柱花：雌蕊长 5–7 毫米，花柱长 1–2 毫米，柱头小，花丝长 3–4 毫米，花药箭形，长 4–6 毫米；长花柱花：雌蕊长 7–17 毫米，花柱长达 10 毫米，柱头大，2 裂，花丝长 1–2 毫米，花药长 2–3.5 毫米；子房基部具 5 黄色腺体。蒴果无柄，椭圆形，1.7–2.5×0.8–1.1 厘米，花柱宿存，不开裂；种子褐色，椭圆形，长 4–5 毫米，边缘密生睫毛。花果期 4–10 月。

分布：全洞庭湖区；湖南全省；全国（青藏高原和海南除外）。印度、中亚、西亚、北亚、东亚、中欧、克什米尔地区。

生境：池塘或缓流溪河中。海拔 10–1800 米。

应用：全株清热解毒、消肿利尿；水景。

识别要点：茎分枝；叶对生或互生；花金黄色，径 2.5–3 厘米，裂片宽倒卵形，顶部常凹陷，透明、宽膜质、细条裂齿缘；蒴果椭圆形，长 1.7–2.5 厘米；种子扁平，椭圆形，长 4–5 毫米，边缘密生睫毛。

夹竹桃科 Apocynaceae

338 长春花 chang chun hua
Catharanthus roseus (L.) G. Don.

半灌木，高达 60 厘米，有水汁，全株无毛或仅有微毛；茎近方形，有条纹，灰绿色。叶膜质，倒卵状长圆形，3–4×1.5–2.5 厘米，圆头，具短尖，基部（阔）楔形，渐狭成柄；叶脉在叶背略隆起，侧脉约 8 对。聚伞花序腋生或顶生，2–3 花；花萼 5 深裂，内面无腺体或腺体不明显，萼片披针形或钻状渐尖，长约 3 毫米；花冠红色，高脚碟状，花冠筒圆筒状，长约 2.6 厘米，内面具疏柔毛，喉部紧缩，具刚毛；花冠裂片宽倒卵形，长宽约 1.5 厘米；雄蕊着生于花冠筒上半部，花药隐藏于花喉内，与柱头离生。蓇葖双生，直立，平行或略叉开，约 25×3 毫米；外果皮厚纸质，有条纹，被柔毛；种子黑色，长圆状圆筒形，两端截形，具颗粒状小瘤。花期、果期几乎全年。

分布：全洞庭湖区；湖南各大城市有栽培；西南、华中、华南、华东，栽培或半逸野。原产马达加斯加，现泛热带地区栽培并已驯化。

生境：空旷荒地、宅旁、庭院；栽培或逸生。

应用：全草平肝降压、镇静安神、消炎止痛、通便利尿，治腮腺炎、腹泻、糖尿病、高血压、皮肤病、霍奇金病；可提长春花（新）碱，用于治白血病、淋巴肿瘤、肺癌和子宫癌等；观赏花卉。

识别要点：花冠（紫）红色，高脚碟状；而其栽培变种白长春花花白色，黄长春花花黄色。

339 络石 luo shi
Trachelospermum jasminoides (Lindl.) Lem.

常绿木质藤本，长达 10 米，具乳汁。小枝被短柔毛，后无毛。叶（近）革质，（倒）卵形至（卵状）椭圆形，2-10×1-4.5 厘米，无毛或下面疏被短柔毛，叶背中脉凸起，侧脉 6-12 对；叶柄长 0.3-1.2 厘米，叶柄内和叶腋外具钻形腺体。圆锥状二歧聚伞花序顶生及腋生，花多朵，花序梗长 2-6 厘米，被微柔毛或无毛。（小）苞片狭披针形，长 1-2 毫米；花萼裂片 5，窄长圆形或线状披针形，长 2-5 毫米，反曲，被缘毛及外被柔毛，基部具 10 鳞片状腺体；花冠白色，裂片倒卵形，长 0.5-1 厘米，与花冠筒等长，中部膨大，喉部无毛或在雄蕊着生处疏被柔毛，雄蕊在花冠筒中部着生，花药箭头状，内藏；花盘环状 5 裂，与子房等长；心皮 2，子房无毛，柱头卵圆形。蓇葖果双生，线状披针形，10-25×0.3-1 厘米。种子多颗，褐色，线状长圆形，长 1.5-2 厘米，顶端具白色绢毛，毛长 1.5-4 厘米。花期 3-8 月，果期 6-12 月。

分布： 全洞庭湖区；湖南全省；陕西、河北、华东、华中、华南、西南。日本、朝鲜半岛、越南。

生境： 平原或山地溪边、路旁、林缘或林中，常攀援于树干、墙壁或岩石上。海拔 30-1300 米。

应用： 根、茎、叶和果实祛风活络、利关节、止血、止痛消肿、清热解毒、消散诸疮，治关节痛、肌肉痹痛、腰膝酸痛、咽喉肿痛、产后腹痛、跌打损伤及血吸虫腹水病；垂直绿化；茎皮纤维造纸及人造棉；花提制"络石浸膏"。乳汁对心脏有毒害。

识别要点： 叶绿色，通常椭圆形，不呈异形；茎和枝条攀援树上或石上，无气生根。

340 石血 shi xue
Trachelospermum jasminoides (Lindl.) Lem. var. **heterophyllum** Tsiang
[*Trachelospermum jasminoides* (Lindl.) Lem.]

常绿木质藤本；茎皮褐色，嫩枝被黄色柔毛；茎枝以气生根攀援树木、岩石或墙壁上。叶对生，具短柄，异形叶，通常披针形，4-8×0.5-3 厘米，叶面深绿色，叶背浅绿色，叶面无毛，叶背被疏短柔毛；侧脉两面扁平。花白色；萼片长圆形，外面被疏柔毛；花冠高脚碟状，花冠筒中部膨大，外面无毛，内面被柔毛；花药内藏；子房 2 心皮离生；花盘比子房短。蓇葖双生，线状披针形，达 17×0.8 厘米；种子线状披针形，顶端具白色绢质种毛；种毛长 4 厘米。花期夏季，果期秋季。

分布： 全洞庭湖区；湖南全省；我国南北均产。

生境： 常附生于岩石上和攀伏在墙壁或树上。

应用： 根、茎、叶解毒镇痛，作强壮剂和镇痛药；垂直绿化。

识别要点： 叶通常披针形，呈异形；茎和枝条以气生根攀援树上或石壁上而与络石（原变种）不同。

萝藦科 Asclepiadaceae

341 柳叶白前 liu ye bai qian
Cynanchum stauntonii (Decne.) Schltr. ex Lévl.

直立半灌木，高约 1 米，无毛，（不）分枝；须根纤细、节上丛生。叶对生，纸质，狭披针形，6–13×0.3–0.5（–0.8）厘米，两端渐尖；中脉在叶背显著，侧脉约 6 对；叶柄长约 5 毫米。伞形聚伞花序腋生；花序梗长达 1 厘米，小苞片众多；花萼 5 深裂，内面基部腺体不多；花冠紫红色，辐状，内面具长柔毛；副花冠裂片盾状，隆肿，较花药为短；花粉块每室 1 个，长圆形，下垂；柱头微凸，包在花药的薄膜内。蓇葖单生，长披针形，达 9×0.6 厘米。花期 5–8 月，果期 9–10 月。

分布： 松滋；湘东、湘西南；甘肃、华东（山东除外）、华中（河南除外）、华南、西南。

生境： 湖区平原阴湿草地中；中、低海拔的山谷湿地、水边及浅水中。

应用： 全草含皂角苷，清热解毒、降气化痰、止咳；民间用根治肺病、小儿疳积、感冒咳嗽及慢性支气管炎；有些地区代白薇入药；湿地景观。

识别要点： 直立半灌木状草本，高约 1 米；节上丛生纤细须根；茎无毛；叶对生，线形、线状披针形或狭椭圆形，6–13×0.3–0.8 厘米；花冠紫红色，辐状，内面具长柔毛，裂片狭三角形。

342 华萝藦 hua luo mo
Metaplexis hemsleyana Oliv.

多年生草质藤本，长达 5 米，具乳汁；茎具单列短柔毛。叶卵状心形，5–11×2.5–10 厘米，急尖头，基部心形，叶耳圆形，长 1–3 厘米，展开，无毛或背面中脉被微毛，后脱落，叶背粉绿色；侧脉约 5 对，叶缘前网结；叶柄长 4.5–5 厘米，顶端丛生小腺体。总状式聚伞花序腋生，1–3 歧，6–16 花；总花梗长 4–6 厘米，与花梗被疏柔毛；花梗长 5–10 毫米；花白色，5×9–12 毫米；花萼裂片卵状（或长圆状）披针形，急尖头，与花冠等长；花冠近辐状，花冠筒短，裂片宽长圆形，长约 5 毫米，钝头，两面无毛；副花冠环状，着生于合蕊冠基部，5 深裂，裂片兜状；花药近方形，顶端具圆形膜片；花粉块长圆形，下垂，花粉块柄短，基部膨大，着粉腺卵珠状；心皮离生，胚珠多数；柱头延伸成长喙，高出花药顶端膜片之上，顶端 2 裂。蓇葖叉生，长圆形，7–8×2 厘米，粗糙被微毛；种子宽长圆形，6×4 毫米，膜质缘，具 3 厘米长的白色绢质端毛。花期 7–9 月，果期 9–12 月。

分布： 全洞庭湖区；湘西；陕西、甘肃、河北、华中、华南、西南。

生境： 湖区平原旷野、堤岸野草丛或灌丛中；山地林谷、路旁或山脚湿润地灌木丛中。

应用： 全株补肾强壮，治肾亏遗精、乳汁不足、脱力劳伤。

识别要点： 与萝藦相似，但本种花蕾阔卵形，钝或圆头；花冠两面均无毛；蓇葖粗糙，被微毛。

茜草科 Rubiaceae

343 细叶水团花（水杨梅）xi ye shui tuan hua
Adina rubella Hance

落叶小灌木，高 1-3 米；小枝延长，具赤褐色微毛，后无毛；顶芽不明显，被开展的托叶包裹。叶对生，近无柄，薄革质，卵状披针形（椭圆形），全缘，2.5-4×8-12 毫米，渐尖或短尖头，基部阔楔形或近圆形；侧脉 5-7 对，被稀疏或稠密短柔毛；托叶小，早落。头状花序不计花冠径 4-5 毫米，单生，顶生或兼有腋生，总花梗略被柔毛；小苞片线形或线状棒形；花萼管疏被短柔毛，萼裂片匙形或匙状棒形；花冠管长 2-3 毫米，5 裂，花冠裂片三角状，紫红色。果序径 8-12 毫米；小蒴果长卵状楔形，长 3 毫米。花果期 5-12 月。

分布： 湘阴、汨罗；湖南衡山、娄底、邵阳、绥宁；陕西、华东（山东除外）、华中、华南、西南。朝鲜半岛。

生境： 湖区平原或丘陵的池塘边；溪边、河边、沙滩等潮湿地。海拔 50-600 米。

应用： 茎纤维供制麻袋、绳索、人造棉和纸张；枝条通经；花球清热解毒，治菌痢和肺热咳嗽；叶煎水洗治脚癣有奇效；根煎水服治小儿惊风；固堤植物、生态驳岸；根及树皮含鞣质。

识别要点： 叶无柄；头状花序多顶生，或兼腋生。而水团花叶有柄；头状花序明显腋生。

344 四叶葎 si ye lü
Galium bungei Steud.

多年生丛生直立草本，高 5-50 厘米，有红色丝状根；茎 4 棱，不（或稍）分枝，常无毛或节上有微毛。叶纸质，4 片轮生，叶形变化较大，同一株内上、下部的叶形常不同，卵状长圆形、卵状（或线状）披针形或披针状长圆形，6-34×2-6 毫米，尖或稍钝头，基部楔形，中脉和边缘常有刺状硬毛，有时两面亦有糙伏毛，1 脉，近无柄或有短柄。聚伞花序顶生和腋生，稠密或稍疏散，总花梗纤细，常 3 歧分枝，再形成圆锥状花序；花小；花梗纤细，长 1-7 毫米；花冠黄绿或白色，辐状，径 1.4-2 毫米，无毛，花冠裂片卵形或长圆形，长 0.6-1 毫米。果片近球状，径 1-2 毫米，通常双生，有小疣点、小鳞片或短钩毛，稀无毛；果柄纤细，常比果长，长达 9 毫米。花期 4-9 月，果期 5 月至次年 1 月。

分布： 全洞庭湖区；湖南全省；黑龙江、辽宁、西北（除新疆外）、华北、华东、华中、华南、西南。日本、朝鲜半岛。

生境： 平原、丘陵、山地、旷野、田间、沟边的林中、灌丛或草地中常见。海拔 20-3600 米。

应用： 全草清热解毒、利尿、消肿，治尿路感染、赤白带下、痢疾、痈肿、跌打损伤；猪饲料。

识别要点： 植株直立，较粗壮，有红色丝状根；4 叶轮生，长不过 3.4 厘米；花序与花均多，分枝常 3 歧，不成十字形，总花梗较短，稀伸长；果有小疣点、小鳞片或短钩毛，稀无毛。

345 猪殃殃 zhu yang yang
Galium spurium L.
[*Galium aparine* L. var. *tenerum* (Gren. et Godr.) Rchb.]

多枝、蔓生或攀援状柔弱草本，高 10-40 厘米；茎 4 棱；棱上、叶缘及叶脉上均有倒生的小刺毛。叶纸质或近膜质，6-8 片轮生，稀 4-5，带状（或长圆状）倒披针形，1-5.5×1-7 毫米，针状凸尖头，基部渐狭，两面常有紧贴的刺状毛，常萎软状，干时常卷缩，1 脉，近无柄。聚伞花序腋生或顶生，常单花，花小，4 数，花梗纤细；花萼被钩毛，萼檐近截平；花冠黄绿或白色，辐状，裂片长圆形，长不及 1 毫米，镊合状排列；子房被毛，花柱 2 裂至中部，柱头头状。果干燥，近球状，分果片 1-2，径达 5 毫米，肿胀，密被钩毛，果柄直，长约 2 厘米，较粗，每片有平凸的种子 1。花期 3-7 月，果期 4-11 月。

分布： 全洞庭湖区；湖南全省；全国（海南除外）。非洲、地中海、欧亚大陆，世界各地偶见。

生境： 湖区旷野、旱地、荒土；山地山坡、旷野、沟边、湖边、林缘、草地。海拔 20-4600 米。

应用： 全草治劳伤、胸痛、乳腺癌；猪饲料；根可提制红色染料。

识别要点： 与拉拉藤不同的是：植株矮小，柔弱；花序常单花；花期 3-7 月，果期 4-11 月。

346 金毛耳草 jin mao er cao
Hedyotis chrysotricha (Palib.) Merr.

多年生披散草本，高约 30 厘米，基部木质，被金黄色硬毛。叶对生，具短柄，薄纸质，阔披针形、椭圆形或卵形，2-2.8×1-1.2 厘米，短尖或凸尖头，基部（阔）楔形，上面疏被短硬毛，下面被浓密黄色绒毛，脉上被毛更密；侧脉 2-3 对，极纤细，仅在下面明显；叶柄长 1-3 毫米；托叶短合生，上部长渐尖，疏小齿缘，被疏柔毛。聚伞花序腋生，1-3 花，被金黄色疏柔毛，近无梗；花萼被柔毛，萼管近球形，长约 13 毫米，萼檐裂片披针形，比管长；花冠白或紫色，漏斗形，长 5-6 毫米，外面或被疏柔毛，里面有髯毛，上部深裂，裂片线状长圆形，渐尖头，与冠管等长或略短；雄蕊内藏，花丝几无；花柱中部有髯毛，柱头棒形，2 裂。果近球形，径约 2 毫米，被扩展硬毛，宿存萼檐裂片长 1-1.5 毫米，成熟时不开裂，种子数粒。花期几乎全年。

分布： 全洞庭湖区；湖南全省；华东（山东除外）、华中、华南、西南。日本、菲律宾。

生境： 湖区平原田埂、路旁及土坎上、丘陵坡地草丛或灌丛中；山谷杂木林下、山坡禾草或灌丛中，极常见。海拔 30-900 米。

应用： 全草治黄疸、慢性肝炎，为热伤外敷药；地被、草坪。

识别要点： 植物被金黄色硬毛；叶卵形、卵状披针形或稀椭圆形，2-2.8×1-1.2 厘米；托叶短合生，长渐尖头，疏小齿缘；1-3 花丛生叶腋，白或紫色；果近球形，不开裂。

347 白花蛇舌草 bai hua she she cao
Hedyotis diffusa Willd.

一年生纤细披散草本，无毛，高 20-50 厘米；茎稍扁。叶对生，无柄，膜质，线形，10-30×1-3 毫米，短尖头，上面光滑；中脉在上面下陷，侧脉不明显；托叶长 1-2 毫米，基部合生，芒尖头。花 4 数，单生或双生于叶腋；花梗略粗壮，长 2-5 毫米，罕无梗或偶有长达 10 毫米的花梗；萼管球形，长 1.5 毫米，萼檐裂片长圆状披针形，长 1.5-2 毫米，渐尖头，具缘毛；花冠白色，管形，长 3.5-4 毫米，冠管长 1.5-2 毫米，喉部无毛，花冠裂片卵状长圆形，长约 2 毫米，钝头；雄蕊生于冠管喉部，花丝长 0.8-1 毫米，花药突出，长圆形，与花丝等长或略长；花柱长 2-3 毫米，柱头 2 裂，裂片广展，有乳头状凸点。蒴果膜质，扁球形，径 2-2.5 毫米，宿存萼檐裂片长 1.5-2 毫米，顶部室背开裂；种子每室约 10 粒，具棱，深褐色，有深粗窝孔。花期春季。

分布： 全洞庭湖区；湖南全省；华东（山东除外）、华中、华南、西南。日本、东南亚、南亚。

生境： 水田、田埂和潮湿的旷地。海拔 10-900 米。

应用： 全草清热解毒、活血利尿，内服治肿瘤、蛇咬伤、小儿疳积，外用治泡疮、刀伤、跌打损伤。

识别要点： 叶线形，10-30×1-3 毫米；中脉在上面下陷，侧脉不明显。花单生或双生叶腋，白色，花梗长 0-10 毫米；子房平滑；蒴果扁球形，室背开裂。

348 耳叶鸡矢藤 er ye ji shi teng
Paederia cavaleriei Lévl.

缠绕灌木；茎枝圆柱形，被锈色绒毛。叶近膜质，卵形，长圆状卵形至长圆形，6-18×2.5-10 厘米，长渐尖头，基部圆形或截头状心形，两面被锈色绒毛，下面被毛稍密；侧脉 5-10 对，两面皆明显，横脉近平行，松散，不明显；叶柄被毛，长 2-8 厘米；托叶三角状披针形，长 6-10 毫米，外面被绒毛，内面无毛或有柔毛。花具短梗，聚集成小头状，有小苞片，再排成腋生或顶生的复总状花序，长 7-18（-21）厘米，具总花梗；萼管倒卵形，长 1.8 毫米，无毛或被毛，萼檐裂片 5，三角形，长约 1 毫米，无毛或被毛；花冠管状，上部稍膨大，长 8 毫米，外面被粉末状绒毛，裂片 5，极短，长约 5 毫米，外反。果球形，径 4.5-5 毫米，光滑，草黄色，冠以宿存三角形的萼檐裂片和隆起的花盘；小坚果无翅，浅黑色。花期 6-7 月，果期 10-11 月。

分布： 益阳；湖南耒阳、浏阳、新化、沅陵；台湾、湖北、广东、广西、贵州及四川。老挝。

生境： 湖区平原旷野灌丛或高草丛中；山地灌丛中。海拔 30-3000 米。

应用： 可作鸡矢藤药用。

识别要点： 全体被锈色绒毛；叶（长圆状）卵形至长圆形，6-18×2.5-10 厘米，长渐尖头，基部圆形或截头状心形；花序扩展，末次分枝上的花非蝎尾状排列；果草黄色。

349 鸡矢藤 ji shi teng
Paederia foetida L.
[*Paederia scandens* (Lour.) Merr.]

藤本，茎长 3-5 米，（近）无毛。叶对生，纸质或近革质，卵形、卵状长圆形至披针形，5-9（-15）×1-4（-6）厘米，急尖或渐尖头，基部楔形、近圆或截平，有时浅心形，（近）无毛或下面脉腋内有束毛；侧脉 4-6 对；叶柄长 1.5-7 厘米；托叶长 3-5 毫米，无毛。圆锥状聚伞花序腋生和顶生，扩展，分枝对生，末次分枝上的花常呈蝎尾状排列；小苞片披针形，长约 2 毫米；花具短梗或无；萼管陀螺形，长 1-1.2 毫米，萼檐裂片 5，裂片三角形，长 0.8-1 毫米；花冠浅紫色，管长 7-10 毫米，外面被粉末状柔毛，里面被绒毛，顶部 5 裂，裂片长 1-2 毫米，急尖头直，花药背着，花丝长短不齐。果球形，成熟时近黄色，有光泽，平滑，径 5-7 毫米，顶冠以宿存的萼檐裂片和花盘；小坚果无翅，浅黑色。花期 5-7 月。

分布：全洞庭湖区；湖南全省；陕西、甘肃、山西、华东、华中、华南、西南。朝鲜半岛、日本、东南亚、南亚、美国佛罗里达州归化。

生境：湖区旷野；山坡、林中、林缘、沟谷边灌丛中。海拔 20-2000 米。

应用：治风湿筋骨痛、跌打损伤、外伤性疼痛、肝胆及胃肠绞痛、黄疸型肝炎、肠炎、痢疾、消化不良、小儿疳积、肺结核、咯血、支气管炎、放射反应引起的白细胞减少症、农药中毒，外用治皮炎、湿疹、疮疡肿毒。

识别要点：茎和叶无毛或近无毛；花序末次分枝上的花呈蝎尾状排列；果近黄色。

350 毛鸡矢藤 mao ji shi teng
Paederia foetida L. var. **tomentosa** (Bl.) D. S. Jiang et Y. L. Zhao
[*Paederia scandens* (Lour.) Merr. var. *tomentosa* (Bl.) H.-M.]

藤本，茎长 3-4 米。其他形态特征与鸡矢藤（原变种）相似，但小枝被柔毛或绒毛；叶上面被柔毛或无毛，下面被小绒毛或近无毛；花序常被小柔毛；花冠外面常有海绵状白毛。花期夏、秋。

分布：全洞庭湖区；湖南全省；湖北、江西、云南、华南。印度、印度尼西亚、日本。

生境：湖区旷野灌丛或高草丛中；山坡、林中、林缘、沟谷边灌丛中或缠绕在灌木上。海拔 20-2000 米。

应用：全株解毒、健胃，治黄疸、疟疾、消化不良。

识别要点：小枝被柔毛或绒毛；叶常被柔毛；花序被小柔毛；花冠外面具海绵状白毛。

351 东南茜草 dong nan qian cao
Rubia argyi (Lévl. et Vaniot) Hara ex L. A. Lauener et D. K. Ferguson

多年生草质藤本。茎具 4 直棱或狭翅，棱上有倒生钩状皮刺，无毛。4（6）叶轮生，通常一对大一对小，叶片纸质，心形至阔卵状（或近圆）心形，0.1–6×1–5 厘米，短（骤）尖头，基部常心形，边缘和叶背面脉通常有短皮刺，两面粗糙，或兼有柔毛；基出脉 5–7，上凹下凸；柄长 0.5–5（–9）厘米，有密生皮刺的直棱。聚伞花序成圆锥花序式，顶生和小枝上部腋生，成带叶的大型圆锥花序，花序梗和总轴均有带刺 4 直棱，多少被柔毛或近无毛；小苞片（椭圆状）卵形，长 1.5–3 毫米；花梗长 1–2.5 毫米，近无毛或稍被硬毛；萼管近球形；花冠黄绿或白色，干时变黑，质地稍厚，冠管长 0.5–0.7 毫米，裂片（4）5，伸展，卵形至披针形，长 1.3–1.4 毫米，外面稍被毛或近无毛，里面通常有许多微小乳突；雄蕊 5，花丝短，带状，花药通常微露出冠管口外；花柱粗短，2 裂，柱头 2，头状。浆果近球形（1 心皮发育），径 5–7 毫米，有时臀状（2 心皮均发育），宽达 9 毫米，成熟时黑色。

分布： 全洞庭湖区；衡山、平江、沅陵、湘北；陕西、四川、广东、广西、华东（山东除外）、华中。日本和朝鲜。

生境： 湖区旷野；林缘、灌丛或村边园篱等处。海拔（20–）300–3400 米。

应用： 同茜草。根清凉利尿、通经、行血、止血、活血散瘀，治咯（吐）血、月经闭止、风寒、发热、跌打损伤，作兽药，

提色素；茎叶制农药。

识别要点： 叶卵状心形或圆心形；花小，黄绿或白色，干后黑色，花冠裂片长 1.3–1.4 毫米，短尖或渐尖头；果成熟时黑色。但茜草果实熟时橙黄色。

352 白马骨 bai ma gu
Serissa serissoides (DC.) Druce

小灌木，高达 1 米；枝粗壮，灰色，被短毛，后毛脱落变无毛，嫩枝被微柔毛。叶通常丛生，薄纸质，倒卵形或倒披针形，1.5–4×0.7–1.3 厘米，（近）短尖头，基部收狭成一短柄，除下面被疏毛外，其余无毛；侧脉 2–3 对，上举，在叶片两面均凸起，小脉疏散不明显；托叶具本锥形裂片，长 2 毫米，基部阔，膜质，被疏毛。花无梗，生小枝顶部，有苞片；苞片膜质，斜方状椭圆形，长渐尖头，长约 6 毫米，具疏散小缘毛；花托无毛；萼檐裂片 5，坚挺延伸呈披针状锥形，极尖锐，长 4 毫米，具缘毛；花冠管长 4 毫米，外面无毛，喉部被毛，裂片 5，长圆状披针形，长 2.5 毫米；花药内藏，长 1.3 毫米；花柱柔弱，长约 7 毫米，2 裂，裂片长 1.5 毫米。花期 4–6 月。

分布： 全洞庭湖区；湖南全省；华东（山东除外）、华中、华南。琉球群岛。

生境： 荒地、路边、溪边、林缘、灌丛中。

应用： 茎叶舒肝泻湿、消肿拔毒；消暑，在长沙作"路边筋"，伏天炖鸡食用；亦作兽药；观赏。

识别要点： 与六月雪很相似，但花无梗，生于小枝顶部。

353 阔叶丰花草 kuo ye feng hua cao
Spermacoce alata Aublet
[*Borreria latifolia* (Aubl.) K. Schum.]

披散粗壮草本，被毛；茎枝明显具四棱柱形，棱上具狭翅。叶椭圆形或卵状长圆形，长度变化大，2–7.5×1–4 厘米，锐尖或钝头，基部阔楔形而下延，波浪形缘，鲜时黄绿色，叶面平滑；侧脉 5–6 对，略明显；叶柄长 4–10 毫米，扁平；托叶膜质，被粗毛，顶部有数条长于鞘的刺毛。花数朵丛生于托叶鞘内，无梗；小苞片略长于花萼；萼管圆筒形，长约 1 毫米，被粗毛，萼檐 4 裂，裂片长 2 毫米；花冠漏斗形，浅紫或罕有白色，长 3–6 毫米，里面被疏散柔毛，基部具 1 毛环，顶部 4 裂，裂片外面被毛或无毛；花柱长 5–7 毫米，柱头 2，裂片线形。蒴果椭圆形，约 3×2 毫米，被毛，成熟时从顶部纵裂至基部，隔膜不脱落或 1 个分果爿的隔膜脱落；种子近椭圆形，两端钝，约 2×1 毫米，干后浅褐或黑褐色，无光泽，有小颗粒。花果期 5–7 月。

分布： 益阳；长沙等地，栽培或逸生；东南沿海、华中、西南等地，为外来入侵植物，已野化。原产新热带，安的列斯群岛、中美洲、南美洲、北美洲、澳大利亚、非洲、马达加斯加、南亚、东南亚归化。

生境： 路边草丛或灌丛中；废墟和荒地上。海拔 30–800 米。

应用： 1937 年引进广东等地栽培作军马饲料；地被。

识别要点： 叶椭圆形或卵状长圆形，2–7.5×1–4 厘米；萼檐裂片 4；果较大，长 3–5 毫米，被毛；种子干后有颗粒状凸起。

旋花科 Convolvulaceae

354 打碗花（小旋花）da wan hua
Calystegia hederacea Wall.

一年生草本，全体不被毛，植株通常矮小，高 8–30（–40）厘米，常自基部分枝，具细长白色的根。茎细，平卧，有细棱。基部叶片长圆形，2–3（–5.5）×1–2.5 厘米，圆头，基部戟形，上部叶片 3 裂，中裂片长圆形或长圆状披针形，侧裂片近三角形，全缘或 2–3 裂，叶片基部心形或戟形；叶柄长 1–5 厘米。单花腋生，花梗长于叶柄，有细棱；苞片宽卵形，长 0.8–1.6 厘米，钝或锐尖至渐尖头；萼片长圆形，长 0.6–1 厘米，钝头具小短尖头，内萼片稍短；花冠淡紫或淡红色，钟状，长 2–4 厘米，冠檐近截形或微裂；雄蕊近等长，花丝基部扩大，贴生花冠管基部，被小鳞毛；子房无毛，柱头 2 裂，裂片长圆形，扁平。蒴果卵球形，长约 1 厘米，宿存萼片与之近等长或稍短。种子黑褐色，长 4–5 毫米，表面有小疣。华北地区花期 7–9 月，果期 8–10 月；长江流域花果期 5–7 月。

分布： 全洞庭湖区；湖南全省；全国（海南除外）。塔吉克斯坦、阿富汗、巴基斯坦、印度、中南半岛、东非、东亚、北亚、北美洲引种。

生境： 农田旱土、荒地和路旁，溪边或湖边肥湿处生长最好。海拔 20–3500 米。

应用： 根药用治妇女月经不调、红白带下；根含淀粉，可酿酒、制饴糖；猪饲料；可作垂直绿化；盐碱土指示植物。

识别要点： 与旋花相近，但苞片较小，长 0.8–1.6 厘米，与宿萼及果近等长或稍短；植株常矮小铺地。

355 旋花（鼓子花）xuan hua
Calystegia sepium (L.) R. Br.
[*Calystegia silvatica* (Kit.) Griseb. subsp. *orientalis* Brum.]

多年生草本，全体无毛。茎缠绕，伸长，有细棱。叶形多变，三角状（或宽）卵形，4-10（-15）×2-6（-10）厘米，渐尖或锐尖头，基部戟形或心形，全缘或基部稍伸展为具 2-3 个大齿缺的裂片；叶柄常短于叶片或两者近等长。单花腋生；花梗通常稍长于叶柄，长达 10 厘米，有细棱或具狭翅；苞片宽卵形，长 1.5-2.3 厘米，锐尖头；萼片卵形，长 1.2-1.6 厘米，渐尖或锐尖头；花冠通常白或有时淡红或紫色，漏斗状，长 5-6（-7）厘米，冠檐微裂；雄蕊花丝基部扩大，被小鳞毛；子房无毛，柱头 2 裂，裂片卵形，扁平。蒴果卵形，长约 1 厘米，为增大宿存的苞片和萼片所包被。种子黑褐色，长 4 毫米，有小疣。花期 6-7 月，果期 7-10 月。

分布： 全洞庭湖区；湖南全省；我国大部分地区。北美洲、欧洲、俄罗斯西伯利亚和阿尔泰、印度尼西亚爪哇、澳大利亚、新西兰。

生境： 路旁、溪边草丛、农田边或山坡林缘。海拔 10-2600 米。

应用： 当地用根治白带异常、白浊、疝气、疖疮等；可作垂直绿化。

识别要点： 与打碗花相近，但苞片较大，长 1.5-2.3 厘米；宿萼及苞片增大包藏果实；茎缠绕，伸长。

356 长裂旋花 chang lie xuan hua
Calystegia sepium (L.) R. Br. var. **pubescens** (Lindl.) D. S. Jiang et Y. L. Zhao
[*Calystegia pubescens* Lindl.；*Calystegia sepium* (L.) R. Br. var. *japonica* (Choisy) Makino]

多年生缠绕草本。形态特征与旋花（原变种）相似，不同在于叶强烈 3 裂，具伸展的侧裂片和长圆形顶端渐尖的中裂片。

分布： 全洞庭湖区；湖南全省；湖北、江苏、浙江、贵州、云南等。

生境： 路旁、溪边草丛、农田边或山坡林缘。海拔 10-2600 米。

应用： 根治白带异常、白浊、疝气、疖疮等；可作垂直绿化。

识别要点： 叶强烈 3 裂；侧裂片伸展；中裂片长圆形，渐尖头。

357　南方菟丝子 nan fang tu si zi
Cuscuta australis R. Br.

一年生寄生草本。茎缠绕，金黄色，纤细，径约1毫米，无叶。花序侧生，少花或多花簇生成小伞形或小团伞花序，总花序梗近无；（小）苞片小，鳞片状；花梗稍粗壮，长1-2.5毫米；花萼杯状，基部连合，裂片3-4（-5），长（或近）圆形，通常不等大，长0.8-1.8毫米，圆头；花冠乳白或淡黄色，杯状，长约2毫米，裂片卵形或长圆形，圆头，约与花冠管近等长，直立，宿存；雄蕊着生于花冠裂片弯缺处，比花冠裂片稍短；鳞片小，边缘短流苏状；子房扁球形，花柱2，（稍不）等长，柱头球形。蒴果扁球形，径3-4毫米，下半部为宿存花冠所包，成熟时不规则开裂，不为周裂。通常有4种子，淡褐色，卵形，长约1.5毫米，表面粗糙。花期6-8月，果期7-10月。

分布： 全洞庭湖区；湖南全省；吉林、辽宁、四川、云南、华北、西北、华东、华中、华南。亚洲（西亚除外）、欧洲、大洋洲。

生境： 田野、路旁的豆科、菊科蒿属、马鞭草科牡荆属等植物上寄生。海拔20-2000米。

应用： 种子药用功效同菟丝子，补肝肾、益精壮阳、止泻，为滋养性强壮收敛药，治阳痿、遗精、遗尿、视力减退；茎活血散瘀。对寄主有害。

识别要点： 与菟丝子相似，但雄蕊着生于花冠裂片弯缺处；蒴果仅下半部被宿存花冠包围，成熟时不规则开裂。

358　金灯藤（日本菟丝子）jin deng teng
Cuscuta japonica Choisy

一年生寄生缠绕草本，茎较粗壮，肉质，径1-2毫米，黄色带紫红色瘤状斑点，无毛，多分枝，无叶。穗状花序长达3厘米，基部多分枝；（小）苞片鳞片状，卵圆形，长约2毫米，尖头，全缘，沿背部增厚；花（几）无柄；花萼碗状，肉质，长约2毫米，5裂几达基部，裂片近（卵）圆形，（不）相等，尖头，背面具紫红色瘤状突起；花冠钟状，淡红或绿白色，长3-5毫米，顶端5浅裂，裂片卵状三角形，钝，直立或稍反折，短于花冠筒2-2.5倍；雄蕊5，着生于花冠喉部裂片之间，花药卵圆形，黄色，花丝（几）无；鳞片5，长圆形，流苏状缘，生花冠筒基部，伸长至冠筒中部或以上；子房球状，平滑，无毛，2室，花柱细长，合生为1，与子房等长或稍长，柱头2裂。蒴果卵圆形，长约5毫米，近基部周裂。种子1-2，光滑，长2-2.5毫米，褐色。花期8月，果期9月。

分布： 全洞庭湖区；湖南全省；陕西、山西、河北、华东、华中、华南、西南。俄罗斯、日本、朝鲜及越南。

生境： 平原或山区的多种向阳环境，通常寄生于草本或灌木上。

应用： 种子药用功效同菟丝子，补肝肾、益精壮阳、止泻，为滋养性强壮收敛药，治阳痿、遗精、遗尿、视力减退；茎活血散瘀。对寄主有害。

识别要点： 茎较粗壮，黄色，常带紫红色瘤状斑点；花冠淡红或绿白色，长3-5毫米；柱头2裂；蒴果卵圆形，长约5毫米，近基部周裂。

359 马蹄金 ma ti jin
Dichondra micrantha Urban
[*Dichondra repens* Forst.]

多年生匍匐小草本，茎细长，被灰色短柔毛，节上生根。叶肾形至圆形，径 4-25 毫米，宽圆形或微缺头，基部阔心形，叶面微被毛，背面被贴生短柔毛，全缘；叶柄长，(1.5-)3-5(-6)厘米。单花腋生，花柄短于叶柄，丝状；萼片倒卵状长圆形至匙形，钝，长 2-3 毫米，背面及边缘被毛；花冠钟状，较短至稍长于萼，黄色，深 5 裂，裂片长圆状披针形，无毛；雄蕊 5，生花冠 2 裂片间弯缺处，花丝短，等长；子房被疏柔毛，2 室，胚珠 4，花柱 2，柱头头状。蒴果近球形，小，短于花萼，径约 1.5 毫米，膜质。种子 1-2，黄至褐色，无毛。花果期夏秋季。

分布： 全洞庭湖区；娄底、湘东、湘南、湘北；华东(山东除外)、华中、华南、西南。韩国、日本、泰国、太平洋岛屿、北美洲、南美洲。

生境： 湖区堤岸、旷野草地；山坡草地、石坎岩缝、路旁或沟边。海拔 20-2000 米。

应用： 全草清热利尿、祛风止痛，治胆石症、乳腺炎、急慢性肝炎、黄疸型肝炎、胆囊炎、肾炎、泌尿系统感染、扁桃腺炎、口腔炎及痈疔疗毒、毒蛇咬伤、乳痈、痢疾、疟疾、肺出血；观赏草坪草。

识别要点： 匍匐小草本，茎细长，节上生根；全体被灰色短柔毛；叶肾形至圆形，宽圆形或微缺头，基部阔心形，全缘，具长叶柄；单花腋生，花柄短于叶柄；花冠钟状，黄色，深 5 裂。

360 蕹菜 weng cai
Ipomoea aquatica Forsk.

一年生草本，蔓生或漂浮于水面。茎圆柱形，有节，节间中空，节上生根，无毛。叶片形状、大小有变化，(长)卵形或(长卵状)披针形，3.5-17×0.9-8.5 厘米，锐尖或渐尖头，具小短尖头，基部心形、戟形或箭形，偶截形，全缘或波状缘，有时基部有少数粗齿，两面近无毛或偶有稀疏柔毛；叶柄长 3-14 厘米，无毛。聚伞花序腋生，花序梗长 1.5-9 厘米，基部被柔毛，向上无毛，1-3(-5)花；苞片小鳞片状，长 1.5-2 毫米；花梗长 1.5-5 厘米，无毛；萼片近等长，卵形，长 7-8 毫米，钝头具小短尖头，外面无毛；花冠白、淡红或紫红色，漏斗状，长 3.5-5 厘米；雄蕊不等长，花丝基部被毛；子房圆锥状，无毛。蒴果卵球形至球形，径约 1 厘米，无毛。种子密被短柔毛或有时无毛。花期 7-9 月，果期 8-11 月。

分布： 全洞庭湖区；湖南全省；我国南部及中部各省湿热处有野生并常见栽培，北方栽培较少，原产我国。热带亚洲、非洲、大洋洲、太平洋岛屿、南美洲，广泛栽培或逸为野生。

生境： 湖区平原田边、沟渠或池塘边逸生；湿地；菜园常见栽培。

应用： 全草解毒、利尿，内服解饮食中毒、治痈疮、虫牙，外敷治骨折、腹水及无名肿毒；蔬菜；湿地生态景观、净化水质。

识别要点： 栽培或逸生于水中或潮湿地；茎蔓生或浮于水上，具节，节间中空；叶片完全不分裂；腋生聚伞花序，花冠白、淡红或紫红色，漏斗状，长 3.5-5 厘米。

361 牵牛（裂叶牵牛）qian niu
Ipomoea nil (L.) Roth
[*Pharbitis nil* (L.) Choisy]

一年生缠绕草本，长 2–5 米。各部被倒向的短柔毛及开展（微）硬毛。叶宽卵形或近圆形，4–15×4.5–14 厘米，3（–5）裂，渐尖头，基部心形，中裂片长（卵）圆形，侧裂片较短，三角形；叶柄长 2–15 厘米。花序腋生，1 至少花，花序梗长 1.5–18.5 厘米；苞片线形或叶状，被开展的微硬毛，小苞片线形。花梗长 2–7 毫米；萼片披针状线形，长 2–2.5 厘米，内面 2 片较窄，密被开展刚毛，外面被开展刚毛或杂有短柔毛；花冠蓝紫或紫红色，筒部色淡，长 5–8（–10）厘米，无毛；雄蕊及花柱内藏；雄蕊不等长；花丝基部被柔毛；子房无毛，3 室，柱头头状。蒴果近球形，径 0.8–1.3 厘米。种子卵状三棱形，黑褐或米黄色，长 5–6 毫米，被褐色微柔毛。花果期夏秋季。

分布：全洞庭湖区；湖南全省；全国（新疆、青海除外），栽培或逸生。琉球群岛、新几内亚岛、中南半岛、南亚，原产热带美洲，泛热带地区广泛栽培。

生境：湖区旷野及村舍周围；山坡灌丛、干燥河谷路边、园边宅旁、山地路边，或庭院栽培。海拔 20–1600 米。

应用：种子入药依颜色分别称"黑丑""白丑""二丑"，多用黑丑，含牵牛子苷泻下成分，泻水利尿、逐痰、杀虫；观赏；种子油作润滑油或制皂。

识别要点：茎、叶以至萼片被硬毛或刚毛；叶片通常 3 裂；花序梗通常比叶柄短，有时近等长；外萼片披针状线形，长 2–2.5 厘米。

362 茑萝松（茑萝）niao luo song
Ipomoea quamoclit L.
[*Quamoclit pennata* (Desr.) Boj.]

一年生柔弱缠绕草本，无毛。叶卵形或长圆形，2–10×1–6 厘米，羽状深裂至中脉，具 10–18 对线形至丝状的平展细裂片，裂片锐尖头；叶柄长 8–40 毫米，基部常具假托叶。花序腋生，由少数花组成聚伞花序；总花梗大多超过叶，长 1.5–10 厘米，花直立，花柄较花萼长，长 9–20 毫米，在果时增厚成棒状；萼片绿色，稍不等长，椭圆形至长圆状匙形，外面 1 个稍短，长约 5 毫米，钝头具小凸尖；花冠高脚碟状，长约 2.5 厘米以上，深红色，无毛，管матй弱，上部稍膨大，冠檐开展，径 1.7–2 厘米，5 浅裂；雄蕊及花柱伸出；花丝基部具毛；子房无毛。蒴果卵形，长 7–8 毫米，4 室，4 瓣裂，隔膜宿存，透明。种子 4，卵状长圆形，长 5–6 毫米，黑褐色。花果期 7–10 月。

分布：全洞庭湖区已野化；湖南全省；陕西、河北、华中、华东、华南、西南，栽培或逸生。原产南美洲，现全球温带及热带广布。

生境：荒野、"四旁"、路边、田坎。

应用：美丽的庭院观赏植物。

识别要点：叶卵形或长圆形，羽状深裂至中脉，裂片线形至丝状，平展，叶脉羽状，叶基常具假托叶；花冠高脚碟状，深红色，冠檐 5 浅裂。

363 三裂叶薯（三裂牵牛）san lie ye shu
Ipomoea triloba L.

一年生草本；茎缠绕或有时平卧，无或散生毛，且主要在节上。叶宽卵形至圆形，2.5-7×2-6 厘米，全缘、粗齿缘或深 3 裂，基部心形，两面无毛或散生疏柔毛；叶柄长 2.5-6 厘米，无毛或有小疣。花序腋生，花序梗短于或长于叶柄，长 2.5-5.5 厘米，较叶柄粗壮，无毛，有棱角，顶端具小疣，1 至数花呈伞形状聚伞花序；花梗具棱，有小瘤突，无毛，长 5-7 毫米；苞片小，披针状长圆形；萼片近相等，长 5-8 毫米，外萼片稍短或近等长，长圆形，钝或锐尖头，具小短尖头，背部散生疏柔毛，有缘毛，内萼片有时稍宽，椭圆状长圆形，锐尖头，具小短尖头，无或散生毛；花冠漏斗状，长约 1.5 厘米，无毛，淡（紫）红色，冠檐裂片短而钝，有小短尖头；雄蕊内藏，花丝基部有毛；子房有毛。蒴果近球形，高 5-6 毫米，具花柱基形成的细尖，被细刚毛，2 室，4 瓣裂。种子 4 或较少，长 3.5 毫米，无毛。花果期 6-11 月。

分布：全洞庭湖区；湖南全省；陕西、江苏、安徽、浙江、湖北、广东及其沿海岛屿，为外来归化植物。琉球群岛、东南亚、太平洋岛屿、斯里兰卡，原产北美洲至西印度群岛。

生境：湖区旷野、田边、宅旁常见；丘陵路旁、荒草地或田野，已归化。

应用：可供观赏；环热带杂草。

识别要点：缠绕或有时平卧，地下无块根；叶形多变，宽（三角状）卵形，全缘或常 3 裂；伞形聚伞花序；花冠淡（紫）红色，长约 1.5 厘米。

364 小牵牛（假牵牛）xiao qian niu
Jacquemontia paniculata (Burm. f.) Hall. f.

缠绕草本，长达 2 米。茎被柔毛，老枝渐无毛。叶卵形或卵状长圆形，2-8×1.5-4 厘米，（渐）尖头，基部心形、圆形或截形，下面疏被柔毛，侧脉 5-8 对，近边缘弧形连接；叶柄长 1-6 厘米，被毛。伞状聚伞花序，少花至多花，花序梗长达 5 厘米。花梗长 3-5 毫米，被柔毛；苞片钻形；萼片疏被柔毛，3 外萼片卵形或卵状披针形，长 5-7 毫米，2 内萼片长 3-4.5 毫米；花冠紫、淡红或白色，漏斗状，长 0.8-1.2 厘米，无毛；雄蕊 5，花丝长约 1 毫米，基部宽，被毛；子房无毛，花柱丝状，长 8 毫米；柱头 2 裂，裂片长圆形，扁平，下弯。蒴果球形，径 3-4 毫米，4 或最后 8 瓣裂。种子 4 或较少，长 1.5-2 毫米，黄褐至紫黑色，具小瘤，无毛，背部边缘具干膜质狭翅。花果期夏秋季。

分布：沅江，为外来植物；湖南长沙、娄底；福建、华南、云南。热带东非洲、马达加斯加、印度、东南亚、热带大洋洲、太平洋岛屿。

生境：灌丛、草坡或路旁。海拔 30-600 米。

应用：可供观赏；杂草。

识别要点：与披针叶小牵牛（变种）区别：后者叶披针形，较小，15-30×5-7 毫米，或更小，渐尖头，基部楔形；花序仅 1-3 花。

365 篱栏网 li lan wang
Merremia hederacea (Burm. f.) Hall. f.

缠绕或匍匐草本。茎细长，有细棱，无毛或疏被长硬毛。叶心状卵形，1.5-7.5×1-5 厘米，（长）渐尖头，全缘或不规则粗齿或裂齿缘，有时深裂或 3 浅裂，两面近无毛或疏生微柔毛；叶柄长 1-5 厘米，被小疣。聚伞花序腋生，3-5 花或更多，稀单花，花序梗比叶柄粗，长达 5 厘米，第一次分枝为二歧聚伞式，以后为单歧式；花梗长 2-5 毫米，与花序梗均被小疣；小苞片早落；萼片宽倒卵状匙形或近长方形，2 外萼片长约 3.5 毫米，3 内萼片长约 5 毫米，无毛，平截头具外倾凸尖；花冠黄色，钟状，长 8 毫米，外面无毛，内面近基部具长柔毛；雄蕊与花冠近等长，花丝疏被长柔毛；柱头球形。蒴果扁球形或宽圆锥形，4 瓣裂。种子 4，三棱状球形，长 3.5 毫米，被锈色短柔毛，种脐处具簇毛。花果期夏秋季。

分布： 全洞庭湖区；湘南；福建、江西、云南、华南，为外来入侵植物。日本（小笠原群岛、琉球群岛）、太平洋群岛、澳大利亚北部、东南亚、南亚、热带非洲。

生境： 灌丛或路旁草丛中。海拔 50-800 米。

应用： 全草及种子消炎利咽，治急性扁桃体炎、咽喉炎、急性眼结膜炎、感冒；可观赏。

识别要点： 茎、叶柄、花序散生小疣状突起；叶心状卵形，有时 3 裂；花小，黄色，花冠钟状，长不及 1 厘米；萼片截形头，具明显外倾的凸尖。

紫草科 Boraginaceae

366 柔弱斑种草 rou ruo ban zhong cao
Bothriospermum zeylanicum (J. Jacq.) Druce
[*Bothriospermum tenellum* (Hornem.) Fisch. et Mey]

一年生草本，高 15-30 厘米。茎细弱，丛生，直立或平卧，多分枝，被向上贴伏的糙伏毛。叶（狭）椭圆形，1-2.5×0.5-1 厘米，钝头具小尖头，基部宽楔形，两面被向上贴伏的糙伏毛或短硬毛。花序柔弱，长 10-20 厘米；苞片椭圆形或狭卵形，5-10×3-8 毫米，被伏毛或硬毛；花梗短，长 1-2 毫米，果期不或稍增长；花萼长 1-1.5 毫米，果期增大，长约 3 毫米，外面密生向上的伏毛，内面无毛或中部以上散生伏毛，裂片（卵状）披针形，裂至近基部；花冠（淡）蓝色，长 1.5-1.8 毫米，基部径 1 毫米，檐部径 2.5-3 毫米，裂片圆形，长宽约 1 毫米，喉部有 5 个梯形的附属物，附属物高约 0.2 毫米；花柱圆柱形，极短，长约 0.5 毫米，约为花萼 1/3 或不及。小坚果肾形，长 1-1.2 毫米，腹面具纵椭圆形的环状凹陷。花果期 2-10 月。

分布： 全洞庭湖区；湖南全省；东北、华北、华东、华中、华南、西南、陕西、宁夏。朝鲜半岛、日本、印度尼西亚、越南、印度、巴基斯坦、中亚。

生境： 湖区开敞旷野草丛中；山坡路边、田间、山坡草地及溪边阴湿处。海拔 30-2000 米。

应用： 有小毒。全草止咳、止血，炒焦治吐血；可作草坪、地被。

识别要点： 茎细弱，丛生，直立或平卧，多分枝，被向上贴伏的伏毛；叶（狭）椭圆形；苞片椭圆形、长圆形或卵形；花冠（淡）蓝色；小坚果肾形，腹面具纵椭圆形的环状凹陷。

367 皿果草 min guo cao
Omphalotrigonotis cupulifera (Johnst.) W. T. Wang

茎通常 1 条，直立或平卧，高 20-40 厘米，不分枝或有少数分枝，疏生短糙伏毛。叶片椭圆状卵形至狭椭圆形，1.5-4×1-2.3 厘米，钝头具小尖头，基部宽楔形，两面均被短伏毛；叶柄长 0.5-4 厘米。镰状聚伞花序在果期长达 18 厘米；花梗长 1-3.5 毫米；花萼裂片长圆形，长约 2 毫米，两面有毛，果期长达 3.5 毫米；花冠淡蓝或淡紫红色，长约 2.5 毫米，无毛，檐部径约 4 毫米，裂片宽卵形至近圆形，宽约 1.8 毫米，开展，喉部附属物半月形；花药长圆形，长约 0.7 毫米；花柱长约 0.7 毫米。小坚果淡黄褐色，长 0.8-1 毫米，平滑，有光泽，背面的皿状突起径约 1.5 毫米，高约 0.8 毫米。花果期 5-7 月。

分布： 全洞庭湖区；湖南全省；浙江、江西、安徽、广西。

生境： 平原或丘陵溪边、水田边或山坡草丛、林缘、林下及湿地。海拔 30-100 米。

应用： 可作草坪、地被；杂草。

识别要点： 叶（椭圆状）卵形；镰状聚伞花序，无苞片；花冠淡蓝或淡紫红色，近辐状，喉部有 5 枚半月形附属物；雄蕊内藏；小坚果 4，四角形，背部有皿状突起。

368 附地菜 fu di cai
Trigonotis peduncularis (Trev.) Benth. ex Baker et Moore

一年生或二年生草本。茎通常多条丛生，稀单一，密集，铺散，高 5-30 厘米，基部多分枝，被短糙伏毛。基生叶莲座状，有叶柄，叶片匙形，长 2-5 厘米，圆钝头，基部楔形或渐狭，两面被糙伏毛，茎上部叶长圆形或椭圆形，无柄或具短柄。花序生茎顶，幼时卷曲，后渐次伸长，长 5-20 厘米，通常占全茎的 1/2-4/5，只在基部具 2-3 叶状苞片，其余部分无苞片；花梗短，花后伸长，长 3-5 毫米，顶端与花萼连接部分变粗呈棒状；花萼裂片卵形，长 1-3 毫米，急尖头；花冠淡蓝或粉色，筒部甚短，檐部径 1.5-2.5 毫米，裂片平展，倒卵形，圆钝头，喉部附属物 5，白或带黄色；花药卵形，长 0.3 毫米，先端具短尖。小坚果 4，斜三棱锥状四面体形，长 0.8-1 毫米，有短毛或平滑无毛，背面三角状卵形，3 锐棱，腹面的 2 个侧面近等大而基底面略小，凸起，具短柄，柄长约 1 毫米，向一侧弯曲。早春开花，花期甚长。

分布： 全洞庭湖区；湖南全省；全国（海南除外）。中亚、北亚、东欧。

生境： 平原、丘陵草地、林缘、田间及荒地。

应用： 全草温中健胃、消肿止痛、止血；嫩叶可供食用；花美观，可用于点缀花园。

识别要点： 叶通常多为匙形，但变异较大；花冠淡蓝或粉色，径 1.5-2.5 毫米；花萼裂片卵形。

马鞭草科 Verbenaceae

369　臭牡丹 chou mu dan
Clerodendrum bungei Steud.

灌木，高 1–2 米，植株有臭味；花序轴、叶柄密被（黄）褐或紫色脱落性的柔毛；小枝近圆形，皮孔显著。叶片纸质，（宽）卵形，8–20×5–15 厘米，（渐）尖头，基部宽楔形、截形或心形，粗或细锯齿缘，侧脉 4–6 对，表面散生短柔毛，背面疏生短柔毛和散生腺点或无毛，基部脉腋有数个盘状腺体；叶柄长 4–17 厘米。伞房状聚伞花序顶生，密集；苞片叶状，（卵状）披针形，长约 3 厘米，早落或花时不落，早落后在花序梗上残留凸起的痕迹，小苞片披针形，长约 1.8 厘米；花萼钟状，长 2–6 毫米，被短柔毛及少数盘状腺体，萼齿（狭）三角形，长 1–3 毫米；花冠（淡、紫）红色，花冠管长 2–3 厘米，裂片倒卵形，长 5–8 毫米；雄蕊及花柱均突出花冠外；花柱短于、等于或稍长于雄蕊；柱头 2 裂，子房 4 室。核果近球形，径 0.6–1.2 厘米，成熟时蓝黑色。花果期 5–11 月。

分布： 全洞庭湖区；湘西、湘中、湘北；全国（东北除外）。印度北部、越南、马来西亚。

生境： 湖区平原村舍附近、沟渠边、疏林下阴湿地灌丛中；山坡、林缘、沟谷、路旁、灌丛润湿处。海拔 20–2500 米。

应用： 根、茎、叶祛风解毒、消肿止痛，近来还用于治疗子宫脱垂；可观赏、作阴生地被。

识别要点： 花序较密，花萼长 2–6 毫米；而其变种大萼臭牡丹花序较疏，花萼特大，长约 1 厘米。

370　马缨丹（五色梅）ma ying dan
Lantana camara L.

直立或蔓性灌木，高 1–2 米，有时藤状，长达 4 米；茎枝均呈四方形，有短柔毛，通常有短倒钩状刺。单叶对生，揉烂后有强烈的气味，叶片卵形至卵状长圆形，3–8.5×1.5–5 厘米，急尖或渐尖头，基部心形或楔形，钝齿缘，表面有粗糙皱纹和短柔毛，背面有小刚毛，侧脉约 5 对；叶柄长约 1 厘米。花序径 1.5–2.5 厘米；花序梗粗壮，长于叶柄；苞片披针形，长为花萼的 1–3 倍，外部有粗毛；花萼管状，膜质，长约 1.5 毫米，顶端有极短的齿；花冠（橙）黄色，开花后不久转为深红色，花冠管长约 1 厘米，两面有细短毛，径 4–6 毫米；子房无毛。果圆球形，径约 4 毫米，成熟时紫黑色。全年开花。

分布： 全洞庭湖区；湖南全省；华东（山东除外）、华中、华南，栽培或已归化，全国各地庭院常栽培。原产美洲泛热带，现世界泛热带地区广泛栽培并归化。

生境： 湖区旷野、村舍附近的草丛中；海边沙滩和空旷地区。海拔 30–1500 米。

应用： 根、叶、花清热解毒、散结止痛、祛风止痒，治疟疾、肺结核、颈淋巴结核、腮腺炎、胃痛、风湿骨痛等；根与花又作兽药；观赏花卉。

识别要点： 有刺灌木，气味强烈；叶片卵形至卵状长圆形，基部心形或楔形，钝齿缘，表面有粗糙皱纹和短柔毛，背面有小刚毛，花萼顶端有浅齿；花冠（橙）黄色，裂片稍不整齐，不为二唇形。

371 美女樱（草五色梅）mei nü ying
Glandularia × hybrida (Hort. ex Groenl. et Rümpler) G. L. Nesom et Pruski
[*Verbena hybrida* Voss.]

多年生披散草本，全体被灰色柔毛，高 30~50 厘米。茎四棱，枝条横展，基部呈匍匐状。叶对生，具短柄，叶片长（或卵）圆形或披针状三角形，缺刻状粗齿或整齐圆钝锯齿缘，基部常有裂刻，上面深绿色。穗状花序顶生，多数小花密集排列呈伞房状。花萼细长筒状；花冠筒状或漏斗状，裂片中央有明显的白或浅色圆斑；花色多，有白、粉红、深红、紫、蓝等不同颜色，略具香味。蒴果。花期长，4 月至霜降前；果熟期 9~10 月。

分布： 全洞庭湖区；湖南全省；全国，引种栽培或半逸野。原产巴西、秘鲁、乌拉圭等地，现世界各地广泛栽培。

生境： 花坛、公园、庭院、"四旁"、路边。

应用： 全草清热凉血；观赏花卉，可用作花坛、花境材料，也可作盆花。

识别要点： 披散，全体被灰色柔毛，茎基部匍匐状；叶片长圆形或披针状卵圆形，缺刻状粗齿或圆钝锯齿缘；花密集排列呈伞房状，花冠筒部里面顶端呈白或浅色色环，花色多。

372 马鞭草 ma bian cao
Verbena officinalis L.

多年生草本，高 30~120 厘米。茎四方形，近基部或圆形，节和棱上有硬毛。叶片卵圆形至倒卵形或长圆状披针形，2~8×1~5 厘米，基生叶为粗锯齿和缺刻缘，茎生叶多数 3 深裂，裂片为不整齐锯齿缘，两面有硬毛，背面脉上尤多。穗状花序顶生和腋生，细弱，果时长达 25 厘米。花小，无柄，最初密集，结果时疏离；苞片稍短于花萼，具硬毛；花萼长约 2 毫米，有硬毛，5 脉，脉间凹穴处质薄而色淡；花冠淡紫至蓝色，长 4~8 毫米，外面有微毛，裂片 5；雄蕊 4，着生于花冠管的中部，花丝短；子房无毛。果长圆形，长约 2 毫米，外果皮薄，成熟时 4 瓣裂。花期 6~8 月，果期 7~10 月。

分布： 全洞庭湖区；湖南全省；新疆、陕西、甘肃、山西、河北、辽宁、华东、华中、华南、西南。世界温带至热带地区。

生境： 湖区湖边、河边、旷野草地中；路边、山坡、溪边或林旁。海拔 20~1800 米。

应用： 全草凉血、散瘀、通经、清热解毒、止痒、驱虫、利尿消肿，为发汗药；根治赤白痢疾、慢性疟疾、水肿，并有下泻作用；作兽药治牛膨胀、水泻、泻血及猪丹毒；作农药杀蚜虫、菜青虫、甘薯花虫、小麦秆锈菌、马铃薯晚疫病菌；可观赏。

识别要点： 幼茎四方形，全体有硬毛；叶片（倒）卵圆形或长圆状披针形，基生叶有粗锯齿和缺刻，茎生叶多 3 深裂，锯齿缘；穗状花序顶生和腋生；花淡紫至蓝色；果长圆形，4 瓣裂。

373 过江藤 guo jiang teng
Phyla nodiflora (L.) Greene

多年生草本，有木质宿根，多分枝，全体有紧贴丁字状短毛。叶近无柄，匙形、倒卵形至倒披针形，1-3×0.5-1.5 厘米，钝或近圆形头，基部狭楔形，中部以上为锐锯齿缘；穗状花序腋生，卵形或圆柱形，0.5-3× 约 0.6 厘米，有长 1-7 厘米的花序梗；苞片宽倒卵形，宽约 3 毫米；花萼膜质，长约 2 毫米；花冠白、粉红至紫红色，内外无毛；雄蕊短小，不伸出花冠外；子房无毛。果淡黄色，长约 1.5 毫米，内藏于膜质的花萼内。花果期 6-10 月。

分布： 石首、华容；湘南、湘西；湖北、江西、江苏、福建、华南、西南。世界泛热带。

生境： 长江边沙滩疏林下或堤岸草丛中；山坡、平地、湿润河滩、海边。海拔 10-2300 米。

应用： 全草破瘀生新、通利小便，治咳嗽、咽喉肿痛、吐血、通淋、痢疾、牙痛、喉炎，外敷治疔毒、刀伤、跌打损伤、枕痛、带状疱疹，民间用全草和肉炖食治黄肿病。孕妇忌服。

识别要点： 茎草质，基部木质化，全体有丁字毛；单叶对生，匙形、倒卵形至倒披针形，锐锯齿缘；穗状花序在结果时延长；花冠白、粉红至紫红色，呈二唇形；果成熟后干燥，分为两个分核。

374 柳叶马鞭草（南美马鞭草）liu ye ma bian cao
Verbena bonariensis L.

多年生草本，高 100-150 厘米。全体有纤毛。茎四棱形。叶对生；茎中部和下部的叶椭圆形，较宽大，略有缺刻缘，长达 10 厘米；上部的叶狭椭圆形或（狭）披针形，较窄小，尖缺刻缘。顶生花序聚伞状，或穗状聚伞状。花冠紫红或淡紫色，呈二唇形。花期 5-9 月。

分布： 岳阳，入侵植物，已野化；长沙、湘北，栽培或逸生，分布新记录；辽宁、河北、山东、浙江、福建、四川、上海、南京等地引种栽培，为外来植物。原产南美洲的巴西、阿根廷等地，新加坡等地引种。

生境： 田边、沟边、宅旁、路边。

应用： 观赏花卉，宜作花境，疏林下、植物园、庭院和别墅区的景观布置；蜜源植物。

识别要点： 全体有纤毛；茎中、下部的叶较宽大，上部的较窄小，尖缺刻缘；聚伞状花序；花冠紫红或淡紫色，呈二唇形。

375 黄荆 huang jing
Vitex negundo L.

灌木或小乔木；小枝四棱形，密生灰白色绒毛。掌状复叶，小叶 5，少 3；小叶片（长圆状）披针形，渐尖头，基部楔形，全缘或少数粗锯齿缘，表面绿色，背面密生灰白色绒毛；中间小叶 4-13×1-4 厘米，两侧小叶依次递小，5 小叶者，中间 3 小叶有柄，最外侧的 2 片（近）无柄。聚伞花序排成圆锥花序式，顶生，长 10-27 厘米，花序梗密生灰白色绒毛；花萼钟状，5 裂齿头，外有灰白色绒毛；花冠淡紫色，外有微柔毛，5 裂头，二唇形；雄蕊伸出花冠管外；子房近无毛。核果近球形，径约 2 毫米；宿萼长近果实。花期 4-6 月，果期 7-10 月。

分布： 全洞庭湖区；湖南全省；陕西、甘肃、东北、华北、华东、华中、华南、西南。日本、南亚和东南亚、东非及马达加斯加、太平洋岛屿、玻利维亚。

生境： 湖区平原及丘陵旷野、池塘边灌丛中；山坡路旁或灌木丛中。海拔 30-3200 米。

应用： 茎叶治久痢，并通经利尿；根驱蛲虫；果实作清凉性镇静、镇痛药，又作凉茶饮可消暑；生态景观；茎皮造纸及人造棉；种子油可制皂；花和枝叶提芳香油；枝条可编制篮筐。

识别要点： 小叶 3-5，全缘，偶有少数锯齿，表面近无毛或疏生柔毛，背面密生灰白色绒毛，中间小叶 4-13×1-4 厘米；圆锥花序常由呈轮伞状聚伞花序组成，花冠淡紫色；果萼与果实近等长。

376 牡荆 mu jing
Vitex negundo L. var. **canabifolia** (S. et Z.) H.-M.

落叶灌木或小乔木；小枝四棱形。叶对生，掌状复叶，小叶 5，少 3；小叶片（椭圆状）披针形，渐尖头，基部楔形，粗锯齿缘，表面绿色，背面淡绿色，通常被柔毛。圆锥花序顶生，长 10-20 厘米；花冠淡紫色。果实近球形，黑色。花期 6-7 月，果期 8-11 月。

分布： 全洞庭湖区；湖南全省；陕西、山西、华东、华中、华南、西南。日本、印度、尼泊尔、东南亚。

生境： 湖区平原池塘边或丘陵向阳坡地灌丛中；山坡路边灌丛中。海拔 30-1100 米。

应用： 嫩叶和种子作通经利尿剂；生态景观；种子油供制肥皂；全株可提取芳香油；枝条编篮筐。

识别要点： 与黄荆区别：小叶粗锯齿缘，下面淡绿色，背面疏生柔毛；与荆条区别：后者小叶缺刻状锯齿缘，浅至深裂，背面密生灰白色绒毛。

377 单叶蔓荆 dan ye man jing
Vitex trifolia L. var. **simplicifolia** Cham.
[*Vitex rotundifolia* L. f.]

落叶蔓性灌木，高 1.5–5 米，有香味；茎匍匐，节处常生不定根。小枝四棱形，密生细柔毛。单叶对生，叶片倒卵形或近圆形，通常钝圆或有短尖头，基部楔形，全缘，2.5–5×1.5–3厘米。圆锥花序顶生，长 3–15 厘米，花序梗密被灰白色绒毛；花萼钟形，顶端 5 浅裂，外面有绒毛；花冠淡紫或蓝紫色，长 6–10 毫米，外面及喉部有毛，花冠管内有较密的长柔毛，顶端 5 裂，二唇形，下唇中间裂片较大；雄蕊 4，伸出花冠外；子房无毛，密生腺点；花柱无毛，柱头 2 裂。核果近圆形，径约 5 毫米，成熟时黑色；果萼宿存，外被灰白色绒毛。花期 7–8 月，果期 8–10 月。

分布： 湘阴；辽宁、河北、华东、华中、广东。日本、印度、缅甸、泰国、越南、马来西亚、澳大利亚、新西兰。

生境： 湖心小岛沙地；沙滩、海边及湖畔。

应用： 干燥成熟果实疏散风热，治头痛、眩晕、目痛及湿痹拘挛等。

识别要点： 匍匐灌木，茎节处常生不定根；全为单叶，对生，叶片倒卵形或近圆形，钝圆头或有短尖头，基部楔形，全缘，2.5–5×1.5–3 厘米。

水马齿科 Callitrichaceae

378 沼生水马齿 zhao sheng shui ma chi
Callitriche palustris L.

一年生草本，高 30–40 厘米，茎纤细，多分枝。叶互生，在茎顶常密集呈莲座状，浮于水面，倒卵形或倒卵状匙形，4–6×约 3 毫米，圆形或微钝头，基部渐狭，两面疏生褐色细小斑点，3 脉；茎生叶匙形或线形，6–12×2–5 毫米；无柄。花单性，同株，单生叶腋，为两个小苞片所托；雄花：雄蕊 1，花丝细长，长 2–4 毫米，花药心形，小，长约 0.3 毫米；雌花：子房倒卵形，长约 0.5 毫米，圆形或微凹头，花柱 2，纤细。果倒卵状椭圆形，长 1–1.5 毫米，仅上部边缘具翅，基部具短柄。花期 8–9 月，果期 10 月。

分布： 全洞庭湖区；湖南全省；青海、内蒙古、东北、华东、华中、华南、西南。不丹、尼泊尔、印度、俄罗斯、日本、克什米尔地区、朝鲜半岛、欧洲、北美洲。

生境： 静水湖泊、池塘、水田、水洼中或沼泽地或湿地水中。海拔 20–3800 米。

应用： 全草清热解毒、利尿消肿，治目赤肿痛、水肿、湿热淋痛。

识别要点： 叶二型，茎顶具莲座状浮水叶，倒卵形或倒卵状匙形，茎生叶匙形或线形，3 脉；苞片较小，早落；果较大，倒卵状椭圆形，长 1–1.5 毫米，大于宽，仅上部边缘具狭翅。

唇形科 Labiatae, Lamiaceae

379 筋骨草 jin gu cao
Ajuga ciliata Bunge

多年生直立草本，高达 40 厘米。茎紫红或绿紫色，幼时被灰白色长柔毛。叶卵状（或窄）椭圆形，4–7.5×3.2–4 厘米，基部楔形下延，钝或急尖头，不整齐重牙齿缘，具缘毛；叶柄长 1 厘米以上或几无，有时紫红色，基部抱茎，被灰白色柔毛或仅具缘毛。轮伞花序组成长 5–10 厘米穗状花序；苞叶卵形，长 1–1.5 厘米，或紫红色，稍具缺刻缘。花萼漏斗状钟形，长 7–8 毫米，齿被长柔毛及缘毛，萼齿长（或窄）三角形；花冠紫色，具蓝色条纹，冠筒被柔毛，内面被微柔毛，基部具毛环，上唇圆头，微缺，下唇中裂片倒心形，侧裂片线状长圆形；雄蕊稍超出花冠；花柱超出雄蕊。小坚果被网纹，长圆或卵状三棱形，合生面几占整个腹面。花期 4–8 月，果期 7–9 月。

分布： 全洞庭湖区；湖南全省；河北、山西、陕西、宁夏、甘肃、山东、浙江、四川、华中。

生境： 湖区平原林下阴湿地；山谷溪边、草地、林下及路边草丛中。海拔（30–）340–2500 米。

应用： 全草治肺热咯血、跌打损伤、扁桃腺炎及咽喉炎等症；可观赏。

识别要点： 茎直立，无匍匐茎，紫红或绿紫色，幼部被灰白色长柔毛；叶卵状（狭）椭圆形，重牙齿缘；穗状聚伞花序密集，长 5–10 厘米；花冠紫色，具蓝色条纹。

380 金疮小草（青鱼胆）jin chuang xiao cao
Ajuga decumbens Thunb.

一至二年生草本。具匍匐茎，茎长达 20 厘米，被白色长柔毛。基生叶较多，叶匙形或倒卵状披针形，3–6（–14）×1.5–2.5 厘米，钝或圆头，基部渐窄下延，不整齐波状圆齿缘或近全缘，具缘毛，两面疏被糙伏毛或柔毛，脉上密；叶柄长 1–2.5 厘米或更长，具窄翅，（淡）绿色，被长柔毛。轮伞花序多花，下部疏生，上部密集，组成长 7–12 厘米穗状花序；苞叶披针形。花萼漏斗形，三角形萼齿及边缘疏被柔毛，余无毛；花冠淡蓝或淡红紫色，稀白色，筒状，疏被柔毛，内具毛环，上唇圆形，微缺头，下唇中裂片窄扇形或倒心形，侧裂片长圆状椭圆形；雄蕊伸出；花柱超出雄蕊。小坚果倒卵状三棱形，合生面约占腹面 2/3。花期 3–7 月，果期 5–11 月。

分布： 全洞庭湖区；湖南全省；青海、华东（山东除外）、华中、华南、西南。朝鲜半岛、日本。

生境： 湖区林下阴湿地；溪边、路旁及湿润的草坡上。海拔 30–2300 米。

应用： 全草治痈疽疔疮、火眼、乳痈、鼻衄、咽喉炎、肠胃炎、急性结膜炎、烫伤、犬咬伤、毒蛇咬伤、外伤出血。

识别要点： 与紫背金盘相区别：植株花时具基生叶，平卧，具匍匐茎，逐节生根；叶匙形、（倒卵状）披针形至几长圆形。

381 紫背金盘 zi bei jin pan
Ajuga nipponensis Makino

一至二年生草本，高达 20 厘米或以上。茎直立、平卧或上升，被长（疏）柔毛，基部带紫色。基生叶无或少；茎生叶倒卵形、宽椭圆形、近圆形或匙形，2-4.5×1.5-2.5 厘米，钝头，基部楔形下延，粗齿或不整齐波状圆齿缘，具缘毛，两面疏被糙伏毛或柔毛；叶柄长 1-2 厘米，具窄翅，有时紫绿色。轮伞花序多花，组成穗状花序；苞叶卵形或宽披针形。花萼钟形，上部及齿缘被长柔毛，萼齿三角形；花冠淡蓝或蓝紫色，稀白（绿）色，具深色条纹，冠筒长 0.6-1.1 厘米，疏被短柔毛，内面近基部具毛环，上唇 2 裂或微缺，下唇中裂片扇形，侧裂片窄长圆形；雄蕊伸出；花柱超出雄蕊。小坚果卵状三棱形，合生面达腹面 3/5。花期 4-6 月（东部）及 12 月至翌年 3 月（西南），果期分别为 5-7 月及翌年 1-5 月。

分布： 全洞庭湖区；湖南全省；陕西、华东（山东除外）、华中、华南、西南。朝鲜、日本。

生境： 湖区旷野草地；田边、湿润草地、林内及阳坡。海拔 30-2300 米。

应用： 镇痛散血，全草煎服治多种炎症及痛症；外用治金疮、刀伤、外伤出血、跌打损伤、骨折、痈肿疮疖、狂犬咬伤；兽用治牛马肚痛发水；可观赏。

识别要点： 叶阔（倒卵状）椭圆形；植株花时通常无基生叶，通常直立，稀平卧，从基部分枝；花冠均长在 8 毫米以上；萼齿狭（短）三角形；雄蕊伸出部分仅达全长的 1/4-1/3。

382 风轮菜 feng lun cai
Clinopodium chinense (Benth.) O. Ktze.

多年生草本，高达 1 米。茎基部匍匐，具细纵纹，密被短柔毛及腺微柔毛。叶卵圆形，2-4×1.3-2.6 厘米，基部圆或宽楔形，急尖或钝头，圆齿状锯齿缘，上面密被平伏糙硬毛，下面被柔毛；叶柄长 3-8 毫米，密被柔毛。轮伞花序多花，半球形；苞片多数，针状，长 3-6 毫米。花萼窄管形，带紫红色，长约 6 毫米，沿脉被柔毛及腺微柔毛，内面齿上被柔毛，果时基部一边稍肿胀，上唇 3 齿长三角形，稍反折，下唇 2 齿直伸，具芒尖；花冠紫红色，长约 9 毫米，被微柔毛，喉部具 2 行毛，径约 2 毫米，上唇微缺头，下唇 3 裂；雄蕊内藏或前对微露出，2 药室近水平叉开；花柱微露出，不相等 2 浅裂；花盘平顶；子房无毛。小坚果黄褐色，倒卵球形，约 1.2×0.9 毫米。花期 5-8 月，果期 8-10 月。

分布： 全洞庭湖区；湖南全省；云南、吉林、内蒙古、河北、华东、华中、华南。琉球群岛。

生境： 湖区旷野、堤岸、荒地草丛中；山坡、草丛、路边、沟边、灌丛、林下。海拔 0-1000 米。

应用： 全草治胆囊炎、腮腺炎、结膜炎、刀伤、蛇犬咬伤，煎水洗疥疮。

识别要点： 轮伞花序总梗极多分枝，多花密集，常偏向于一侧；苞片针状，极细，无明显中肋；花萼长约 6 毫米；花冠小，长不及 1 厘米，紫红色。

383 邻近风轮菜 lin jin feng lun cai
Clinopodium confine (Hance) O. Ktze.

铺散草本，基部生根。茎无毛或疏被微柔毛。叶卵圆形，8-22（-30）×5-17毫米，钝头，基部圆或宽楔形，5-7对圆齿状锯齿缘，两面无毛，侧脉3-4对，叶柄长1-10毫米，疏被微柔毛。轮伞花序多花密集，近球形，径10-15(-18)毫米；苞叶叶状，苞片极小。花梗长1-2毫米，被微柔毛；花萼近圆柱形，基部稍窄，长约5毫米，无毛或沿脉疏被毛，喉部内面被柔毛，齿具缘毛，上3齿三角形，下2齿长三角形；花冠粉红或紫红色，稍长出花萼，长约5毫米，被微柔毛，喉部径1.2毫米，稍被毛或近无毛，冠檐长约0.6毫米，下唇中裂片微缺头；雄蕊内藏；柱先端略增粗，2浅裂；花盘平顶；子房无毛。小坚果卵球形，长0.8毫米，褐色，光滑。花期4-6月，果期7-8月。

分布：全洞庭湖区；湖南全省；贵州、四川、华东(山东除外)、华中、华南。日本。

生境：堤岸、荒野、村边、田边、山坡、草地。海拔0-500米。

应用：常作细风轮菜使用或混用，祛风清热、行气活血、解毒消肿，主治感冒发热、食积腹痛、呕吐、泄泻、痢疾、白喉、咽喉肿痛、痈肿丹毒、荨麻疹、毒虫咬伤、跌打伤出血；作观赏地被。

识别要点：极似细风轮菜，但叶面具光泽；轮伞花序具苞叶；萼筒等宽，全无毛或脉上有极稀少毛，内面喉部被小疏柔毛，齿缘被睫毛，上唇3齿果时不向上反折。

384 细风轮菜（剪刀草，瘦风轮）xi feng lun cai
Clinopodium gracile (Benth.) Matsum.

纤细草本。茎多数，自匍匐茎生出，柔弱，上升，高达30厘米，被倒向短柔毛；具匍匐茎。最下部叶圆卵形，约10×8-9毫米，钝头，基部圆，疏圆齿缘，茎中、下部叶卵形，12-34×10-24毫米，钝头，基部圆或楔形，疏牙齿或圆齿缘，茎上部叶及苞叶卵状披针形，尖头，锯齿缘，上面近无毛，下面脉疏被细糙硬毛，叶柄长3-18毫米，密被短柔毛。轮伞花序分离或密集茎端成短总状花序，疏花；苞片针状。花梗长1-3毫米，被微柔毛；花萼管形，基部圆，长约3毫米，果时基部一边肿胀，长约5毫米，被微柔毛或近无毛，脉被细糙硬毛，喉部疏被柔毛，齿具缘毛，下2齿钻形，上3齿三角形，果时反折；花冠白或紫红色，长约4.5毫米，被微柔毛，上唇直伸，微缺头，下唇3裂，中裂片较大。雄蕊前对与上唇等齐；花柱2浅裂；花盘平顶；子房无毛。小坚果卵球形，褐色，平滑。花期6-8月，果期8-10月。

分布：全洞庭湖区；湖南全省；陕西、华东(不含山东)、华中、华南、西南。印度、中南半岛、印度尼西亚、日本南部。

生境：路旁、沟边、空旷草地、林缘、灌丛中。海拔0-2400米。

应用：全草治感冒头痛、中暑腹痛、痢疾、乳腺炎、痈疽肿毒、荨麻疹、过敏性皮炎、跌打损伤。

识别要点：极似邻近风轮菜，但叶无光泽；轮伞花序无苞叶；萼筒不等宽，被微柔毛及短硬毛，喉部内疏被柔毛，齿缘被睫毛，上唇3齿果时上折。

385 灯笼草 deng long cao
Clinopodium polycephalum (Vaniot) C. Y. Wu et Hsuan ex P. S. Hsu

多年生直立草本，高达 1 米，多分枝，基部或匍匐生根。茎被平展糙硬毛及腺毛。叶卵形，2-5×1.5-3.2 厘米，钝或急尖头，基部阔楔形至几圆形，疏圆齿状牙齿缘，被糙硬毛，下面脉上尤密，侧脉约 5 对，脉上陷下隆。轮伞花序多花，圆球状，径达 2 厘米，成宽而多头的圆锥花序，苞叶叶状，近顶部者退化成苞片状；苞片针状，长 3-5 毫米，被具节长柔毛及腺柔毛；花梗长 2-5 毫米，密被腺柔毛。花萼圆筒形，花时约 6×1 毫米，13 脉，脉上被具节长柔毛及腺微柔毛，萼内喉部具疏刚毛，果时基部一边膨胀，宽至 2 毫米，上唇 3 齿三角形，尾尖，下唇 2 齿芒尖。花冠紫红色，长约 8 毫米，外面被微柔毛，冠檐上唇直伸，微缺头，下唇 3 裂。雄蕊不露出，前对雄蕊长过下唇。花盘平顶。子房无毛。小坚果卵形，长约 1 毫米，褐色，光滑。花期 7-8 月，果期 9 月。

分布： 全洞庭湖区；湖南全省；甘肃、陕西、山西、河北、广西、华东、华中、西南。

生境： 湖区旷野、荒地草丛中；山坡、路边、林下、灌丛中。海拔 0-3400 米。

应用： 民间用全草治功能性子宫出血、胆囊炎、黄疸型肝炎、感冒头痛、腹痛、小儿疳积、火眼、跌打损伤、疔疮、皮肤疮疡、毒蛇及狂犬咬伤、烂脚丫、烂头疮及痔疮。

识别要点： 与峨眉风轮菜相似，但茎被平展糙硬毛及腺毛；叶纸质，两面被粗硬毛；轮伞花序圆球形，成宽而多头的圆锥花序；花萼外面脉上被具节长柔毛及腺微柔毛。

386 小野芝麻 xiao ye zhi ma
Galeobdolon chinense (Benth.) C. Y. Wu

一年生草本，或具块根。茎高达 60 厘米，密被污黄色绒毛。叶卵圆（状长圆）形至阔披针形，1.5-4×1.1-2.2 厘米，钝至急尖头，基部阔楔形，圆齿状锯齿缘，草质，上面橄榄绿色，密被贴生的纤毛，下面绿色较淡，被污黄色绒毛；叶柄长 5-15 毫米。轮伞花序 2-4 花；苞片线形，长约 6 毫米，早落。花萼管状钟形，约 1.5×0.7 厘米，外面密被绒毛，萼齿披针形，长 4-6 毫米，芒状渐尖头。花冠粉红色，长约 2.1 厘米，外面被白色长柔毛，上唇尤甚，冠筒内面下部有毛环，冠檐上唇长 1.1 厘米，倒卵圆形，基部渐狭，下唇约 8×9 毫米，3 裂，中裂片较大，侧裂片与之相似，近圆形。雄蕊花丝扁平，无毛，花药紫色，无毛。花柱丝状，先端不相等 2 浅裂。花盘杯状。子房无毛。小坚果三棱状倒卵圆形，约 2.1×0.9 毫米，截形头。花期 3-5 月，果期 6-10 月。

分布： 岳阳、沅江、益阳；长沙、浏阳、张家界、湘南；华东（除山东外）、华中（除河南外）、华南。

生境： 树荫下、疏林中。海拔 50-300 米。

应用： 干燥全草清热解毒、凉血止血、止咳，民间用治急性扁桃体炎、气管炎、肺结核、上呼吸道出血及肺部出血等症，疗效显著；可观赏。

识别要点： 与块根小野芝麻区别：植物较高大，高达 60 厘米，

或具块根；叶卵圆（状长圆）形至阔披针形，长 1.5–4 厘米；花粉红色，无紫色斑点。

387　白透骨消 bai tou gu xiao
Glechoma biondiana (Diels) C. Y. Wu et C. Chen

多年生草本，高达 30 厘米，全体被具节长柔毛，茎匍匐，上升，逐节生根，基部有时带淡紫色。叶草质，下部叶片较小，中部叶最大，叶片心形，2–4.2×1.9–3.8 厘米，急尖头，常具针状小尖头，粗圆齿缘，两面被长柔毛，基部具长方形基凹，下面通常带紫色；下部叶柄较叶片长 3 倍，中部叶柄长 1.2–2.5 厘米。轮伞花序通常 3（–6）花；（小）苞片线形。花萼管状钟形，长 1–1.2 厘米，被长柔毛及微柔毛，萼齿窄三角形，长 4–5 毫米，芒刺尖头；花冠粉红或淡紫色，管状钟形，长 2–2.4 厘米，喉径达 6 毫米，上唇宽卵形，微缺，下唇中裂片扇形，凹头，侧裂片卵形；雄蕊后对短于上唇，前对长仅达花冠筒喉部；子房无毛。成熟小坚果长圆形，深褐色，具小凹点，无毛，基部略呈三棱形。花期 4–5 月，果期 5–6 月。

分布： 沅江、益阳、湘阴；湖南长沙、绥宁；河北、河南、陕西、湖北、甘肃、四川。

生境： 湖边或河边淤滩草地中，丘陵坡地林下草丛中；山谷林下、水沟边及阴湿肥沃土上。海拔（10–）1200–2200 米。

应用： 民间用全草治筋骨痛，消肿；可观赏。

识别要点： 与活血丹区别：全株被长柔毛及倒向短柔毛；叶片通常具针状小尖头；萼齿狭三角形，长芒状细尖头。

388　活血丹（连钱草）huo xue dan
Glechoma longituba (Nakai) Kupr.

多年生草本，具匍匐茎，上升，逐节生根，高达 30 厘米。茎基部带淡紫红色，幼嫩部分疏被长柔毛。叶草质，下部叶较小，心形或近肾形，叶柄长为叶片的 1–2 倍；上部叶心形，1.8–2.6×2–3 厘米，粗（齿状）圆齿缘，上面疏被糙伏毛或微柔毛，下面带淡紫色，脉疏被柔毛或长硬毛，急尖或钝三角形头，叶柄长为叶片的 1.5 倍。轮伞花序 2（4–6）花；（小）苞片线形，长达 4 毫米，被缘毛。花萼管形，长 0.9–1.1 厘米，被长柔毛，萼齿卵状三角形，长 3–5 毫米，芒状头，上唇 3 齿较长；花冠蓝或紫色，下唇具深色斑点，冠筒管状钟形，长筒花冠长 1.7–2.2 厘米，短筒花冠长 1–1.4 厘米，稍被长柔毛及微柔毛，上唇 2 裂，裂片近肾形，下唇中裂片肾形，较上唇片大 1–2 倍，先端凹入，侧裂片长圆形；雄蕊内藏，后对较长，前对较短；花柱略伸出，先端近相等 2 裂。成熟小坚果深褐色，长圆状卵形，长约 1.5 毫米，圆头，基部稍三棱形。花期 4–5 月，果期 5–6 月。

分布： 全洞庭湖区；湖南全省；全国（新疆、甘肃和青藏高原除外）。俄罗斯（远东地区）、朝鲜半岛。

生境： 林缘、疏林下、草地中、路旁、溪边等阴湿处。海拔 20–2000 米。

应用： 全草治膀胱及尿路结石，内服治伤风咳嗽、流感、咯血、痢疾，外敷治跌打损伤、骨折；叶汁治小儿惊痫、肺炎、糖尿病及风湿关节炎；可观赏。

识别要点： 与白透骨消区别：全株除花外被倒向疏短柔毛；叶片不具针状小尖头；萼齿卵状三角形，细尖头。

389 溪黄草 xi huang cao
Isodon serra (Maxim.) Kudô
[*Rabdosia serra* (Maxim.) Hara]

多年生草本，高达 1.5（-2）米。茎上部多分枝，密被倒向柔毛，基部近无毛。叶卵形或卵状披针形，3.5-10×1.5-4.5 厘米，（渐）尖头，基部楔形，内弯粗锯齿缘，两面无毛，仅脉被柔毛，疏被淡黄色腺点，侧脉 4-5 对，两面微隆起；叶柄长 0.5-3.5 厘米，上部具渐宽翅，密被柔毛。聚伞花序 5 至多花，组成疏散圆锥花序，长 10-20 厘米，顶生；苞叶具短柄，（线状）披针形，小苞片长 1-3 毫米，被柔毛。花萼钟形，长约 1.5 毫米，密被灰白色柔毛及腺点，萼齿长三角形，长约 0.8 毫米；花冠紫色，长达 6 毫米，被微柔毛，冠筒长约 3 毫米，上唇外反，长约 2 毫米，具相等 4 圆裂，下唇阔卵圆形，长约 3 毫米，内凹。雄蕊及花柱内藏。小坚果宽卵球形，长约 1.5 毫米，圆头，具腺点及白色髯毛。花期 8-10 月，果期 9-10 月。

分布： 临澧；湖南全省；陕西、甘肃、山西、四川、贵州、东北、华东（山东除外）、华中、华南。俄罗斯（远东地区）、朝鲜半岛。

生境： 湖区湖边滩涂草地上；山坡、路旁、田边、溪旁、河岸、草丛、灌丛、林下沙壤土上，常成丛生长。海拔 20-1250 米。

应用： 全草治急性肝炎及胆囊炎、跌打瘀肿；湿地生态景观。

识别要点： 叶（披针状）卵状，仅脉上密被微柔毛，粗大内弯锯齿缘；花萼外密被灰白色微柔毛，萼齿与萼筒等长；二蕊内藏；小坚果具白色髯毛。

390 夏至草 xia zhi cao
Lagopsis supina (Steph. ex Willd.) Ik.-Gal. ex Knorr.

多年生草本，高达 35 厘米。茎带淡紫色，密被微柔毛。叶圆形，长宽 1.5-2 厘米，圆头，基部心形，3 浅裂或深裂，裂片无齿或具（长）圆状牙齿，基生裂片较大，上面疏被微柔毛，下面被腺点，沿脉被长柔毛，具缘毛；基部越冬叶远较宽大，掌状 3-5 出脉，基生叶柄长 2-3 厘米，茎上部叶柄长约 1 厘米。轮伞花序疏花，径约 1 厘米，小苞片长约 4 毫米，弯刺状，外密被微柔毛。花萼管状钟形，长约 4 毫米，密被微柔毛，5 萼齿不等大，三角形，刺尖头，长 1-1.5 毫米；花冠白色，稀粉红色，稍伸出，长约 7 毫米，外被绵状长柔毛，内被微柔毛，冠筒长约 5 毫米，上唇长圆形，全缘，稍长，下唇稍短，中裂片扁圆形，侧裂片椭圆形；雄蕊不伸出，后对较短；花柱先端 2 浅裂；花盘平顶。小坚果褐色，长约 1.5 毫米，被鳞片。花期 3-4 月，果期 5-6 月。

分布： 全洞庭湖区；湖南全省；东北、华北、西北、华东、华中、西南。俄罗斯、蒙古国、朝鲜半岛、日本。

生境： 路旁、旷地上。海拔 0-2600 米。

应用： 在云南用全草入药，功用同益母草。

识别要点： 叶（卵）圆形，长宽 1.5-2 厘米，圆头，基部心形，3 深裂或浅裂，无或具圆齿、长圆形犬齿，脉掌状；轮伞花序组成稀疏、满布枝条的穗状花序，不被绵状毛；花冠白色，稀粉红色。

391 宝盖草 bao gai cao
Lamium amplexicaule L.

一至二年生草本，高 30 厘米。茎基部多分枝，近无毛。叶圆形或肾形，1-2×0.7-1.5 厘米，圆头，基部平截或截状阔楔形，半抱茎，深圆齿缘或近掌状分裂，两面疏被糙伏毛；下部叶具长柄，柄与叶片等长或超过之，上部叶无柄。轮伞花序 6-10 花；苞片披针状钻形，约 4×0.3 毫米，具缘毛。花萼管状钟形，长 4-5 毫米，外密被白色直伸的长柔毛，5 萼齿披针状钻形，长 1.5-2 毫米，具缘毛；花冠紫红或粉红色，长约 1.7 厘米，被微柔毛，冠筒细，长约 1.3 厘米，径约 1 毫米，筒口径约 3 毫米，上唇长圆形，微弯，长约 4 毫米，下唇稍长，中裂片倒心形，深凹，具 2 小侧裂片；花丝无毛，花药被长硬毛；花柱丝状，先端不相等 2 浅裂；子房无毛。小坚果淡灰黄色，倒卵球形，具三棱，被白色小瘤，近截状头，基部收缩，约 2×1 毫米。花期 3-5 月，果期 7-8 月。

分布： 全洞庭湖区；湖南全省；西北、华东、华中、西南。俄罗斯、日本、中亚、西亚、欧洲。

生境： 路旁、宅旁、田间、林缘、沼泽草地。海拔 0-4000 米。

应用： 全草治外伤骨折、跌打损伤、红肿、毒疮、瘫痪、半身不遂、高血压、小儿肝热及脑漏。

识别要点： 叶圆形或肾形，深圆齿缘；花冠紫红或粉红色，花冠筒直，圆筒形，内面无毛环。

392 野芝麻 ye zhi ma
Lamium barbatum S. et Z.

多年生草本，高达 1 米。茎不分枝，近无毛或被平伏微硬毛。下部叶卵形或心形，4.5-8.5×3.5-5 厘米，长尾尖头，基部心形，牙齿状锯齿缘，上部叶卵状披针形，被平伏微硬毛或短柔毛；下部叶柄长达 7 厘米，茎上部叶柄渐短。轮伞花序 4-14 花，生于茎上端；苞叶具柄，苞片线形或丝状，长 2-3 毫米，与萼齿具缘毛。花萼钟形，1.1-1.5×0.4 厘米，近无毛或疏被糙伏毛，萼齿披针状钻形，长 0.7-1 厘米；花冠白或淡黄色，长约 2 厘米，冠筒基部径 2 毫米，喉部径达 6 毫米，上部被毛，上唇倒卵形或长圆形，长约 1.2 厘米，圆或微缺头，具长缘毛，下唇长约 6 毫米，中裂片倒肾形，深凹，具 2 小裂片，基部缢缩，侧裂片半圆形，长约 0.5 毫米，具针状小齿；花药深紫色；花柱近相等 2 浅裂。小坚果淡褐色，倒卵球形，平截头，约 3×1.8 毫米。花期 4-6 月，果期 7-8 月。

分布： 岳阳、沅江、益阳、湘阴、汨罗；长沙、湘西、湘北；东北、四川、贵州、华北、西北（青海除外）、华东、华中。俄罗斯（远东地区）、朝鲜半岛、日本。

生境： 湖区湖边林下；路边、溪旁、田埂及荒坡上。海拔 10-2600 米。

应用： 全草治跌打损伤、小儿疳积，民间用花治子宫及泌尿系统疾患、白带过多及行经困难；可观赏。

识别要点： 具长地下匍匐枝；茎中空，几无毛；叶大，（披针状）卵圆形；花冠白或浅黄色，花冠筒内面近基部有毛环，自毛环以上扩展，几鼓胀。

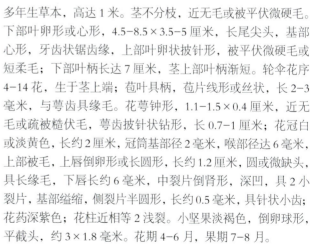

393 益母草 yi mu cao
Leonurus japonicus Houtt.
[Leonurus artemisia (Lour.) S. Y. Hu]

一至二年生草本。茎直立，高 0.3–1.2 米，钝四棱形，有倒向糙伏毛。下部叶卵形，掌状 3 裂，裂片长圆状菱形至卵圆形，2.5–6×1.5–4 厘米，裂片上再分裂，被毛及腺点，叶基下延成翅，柄长 2–3 厘米；茎中部叶菱形，3 至多个长圆状线形裂片，柄长 0.5–2 厘米，苞叶近无柄，线状披针形，长 3–12 毫米。轮伞花序 8–15 花，径 2–2.5 厘米，多数组成长穗状花序；小苞片刺状，长约 5 毫米，与花萼具微柔毛。花萼管状钟形，长 6–8 毫米，萼齿宽三角形，刺尖头，前 2 齿长 3 毫米，后 3 齿稍短。花冠粉红至淡紫红色，长 1–1.2 厘米，被柔毛，冠筒长约 6 毫米，内面有鳞毛环，毛环在背面间断，上唇长圆形，内凹，约 7×4 毫米，具缘毛，下唇略短，中裂片倒心形，微缺，2 小侧裂片卵圆形。雄蕊前对较长；花柱略超出雄蕊而与上唇片等长，相等 2 浅裂。小坚果长圆状三棱形，长 2.5 毫米，淡褐色，光滑。花期 6–9 月，果期 9–10 月。

分布： 全洞庭湖区；湖南全省；全国。俄罗斯、朝鲜半岛、日本、中南半岛、非洲、北美洲和南美洲。

生境： 湖区平原湖河边滩涂草地、旷野沟渠边湿地；多种生境，尤以阳处为多。海拔 0–3400 米。

应用： 全草祛瘀生新、活血调经，内服扩张血管、降血压、拮抗肾上腺素，治高血压、妇科病、肾炎水肿等；嫩苗补血；花治贫血；种子称"茺蔚子"，利尿，治眼疾、肾炎水肿等；亦作兽药；茎叶作农药；可观赏。

识别要点： 与细叶益母草区别：叶裂片宽于 3 毫米；苞叶全缘或稀少牙齿缘；花冠较小，长 1–1.2 厘米，外被柔毛，下唇与上唇约等长；花萼外面贴生微柔毛。

394 地笋（地瓜苗）di sun
Lycopus lucidus Turcz.

多年生，高过 1 米。茎常不分枝，无毛或疏被微硬毛。地下匍匐茎白色，先端肥大呈圆柱形。叶长圆状披针形，弧弯，4–8×1.2–2.5 厘米，渐尖头，基部楔形，粗牙齿状尖齿缘，无毛，下面被凹陷腺点；叶柄近无。轮伞花序无梗，球形，多花密集，径 1.2–1.5 厘米；小苞片卵形或披针形，刺尖头，与花萼具细缘毛，外层小苞片长达 5 毫米，3 脉，内层者 2–3 毫米，1 脉。花萼长 3 毫米，被腺点，无毛，萼齿 5，披针状三角形，长约 2 毫米，刺尖头；花冠白色，长 5 毫米，冠檐被腺点，喉部被白色短柔毛，冠筒长约 3 毫米，上唇近圆形，下唇 3 裂，中裂片较大；前对能育雄蕊超出花冠；花柱伸出花冠，先端线状相等 2 浅裂。小坚果倒卵圆状四边形，1.6×1.2 毫米，背面平，腹面具棱，被腺点。花期 6–9 月，果期 8–11 月。

分布： 益阳、沅江；湖南隆回、长沙；河北、东北、陕西、华东、华中、西南。俄罗斯（远东地区）、日本。

生境： 湖沼旁、水边、沟边阴湿地；山野的低湿地及溪流沿岸灌丛或草丛中。海拔 20–3100 米。

应用： 全草通经利尿，为妇科要药，治孕产诸病，又为金疮肿毒良药，治风湿关节痛、瘀血腹痛、身面水肿；肥大根茎供食用及提淀粉；猪饲料。

识别要点： 与欧地笋区别：全茎叶锐尖粗牙齿状锯齿缘；或茎下部叶近羽状深裂，中部叶疏锯齿缘，上部叶近全缘。

395 薄荷（野薄荷）bo he
Mentha canadensis L.
[*Menthaha localyx* Briq.]

多年生草本，高达 60 厘米。茎多分枝，上部被微柔毛，下部沿棱被微柔毛。具根茎。叶卵状披针形或长圆形，3–5（–7）×0.8–3 厘米，尖头，基部楔形或圆，基部以上为疏粗牙齿缘，两面被微柔毛，脉上凹下凸；叶柄腹凹背凸，长 0.2–1 厘米。轮伞花序腋生，球形，径约 1.8 厘米，具梗或无，梗长不及 3 毫米。花梗细，长 2.5 毫米；花萼管状钟形，长约 2.5 毫米，被微柔毛及腺点，10 脉不明显，萼齿窄三角状钻形，长 1 毫米，长锐尖头；花冠淡紫或白色，长约 4 毫米，稍被微柔毛，上裂片较大，2 裂，余 3 裂片近等大，长圆形，钝头；雄蕊伸出，前对较长者约 5 毫米；花柱略超出雄蕊，先端钻状近相等 2 浅裂。小坚果卵珠形，黄褐色，被洼点。花期 7–9 月，果期 10 月。

分布： 全洞庭湖区；湖南全省；全国。中南半岛、朝鲜半岛、日本、俄罗斯（远东地区）、北美洲。

生境： 水旁潮湿地。海拔 0–3500 米。

应用： 全草疏解风热、清利头目，治感冒发热、喉痛、头痛、目赤痛、皮肤风疹搔痒、麻疹不透；干茎叶祛风、兴奋、发汗；作兽药；蔬食、作调味剂和清凉饮料；观赏；提芳香油，制薄荷脑、薄荷素油。

识别要点： 与东北薄荷相近，但茎多分枝，上部被微柔毛，下部仅沿棱有毛；叶常长圆状披针形，较小，长 3–5（–7）厘米，基部以上疏粗牙齿缘；萼齿被微柔毛；雄蕊及花柱通常稍伸出。

396 留兰香 liu lan xiang
Mentha spicata L.

多年生草本。茎直立，高达 1.3 米，（近）无毛，钝四棱形，不育枝仅贴地生。叶（近）无柄，卵状长圆形或长圆状披针形，3–7×1–2 厘米，锐尖头，基部宽楔形至近圆形，不规则锐齿缘，草质，上面绿色，下面灰绿色，侧脉 6–7 对，与中脉上凹下隆且带白色。轮伞花序生茎枝顶端，呈间断但向上密集的圆柱形穗状花序，长 4–10 厘米；小苞片线形，长于花萼，长 5–8 毫米，无毛；花梗长 2 毫米，无毛。花萼钟形，长 2 毫米，无毛，外面具腺点，5 脉不显著，萼齿 5，三角状披针形，长 1 毫米。花冠淡紫色，长 4 毫米，无毛，冠筒长 2 毫米，冠檐裂片 4，近等大，上裂片微凹。4 雄蕊近等长，伸出，花丝无毛，花药卵圆形。花柱伸出花冠很多，先端钻状相等 2 浅裂。花盘平顶。子房褐色，无毛。花期 7–9 月，果期 9–10 月。

分布： 全洞庭湖区；湖南全省；河北、华东、华中、华南、西南，栽培或逸生，新疆野生。非洲加那利群岛和马德拉群岛、南欧、西亚、土库曼斯坦、俄罗斯。

生境： 水旁潮湿地或村镇肥沃潮湿之处。

应用： 枝叶或全草治感冒发热、咳嗽、虚劳咳嗽、伤风感冒、头痛、咽痛、神经性头痛、胃肠胀气、跌打瘀痛、目赤辣痛、鼻衄，雾疗治全身麻木及小儿疮疖；食用香料；观赏；植株提制留兰香油和绿薄荷油，为糖果、牙膏用香料，亦供医药用。

识别要点： 植株亮绿色；上部茎叶（近）无柄；花序细长，长 4–10 厘米，沿全长间断；花冠淡紫色。

397　小花荠苎 *xiao hua ji zhu*
Mosla cavaleriei Lévl.

一年生草本。茎高达 1 米，具花侧枝短，被稀疏具节长柔毛及混生微柔毛。叶（披针状）卵形，2-5×1-2.5 厘米，急尖头，基部圆形至阔楔形，细锯齿缘，近基部全缘，纸质，两面与叶柄被具节疏柔毛，下面满布凹陷小腺点；叶柄长 1-2 厘米，腹凹背凸。总状花序小，顶生，长 2.5-4.5 厘米，果时长达 8 厘米；苞片极小，卵状披针形，与花梗近等长或略超出花梗，被疏柔毛；花梗细而短，长约 1 毫米，与序轴被具节小疏柔毛。花萼约 1.2×1.2 毫米，外面被疏柔毛，略二唇形，上唇 3 齿极小，三角形，下唇 2 齿稍长于上唇，披针形，果时花萼增大。花冠紫或粉红色，长约 2.5 毫米，外被短柔毛，冠檐极短，上唇 2 圆裂，下唇较之略长，3 裂，中裂片较长。雄蕊 4，后对雌蕊能育，不超过上唇，前对雄蕊退化至极小。花柱先端 2 裂，微伸出花冠。小坚果灰褐色，球形，径 1.5 毫米，具疏网纹，无毛。花期 9-11 月，果期 10-12 月。

分布： 全洞庭湖区；湖南全省；华东（除山东外）、华中、华南、西南。印度、巴基斯坦、尼泊尔、不丹、缅甸、越南、马来西亚、日本。

生境： 湖边滩涂、堤岸、田野及旷野草丛中；疏林下、山坡草地上。海拔 20-1600 米。

应用： 民间用全草入药，功效近石香薷，治中暑发热、感冒恶寒、胃痛呕吐、急性肠胃炎、痢疾、跌打瘀痛、下肢水肿、颜面水肿、消化不良、皮肤湿疹搔痒、多发性疖肿，亦为治毒蛇咬伤要药。

识别要点： 被稀疏具节长柔毛及混生微柔毛；叶锐尖疏齿缘；苞片极小，与花梗近等长；花萼长约 1.2 毫米；花冠紫或粉红色，长约 2.5 毫米。

398　小鱼仙草 *xiao yu xian cao*
Mosla dianthera (Buch.-Ham. ex Roxb.) Maxim.

一年生草本。茎高达 1 米，近无毛，多分枝。叶卵状（菱状）披针形，1.2-3.5×0.5-1.8 厘米，（渐）尖头，基部楔形，疏尖齿缘，近基部全缘，上面无毛或近无毛，下面无毛，疏被腺点；叶柄长 0.3-1.8 厘米，上面被微柔毛。总状花序多数，序轴近无毛；苞片针状或线状披针形，近无毛，长达 1 毫米，果时长达 4 毫米；花梗长约 1 毫米，果时长达 4 毫米。被微柔毛；花萼钟形，约 2×2-2.6 毫米，脉被细糙硬毛，上唇 3 齿反折，齿卵状三角形，中齿较短，下唇 2 齿披针形；花冠淡紫色，长 4-5 毫米，被微柔毛；雄蕊后对能育；花柱先端相等 2 浅裂。小坚果灰褐色，近球形，径 1-1.6 毫米，具疏网纹。花果期 5-11 月。

分布： 全洞庭湖区；湖南全省；陕西、华东、华中、华南、西南。印度、巴基斯坦、尼泊尔、不丹、缅甸、越南、马来西亚、日本。

生境： 湖区湖边滩涂、堤岸、田野及近水旷野草丛中；山坡、路旁或水边。海拔 20-2300 米。

应用： 全草药效同石荠苎。民间用全草治感冒发热、中暑头痛、恶心、无汗、热痱、皮炎、湿疹、疮疖、痢疾、肺积水、肾炎水肿、多发性疖肿、外伤出血、鼻衄、痔瘘下血等症；

可灭蚊。

识别要点: 叶锐尖疏齿缘; 苞片针 (线) 状披针形, 与花梗等长或略超过; 花萼长约 2 毫米; 花冠淡紫色, 长 4-5 毫米。

399 石荠苎 (石荠苧) shi ji zhu
Mosla scabra (Thunb.) C. Y. Wu et H. W. Li

一年生直立草本, 高达 1 米, 多分枝; 茎密被短柔毛。叶 (卵状) 披针形, 1.3-4×0.5-1.7 厘米, 急尖或钝头, 基部楔形, 上部为疏锯齿缘, 纸质, 上面榄绿色, 被灰色微柔毛, 下面灰白色, 密布凹陷腺点, 近无毛或被极疏短柔毛; 叶柄长 3-20 毫米, 被短柔毛。总状花序顶生, 长 2.5-15 厘米; 苞片卵形, 长 2.7-3.5 毫米, 尾状渐尖头, 长过花梗; 花梗花时长约 1 毫米, 果时达 3 毫米, 与序轴密被灰白色小疏柔毛。花萼钟形, 约 2.5×2 毫米, 果时 4×3 毫米, 脉纹显著, 外被疏柔毛, 上唇 3 齿呈卵状披针形, 渐尖头, 中齿略小, 下唇 2 齿线形, 锐尖头。花冠粉红色, 长 4-5 毫米, 外被微柔毛, 内基部具毛环, 冠筒下小上大, 上唇直立, 微凹, 下唇 3 裂, 中裂片较大, 齿缘。雄蕊后对能育。花柱先端相等 2 浅裂。花盘指状膨大。小坚果黄褐色, 球形, 径约 1 毫米, 具深雕纹。花期 5-11 月, 果期 9-11 月。

分布: 全洞庭湖区; 湖南全省; 辽宁、甘肃、陕西、四川、河北、山西、华东、华中、华南。越南、日本。

生境: 湖区坡地树丛下或旷野沟渠边较潮湿的土壤上; 山坡、路旁或灌丛下。海拔 0-1150 米。

应用: 全草治感冒、中暑发高热、痱子、皮肤瘙痒、疟疾、便秘、内痔、便血、疥疮、湿脚气、外伤出血、跌打损伤, 根治疮毒; 全草杀虫; 全草提芳香油, 调制香精用。

识别要点: 苞片狭小, (卵状) 披针形至针状, 不超过花;

花萼上唇具锐齿; 小坚果具深雕纹。与荠苎区别: 茎密被短柔毛; 叶锯齿缘。

400 紫苏 (白苏) zi su
Perilla frutescens (L.) Britt.

一年生直立草本, 高达 2 米。茎绿或紫色, 密被长柔毛。叶宽卵形或圆形, 7-13×4.5-10 厘米, (骤) 尖头, 基部圆或宽楔形, 粗锯齿缘, 上面被柔毛, 下面被平伏长柔毛; 叶柄长 3-5 厘米, 被长柔毛。轮伞总状花序密被长柔毛; 苞片宽卵形或近圆形, 长约 4 毫米, 短尖头, 被红褐色腺点, 无毛。花梗长约 1.5 毫米, 密被柔毛; 花萼长约 3 毫米, 直伸, 下部被长柔毛及黄色腺点, 下唇较上唇稍长; 花冠长 3-4 毫米, 稍被微柔毛, 冠筒长 2-2.5 毫米。小坚果灰褐色, 近球形, 径约 1.5 毫米。民间常将植物体绿或略带紫色, 被毛常稍密, 具刺激性气味, 花白色, 果萼稍大, 不堪食用的类型称为白苏。花果期 8-12 月。

分布: 全洞庭湖区; 湖南全省, 野生或栽培; 全国各地广泛栽培。不丹、印度、印度尼西亚爪哇、日本、朝鲜半岛、中南半岛。

生境: 山区或平原向阳荒野、"四旁"、林中空地, 菜园栽培或 "四旁" 逸生。

应用: 叶作发汗、镇咳、芳香性健胃利尿剂, 治感冒, 对鱼蟹中毒所致腹痛呕吐有特效; 梗平气安胎; 种子镇咳、祛痰、平喘、发散沉闷精神; 食用香料; 种子作鸟类饲料; 观赏; 茎叶提芳香油, 作食用香精及食品防腐剂; 种子油供食用或工业用。

识别要点: 植物体通常紫色, 被毛常较稀, 具香味; 花紫红色; 果萼稍小; 可食; 栽培或半逸野。

401　耳齿紫苏 er chi zi su
Perilla frutescens (L.) Britt. var. **auriculato-dentata** C. Y. Wu et Hsuan ex H. W. Li

一年生直立草本，高达 1.2 米。其他形态特征与野生紫苏极近似，不同处在于叶基部圆形或几心形，具耳状齿缺；雄蕊稍伸出花冠。

分布： 全洞庭湖区；湖南全省，栽培；全国各地栽培。日本。

生境： 山地路旁、村边荒地，或舍旁栽培。

应用： 药用及香料，功用同紫苏；观赏。

识别要点： 叶基部圆形或几心形，具耳状齿缺；雄蕊稍伸出花冠。

402　回回苏 hui hui su
Perilla frutescens (L.) Britt. var. **crispa** (Thunb.) H.-M.

一年生直立草本，高达 1.2 米。其他形态特征与紫苏（原变种）相似，但叶具狭而深的锯齿，常为紫色；果萼较小。我国各地栽培，供药用及香料用。

分布： 全洞庭湖区；湖南全省，栽培；全国各地栽培。日本。

生境： 山地路旁、村边荒地，或舍旁栽培。

应用： 药用及香料，功用同紫苏；观赏。

识别要点： 叶青紫色，锯齿窄长；果萼较小。

403 野生紫苏 ye sheng zi zu
Perilla frutescens (L.) Britt. var. **purpurascens** (Hayata) H. W. Li
[*Perilla frutescens* (L.) Britt. var. *acuta* (Thunb.) Kudo]

一年生直立草本，高达 1.5 米，其他形态特征与紫苏（原变种）相似，但茎被短疏柔毛；叶卵形，较小，4.5-7.5×2.8-5 厘米，两面被疏柔毛；果萼小，长 4-5.5 毫米，下部被疏柔毛，具腺点；小坚果土黄色，较小，径 1-1.5 毫米。

分布： 全洞庭湖区；湖南全省；山西、河北、长江以南、西南。日本。

生境： 湖区向阳旷野；山地路旁、村边荒地，或栽培于舍旁。

应用： 药用及香料，功用同紫苏；地被。

识别要点： 茎被短疏柔毛；叶卵形，较小，两面被疏柔毛；果萼小，下部被疏柔毛，具腺点；小坚果土黄色，较小。

404 夏枯草 xia ku cao
Prunella vulgaris L.

多年生上升草本，根茎匍匐，节上生根。茎高 10-30 厘米，被稀疏糙毛或近无毛。柄长 0.7-2.5 厘米，叶片卵状矩圆形或卵形，1.5-6×0.7-2.5 厘米，钝头，基部圆形、截形至宽楔形，下延成狭翅柄，不明显波状齿缘或几全缘，草质，上面具短硬毛或几无毛。轮伞花序密集排列成顶生假穗状花序，长 2-4 厘米；2 苞叶叶状，近卵圆形，几无柄；苞片心形，约 7×11 毫米，骤尖头；花萼钟状，长 10 毫米，上唇扁平，几截平头，3 不明显短齿头，中齿宽大，下唇 2 裂，裂片披针形，果时花萼闭合；花冠（蓝）紫或红紫色，长约 13 毫米，上唇近圆形，内凹，盔状，微缺，下唇中裂片宽大，具流苏状小裂片，侧裂片小，长圆形，下垂。前对较长雄蕊花丝二齿，一齿具药；花柱 2 等裂，外弯。小坚果黄褐色，矩圆状卵形，约 1.8×0.9 毫米，微沟纹。花期 4-6 月，果期 7-10 月。

分布： 全洞庭湖区；湖南全省；新疆、陕西、甘肃、山西、华东、华中、华南、西南。俄罗斯西伯利亚、日本、澳大利亚、欧洲、北非、西亚、中亚、喜马拉雅地区、朝鲜半岛及北美洲。

生境： 开敞荒坡、草地、溪边湿润地、路旁、林缘。海拔 30-3000 米。

应用： 全株祛肝风、行经络、舒肝气、开肝郁、消散瘰疬，治中风、肝病、筋骨痛及手足周身节骨酸痛、口眼歪斜、目珠夜（胀）痛、周身结核；观赏、草坪草。

识别要点： 与山菠菜区别：植株细弱；花冠长约 13 毫米，略长于萼，不及萼长 2 倍。与硬毛夏枯草区别：全体具稀疏糙毛或近无毛；花冠紫、红紫、淡红至白色，上唇背部圆形，无毛或不明显具毛。

405 荔枝草 li zhi cao
Salvia plebeia R. Br.

一至二年生草本，高达90厘米。茎多分枝，被倒向灰白柔毛。叶椭圆状卵形（披针形），2-6×0.8-2.5厘米，钝或尖头，基部圆或楔形，圆齿、牙齿或锯齿缘，上面疏被细糙硬毛，下面被细柔毛及黄褐色腺点；叶柄长0.4-1.5厘米，密被柔毛。轮伞花序6花，多数，组成长10-25厘米圆锥花序，密被柔毛；苞片披针形。花梗长约1毫米；花萼钟形，长约2.7毫米，被柔毛及黄褐色腺点，上唇3细尖齿，下唇2三角形齿；花冠淡红、（淡）紫、（紫）蓝或白色，长约4.5毫米，冠檐被微柔毛，冠筒无毛，内具毛环，上唇长圆形，下唇中裂片宽倒心形，侧裂片近半圆形；雄蕊稍伸出，花丝长约1.5毫米，药隔弧曲，上、下臂等长；花柱和花冠等长，不等2裂。小坚果倒卵球形，径0.4毫米。花期4-5月，果期6-7月。

分布： 全洞庭湖区；湖南全省；全国（新疆、甘肃、青藏高原除外）。俄罗斯、日本、阿富汗、印度、印度尼西亚、澳大利亚、中南半岛、朝鲜半岛。

生境： 湖区旷野、荒地、沟渠、湖河边草地；山坡、路旁、沟边、田野潮湿地。海拔0-2800米。

应用： 全草祛瘀消肿、凉血解毒、治跌打损伤、肿毒、流感、咽喉肿痛、乳痈、淋巴腺炎、肝腹水、肾炎、多种疼痛及胃癌；全草作农药；湿地景观。

识别要点： 多分枝，全体被毛；叶椭圆状卵形（披针形），叶面凹凸不平；花冠小，长4-6毫米，淡红、淡紫、紫、蓝紫至蓝色，稀白色。

406 半枝莲 ban zhi lian
Scutellaria barbata D. Don

多年生草本，高达50厘米。茎无毛或上部疏被平伏柔毛。叶三角状卵形或卵状披针形，1.3-3.2×0.5-1.4厘米，尖头，基部宽楔形或近平截，疏浅钝牙齿缘，近无毛或沿脉疏被平伏柔毛，下面有时带紫色；叶柄长1-3毫米，疏被柔毛。不明显总状花序顶生；下部苞叶椭圆形或窄椭圆形，小苞片针状，长约0.5毫米，着生花梗中部。花梗长1-2毫米，被微柔毛；花萼长约2毫米，沿脉被微柔毛，具缘毛，盾片高约1毫米；花冠紫蓝色，长0.9-1.3厘米，被短柔毛，冠筒基部囊状，喉部径达3.5毫米，上唇盔状，半圆形，长1.5毫米，下唇中裂片梯形，2.5×4毫米，2侧裂片三角状卵形，宽1.5毫米，急尖头；雄蕊前对较长，微露出，具能育半药，后对较短，内藏，具全药；花柱微裂，具短子房柄。小坚果褐色，扁球形，径约1毫米，被瘤点。花果期4-7月。

分布： 全洞庭湖区；沅江、通道、湘北；陕西、河北、华东、华中、华南、西南。印度、尼泊尔、日本、朝鲜半岛、中南半岛。

生境： 水田边、沟渠边、湖河边、溪边或湿润草地上。海拔0-2000米。

应用： 全草治肝炎、阑尾炎、咽喉炎、尿道炎、咯血、尿血、胃痛、疮痈肿毒、跌打损伤、蚊虫叮咬，煎服治妇科病，泡水洗痱子，试治早期癌症；湿地观赏植物。

识别要点： 叶多少呈戟形，（近）无柄，浅钝牙齿缘，下面及茎有时带紫色；花单生叶腋，稍大，长达1.3厘米，紫蓝色；苞叶叶状，与茎叶异形；花梗花后下垂；小坚果扁球形，具小疣状突起。

407 蜗儿菜（宝塔菜）wo er cai
Stachys arrecta L. H. Bailay

多年生草本，高达60厘米。茎基部以上多分枝，密被长柔毛。根茎肉质。茎叶心形，2.5-6.5×1.5-3厘米，渐尖头，基部心形，细圆齿或圆齿状锯齿缘，两面疏被柔毛，下面被腺点，沿脉毛较密，侧脉3-5对；茎叶柄长0.5-1.5厘米，密被柔毛。轮伞花序2-6花，少数，疏散，顶生；上部苞叶无柄，披针形，小苞片线形，被柔毛。花梗长约1毫米，被柔毛；花萼管状钟形，长约5毫米，密被（腺）柔毛，内面上部疏被微柔毛，10脉明显，萼齿窄三角形，长2-2.5毫米，硬尖头；花冠粉红色，长1.2厘米，上部被微柔毛，冠筒长约8毫米，上唇长圆状卵形，长约3毫米，下唇近圆形，长约4毫米，3裂，中裂片稍大；雄蕊被微柔毛，前对较长，室极叉开；花柱先端相等2浅裂，极叉开。小坚果褐色，卵球形，长1.5毫米，被瘤。花期7-8月，果期9-10月。

分布： 沅江、益阳、湘阴、岳阳；长沙、炎陵、湘北；江苏、浙江、安徽、河南、湖北、陕西、山西。

生境： 湖区湖边密林或竹林下；丛林及阴湿的沟谷中。海拔（30-）1500-2300米。

应用： 常代甘露子入药；肉质根茎可加工成酱菜供食用，俗称"螺蛳菜"；可观赏。

识别要点： 多分枝，被柔毛，具肉质根茎；叶心形；轮伞花序2（3-6）花；花萼长约5毫米，硬尖头，狭三角形；花冠粉红色；小坚果卵珠形，具瘤。

408 水苏 shui su
Stachys japonica Miq.

多年生草本，高达80厘米，有在节上生根的根茎。茎单一，棱及节被细糙硬毛，余无毛。叶长圆状宽披针形，5-10×1-2.3厘米，尖头，基部圆或微心形，圆齿状锯齿缘，两面无毛；叶柄长0.3-1.7厘米。轮伞花序6-8花，组成长5-13厘米顶生穗状花序；苞叶无柄，披针形，近全缘，小苞片刺状，长约1毫米，无毛。花梗长约1毫米；花萼钟形，长达7.5毫米，被腺微柔毛，脉被柔毛，齿内疏被微柔毛，10脉不明显，萼齿三角状披针形，刺尖，具缘毛；花冠粉红或淡红紫色，长约1.2厘米，冠筒长约6毫米，稍内藏，无毛，近基部前方囊状，喉部内面被鳞片状微柔毛，冠檐被微柔毛，内面无毛，上唇倒卵形，长4毫米，下唇长7毫米，3裂，中裂片近圆形，微缺头，侧裂片卵形；花丝先端稍膨大，被微柔毛；花柱稍超出雄蕊，相等2浅裂。小坚果褐色，卵球形，无毛。花期5-7月，果期8-9月。

分布： 全洞庭湖区；湖南长沙、浏阳、宁乡、望城、湘北；内蒙古、吉林、辽宁、河北、华东、华中。俄罗斯、日本。

生境： 水沟、河岸等湿地上。海拔0-2300米。

应用： 民间用全草或根治百日咳、扁桃体炎、咽喉炎、痢疾，根又治带状疱疹；可观赏。

识别要点： 茎无毛或在棱及节上被小刚毛；叶长圆状宽披针形，两面无毛，圆齿状锯齿缘，叶柄长3-17毫米；花萼被具腺微柔毛；花冠粉红或淡红紫色，长约1.2厘米，冠筒几不超出萼。

409 针筒菜 zhen tong cai
Stachys oblongifolia Benth.

多年生草本，高达 60 厘米，有在节上生根的横走根茎。茎稍被微柔毛，棱及节被长柔毛。叶长圆状披针形，3–7×1–2 厘米，尖头，基部浅心形，圆齿状锯齿缘，上面疏被微柔毛及长柔毛，下面密被灰白柔毛状绒毛，脉被长柔毛；叶柄长不及 2 毫米，密被长柔毛。轮伞花序 6 花，下疏上密，组成长 5–8 厘米穗状花序；苞叶无柄，披针形，小苞片线状刺形，长约 1 毫米，被微柔毛。花萼钟形，长约 7 毫米，被腺长柔毛状绒毛，脉疏被长柔毛，内面无毛，10 脉，萼齿三角状披针形，长约 2.5 毫米，刺尖头；花冠粉红（紫）色，长约 1.3 厘米，疏被微柔毛，冠檐被柔毛，冠筒长约 7 毫米，喉部内面被微柔毛，上唇长圆形，下唇 3 裂，中裂片肾形，侧裂片卵形；雄蕊前对较长；花柱稍超出雄蕊，相等 2 浅裂。小坚果褐色，卵球形，径约 1 毫米，无毛。花期 5–6 月，果期 6–7 月。

分布: 全洞庭湖区；湖南全省；河北、福建、江苏、安徽、华中、华南、西南。印度。

生境: 河湖岸、田边、竹丛、灌丛、苇丛、林下、草丛及湿地中。海拔 10–1900 米。

应用: 在贵州用全草治久痢、病久虚弱及外伤出血；茎叶嫩时又可饲猪；可作水景观赏植物。

识别要点: 叶狭长，（长圆状）披针形，基部心形、圆形或宽楔形，下面密被灰白柔毛状绒毛，脉被长柔毛；短柄或近无柄；小苞片微小，线状刺形；花冠粉红（紫）色，长 1.3 厘米；小坚果光滑。

茄科 Solanaceae

410 枸杞 gou qi
Lycium chinense Mill.

落叶灌木，高达 2 米；多分枝，枝条弓状弯垂，端棘刺状，淡灰色，有纵条纹，棘刺长 0.5–2 厘米。叶纸质，互生或 2–4 簇生，卵形、卵状菱形（披针形）或长椭圆形，急尖头，基部楔形，1.5–5×0.5–2.5 厘米；柄长 0.4–1 厘米。花腋生，长枝上单生或双生，短枝上与叶簇生；花梗长 1–2 厘米。花萼长 3–4 毫米，3 中裂或 4–5 齿裂，具缘毛；花冠漏斗状，长 9–12 毫米，淡紫色，筒部向上骤然扩大，稍短于檐部裂片，5 深裂，裂片卵形，圆钝头，平展或稍外曲，有缘毛，基部具耳；雄蕊较花冠稍短或稍长，花丝在近基部处密生一圈绒毛并交织成椭圆状的毛丛，花冠筒内壁密生一环绒毛；花柱稍伸出雄蕊，上端弓弯，柱头绿色。浆果红色，卵状、矩圆状或长椭圆状，尖或钝头，长 7–15（–22）毫米，径 5–8 毫米。种子扁肾脏形，长 2.5–3 毫米，黄色。花果期 6–11 月。

分布: 全洞庭湖区；湖南全省；全国（新疆除外）。蒙古国、朝鲜半岛、日本、泰国、尼泊尔、巴基斯坦、西亚、欧洲，野生、栽培或逸生。

生境: 湖区平原荒野、江湖岸边草地或灌丛中；山坡、荒地、丘陵、盐碱地、路旁及村边宅旁。

应用: 果实（枸杞子）滋养强壮，治糖尿病、肺结核、虚弱消瘦；根皮（地骨皮）解热止咳；嫩叶可作蔬菜；观赏；种子油可制润滑油或食用油；枝条煮水可杀棉蚜虫；水土保持。

识别要点: 与北方枸杞相近，但后者叶通常为（矩圆状或条状）披针形；花冠裂片缘毛稀疏、基部耳不显著；雄蕊稍长于花冠。

411 番茄（西红柿）fan qie
Lycopersicon esculentum Mill.

一年生草本，高 0.6-2 米，全体生黏质腺毛，有强烈气味。茎易倒伏。叶羽状复叶或羽状深裂，长 10-40 厘米，小叶常 5-9，极不规则，大小不等，卵形或矩圆形，长 5-7 厘米，不规则锯齿或裂片缘。花序总梗长 2-5 厘米，常 3-7 花；花梗长 1-1.5 厘米；花萼辐状，裂片披针形，果时宿存；花冠辐状，径约 2 厘米，黄色。浆果扁球状或近球状，肉质而多汁液，橘黄或鲜红色，光滑；种子黄色。花果期夏秋季。

分布：全洞庭湖区；湖南全省，栽培或半逸野；全国广泛栽培。原产墨西哥及南美洲。

生境：菜园或房前屋后栽培，村旁、路边逸生。

应用：果实为盛夏的蔬菜和水果；可观赏。

识别要点：全体生黏质腺毛，有强烈气味；羽状复叶，小叶极不等大；圆锥状聚伞花序腋外生；花萼宿存，花冠辐状，黄色；浆果（扁）球状，肉质多汁，橘黄或鲜红色，光滑。

412 假酸浆 jia suan jiang
Nicandra physaloides (L.) Gaertn.

一年生直立草本，茎有棱条，无毛，高 0.4-1.5 米，上部交互不等的二歧分枝。叶卵形或椭圆形，草质，4-12×2-8 厘米，急尖或短渐尖头，基部楔形，圆缺的粗齿或浅裂缘，两面有稀疏毛；叶柄长为叶片长的 1/3-1/4。花单生枝腋而与叶对生，通常具较叶柄长的花梗，俯垂；花萼 5 深裂，裂片尖锐头，基部心脏状箭形，有 2 尖锐的耳片，果时包围果实，径 2.5-4 厘米；花冠钟状，浅蓝色，径达 4 厘米，檐部有折襞，5 浅裂。浆果球状，径 1.5-2 厘米，黄色。种子淡褐色，径约 1 毫米。花果期夏秋季。

分布：松滋、公安、石首、安乡、华容、岳阳；湖南娄底、衡山、城步、绥宁、湘北；全国有栽培，甘肃、河北、河南、西南归化。原产秘鲁，世界广泛分布。

生境：田边、荒地或宅旁，栽培或野化。海拔 10-2600 米。

应用：全草镇静、祛痰、清热解毒；可观赏。

识别要点：茎上部二歧分枝；叶卵形或椭圆形，粗齿或浅裂缘；花单生枝腋，花冠钟状，浅蓝色，花萼 5 深裂，裂片基部深心形且具 2 尖锐耳片，果时增大成 5 棱状包围果实；浆果球状，黄色。

413 挂金灯 gua jin deng
Physalis alkekengi L.var. **franchetii** (Mast.) Makino

多年生草本，基部常匍匐生根。茎高达80厘米，基部略带木质，分枝稀疏或不分枝，茎节膨大，常被柔毛。叶长或阔卵形，有时菱状卵形，5-15×2-8厘米，渐尖头，基部不对称狭楔形、下延至叶柄，波状全缘或粗牙齿缘，有时具少数不等大的三角形大牙齿，仅叶缘有短毛；叶柄长1-3厘米。花梗长6-16毫米，开花时直立，后向下弯曲，花梗近无毛或仅有稀疏柔毛，果时无毛；花萼阔钟状，长约6毫米，密生柔毛，萼齿三角形，花萼除裂片密生毛外，筒部毛被稀疏；花冠辐状，白色，径15-20毫米，裂片开展，阔而短，顶端骤然狭窄成三角形尖头，外面有短柔毛，有缘毛；雄蕊及花柱均较花冠为短。果梗长2-3厘米，多少被宿存柔毛；果萼卵状，2.5-4×2-3.5厘米，薄革质，网脉显著，10纵肋，橙或火红色，毛脱落而光滑无毛，顶端闭合，基部凹陷；浆果球状，橙红色，径10-15毫米，柔软多汁。种子肾脏形，淡黄色，长约2毫米。花期5-9月，果期6-10月。

分布： 公安、石首、华容；全国（西藏除外）。朝鲜半岛、日本。

生境： 田野、沟边、路旁水边、山坡草地或林下，亦普遍栽培。海拔10-2500米。

应用： 药用清热解毒、消肿；果食用；观果。

识别要点： 与酸浆（原变种）区别：茎较粗壮，茎节膨大；叶仅叶缘有短毛；花梗近无毛或仅有稀疏柔毛，果时无毛；花萼除裂片密生毛外，筒部毛被稀疏，果萼毛被脱落而光滑无毛。

414 苦蘵 ku zhi
Physalis angulata L.

一年生草本，被疏短柔毛或近无毛，高30-50厘米；茎多分枝，分枝纤细。叶柄长1-5厘米，叶片卵形至卵状椭圆形，渐尖或急尖头，基部（阔）楔形，全缘或不等大牙齿缘，两面近无毛，3-6×2-4厘米。花梗长5-12毫米，纤细，和花萼一样生短柔毛，长4-5毫米，5中裂，裂片披针形，生缘毛；花冠淡黄色，喉部常有紫斑纹，4-6×6-8毫米；花药蓝紫或有时黄色，长约1.5毫米。果萼卵球状，径1.5-2.5厘米，薄纸质，浆果径约1.2厘米。种子圆盘状，长约2毫米。花果期5-12月。

分布： 全洞庭湖区；湖南全省；华东、华中、华南、西南。世界广布。

生境： 湖区平原荒地、田间、宅旁；山谷林下及村边路旁。海拔20-1500米。

应用： 全草治膀胱炎。

识别要点： 与毛苦蘵（变种）不同之处在于后者全体密生长柔毛、果时不脱落。

415 小酸浆 xiao suan jiang
Physalis minima L.

一年生草本，根细瘦；主轴短缩，顶端多二歧分枝，分枝披散而卧于地上或斜升，生短柔毛。叶柄细弱，长 1-1.5 厘米；叶片卵形或卵状披针形，2-3×1-1.5 厘米，渐尖头，基部歪斜楔形，波状全缘或少数粗齿缘，两面脉上有柔毛。花梗细弱，长约 5 毫米，生短柔毛；花萼钟状，长 2.5-3 毫米，外面生短柔毛，裂片三角形，短渐尖头，缘毛密；花冠黄色，长约 5 毫米；花药黄白色，长约 1 毫米。果梗细瘦，长不及 1 厘米，俯垂；果萼近球状或卵球状，径 1-1.5 厘米；果实球状，径约 6 毫米。花果期夏、秋季。

分布： 公安、松滋、石首、华容、岳阳；湘北；湖北、江西、广东、广西、四川、云南。世界广布。

生境： 湖区旷野、荒地、湖心小岛、防洪堤内林下；山坡。海拔（20-）1000-1800 米。

应用： 全草清热利湿、祛痰止咳、软坚散结，治感冒发热、咽喉肿痛、黄疸型肝炎、胆囊炎、支气管炎、肺脓肿、腮腺炎、睾丸炎、膀胱炎、血尿、颈淋巴结核，外用治脓疱疮、湿疹、疖肿；可观赏。

识别要点： 与苦蘵区别：植株较矮小，分枝横卧地上或稍斜升；叶片基部歪斜楔形；花冠及花药黄色，花萼裂片三角形；果萼较小，径 1-1.5 厘米。

416 少花龙葵 shao hua long kui
Solanum americanum Mill.
[*Solanum photeinocarpum* Nakamura et S. Odashima]

纤弱草本，高约 1 米。茎（近）无毛。叶薄，卵形至卵状长圆形，4-8×2-4 厘米，渐尖头，基部楔形下延至叶柄而成翅，近全缘、波状或不规则粗齿缘，两面具疏柔毛，或下面近无毛；叶柄纤细，长 1-2 厘米，具疏柔毛。花序近伞形，腋外生，纤细，具微柔毛，1-6 花，总花梗长 1-2 厘米，花梗长 5-8 毫米，花径约 7 毫米；萼绿色，径约 2 毫米，5 中裂，裂片卵形，钝头，长约 1 毫米，具缘毛；花冠白色，筒部内隐，长不及 1 毫米，冠檐长约 3.5 毫米，5 裂，裂片卵状披针形，长约 2.5 毫米；花药黄色，长圆形，长 1.5 毫米，为花丝长度的 3-4 倍，顶孔向内；子房近圆形，径不及 1 毫米，花柱纤细，长约 2 毫米，具白绒毛，柱头小，头状。浆果球状，径约 5 毫米，幼时绿色，成熟后黑色；种子近卵形，两侧压扁，径 1-1.5 毫米。几全年均开花结果。

分布： 全洞庭湖区；湖南全省；福建、江西、云南、四川、华南。广布世界热带及温带。

生境： 湖边、沟边、村旁；溪边、密林阴湿处或林边荒地。海拔 10-2000 米。

应用： 叶清凉散热，治喉痛；可供蔬食。

识别要点： 与龙葵区别：植株纤细，花序近伞状，通常 1-6 花；果及种子均较小。与木龙葵区别：花冠短于 5 毫米，花药短于 1.5 毫米；果径小于 8 毫米，宿萼反折。

417 紫少花龙葵 zi shao hua long kui
Solanum americanum Mill. var. **violaceum** (Chen ex Wessely) D. S. Jiang et Y. L. Zhao
[*Solanum photeinocarpum* Nakamura et S. Odashima var. *violaceum* (Chen) C. Y. Wu et S. C. Huang]

植株纤弱，高达 1 米。其他形态特征与少花龙葵（原变种）极近，但茎枝及叶脉常带暗紫色，花紫色不同。

分布：全洞庭湖区；湖南全省；四川。

生境：旷野、田边、荒地、城镇空地、村庄附近。海拔 20-3000 米。

应用：叶清凉散热，治喉痛；可供蔬食。

识别要点：花紫色。

418 白英 bai ying
Solanum lyratum Thunb.

草质藤本，长 0.5-1 米，茎及小枝均密被具节长柔毛。叶互生，多为琴形，3.5-5.5×2.5-4.8 厘米，基部常 3-5 深裂，裂片全缘，侧裂片愈近基部的愈小，钝头，中裂片较大，通常卵形，渐尖头，两面均被发亮的白色长柔毛，中脉明显，侧脉在下面较清晰，5-7 对；少数在小枝上部的为心脏形，小，长 1-2 厘米；叶柄长 1-3 厘米，被有与茎枝相同的毛被。聚伞花序顶生或腋外生，疏花，总花梗长 2-2.5 厘米，被具节长柔毛，花梗长 0.8-1.5 厘米，无毛，顶端稍膨大，基部具关节；萼环状，径约 3 毫米，无毛，萼齿 5，圆形，短尖头；花冠蓝紫或白色，径约 1.1 厘米，花冠筒隐于萼内，长约 1 毫米，冠檐长约 6.5 毫米，5 深裂，裂片椭圆状披针形，长约 4.5 毫米，先端被微柔毛；花丝长约 1 毫米，花药长圆形，长约 3 毫米，顶孔略向上；子房卵形，径不及 1 毫米，花柱丝状，长约 6 毫米，柱头小，头状。浆果球状，成熟时红黑色，径约 8 毫米；种子近盘状，扁平，径约 1.5 毫米。花期夏秋，果熟期秋末。

分布：全洞庭湖区；湖南全省；甘肃、陕西、山西、华东、华中、华南、西南。日本、朝鲜半岛、中南半岛。

生境：湖区平原或丘陵荒地、田野、草地或灌丛中；山谷草地或路旁、田边。海拔 30-2900 米。

应用：全草治小儿惊风，果实治风火牙痛；可观赏。

识别要点：叶大多基部为戟形至琴形，3-5 裂；而近缘种千年不烂心叶大多全缘，心脏形或卵状披针形，基部心形，稀自基部戟形 3 裂。

419 龙葵 long kui
Solanum nigrum L.

一年生直立草本，高达 1 米，茎无棱或棱不明显，绿或紫色，近无毛或被微柔毛。叶卵形，2.5-10×1.5-5.5 厘米，短尖头，基部（阔）楔形而下延至叶柄，全缘或不规则波状粗齿缘，光滑或两面均被稀疏短柔毛，侧脉 5-6 对，叶柄长 1-2 厘米。蝎尾状花序腋外生，3-6（-10）花，总花梗长 1-2.5 厘米，花梗长约 5 毫米，近无毛或具短柔毛；萼小，浅杯状，径 1.5-2 毫米，齿卵圆形，圆头，基部两齿间连接处成角度；花冠白色，筒部隐于萼内，长不及 1 毫米，冠檐长约 2.5 毫米，5 深裂，裂片卵圆形，长约 2 毫米；花药黄色，长约 1.2 毫米，约为花丝长的 4 倍，顶孔向内；子房卵形，径约 0.5 毫米，花柱长约 1.5 毫米，被白色绒毛，柱头小，头状。浆果球形，径约 8 毫米，熟时黑色。种子多数，近卵形，径 1.5-2 毫米，两侧压扁。花果期 9-10 月。

分布：全洞庭湖区；湖南全省；全国（新疆、青海、内蒙古和海南除外）。欧洲、亚洲、美洲的温带至热带地区广布。

生境：旷野、田边、荒地、城镇空地、村庄附近。海拔 20-3000 米。

应用：全株利水、散瘀消肿、清热解毒，单用多治疗癌性胸腹水，与其他抗癌药配伍治疗多种肿瘤（如原发性肝癌、急性白血病等）；果实含经龙葵苷、皂素，可制褐色、绿色、蓝色染料。

识别要点：与少花龙葵相似，但植株粗壮，短蝎尾状花序通常 4-10 花，果及种子均较大。

420 珊瑚樱 shan hu ying
Solanum pseudo-capsicum L.

直立分枝小灌木，高达 2 米，全株光滑无毛。叶互生，狭长圆形至披针形，1-6×0.5-1.5 厘米，尖或钝头，基部狭楔形下延成叶柄，全缘或波状缘，两面光滑无毛，中脉在下面凸出，侧脉 6-7 对，在下面更明显；叶柄长 2-5 毫米，与叶片不能截然分开。花多单生，很少成蝎尾状花序，（近）无总花梗，腋外生或近对叶生，花梗长 3-4 毫米；花小，白色，径 0.8-1 厘米；萼绿色，径约 4 毫米，5 裂，裂片长约 1.5 毫米；花冠筒内藏，长不及 1 毫米，冠檐长约 5 毫米，裂片 5，卵形，约 3.5×2 毫米；花丝长不及 1 毫米，花药黄色，矩圆形，长约 2 毫米；子房近圆形，径约 1 毫米，花柱短，长约 2 毫米，柱头截形。浆果橙红色，径 1-1.5 厘米，萼宿存，果柄长约 1 厘米，顶端膨大。种子盘状，扁平，径 2-3 毫米。花果期 4-9 月，果熟期 8 月至翌年 2 月。

分布：全洞庭湖区；湖南全省，栽培或逸生；安徽、江西、广东、广西均有栽培。原产南美洲，世界各地广泛栽培。

生境：路边、沟边和旷地逸生，或庭院栽培。

应用：全株含茄碱、玉珊瑚碱及玉珊瑚啶，有毒。根活血散瘀、消肿止痛，治腰肌劳损，贵州民间用根浸酒服治痨伤腰痛；观赏花卉。

识别要点：叶互生，狭长圆形至披针形；浆果橙红色，径 1-1.5 厘米而与珊瑚豆相区别。

421 珊瑚豆 shan hu dou
Solanum pseudo-capsicum L. var. **diflorum** (Vell.) Bitter

直立分枝小灌木，高达 1.5 米，小枝幼时被树枝状簇绒毛，后渐脱落。叶双生，大小不相等，椭圆状披针形，2-5×1-1.5 厘米，钝或短尖头，基部楔形下延成短柄，叶面无毛，下面沿脉常有树枝状簇绒毛，全缘或略波状缘，中脉在下面凸出，侧脉 4-7 对，在下面明显；叶柄长 2-5 毫米，幼时被树枝状簇绒毛，后逐渐脱落。花序短，腋生，通常 1-3 花，单生或成蝎尾状花序，总花梗短或几无，花梗长约 5 毫米，花径 8-10 毫米；萼绿色，5 深裂，裂片卵状披针形，钝头，长约 5 毫米，花冠白色，筒部内隐，长约 1.5 毫米，冠檐长 6.5-8.5 毫米，5 深裂，裂片卵圆形，4-6×约 4 毫米，尖或钝头；花丝长约 1 毫米，花药长圆形，约 2 倍花丝长，顶孔略向内；子房近圆形，径约 1.5 毫米，花柱长 4-6 毫米，柱头截形。浆果单生，球状，珊瑚红或橘黄色，径 1-2 厘米；种子扁平，径约 3 毫米。花期 4-7 月，果熟期 8-12 月。

分布： 全洞庭湖区；湖南全省，栽培或逸生；河北、陕西、四川、云南、广西、广东、江西，栽培或逸生。原产南美洲，世界各地广泛栽培。

生境： 田边、路旁、丛林中或水沟边。海拔（20-）600-2800 米地区常见。

应用： 用途同珊瑚樱（原变种）。

识别要点： 叶双生，不等大，椭圆状披针形；浆果珊瑚红或橘黄色，径 1-2 厘米而与珊瑚樱不同。

醉鱼草科 Buddlejaceae

422 醉鱼草 zui yu cao
Buddleja lindleyana Fort.

灌木，高达 3 米。茎皮褐色；小枝 4 棱，具窄翅。幼枝、幼叶下面、叶柄及花序均被星状毛及腺毛。叶对生，萌条叶互生或近轮生，膜质，卵形、椭圆形或长圆状披针形，3-11×1-5 厘米，渐尖或尾尖头，基部宽楔形或圆，全缘或波状齿缘，侧脉 6-8 对；叶柄长 0.2-1.5 厘米。穗状聚伞花序顶生，4-40×2-4 厘米；苞片长达 1 厘米。小苞片长 2-3.5 毫米；花紫色，芳香；花萼钟状，长约 4 毫米，与花冠均被星状毛及小鳞片，花萼裂片长约 1 毫米；花冠长 1.3-2 厘米，内面被柔毛，花冠筒弯曲，1.1-1.7 厘米，裂片长约 3.5 毫米；雄蕊着生花冠筒基部；花药与子房卵形。蒴果长圆形或椭圆形，长 5-6 毫米，无毛，被鳞片，花萼宿存。种子小，淡褐色，无翅。花期 4-10 月，果期 8 月至翌年 4 月。

分布： 全洞庭湖区；湖南全省；华东（除山东外）、华中、华南、西南。马来西亚、日本、美洲及非洲栽培。

生境： 湖区池塘边或丘陵向阳坡地灌丛中；山地路旁、河边灌木丛中或林缘。海拔 30-2700 米。

应用： 全株含醉鱼草苷、柳穿鱼苷、刺槐素等多种黄酮类。有小毒，可麻醉鱼；花、叶及根祛风除湿、止咳化痰、散瘀；枝叶作兽药治牛泻血；全株作农药杀小麦吸浆虫、螟虫、孑孓；观赏。

识别要点： 枝条四棱形，棱上具翅，植物体密被星状短绒毛和腺毛；叶对生、互生或近轮生；花紫色，花冠筒弯曲；子房 2 室；蒴果，室间开裂。

玄参科 Scrophulariaceae

423 虻眼 meng yan
Dopatrium junceum (Roxb.) Bach.-Ham. ex Benth.

一年生直立草本，稍肉质，高达 50 厘米，矮小者 5 厘米即开花；根须状成丛；茎自基部多分枝而纤细，有细纵纹，无毛。叶对生，无柄而抱茎，近基部者距离较近；叶片（稍呈匙状）披针形，长达 20 毫米，急尖或微钝头，基部常长渐狭，全缘，叶脉不明显；向上距离较远而较小，叶片常变为卵圆形或椭圆形，钝头，茎上部叶很小，有时退化为鳞片状。单花腋生，花梗纤细，下部的极短，向上渐长达 10 毫米；无小苞片；萼钟状，长约 2 毫米，齿 5，钝；花冠白、玫瑰或淡紫色，比萼长约 2 倍，唇形，上唇短而直立，2 裂，下唇开展，3 裂；雄蕊 4，后方 2 枚能育，药室并行，前方 2 枚退化而小。蒴果球形，径 2 毫米，室背 2 裂；种子卵圆状长圆形，有细网纹。花期 8–11 月。

分布: 全洞庭湖区；湖南全省；陕西、山西、江苏、云南、华中、华南。印度、不丹、日本、东南亚、大洋洲。

生境: 稻田和潮湿地。海拔 20–1800 米。

应用: 水稻田杂草。

识别要点: 近肉质；根须状成丛；茎自基部多分枝；叶对生，无柄而抱茎，（匙状）披针形，上部叶或鳞片状；单花腋生，白、淡紫或玫瑰色，上唇 2 裂，下唇 3 裂；蒴果球形，室背 2 裂。

424 白花水八角 bai hua shui ba jiao
Gratiola japonica Miq.

一年生草本，无毛。根状茎细长，须状根密簇生。茎高 8–25 厘米，直立或上升，肉质，中下部有柔弱分枝。叶基部半抱茎，长椭圆形至披针形，7–23×2–7 毫米，尖头，全缘，不明显三出脉。单花腋生，（近）无柄；小苞片草质，条状披针形，长 4–4.5 毫米；花萼长 3–4 毫米，5 深裂几达基部，萼裂片条状（矩圆状）披针形，薄膜质缘；花冠稍 2 唇形，白或带黄色，长 5–7 毫米，花冠筒筒状较唇部长，长 4–4.5 毫米，上唇钝或微凹头，下唇 3 裂，裂片倒卵形，有时凹头；雄蕊 2，生上唇基部，药室略分离而并行，下唇基部有 2 枚短棒状退化雄蕊；柱头 2 浅裂。蒴果球形，棕褐色，径 4–5 毫米；种子细长，具网纹。花果期 5–7 月。

分布: 汉寿；湘北；东北、江苏、江西、云南。朝鲜半岛、日本、俄罗斯东部。

生境: 低海拔稻田及水边带黏性的淤泥上。

应用: 可作湿地公园造景观赏植物；稻田杂草。

识别要点: 叶披针形或长椭圆形，具尖头，花白或淡黄色，具退化雄蕊；而黄花水八角叶椭圆状矩圆形，钝头，花黄色，无退化雄蕊。

425 异叶石龙尾 yi ye shi long wei
Limnophila heterophylla (Roxb.) Benth.

多年生水生草本。气生茎被无柄的腺体或柔毛，或近光滑无毛。沉水叶长达 50 厘米，多裂；裂片毛发状；气生叶对生或轮生，约 15×3 毫米，无柄，矩圆形，多少圆齿缘，无毛，基部稍抱茎，微凸起的并行脉 3-5。花无梗，排成疏松的顶生穗状花序，或具极短的梗而单生叶腋，无小苞片；萼长约 3 毫米，被无柄腺体，果实成熟时不具凸起条纹；花冠长约 5 毫米；淡紫色，无毛。蒴果长约 2.5 毫米，近球形，浅褐色。花期 7 月。

分布： 全洞庭湖区；湘北；湖北、江西、安徽、广东。南亚及东南亚。

生境： 低海拔稻田、水塘、盐沼地。

应用： 湿地绿化及水生观赏植物、水体净化。

识别要点： 与石龙尾不同在于：气生叶不开裂，近于具圆齿，基部几抱茎，3-5 并行脉。

426 石龙尾 shi long wei
Limnophila sessiliflora (Vahl.) Blume

多年生两栖草本。茎细长，沉水部分（几）无毛；气生部分长 6-40 厘米，简单或多少分枝，被多细胞短柔毛，稀几无毛。沉水叶长 5-35 毫米，多裂；裂片细而扁平或毛发状，无毛；气生叶轮生，椭圆状披针形，圆齿缘或开裂，5-18×3-4 毫米，无毛，密被腺点，脉 1-3。花无梗或稀具长不超过 1.5 毫米之梗，单生于气生茎和沉水茎的叶腋；小苞片无或稀具一对长不超过 1.5 毫米的全缘小苞片；萼长 4-6 毫米，被多细胞短柔毛，果实成熟时不具凸起条纹；萼齿长 2-4 毫米，卵形，长渐尖头；花冠长 6-10 毫米，紫蓝或粉红色。蒴果近球形，两侧扁。花果期 7 月至次年 1 月。

分布： 湘阴；沅陵、湘南、湘北；辽宁、华东、华中、华南、西南。朝鲜半岛、日本、东南亚、南亚。

生境： 水塘、沼泽、水田或路旁、沟边湿处。海拔 30-1900 米。

应用： 消肿解毒、杀虫灭虱，治疮疡肿毒、头虱；可作湿地公园、水池边造景植物。

识别要点： 沉水叶羽状全裂，裂片细扁或毛发状；气生叶具齿或开裂，轮生，脉 1-3；茎被短柔毛；花无梗或稀具极短梗，单生于全茎叶腋，紫蓝或粉红色，无或稀有一对鳞片状小苞片。

427 长蒴母草（长果母草）chang shuo mu cao
Lindernia anagallis (Burm. f.) Pennell

一年生草本，长 10-40 厘米，根须状；茎始简单，随后分枝，下部匍匐长蔓，节上生根，并有根状茎，有条纹，无毛。叶仅下部者有短柄；叶片（三角状）卵形或矩圆形，4-20×7-12 毫米，圆钝或急尖头，基部截形或近心形，不明显浅圆齿缘，侧脉 3-4 对，约以 45 度角伸展，两面无毛。花单生叶腋，花梗长 6-10 毫米，在果中达 2 厘米，无毛，萼长约 5 毫米，仅基部联合，齿 5，狭披针形，无毛；花冠白或淡紫色，长 8-12 毫米，上唇直立，卵形，2 浅裂，下唇开展，3 裂，裂片近相等，比上唇稍长；雄蕊 4，全育，前面 2 枚的花丝在颈部有短棒状附属物；柱头 2 裂。蒴果条状披针形，约为萼长 2 倍，室间 2 裂；种子卵圆形，有疣状突起。花期 4-9 月，果期 6-11 月。

分布： 全洞庭湖区；湘南、湘西、湘北；华东（山东除外）、华中（河南除外）、华南、西南。日本、澳大利亚、印度、不丹、东南亚。

生境： 湖区田边、潮湿荒地；林边、溪旁及田野的较湿润处。海拔 20-1500 米。

应用： 全草清肺利尿、凉血消毒、消炎退肿，主治风热目痛、痈疽肿毒、白带、淋病、痢疾、小儿腹泻。

识别要点： 植物体无毛；茎下部匍匐，节上生根；叶无柄或下部的有短柄，（三角状）卵形或矩圆形，浅圆齿缘；单花腋生，白或淡紫色；蒴果条状披针形，约为萼长 2 倍，室间 2 裂。

428 泥花草 ni hua cao
Lindernia antipoda (L.) Alston

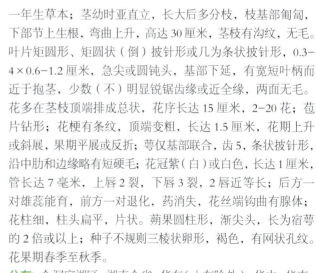

一年生草本；茎幼时亚直立，长大后多分枝，枝基部匍匐，下部节上生根，弯曲上升，高达 30 厘米，茎枝有沟纹，无毛。叶片矩圆形、矩圆状（倒）披针形或几为条状披针形，0.3-4×0.6-1.2 厘米，急尖或圆钝头，基部下延，有宽短叶柄而近于抱茎，少数（不）明显锐锯齿缘或近全缘，两面无毛。花多在茎枝顶端排成总状，花序长达 15 厘米，2-20 花；苞片钻形；花梗有条纹，顶端变粗，长达 1.5 厘米，花期上升或斜展，果期平展或反折；萼仅基部联合，齿 5，条状披针形，沿中肋和边缘略有短硬毛；花冠紫（白）或白色，长达 1 厘米，管长达 7 毫米，上唇 2 裂，下唇 3 裂，2 唇近等长；后方一对雄蕊能育，前方一对退化，药消失，花丝端钩曲有腺体；花柱细，柱头扁平，片状。蒴果圆柱形，渐尖头，长为宿萼的 2 倍或以上；种子不规则三棱状卵形，褐色，有网状孔纹。花果期春季至秋季。

分布： 全洞庭湖区；湖南全省；华东（山东除外）、华中、华南、西南。琉球群岛、澳大利亚北部、太平洋岛屿、东南亚、南亚。

生境： 田边及潮湿草地中。海拔 20-1700 米。

应用： 全草清热解毒、利尿通淋、活血消肿。

识别要点： 无毛；茎基部匍匐；叶片矩圆形、矩圆状（或条状）（倒）披针形，基部下延，叶柄宽短抱茎状，锯齿尖锐或不明显；花顶生成总状，紫或（紫）白色；果圆柱状，为萼长的 2 倍或以上。

429 母草 mu cao
Lindernia crustacea (L.) F. Muell

草本，根须状；高 10-20 厘米，常铺散成密丛，多分枝，枝弯曲上升，微方形，有深沟纹，无毛。叶柄长 1-8 毫米；叶片三角状（或宽）卵形，10-20×5-11 毫米，钝或短尖头，基部宽楔形或近圆形，浅钝锯齿缘，上面近无毛，下面沿叶脉有稀疏柔毛或近无毛。花单生叶腋或在茎枝顶成极短的总状花序，花梗细弱，长 5-22 毫米，有沟纹，近无毛；花萼坛状，长 3-5 毫米，成腹面较深而侧、背面均开裂较浅的 5 齿，齿三角状卵形，中肋明显，外面有稀疏粗毛；花冠紫色，长 5-8 毫米，管略长于萼，上唇直立，卵形，钝头，有时 2 浅裂，下唇 3 裂，中间裂片较大，仅稍长于上唇；雄蕊 4，全育，2 强；花柱常早落。蒴果椭圆形，与宿萼近等长；种子近球形，浅黄褐色，有明显蜂窝状瘤突。花果期全年。

分布：全洞庭湖区；湘西北；华东（山东除外）、华中、华南、西南。热带及亚热带广布。

生境：水稻田、湿草地、路边低湿处。海拔 20-1300 米。

应用：全草清热利湿，治痢疾、蛇伤、肝炎。

识别要点：多分枝，常铺散成密丛；叶片三角状（宽）卵形，浅钝锯齿缘；单花腋生或在茎枝顶成极短的总状花序，花冠紫色；蒴果矩圆形，与萼近等长。

430 陌上菜 mo shang cai
Lindernia procumbens (Krock.) Borbás

直立草本，根细密成丛；茎高 5-20 厘米，基部多分枝，无毛。叶无柄；叶片椭（矩）圆形，多少带菱形，10-25×6-12 毫米，钝至圆头，全缘或不明显钝齿缘，两面无毛，基出 3-5 并行脉。花单生叶腋，花梗纤细，较叶长，达 2 厘米，无毛；萼仅基部联合，齿 5，条状披针形，长约 4 毫米，钝头，外面微被短毛；花冠粉红或紫色，长 5-7 毫米，管长约 3.5 毫米，向上渐扩大，上唇短，长约 1 毫米，2 浅裂，下唇远大于上唇，长约 3 毫米，3 裂，侧裂椭圆形较小，中裂圆形，前突；雄蕊 4，全育，前方 2 雄蕊附属物短小腺体状；花药基部微凹；柱头 2 裂。蒴果（卵）球形，与萼近等长或略长，室间 2 裂；种子多数，有格纹。花期 7-10 月，果期 9-11 月。

分布：全洞庭湖区；湖南全省；全国（新疆、甘肃和青海除外）。俄罗斯、日本、尼泊尔、印度、巴基斯坦、阿富汗、哈萨克斯坦、塔吉克斯坦、南欧、东南亚、克什米尔地区。

生境：生于水边及潮湿处。海拔 20-1200 米。

应用：全草清泻肝火、凉血解毒、消炎退肿，治肝火上炎、湿热泻痢、红肿热毒、痔疮肿痛；田间杂草。

识别要点：直立，多分枝，无毛；叶无柄，椭（矩）圆形，全缘或不明显钝齿缘，基出 3-5 并行脉；单花腋生，粉红或紫色，萼齿 5，仅基部联合，4 雄蕊全育；蒴果（卵）球形，与萼近等长。

431 匍茎通泉草 pu jing tong quan cao
Mazus miquelii Makino

多年生草本，无毛或少有疏柔毛，主根短缩，须根多数，簇生。茎直立和匍匐，直立茎倾斜上升，高 10-15 厘米，匍匐茎花期发出，长达 15-20 厘米，着地部分节上常生不定根，或不发育。基生叶常多数呈莲座状，倒卵状匙形，有长柄，连柄长 3-7 厘米，粗锯齿缘，或近基部缺刻状羽裂；茎生叶在直立茎上的多互生，在匍匐茎上的多对生，具短柄，连柄长 1.5-4 厘米，卵形或近圆形，宽不超过 2 厘米，疏锯齿缘。总状花序顶生，伸长，花稀疏；花梗在下部的长达 2 厘米，往上渐短；花萼钟状漏斗形，长 7-10 毫米，萼齿与萼筒等长，披针状三角形；花冠紫或白色而有紫斑，长 1.5-2 厘米，上唇短而直立，深 2 裂头，下唇中裂片较小，稍突出，倒卵圆形。蒴果圆球形，稍伸出萼筒。花果期 2-8 月。

分布：全洞庭湖区；长沙、宁乡、望城、平江、湘东、湘北；广西、华东（山东除外）、华中。日本。

生境：潮湿的路旁、园圃、荒地及疏林中。海拔 30-300 米。

应用：适作缀花草坪及疏林、林缘、滨水和路径地被；田间杂草。

识别要点：具直立茎和匍匐茎；基生叶莲座状，倒卵状匙形，柄长，粗锯齿或羽裂缘；茎生叶互生或对生，柄短，卵形或近圆形，疏锯齿缘；萼齿披针状三角形，与萼筒等长；花冠紫或白色而有紫斑。

432 通泉草 tong quan cao
Mazus pumilus (Burm. f.) Steenis
[*Mazus japonicus* (Thunb.) O. Kuntze]

一年生草本，高达 30 厘米，无毛或疏生短柔毛。体态变幅大，茎 1-5 或更多，直立或（倾卧状）上升，着地节上生根，分枝常多而披散。基生叶少至多数，或呈莲座状，倒卵状匙形至卵状倒披针形，薄纸质，长 2-6 厘米，顶端全缘或不明显疏齿缘，基部楔形，下延成翅柄，不规则粗齿缘或基部 1-2 浅羽裂；茎生叶对生或互生，少数。总状花序顶生，伸长或上部成束状，3-20 花，稀疏；花梗果期长达 10 毫米；花萼钟状，长约 6 毫米，果期稍增大，萼片与萼筒近等长，卵形，急尖头；花冠白、紫或蓝色，长约 10 毫米，上唇裂片卵状三角形，下唇中裂片较小，稍突出，倒卵圆形；子房无毛。蒴果球形；种子小，多数，黄色，具不规则网纹。花果期 4-10 月。

分布：全洞庭湖区；湖南全省；全国（内蒙古、宁夏、青海及新疆除外）。俄罗斯、印度、不丹、尼泊尔、朝鲜半岛、琉球群岛、东南亚、新几内亚岛。

生境：湿润的草坡、沟边、路旁及林缘。海拔 20-3800 米。

应用：全草止痛、健胃、解毒，治偏头痛、消化不良，外用治疗疮、脓疱疮、烫伤；可作地被。

识别要点：茎直立或倾卧上升，分枝多而披散；叶倒卵状匙形（披针形），下延成带翅叶柄，粗齿或浅羽裂缘；顶生总状花序；卵形萼片与萼筒近等长，花白、紫或蓝色，子房无毛。

433 弹刀子菜 dan (tan) dao zi cai
Mazus stachydifolius (Turcz.) Maxim.

多年生草本，高达 50 厘米，粗壮，全体被多细胞白色长柔毛。茎直立，稀上升，不分枝或在基部 2–5 分枝，老时基部木质化。基生叶匙形，有短柄，早枯；茎生叶对生，上部叶常互生，无柄，长椭圆形至倒卵状披针形，纸质，长 2–4（–7）厘米，中部叶较大，不规则锯齿缘。总状花序顶生，长 2–20 厘米，花稀疏；苞片三角状卵形，长约 1 毫米；花萼漏斗状，长 5–10 毫米，果时达 16 毫米，比花梗长或近等长，萼齿略长于筒部，披针状三角形，长锐尖头，10 脉；花冠蓝紫色，长 15–20 毫米，花冠筒与唇部近等长，上部稍扩大，上唇短，2 裂，裂片狭长三角形，锐尖头，下唇宽大，开展，3 裂，中裂较侧裂约小 1 倍，近圆形，稍突出，褶襞两条从喉部直通至上下唇裂口，被黄色斑点及稠密乳头状腺毛；雄蕊 4，2 强，花冠筒近基部着生；子房上部被长硬毛。蒴果扁卵球形，长 2–3.5 毫米。花期 4–6 月，果期 7–9 月。

分布： 全洞庭湖区；湘南、湘西、湘北；陕西、四川、贵州、广东、东北、华北、华东、华中。俄罗斯、蒙古国、朝鲜半岛。

生境： 较湿润的路旁、荒地、草坡及林缘。海拔 30–1500 米。

应用： 鲜全草捣敷治毒蛇咬伤；可作地被。

识别要点： 全体被白色长柔毛；老茎基部木质化；基生叶匙形，茎生叶长椭圆形至倒卵状披针形；萼齿披针状三角形，脉纹 10；花蓝紫色，中裂两条褶襞被黄色斑点和乳头状腺毛；子房被长硬毛。

434 光叶蝴蝶草（长叶蝴蝶草）guang ye hu die cao
Torenia asiatica L.
[*Torenia glabra* Osbeck]

草本，匍匐或多少直立，节上生根。茎多分枝，分枝细长。叶柄长 2–8 毫米；叶片三角状（窄）卵形或卵圆形，1.5–3.2×1–2 厘米，带短尖的（圆）锯齿缘；基部突然收缩，（宽）楔形，多少截形，两面无毛或疏被柔毛。单花腋生或顶生，抑或排列成伞形花序；花梗长 0.5–2 厘米；花萼长 0.8–1.5 厘米，果期长达 1.2–2 厘米，二唇形，具 5 翅，萼唇窄三角形，渐尖头，进而裂成 5 小齿，翅宽超过 1 毫米，多少下延；花冠紫红或蓝紫色，长 1.5–2.5 厘米，伸出花萼 0.4–1 厘米；前方雄蕊附属物线形，长 1–2 毫米。蒴果长 1–1.3 厘米。花果期 6–9 月。

分布： 全洞庭湖区；湖南全省；浙江、福建、华中、华南、西南。日本及越南。

生境： 山坡、路旁或阴湿处。海拔（20–）300–1700 米。

应用： 全草清热解毒、止血止痛，治跌打、蛇伤；可观赏。

识别要点： 全体无毛或疏被柔毛；花红（蓝）紫色，单生或成伞形花序；花萼翅宽略超 1 毫米，花冠超出萼齿部分长 4–10 毫米，花丝附属物长 1–2 毫米。

435 直立婆婆纳 zhi li po po na
Veronica arvensis L.

小草本，茎直立或上升，不分枝或铺散分枝，高5-30厘米，有两列多细胞白色长柔毛。叶常3-5对，下部的有短柄，中上部的无柄，卵（圆）形，5-15×4-10毫米，3-5脉，圆或钝齿缘，两面被硬毛。总状花序长而多花，长达20厘米，各部分被多细胞白色腺毛；苞片下部的长卵形而疏具圆齿，上部的长椭圆形而全缘；花梗极短；花萼长3-4毫米，裂片条状椭圆形，前方2枚长于后方2枚；花冠蓝紫或蓝色，长约2毫米，裂片（长矩）圆形；雄蕊短于花冠。蒴果倒心形，强烈侧扁，长2.5-3.5毫米，宽略过之，有腺缘毛，凹深几至果之半，裂片圆钝，宿存花柱不伸出凹口。种子矩圆形，长近1毫米。花期4-5月。

分布： 全洞庭湖区；湖南全省；新疆、华东、华中，已归化。北温带广布，原产欧洲，世界各地归化。

生境： 湖区田间、村边及旷野；路边及荒野草地。海拔20-2000米。

应用： 含桃叶珊瑚苷和甘露醇。全草治疮气、腰痛、白带异常、疟疾；又作兽药；生态景观。

识别要点： 茎有两列白色长柔毛；叶有短柄或中上部的无柄，卵（圆）形，圆钝齿缘，被硬毛；总状花序长而多花，各部被腺毛；花冠蓝紫或蓝色；果倒心形，强烈侧扁，有腺缘毛，凹口为果半长。

436 蚊母草 wen mu cao
Veronica peregrina L.

株高10-25厘米，通常自基部多分枝，主茎直立，侧枝披散，全体无毛或疏生柔毛。叶无柄，下部的倒披针形，上部的长矩圆形，1-2×0.2-0.6厘米，全缘或中上端为三角状锯齿缘。总状花序长，果期达20厘米；苞片与叶同形而略小；花梗极短；花萼裂片长矩圆形至宽条形，长3-4毫米；花冠白或浅蓝色，长2毫米，裂片长矩圆形至卵形；雄蕊短于花冠。蒴果倒心形，明显侧扁，长3-4毫米，宽略过之，边缘生短腺毛，宿存的花柱不超出凹口。种子矩圆形。花期5-6月。

分布： 全洞庭湖区；湖南全省；内蒙古、东北、华东、华中、西南。蒙古国、朝鲜半岛、日本、俄罗斯西伯利亚、南美洲、北美洲，在欧洲归化。

生境： 潮湿的荒地、路边。海拔20-3000米处。

应用： 果实常因虫瘿而肥大，带虫瘿的全草药用，治跌打损伤、瘀血肿痛及骨折；嫩苗味苦，水煮去苦味后可蔬食。

识别要点： 主茎直立，全体无毛或疏生柔毛；叶无柄，倒披针形或上部的长矩圆形，无或有锯齿。顶生总状花序长，苞片叶状；花梗极短，无小苞片；花白或浅蓝色；果倒心形，侧扁，生短腺缘毛。

437 阿拉伯婆婆纳（波斯婆婆纳）a la bo po po na
Veronica persica Poir.

铺散多分枝草本，高 10-50 厘米。茎密生 2 列多细胞柔毛。叶 2-4 对（腋内生花者称苞片），具短柄，卵形或圆形，6-20×5-18 毫米，基部浅心形、平截或浑圆，钝齿缘，两面疏生柔毛。总状花序长；苞片互生，与叶同形且几等大；花梗比苞片长，有的超过 1 倍；花萼花期长仅 3-5 毫米，果期增大达 8 毫米，裂片卵状披针形，有睫毛，三出脉；花冠蓝、紫或蓝紫色，长 4-6 毫米，裂片卵形至圆形，喉部疏被毛；雄蕊短于花冠。蒴果肾形，约 5×7 毫米，被腺毛，成熟后几无毛，网脉明显，凹口角度超过 90 度，裂片钝，宿存花柱长约 2.5 毫米，超出凹口。种子背面具深横纹，长约 1.6 毫米。花期 3-5 月。

分布： 全洞庭湖区；湘西、绥宁、长沙、湘北；新疆、华东、华中、西南，为归化的入侵植物。原产亚洲西部及欧洲西南部，19 世纪后散布世界各地。

生境： 田间、路边及荒野。海拔 20-1700 米。

应用： 全草可供药用，治风湿痹痛、肾虚腰痛、外疝等症；生态景观、草坪。

识别要点： 和婆婆纳区别：花梗长约 2 倍于苞片（苞叶）；蒴果具明显网脉，凹口大于 90 度角，裂片钝头不浑圆。

438 婆婆纳 po po na
Veronica polita Fries

铺散多分枝草本，多少被长柔毛，高 10-25 厘米。叶仅 2-4 对，具长 3-6 毫米的短柄，叶片心形至卵形，5-10×6-7 毫米，2-4 对深刻钝齿缘，两面被白色长柔毛。总状花序很长；苞片叶状，下部的对生或全部互生；花梗比苞片略短；花萼裂片卵形，急尖头，果期稍增大，三出脉，疏被短硬毛；花冠淡紫、蓝、粉或白色，径 4-5 毫米，裂片圆形至卵形；雄蕊比花冠短。蒴果近于肾形，密被腺毛，略短于花萼，宽 4-5 毫米，凹口约为 90 度角，裂片圆头，脉不明显，宿存的花柱与凹口齐或略过之。种子背面具横纹，长约 1.5 毫米。花期 3-10 月。

分布： 全洞庭湖区；湖南全省；西北、华北、华东、华中、西南，早期归化种。原产西亚，欧亚大陆北部广布。

生境： 荒地、园圃、宅旁。海拔 20-2200 米。

应用： 全草补肾强腰、解毒消肿、固肾、止吐血，治肾虚腰痛、疝气、睾丸肿痛、白带异常、痈肿；茎叶味甜，可食；可花坛地栽作边缘绿化植物，还可盆栽或作切花生产。

识别要点： 和阿拉伯婆婆纳区别：花梗长比苞片略短；蒴果不具明显网脉，凹口约为 90 度角，裂片浑圆头。

439 水苦荬 shui ku mai
Veronica undulata Wall. ex Jack

多年（稀一年）生草本，茎、花序轴、花萼和蒴果上多少有大头针状腺毛。根茎斜走。茎直立或基部倾斜，（不）分枝，高 10-60 厘米。叶无柄，上部的半抱茎，多为椭圆形、长卵形、卵状矩圆形，有时为条状披针形，2-10×1-3.5 厘米，通常为尖锯齿缘。花序比叶长，多花；花梗与苞片近等长，在果期挺直，横叉开，与花序轴几成直角，花序宽 1-1.5 厘米；花萼裂片卵状披针形，急尖头，长约 3 毫米，果期直立或叉开，不紧贴蒴果；花冠浅蓝、浅紫或白色，径 4-5 毫米，裂片宽卵形；雄蕊短于花冠。蒴果近圆形，长宽近相等，几与萼等长，圆钝而微凹头，花柱短，长 1-1.5 毫米。花期 4-9 月。

分布： 全洞庭湖区；湖南全省；全国（宁夏、内蒙古、青藏高原除外）。朝鲜半岛、中南半岛、日本、尼泊尔、印度、巴基斯坦、阿富汗东部。

生境： 水边及沼泽地。海拔 20-2800 米。

应用： 带虫瘿的全草和血止痛、通经止血，治闭经、跌打红肿、吐血，加红糖服用治妇女产后风寒；湿地生态景观、水体净化。

识别要点： 与北水苦荬极相似，但本种植株稍矮；叶片条状披针形，尖锯齿缘；茎、花序轴、花萼和蒴果上有大头针状腺毛；花序宽过 1 厘米；花梗挺直，横叉开，与花序轴几成直角；花柱较短。

紫葳科 Bignoniaceae

440 厚萼凌霄（美国凌霄）hou e ling xiao
Campsis radicans (L.) Seem. ex Bureau

藤本，具气生根，长达 10 米。一回羽状复叶 9-11 小叶，小叶（卵状）椭圆形，3.5-6.5×2-4 厘米，尾状渐尖头，基部楔形，齿缘，上面深绿色，下面淡绿色，被毛，至少沿中肋被短柔毛。花萼钟状，长约 2 厘米，口部径约 1 厘米，5 浅裂至萼筒的 1/3 处，裂片齿状三角形，外向微卷，无凸起的纵肋。花冠筒细长，漏斗状，橙红至鲜红色，筒部为花萼长的 3 倍，6-9×约 4 厘米。蒴果长圆柱形，长 8-12 厘米，具喙尖，沿缝线具龙骨状突起，粗约 2 毫米，具柄，硬壳质。花期 5-8 月。

分布： 松滋、益阳；湖南全省栽培或半逸野；湖北、广西、江苏、浙江栽培。原产美洲，越南、印度、巴基斯坦栽培。

生境： 庭院、墙垣、房前屋后栽培或逸生。

应用： 叶含咖啡酸、对香豆酸及阿魏酸。花代凌霄花用，通经、利尿；根治跌打损伤；庭院观赏。

识别要点： 与凌霄区别：小叶 9-11，叶下面被毛；花萼 5 裂至 1/3 处，裂片齿卵状三角形。

爵床科 Acanthaceae

441 水蓑衣 shui suo yi
Hygrophila ringens (L.) R. Brown ex Spreng.
[Hygrophila salicifolia (Vahl) Nees]

草本，高 80 厘米，茎 4 棱，幼枝被白色长柔毛，不久脱落（近）无毛；叶近无柄，纸质，长椭圆形、披针形或线形，4–11.5×0.8–1.5 厘米，两端渐尖，钝头，两面被白色长硬毛，背面脉上较密，侧脉不明显。花簇生叶腋，无梗，苞片披针形，约 10×6.5 毫米，基部圆形，外面被柔毛，小苞片细小，线形，外面被柔毛，内面无毛；花萼圆筒状，长 6–8 毫米，被短糙毛，5 深裂至中部，裂片稍不等大，渐尖，被通常皱曲的长柔毛；花冠淡紫或粉红色，长 1–1.2 厘米，被柔毛，上唇卵状三角形，下唇长圆形，喉凸上有疏长柔毛，花冠管稍长于裂片；后雄蕊的花药比前雄蕊的小一半。蒴果比宿存萼长 1/3–1/4，干时淡褐色，无毛。花果期秋季。

分布：湘阴；湖南全省；华东（山东除外）、华中、华南、西南。巴基斯坦、印度、尼泊尔、不丹、东南亚、琉球群岛。

生境：田边、溪沟边或洼地等潮湿处。海拔 50–1000 米。

应用：全草健胃消食、清热消肿；湿地生态景观。

识别要点：幼枝被长柔毛；叶长椭圆形、披针形至线形，被长硬毛，近无柄；花簇生叶腋，苞片外面被柔毛；花淡紫或粉红色，长 1–1.2 厘米，后雄蕊花药比前雄蕊的小一半；蒴果比萼长 1/3–1/4。

442 爵床 jue chuang
Justicia procumbens L.
[Rostellularia procumbens (L.) Nees]

草本，茎基部匍匐，通常有短硬毛，高 20–50 厘米。叶椭圆形至椭圆状长圆形，1.5–3.5×1.3–2 厘米，锐尖或钝头，基部宽楔形或近圆形，两面常被短硬毛；叶柄短，长 3–5 毫米，被短硬毛。穗状花序顶生或生上部叶腋，1–3×0.6–1.2 厘米；苞片 1，小苞片 2，均披针形，长 4–5 毫米，有缘毛；花萼裂片 4，线形，约与苞片等长，膜质缘具缘毛；花冠粉红色，长 7 毫米，2 唇形，下唇 3 浅裂；雄蕊 2，药室不等高，下方 1 室有距，蒴果长约 5 毫米，上部具种子 4，下部实心似柄状。种子有瘤状皱纹。花果期 8–11 月。

分布：全洞庭湖区；湖南全省；陕西、河北、华东（山东除外）、华中、华南、西南。南亚、东南亚、澳大利亚、日本。

生境：湖区平原旷野、荒地、田间；山坡林间草丛中。海拔 20–1500 米，西南达 2400 米。

应用：全草治腰背痛、创伤等；田间杂草。

识别要点：茎基部匍匐，与叶通常有短硬毛；叶椭圆形或披针形；穗状花序圆柱状，密被长硬毛；苞片线状披针形；花萼裂片 4，线形，约与苞片等长；花冠粉红色。

胡麻科 Pedaliaceae

443 芝麻 zhi ma
Sesamum indicum L.

一年生直立草本。高 60-150 厘米，（不）分枝，中空或具有白色髓部，微有毛。叶矩圆形或卵形，3-10×2.5-4 厘米，下部叶常掌状 3 裂，中部叶齿缺缘，上部叶近全缘；叶柄长 1-5 厘米。花单生或 2-3 朵腋生。花萼裂片披针形，5-8×1.6-3.5 毫米，被柔毛。花冠筒状，1.5-3.3×1-1.5 厘米，白而常有紫红或黄色的彩晕。雄蕊 4，内藏。子房上位，4（-8）室，被柔毛。蒴果矩圆形，2-3×0.6-1.2 厘米，有纵棱，直立，被毛，分裂至中部或基部。种子黑或白色。花期夏末秋初。

分布： 全洞庭湖区栽培；湖南全省，栽培；全国各地栽培。原产印度，世界各地栽培。

生境： 湖边田地或堤岸；平原或山区旱土地。

应用： 油食用及妇女涂头发之用，亦供药用，作为软膏基础剂、黏滑剂、解毒剂；制人造奶油，作香脂原料；种子制糖果点心，补肝益肾；黑芝麻滋润营养，为含有脂肪油类缓和性滋养强壮剂，对高血压也有治疗功效；韧皮制人造棉。

识别要点： 茎中空或具髓；下部叶掌状 3 裂，中部叶齿缺缘，上部叶近全缘，叶片矩圆形或卵形；花冠筒状，白带紫红或黄色彩晕；蒴果矩圆形，直立，有纵棱，长 2-3 厘米；种子黑或白色。

444 茶菱 cha ling
Trapella sinensis Oliv.

多年生水生草本。根状茎横走。茎绿色，长达 60 厘米。叶对生，表面无毛，背面淡紫红色；浮水叶三角状圆形至心形，1.5-3×2.2-3.5 厘米，钝尖头，基部浅心形；叶柄长 1.5 厘米。花单生叶腋，茎上部叶腋的多为闭锁花；花梗长 1-3 厘米，花后增长。萼齿 5，长约 2 毫米，宿存。花冠漏斗状，淡红色，2-3×2-3.5 厘米，裂片 5，圆形，薄膜质，具细脉纹。雄蕊 2，内藏，花丝长约 1 厘米，药室 2，极叉开，纵裂。子房下位，2 室，上室退化，下室胚珠 2。蒴果狭长，不开裂，种子 1，锐尖头并具 3 长 2 短的钩状附属物，其中 3 枚长的附属物长达 7 厘米，顶端卷曲成钩状，2 枚短的长 0.5-2 厘米。花期 6 月。

分布： 全洞庭湖区；湘东、湘北；广西、东北、河北、华东、华中。朝鲜半岛、日本、俄罗斯（远东地区）。

生境： 池塘或湖泊中群生。海拔 0-300 米。

应用： 用于小型水体边缘或浅水水体绿化，常作成片栽培，形成水体覆盖景观；可缸栽于庭院、室内造景观赏。

识别要点： 根状茎横走；叶对生，背面淡紫红色；浮水叶三角状圆形至心形；单花腋生，5 萼齿宿存，漏斗状花冠淡红色；蒴果狭长，锐尖头并具 3 长 2 短的钩状附属物。

列当科 Orobanchaceae

445 野菰 ye gu
Aeginetia indica L.
[*Aeginetia indica* Roxb.]

一年生寄生草本，高达 40（–50）厘米。根稍肉质。茎黄褐或紫红色，不或少分枝。叶肉红色，（卵状）披针形，5–10×3–4毫米，两面光滑。花单生茎端，稍俯垂。花梗粗壮，直立，长 10–30（–40）厘米，常具紫红色条纹。花萼一侧裂开至近基部，长（2–）2.5–4.5（–6.5）厘米，紫红或黄（白）色，具紫红色条纹，急尖或渐尖头，无毛。花冠筒状钟形，具黏液，常与花萼同色，或下部白色，上部带紫色，长 4–6 厘米，不明显二唇形，全缘，筒部宽，稍弯曲，花丝着生处变窄，顶端 5 浅裂，裂片近全缘；雄蕊 4，内藏，花丝着生花冠筒，花药成对黏合，1 室发育；子房 1 室，侧膜胎座 4，柱头盾状，肉质。蒴果圆锥形或长卵状球形，长 2–3 厘米。种子多数，微小，椭圆形，黄色，种皮网状。花期 4–8 月，果期 8–10 月。
分布： 全洞庭湖区偶见；湘东、湘南、湘西、湘北；华东（山东除外）、华中、华南、西南。印度、斯里兰卡、缅甸、越南、菲律宾、马来西亚及日本。
生境： 湖区旷野芒草地；土层深厚、湿润草地或林下，常寄生于芒属和蔗属等禾草类植物根上。海拔 200–1800 米。
应用： 根和花清热解毒、消肿，治瘘、骨髓炎和喉痛；全株可用于妇科调经。
识别要点： 与中国野菰区别：花芽渐尖头；花萼急尖或渐尖头；花冠筒状钟形，长常 2–4.5 厘米，裂片近全缘。

446 列当（草苁蓉）lie dang
Orobanche coerulescens Steph.

二年生或多年生寄生草本，高达 50 厘米，全株密被蛛丝状长绵毛。茎直立，不分枝，基部稍膨大。叶淡黄绿色，卵状披针形，15–20×5–7 毫米。穗状花序多花，长 10–20 厘米，顶端圆锥状；苞片与叶同形并近等大，尾状渐尖头。花萼长 1.2–1.5 厘米，2 深裂，每裂片再 2 浅裂，小裂片狭披针形。花冠深蓝、蓝（淡）紫色，长 2–2.5 厘米，筒部缢缩，口部稍扩大；上唇 2 浅裂或微凹，下唇 3 裂，裂片（长）圆形，中间的较大，钝圆头，不规则小圆齿缘。雄蕊 4，筒中部着生，长 1–1.2 厘米，被长柔毛，花药长约 2 毫米。雌蕊长 1.5–1.7厘米，花柱与花丝近等长，无毛，柱头 2 浅裂。蒴果卵状椭圆形，深褐色，约 1×0.4 厘米。种子多数，黑褐色，不规则椭圆形或长卵形，约 0.3×0.15 毫米，具网状纹饰及蜂巢状凹点。花期 4–7 月，果期 7–9 月。
分布： 沅江；湘北；东北、华北、西北、华东、华中、西南。俄罗斯、蒙古国、尼泊尔、日本、欧洲、朝鲜半岛、中亚。
生境： 湖心小岛沙土草地；沙丘、山坡及沟边草地，寄生于蒿属植物根上。海拔（20–）850–4000 米。
应用： 全草补肾壮阳、强筋骨、润肠，为强壮剂，主治阳痿、遗精、腰酸腿软、神经官能症及小儿腹泻，外用消肿。
识别要点： 全株密被白色蛛丝状长绵毛；叶卵状披针形，淡

黄色；肉穗状花序，具叶状苞片；花冠深蓝或蓝紫色，上唇顶端 2 浅裂；蒴果卵状长圆形。

狸藻科 Lentibulariaceae

447 黄花狸藻 huang hua li zao
Utricularia aurea Lour.

沉水草本。假根通常不存在，存在时轮生于花序梗（近）基部，具丝状分枝。匍匐枝圆柱形，具分枝，长达 50 厘米。叶器多数，互生，长 2-6 厘米，3-4 深裂，裂片先羽状深裂，后一至四回二歧状深裂，末回裂片毛发状，具细刚毛。捕虫囊通常多数，侧生于叶器裂片上，斜卵球形，具短梗，长 1-4 毫米。花序直立，长 5-25 厘米，中上部具 3-8 朵多少疏离的花，花序梗无鳞片；苞片基部着生。无小苞片；花梗丝状，背腹扁；花冠黄色，喉部有时橙红色条纹，外面无毛或疏生短柔毛，喉凸隆起呈浅囊状；距近筒状；花丝线形，上部扩大，药室汇合；子房球形。蒴果球形，径 4-5 毫米，顶端具喙状宿存花柱，周裂。种子多数压扁，具 5-6 角和不明显细网状突起，淡褐色。花期 6-11 月，果期 7-12 月。

分布： 澧县；湘东、湘南、湘北；华东、华中、华南、贵州、云南。日本、澳大利亚、南亚、东南亚。

生境： 湖泊、池塘和稻田中。海拔 10-2700 米。

应用： 大型水体水面绿化或水族箱种植观赏。

识别要点： （不）具假根，匍匐枝分枝；叶器沉水，长 2-6 厘米，一至数回分裂，末回裂片丝状，具细刚毛；花序梗无鳞片，苞片宽卵圆形；花冠黄色，长 10-18 毫米；种子具 5-6 角和细小网状突起。

车前科 Plantaginaceae

448 车前 che qian
Plantago asiatica L.

二年生或多年生草本。须根多数。叶基生莲座状，（薄）纸质，宽卵形（椭圆形），4-12×2.5-6.5厘米，钝圆或急尖头，基部宽楔形或近圆形，下延，波状全缘或中部以下为锯齿、牙齿或裂齿缘，两面与叶柄及花序梗疏生短柔毛；5-7基出平行脉；叶柄长2-15(-27)厘米，具凹槽，无翅，基部扩大成鞘。穗状花序3-10，长3-40厘米，密或疏，下部常间断；花序梗长5-30厘米；苞片窄三角状卵形（披针形），龙骨突宽厚。花具短梗，萼片钝圆（尖）头，龙骨突不延至顶端。花冠白色，花冠筒与萼片近等长，裂片窄三角形，花后反折，中脉显著；雄蕊于花冠筒近基部着生，与花柱明显外伸，花药白色，长1-1.2毫米，具宽三角形突起；胚珠7-15(-18)。蒴果纺锤状（圆锥状）卵（球）形，长3-4.5毫米，于基部上方周裂。种子（卵状）椭圆形，长1.2-2毫米，具角，背腹面微隆起；子叶背腹排列。花期4-8月，果期6-9月。

分布： 全洞庭湖区；湖南全省；全国。朝鲜半岛、俄罗斯（远东地区）、日本、印度尼西亚、马来西亚、南亚。

生境： 草地、沟边、河岸湿地、田边、路旁或村边空旷处。海拔 20-3200 米。

应用： 全草为利尿、镇咳剂，种子为利尿、镇咳、祛痰、止泻、明目和治难产药，叶治结核性皮肤溃疡，根解暑清凉；作农药杀蚜虫、红蜘蛛及软体害虫；猪饲料；地被；种子油制皂，油渣制酱油。

识别要点： 须根系；叶片宽（卵状）椭圆形，长不及宽的 2 倍，叶柄具凹槽，中部无翅；花具短梗，苞片背面无毛；花冠裂片狭三角形，长约 1.5 毫米，与花药白色；蒴果于基部上方周裂，长 3-4.5 毫米。

449 平车前 ping che qian
Plantago depressa Willd.

一至二年生草本。直根长,侧根多数,稍肉质。叶基生莲座状,纸质,椭圆形、椭圆状(卵状)披针形,3–12×1–3.5厘米,急尖或微钝头,基部楔形下延至叶柄,浅波状钝齿、不规则锯齿或牙齿缘,5–7脉,两面与花序梗疏生白色短柔毛;叶柄长2–6厘米,基部扩大成鞘状。穗状花序3–10,上部密集,基部常间断,长6–12厘米;花序梗长5–18厘米;苞片三角状卵形,无毛,龙骨突宽厚;萼片龙骨突宽厚,不延至顶端;花冠白色,花冠筒与萼片等长或稍长,裂片长0.5–1毫米,花后反折;雄蕊于花冠筒近顶端着生,同花柱明显外伸,花药具宽三角状突起,(绿)白色;胚珠5。蒴果卵状椭圆形(圆锥形),长4–5毫米,于基部上方周裂。种子4–5,椭圆形,腹面平坦,长1.2–1.8毫米。花期5–7月,果期7–9月。

分布: 全洞庭湖区;湖南全省;广西、东北、华北、西北、华东、华中、西南。俄罗斯东部、蒙古国、巴基斯坦、印度、朝鲜半岛、中亚、克什米尔地区。

生境: 草地、河滩、沟边、草甸、田间及路旁。海拔10–4500米。

应用: 种子利水清热、止泻、明目;地被。

识别要点: 植株疏或密被白色(短)柔毛;直根长;花冠裂片长0.5–1毫米;干花药黄褐色;蒴果长4–5毫米;种子长1.2–1.8毫米,腹面微隆或平坦。

450 大车前 da che qian
Plantago major L.

二年生或多年生草本。须根多数。根茎粗短。叶基生莲座状,草质或(薄)纸质,宽卵形(椭圆形),3–18(–30)×2–11(–21)厘米,钝尖或急尖头,波状、不规则疏牙齿缘或近全缘,两面与苞片疏(稀较密)生短柔毛或近无毛,(3)5–7脉;叶柄长3–10(–26)厘米,基部鞘状,常被毛。穗状花序1至数个,长3–20(–40)厘米,基部常间断;花序梗长5–18(–45)厘米,被(短)柔毛;苞片宽卵状三角形,龙骨突宽厚。花无梗;花萼裂片圆头,无毛或疏生短缘毛,膜质缘,龙骨突不达顶端;花冠白色,花冠筒与萼片等长或稍长,裂片披针形或窄卵形,花后反折;雄蕊花冠筒近基部着生,与花柱明显外伸,花药淡紫稀白色;胚珠(8–)12–40。蒴果(卵或宽椭圆)球形,长2–3毫米,于中部或稍低处周裂。种子常10枚以上,卵(椭)圆形或菱形,黄褐色,长0.8–1.2毫米,具角,腹面隆起或近平坦。花期6–8月,果期7–9月。

分布: 全洞庭湖区;湖南全省;全国。欧亚大陆亚热带、温带及寒温带,世界各地归化。

生境: 生于草地、草甸、河滩、沟边、沼泽地、山坡路旁、田边或荒地。海拔10–2800米。

应用: 全草及种子利尿通淋,治高血压;地被。

识别要点: 叶片宽卵(椭圆)形,3–18×2–11(–21)厘米;穗状花序细长;花无梗,花冠(绿)白色,花药淡紫稀白色;蒴果于中部或稍低处周裂;种子多,长0.8–1.2毫米,具角。

451 北美车前（毛车前）bei mei che qian
Plantago virginica L.

一至二年生草本。直根纤细。叶基生莲座状，倒(卵状)披针形，3-18×0.5-4厘米，急尖或近圆头，基部窄楔形，下延，波状、疏牙齿缘或近全缘，两面及叶柄散生白色柔毛，脉（3-）5；叶柄长0.5-5厘米，基部鞘状。穗状花序1至多数，长3-18厘米，下部常间断；花序梗长4-20厘米，密被开展白色柔毛；苞片披针形或窄椭圆形，龙骨突宽厚，背面及边缘有白色疏柔毛。萼片与苞片等长或稍短，前对萼片龙骨突较宽，不达顶端，后对的较窄，伸出顶端；花冠淡黄色，花冠筒与萼片等长或稍长；能育花花冠裂片卵状披针形，直立，雄蕊花冠筒顶端着生，花药淡黄色，具窄三角形小尖头，花柱内藏或稍外伸；风媒花通常不育，花冠裂片开展，花后反折，雄蕊与花柱外伸；胚珠2。蒴果卵球形，长2-3毫米，于基部上方周裂。种子2，（长）卵圆形，黄（红）褐色，长1.4-1.8毫米，腹面凹陷呈船形。花期4-5月，果期5-6月。

分布： 全洞庭湖区；湖南长沙、平江、临湘；华东（山东除外）、华中、四川、重庆，入侵归化植物。原产北美洲，中美洲、欧洲、日本归化。

生境： 草地、路边、湖畔。海拔20-800米。

应用： 全草清热利尿、祛痰、凉血、解毒；地被；为果园、旱田及草坪杂草。

识别要点： 直根及侧根纤细，植物体被白色柔毛；叶片倒卵形至倒披针形，叶脉3-5；花两型，花冠与花药淡黄色；蒴果长2-3毫米，于基部上方周裂；种子长1.4-1.8毫米，腹面内凹呈船形。

忍冬科 Caprifoliaceae

452 忍冬（金银花）ren dong
Lonicera japonica Thunb.

半常绿藤本。幼枝橘红褐色，密被硬直糙毛、腺毛和柔毛。叶纸质，（圆或长圆状）卵形或卵状披针形，罕钝缺刻缘，长3-5（-9）厘米，基部圆或近心形，有糙缘毛，小枝上部叶密被糙毛；叶柄长4-8毫米，密被柔毛。总花梗单生小枝上部叶腋，与叶柄等长或较短，下方者长2-4厘米，密被柔毛，兼有腺毛；苞片卵形或椭圆形，长2-3厘米，有柔毛或近无毛。小苞片长约1毫米，有糙毛和腺毛；萼筒长约2毫米，无毛，萼齿卵状（长）三角形，有长毛和密毛；花冠白色，或基部淡红色，后黄色，长2-4.5（-6）厘米，冠筒稍长于唇瓣，被倒生糙毛和长腺毛，上唇裂片钝头，下唇带状反曲；雄蕊和花柱高出花冠。果圆形，径6-7毫米，蓝黑色。花期4-6月，果期10-11月。

分布： 全洞庭湖区；湖南全省；全国（青藏高原、黑龙江、内蒙古、新疆、海南无野生）。日本、朝鲜半岛，东南亚栽培，在北美洲逸为恶性杂草。

生境： 湖区旷野、池塘边；山坡灌丛或疏林中、乱石堆、山脚路旁及村庄篱笆边。海拔30-1500米。

应用： 花清热解毒、退肿、利尿，治身热无汗、肿痛、梅毒、淋病、肠炎、细菌性痢疾、小儿胎毒、发热口渴，煎水洗治化脓性疮疖；代茶饮，治温热痧痘、血痢，茎叶有同效；庭院观赏；花可提取芳香油。

识别要点： 各部被黄褐色硬直糙毛、腺毛和短柔毛；幼枝暗红褐色；双花腋生于总花梗顶端；苞片叶状；萼筒无毛；花白转黄色，冠筒略长于唇瓣。

453 **大花忍冬（灰毡毛忍冬）**da hua ren dong
Lonicera macrantha (D. Don) Spreng.
[*Lonicera macranthoides* H.-M.]

藤本；幼枝及总花梗有薄绒状短糙伏毛，或兼微腺毛，稀具开展长刚毛。叶革质，卵形、卵状（宽）披针形或矩圆形，长6-14厘米，（渐）尖头，基部圆、微心形或渐狭，上面无毛，下面被由短糙毛组成的灰白（黄）色毡毛，散生微腺毛，网脉凸起呈蜂窝状；叶柄长6-10毫米，有短（长）糙毛。双花常密集枝梢成圆锥状花序；总花梗长0.5-3毫米；苞片（条状）披针形，长2-4毫米，连同萼齿外面有细毡毛和短缘毛；小苞片圆（或倒）卵形，1/2萼筒长，有短糙缘毛；萼筒与果实常有蓝白色粉，无或有毛，长近2毫米，萼齿三角形，长1毫米；花冠白色，后变黄色，长3.5-4.5(-6)厘米，外被倒短糙伏毛及腺毛，筒纤细，内面密生短柔毛，与唇瓣等长或略长，上唇裂片卵形，基部具耳，两侧裂片裂隙深达1/2，中裂片1/2侧裂片长，下唇条状倒披针形，反卷；雄蕊花冠筒顶端着生，连同花柱伸出而无毛。果实黑色，圆形，径6-10毫米。花期6-7月，果熟期10-11月。

分布： 全洞庭湖区；湖南全省；华东（除山东外）、华中、华南、西南。印度、不丹、尼泊尔。

生境： 湖区阔叶林及灌丛中；山谷溪流旁、山坡或山顶混交林内或灌丛中。海拔30-1800米。

应用： 花蕾清热解毒，代金银花用，称"大银花""岩银花""山银花""木银花"；垂直绿化。

识别要点： 幼枝通常不具开展长糙毛；叶下面具由密短糙毛组成的灰白色毡毛，网脉蜂窝状隆起。

454 **裂叶接骨草** lie ye jie gu cao
Sambucus adnata Wall. ex DC. var. **pinnatilobatus** (G. W. Hu) D. S. Jiang et Y. L. Zhao
[*Sambucus chinensis* Lindl. var. *pinnatilobatus* G. W. Hu]

高大草本或半灌木，高1-2米；根和根茎红色，折断后流出红色汁液。茎草质，具明显棱条。二回奇数羽状复叶，或二至三回羽状浅裂、深裂或全裂，具叶片状或条形的托叶；一回小叶3-5对，长椭圆形、长卵形或倒披针形，4-18×4-6厘米，顶端一对小叶基部常沿柄及顶生小叶片相连，其他小叶常对生，有时近对生或互生；二回小叶1-3对，具短柄或无柄，长椭圆形或（狭）披针形，4-6×1.5-3厘米，常近对生或互生，渐尖头，基部楔形，两边不等，全缘或稀疏裂齿缘；裂片狭椭圆形、狭披针形或粗牙齿状；叶上面绿色，脉上疏被短柔毛，叶下面苍白色；（小）叶轴及裂齿顶端常具黄色杯状突起的腺体。复伞形式聚伞花序顶生，大而疏散，总花梗基部托以叶状总苞片，分枝3-5出，杯形不孕花不脱落，可孕花小；萼筒杯状，萼齿三角形；花冠白色，仅基部联合，花药黄色；子房3室，花柱极短或几无，柱头3裂。果实红色，近圆形，径3.3-3.8毫米；2-3核，1.5-1.9毫米。花期4-6月，果熟期8-9月。

分布： 益阳、湘阴；长沙、湘西北、隆回。

生境： 林下或沟边灌丛中。海拔30-600米。

应用： 作血满草用，民间为跌打损伤药，根及全草活血散瘀、祛风湿、利尿；湿地植被。

识别要点： 二回奇数羽状复叶；根和根茎红色；叶轴、小叶轴及裂齿顶端常具黄色杯状突起的腺体。

455 接骨草（八棱麻，陆英）jie gu cao
Sambucus javanica Blume
[*Sambucus chinensis* Lindl.]

高大草本或半灌木，高 1–2 米；茎有棱条。托叶叶状，或退化成蓝色腺体；小叶 2–3 对，互生或对生，狭卵形，6–13×2–3 厘米，嫩时上面被疏长柔毛，长渐尖头，基部钝圆，两侧不等，细锯齿缘，近基部或中部以下边缘常有 1 或数枚腺齿；顶生小叶（倒）卵形，基部楔形，有时与第一对小叶相连，小叶无托叶，基部一对小叶有时有短柄。复伞形花序顶生，大而疏散，总花梗基部托以叶状总苞片，分枝 3–5 出，被黄色疏柔毛；杯形不孕花不脱落，可孕花小；萼筒杯状，萼齿三角形；花冠白色，仅基部联合，花药黄或紫色；子房 3 室，花柱极短或几无，柱头 3 裂。果实红色，近圆形，径 3–4 毫米；2–3 核，卵形，长 2.5 毫米，有小疣状突起。花期 4–5 月，果熟期 8–9 月。

分布： 全洞庭湖区；湖南全省；甘肃、陕西、华中、华东（山东除外）、华南、西南。日本、东南亚。

生境： 湖区堤内林下、沟渠边阴湿处；山坡、林下、沟边和草丛中，亦有栽种。海拔 20–2600 米。

应用： 全草祛风除湿、通经活血、解毒消炎，治跌打损伤，亦作兽药；阴生地被。

识别要点： 根非红色；小叶无退化托叶，侧生小叶片（近）基部有 1–2 对腺齿；具杯形不孕性花。而血满草根红色；小叶具瓶状的托叶，顶生小叶片下延，常与第一对侧生小叶联合；全为两性花。

桔梗科 Campanulaceae

456 半边莲 ban bian lian
Lobelia chinensis Lour.

多年生柔弱草本。茎匍匐，节上生根，直立分枝高达 20 厘米，无毛。叶互生，（近）无柄，椭圆状披针形至条形，8–25×2–6 厘米，急尖头，基部圆形至阔楔形，全缘或顶部锯齿缘，无毛。花单生分枝上部叶腋；花梗细，长 1.2–3.5 厘米，小苞片 0–2，长约 1 毫米；花萼筒倒长锥状，基部渐细，长 3–5 毫米，裂片披针形，与萼筒约等长，全缘或具 1 对小齿；花冠粉红或白色，长 10–15 毫米，背面裂至基部，喉部以下具白色柔毛，裂片全部平展于下方，呈一个平面，2 侧裂片披针形，较长，中间 3 枚椭圆状披针形，较短；雄蕊长约 8 毫米，花丝中部以上连合，花丝筒无毛，分离的花丝全具柔毛，花药管长约 2 毫米，背部有时疏生柔毛。蒴果倒锥状，长约 6 毫米。种子椭圆状，稍扁压，近肉色。花果期 5–10 月。

分布： 全洞庭湖区；湖南全省；华东、华中、华南、西南。南亚、东南亚、日本、朝鲜半岛。

生境： 湖区湖边滩涂、田埂、水边草丛中；水田边、沟边及潮湿草地上。

应用： 全草清热解毒、利尿消肿，治毒蛇咬伤及蜂蝎螫伤、肝硬化腹水、晚期血吸虫病腹水、阑尾炎，和盐捣敷治疔疮、炎肿麻木；含北美山梗菜碱等杀虫成分，杀蚜虫、红蜘蛛、蝇蛆和孑孓；可观赏、缀花草坪。

识别要点： 匍匐草本，具白色乳汁；叶互生，（近）无柄，椭圆状披针形至条形；花腋生，花冠粉红或白色，5 裂片平展在下方呈一个平面。

457 蓝花参 lan hua shen
Wahlenbergia marginata (Thunb.) A. DC.

多年生草本，有白色乳汁。根细长，白色，细胡萝卜状，约10×0.4厘米。茎自基部多分枝，直立或上升，长10-40厘米，无毛或下部疏生长硬毛。叶互生，无柄或具长达7毫米的短柄，常在茎下部密集，下部叶匙形、倒披针形或椭圆形，上部叶条状披针形或椭圆形，10-30×2-8毫米，波状、疏锯齿缘或全缘，无毛或疏生长硬毛。花梗极长，达15厘米，细而伸直；花萼无毛，筒部倒卵状圆锥形，裂片三角状钻形；花冠钟状，蓝色，长5-8毫米，分裂达2/3，裂片倒卵状长圆形。蒴果倒（卵状）圆锥形，不明显10肋，5-7×约3毫米。种子矩圆状，光滑，黄棕色，微小。花果期2-5月。

分布: 全洞庭湖区；湖南全省；青海、陕西、华东（除山东外）、华中、华南、西南。南亚、巴布亚新几内亚、东南亚、日本、夏威夷和北美洲归化。

生境: 草地、田边、路边和荒地中，有时生于山坡或沟边。海拔20-2800米。

应用: 根治小儿疳积、痰积和高血压；缀花草坪。

识别要点: 具乳汁；茎下部叶匙形、倒披针形或椭圆形，上部叶条状披针形或椭圆形；花梗细长而伸直，花冠钟状，蓝色；蒴果裂瓣，10肋。

458 异檐花（卵叶异檐花）yi yan hua
Triodanis perfoliata (L.) Nieuwl. subsp. **biflora** (Ruiz. et Pav.) Lamm.
[*Triodanis biflora* (Ruiz et Pav.) Greene]

一年生小草本。根纤细，纤维状。植株高30-45厘米，茎通常直立，具棱，多不分枝。叶互生，无柄，叶片卵形至阔卵形，长0.5-1.5厘米，下面叶脉不明显，锯齿缘，基部抱茎状，急尖头。花细小，单生叶腋及茎顶，近无花梗，仅上部1-3朵花开放，其他的为闭花受精花。花萼3-5裂；花冠钟形，长5-9毫米，蓝或紫色，常5裂达基部，裂片长4-7毫米，外面具毛；雄蕊5-6，长约2.5毫米；子房椭圆形至卵圆形，长4.5-7毫米；花柱短于花冠，长3-3.5毫米；柱头2-3。蒴果近圆柱形，具纵棱，长5-7毫米，常具3（-5）宿存花萼；成熟时近顶端侧面薄膜状2孔裂。种子100-150，卵状椭圆形，稍扁，长0.4毫米。花果期4-7月。

分布: 益阳、沅江、湘阴；湘北，分布新记录；浙江、江西、湖北、安徽、福建，为外来入侵植物。原产南美洲、美国中部和南部。

生境: 湖区平原河湖边草地上；废弃地、山坡草丛、路边。海拔20-2000米。

应用: 可种植于花坛边缘作配景；入侵杂草。

识别要点: 纤细直立小草本；茎具棱；叶互生，叶片卵形，无柄，基部抱茎状；花近无梗；花萼3-5，宿存；花冠蓝或紫色，常5裂达基部；蒴果近圆柱形，具纵棱，2孔裂。

菊科 Compositae, Asteraceae

459 藿香蓟（胜红蓟）huo xiang ji
Ageratum conyzoides L.

一年生草本，高达1米。茎直立或基部平卧而节上生根，分枝，常带紫红色，被白色尘状短柔毛或被稠密展开的长绒毛。叶对生，或上部的互生，具不发育腋芽。中部叶卵形、长（椭）圆形，3–8×2–5厘米；向上向下的叶渐小，有时全部叶小形，10×0.6毫米；叶基部（宽）楔形，基出3（5）脉，急尖头，圆锯齿缘，被白疏短柔毛及黄色腺点，有时下面近无毛；叶柄长1–3厘米，上部的通常被白密展开的长柔毛。顶生头状花序4–18，呈紧密（稀松散）的伞房状花序；花序径1.5–3厘米。花梗长0.5–1.5厘米，被尘状短柔毛。总苞钟状或半球形，宽5毫米。总苞片2层，（披针状）长圆形，长3–4毫米，外面无毛，边缘撕裂。花冠长1.5–2.5毫米，外面无毛或顶端有尘状微柔毛，檐部5裂，淡紫、蓝或白色。瘦果黑褐色，5棱，长圆形，长1.2–1.7毫米，具鳞片形芒尖冠毛，鳞片锯齿缘。花果期全年。

分布： 全洞庭湖区；湖南全省；陕西、河北、河南、长江以南，早期外来归化植物。原产中南美洲，现印度、尼泊尔、非洲、东南亚广布。

生境： 湖区宅旁、田间和荒地；山谷、山坡林地及草地、河边、田边或荒地上。海拔20–2800米。

应用： 全草清热解毒、消肿止血，民间用治感冒发热、疔疮湿疹、外伤出血、烧烫伤，在非洲和美洲作消炎止血药，在南美洲治妇女非子宫性阴道出血；全草作鱼花饲料；绿肥；提芳香油；田间杂草。

识别要点： 与熊耳草区别：叶基部钝或宽楔形；总苞片宽，（披针状）长圆形，外面无毛无腺点，急尖头，边缘栉齿状或遂状或缘毛状撕裂。

460 熊耳草 xiong er cao
Ageratum houstonianum Miller

一年生草本，高达70厘米。茎不分枝，或下部茎枝平卧而节上生根；被白色绒毛或薄绵毛，茎枝上部及腋生小枝毛密。叶对生或上部叶近互生，（三角状）卵形，中部茎叶2–6×1.5–3.5厘米，或长宽相等；叶柄长0.7–3厘米，规则圆锯齿缘，圆或尖头，基部心形或平截，被白色柔毛，上部叶及幼枝叶柄、腋生幼枝被白色长绒毛。头状花序在茎枝顶端排成（复）伞房花序；花序梗被密（或尘状）柔毛；总苞钟状，径6–7毫米，总苞片2层，窄披针形，长4–5毫米，全缘，外面被腺质柔毛。花冠长2.5–3.5毫米，檐部淡紫色，5裂，裂片外被柔毛。瘦果黑色，5纵棱，长1.5–1.7毫米；膜片状冠毛5，膜片长圆形或披针形，芒状长渐尖头。花果期全年。

分布： 全洞庭湖区；湖南全省；广东、广西、云南、四川、江苏、山东、黑龙江，栽培或逸生。原产墨西哥一带，现非洲、亚洲、欧洲广布。

生境： 湖区宅旁、田间和荒地；山谷、山坡林下或林缘、河边或山坡草地、田边或荒地上。海拔10–1500米。

应用： 全草清热解毒。美洲危地马拉居民用全草以消炎，治咽喉痛；田间杂草。

识别要点： 与藿香蓟区别：叶基部心形或截形；总苞片狭披针形，长渐尖，全缘，外面被较多的腺质细柔毛。

461 黄花蒿 huang hua hao
Artemisia annua L.

一年生草本，高达 2 米，具浓烈蒿香。茎、枝、叶两面及总苞片背面无毛或幼叶下面有极稀柔毛。叶具脱落性白色腺点及小凹点，茎下部叶宽（三角状）卵形，长 3-7 厘米，三（至四）回栉齿状羽状深裂，每侧裂片 5-8（-10），中肋上稍隆，中轴具窄翅无小栉齿（稀上部的有数枚），叶柄长 1-2 厘米，具半抱茎假托叶；中部叶二（至三）回栉齿状羽状深裂，小裂片栉齿状三角形，具短柄，上近无柄。头状花序球形，多数，径 1.5-2.5 毫米，有短梗，具线形小苞叶，在分枝上排成（复）总状花序，在茎上组成开展的尖塔形圆锥花序；总苞片背面无毛；雌花 10-18；两性花 10-30。瘦果椭圆状卵圆形，稍扁。花果期 8-11 月。

分布： 全洞庭湖区；湖南全省；全国。亚洲、欧洲、北非、北美洲，热带至寒温带广布。

生境： 湖区旷野、荒地、堤岸、村旁；路旁、荒地、山坡、林缘、（森林）草原、干河谷、半荒漠及砾质坡地及盐渍土上。海拔 20-3700 米。

应用： 叶可提青蒿素，青蒿素为治疟疾特效药；全草清虚热、解暑、截疟、凉血、止血、利尿、健胃、杀虫、治胸闷、潮热盗汗、衄血及便血，鲜叶捣汁治疥癣、恶疮、蜂蜇；作农药，熏烟驱蚊虫；牲畜饲料；枝叶制酒饼或作制酱香料；种子油制皂及润滑油。

识别要点： 与青蒿区别：植物体或初时被极稀疏短柔毛；茎下部叶三至四回、中部叶二至三回栉齿状羽状深裂，裂片 5-10 对；头状花序球形，径 1.5-2.5 毫米；花深黄色；花果期 8-11 月。

462 艾（艾蒿）ai
Artemisia argyi Lévl. et Van.

多年生草本或亚灌木状，高逾 1.5 米，具浓香。茎有少数短分枝，被灰色蛛丝状柔毛。叶上面被灰白色柔毛，兼有白色腺点与小凹点，下面密被白色蛛丝状绒毛；基生叶具长柄；茎下部叶近圆形或宽卵形，羽状深裂，裂片 2-3 对，具 2-3 小裂齿，叶柄长 0.5-0.8 厘米；中部叶（三角状）卵形或近菱形，5-8×4-7 厘米，一（二）回羽状深（半）裂，裂片 2-3 对，卵形或（卵状）披针形，宽 2-3（-4）毫米，叶柄长 0.2-0.5 厘米；上部叶与苞片叶羽状半裂、浅裂、3 深裂或不裂。头状花序椭圆形，径 2.5-3.5 毫米，由（复）穗状花序组成尖塔形圆锥花序；总苞片背面密被灰白色蛛丝状绵毛，膜质缘；雌花 6-10；两性花 8-12，檐部紫色。瘦果长（卵）圆形。花果期 7-10 月。

分布： 全洞庭湖区；湖南全省；全国（新疆除外）。蒙古国、朝鲜半岛、俄罗斯（远东地区），日本栽培。

生境： 荒地、路旁、河边、山坡、（森林）草原。海拔 20-1500 米。

应用： 全草温经、散寒去湿、消炎止血、平喘止咳、安胎、抗过敏，为止血要药及妇科常用药，可作药浴、制药枕或背心；叶作艾灸用，又作印泥；所含挥发油抑杀多种霉菌、球菌、杆菌，并平喘镇咳；全草作农药或熏烟消毒；嫩芽及幼苗可蔬食。

识别要点： 香浓味，被灰白蛛丝状柔毛；叶上面有白色腺点与小凹点，茎中部叶一至二回，第一回羽状半裂；头状花序径 2.5-3.5 毫米；总苞片背面被毛。

463 茵陈蒿 yin chen hao
Artemisia capillaris Thunb.

亚灌木状草本，具浓香，高达 1.5 米。茎、枝初密被灰白或灰黄色绢质柔毛。枝端有密集叶丛，基生叶莲座状，与茎下部叶及营养枝叶被棕（灰）黄色绢质柔毛，叶卵（圆）状（椭圆形），2-4（-5）×1.5-3.5 厘米，二（三）回羽状全裂，裂片 2-3（4）对，3-5 全裂，小裂片狭线状（披针形），细直，长 0.5-1 厘米，叶柄长 3-7 毫米；中部叶宽卵形、近（卵）圆形，长 2-3 厘米，（一）二回羽状全裂，小裂片丝线形，细直，长 0.8-1.2 厘米，近无毛，基部裂片常半抱茎；上部叶与苞片叶羽状 5（3）全裂。头状花序卵圆形，径 1.5-2 毫米，有短梗及线形小苞片，在茎枝端偏向外侧生长，由复总状花序组成大型开展的圆锥花序；总苞片淡黄色，无毛；雌花 6-10；两性花 3-7。瘦果长（卵）圆形。花果期 7-10 月。

分布： 岳阳、汨罗、屈原农场、湘阴；湖南全省；陕西、东北、华北、华东、华中、华南、西南。俄罗斯（远东地区）、朝鲜半岛、日本、东南亚。

生境： 湖区平原堤岸及水边湿润地；河岸、海岸附近的湿润沙地、路旁、山坡。海拔 20-2700 米。

应用： 全草清湿热、利水，治风湿、寒热、邪气热结、黄疸，入药称“（绵）茵陈”，治肝、胆疾患要药；作农药；作菜蔬或酿制茵陈酒；家畜饲料。

识别要点： 半灌木；基生叶与茎下部叶 2-4×1.5-3.5 厘米，二（三）回羽状全裂，小裂片 5-10×0.5-1.5（-2）毫米；头状花序的总苞片先端不反卷。

464 青蒿 qing hao
Artemisia caruifolia Buch.-Ham. ex Roxb.

一年生草本，高达 1.5 米。茎上部多分枝，有纵纹。叶无毛；基生叶与茎下部叶三回栉齿状羽状分裂，柄长；中部叶长圆状（卵形）或椭圆形，5-15×2-5.5 厘米，二回栉齿状羽状分裂，第一回全裂，裂片 4-6 对，长圆形，基部楔形，裂片具长三角形栉齿或为宽线状披针形小裂片，锐尖头，小裂齿 0-3 对，中轴与裂片羽轴有锯齿，柄长 0.5-1 厘米，具小形半抱茎假托叶；上部叶与苞叶一（二）回栉齿状羽状分裂，无柄。头状花序（近）半球形，径 3.5-4 毫米，梗短，下垂，小苞叶线形，穗状式总状花序组成中等开展圆锥花序；总苞片 3-4 层，外层的狭小，中层的稍大，均宽膜质缘，内层的半膜质，圆头；花淡黄色；雌花 10-20，花柱伸出花管外；两性花 30-40，花柱与花冠等长或略长。瘦果长（或椭）圆形。花果期 6-9 月。

分布： 全洞庭湖区；湖南全省；吉林、辽宁、河北、陕西、华东、华中、华南、西南。朝鲜半岛、日本、越南、缅甸、印度、尼泊尔。

生境： 湖区旷野、湖边或河边草地中，田间、荒地及疏林下；中、低海拔和湿润的河岸边砂地，山谷、林缘、路旁及滨海地区。

应用： 含挥发油、艾蒿碱及苦味素等。入药清热、凉血、退蒸、解暑、祛风、止痒，作阴虚潮热的退热剂，止盗汗、中暑等。不含青蒿素（对此存疑）。

识别要点： 植物体无毛；基生叶与茎下部叶三回、中部叶二回栉齿状羽状分裂，后者第一回全裂，裂片 4-6 对；头状花序（近）半球形，径 3.5-4 毫米。

465 大头青蒿 da tou qing hao
Artemisia caruifolia Buch.-Ham. ex Roxb. var. **schochii** (Mattf.) Pamp.

一年生草本，高达1.3米。其他形态特征与青蒿(原变种)相似，区别在于本变种的头状花序较大，径4.5–7毫米，在分枝上排成总状花序状，总苞片开花后成放射状开张，花易于脱落；叶的侧裂片近于楔形。

分布: 全洞庭湖区；湘北；江苏、江西、湖北、广东、广西、云南、贵州。

生境: 湖区旷野、湖边或河边草地中，田间、荒地及疏林下；中、低海拔和湿润的河岸边砂地，山谷、林缘、路旁及滨海地区。

应用: 药用同青蒿(原变种)。

识别要点: 叶侧裂片近楔形；头状花序大，径4.5–7毫米；开花后总苞片成放射状开张，花易落。

466 牡蒿 mu hao
Artemisia japonica Thunb.

多年生草本，常有块根。茎单生或少数，高达1.3米；茎、枝被微柔毛。叶无毛或初微被柔毛；基生叶与茎下部叶倒卵形或宽匙形，4–6(–7)×2–2.5(–3)厘米，羽状深裂或半裂，具短柄；中部叶匙形，2.5–3.5(–4.5)×0.5–1(–2)厘米，上端有3–5斜向浅裂片或深裂片，每裂片上端小齿0–3，无柄；上部叶上端3(0)浅裂；苞片叶(长)椭圆形或(线状)披针形。头状花序卵圆形或近球形，径1.5–2.5毫米，具线形小苞叶，由穗状或穗状总状花序组成窄或中等开展圆锥花序；总苞片3–4层，无毛，(半)膜质缘；雌花3–8，花柱伸出花冠外；两性花5–10，花柱短，2裂，不叉开。瘦果小，倒卵圆形。花果期7–10月。

分布: 全洞庭湖区；湖南全省；全国(内蒙古、新疆和青海除外)。俄罗斯(远东地区)、日本、菲律宾、不丹、尼泊尔、印度、巴基斯坦、阿富汗、朝鲜半岛、中南半岛、克什米尔地区。

生境: 湖区堤岸、荒野；湿润、半湿润或半干旱环境，常见于林缘、林中空地、疏林下、旷野、灌丛、丘陵、山坡、路旁等。海拔20–3300米。

应用: 全草清热解毒、消暑去湿、止血散瘀，又代青蒿用；作农药；嫩茎叶作菜蔬及家畜饲料。

识别要点: 与海南牡蒿区别：基生叶匙形，上端截平或半圆形，细锯齿缘；中部叶不分裂或有斜向的3–5浅裂或深裂，其裂片宽，非狭线形。

467 五月艾 wu yue ai
Artemisia indica Willd.

亚灌木状草本，具浓香。茎单生或少数，高达 1.5 米，分枝多，初微被柔毛。叶上面初被灰白或淡灰黄色绒毛，下面密被灰白色蛛丝状绒毛；基生叶与茎下部叶（长）卵形，（一）二回羽状分裂或近大头羽状深裂，一回全裂或深裂，裂片 3-4 对，椭圆形，上半部裂片大，二回为裂齿或粗齿缘，中轴或有窄翅，叶柄短；中部叶（长）卵形或椭圆形，长 5-8 厘米，一（二）回羽状全裂或大头羽状深裂，裂片 3（-4）对，椭圆状（线状）披针形或线形，长 1-2 厘米，不裂或有 1-2 裂齿，近无柄，假托叶小；上部叶羽状全裂；苞片叶 3 全裂或不裂。头状花序直立或斜展，（长或宽）卵圆形，径 2-2.5 毫米，具短梗及小苞叶，穗形总状或复总状花序组成（中等）开展的圆锥花序；总苞片背面初微被灰白色绒毛；雌花 4-8；两性花 8-12，檐部紫色。瘦果长圆或倒卵圆形。花果期 8-10 月。

分布： 全洞庭湖区；湖南全省；陕西、甘肃、华北、华东、华中、华南、西南。亚洲南温带至热带广布，大洋洲及北美洲有分布。

生境： 湖区堤岸、荒野；林缘、坡地、灌丛或森林草原。海拔 10-2000 米。

应用： 全草含挥发油，对多种杆菌及球菌有抑制作用；入药清热、解毒、止血、消炎，代艾用；嫩苗作菜蔬或腌制酱菜。

识别要点： 近雅致艾，但叶背密被蛛丝状绒毛，茎中部叶第二回为浅裂齿；头状花序在茎上组成中等开展的圆锥花序。

468 矮蒿 ai hao
Artemisia lancea Van.

多年生草本。茎常成丛，高达 1.5 米；中部以上有分枝，初微被蛛丝状微柔毛。叶上面初微被蛛丝状柔毛及白色腺点和小凹点，下面密被灰白（黄）色蛛丝状毛；基生叶与茎下部叶卵圆形，二回羽状全裂，裂片 3-4 对，中部裂片羽状深裂，小裂片线状披针形或线形；中部叶长（或椭圆状）卵形，长 1.5-2.5（-3）厘米，一（二）回羽状全裂，稀深裂，裂片 2-3 对，（线状）披针形，长 1.5-2.5 厘米，边外卷，基部 1 对裂片假托叶状；上部叶与苞片叶 5（3）全裂或不裂。头状花序多数，（长）卵圆形，无梗，径 1-1.5 毫米，（复）穗状花序组成圆锥花序；总苞片背面初微被柔毛，后脱落无毛；雌花 1-3，檐部紫红色，花柱伸出花冠外；两性花 2-5，花冠檐部紫红色，花柱略长于花冠。瘦果长圆形。花果期 8-10 月。

分布： 全洞庭湖区；湘北；陕西、甘肃、东北、华北、华东、华中、华南、西南。日本、朝鲜半岛、印度、俄罗斯东部。

生境： 湖区堤岸及河岸湿草滩、荒地、旷野；林缘、路旁、荒坡及疏林下。海拔 20-1700 米。

应用： 根治淋症；叶散寒止痛、温经止血，治小腹冷痛、月经不调、宫冷不孕、吐血、衄血、崩漏、妊娠下血、皮肤瘙痒；全株可提芳香油。

识别要点： 植物体初被蛛丝状毛；茎成丛，暗紫红色；中部以下叶一至二回羽状全裂，中部裂片再次羽状深裂，小裂片线状披针形，上面初具白色腺点和小凹点；花序径 1-1.5 毫米；总苞片背面无毛。

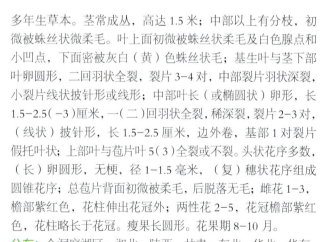

469 野艾蒿 ye ai hao
Artemisia lavandulaefolia DC.

多年生半灌木状草本；根状茎匍地。茎少数，高达 1.2 米，分枝多，斜上展，被灰白色蛛丝状短柔毛。叶上面具密集白色腺点及小凹点，初时疏被蛛丝状柔毛，背面被密绵毛；基生叶与下部叶阔卵圆形，长 8–13 厘米，二回羽状全裂或第二回深裂，柄长；中部叶卵形、长（或近）圆形，长 6–8 厘米，（一）二回羽状全裂或第二回为深裂，裂片 2–3 对，椭圆形或长卵形，每裂片具 2–3 枚（线状）披针形小裂片或深裂齿，尖头，边反卷，柄长 1–3 厘米，具羽裂假托叶；上部叶全裂，近无柄；苞叶 3 全裂或不裂，（线状）披针形，尖头。头状花序极多数，椭（或长）圆形，径 2–2.5 毫米，近无梗，具小苞叶，密（复）穗状花序组成狭长或开展圆锥花序；总苞片 3–4 层，外层背面密被灰白（黄）色蛛丝状柔毛；雌花 4–9；两性花 10–20。瘦果长（倒）卵形。花果期 8–10 月。

分布： 全洞庭湖区；湖南全省；陕西、甘肃、东北、华北、华东、华中、华南、西南。俄罗斯东部、蒙古国、日本、朝鲜半岛。

生境： 湖区河湖滨草地及堤岸；路旁、林缘、山坡、草地、山谷、灌丛。海拔 20–3000 米。

应用： 入药散寒、祛湿、温经、止血，作艾的代用品；嫩苗作菜蔬或腌制酱菜食用；作猪饲料。

识别要点： 茎、枝被灰白色蛛丝状短柔毛；中部叶一至二回羽状全裂，上面初时微被蛛丝状柔毛；总苞片背面密被蛛丝状柔毛。

470 魁蒿 kui hao
Artemisia princeps Pamp.

多年生草本。茎少数，高达 1.5 米，紫褐色，纵棱明显，中上部以上分枝，初被蛛丝状薄毛。叶上面无毛，下面密被灰白色蛛丝状绒毛；下部叶（长）卵形，一至二回羽状深裂，侧裂片 2 对，羽状浅裂，具长柄；中部叶（椭圆状）卵形，长 6–12 厘米，羽状深裂或半裂，稀全裂，侧裂片 2（–3）对，（披针状）椭圆形，中裂片较大，侧裂片基部裂片较侧边与中部裂片大，不裂或具 1–2 对疏裂齿，叶柄长 1–2（–3）厘米，具小假托叶；上部叶羽状深裂或半裂，每侧裂片 1–2；苞片叶 3 深裂或不裂。头状花序长（卵）圆形，径 1.5–2.5 毫米，几无梗，密集，下倾，具细小小苞叶，穗状（总状）花序组成中等开展圆锥花序；总苞片背面绿色，微被蛛丝状毛。雌花 5–7，花柱伸出；两性花 4–9，花冠黄或檐部紫红色。瘦果（倒卵状）椭圆形。花果期 7–11 月。

分布： 全洞庭湖区；湖南全省；辽宁、陕西、甘肃、华北、华东、华中、华南、西南。日本、朝鲜半岛。

生境： 湖区河湖岸、林地或灌丛中；路旁、山坡、灌丛、林缘及沟边。海拔 50–1400 米。

应用： 全草逐寒湿、理气血、调经、安胎、止血、消炎，治产后腹痛、子宫出血，民间作艾的代用品；提挥发油。

识别要点： 茎中部叶每侧具裂片 2（–3），中央裂片较侧裂片大而长，侧裂片中基部裂片较大，不再分裂或每侧偶有 1–2 浅裂齿；头状花序下垂，在茎上组成中等开展的圆锥花序。

471 红足蒿 hong zu hao
Artemisia rubripes Nakai

多年生草本。根状茎匍地或斜向上，茎少数或单生，高达 1.8 米，中下部常红褐色，中上部分枝，初微被柔毛。叶上面近无毛，下面除中脉外密被灰白色蛛丝状绒毛；营养枝叶与茎下部叶近圆形或宽卵形，二回羽状全裂或深裂，具短柄；中部叶（长或宽）卵形，长 7–13 厘米，一（二）回羽状分裂，一回全裂，裂片 3–4 对，羽状深裂或全裂，具 2–3 对小裂片或浅裂齿，叶柄长 0.5–1 厘米，具小型假托叶；上部叶椭圆形，羽状全裂，侧裂片 2–3 对；苞片叶小，3–5 全裂或不裂。头状花序小而多，椭圆状（或长）卵圆形，径 1–1.5（–2）毫米，具小苞叶，密穗状花序组成圆锥花序；总苞片 3 层，外中层背面初疏被蛛丝状柔毛，后无毛；雌花 9–10；两性花 12–14，檐部紫或黄色。瘦果狭卵形，稍扁。花果期 8–10 月。

分布： 全洞庭湖区；湖南全省；新疆、陕西、甘肃、东北、华北、华东、华中。俄罗斯东部、蒙古国、朝鲜半岛、日本。

生境： 荒地、草坡、森林草原、灌丛、林缘、路旁、河边及草甸。海拔 20–1300 米。

应用： 入药温经、散寒、止血，作艾的代用品；野菜；猪饲料。

识别要点： 茎通常红褐色；中部叶一至二回羽状全裂，小裂片（线状）披针形或线形，宽 2–6 毫米；头状花序排成密穗状花序组成中等开展圆锥花序。

472 猪毛蒿 zhu mao hao
Artemisia scoparia Waldst. et Kit.

多年或近一至二年生草本；具浓香。主根狭纺锤形。根状茎直立，木质。茎常单生，高达 1.3 米，中部以上分枝，幼被灰白（黄）色绢质柔毛。基生叶与营养枝叶被灰白色绢质柔毛，近圆形或长卵形，二至三回羽状全裂，具长柄；茎下部叶初密被灰白或灰黄色绢质柔毛，长卵形或椭圆形，长 1.5–3.5 厘米，二至三回羽状全裂，侧裂片 3–4 对，羽状全裂，小裂片 1–2 对，线形，长 3–5 毫米，叶柄长 2–4 厘米；中部叶初被柔毛，长圆形（卵形），长 1–2 厘米，一至二回羽状全裂，裂片 2–3 对，不裂或 3 全裂，小裂片丝线形或毛发状，长 4–8 毫米；茎上部叶与分枝叶及苞片叶 3–5 全裂或不裂。头状花序近球形，稀卵圆形，极多数，几无梗，径 1–1.5（–2）毫米，具线形小苞叶，复总状（复穗状）花序组成开展的圆锥花序；总苞片 3–4 层，无毛；雌花 5–7；两性花 4–10。瘦果倒卵圆形或长圆形，褐色。花果期 7–10 月。

分布： 全洞庭湖区；湖南全省；全国（海南和台湾除外）。欧亚大陆温带与亚热带地区广布。

生境： 湖区堤岸及旷野草丛中；山坡、路旁、林缘、草原、黄土高原、荒漠边缘。海拔 20–4000 米。

应用： 入药称"土茵陈"，治黄疸型肝炎、胆囊炎、小便色黄不利、湿疮瘙痒、湿温初起，蒙药治肺热咳嗽、喘症、肺脓肿、感冒咳嗽、咽喉肿痛。

识别要点： 基生及下部叶二至三回羽状全裂，裂片再次羽状全裂；中部叶一至二回羽状全裂，侧裂片 2–3 对，初时被灰白或灰黄色绢质短柔毛；花序径 1.5–2 毫米，无梗，排成开展的圆锥花序。

473 蒌蒿 lou hao
Artemisia selengensis Turcz. ex Bess.

多年生草本；具清香味。根状茎直立或斜向上，有匍匐地下茎。茎少数或单一，高达1.5米，无毛，上部分枝，绿褐至紫红色。叶上面（近）无毛，下面密被灰白色蛛丝状平贴绵毛；茎下部叶（宽）卵形，长8-12厘米，近掌状或指状5（3）（深）裂，稀7裂或不裂，裂片线形或线状披针形，长5-7（-8）厘米，叶柄长0.5-2（-5）厘米，无假托叶；中部叶成近掌状5深裂或指状3深裂，稀不裂，裂片长椭圆状（线状）披针形，长3-5厘米，锯齿缘，锐尖头，基部楔形，渐窄成柄；上部叶与苞片叶指状3深裂、2裂或不裂。头状花序多数，长圆形或宽卵形，径2-2.5毫米，密穗状花序组成窄长圆锥花序；总苞片3-4层，背面初疏被灰白色蛛丝状绵毛；雌花8-12；两性花10-15。瘦果卵圆形，稍扁。花果期7-10月。

分布： 全洞庭湖区；湖南长沙；陕西、甘肃、四川、贵州、广东、东北、华北、华东、华中。蒙古国、朝鲜半岛、俄罗斯东部。

生境： 河湖岸边、沼泽地、沼泽化草甸水中、湿润的疏林中、山坡、路旁、荒地。海拔10-900米。

应用： 全草止血、消炎、镇咳、化痰，治黄疸型或非黄疸型肝炎，民间代艾及刘寄奴用；野菜；镉高富集植物，土壤修复。

识别要点： 无明显小苞叶；中部叶常呈指状或掌状3-5深裂，裂片狭长，线形或线状披针形，不裂叶椭圆形，基部楔形、渐狭成柄，规则细锯齿缘。

474 毛枝三脉紫菀（银柴胡）mao zhi san mai zi wan
Aster ageratoides Turcz. var. **lasiocladus** (Hayata) H.-M.

多年生草本。茎高达1米，具棱，被黄褐或灰色密茸毛，上部曲折，分枝上升或开展。叶厚纸质，上面被密糙毛或两面被密茸毛，沿脉常有粗毛；离基三出脉，侧脉3-4对，网脉明显；下部叶片宽卵圆形，急狭成长柄；中部叶长圆状披针形，4-8×1-3厘米，中以上急狭成窄翅柄，钝或急尖头，浅齿缘，上部叶渐小。头状花序径1.5-2厘米，排成（圆锥）伞房状，花序梗长0.5-3厘米。总苞倒锥状或半球状，长3-7毫米；总苞片3层，厚质，被密茸毛，覆瓦状排列，线状长圆形，外层长达2毫米，内层4毫米，有短缘毛。舌状花逾10，管部长2毫米，舌片线状长圆形，约11×2毫米，白色，管状花黄色，长4.5-5.5毫米，管部长1.5毫米，裂片长1-2毫米；花柱附片长达1毫米。冠毛浅红褐或污白色，长3-4毫米。瘦果倒卵状长圆形，灰褐色，长2-2.5毫米，有边肋，一面常有肋，被短粗毛。花果期7-12月。

分布： 沅江；湖南全省；福建、安徽、江西、贵州、云南、华南。

生境： 湖区旷野、坡地林缘及灌丛中；林下、林缘、灌丛及山谷湿地。海拔30-3350米。

应用： 治感冒、骨痛、蛇伤；可观赏。

识别要点： 与三脉紫菀（原变种）区别：茎被黄褐或灰色密茸毛；叶较小，质厚，长圆披针形，浅齿缘，钝或急尖头，上面被密糙毛，或两面与厚质总苞片被密茸毛，脉上有粗毛；舌状花白色。

475　白花鬼针草（金盏银盘）bai hua gui zhen cao
Bidens pilosa L. var. **radiata** Sch.-Bip.

一年生草本，高达 1.5 米，茎钝四棱形，与叶无毛或上部被极稀疏柔毛。茎下部叶与上部叶较小，3 裂或不分裂，中部叶具长 1.5–5 厘米的无翅柄，羽状复叶，小叶 3（5 或 7），两侧小叶（卵状）椭圆形，2–4.5×1.5–2.5 厘米，锐尖头，基部近圆形或阔楔形，常偏斜，具短柄，锯齿缘，顶生小叶较大，长达 7 厘米，渐尖头，基部渐狭或近圆形，柄长 1–2 厘米，锯齿缘，上部叶条状披针形。头状花序径 8–9 毫米，花序梗长 1–6 厘米，果梗长 3–10 毫米。总苞被短柔毛，苞片 7–8，条状匙形，上部稍宽，长 3–4（–5）毫米，草质，边缘疏被短柔毛或几无毛，外层托片披针形，长 5–6 毫米，干膜质，背面褐色，具黄色边缘，内层较狭，条状披针形。舌状花 5–8，舌片椭圆状倒卵形，白色，5–8×3.5–5 毫米，钝头或有缺刻。盘花筒状，长约 4.5 毫米，冠檐 5 齿裂。瘦果黑色，条形，略扁，具棱，7–13×约 1 毫米，上部具稀疏瘤状突起及刚毛，顶端芒刺 3–4，长 1.5–2.5 毫米，具倒刺毛。花果期夏秋季。

分布： 全洞庭湖区；湘北；华东、华中、华南、西南。亚洲和美洲（亚）热带地区。

生境： 村旁、路边及荒地中。海拔 20–2500 米。

应用： 清热解毒、散瘀活血、抗癌，治上呼吸道感染、咽喉肿痛、急性阑尾炎、急性黄疸型肝炎、胃肠炎、风湿关节痛、疟疾、前列腺癌、卵巢癌、乳腺癌等，外用治疮疖、蛇毒、跌打肿痛；景观。

识别要点： 与鬼针草(原变种)区别：头状花序边缘舌状花 5–7，舌片椭圆状倒卵形，白色，5–8×3.5–5 毫米，钝头或有缺刻。

476　狼杷草 lang pa cao
Bidens tripartita L.

一年生草本。茎高达 1.5 米，无毛，常带紫色。叶对生，下部叶不裂，锯齿缘；中部叶柄长 0.8–2.5 厘米，有窄翅，叶无毛或下面有极稀硬毛，长 4–13 厘米，长椭圆状披针形，3–5 深裂，两侧裂片（窄）披针形，长 3–7 厘米，顶生裂片（长椭圆状）披针形，长 5–11 厘米；上部叶披针形，3 裂或不裂。头状花序单顶生，径 1–3 厘米，高 1–1.5 厘米，花序梗较长；总苞盘状，外层总苞片 5–9，线形或匙状倒披针形，长 1–3.5 厘米，叶状，钝头，具缘毛；内层苞片长椭圆形或卵状披针形，长 6–9 毫米，膜质，褐色，具透明或淡黄色边缘；托片条状披针形，约与瘦果等长，背具褐色条纹，边缘透明。无舌状花，全为筒状两性花，花冠长 4–5 毫米，冠檐 4 裂。花药顶端有椭圆形附器。瘦果扁，楔形或倒卵状楔形，6–11×2–3 毫米，边缘有倒刺毛，顶端芒刺 2（3–4），长 2–4 毫米，两侧有倒刺毛。花果期 8–11 月。

分布： 全洞庭湖区；湖南全省；全国（华南除外）。印度、尼泊尔、不丹、马来西亚、印度尼西亚、澳大利亚东南部、菲律宾、东北亚、欧洲、北非、北美洲，世界广布。

生境： 路边荒野及水边湿地。

应用： 全草清热解毒，治感冒、百日咳、扁桃体炎、咽喉炎、肠炎、痢疾、肝炎、泌尿系统感染、肺结核盗汗、闭经，外用治疖肿、湿疹、皮癣。

识别要点： 中部叶羽状深裂；头状花序宽与高约相等，外层总苞片 5–9；盘花花冠 4 裂；瘦果较宽，楔形，长 6–11 毫米，截形头，芒刺 2（3–4）。

477 丝毛飞廉 si mao fei lian
Carduus crispus L.

二年生或多年生草本，主根直或偏斜。茎直立，高达 1.5 米，具条棱及绿色翅，翅有齿刺。下部叶椭圆状披针形，5-20×1-7 厘米，羽状深裂，裂片刺缘，长 3-10 毫米，上面绿色，具微毛或无毛，下面初时有蛛丝状毛，后渐变无毛；上部叶渐小。头状花序 2-5，生枝端，径 1.5-2.5 厘米；总苞钟状，约 2×1.5-3 厘米；总苞片多层，向内渐短，中层条状披针形，长尖头，刺缘，向外反曲，内层线状披针形，约 15×1 毫米，膜质，稍带紫色；苞片均无毛或被稀疏蛛丝毛。花筒状，紫红色，长 1.5 厘米，檐部长 8 毫米，5 深裂，裂片线形，长达 6 毫米，细管部长 7 毫米。瘦果长椭圆形，平截头，基部收缩；冠毛(灰)白色，刺毛状，稍粗糙，长达 1.3 厘米。花果期 4-10 月。

分布： 全洞庭湖区；湖南全省；全国。欧洲、北美洲、俄罗斯东部、西亚、中亚、蒙古国、朝鲜半岛。

生境： 湖区湖边草地、村旁、旷野草丛中；山坡草地、田间、荒地河旁及林下。海拔 10-3600 米。

应用： 全草治各种出血、跌打、瘀肿、恶疮；外敷烧伤烫伤；景观；优良的蜜源植物；田间杂草。

识别要点： 叶两面异色，上面沿脉有稀疏多细胞长节毛，下面颜色较淡，被薄蛛丝状绵毛；头状花序小；总苞卵(球)形，径 1.5-2(-2.5)厘米；中外层总苞片宽 0.7-2 毫米，中部及以上无曲膝状弯曲。

478 天名精 tian ming jing
Carpesium abrotanoides L.

多年生粗壮草本。茎高达 1 米，下部木质，上部密被短柔毛，多分枝。茎下部叶广(长)椭圆形，8-16×4-7 厘米，钝或锐尖头，基部楔形，上面初被短柔毛，叶面粗糙，下面密被短柔毛，具细腺点，不规整钝齿缘，齿端有胼胝体；叶柄长 5-15 毫米，密被短柔毛；上部叶较密，长椭圆形或椭圆状披针形，渐尖或锐尖头，基部阔楔形，无柄或具短柄。头状花序多数，生茎枝端及上部叶腋，近无梗，排成穗状，顶生者具 2-4 苞叶，椭圆形或披针形，长 6-15 毫米，腋生者苞叶 0-2，甚小。总苞钟球形，基部宽，成熟时开展成扁球形，径 6-8 毫米；苞片 3 层，外层较短，卵圆形，钝或短渐尖头，膜质或草质，具缘毛，背面被短柔毛，内层长圆形，圆钝头或具啮蚀状小齿。雌花狭筒状，长 1.5 毫米，两性花筒状，长 2-2.5 毫米，冠檐 5 齿裂。瘦果长约 3.5 毫米。花果期 6-10 月。

分布： 全洞庭湖区；湖南全省；河北、陕西、华东、华中、华南、西南。朝鲜半岛、日本、越南、缅甸、喜马拉雅地区、中亚、西亚及欧洲。

生境： 村旁、路边、荒地、溪边及林缘。海拔 20-3400 米。

应用： 果实称"南鹤虱"，杀虫方主药，杀蛔虫、蛲虫、绦虫，治虫积腹痛；全草清热解毒、祛痰止血、利尿，治咽喉肿痛、扁桃体炎、支气管炎，外用治创伤出血、疔疮肿毒、蛇虫咬伤；种子驱虫；水浸液作农药；果实含挥发油。

识别要点： 下部茎叶广(长)椭圆形，密被短柔毛；两性花长 2-2.5 毫米而与长叶天名精不同。

479 石胡荽（鹅不食草）shi hu sui
Centipeda minima (L.) A. Br. et Aschers.

一年生小草本。茎多分枝，高 5-20 厘米，匍匐状，微被蛛丝状毛或无毛。叶互生，楔状倒披针形，长 7-18 毫米，钝头，基部楔形，稀疏锯齿缘，无毛或背面微被蛛丝状毛。头状花序小，扁球形，径约 3 毫米，单生叶腋，无花序梗或极短；总苞半球形；总苞片 2 层，椭圆状披针形，绿色，透明膜质缘，外层较大；边缘花雌性，多层，花冠细管状，长约 0.2 毫米，淡绿黄色，顶端 2-3 微裂；盘花两性，花冠管状，长约 0.5 毫米，顶端 4 深裂，淡紫红色，下部有明显狭管。瘦果椭圆形，长约 1 毫米，4 棱，棱上有长毛，无冠状冠毛。花果期 6-10 月。

分布： 全洞庭湖区；湖南全省；陕西、东北、华北、华中、华东、华南、西南。印度、俄罗斯、日本、菲律宾、印度尼西亚、澳大利亚、斐济、新西兰、巴布亚新几内亚、中南半岛、朝鲜半岛。

生境： 湖区田间、荒地或旷野阴蔽湿处；路旁、荒野阴湿地。海拔 20-2500 米。

应用： 通窍散寒、祛风利湿、散瘀消肿、明目，全草制成糖浆内服治百日咳，制成滴鼻液治慢性鼻窦炎，煎水洗治脚丫烂，捣敷治跌打损伤；作兽药。

识别要点： 匍匐状，无或微被蛛丝状毛；叶楔状倒卵形，锯齿缘；头状花序单生叶腋，盘状，几无梗；总苞半球形，总苞片透明狭缘；盘花花冠 4 深裂，淡紫红色；瘦果 4 棱形，棱上有毛。

480 野菊 ye ju
Chrysanthemum indicum L.
[*Dendranthema indicum* (L.) Des Moul.]

多年生草本，高达 1 米，有地下匍匐茎。茎直立或铺散，被稀疏的毛，上部及花序枝毛较多。中部茎叶（长或椭圆状）卵形，3-10×2-4（-7）厘米，羽状半裂、浅裂或浅锯齿缘。基部截形、宽楔形或稍心形，叶柄长 1-2 厘米，无耳或有分裂的耳；两面有稀疏短柔毛，或下面的毛稍多。头状花序径 1.5-2.5 厘米，多数在茎枝顶端排成疏松伞房圆锥花序，或呈伞房状。总苞片 5 层，外层卵形或卵状三角形，长 2.5-3 毫米，中层卵形，内层长椭圆形，长 11 毫米。全部苞片白或褐色宽膜质缘，钝或圆头。舌状花黄色，舌片长 10-13 毫米，顶端全缘或 2-3 齿。瘦果长 1.5-1.8 毫米。花期 6-11 月。

分布： 全洞庭湖区；湖南全省；全国（西北除外）。俄罗斯、日本、朝鲜半岛、印度、不丹、尼泊尔、乌兹别克斯坦。

生境： 旷野、村边、水边；草地、灌丛、河边湿地、滨海盐渍地、田边及路旁。海拔 10-2900 米。

应用： 叶、花及全草清热解毒、疏风散热、散瘀、明目、降血压，预防（流行性）感冒及脑脊髓膜炎，治高血压、肝炎、痢疾、痈疖疮疥；观赏；提芳香油或浸膏；作杀虫剂，花浸液杀孑孓及蝇蛆。

识别要点： 叶羽状半裂、浅裂或浅锯齿缘，裂片尖头，有稀疏短柔毛；头状花序径 1.5-2.5 厘米，总苞片约 5 层，全部苞片白或褐色宽膜质缘；舌状花黄色，舌片长 10-13 毫米。

481 金鸡菊（小波斯菊）jin ji ju
Coreopsis basalis (A. Dietr.) S. F. Blake
[*Coreopsis drummondii* Torr. et Gray]

多年生宿根草本。茎直立，上部稍披散。基生叶簇生，（长或匙状）椭圆形至倒卵状披针形，茎生叶对生，稀互生，全缘，或2-3浅裂或深裂，裂片狭椭圆形或条状披针形，渐尖头，基部渐狭成柄。头状花序单生枝顶成疏圆锥状，径5-6厘米；总苞2层，每层3枚，外层总苞常较内层短。舌状花花冠宽舌状，黄、棕或粉色；管状花具长梗，黄至褐色。花果期5-11月。

分布： 全洞庭湖区；湖南全省；全国，栽培或逸生，早期外来物种。原产美国南部。

生境： 栽培于庭院、公园花坛，或生于山坡、疏林下、路边、旷野草丛中。

应用： 药用疏散风热、清热解毒，治外感风热或温病初起引起的发热、头痛、咳嗽、咽红，肝阳上亢引起的眩晕，以及由肝火、风热所致的目赤肿痛、肝肾不足或近视、夜盲，外用治疮疖肿毒；疏林地被、屋顶绿化、花境；抗二氧化硫。

识别要点： 披散状直立草本；叶基生与茎生，叶片多倒披针状长椭圆形，全缘、2-3浅裂或深裂；头状花序单生枝顶，径5-6厘米；花冠黄色，舌状花花冠宽舌状，管状花具长梗。

482 两色金鸡菊（蛇目菊）liang se jin ji ju
Coreopsis tinctoria Nutt.

一年生草本，无毛，高30-100厘米。茎直立，上部分枝。叶对生，下部及中部叶有长柄，二次羽状全裂，裂片线形或线状披针形，全缘；上部叶无柄或下延成翅状柄，线形。头状花序多数，有细长花序梗，径2-4厘米，排列成伞房或疏圆锥花序状。总苞半球形，总苞片外层较短，长约3毫米，内层卵状长圆形，长5-6毫米，尖头。舌状花黄色，舌片倒卵形，长8-15毫米，管状花红褐色，狭钟形。瘦果长圆形或纺锤形，长2.5-3毫米，两面光滑或有瘤状突起，顶端有2细芒。花期5-9月，果期8-10月。

分布： 全洞庭湖区；湖南全省，栽培或逸生；全国各地栽培并野化，为早期外来物种。原产北美洲。

生境： 湖区湖边沙滩或淤泥草地；山坡、疏林下、路边、旷野草丛中，或庭院、公园花坛中栽植。

应用： 药用清热解毒、化湿止痢，治目赤肿痛、湿热痢、痢疾；观赏花卉，作切花。

识别要点： 管状花红褐色；舌状花上部黄色，基部红褐色；瘦果无翅。

483 芫荽菊 yan sui ju
Cotula anthemoides L.

一年生小草本。茎具多数铺散分枝，多少被淡褐色长柔毛。叶互生，二回羽状分裂，两面疏生长柔毛或几无毛；基生叶倒披针状长圆形，3-5×1-2厘米，有稍膜质扩大的短柄，一回裂片约5对，下部的渐小而直展；中部茎生叶长圆或椭圆形，1.5-2×0.7-1厘米，基部半抱茎；全部叶末次裂片多为浅裂的三角状短尖齿，或为半裂的三角状披针形小裂片，短尖头。头状花序单生枝端、叶腋或与叶成对生，径约5毫米，花序梗纤细，长5-12毫米，被长柔毛或近无毛；总苞盘状；总苞片2层，矩圆形，绿色，1红色中脉，膜质缘，钝或短尖头，内层显著短小。花托乳突期伸长成果梗。边缘花雌性，多数，无花冠；盘花两性，少数，花冠管状，黄色，4裂。瘦果倒卵状矩圆形，扁平，1.2×0.8毫米，边缘有粗厚的宽翅，被腺点。花果期9月至翌年3月。

分布： 津市；湘北，分布新记录；云南、四川、重庆、湖北、江西、广西、广东、香港、福建。印度尼西亚、中南半岛、尼泊尔、印度、巴基斯坦和非洲。

生境： 湖边及河边草丛中；河边湿地、稻田。海拔（10-）1000-1100米。

应用： 稻田杂草。

识别要点： 叶末次裂片为浅裂的三角状短尖齿，或为半裂的披针形小裂片；雌花瘦果倒卵形，边缘有宽厚的翅可与山芫荽菊区别。

484 野茼蒿（革命菜）ye tong hao
Crassocephalum crepidioides (Benth.) S. Moore

直立草本，高20-120厘米，茎有纵条棱，叶膜质，无毛，（长圆状）椭圆形，7-12×4-5厘米，渐尖头，基部楔形，不规则（重）锯齿缘，或基部羽裂，两面（近）无毛；叶柄长2-2.5厘米。头状花序数个在茎端排成伞房状，径约3厘米，总苞钟状，长1-1.2厘米，基部截形，有数枚不等长的线形小苞片；总苞片1层，线状披针形，等长，宽约1.5毫米，狭膜质缘，顶端有簇状毛，小花全部管状，两性，花冠红褐或橙红色，檐部5齿裂，花柱基部呈小球状，分枝，尖头，被乳头状毛。瘦果狭圆柱形，赤红色，有肋，被毛；冠毛极多数，白色，绢毛状，易脱落。花果期7-12月。

分布： 全洞庭湖区；湖南全省；陕西、华东（山东除外）、华中、华南、西南。非洲、南亚和东南亚、澳大利亚、中美洲及南美洲、太平洋岛屿。

生境： 湖区旷野、田间、荒地、火烧地；山坡路旁、水边、灌丛中常见。海拔30-1800米。

应用： 全草健脾、消肿，治消化不良、脾虚水肿等症；嫩茎叶为味美野菜；泛热带广布杂草。

识别要点： 叶互生，（长圆状）椭圆形，不规则（重）锯齿缘，有时基部羽裂；头状花序在花期下垂，径约3厘米；总苞钟状；全为管状花，红褐或橙红色；瘦果具多数白色绢毛状冠毛。

485 鳢肠（墨斗菜）li chang
Eclipta prostrata (L.)

一年生草本。茎高达 60 厘米，被贴生糙毛。叶（长圆状）披针形，（几）无柄，3-10×0.5-2.5 厘米，（渐）尖头，细锯齿或波状缘，两面被密硬糙毛。头状花序径 6-8 毫米，花序梗细，长 2-4 厘米；总苞球状钟形，总苞片绿色，草质，5-6 枚排成 2 层，长圆形或长圆状披针形，外层较内层稍短，背面及边缘被白色短伏毛；外围的雌花 2 层，舌状，长 2-3 毫米，舌片短，顶端 2 浅裂或全缘，中央的两性花多数，花冠管状，白色，长约 1.5 毫米，顶端 4 齿裂；花柱分枝钝，有乳头状突起；花托凸，托片披针形或线形，中部以上有微毛；瘦果暗褐色，长 2.8 毫米，雌花瘦果三棱形，两性花的扁四棱形，截形头，具 1-3 细齿，边缘具白肋，表面具小瘤突，无毛。花期 6-9 月。

分布: 全洞庭湖区；湖南全省；全国（黑龙江、内蒙古、新疆除外）。世界泛热带，原产美洲。

生境: 河湖边、田间、田坎、荒地、旷野、路旁、溪边肥湿处草丛中。海拔 10-1600 米。

应用: 全草收敛止血、凉血、消肿排脓、强壮，为滋养性收敛药，治吐血、衄血、肠出血等各种出血，捣汁涂眉发可促其生长，内服乌发，全草洗净煎服治痢疾，捣敷治无名肿毒；全草提制栲胶。

识别要点: 植物体被糙毛；叶对生，（长圆状）披针形，全缘或齿缘，几无柄；总苞钟状，总苞片 2 层；舌状雌花 2 层，白色，全缘或 2 齿裂；两性管状花白色；瘦果三角形或扁四角形。

486 一年蓬 yi nian peng
Erigeron annuus (L.) Pers.

一年生或二年生草本。茎下部被长硬毛，上部被上弯短硬毛。基部叶长圆形或宽卵形，稀近圆形，4-17×1.5-4 厘米，基部窄成具翅长柄，粗齿缘；下部茎生叶与基部叶同形，叶柄较短；中部和上部叶（长圆状）披针形，1-9×0.5-2 厘米，具短柄或无柄，齿缘或近全缘；最上部叶线形；叶被硬缘毛，两面被疏硬毛或近无毛。头状花序数个或多数，排成疏圆锥花序，总苞半球形，总苞片 3 层，披针形，淡绿或多少褐色，背面密被腺毛和疏长毛；外围雌花舌状，2 层，长 6-8 毫米，管部长 1-1.5 毫米，上部被疏微毛，舌片平展，白或淡天蓝色，线形，宽 0.6 毫米，2 小齿头；中央两性花管状，黄色，管部长约 0.5 毫米，檐部近倒锥形，裂片无毛；瘦果披针形，长约 1.2 毫米，扁，被疏贴柔毛；冠毛异形，雌花冠毛极短，小冠腺质鳞片结合成环状，两性花冠毛 2 层，外层鳞片状，内层为 10-15 刚毛。花期 6-9 月。

分布: 全洞庭湖区；湖南全省；四川、西藏、东北、河北、华东、华中，为早期归化种。原产北美洲，现世界广布。

生境: 旷野、田间、荒地、路边、山坡草丛中。海拔 0-1100 米。

应用: 全草治疟有良效；生态景观。

识别要点: 植物体被上曲短硬毛及开展的长毛；头状花序宽 1-1.5 厘米，总苞半球形；雌花 2 层，舌片开展，白或淡蓝色，有一层短环状膜质小冠，冠毛异形，两性花有一层极短鳞片和 10-15 刚毛。

487 香丝草 xiang si cao
Erigeron bonariensis L.
[*Conyza bonariensis* (L.) Cronq.]

一至二年生草本。茎高20-50厘米，稀更高，中部以上常分枝，常有斜上不育侧枝，密被贴短毛，杂有开展的疏长毛。叶密集，基部叶花期枯萎，下部叶倒（或长圆状）披针形，3-5×0.3-1厘米，尖或稍钝头，基部渐狭成长柄，粗齿缘或羽状浅裂缘，中、上部具短柄或无柄，狭披针形或线形，3-7×0.3-0.5厘米，中部叶齿缘，上部叶全缘，两面密被贴糙毛。头状花序多数，径8-10毫米，在茎端排成总状或总状圆锥花序，花序梗长10-15毫米；总苞椭圆状卵形，约5×8毫米，总苞片2-3层，线形，尖头，背面密被灰白色短糙毛，外层稍短或短于内层之半，内层约4×0.7毫米，干膜质缘。花托稍平，有明显的蜂窝孔，径3-4毫米；雌花多层，白色，花冠细管状，长3-3.5毫米，无舌片或顶端仅3-4细齿；两性花淡黄色，花冠管状，长约3毫米，管部上部被疏微毛，上端5齿裂；瘦果线状披针形，长1.5毫米，扁压，被疏短毛；冠毛1层，淡红褐色，长约4毫米。花期5-10月。

分布： 全洞庭湖区；长沙（县）、湘西、湘西南、湘北；甘肃、陕西、河北、华东、华中、华南、西南，为早期归化种。原产南美洲，现为世界泛热带广布杂草。

生境： 荒地、田边、路旁。海拔0-3100米。

应用： 全草清热止痛，治风湿、感冒、疟疾、急性关节炎外伤出血；猪饲料；熏蚊；绿肥。

识别要点： 与苏门白酒草区别：茎较细，高仅30-50厘米；茎叶线形或狭披针形；头状花序较多数排成总状或圆锥花序；总苞长5毫米；冠毛红褐色。

488 小蓬草（小白酒草，加拿大蓬）xiao peng cao
Erigeron canadensis L.
[*Conyza canadensis* (L.) Cronq.]

一年生草本。茎直立，高逾1米，被疏长硬毛，上部多分枝。叶密集，下部叶倒披针形，6-10×1-1.5厘米，（渐）尖头，基部渐狭成柄，疏锯齿缘或全缘，中、上部叶较小，（披针状）线形，（近）无柄，全缘或少具1-2齿，两面或仅上面被疏短毛，具硬缘毛。头状花序多数，径3-4毫米，成顶生大型圆锥花序；花序梗长5-10毫米，总苞近圆柱状，长2.5-4毫米；总苞片2-3层，淡绿色，（披针状）线形，渐尖头，外层约1/2内层长，背面被疏毛，内层3-3.5×0.3毫米，干膜质缘，无毛；花托平，径2-2.5毫米；雌花多数，舌状，白色，长2.5-3.5毫米，线形，2小钝齿头；两性管状花淡黄色，长2.5-3毫米，4-5齿裂，管部被疏微毛；瘦果线状披针形，长1.2-1.5毫米，被贴微毛；冠毛污白色，糙毛状，长2.5-3毫米。花期5-9月。

分布： 全洞庭湖区；湖南全省；全国（青海除外）。原产北美洲，世界广布杂草。

生境： 旷野、山坡、荒地、田边和路旁。海拔0-3000米。

应用： 全草消炎止血，祛风湿，治血尿、水肿、肝炎、胆囊炎、小儿头疮，在北美洲用于治痢疾、腹泻、创伤及驱蛔虫，在中欧用作止血药；猪饲料；杂草。

识别要点： 植株被疏长硬毛；叶被疏短毛及具硬缘毛；头状花序径3-4毫米；雌花花冠舌状，白色，舌片2小钝齿头；两性管状花淡黄色。

489　多须公 duo xu gong
Eupatorium chinense L.

多年生草本或亚灌木状，高达 2 米。多分枝，茎枝被污白色柔毛，后脱落、疏毛。叶对生，中部茎生叶（宽）卵形，稀卵状披针形、长（或披针状）卵形，4.5–10×3–5 厘米，基部圆，两面被白色柔毛及黄色腺点，茎生叶圆锯齿缘；叶柄长 2–4 毫米。头状花序在茎枝端排成大型疏散复伞房花序，花序径达 30 厘米；总苞钟状，长约 5 毫米，总苞片 3 层；外层苞片（披针状）卵形，外被柔毛及稀疏腺点；中、内层苞片椭圆形或长椭圆状披针形，长 5–6 毫米，上部及边缘白色，膜质，背面无毛，有黄色腺点。花白、粉或红色，疏被黄色腺点。瘦果熟时淡黑褐色，椭圆状，疏被黄色腺点。花果期 6–11 月。

分布： 全洞庭湖区；湖南全省；陕西、甘肃、华东（山东除外）、华中、华南、西南。印度、尼泊尔、朝鲜半岛、日本。

生境： 湖区池塘边、荒地、缓坡地草丛中；山谷、山坡林缘、林下、灌丛或山坡草地上、村舍旁及田间。海拔 50–1900 米。

应用： 有毒，全草（尤叶）消肿止痛，外敷治痈肿疮疖、毒蛇咬伤；根、叶清热解毒，治咽喉炎、劳伤；又作兽药。

识别要点： 植物体被毛，分枝斜升呈伞房状；叶（宽或长）卵形，基部圆形，无或有极短的柄，下面及瘦果有黄色腺点。与白头婆的主要区别：叶卵形，规则圆锯齿缘及基部圆形或截形。

490　白头婆（泽兰）bai tou po
Eupatorium japonicum Thunb.

多年生草本，高达 2 米。茎直立，中、下部或全部淡紫红色，通常不分枝，仅上部有伞房状花序分枝，茎枝被白色皱波状柔毛，花序分枝毛较密。叶对生，质稍厚，中部茎生叶（卵状）长椭圆形或披针形，6–20×2–6.5 厘米，基部楔形，侧脉约 7 对，自中部向上及向下的叶渐小，两面粗涩，疏被柔毛及黄色腺点、细尖锯齿、粗或重粗锯齿缘；叶柄长 1–2 厘米。头状花序在茎枝端排成紧密的伞房花序。总苞钟状，长 5–6 毫米，3 层，外层极短，长 1–2 毫米，披针形；中层及内层苞片渐长，长 5–6 毫米，（披针状）长椭圆形，全部苞片绿或带紫红色，钝或圆形头。花白或带红紫或粉红色，外面有较密黄色腺点。瘦果淡黑褐色，椭圆形，长 3.5 毫米，5 棱，被黄色腺点，无毛；冠毛白色。花果期 6–11 月。

分布： 全洞庭湖区；湖南全省；全国（新疆、西藏除外）。日本、朝鲜半岛。

生境： 湖区池塘边、荒地、缓坡地草丛中；山坡草地、林下、灌丛中、水湿地及河岸水旁。海拔 30–3000 米。

应用： 全草利尿行血、退热消炎，可治流感。芳香植物，含精油与香豆素。

识别要点： 叶分裂，裂片长椭圆形或披针形，或不裂，基部楔形，叶柄长 1–2 厘米与异叶泽兰相同，但叶两面粗涩，被稀疏短柔毛、细尖齿缘与异叶泽兰不同。

491 茼蒿 tong hao
Glebionis coronaria (L.) Cass. ex Spach
[*Chrysanthemum coronarium* L.]

一年生直立草本，植物体（几）光滑无毛。茎高达 70 厘米，不分枝或自中上部有少数分枝。基生叶花期枯萎。中下部茎叶长椭圆形或长椭圆状倒卵形，长 8–10 厘米，无柄，二回羽状分裂。一回为深裂或几全裂，侧裂片 4–10 对。二回为浅裂、半裂或深裂，裂片卵形或线形。上部叶小。头状花序单生茎顶或少数生茎枝顶端，不形成明显的伞房花序，花梗长 15–20 厘米。总苞径 1.5–3 厘米。总苞片 4 层，内层长 1 厘米，顶端膜质扩大成附片状。舌片长 1.5–2.5 厘米。舌状花瘦果有 3 条突起的狭翅肋，肋间有 1–2 明显间肋。管状花瘦果有 1–2 椭圆形突起的肋，以及不明显的间肋。花果期 6–8 月。

分布： 全洞庭湖区；湖南全省；吉林、河北、贵州、华东、华南等地有野生，其他各地栽培。原产地中海地区。

生境： 菜园、公园栽培，或半逸野于路边或田边。

应用： 全草安心气、健脾胃、祛痰利肠；蔬菜；观赏。

识别要点： 叶二回羽状分裂；舌状花瘦果有 3 强烈突起的背腹翅肋，但不伸长呈喙状或芒尖状。

492 南茼蒿 nan tong hao
Glebionis segetum (L.) Fourr.
[*Chrysanthemum segetum* L.]

一年生草本，植物体（几）光滑无毛。茎直立，富肉质，高 20–60 厘米。叶（倒卵状）椭圆形或倒卵状披针形，不规则大锯齿缘，少呈羽状浅裂，长 4–6 厘米，基部楔形，无柄。头状花序单生茎端或少数生茎枝顶端，不形成伞房花序，花梗长 5 厘米。总苞径 1–2 厘米。内层总苞片顶端膜质扩大几成附片状。舌片长达 1.5 厘米。舌状花瘦果有 2 狭翅侧肋，间肋不明显，每面 3–6，贴近。管状花瘦果约 10 肋，等形等距，椭圆状。花果期 3–6 月。

分布： 全洞庭湖区；湖南全省，栽培；我国南方各省及北京等地栽培。原产地中海地区，公元 5 世纪阿拉伯人将其引入中国广州。

生境： 菜园、公园栽培，或半逸生于路边或田边。

应用： 南方各省区春季蔬菜；可观赏。

识别要点： 叶为不规则大锯齿缘或羽状浅裂；舌状花瘦果有 2 强烈突起的椭圆形侧肋。

493 鼠麹草（拟鼠麹草）shu qu cao
Gnaphalium affine D. Don

[*Pseudognaphalium affine* (D. Don) Anderberg]

一年生草本。茎高逾 40 厘米，被白色厚绵毛。叶无柄，匙状倒披针形或倒卵状匙形，5-7×1.1-1.4 厘米，上部叶较短小，基部渐狭，稍下延，圆头具刺尖，两面被白色绵毛，仅 1 脉上面明显。头状花序较多，径 2-3 毫米，近无柄，在枝顶密集成伞房花序，花（淡）黄色；总苞钟形，径 2-3 毫米；总苞片 2-3 层，金（或柠檬）黄色，膜质，有光泽，外层（匙状）倒卵形，背面被绵毛，圆头，基部渐狭，长约 2 毫米，内层长匙形，背面无毛，钝头，长 2.5-3 毫米；花托中央稍凹入，无毛。雌花多数，花冠细管状，长约 2 毫米，3 齿裂，无毛。管状两性花较少，长约 3 毫米，檐部 5 浅裂，裂片三角状渐尖，无毛。瘦果（圆柱状）倒卵形，长约 0.5 毫米。冠毛粗糙，污白色，长约 1.5 毫米，基部联合成 2 束。花期 1-4 月，果期 8-11 月。

分布: 全洞庭湖区；湖南全省；陕西、华北、西北、华东、华中、华南、西南。日本、朝鲜半岛、东南亚、澳大利亚、印度、不丹、尼泊尔、巴基斯坦、阿富汗、伊朗。

生境: 旱地、荒地、稻田中、干地或湿润草地上。海拔 0-2000 米。

应用: 茎叶镇咳、祛痰，治气喘和支气管炎及非传染性溃疡、创伤、筋骨痛常用药，内服降血压，抗坏血病；嫩茎叶作蔬菜、糍粑食用。

识别要点: 与秋鼠麹草区别：矮小，高达 40 厘米，基部常有分枝；叶（倒披针状）匙形；冠毛基部联合成 2 束。

494 秋鼠麹草（秋拟鼠麹草）qiu shu qu cao
Gnaphalium hypoleucum DC.

[*Pseudognaphalium hypoleucum* (DC.) Hill. et B. L. Burtt]

粗壮草本，高达 70 厘米，被白色厚绵毛，后渐稀。下部叶线形，无柄，约 8×0.3 厘米，基部略狭，稍抱茎，渐尖头，上面有腺毛，或沿中脉被疏蛛丝状毛，下面厚，被白色绵毛，仅 1 脉上面明显；中、上部叶较小。头状花序多数，径约 4 毫米，无或有短梗，在枝端密集成伞房花序；花黄色；总苞球形，径约 4 毫米；总苞片 4 层，（金）黄色，有光泽，膜质，外层倒卵形，长 3-5 毫米，圆或钝头，背面被白色绵毛，内层线形，长 4-5 毫米，（锐）尖头，背面常无毛。雌花多数，花冠丝状，长约 3 毫米，3 齿裂，无毛。两性花较少数，花冠管状，长约 4 毫米，两端向中部渐狭，檐部 5 浅裂，渐尖头，无毛。瘦果（圆柱状）卵形，截平头，无毛，长约 0.4 毫米。冠毛绢毛状，污黄色，长 3-4 毫米，基部分离。花期 8-12 月。

分布: 全洞庭湖区；湖南全省；华东、华南、华中、西北、西南。日本、朝鲜半岛、东南亚、印度、不丹、尼泊尔、巴基斯坦、伊朗。

生境: 湖区荒地或草地上；空旷沙土地或山地路旁及山坡上。海拔 30-2700 米。

应用: 祛风止咳、清热利湿，治感冒、肺热咳嗽、肺结核、痢疾、瘰疬、下肢溃疡。

识别要点: 与鼠麹草区别：粗壮，高达 70 厘米，基部不分枝；叶线形或宽线形；冠毛基部分离。

495 匙叶鼠麴草（匙叶合冠鼠麴草）

chi ye shu qu cao

Gnaphalium pensylvanicum Willd.

[*Gamochaeta pensylvanica* (Willd.) A. L. Cabrera]

一年生草本。茎高 30-45 厘米，被白色绵毛。下部叶无柄，倒披针形或匙形，6-10×1-2 厘米，基部长渐狭，下延，与中部叶钝圆头或中脉延伸呈刺尖状，全缘或微波状缘，上面被疏毛，下面密被灰白色绵毛，侧脉 2-3 对；中部叶倒卵状（或匙状）长圆形，长 2.5-3.5 厘米，叶片于中上部向下渐狭而长下延；上部叶小。头状花序多数，3-4×3 毫米，数个成束簇生，再排成顶生或腋生的紧密穗状花序；总苞卵形，径约 3 毫米；总苞片 2 层，污黄或麦秆黄色，膜质，外层卵状长圆形，长约 3 毫米，钝或略尖头，背面被绵毛；内层稍狭，线形，圆钝头，背面疏被绵毛；花托无毛。雌花多数，花冠丝状，长约 3 毫米，3 齿裂。两性花少数，花冠管状，檐部 5 浅裂，裂片三角形或顶端近浑圆，无毛。瘦果长圆形，长约 0.5 毫米，有乳头状突起。冠毛绢毛状，污白色，易脱落，长约 2.5 毫米，基部连合成环。花期 12 月至翌年 5 月。

分布：全洞庭湖区；湖南全省；台湾、浙江、福建、江西、华南、西南。墨西哥、澳大利亚、南美洲、中美洲、非洲南部、亚洲热带地区。

生境：湖区田野、荒地、园圃中；篱园或耕地上，耐旱性强。海拔 30-1500 米。

应用：全草清热解毒、宣肺平喘，治感冒、风湿关节痛。

识别要点：与多茎鼠麴草相似，但叶 5-7 脉；花托除边缘外均凹陷呈穴状；冠毛基部联合成环。

496 菊芋 ju yu

Helianthus tuberosus L.

多年生草本，高达 3 米，具块茎。茎被白色短糙毛或刚毛。叶对生或上部叶互生；下部叶卵圆形或卵状椭圆形，有长柄，10-16×3-6 厘米，基部宽楔形、圆形或微心形，细渐尖头，粗锯齿缘，离基三出脉，上面被白色短粗毛，下面被柔毛，叶脉被短硬毛，上部叶长椭圆形至阔披针形，基部渐狭，下延成短翅状，短尾状头。头状花序少或多数，单生枝端，具线状披针形苞叶 1-2，直立，径 2-5 厘米，总苞片多层，披针形，14-17×2-3 毫米，长渐尖头，背面被短伏毛，具开展的缘毛；托片长圆形，长 8 毫米，背面有肋，不等三浅裂。舌状花 12-20，舌片黄色，开展，长椭圆形，长 1.7-3 厘米；管状花花冠黄色，长 6 毫米。瘦果小，楔形，端具 2-4 扁芒。花期 8-9 月。

分布：全洞庭湖区；湖南全省；全国，栽培或逸生。原产北美洲密西西比盆地，17 世纪引种欧洲，后传入中国，现世界温带地区广泛栽培并归化。

生境：空旷地、沙漠、林缘均见栽培或逸生。

应用：块茎治风湿筋骨痛、肠热泻血等，捣敷治无名肿毒、腮腺炎；块茎煮食或蔬食、提淀粉、作酒精原料，提菊糖等果糖多聚物，治疗糖尿病及用于食品饮料、医药保健及生产生物柴油；饲料；观赏；固沙保持水土。为"21 世纪人畜共用作物"。

识别要点：多年生，有地下块茎；叶柄具翅；头状花序较小，径 2-5 厘米；管状花黄色。

497 泥胡菜 ni hu cai
Hemisteptia lyrata (Bunge) Fisch. et C. A. Meyer
[*Hemistepta lyrata* (Bunge) Bunge]

一年生草本，高达1米。茎被稀疏蛛丝毛，上部常长分枝。叶长椭圆形或倒披针形，中下部茎叶 4-15×1.5-5 厘米，大头羽状深（全）裂或不裂，侧裂片（1-）4-6 对，倒卵形、长椭圆形、匙形或（倒）披针形，向基渐小，顶裂片大，长菱形、三角形或卵形，三角形锯齿或重锯齿缘，最下部侧裂片常全缘；茎叶上面无毛，下面被灰白色绒毛，基部与下部叶叶柄长达8厘米，柄基扩大抱茎，上部的渐短，最上部的无柄。头状花序在茎枝端成疏松伞房花序，少单生。总苞宽钟状，径 1.5-3 厘米。总苞片多层，苞片草质，内层苞片长渐尖头，上方染红色。小花紫或红色，花冠长 1.4 厘米，檐部长3毫米，深5裂，花冠裂片线形，长 2.5 毫米。瘦果小，（偏斜）楔形，长 2.2 毫米，深褐色，压扁，斜截形头，膜质缘。冠毛白色，外层刚毛羽毛状，长 1.3 厘米，基部连合成环，整体脱落；内层的刚毛 3-9，极短，鳞片状。花果期 3-8 月。

分布： 全洞庭湖区；湖南全省；全国（新疆和西藏除外）。朝鲜、日本、澳大利亚、中南半岛、南亚。

生境： 平原、丘陵、山坡、山谷、林缘或林下、荒地、田间、河边、路旁、草地。海拔 20-3300 米。

应用： 全草清热，治肝炎、肺结核、尿道炎；生态景观。

识别要点： 茎被稀疏蛛丝毛；叶大头羽状；总苞片顶端有紫红色鸡冠状突起；小花紫或红色；冠毛异型，外层刚毛羽毛状，内层 3-9 膜片状。

498 旋覆花 xuan fu hua
Inula japonica Thunb.

多年生草本。茎高达70厘米，被长伏毛。中部叶长圆形或（长圆状）披针形，4-13×1.5-4 厘米，基部常有圆形半抱茎小耳，无柄，小尖头状疏齿缘或全缘，上面有疏毛或近无毛，下面有疏伏毛和腺点，中、侧脉有较密长毛；上部叶线状披针形。头状花序径3-4厘米，排成疏散伞房花序，花序梗细长。总苞半球形，径 1.3-1.7 厘米，总苞片约5层，线状披针形，近等长，最外层叶质较长，基部草质，上部叶质，背面有伏毛或近无毛，有缘毛，内层干膜质，渐尖头，有腺点和缘毛。舌状花黄色，较总苞长 2-2.5 倍，舌片线形，长 1-1.3 厘米；管状花花冠长约5毫米，裂片三角披针形；冠毛1层，白色，微糙毛逾20，与管状花近等长。瘦果长 1-1.2 毫米，圆柱形，截形头，10 浅沟，被疏毛。花期 6-10 月，果期 9-11 月。

分布： 岳阳、松滋、公安、石首、华容；娄底、湘南、湘西、湘北；四川、贵州、西北（新疆除外）、东北、华北、华东、华中、华南。蒙古国、俄罗斯西伯利亚、朝鲜半岛、日本。

生境： 山坡路旁、湿润草地、河岸和田埂上。海拔 20-2400 米。

应用： 根及叶平喘镇咳、健胃祛痰，煎服平喘镇咳，并治刀伤、疔毒；花健胃祛痰，也治胸闷、胃胀、嗳气、咳嗽、呕逆，古方祛痰、除湿、利肠，为治水肿的主要药。

识别要点： 与欧亚旋覆花区别：叶基部渐狭、急狭或有半抱茎的小耳，椭圆形或长圆形；头状花序径 2.5-4 厘米；总苞径 1.3-1.7 厘米。

499 苦荬菜（多头莴苣）ku mai cai
Ixeris polycephala Cass.

一年生草本，高达 80 厘米。茎无毛。基生叶线形或线状披针形，7-12×0.5-1 厘米，基部渐窄成柄；中下部茎生叶披针形或线形，5-15×1.5-2 厘米，基部箭头状半抱茎，向上或最上部的叶渐小，基部不成箭头状半抱茎；叶两面无毛，全缘。头状花序多数，在茎枝顶端排成伞房状花序，花序梗细。总苞圆柱形，长 5-7 毫米，总苞片 3 层，外层与中层卵形，长 0.5 毫米，内层卵状披针形，长 7 毫米，背面近顶端有或无冠状突起。舌状小花 10-25，黄色，稀白色。瘦果长椭圆形，压扁，褐色，无毛，2.5×0.8 毫米，10 凸起尖翅肋，顶端成细丝状喙，长 1.5 毫米。冠毛白色，纤细，微糙，不等长，长达 4 毫米。花果期 3-6 月。

分布： 全洞庭湖区；湖南全省；陕西、宁夏、华东、华中、华南、西南。日本、孟加拉国、尼泊尔、印度、阿富汗、中南半岛、克什米尔地区。

生境： 田野、路旁、草地、山坡、林缘或灌丛中。海拔 20-2200 米。

应用： 全草清热解毒、去腐化脓、止血生肌，治疗疮、无名肿毒、子宫出血。

识别要点： 全部叶不分裂，全缘，叶基部扩大，箭头状半抱茎。

500 马兰 ma lan
Kalimeris indica (L.) Sch.-Bip.
[Aster indicus L.]

多年生草本，根状茎有匍枝。茎高达 70 厘米，上部有短毛。叶两面或上面有疏微毛或近无毛，边缘及下面沿脉有短粗毛；基部叶花期枯萎；茎部叶倒披针形或倒卵状矩圆形，3-6（-10）×0.8-2（-5）厘米，钝或尖头，基部渐狭成长翅柄，中部以上为钝或尖齿缘或有羽状裂片，上部叶小，全缘，无柄。头状花序单生枝端排成疏伞房状。总苞半球形，径 6-9 毫米；总苞片 2-3 层，外层倒披针形，长 2 毫米，内层倒披针状矩圆形，长达 4 毫米，钝或尖头，上部草质，有疏短毛，膜质缘，有缘毛。花托圆锥形。舌状花 15-20，1 层，管部长 1.5-1.7 毫米；舌片浅紫色，10×1.5-2 毫米；管状花长 3.5 毫米，管部长 1.5 毫米，被短密毛。瘦果倒卵状矩圆形，极扁，1.5-2×1 毫米，褐色，边缘有厚肋，上部被腺毛及短柔毛。冠毛长 0.1-0.8 毫米，不等长。花期 5-9 月，果期 8-10 月。

分布： 全洞庭湖区；湖南全省；全国。俄罗斯东部、朝鲜半岛、日本、中南半岛、印度。

生境： 田野、堤岸、湖边、溪岸、路旁、林缘或草丛中，极常见。海拔 0-3900 米。

应用： 全草清热解毒、消食积、利小便、散瘀止血，花治痧症绞痛、无名肿毒、肝炎；幼嫩茎叶通常作蔬菜食用，俗称"马兰头"。

识别要点： 与毡毛马兰相似，但本种叶形多变异，叶质较薄，被疏微毛或近无毛；瘦果长 1.5-2 毫米，冠毛长 0.1-0.8 毫米。

501　长叶莴苣 chang ye wo ju
Lactuca dolichophylla Kitam.

[*Lactuca longifolia* DC.]

一年生或二年生草本，高约 1 米。茎直立，单生，上部圆锥状花序分枝，全部茎枝无毛。全部茎叶条（线）形或条（线）状长（倒）披针形，顶端长渐尖，全缘或疏微细缘，基部箭头状半抱茎，基部及下部茎叶较大，向上渐小，全部叶两面无毛。头状花序多数，在茎枝顶端排成圆锥状花序，舌状小花 12–20。总苞果期卵状，约 1.2×0.8 厘米。总苞片约 4 层，外层小，卵状三角形或偏斜卵形，1.8–3× 约 1 毫米，急尖头，中内层渐长，长（或线状）披针形，8–12×1.5–2 毫米，急尖头，全部总苞片外面无毛，顶端常染红紫色。舌状小花黄色。瘦果长椭圆形或倒披针形，约 4.8×1 毫米，压扁，黑褐色，每面 3–5 高起的细脉纹，急尖头成细喙，喙细丝状，短于瘦果。冠毛单毛状，白色，长 6–7 毫米。花果期 9 月。

分布： 全洞庭湖区散见；湖南全省，栽培或（半）野生；云南、西藏、贵州、广西、广东等地栽培、半野生或完全野化。缅甸、阿富汗、巴基斯坦、印度西北部、不丹、尼泊尔及克什米尔地区。

生境： 湖区村边、菜园边，草丛或灌丛中；灌丛或草丛中，喜生沙地。海拔 20–3200 米。

应用： 栽培作蔬菜；猪、兔及草鱼饲料。

识别要点： 叶条（线）形或条（线）状长披针形，基部箭头状半抱茎；舌状小花黄色；瘦果每面有 3–5 条细脉纹。

502　台湾翅果菊 tai wan chi guo ju
Lactuca formosana Maxim.

[*Pterocypsela formosana* (Maxim.) Shih]

一年生草本，高达 1.5 米。根分枝萝卜状。茎直立，单生，上部伞房花序状分枝，具长刚毛或脱而无毛。叶两面粗糙，下面脉有小刺毛，锯齿缘；中、下部茎叶全角（长）椭圆形或（倒）披针形，羽状深裂或几全裂，翼柄长达 5 厘米，柄基稍扩大抱茎，顶裂片长（或线状）披针形或三角形，侧裂片 2–5 对，椭圆形或宽镰刀状，上方的较大，下方的较小；上部茎叶等样分裂或不裂而为披针形，全缘，基部圆耳状扩大半抱茎。头状花序多数，在茎枝端排成伞房状花序。总苞卵球形，15×8 毫米；总苞片 4–5 层，最外层宽卵形，2×1 毫米，长渐尖头，外层椭圆形，7×1.8 毫米，渐尖头，中内层披针形或长椭圆形，15×1–3 毫米，渐尖头。舌状花约 21，黄色。瘦果椭圆形，4×2 毫米，压扁，棕黑色，宽翅缘，顶端具 2.8 毫米长细丝状喙，每面有 1 高起的细脉纹。单毛状冠毛白色，长约 8 毫米。花果期 4–11 月。

分布： 全洞庭湖区；湖南张家界、长沙、雪峰山；陕西、宁夏、华东（山东除外）、华中、华南、西南。

生境： 湖区平原荒野、村边、庭院草地；山坡草地及田间、路旁。海拔 30–2000 米。

应用： 野菜；猪饲料。

识别要点： 叶羽状深裂或全裂或倒向羽状深裂或全裂；瘦果每面有 1 脉纹，果喙细长，细丝状，长 2–2.8 毫米。

503 翅果菊（山莴苣）chi guo ju
Lactuca indica L.
[*Pterocypsela indica* (L.) Shih]

一至二年生草本。茎高达 2 米，上部（总状）圆锥状分枝，无毛。茎叶无柄，无毛，基部长渐狭，（长）渐尖头；全部茎叶线形，中部茎叶 21×0.5-1 厘米，全缘，或仅基部或中部以下具小尖头或稀疏细锯齿或尖齿缘；或为（线状或倒披针状）长椭圆形，中下部茎叶 13-22×1.5-3 厘米，疏尖齿缘或几全缘；或为椭圆形，中下部茎叶 15-20×0.6-0.8 厘米，三角形锯齿或偏斜卵状大齿缘。头状花序卵球形，多数，在茎枝端排成（总状）圆锥花序。总苞 15×9 毫米，总苞片 4 层，边缘染紫红色；外层（长）卵形，3-3.5×1.5-2 毫米，急尖或钝头；中内层线状披针形，10×1-2 毫米，钝或圆头。舌状花 25，黄色。瘦果椭圆形，3-5×1.5-2 毫米，黑色，压扁，具宽翅，顶端喙长 0.5-1.5 毫米，每面有 1 细纵纹。冠毛 2 层，白色，几单毛状，长 8 毫米。花果期 4-11 月。

分布: 全洞庭湖区；湖南保靖、新宁、武岗、宜章；陕西、东北、华北、华东、华中、华南、西南。东北亚、东南亚、印度，已传播至世界各地。

生境: 湖区旷野、荒地、宅边；谷坡林地及灌丛、沟边、草地、田间、滨海处。海拔 30-3000 米。

应用: 野菜；猪饲料。

识别要点: 叶线形或（线状或倒披针状）长椭圆形，不裂；瘦果每面有 1 脉纹，果喙长 0.5-1.5 毫米。

504 稻槎菜 dao cha cai
Lapsanastrum apogonoides (Maxim.) J. H. Pak et K. Bremer
[*Lapsana apogonoides* Maxim.]

一年生草本，高 7-20 厘米。茎细，自基部发出簇生分枝及莲座状叶丛；茎枝柔软，被细柔毛或无毛。叶质地柔软，几无毛；基生叶全角椭圆形、长椭圆（或长）匙形，3-7×1-2.5 厘米，大头羽状全裂或几全裂，叶柄长 1-4 厘米，顶裂片卵形、菱形或椭圆形，极稀疏小尖头缘，或长椭圆形而大锯齿缘，齿顶有小尖头，侧裂片 2-3 对，椭圆形，全缘或有极稀疏针刺状小尖头；茎生叶少数，等样分裂，向上茎叶渐小，不裂。头状花序 6-8，小，果期下垂或歪斜，在茎枝端排成疏松的伞房状圆锥花序，花序梗纤细，总苞椭圆形或长圆形，长约 5 毫米；总苞片草质，外面无毛，2 层，外层卵状披针形，达 1×0.5 毫米，内层椭圆状披针形，5×1-1.2 毫米，喙状头。舌状花黄色，两性。瘦果淡黄色，稍压扁，（倒披针状）长椭圆形，4.5×1 毫米，12 具微粗毛纵肋，顶端具 1 对下垂的长钩刺，无冠毛。花果期 1-6 月。

分布: 全洞庭湖区；湖南全省；陕西、云南、广东、广西、华东（山东除外）、华中。日本、朝鲜半岛，美国西北部有传入。

生境: 低海拔田野、荒地及路边。

应用: 作猪饲料；可作缀花草坪。

识别要点: 内层总苞片椭圆状披针形，喙状头；瘦果顶端有 1 对钩刺状附属物。

505 菊状千里光 ju zhuang qian li guang
Senecio analogus DC.

[*Senecio laetus* Edgew.；*Senecio chrysanthemoides* DC.]

多年生草本。高达 1 米，不分枝或有花序枝，被疏蛛丝状毛或变无毛。基生叶和最下部茎叶全角卵状椭圆形或卵状（或倒）披针形，长 8-20 厘米，钝头，基部微心形至楔形，齿缘，不分裂或大头羽裂，侧裂片向基渐小，叶柄长达 10 厘米，基部扩大；中部茎叶全角（倒披针状）长圆形，长 5-22 厘米，（大头）羽状浅裂，不规则锯齿、细裂缘或全缘，具耳，半抱茎；上部叶渐小，长圆状披针形（或线形），粗羽状齿缘。头状花序多数排成顶生（复）伞房花序；花序梗长 5-25 毫米，苞片线形，小苞片 2-3，线状钻形。总苞钟状，径 3-4 毫米，总苞片 10-13，长圆状披针形，上端黑褐色，有柔毛，草质；苞片 8-10，线状钻形，长 2-3 毫米。舌状花 10-13，舌片黄色，长圆形，约 6.5×2 毫米，钝头具 3 细齿；管状花多数，花冠黄色，长 5-5.5 毫米。瘦果圆柱形，无或有疏柔毛。冠毛长约 4 毫米，污白、麦黄或稀淡红色。花期 4-11 月。

分布： 益阳、沅江、湘阴，分布新记录；湘（西）北；湖北、西南。巴基斯坦、印度、尼泊尔和不丹。

生境： 湖心小岛或湖边草地；林下、林缘、开旷草坡、田边和路边。海拔（20-）1100-3800 米。

应用： 全草止咳、清热解毒、生肌，治肋下疼痛；外用治无名肿毒；生态景观。

识别要点： 与莱菔叶千里光极相似，但后者头状花序较少、较大，花序梗较粗，花序枝少分枝；冠毛常淡红色，舌状花的冠毛少数，脱落或缺。

506 千里光 qian li guang
Senecio scandens Buch.-Ham. ex D. Don

多年生攀援草本。茎长 2-5 米，多分枝，弯曲，被柔毛或无毛。叶卵状披针形或长三角形，2.5-12×2-4.5 厘米，基部宽楔形、平截、戟形，稀心形，齿缘，稀全缘，有时细裂或羽状浅裂，近基部具 1-3 对较小侧裂片，两面及叶柄被柔毛至无毛，侧脉 7-9 对，叶柄长 0.5-2 厘米，基部有小耳或无；上部叶（线状）披针形，长渐尖头。头状花序在茎枝端排成复聚伞圆锥花序；分枝和花序梗被柔毛，花序梗具苞片，小苞片 1-10，线状钻形；总苞圆柱状钟形，长 5-8 毫米，外层苞片约 8，线状钻形，长 2-3 毫米，总苞片 12-13，线状披针形。舌状花 8-10，管部长 4.5 毫米，舌片黄色，长圆形，长 0.9-1 厘米；管状花多数，花冠黄色，长 7.5 毫米。瘦果圆柱形，长 3 毫米，被柔毛；冠毛白色，长 7.5 毫米。花期 8 月至翌年 4 月。

分布： 全洞庭湖区；湖南全省；全国（内蒙古、黑龙江和青海除外）。日本、菲律宾、中南半岛、斯里兰卡、印度、尼泊尔、不丹。

生境： 湖区旷野灌丛中；森林、灌丛中，攀援于灌木、岩石上或溪边。海拔 0-4000 米。

应用： 清热解毒、明目、止痒，用于治风热感冒、目赤肿痛、泄泻痢疾、皮肤湿疹、疮疖；可观赏。

识别要点： 植株攀援；叶具柄；花序分枝及花序梗宽分叉；花黄色，舌状雌花8-10，舌片长9-10毫米；瘦果被柔毛，冠毛白色。

507 虾须草 xia xu cao
Sheareria nana S. Moore

一年生草本，高15-40厘米。茎直立，自下部起分枝，下部径2-3毫米，绿或有时稍带紫色，无毛或稍被细毛。叶稀疏，线形或倒披针形，10-30×3-4毫米，无柄，尖头，全缘，中脉明显，下面突起；上部叶小，鳞片状。头状花序顶生或腋生，径2-4毫米，有长3-5毫米的花序梗。总苞片4-5，2层，宽卵形，长约2毫米，稍被细毛，外层较内层小。雌花舌状，白或有时淡红色；舌片宽卵状长圆形，1.5×1毫米，近全缘或顶端有小钝齿。两性花管状，上部钟状，有5齿，长1.5-2毫米。瘦果长椭圆形，褐色，长3.5-4毫米，无冠毛。花期8-9月。

分布： 全洞庭湖区；江苏、浙江、安徽、江西、湖北、广东、西南。

生境： 湖区平原湖边砂质或淤泥草地中、堤岸边；山坡、稻田边、湖边草地或河边沙滩上。海拔0-700米。

应用： 全草清热解毒、利水消肿、疏风，治疮疡肿毒、水肿、风热头痛；湿地生态景观。

识别要点： 叶稀疏，线形或倒披针形，10-30×3-4毫米，无柄，全缘，上部叶鳞片状；头状花序径2-4毫米，具短花序梗；边缘雌花舌状，白或淡红色；舌片1.5×1毫米；两性花管状；瘦果无冠毛。

508 蒲儿根 pu er gen
Sinosenecio oldhamianus (Maxim.) B. Nord.

一至二年生草本。茎高逾80厘米，不分枝，被白色蛛丝状毛及疏长柔毛，多少脱落。基部叶具长叶柄；下部茎叶柄长3-6厘米，基部稍扩大，叶片卵形（或近）圆形，3-8×3-6厘米，（渐）尖头，基部心形，重锯齿缘，齿端具小尖，膜质，上面被疏蛛丝状毛至近无毛，下面与叶柄被白蛛丝状毛，掌状5脉，两面明显；上部叶渐小，叶片（三角状）卵形，基部楔形，具短柄；最上部叶（披针状）卵形。头状花序多数排列成顶生复伞房状花序；花序梗细，长1.5-3厘米，被疏柔毛，常具1线形苞片。总苞宽钟状，径2.5-4毫米，无外层苞片；总苞片约13，1层，长圆状披针形，宽约1毫米，渐尖头，紫色，草质，膜质缘，外面被蛛丝状毛或短柔毛至无毛。舌状花约13，管部长2-2.5毫米，无毛，舌片黄色，长圆形，8-9×1.5-2毫米，钝头具3细齿；管状花多数，花冠黄色，长3-3.5毫米；裂片卵状长圆形，长约1毫米，尖头；花药长圆形；花柱分枝外弯。瘦果圆柱形，长1.5毫米；舌状花瘦果无毛，无冠毛；管状花的被短柔毛，冠毛白色。花期1-12月。

分布： 岳阳；湖南全省；陕西、甘肃、山西、华东（山东除外）、华中、华南、西南。越南、缅甸、泰国。

生境： 湖区湖边坡地；林缘、溪边、潮湿岩石边及草坡、田边。海拔40-2100米。

应用： 全草解毒、活血，治疮毒、化脓、跌打损伤；生态景观。

识别要点： 被蛛丝状毛；叶卵状（圆形、三角形或披针形），掌状5脉，重锯齿缘，下部叶具长柄；复伞房状花序；总苞片1层，紫色；花黄色；舌状花瘦果无毛及冠毛，管状花的被短柔毛，冠毛白色。

509 豨莶 xi xian
Siegesbeckia orientalis L.

一年生直立草本，高达 1 米，枝被灰白色短柔毛，上部分枝复二歧状。基部叶花期枯萎；中部叶三角状卵圆形或卵状披针形，4–10×1.8–6.5 厘米，基部阔楔形，下延成翼柄，渐尖头，规则浅裂或粗齿缘，纸质，具腺点，两面被毛，三出基脉；上部叶渐小，卵状长圆形，浅波状缘或全缘，近无柄。头状花序径 15–20 毫米，多数聚生枝端成具叶的圆锥花序；花梗长 1.5–4 厘米，密生短柔毛；总苞阔钟状；总苞片 2 层，叶质，背面被紫褐色头状具柄腺毛；外层苞片 5–6，（线状）匙形，开展，长 8–11 毫米；内层苞片卵状长圆形或卵圆形，长约 5 毫米。外层托片长圆形，内弯，内层托片倒卵状长圆形。花黄色；雌花花冠管部长 0.7 毫米；两性管状花上部钟状，具 4–5 卵圆形裂片。瘦果倒卵圆形，4 棱，顶具灰褐色环状突起，3–3.5×1–1.5 毫米。花期 4–9 月，果期 6–11 月。

分布： 全洞庭湖区；湖南全省；陕西、甘肃、华东（山东除外）、华中、华南、西南。日本、印度、不丹、尼泊尔、高加索地区、朝鲜半岛、中南半岛、欧洲、大洋洲、非洲、美洲热带。

生境： 荒草地、山野、灌丛、林缘及林下，也常见于耕地中。海拔 30–2800 米。

应用： 全草解毒、镇痛、平降血压，治全身酸痛、失眠、高血压、四肢麻痹、半身不遂。

识别要点： 分枝常呈复二歧状；叶三角状卵形，不规则浅裂或粗齿缘；花梗和枝上部密生短柔毛。

510 腺梗豨莶 xian geng xi xian
Siegesbeckia pubescens (Makino) Makino
[*Siegesbeckia orientalis* L. f. *pubescens* Makino]

一年生草本。茎高达 1.1 米，上部多分枝，被开展的灰白色长柔毛和糙毛。基部叶卵状披针形；中部叶卵（圆）形，3.5–12×1.8–6 厘米，基部宽楔形，下延成长 1–3 厘米的翼柄，渐尖头，尖头状粗齿缘；上部叶渐小，（卵状）披针形；基出三脉，两面被平伏短柔毛，脉有长柔毛。头状花序多数，径 18–22 毫米，在枝端排成松散的圆锥花序；花梗较长，与总苞片背面密生紫褐色头状具柄腺毛和长柔毛；总苞宽钟状；总苞片 2 层，叶质，外层线状匙形或宽线形，长 7–14 毫米，内层卵状长圆形，长 3.5 毫米。舌状花花冠管部长 1–1.2 毫米，舌片 2–3（–5）齿裂头；两性管状花长约 2.5 毫米，冠檐钟状，先端 4–5 裂。瘦果倒卵圆形，4 棱，顶端有灰褐色环状突起。花期 5–8 月，果期 6–10 月。

分布： 全洞庭湖区；湖南全省；甘肃、陕西、山西、河北、辽宁、吉林、华东（山东除外）、华中、华南、西南。朝鲜半岛、日本、印度。

生境： 湖区旷野、村边园圃、路边荒地；山坡、山谷林缘、灌丛、林下草坪中、河谷、溪边、河槽潮湿地、耕地边。海拔 30–3400 米。

应用： 全草治风湿痹痛、骨节疼痛、腰膝无力、高血压、四肢麻木、半身不遂、急性肝炎、疟疾、痈疮肿毒、风疹、湿疮、外伤出血。

识别要点： 分枝非二歧状；中部以上的叶卵圆形或卵形，具尖头齿缘；花梗和分枝的上部被紫褐色头状具柄的密腺毛和长柔毛。

511 加拿大一枝黄花 jia na da yi zhi huang hua
Solidago canadensis L.

多年生草本，高 1.5-3 米，有长根状茎。茎直立，粗壮，中下部径达 2 厘米，下部一般无分枝，常呈紫红色。叶互生，披针形或线状披针形，长 5-12 厘米，渐尖头，基部楔形，近无柄，离基三出脉，上面被短柔毛，背面被绒毛，脉上被疏长毛；茎叶锐锯齿缘，有时基部全缘。头状花序小，长 4-6 毫米，在花序分枝上单面着生，呈蝎尾状，多数弯曲的花序分枝与单面着生的头状花序形成开展的圆锥状花序。总苞片线状披针形，长 3-4 毫米。小花金黄色，边缘舌状花极短。瘦果具细柔毛。花果期 10-11 月。

分布： 岳阳、汨罗；湖南沿京广线一带；我国中部及南部逸为野生，为外来恶性杂草。原产北美洲，1935 年作为观赏植物引入我国。

生境： 湖区湖边堤岸、滩涂、宅旁；河滩、荒地、公路两旁、农田边、农村住宅四周。

应用： 花卉，用于鲜切花配花；恶性杂草。

识别要点： 根状茎发达，离基三出脉，正面粗糙，头状花序着生于花序分枝的一侧，呈蝎尾状，排列成圆锥状花序；瘦果具细柔毛。

512 裸柱菊 luo zhu ju
Soliva anthemifolia (Juss.) R. Br.

一年生矮小草本。茎极短，平卧。叶互生，有柄，长 5-10 厘米，二至三回羽状分裂，裂片线形，全缘或 3 裂，被长柔毛或近于无毛。头状花序近球形，无梗，生于茎基部，径 6-12 毫米；总苞片 2 层，矩圆形或披针形，干膜质缘；边缘的雌花多数，无花冠；中央的两性花少数，花冠管状，黄色，长约 1.2 毫米，顶端 3 裂齿，基部渐狭，常不结实。瘦果倒披针形，扁平，有厚翅，长约 2 毫米，圆形头，有长柔毛，花柱宿存，下部翅上有横皱纹。花果期全年。

分布： 全洞庭湖区，分布新记录；湘中、湘北；福建、浙江、江西、广东、香港、海南，为入侵归化植物。原产南美洲、大洋洲。

生境： 湖区旷野、湖边草地上；荒地、田野。

应用： 解毒散结，治痈疮疔肿、风毒流注、瘰疬、痔疮。

识别要点： 平卧，茎极短，叶二至三回羽状分裂，裂片线形，全缘或 3 裂；近球形头状花序生于茎基部，无梗，径 6-12 毫米；总苞片干膜质缘；雌花无花冠，中央的两性管状花少数，黄色；瘦果有厚翅。

513 苣荬菜 ju mai cai
Sonchus arvensis L.
[*Sonchus wightianus* DC.]

多年生草本。茎直立，高达 1.5 米，有细条纹，上部分枝，与花序梗密被头状具柄腺毛。叶基部渐窄成翼柄，中部以上茎叶无柄，基部圆耳状扩大半抱茎，急尖、短渐尖或钝头，两面光滑无毛；基生叶多数，与中下部茎叶 6-24×1.5-6 厘米，全角倒披针形或长椭圆形，（倒向）羽状深裂、半裂或浅裂缘，侧裂片 2-5 对，（偏斜半）椭圆形、（偏斜）卵形（三角形）、半圆形或耳状，顶裂片稍大，（椭圆状）长卵形；小锯齿缘或仅有小尖头；上部叶披针形或线状钻形，（极）小。头状花序在茎枝端排成伞房状花序。总苞钟状，1-1.5×0.8-1 厘米，基部有绒毛。总苞片长渐尖头，外面沿中脉有 1 行头状具柄腺毛，3 层，外层披针形，4-6×1-1.5 毫米，中内层披针形，15×3 毫米。舌状小花多数，黄色。瘦果稍压扁，长椭圆形，3.7-4×0.8-1 毫米，每面 5 细肋。冠毛白色，长 1.5 厘米，柔软，基部连合成环。花果期 1-9 月。

分布： 全洞庭湖区；龙山、湘西南；新疆、陕西、宁夏、浙江、福建、湖北、华南、西南。阿富汗、南亚、东南亚。

生境： 山坡草地、林间草地、潮湿地或近水旁、村边或河边砾石滩。海拔 30-2300 米。

应用： 全草治乳痈、疮疖、烫伤；苗作蔬菜；饲料。

识别要点： 与南苦荬菜区别：叶羽状分裂，侧裂片（偏斜）卵形或偏斜三角形、椭圆形或耳形。

514 花叶滇苦菜（续断菊）hua ye dian ku cai
Sonchus asper (L.) Hill

一年生草本。茎高达 50 厘米，直立，有纵棱，无毛或上部及花序梗被腺毛。基生叶与茎生叶同，较小；中下部茎生叶长椭圆形、倒卵形、匙状或匙状椭圆形，连翼柄长 7-13 厘米，柄基耳状抱茎或基部无柄；上部叶披针形，不裂，基部圆耳状抱茎；下部或全部茎生叶羽状浅裂、半裂或深裂缘，侧裂片 4-5 对，椭圆形、三角形、宽镰刀形或半圆形；叶及裂片与抱茎圆耳为尖齿刺缘，两面无毛。头状花序 5-10 排成稠密伞房花序；总苞宽钟状，长约 1.5 厘米，总苞片 3-4 层，绿色，草质，背面无毛，外层长披针形或长三角形，长 3 毫米，中内层长椭圆状披针形或宽线形，长达 1.5 厘米。舌状小花黄色。瘦果倒披针状，褐色，两面各有 3 细纵肋，肋间无横皱纹；冠毛白色，柔软，基部连合成环。花果期 5-10 月。

分布： 沅江；湘北，分布新记录；新疆、陕西、山西、湖北、江西、广西、华东、西南。可能原产欧洲及地中海地区、西亚、中亚、阿富汗、巴基斯坦、喜马拉雅地区、俄罗斯东部、朝鲜半岛、日本、澳大利亚、新几内亚岛、新西兰、撒哈拉周边、美洲归化。

生境： 湖区湖边草地上；路边、田野、山坡、林缘及水边。海拔（10-）1500-3700 米。

应用： 全草治疮肿、肺痨、咯血、小儿气喘；可观赏。

识别要点： 全部茎及叶光滑无毛或上部及花梗被头状具柄腺毛；全部叶及裂片与抱茎的圆耳为尖齿刺缘，叶脉常绿白色而呈花叶状；瘦果每面各有 3 细纵肋，肋间无横皱纹。

515 苦苣菜 ku ju cai
Sonchus oleraceus L.

一至二年生草本，高达 1.5 米。茎枝无毛或上部花序被腺毛。基生叶羽状深裂，长椭圆形或倒披针形，或大头羽状深裂，倒披针形，或不裂，椭圆形、椭圆状（或三角状）戟形、三角形或圆形，基部渐窄成翼柄；中下部茎生叶（大头）状羽状深裂，椭圆形或倒披针形，3-12×2-7 厘米，基部骤窄成翼柄，圆耳状抱茎，裂片（戟状）宽三角形或卵状心形；下部叶长渐尖头，基部半抱茎；叶裂片及抱茎小耳锯齿缘，两面无毛。头状花序排成伞房或总状花序或单生茎顶；总苞宽钟状，1.5×1 厘米，总苞片 3-4 层，长尖头，背面无毛，外层长披针形或长三角形，长 3-7 毫米，中内层长（线状）披针形，长 0.8-1.1 厘米。舌状小花黄色。瘦果褐色，（倒披针状）长椭圆形，长 3 毫米，两面各有 3 细脉，肋间有横皱纹；冠毛白色，长 7 毫米，单毛状。花果期 5-12 月。

分布： 全洞庭湖区；湖南全省；全国（黑龙江除外），早期归化种。可能原产欧洲及地中海地区，现几遍全球。

生境： 山坡或山谷林缘、林下或平地田间、空旷处或近水处。海拔 10-3200 米。

应用： 全草有小毒，入药祛湿、清热解毒，治痈疽、无名肿毒；野菜。

识别要点： 全部茎枝（及叶）光滑无毛或上部花序分枝及花序梗被头状具柄的腺毛；瘦果每面有 3 细纵肋，肋间有横皱纹。

516 钻叶紫菀（美洲紫菀）zuan ye zi wan
Symphyotrichum subulatum (Michaux) G. L. Nesom
[*Aster subulatus* Michx.]

一年生草本。茎高 25-100 厘米，无毛，茎基部略带红色，上部稍有分枝。叶互生，无柄；基生叶倒披针形，花后凋落；茎中部叶线状披针形，6-10×0.5-1 厘米，尖或钝头，有时具钻形尖头，全缘，无柄，无毛。头状花序顶生，排成圆锥花序；总苞钟状，总苞片 3-4 层，外层较短，内层较长，线状钻形，无毛，背面绿色，先端略带红色；舌状花细狭、小，淡红色，长与冠毛相等或稍长；管状花多数，短于冠毛。瘦果长圆形或椭圆形，略有毛，5 纵棱，冠毛淡褐色。花果期 9-11 月。

分布： 全洞庭湖区；湘中；华东、华中、华南、西南、河北、陕西，已归化的入侵植物。原产美洲、西印度群岛、百慕大，现世界各地广布。

生境： 潮湿的山坡、林缘、路旁，常沿河岸、沟边、洼地、路边、海岸、盐沼地蔓延，侵入农田及浅水湿地。海拔 10-2000 米。

应用： 清热燥湿、解毒，治痈肿、湿疹；恶性杂草。

识别要点： 植物体无毛，茎带红色；基生叶倒披针形，中部叶线状披针形，有时具钻形尖头，全缘，无柄；顶生头状花序排成圆锥状；总苞钟状；舌状花淡红色；瘦果有 5 纵棱。

517 蒲公英（蒙古蒲公英）pu gong ying
Taraxacum mongolicum H.-M.

多年生草本。根圆柱状。叶倒卵（或长圆）状披针形，4-20×1-5厘米，波状齿或（倒向或大头）羽状深裂缘，顶裂片较大，（戟状）三角形，全缘或齿缘，侧裂片 3-5 对，（披针状）三角形，齿缘，基部渐狭成柄，叶柄及主脉常带红紫色，疏被蛛丝状柔毛或几无毛。花葶 1 至数个，高 10-25 厘米，常紫红色，总苞钟状，长 1.2-1.4 厘米，淡绿色，总苞片 2-3 层，外层（卵状）披针形，长 0.8-1 厘米，宽膜质缘，绿色，上部紫红色，先端背面增厚或角状突起；内层线状披针形，长 1-1.6 厘米，先端紫红色，背面具小角状突起。舌状花黄色，舌片长约 8毫米，边缘花舌片背面具紫红色条纹，花药和柱头暗绿色。瘦果倒卵状披针形，暗褐色，长 4-5 毫米，具小刺和成行小瘤，顶端渐缩成喙基，喙长 0.6-1 厘米，纤细；冠毛白色，长约6 毫米。花期 4-9 月，果期 5-10 月。

分布： 全洞庭湖区；湖南全省；东北、华北、华东、华中、华南、西南、西北（新疆除外）。朝鲜半岛、蒙古国、俄罗斯。

生境： 湖区旱地、荒地、堤岸、河湖滩草地；山坡草地、路边、田野、河滩。海拔 20-2800 米。

应用： 清热解毒、消肿散结、止痛、利尿催乳、滋补及缓泻、治消化不良、疮肿毒、乳腺炎、淋巴腺炎；鲜草汁外用解蛇毒；叶作催乳剂；全草煎服治肺瘤；猪饲料；缀花草坪；根含栲胶。

识别要点： 根圆柱状；叶倒卵状披针形，波状齿缘，倒向（或大头）羽状深裂；花序径 3-4 厘米，无托片；舌状花黄色；果体下部有成行的小瘤。

518 苍耳 cang er
Xanthium strumarium L.
[*Xanthium sibiricum* Patrin ex Widder]

一年生草本，高达 90 厘米。茎被灰白色糙伏毛。叶三角状卵形或心形，4-9×5-10 厘米，近全缘，或 3-5 浅裂，尖或钝头，基部稍心形或截形，不规则粗锯齿缘，下面被糙伏毛，基出 3 脉，侧脉弧形，脉上密被糙伏毛；柄长 3-11 厘米。雄头状花序球形，径 4-6 毫米，有或无花序梗，总苞片长圆状披针形，长 1-1.5 毫米，被短柔毛，花托柱状，托片倒披针形，长约2 毫米，尖头，有微毛；雄花多数，花冠钟形，5 宽裂片；花药长圆状线形；雌头状花序椭圆形，外层总苞片披针形，长约 3 毫米，被短柔毛，内层总苞片结合成囊状，宽卵形或椭圆形，熟时（红）褐色，坚硬，12-15×4-7 毫米，疏生极细钩状直刺，长 1-1.5 毫米，被柔毛，常有腺点，或全部无毛；喙坚硬，锥形，略呈镰刀状，长 1.5-2.5 毫米，常不等长，少结合成喙。瘦果 2，倒卵形。花期 7-8 月，果期 9-10 月。

分布： 全洞庭湖区；湖南全省；全国。可能起源于新世界，现为泛热带广布杂草。

生境： 平原、丘陵、低山、荒野路边、田边。

应用： 种子油可掺和桐油制油漆，或作油墨、肥皂、油毡原料、制硬化油及润滑油；果实药用祛风解表；根治高血压；护堤；常见田间杂草。

识别要点： 上部叶卵状三角形或心形，基部与叶柄连接处成相等的楔形；总苞卵形或椭圆形，连同喙部长 12-15 毫米，具钩总苞刺细直，长 1-1.5 毫米。

519 黄鹌菜 huang an cai
Youngia japonica (L.) DC.

一至多年生草本，高达 1 米。茎下部被柔毛。基生叶倒披针形、（长）椭圆形或宽线形，长 2.5-13×1-4.5 厘米，大头羽状深裂缘或全裂，叶柄长 1-7 厘米，有翼或无，顶裂片（倒）卵形或卵状披针形，锯齿缘或几全缘，侧裂片 3-7 对，椭圆形，最下方 1 对耳状，（细）锯齿缘或有小尖头，稀全缘，两面及叶柄被柔毛；无或少有茎生叶。头状花序排成伞房花序；总苞圆柱状，长 4-5 毫米，总苞片 4 层，背面无毛，外层宽卵形或三角形，长宽不及 0.6 毫米，内层披针形，长 4-5 毫米，白色宽膜质缘，内面有糙毛。舌状小花黄色，花冠管外面有短柔毛。瘦果纺锤形，压扁，（红）褐色，长 1.5-2 毫米，无喙，11-13 具小刺毛纵肋；冠毛糙毛状，长 2.5-3.5 毫米。花果期 4-10 月。

分布： 全洞庭湖区；湖南全省；甘肃、陕西、河北、华东、华中、华南、西南。日本、菲律宾、印度、朝鲜半岛、中南半岛，可能起源于我国，扩散至周边亚热带地区，最后至泛热带广布。

生境： 湖区旷野、田间、荒地草丛中；山坡、山谷及山沟林缘、林下、林间草地及潮湿地、河边沼泽地、田间与荒地。海拔 20-4500 米。

应用： 全草消肿、止痛，治感冒；缀花草坪。

识别要点： 茎裸露；基生叶大头羽状深裂或全裂，稀不裂，茎生叶 0-2；头状花序小，排成伞房状，10-20 黄色舌状花；瘦果顶端无喙，11-13 纵肋，冠毛（淡黄）白色。

泽泻科 Alismataceae

520 东方泽泻 dong fang ze xie
Alisma orientale (Samuel.) Juz.

多年生水（沼）生草本。块茎径 1-2 厘米。叶多数；挺水叶宽披针形或椭圆形，3.5-11.5×1.3-6.8 厘米，渐尖头，基部近圆形或浅心形，5-7 脉，柄长 3.2-34 厘米，较粗壮，基部渐宽，窄膜质缘。花葶高逾 0.9 米。花序长 20-70 厘米，3-9 轮分枝，每轮 3-9 枚；花两性，径约 6 毫米；花梗不等长，0.5-2.5 厘米；外轮花被片卵形，2-2.5× 约 1.5 毫米，窄膜质缘，5-7 脉，内轮花被片近圆形，比外轮大，白、淡红稀黄绿色，波状缘；心皮排列不整齐，花柱长约 0.5 毫米，柱头长约 0.1 毫米；花丝长 1-1.2 毫米，向上渐窄，花药黄（绿）色，长 0.5-0.6 毫米；花托果期背部凹凸，高约 0.4 毫米。瘦果椭圆形，1.5-2×1-1.2 毫米，具 1-2 浅沟，腹部凸起，呈膜质翅，两侧果皮纸质，半透明或否，果喙长约 0.5 毫米，自腹侧中上部伸出。种子紫红色，约 1.1×0.8 毫米。花果期 5-9 月。

分布： 全洞庭湖区偶见，因过度使用除草剂而变得很少见；湖南全省；几遍全国。俄罗斯、蒙古国、日本、朝鲜半岛、印度。

生境： 湖、塘、沟渠、沼泽。海拔 10-2500 米。

应用： 块茎主治肾炎水肿、肾盂肾炎、肠炎泄泻、小便不利、淋浊、泄泻、遗精；水生观赏植物。

识别要点： 与泽泻极相似，但花果较小，花柱很短，内轮花被片波状缘；花托在果期中部呈凹形；瘦果在花托上排列不整齐。

521　泽泻 ze xie
Alisma plantago-aquatica L.

多年生水（沼）生草本。块茎径 1-3.5 厘米。叶多数；沉水叶条形或披针形；挺水叶宽披针形、椭圆形至卵形，2-11×1.3-7 厘米，渐尖稀急尖头，基部宽楔形、浅心形，通常 5 脉，叶柄长 1.5-30 厘米，基部渐宽，膜质缘。花葶高逾 1 米；花序长逾 50 厘米，3-8 轮分枝，每轮 3-9 枚。花两性，花梗长 1-3.5 厘米；外轮花被片广卵形，2.5-3.5×2-3 毫米，7 脉，膜质缘，内轮花被片近圆形，远大于外轮，不规则粗齿缘，白、粉红或浅紫色；心皮 17-23，排列整齐，花柱长 7-15 毫米，长于心皮，柱头长为花柱的 1/9-1/5；花丝长 1.5-1.7 毫米，花药长约 1 毫米，椭圆形，黄或淡绿色；花托平凸，高约 0.3 毫米，近圆形。瘦果椭（矩）圆形，约 2.5×1.5 毫米，背部 1-2 不明显浅沟，下部平，果喙自腹侧伸出，喙基部凸起，膜质。种子紫褐色，具凸起。花果期 5-10 月。

分布： 益阳、岳阳栽培；长沙、宁乡栽培；陕西、新疆、云南、东北、华北。俄罗斯、日本、欧洲、北美洲、大洋洲。

生境： 湖泊、河湾、溪流、水塘的浅水带，沼泽、沟渠及低洼湿地。

应用： 与东方泽泻混杂入药；水生观赏花卉。

识别要点： 与东方泽泻极相似，但花果较大，花柱较长，7-15 毫米，内轮花被片粗齿缘；瘦果排列整齐；花托果期平凸，不呈凹形。

522　剪刀草（长瓣慈姑）jian dao cao
Sagittaria trifolia L. f. longiloba (Turcz.) Makino
[Sagittaria longiloba Engelm. ex J. G. Sm.]

多年生水生或沼生草本。与野慈姑（原变种）（Sagittaria trifolia L. var. trifolia）形态特征相似，但植株细弱；匍匐根状茎末端通常不膨大呈球形；叶片明显窄小，呈飞燕状，全长约 15 厘米，或更长，顶裂片与侧裂片宽 0.5-1.5 厘米；花序多总状，通常雌花（1-）2-3 轮，稀圆锥花序，仅 1 枚分枝，无雌花，罕 1 轮雌花。花果期 7-9 月。

分布： 湘阴，少见；湖南全省；四川、贵州、东北、华北、西北、华东、华中、华南。

生境： 平原、丘陵或山地的湖泊、沼泽、沟渠、水塘、稻田等水域的浅水处。

应用： 球茎可药用或食用，咳嗽痰中带血、贫血、营养不良性水肿、脚气病、神经炎患者宜多食；可作家畜、家禽饲料；水景花卉。

识别要点： 植株细弱；匍匐根状茎末端通常不膨大呈球形；叶片窄小，飞燕状；花序仅 1 枚分枝，无或罕 1 轮雌花。

523 慈姑（华夏慈姑）ci gu
Sagittaria trifolia L. subsp. **leucopetala** (Miq.) Q. F. Wang

[*Sagittaria trifolia* L. var. *sinensis* (Sims) Makino]

多年生水生或沼生草本。与野慈姑（原变种）（*Sagittaria trifolia* L. var. *trifolia*）形态特征相似，但植株高大粗壮；叶片宽大，肥厚，顶裂片钝圆头，卵形至宽卵形；匍匐茎末端膨大呈球茎，球茎卵圆形或球形，5-8×4-6 厘米；圆锥花序高大，长 20-60 厘米，有时可达 80 厘米以上，分枝（1）2（3），着生于下部，雌花 1-2 轮，主轴雌花 3-4 轮，位于侧枝之上；雄花多轮，生于上部，组成大型圆锥花序，果期常斜卧水中；果期花托扁球形，径 4-5 毫米，高约 3 毫米。种子褐色，具小凸起。花果期 6-9 月。

分布： 全洞庭湖区分布，但因除草剂的广泛使用而变得少见；湖南全省；长江以南各省区广泛栽培。日本、朝鲜亦有栽培。

生境： 平原、丘陵或山地的湖泊、沼泽、沟渠、水塘、稻田等水域的浅水处。

应用： 球茎煮熟可作蔬菜食用或药用，咳嗽痰中带血、贫血、营养不良性水肿、脚气病、神经炎患者宜多食；可作家畜、家禽饲料；水景花卉。

识别要点： 植株高大粗壮；叶片宽大肥厚，顶裂片钝圆头，卵形至宽卵形；匍匐茎末端膨大呈卵圆形或球形球茎；圆锥花序高大，长 20-60 厘米或更长，常 2 分枝。

水鳖科 Hydrocharitaceae

524 水筛 shui shai
Blyxa japonica (Miq.) Maxim. ex Ascherson et Gürke

沉水草本，具根状茎。直立茎分枝，高 10-20 厘米，圆柱形，绿色，具细纵纹。叶螺旋状排列，披针形，渐尖头，基部半抱茎，细锯齿缘，30-60×1-3 毫米，绿色微紫；3 脉，中脉明显；无柄。佛焰苞腋生，无梗，长管状，绿色，具纵细棱，2 裂头，10-30×1-3 毫米。花两性；萼片 3，线状披针形，绿色，中肋紫色，2-4×0.5-1 毫米；花瓣 3，白色，线形，6-10×0.5-1 毫米；雄蕊 3，与萼片对生，花丝纤细，光滑，长 1-3 毫米，花药黄色；花粉粒黄色，圆球形，无萌发孔，有刺状凸起及浓密颗粒，在刺状凸起的基部堆积成圈；花柱 3，长 3-4 毫米，子房圆锥形，先端伸长成喙。果圆柱形，长 1-2.5 厘米。种子 30-60，长椭圆形，1-2×约 0.5 毫米，光滑。花果期 5-10 月。

分布： 全洞庭湖区；湖南全省；辽宁、华东（山东除外）、华中、华南、西南。印度、孟加拉国、尼泊尔、中南半岛、新几内亚岛、朝鲜半岛、日本、意大利和葡萄牙。

生境： 水田、池塘和水沟中。

应用： 全草为鱼饵；水族箱沉水观赏植物、水景。

识别要点： 沉水草本；叶茎生；佛焰苞无梗，雄蕊长 1.8-2.5 毫米，花柱长 3-3.5 毫米；种子长椭圆形。

525 黑藻 hei zao
Hydrilla verticillata (L. f.) Royle

多年生沉水草本。茎圆柱形,具纵细棱纹,质较脆。休眠芽长卵圆形;苞叶多数,螺旋状紧密排列,白或淡黄绿色,(狭)披针形。3-8叶轮生,线形或长条形,7-17×1-1.8毫米,常具紫或黑色小斑点,锐尖头,明显锯齿缘,无柄,具腋生小鳞片;1主脉,明显。花单性,雌雄同株或异株;雄佛焰苞近球形,绿色,表面具明显纵棱纹,刺凸头;雄花萼片3,白色,稍反卷,约2.3×0.7毫米;花瓣3,反折开展,白或粉红色,约2×0.5毫米;雄蕊3,花丝纤细,花药线形,2-4室;花粉粒球形,径逾100微米,具凸起的纹饰;雄花成熟后自佛焰苞内放出,漂浮于水面开花;雌佛焰苞管状,绿色;苞内1雌花。果实圆柱形,有2-9个刺状凸起。种子2-6,茶褐色,两端尖。植物以休眠芽繁殖为主。花果期5-10月。

分布: 全洞庭湖区;湖南全省;陕西、河北、东北、华东、华中、华南、西南。欧亚大陆热带至温带地区、非洲、大洋洲广布,北美洲传布。

生境: 较浅的淡水中。

应用: 小天鹅等候鸟的食物;良好的沉水观赏植物,宜作浅水绿化、室内水体绿化、水下植被,装饰水族箱,常作为中景、背景使用。

识别要点: 3-8叶轮生,线形或长条形,7-17×1-1.8毫米,常具紫红或黑色小斑点;花单性异株,雄佛焰苞有刺状凸起,雄花浮于水上开放;果实常有2-9个刺状凸起。

526 罗氏轮叶黑藻 luo shi lun ye hei zao
Hydrilla verticillata (L. f.) Royle var. **roxburghii** Casp.

多年生沉水草本。茎脆弱易断。叶3-8枚轮生,7.5-13×3-4毫米。果实表面常光滑,无刺状凸起,或偶见1-3个小凸起,多为空壳,单室;种子1-3,多数空瘪无胚,梨形,黑褐色,种阜端锐尖,呈针形,种喙端朝种脊方向弯曲。花期5-10月。

分布: 全洞庭湖区;黑龙江、河北、陕西、华东、华中、华南、西南。日本、马来西亚、菲律宾、澳大利亚、欧洲。

生境: 较浅的淡水中;湖泊、池塘、流水中。

应用: 应用同黑藻。

识别要点: 茎脆弱易断;3-8叶轮生,7-13×3-4毫米;果实光滑,无(或偶1-3)刺状凸起。

527 水鳖 shui bie
Hydrocharis dubia (Bl.) Backer

浮水草本。须根发达。匍匐茎顶端生芽。叶簇生，多漂浮，或伸出水面；叶片心形或圆形，4.5–5×5–5.5 厘米，圆头，基部心形，全缘，远轴面有蜂窝状贮气组织；5（–7）脉，中脉明显。雄花序腋生；花序梗长 0.5–3.5 厘米；佛焰苞 2，膜质透明，具红紫色条纹，雄花 5–6，每次 1 花开放；花梗长 5–6.5 厘米；萼片 3，离生，长椭圆形，长约 6 毫米，具红斑；花瓣 3，黄色，与萼片互生，近圆形，长约 1.3 厘米，具乳头状凸起；雄蕊 4 轮，每轮 3 枚，最内轮 3 雄蕊退化。雌佛焰苞小，雌花 1，花梗长 4–8.5 厘米；花径约 3 厘米；萼片 3，长约 1.1 厘米；花瓣 3，白色，基部黄色，宽倒卵形或圆形，长约 1.5 厘米，具乳头状凸起；退化雄蕊 6，成对并列，肾形黄色腺体 3，与萼片互生；子房下位，不完全 6 室，花柱 6，2 深裂，密被腺毛。果浆果状，球形或倒卵圆形，0.8–1×0.7 厘米，具沟纹。种子多数，椭圆形，具毛状凸起，渐尖头。花果期 8–10 月。

分布： 全洞庭湖区；湘北；四川、云南、陕西、河北、东北、华东、华中、华南。日本、印度、孟加拉国、新几内亚岛、大洋洲北部、东南亚。

生境： 静水池沼中。

应用： 幼叶柄作蔬菜；水景、观赏；可作饲料及沤绿肥。

识别要点： 根浮水中；具匍匐茎；叶基生浮水，披针形至近圆形，叶背具垫状贮气组织；佛焰苞无棱或翅；花大，白色；果实浆果状，球形至倒卵形。

528 龙舌草（水车前，水白菜）long she cao
Ottelia alismoides (L.) Pers.

沉水草本。茎短缩。叶基生，膜质；叶片形态各异，多为广卵形、卵状椭圆形、近圆形或心形，约 20×18 厘米，有的叶狭长形、披针形或线形，8–25×1.5–4 厘米，全缘或细齿缘；初生叶线形，后变为披针形、椭圆形、广卵形等；叶柄长 2–40 厘米。杂性异株，两性花，偶单性花；佛焰苞椭圆形至卵形，2.5–4×1.5–2.5 厘米，顶端 2–3 浅裂，3–6 纵翅，翅或成折叠的波状，有时极窄，在翅不发达的脊上或有瘤状凸起；总花梗长 40–50 厘米；花无梗，单生；花瓣白、淡紫或浅蓝色；雄蕊 3–9（–12），花丝具腺毛，花药条形，黄色，3–4×0.5–1 毫米，药隔扁平；下位子房近圆形，心皮 3–9（–10），侧膜胎座；花柱 6–10，2 深裂。果 2–5×0.8–1.8 厘米。种子多数，纺锤形，细小，长 1–2 毫米，具纵条纹，被白毛。花期 4–10 月。

分布： 沅江；湖南全省，少见；东北、河北、华东、华中、华南、西南。非洲东北部、亚洲东部及东南部至澳大利亚热带地区，传布至北美洲。

生境： 湖泊、沟渠、水塘、水田及积水洼地。

应用： 全草止咳化痰、清热利尿，治哮喘、咳嗽、水肿、烫火伤、痈肿；可作蔬菜、饵料、饲料；沉水观赏植物；绿肥。

识别要点： 叶似车前，不具鞘；佛焰苞内仅含 1 花，常两性，白、淡紫或浅蓝色，花中无腺体。

529 苦草 ku cao
Vallisneria natans (Lour.) Hara

沉水草本。具匍匐茎和越冬块茎。叶基生，20–200×0.5–2 厘米，绿或略带紫红色，钝头，全缘或不明显细锯齿缘，5–9 脉；无叶柄。花单性异株；雄佛焰苞卵状圆锥形，长1.5–2 厘米，每佛焰苞具200余雄花，成熟雄花在水面开放；萼片3，2大1小，长0.4–0.6毫米，呈舟形浮于水面，中间一片较小，中肋龙骨状，雄蕊1，花丝基部具毛状凸起和1–2膜状体，顶端不裂或部分2裂。雌佛焰苞筒状，长1–2厘米，2裂头，绿或暗紫色；花梗细，长30–50厘米，受精后螺旋状卷曲；雌花单生佛焰苞内，萼片3，绿紫色，长2–4毫米；花瓣3，极小，白色；退化雄蕊3；子房圆柱形，光滑，胚珠多数，花柱3，顶端2裂。果圆柱形，5–30×约0.5厘米。种子多数，倒长卵圆形，有腺毛状凸起。花果期7–10月。

分布： 全洞庭湖区；湖南全省；陕西、山西、河北、东北、华东、华中、华南、西南。俄罗斯（远东地区）、日本、澳大利亚、朝鲜半岛、中南半岛、西亚的伊拉克等地。

生境： 溪沟、河流、池塘、湖泊中。

应用： 含菠菜甾醇、β–谷甾醇、二十（烷）醇。全草理气血、逐恶露，治产后恶露、妇人白带异常、面黄无力；适作水景水下绿化、室内水体绿化、装饰水族箱的背景草。

识别要点： 叶脉光滑无刺；雄花雄蕊1；果实圆柱形，光滑；种子无翅。

眼子菜科 Potamogetonaceae

530 菹草 zu cao
Potamogeton crispus L.

多年生沉水草本，具近圆柱形的根茎。茎稍扁，多分枝，近基部常匍匐地面，节处生须根。叶条形，无柄，30–80×3–10毫米，圆钝头，基部约1毫米与托叶合生，但不形成叶鞘，叶浅波状细锯齿缘；3–5平行脉，顶端连接，中脉近基部两侧伴有通气组织形成的细纹，次级叶脉疏而明显可见；托叶薄膜质，长5–10毫米，早落；休眠芽腋生，略似松果，长1–3厘米，革质叶二列密生，基部扩张，肥厚，坚硬，细锯齿缘。穗状花序顶生，花2–4轮，初时每轮2朵对生，穗轴伸长后常稍不对称；花序梗棒状，较茎细；花小，被片4，淡绿色，雌蕊4，基部合生。果实卵形，长约3.5毫米，果喙长达2毫米，向后稍弯曲，背脊约1/2以下具齿牙。花果期4–7月。

分布： 全洞庭湖区；湖南全省；全国（华南除外）。亚洲、欧洲、非洲、大洋洲，传布至南美洲、北美洲、新西兰。

生境： 池塘、水沟、水稻田、灌渠及缓流河水中，水体多呈微酸至中性。

应用： 草食性鱼类饵料，囤水田养鱼草种；猪、鸭饲料，小天鹅等候鸟的主要食物；沉水观赏植物；作绿肥。

识别要点： 沉水，具根状茎及松果状休眠芽；叶条形，无柄，基部与托叶合生但不成鞘，3–8×3–10毫米，浅波状锯齿缘；穗状花序顶生，风媒花；果实基部合生，顶端具短喙，下半背脊具齿牙。

531 鸡冠眼子菜（水竹叶）ji guan yan zi cai
Potamogeton cristatus Rgl. et Maack.

多年生水生草本，通常在开花前全部沉没水中。茎纤细，径约 0.5 毫米，近基部常匍匐地面，节处生多数纤长须根。叶两型：花期前全为沉水型叶，线形，互生，无柄，25-70×约 1 毫米，渐尖头，全缘；（近）花期出现浮水叶，互生或在花序梗下近对生，叶片椭（矩）圆形或矩圆状卵形，稀披针形，革质，1.5-2.5×0.5-1 厘米，钝或尖头，基部近圆形或楔形，全缘，柄长 1-1.5 厘米；托叶膜质，与叶离生。休眠芽腋生，明显特化，细小纺锤状，长 1.5-3 厘米，下面具 3-5 直伸针状小苞叶。穗状花序顶生或呈假腋生状，花 3-5 轮，密集；花序梗稍膨大，略粗于茎，长 0.8-1.5 厘米；花小，被片 4；雌蕊 4，离生。果实斜倒卵形，长约 2 毫米，具长约 1 毫米的柄；背部中脊明显呈鸡冠状，喙长约 1 毫米，斜伸。花果期 5-9 月。

分布：全洞庭湖区；湖南全省；四川、河北、东北、华东、华中。俄罗斯（远东地区）、朝鲜半岛、日本。

生境：静水池塘及水稻田中。

应用：水景观赏；稻田的水生杂草。

识别要点：浮水叶小，矩（椭）圆形，1.5-2.5×0.5-1 厘米，通常只在（近）花期时出现；沉水叶线形，宽约 1 毫米，无柄，果实背脊呈明显的鸡冠状，脊翅较宽，喙较长，达 1 毫米。

532 眼子菜 yan zi cai
Potamogeton distinctus A. Benn.

多年生水生草本。根茎发达，白色，多分枝，常于顶端形成纺锤状休眠芽体，节处生须根。茎径 1.5-2 毫米，通常不分枝。浮水叶革质，（宽或卵状）披针形，2-10×1-4 厘米，尖或钝圆头，基部钝圆或近楔形，柄长 5-20 厘米；叶脉多条，顶端连接；沉水叶（狭）披针形，草质，具柄，常早落；托叶膜质，长 2-7 厘米，锐尖头，呈鞘状抱茎。穗状花序顶生，花多轮，花时伸出水面，花后沉没水中；花序梗稍膨大，粗于茎，花时直立，花后自基部弯曲，长 3-10 厘米；花小，被片 4，绿色；雌蕊（1）2（3）。果实宽倒卵形，长约 3.5 毫米，背部 3 脊，中脊锐，于果实上部隆起，侧脊稍钝，基部及上部各具 2 凸起，喙略下陷而斜伸。花果期 5-10 月。

分布：全洞庭湖区；湖南全省；全国（华南除外）。俄罗斯（远东地区）、朝鲜半岛、日本、菲律宾、马来西亚、泰国、印度尼西亚、太平洋岛屿、越南、尼泊尔、不丹。

生境：池塘、水田和水沟等静水中，水体多呈微酸性至中性。

应用：全草清热解毒、利尿、消积，治急性结膜炎、黄疸、水肿、白带异常、小儿疳积、蛔虫病，外用治痈疖肿毒；水景观赏；稻田（恶性）杂草。

识别要点：浮水叶卵状（或椭圆状、宽）披针形，（近）革质，沉水叶（狭）披针形，草质；雌蕊 2，稀 1 或 3；果实背部明显 3 锐脊，中脊上部隆起，喙斜生于果实腹面顶端。

533 竹叶眼子菜（马来眼子菜）zhu ye yan zi cai
Potamogeton malaianus Miq.
[*Potamogeton wrightii* Morong]

多年生沉水草本。根茎发达，白色，节处生须根。茎径约2毫米，不或具少数分枝，节间长达10余厘米。叶条形或条状披针形，具长柄，稀短于2厘米；叶片5–19×1–2.5厘米，钝圆头具小凸尖，基部钝圆或楔形，浅波状细微锯齿缘；中脉显著，自基部至中部发出6至多条与之平行、并在顶端连接的次级叶脉，三级叶脉清晰可见；托叶大而明显，近膜质，无色或淡绿色，与叶片离生，鞘状抱茎，长2.5–5厘米。穗状花序顶生，花多轮，（稍）密集；花序梗膨大，稍粗于茎，长4–7厘米；花小，被片4，绿色；雌蕊4，离生。果实倒卵形，长约3毫米，两侧稍扁，背部明显3脊，中脊狭翅状，侧脊锐。花果期6–10月。

分布：全洞庭湖区；湖南全省；几遍全国。俄罗斯、哈萨克斯坦、巴基斯坦、印度、日本、东南亚、新几内亚岛、太平洋岛屿。

生境：灌渠、池塘、河流等静、流水体，水体多呈微酸性。

应用：饲料；水景观赏；绿肥；水田杂草。

识别要点：全为沉水叶，条形至长椭圆形，具长柄，基部（近）楔形，不呈耳状抱茎；托叶与叶片离生，鞘状抱茎；穗状花序，风媒花；内果皮背部盖状物自基部直达顶部。

534 铺散眼子菜 pu san yan zi cai
Potamogeton pectinatus L. var. **diffusus** Hagstrom
[*Stuckenia pectinata* (L.) Börner]

沉水草本，植株较粗壮。根茎发达，白色，径1–2毫米，具分枝，常于春末夏初至秋季之间在根茎及其分枝的顶端形成小块茎状的休眠芽体，卵形，长约1厘米。茎长0.5–2米，近圆柱形，纤细，径0.5–1毫米，下部分枝稀疏，上部分枝稍密集。叶线形，5–30厘米×2–2.5毫米，小突尖头，基部与托叶贴生成鞘；鞘长1–5厘米，绿色，边缘叠压而抱茎，顶端具长4–8毫米的无色膜质小舌片；平行脉3，顶端连接，中脉显著，有与之近于垂直的次级叶脉，边缘脉细弱而不明显。穗状花序顶生，花4–7轮，间断排列；花序梗细长，与茎近等粗；花被片4，圆形或宽卵形，径约1毫米；雌蕊4，通常仅1–2发育为成熟果实。果实倒卵形，3.5–5×2.2–3毫米，顶端斜生长约0.3毫米的喙，背部钝圆。花果期5–10月。

分布：沅江、岳阳、汨罗、湘阴；湘北；陕西、甘肃。俄罗斯、挪威等欧洲国家。

生境：洞庭湖较深的湖水中；清水河沟等流水中，微酸性水体，水深可达4米。

应用：小天鹅越冬食物；可净化流动水体。

识别要点：本变种以植株较粗壮，叶较宽，达2–2.5毫米，小突尖头等特征而与篦齿眼子菜（原变种）明显不同，在形体上二者差别显著。

角果藻科 Zannichelliaceae

535 角果藻（角茨藻）jiao guo zao
Zannichellia palustris L.

多年生沉水草本，茎细弱，下部常匍匐生泥中，茎长3-10(-20)厘米，径约0.3毫米，分枝较多，常交织成团，易折断。叶互生至近对生，线形，无柄，长20-100×0.3-0.5毫米，全缘，渐尖头，基部有离生或贴生的鞘状托叶，膜质，无脉。花腋生；雄花仅1雄蕊，花药长约1毫米，2室，纵裂，药隔延伸至顶端，花丝细长，花粉球形；雌花花被杯状，半透明，心皮4(稀至6)，离生；子房椭圆形，花柱短粗，后伸长，宿存，柱头卵圆形或广卵形，具不明显钝齿；胚珠单一，悬垂。果实新月形，长2-2.5毫米，常2-4(稀6)簇生于叶腋(稀有总果柄)，每枚均有与果等长(至少不短于果长的1/2)的小果柄(心皮柄)；果脊有钝齿，生于脊翅边缘，先端具长喙，通常(等)长于果，略向背后弯曲。种子直生，子叶卷曲。花果期6-9月。

分布： 全洞庭湖区；湖南全省；全国。全球。

生境： 淡水或咸水中，海滨或内陆盐碱湖泊。

应用： 可作畜禽饲料。

识别要点： 与变柄果角果藻区别：后者植株高达50厘米，径0.5毫米；柱头斜盾形，微凹，具疏齿或波状；果4-6生于总果柄，肾形，无或具极短小果柄，先端具短喙，向背面弯曲呈弓形。

茨藻科 Najadaceae

536 弯果茨藻 wan guo ci zao
Najas ancistrocarpa A. Br. ex Magnus

一年生沉水草本。植株纤弱，高达30厘米，易碎，下部匍匐，节生不定根，上部直立；分枝二叉状；茎圆柱形，光滑，节间长1-3厘米，老茎及雄花表面常呈紫红色。叶近对生或3叶假轮生，于枝端较密集；叶(狭)线形，10-20×0.5毫米，先端具1-2细齿，刺状齿缘；无柄，叶耳截圆或倒心形，叶鞘圆，抱茎，长1-1.5毫米，上半部为细锯齿缘。花单性；单生叶腋。雄花椭圆形，长0.5-1.5毫米，佛焰苞短颈瓶形，口缘具4-5黄褐色刺尖；花被1，先端2裂；雄蕊1，花药4室。雌花佛焰苞囊状，口缘具数枚黄褐色刺尖；花柱超出佛焰苞，柱头2裂，不等长。瘦果黄褐色，新月形，1-2×0.5毫米。种子镰刀状，背脊具1纵列瘤状突起。外种皮细胞数十列，在种子中部呈长方形，至两端呈四方至多边形。花果期7-10月。

分布： 全洞庭湖区；江西、浙江、湖北。日本。

生境： 0.5-2米深的湖泊、池塘静水中。海拔0-1800米。

应用： 全草可作饲料和绿肥。

识别要点： 分枝二叉状；叶假轮生或近对生，无柄，(狭)线形，10-20×0.5毫米，叶基鞘状抱茎，叶耳截圆或倒心形；雌雄同株；雄花具瓶形佛焰苞；瘦果呈新月形；外种皮细胞四至多边形，纵列。

537 草茨藻 cao ci zao
Najas graminea Del.

一年生沉水草本。植株纤细,高达 20 厘米,茎光滑,下部匍匐,上部直立,基部节上多生不定根,基部分枝较多,上部分枝较少,二叉状,节间长 1-2 厘米。3 叶假轮生,或 2 叶近对生;叶片线形,1-2.5 × 约 0.1 厘米,渐尖头,较密微小细齿缘,齿端具黄褐色刺细胞;无柄,叶基鞘状抱茎,叶耳长三角形,长 1-2 毫米,两侧具数枚褐色刺状细齿。花单性同株,常单生,或 2-3 朵聚生叶腋;雄花极小,浅黄绿色,椭圆形,长约 1 毫米,无佛焰苞;花被 1,圆形,2 浅裂;雄蕊 1,花药 4 室;雌花无佛焰苞和花被,雌蕊 1,长圆形,柱头 2-4 裂。瘦果长椭圆形,黄褐色,1.5-2 × 0.8 毫米。种子窄长圆形;种皮坚硬,易碎,外种皮细胞在种子中部呈六边形,至两端为多边形,成行排列。花果期 6-9 月。

分布: 全洞庭湖区;宁夏、河北、东北、华东(山东除外)、华中、华南、西南。日本、朝鲜半岛、东南亚、南亚、中亚、西亚、新几内亚岛、大洋洲、非洲、欧洲,传布至美洲泛热带地区。

生境: 湖泊、静水池塘、藕田、水稻田和缓流中,水深 0.2-1 米的水底。海拔 0-1800 米。

应用: 全草可作饲料和绿肥。

识别要点: 分枝二叉状;叶假轮生或近对生,无柄,(狭)线形,10-25 × 1 毫米,叶基鞘状抱茎;叶耳长三角形;雌雄同株;雄花无佛焰苞;花药 4 室;瘦果长椭圆形;外种皮细胞六至多边形,横列。

538 粗齿大茨藻 cu chi da ci zao
Najas marina L. var. **grossedentata** Rendle

一年生沉水草本。植株多汁,较粗壮,黄绿至墨绿色,有时节部褐红色,质脆,易断;株高达 1 米,茎粗 1-4.5 毫米,节间长 1-10 厘米,基部节上生有不定根;分枝多,二叉状,茎除节部之下常具 1-2 刺外,一般无刺棱,刺长 1-2 毫米,先端具黄褐色刺细胞;表皮与皮层分界明显。叶近对生或 3 叶假轮生,于枝端较密集,无柄;叶片线状或条状披针形,与叶鞘成明显角度,新鲜时厚,肉质,2-3 齿缘,背面 1-2 齿;叶鞘大,截圆形,抱茎,全缘或上部稀疏细锯齿缘,齿端具 1 黄褐色刺细胞。花黄绿色,单生叶腋;雄花约 5 × 2 毫米,具 1 瓶状佛焰苞;花被片 1,2 裂;雄蕊 1,花药 4 室;花粉粒椭圆形;雌花无被,裸露;雌蕊 1,椭圆形;花柱圆柱形,长约 1 毫米,柱头 2-3 裂;子房 1 室。瘦果黄褐色,(倒卵状)椭圆形,4-6 × 3-4 毫米,不偏斜,柱头宿存。种皮质硬,易碎;外种皮细胞多边形,凹陷,排列不规则。花果期 9-11 月。

分布: 沅江;东北、河北。朝鲜半岛。

生境: 静水湖中,水深 0.2-1 米。海拔可达 60 米。

应用: 全草可作绿肥和饲料。

识别要点: 与大茨藻(原变种)区别:小灌木状;茎仅节部之下具 1-2 刺;叶具大的截圆形叶鞘,叶片与叶鞘成明显角度,叶片肉质,厚实,边缘 2-3 齿,背面 1-2 齿。

539 小茨藻 xiao ci zao
Najas minor All.

一年生沉水草本。植株纤细，易折断，下部匍匐，上部直立，黄绿或深绿色，基部节上生有不定根；株高 4-25 厘米。茎光滑，粗 0.5-1 毫米，节间长 1-10 厘米；分枝多，二叉状；上部叶 3 叶假轮生，下部叶近对生，于枝端较密集，无柄；叶片线形，渐尖头，10-30×0.5-1 毫米，上部狭而向背面弯曲，6-12 对锯齿缘，齿长为叶片宽的 1/5-1/2，先端有一褐色刺细胞；叶鞘上部呈倒心形，长约 2 毫米，叶耳（截）圆形，内侧无齿，上部及外侧具十余枚细齿，齿端均有一褐色刺细胞。花小，单性，常单生叶腋；雄花浅黄绿色，椭圆形，长 0.5-1.5 毫米，具瓶状佛焰苞；花被 1，囊状；雄蕊 1，花药 1 室；花粉粒椭圆形；雌花无佛焰苞和花被，雌蕊 1；花柱细长，柱头 2。瘦果黄褐色，狭长椭圆形，上部渐狭而稍弯曲，2-3×0.5 毫米。种皮坚硬，易碎；表皮细胞纺锤状，横向远长于轴向，排列整齐呈梯状，于两尖端的连接处形成脊状突起。花果期 6-10 月。

分布： 全洞庭湖区；湘南、湘北；云南、东北、华北、西北（青海除外）、华东、华中、华南。欧洲、亚洲南部、非洲，传布至北美洲。

生境： 池塘、湖泊、水沟和稻田中，成小丛生长，可生于数米深的水底。海拔 0-2700 米。

应用： 可作饲料；可作绿肥；水稻田杂草。

识别要点： 二叉状分枝多；叶假轮生或近对生，无柄，线形，叶耳（截）圆形；雌雄同株，花药 1 室；瘦果狭长椭圆形，顶端渐窄，稍弯曲；种皮细胞纺锤形，横向远长于轴向，呈梯状排列。

百合科 Liliaceae

540 藠头 jiao tou
Allium chinense G. Don

草本。鳞茎数枚聚生，狭卵状，粗（0.5-）1-1.5（-2）厘米；鳞茎外皮白或带红色，膜质，不破裂。叶 2-5，中空的圆柱状，3-5 棱，近与花葶等长，粗 1-3 毫米。花葶侧生，圆柱状，高 20-40 厘米，下部被叶鞘；总苞 2 裂，比伞形花序短；伞形花序近半球状，较松散；小花梗近等长，比花被片长 1-4 倍，基部具小苞片；花淡紫至暗紫色；花被片宽椭圆形至近圆形，钝圆头，4-6×3-4 毫米，内轮的稍长；花丝等长，约 1.5 倍花被片长，仅基部合生并与花被片贴生，内轮的基部扩大，扩大部分每侧各具 1 齿，外轮的无齿，锥形；子房倒卵球状，腹缝线基部具有帘的凹陷蜜穴；花柱伸出花被外。花果期 10-11 月。

分布： 全洞庭湖区；湖南全省，栽培或半逸野；河南、长江流域及以南各省广泛栽培，也有野生。日本、越南、老挝、柬埔寨和美国有栽培。

生境： 菜园栽培或田野、路边野生。

应用： 药用健脾开胃、理气宽胸、止泻散痛、通阳、祛痰、下气、散血、安胎，治慢性胃炎、金疮疮败、少阴病阙逆泄痢、胸痹刺痛等；蔬菜。

识别要点： 鳞茎数枚聚生，狭卵状，鳞茎外皮膜质，不破裂；叶中空圆柱状，3-5 棱，与花葶近等长；花葶侧生，圆柱状；伞形花序近半球状，松散；花淡紫至暗紫色。

541 薤白（小根蒜）xie bai
Allium macrostemon Bunge

鳞茎近球状，粗 0.7-1.5（-2）厘米，基部常具小鳞茎；鳞茎外皮带黑色，纸或膜质，不破裂。3-5 叶，半圆柱状，或因背部纵棱发达而为三棱状半圆柱形，中空，具沟槽，比花葶短。花葶圆柱状，高 30-70 厘米，1/4-1/3 被叶鞘；总苞 2 裂，比花序短；伞形花序（半）球状，多花密集，或间具珠芽或全为珠芽；小花梗近等长，比花被片长 3-5 倍，具小苞片；珠芽暗紫色，亦具小苞片；花淡紫或淡红色；花被片矩圆状卵形（或披针形），4-5.5×1.2-2 毫米，内轮的常较狭；花丝等长，比花被片稍长直到比其长 1/3，在基部合生并与花被片贴生，分离部分的基部呈狭三角形扩大，向上收狭成锥形，内轮的基部约为外轮基部宽的 1.5 倍；子房近球状，腹缝线基部有具帘的凹陷蜜穴；花柱伸出花被外。花果期 5-7 月。

分布：全洞庭湖区；湖南全省；全国（新疆、青海除外），或有栽培。蒙古国、俄罗斯、朝鲜半岛、日本。

生境：湖区平原向阳荒草地；山坡、丘陵、山谷或草地上。海拔 10-1600 米，在云南和西藏可见于海拔 3000 米的山坡。

应用：药用通阳散结、行气导滞，用于胸痹心痛、脘腹痞满胀痛、泻痢后重；鳞茎可作蔬菜食用。

识别要点：与新疆产的小山蒜相似，但伞形花序全为花，或间具珠芽，或全为珠芽；小花梗基部具小苞片；内轮花丝的基部无齿；不产新疆。

542 韭（韭菜）jiu
Allium tuberosum Rottl. ex Spreng.

具倾斜的横生根状茎。鳞茎簇生，近圆柱状；鳞茎暗黄至黄褐色，破裂成纤维状，呈（近）网状。叶条形，扁平，实心，比花葶短，宽 1.5-8 毫米，边缘平滑。花葶圆柱状，2 纵棱，高 25-60 厘米，下部被叶鞘；总苞单侧开裂或 2-3 裂，宿存；伞形花序半（或近）球状，多花而较稀疏，小花梗近等长，比花被片长 2-4 倍，具小苞片，数枚小花梗的基部又为 1 枚共同的苞片所包被；花白色；花被片常具绿或黄绿色的中脉，内轮的矩圆状倒卵形，稀矩圆状卵形，短尖头或钝圆头，4-7（-8）×2.1-3.5 毫米，外轮的常较窄，矩圆状卵形（披针形），短尖头，4-7（-8）×1.8-3 毫米；花丝等长，为花被片长度的 2/3-4/5，基部合生并与花被片贴生，合生部分高 0.5-1 毫米，分离部分狭三角形，内轮的稍宽；子房倒圆锥状球形，3 圆棱，具细的疣状突起。花果期 7-9 月。

分布：全洞庭湖区栽培或野生；湖南全省；全国各地广泛栽培，亦有野生植株。原产亚洲东南部，现在世界上已普遍栽培。

生境：平原荒草地；山坡。海拔 10-1100 米。

应用：种子入药补肝肾、暖腰膝、壮阳固精，治阳痿梦遗、小便频数、遗尿、腰膝酸软冷痛、泻痢、带下、淋浊；叶和花葶作蔬菜食用。

识别要点：与野韭相似，但野韭的叶三棱状条形，背面呈龙骨状突起，中空，叶缘和沿纵棱常具细糙齿；花被片常具红色中脉。

543 黄花菜（金针菜）huang hua cai
Hemerocallis citrina Baroni

多年生宿根草本，高达 1 米，具短根状茎和肉质肥大的纺锤状块根。叶 7-20，基生，两列状，长条形，背面呈龙骨状突起，50-130×1-2.5 厘米。花葶长短不一，一般稍长于叶，基部三棱形，上部多少圆柱形，有分枝；苞片披针形，下面的 3-10×0.3-0.6 厘米，向上渐短；花梗较短，通常长不到 1 厘米；花可逾 100 朵；花被淡黄色，或蕾时顶端带黑紫色；花被管长 3-5 厘米，花被裂片 6，长（6-）7-12 厘米，外轮的倒披针形，宽 1-1.5（-2）厘米，内轮的长矩圆形，宽 1.5-2（-3）厘米，盛开时裂片略外弯。蒴果钝三棱状椭圆形，长 3-5 厘米。种子 20 余枚，黑色，有棱，从开花到种子成熟需 40-60 天。花果期 5-9 月。

分布： 全洞庭湖区；湖南全省，栽培或野生；四川、贵州、甘肃、陕西、华北、华东、华中。日本、朝鲜半岛。

生境： 湖区湖边、旷野、荒地、田边、村边；山坡、山谷、荒地或林缘。海拔 20-2000 米。

应用： 药用养血平肝、利尿消肿，治头晕、耳鸣、心悸、腰痛、吐血、衄血、大肠下血、水肿、淋病、咽痛、乳痈，根利尿消肿；干花蕾作蔬菜；块根可酿酒；种子油食用、制皂及作润滑油；观赏；茎叶纤维可制人造棉、造纸。

识别要点： 花淡黄色，花被管长 3-5 厘米。

544 萱草 xuan cao
Hemerocallis fulva (L.) L.

多年生宿根草本，高达 1（-1.5）米，根状茎粗短，具近肉质纤维根，中下部膨大呈窄长纺锤形。叶基生成丛，两列，条形，下面呈龙骨状突起，30-60（-90）×1.5-3.5 厘米，背面被白粉。夏季开橘黄色大花，花葶长于叶，高逾 1 米；圆锥花序顶生，花 6-12，花梗长约 1 厘米，具小披针形苞片；花长 7-12 厘米，无香味，早开晚谢，花被橘红至橘黄色，基部粗短漏斗状，长达 2.5 厘米，花被 6，开展，向外反卷，外轮 3 片矩圆状披针形，宽 1-2 厘米，具平行脉；内轮 3 片矩圆形，宽达 2.5 厘米，具分枝的脉，波状皱褶缘，下部常具褐红色"∧"形彩斑；雄蕊 6，花丝长，着生花被喉部；子房上位，花柱细长。蒴果矩圆形，长 5-10 厘米，具钝棱，成熟时开裂；种子有棱角，黑色，光亮。花果期为 5-7 月。

分布： 全洞庭湖区；湖南全省；辽宁、河北、甘肃、陕西、华东、华中、华南、西南，野生或栽培。欧洲南部经亚洲北部至日本、印度。

生境： 湖区荒野；山坡、山谷、溪边、荒地或林缘。海拔 20-2500 米。

应用： 根利尿消肿、清热、凉血止血，治腮腺炎、黄疸、膀胱炎、尿血、小便不利、乳汁缺乏、月经不调、衄血、便血，外用治乳腺炎；花可供食用；块根和根可酿酒，亦作农药；花坛、庭院栽培观赏；茎叶纤维可制绳索、织麻袋、造纸。

识别要点： 花橘红（黄）色；花被管较粗短，长 2-3 厘米；在内花被裂片下部有"∧"形彩斑。

545 禾叶山麦冬 he ye shan mai dong
Liriope graminifolia (L.) Baker

多年生草本。根细或稍粗，分枝多，有时有纺锤形小块根；根状茎短或稍长，具地下走茎。叶 20–50（–60）× 0.2–0.3（–0.4）厘米，钝或渐尖头，5 脉，近全缘，但先端细齿缘，基部常有残存的枯叶或撕裂成纤维状。花葶通常稍短于叶，长 20–48 厘米，总状花序长 6–15 厘米，数十花；通常 3–5 花簇生苞腋内；苞片卵形，长尖头，最下面的长 5–6 毫米，干膜质；花梗长约 4 毫米，关节位于近顶端；花被片（狭）矩圆形，钝圆头，长 3.5–4 毫米，白或淡紫色；花丝长 1–1.5 毫米，扁而稍宽；花药近矩圆形，长约 1 毫米；子房近球形；花柱长约 2 毫米，稍粗，与柱头等宽。种子卵圆形或近球形，径 4–5 毫米，初期绿色，成熟时蓝黑色。花期 6–8 月，果期 9–11 月。

分布： 益阳、沅江；湖南宁远、长沙、益阳等城市栽培；河北、山西、陕西、甘肃、华东、华中、华南、西南，南方常栽培。

生境： 湖区坡地密林下阴湿处、花坛栽培；山地山坡、山谷林下、灌丛中或山沟阴处、石缝间及草丛中。海拔 20–2300 米。

应用： 块根作麦冬用，润肺止咳、滋阴生津、清心除烦；花坛绿化及林下草坪草。

识别要点： 无地下走茎；叶宽 2–3（–4）毫米；花葶稍短于叶，长 20–48 厘米；总状花序长 6–15 厘米，多花，常 3–5 簇生苞腋内；花梗长 5–8 毫米；花药近矩圆形，较短，长约 1 毫米，通常短于花丝。

546 阔叶山麦冬 kuo ye shan mai dong
Liriope muscari (Decaisne) L. H. Bailey
[*Liriope platyphylla* F. T. Wang et T. Tang]

多年生草本，根细长，分枝多，有时局部膨大成纺锤形的小块根，小块根达 35×7–8 毫米，肉质；根状茎短，木质。叶密集成丛，革质，25–65×1–3.5 厘米，急尖或钝头，基部渐狭，9–11 脉，有明显横脉，边缘几不粗糙。花葶通常长于叶，长 45–100 厘米；总状花序长（12–）25–40 厘米，花多数；（3）4–8 花簇生苞腋内；苞片小，近刚毛状，长 3–4 毫米，有时不明显；小苞片卵形，干膜质；花梗长 4–5 毫米，关节位于中部或中部偏上；花被片矩圆状披针形或近矩圆形，长约 3.5 毫米，钝头，（红）紫色；花丝长约 1.5 毫米；花药近矩圆状披针形，长 1.5–2 毫米；子房近球形，花柱长约 2 毫米，柱头三齿裂。种子球形，径 6–7 毫米，绿色，成熟时变黑紫色。花期 7–8 月，果期 9–11 月。

分布： 益阳、沅江；浏阳、湘乡、湘西南、湘北；辽宁、河北、华东、华中、华南、西南，南方常栽培。日本。

生境： 湖区坡地密林下阴湿处；山地、山谷的疏、密林下或潮湿处。海拔 20–2000 米。

应用： 块根作麦冬用；花坛绿化及林下草坪草。

识别要点： 具地下走茎；叶宽 10–35 毫米；花葶长于叶，长 45–100 厘米；总状花序长 25–40 厘米，多花，常 2–8 朵簇生苞腋内；花药狭矩圆形。

547 山麦冬 shan mai dong
Liriope spicata (Thunb.) Lour.

多年生草本，植株有时丛生；根稍粗，径 1–2 毫米，有时分枝多，近末端处常膨大成矩圆形、椭圆形或纺锤形的肉质小块根；根状茎短，木质，具地下走茎。叶 25–60×0.4–0.6（–0.8）厘米，急尖或钝头，基部包以褐色叶鞘，上面深绿色，背面粉绿色，5 脉，中脉较明显，细锯齿缘。花葶常长于或几等长于叶，少数稍短于叶，长 25–65 厘米；总状花序长 6–15（–20）厘米，具多数花；常（2）3–5 花簇生苞腋内；苞片小，披针形，最下面的长 4–5 毫米，干膜质；花梗长约 4 毫米，中部以上或近顶端具关节；花被片矩圆形或矩圆状披针形，长 4–5 毫米，钝圆头，淡紫或淡蓝色；花丝长约 2 毫米；花药狭矩圆形，长约 2 毫米；子房近球形，花柱长约 2 毫米，稍弯，柱头不明显。种子近球形，径约 5 毫米。花期 5–7 月，果期 8–10 月。

分布： 沅江、益阳、湘阴；湖南全省；全国（东北、内蒙古、新疆及青藏高原除外）广泛分布和栽培。越南、朝鲜半岛、日本。

生境： 山坡、山谷林下、路旁或湿地。海拔 50–1400 米。

应用： 块根润肺止咳、滋阴生津、清心除烦；亦作兽药；花坛、绿化带中常见栽培的观赏植物，亦作观赏草坪。

识别要点： 无地下走茎；叶宽 4–8 毫米；花葶通常长于或几等长于叶，少数稍短于叶，长 25–65 厘米；总状花序长 6–15（–20）厘米，多花；常（2）3–5 花簇生苞腋内；花药近矩圆状披针形。

548 沿阶草 yan jie cao
Ophiopogon bodinieri Lévl.

多年生草本，根纤细，近末端处或具纺锤形小块根；地下走茎长，径 1–2 毫米，节上具膜质的鞘。茎很短。叶基生成丛，禾叶状，20–40×0.2–0.4 厘米，渐尖头，3–5 脉，细锯齿缘。花葶较叶稍短或几等长，总状花序长 1–7 厘米，几朵至十几朵花；花常单生或 2 朵簇生苞腋内；苞片条形或披针形，少数呈针形，稍带黄色，半透明，最下面的长约 7 毫米，少数更长；花梗长 5–8 毫米，关节位于中部；花被片卵状披针形、披针形或近矩圆形，长 4–6 毫米，内轮三片宽于外轮三片，白或稍带紫色；花丝很短，长不及 1 毫米；花药狭披针形，长约 2.5 毫米，常呈绿黄色；花柱细，长 4–5 毫米。种子近球形或椭圆形，径 5–6 毫米。花期 6–8 月，果期 8–10 月。

分布： 全洞庭湖区；湖南全省；甘肃、陕西、河南、湖北、安徽、江西、福建、广西、西南。

生境： 湖区湖边林下阴湿处；山坡、山谷潮湿处、沟边、林下、灌木丛下，或园林栽培。海拔（30–）600–3400 米。

应用： 小块根作中药麦冬用；花坛、绿化带、庭院中常见栽培的观赏植物。

识别要点： 根近末端处有时具纺锤形的小块根；叶禾叶状，20–40×0.2–0.4 厘米；花葶通常稍短于或近等长于叶；花被片在盛开时多少展开；花柱细长，圆柱形，基部不宽阔。

549 麦冬 mai dong
Ophiopogon japonicus (L. f.) Ker-Gawl.

多年生草本，根较粗，中间或近末端常膨大成椭圆形或纺锤形的小块根；小块根 1–1.5（–2）×0.5–1 厘米，淡褐黄色；地下走茎细长，径 1–2 毫米，节具膜质鞘。茎很短，叶基生成丛，禾叶状，10–50 厘米 ×1.5–3.5 毫米，3–7 脉，细锯齿缘。花葶长 6–15（–27）厘米，通常比叶短得多，总状花序长 2–5 厘米或更长，几朵至十几朵花；花单生或成对着生苞腋内；苞片披针形，渐尖头，最下面的长达 7–8 毫米；花梗长 3–4 毫米，关节位于中部以上或近中部；花被片常稍下垂而不展开，披针形，长约 5 毫米，白或淡紫色；花药三角状披针形，长 2.5–3 毫米；花柱约 4×1 毫米，基部宽阔，向上渐狭。种子球形，径 7–8 毫米。花期 5–8 月，果期 8–9 月。

分布： 全洞庭湖区；湖南全省；陕西、河北、华东、华中、华南、西南，野生或栽培。日本、朝鲜半岛、越南、印度。

生境： 湖区平原水边林下阴湿地、田坎草丛中；山坡阴湿处、林下或溪旁。海拔 20–2800 米。

应用： 块根滋阴生津、润肺止咳；花坛观赏。

识别要点： 根中间或近末端具椭圆形或纺锤形的小块根；叶禾叶状，10–50 厘米 ×1.5–3.5 毫米；花葶通常比叶短得多；花被片几不展开；花柱一般粗短，基部宽阔，略呈长圆锥形。

550 老鸦瓣（光慈姑）lao ya ban
Tulipa edulis (Miq.) Baker

宿根草本，鳞茎皮纸质，内面密被长柔毛。茎长 10–25 厘米，通常不分枝，无毛。叶 2，长条形，10–25×（0.2–）0.5–0.9（–1.2）厘米，远比花长，上面无毛。花单朵顶生，靠近花的基部具 2 对生（少 3 枚轮生）苞片，苞片狭条形，长 2–3 厘米；花被片狭椭圆状披针形，20–30×4–7 毫米，白色，背面有紫红色纵条纹；雄蕊 3 长 3 短，花丝无毛，中部稍扩大，向两端逐渐变窄或从基部向上逐渐变窄；子房长椭圆形；花柱长约 4 毫米。蒴果近球形，有长喙，长 5–7 毫米。花期 2–4 月，果期 4–5 月。

分布： 岳阳、沅江、益阳；衡山；吉林、辽宁、陕西、华东、华中。朝鲜半岛、日本。

生境： 湖区湖边洲滩草地、果园、菜园；向阳山坡、路旁杂草丛中。海拔 10–1700 米。

应用： 鳞茎消热解毒、散结消肿；富含淀粉，味苦稍有毒，可酿酒或提制乙醇溶液；可作缀花草坪。

识别要点： 植物体无毛；叶 2，长条形，长 10–25×0.5–1 厘米，远比花长；单花顶生，苞片常 2 枚对生，稀 3 枚轮生；花被片白色，背面有紫红色纵条纹；蒴果卵球形，3 棱，有长喙。

石蒜科 Amaryllidaceae

551 石蒜（老鸦蒜）shi suan
Lycoris radiata (L'Her.) Herb.

宿根草本，鳞茎近球形，径 1-3 厘米。秋季出叶，叶狭带状，约 1×0.5 厘米，钝头，深绿色，中间有粉绿色带。花茎高约 30 厘米；总苞片 2，披针形，约 35×0.5 厘米；伞形花序 4-7 花，花鲜红色；花被裂片狭倒披针形，约 3×0.5 厘米，强烈皱缩和反卷，花被筒绿色，长约 0.5 厘米；雄蕊显著伸出花被外，比花被长 1 倍左右。花期 8-9 月，果期 10 月。

分布: 全洞庭湖区；湖南全省；陕西、华东、华中、华南、西南。日本、韩国、尼泊尔。

生境: 湖区堤岸草地或林下阴湿肥沃处；河谷、溪沟边、阴湿石缝中、山地阴湿处、林缘、荒山、墓地或路旁，公园、庭院栽培。海拔 10-2500 米。

应用: 鳞茎含 10 余种生物碱，有小毒。药用解毒、祛痰、利尿、催吐、杀虫，治咽喉肿痛、痈肿疮毒、瘰疬、肾炎水肿、毒蛇咬伤，石蒜碱为制药原料，抗癌、抗炎、解热、镇静及催吐，加兰他敏和力可拉敏为治疗小儿麻痹症的要药；观赏花卉；鳞茎含淀粉，制成粉及片，用于浆纱或作建筑涂料，并可从中提取植物胶，作高级胶料。

识别要点: 鳞茎卵球形，外层鳞叶黑褐色；叶狭带状，宽约 0.5 厘米，深绿间有粉绿色带，秋季出叶；花鲜红色，左右对称，裂片强烈皱缩和反卷；雄蕊比花被长约 1 倍，明显伸出花被外。

552 葱莲（葱兰）cong lian
Zephyranthes candida (Lindl.) Herb.

多年生草本。鳞茎卵形，径约 2.5 厘米，具有明显的颈部，颈长 2.5-5 厘米。叶狭线形，肥厚，亮绿色，20-30×0.2-0.4 厘米。花茎中空；花单生花茎顶端，下有带褐红色的佛焰苞状总苞，总苞片 2 裂头；花梗长约 1 厘米；花白色，外面常带淡红色；几无花被管，花被片 6，3-5×约 1 厘米，钝头或具短尖头，近喉部常有很小的鳞片；雄蕊 6，长约为花被的 1/2；花柱细长，柱头不明显 3 裂。蒴果近球形，径约 1.2 厘米，3 瓣开裂；种子黑色，扁平。花期 7-9 月，果期秋季。

分布: 全洞庭湖区；湖南全省，栽培或逸生；我国南北常见栽培，在南方已野化。原产南美洲。

生境: 公园、庭院、道路、花坛、草坪、盆钵中栽培，或旷野路边逸生。

应用: 葱莲全草含石蒜碱、多花水仙碱、尼润碱等生物碱，有毒，慎用。带鳞茎的全草为民间草药，平肝、宁心、熄风镇静，治小儿惊风、癫痫；花坛观赏花卉。

识别要点: 叶肥厚，狭线形，宽 2-4 毫米；花白色，几无花被管，花被片匙状椭圆形，长 3-5 厘米。

553 韭莲（风雨花）jiu lian
Zephyranthes carinata Herbert
[Zephyranthes grandiflora Lindl.]

多年生草本。鳞茎卵球形，径 2-3 厘米。基生叶常数枚簇生，
线形，扁平，15-30×0.6-0.8 厘米。花单生花茎顶端，下有
佛焰苞状总苞，总苞片常带淡紫红色，长 4-5 厘米，下部合
生成管；花梗长 2-3 厘米；花玫瑰红或粉红色；花被管长 1-2.5
厘米，花被裂片 6，裂片倒卵形，略尖头，长 3-6 厘米；雄
蕊 6，长为花被的 2/3-4/5，花药丁字形着生；子房下位，3 室，
胚珠多数，花柱细长，柱头 3 深裂。蒴果近球形；种子黑色。
花期夏秋。

分布： 全洞庭湖区；湖南全省；全国，栽培或南方省区野化。
原产墨西哥。

生境： 公园、庭院、道路、花坛、草坪、盆钵中栽培，或逸生。

应用： 全草清热解毒，治痈疮红肿、吐血、崩漏；花坛观赏
花卉。

识别要点： 叶扁平，线形，宽 6-8 毫米；花玫瑰红或粉红色，
花被管长 1-2.5 厘米，裂片倒卵形，长 3-6 厘米。

薯蓣科 Dioscoreaceae

554 黄独 huang du
Dioscorea bulbifera L.

缠绕草质藤本。块茎大，卵圆形或梨形。茎左旋，稍带红紫
色，光滑无毛。具珠芽，球形或卵圆形，紫棕色，重达 300 克。
叶互生；叶片（宽）卵状心形，15（-26）×2-14（-26）厘米，
尾状渐尖头，全缘或微波状缘，无毛。雄柔黄花序腋生，下垂，
常数个丛生，有时分枝呈圆锥状；雄花单生，密集，具卵形
苞片 2；花被片披针形，紫色；雄蕊 6，花丝与花药近等长。
雌柔黄花序常 2 至数个丛生叶腋，长 20-50 厘米；退化雄蕊 6，
1/4 花被片长。蒴果反折下垂，三棱状长圆形，1.5-3×0.5-1.5
厘米，两端浑圆，草黄色，密被紫色小斑点，无毛；种子深
褐色，扁卵形，成对着生于中轴胎座顶部，种翅栗褐色，向
种子基部延伸呈长圆形。花期 7-10 月，果期 8-11 月。

分布： 全洞庭湖区；湖南全省；陕西、甘肃、华东（山东除外）、
华中、华南、西南。日本、印度、不丹、朝鲜半岛、东南亚、
大洋洲、非洲及美洲。

生境： 湖区平原村庄附近、池塘边灌丛中；河谷边、山谷阴
沟或杂木林边缘，房前屋后或路旁的树荫下。海拔 10-2000 米。

应用： 块茎称"黄药子"，含呋喃去甲基二萜类化合物及黄
药子萜，清热解毒、祛湿散痰、凉血止血、催吐，治甲状腺
肿大、淋巴结核、咽喉肿痛、吐血、咯血、百日咳；外用治
疮疖；在非洲食用。

识别要点： 块茎及珠芽大；叶互生，（宽）卵状心形，长
15-26 厘米；雄花序下垂；蒴果反折下垂，三棱状长圆形；
种子中轴胎座顶部着生，具基生翅。

雨久花科 Pontederiaceae

555 薯蓣（山药）shu yu
Dioscorea polystachya Turcz.
[*Dioscorea opposita* Thunb.]

缠绕草质藤本。块茎长圆柱形，垂直生长，长逾 1 米。茎常带紫红色，右旋，无毛。茎下部叶互生，中部以上的对生，稀轮生；叶片卵状三角形至宽卵形或戟形，3–9（–16）×2–7（–14）厘米，渐尖头，基部深（宽）心形或近截形，3 浅至深裂，中裂片卵状椭圆形至披针形，侧裂片耳状，近方形至（长）圆形。有腋生珠芽。雌雄异株；柔荑花序。雄花序长 2–8 厘米，近直立，2–8 个腋生，稀圆锥状排列；花序轴"之"形曲折；苞片和花被片有紫褐色斑点；雄花的外轮花被片宽卵形，内轮卵形，较小；雄蕊 6。雌花序 1–3 腋生。蒴果不反折，三棱状（扁）圆形，1.2–2×1.5–3 厘米，具白粉；种子中部着生，周生翅。花期 6–9 月，果期 7–11 月。

分布： 全洞庭湖区；湖南全省；甘肃、陕西、河北、东北、华东、华中、华南、西南。朝鲜半岛、日本。

生境： 湖区旷野；山坡、山谷林下、溪边、路旁的灌丛中或杂草中。海拔 30–2500 米，或为栽培。

应用： 中药称"淮山药"，强壮、祛痰，对虚弱及慢性肠炎、遗精、夜尿及糖尿病等有效；块茎及珠芽作蔬菜、提食用淀粉、酿酒或煮食；可观赏。

识别要点： 具长圆柱形块茎及珠芽；叶卵状三角形至宽卵形或戟形，常 3 浅至深裂；蒴果三棱状（扁）圆形，宽大于长；种子中轴中部着生，具周生翅。

556 凤眼蓝（凤眼莲，水葫芦）feng yan lan
Eichhornia crassipes (Mart.) Solms

浮水草本，高达 60 厘米；须根发达。茎极短，具长匍匐枝。叶基生，莲座状，圆形、宽卵形或宽菱形，4.5–14.5×5–14 厘米，钝圆头，基部宽楔形或幼时浅心形，全缘，无毛，光亮，质厚，边缘微外卷，弧形脉；叶柄中部膨大成囊状或纺锤形，基部鞘状苞片长 8–11 厘米。花葶长 34–46 厘米，具棱；穗状花序 9–12 花，长 17–20 厘米。花被片基部合生成筒，近基部有腺毛，裂片 6，花瓣状，（倒）卵形或长圆形，紫蓝色，花冠近两侧对称，径 4–6 厘米，上方 1 裂片较大，长约 3.5 厘米，四周淡紫红色，中间蓝色的中央有 1 黄色圆斑，余 5 片长约 3 厘米，下方 1 裂片较窄；雄蕊 6，贴生花被筒，3 长 3 短，长的从花被筒喉部伸出，长 1.6–2 厘米，短的生近喉部，长 3–5 毫米，花丝有腺毛，花药箭形，基着，2 室，纵裂，子房上位，长梨形，长 6 毫米，3 室，中轴胎座，胚珠多数，花柱 1，长约 2 厘米，上部有腺毛，柱头密生腺毛。蒴果卵球形。花期 7–10 月，果期 8–11 月。

分布： 全洞庭湖区；湖南全省；长江流域、黄河流域及华南各地逸野归化，恶性杂草。亚洲热带已广布，原产南美洲。

生境： 湖泊、池塘及沟渠中。海拔 0–1500 米。

应用： 药用清凉解毒、祛风除湿；外敷烫伤、热疮；嫩叶可作蔬菜；家畜、家禽饲料；水景；绿肥；可监测水中的砷，并净化汞、镉、铅等重金属。

识别要点： 浮水草本；叶莲座状，宽卵形或宽菱形，弧形脉；叶柄中部囊状，具鞘状苞片；花紫蓝色，后方裂片具 1 异色斑点；雄蕊 3 长 3 短。

雨久花科 Pontederiaceae

557 鸭舌草 ya she cao
Monochoria vaginalis (Burm. f.) Presl ex Kunth

水生草本；根状茎极短，具柔软须根。茎直立或斜上，高 8-35（-50）厘米，全株光滑无毛。叶基生和茎生；叶片心状宽卵形、长卵形至披针形，2-7×0.8-5 厘米，短突尖或渐尖头，基部圆形或浅心形，全缘，弧状脉；叶柄长 10-20 厘米，基部扩大成开裂的鞘，鞘长 2-4 厘米，顶端有舌状体，长 7-10 毫米。总状花序从叶柄中部抽出，该处叶柄扩大成鞘状；花序梗短，长 1-1.5 厘米，基部有 1 披针形苞片；花序在花期直立，果期下弯；通常 3-5（稀逾 10）花，蓝色；花被片卵状披针形或长圆形，长 10-15 毫米；花梗长不及 1 厘米；雄蕊 6，其中 1 枚较大；花药长圆形，其余 5 枚较小。蒴果卵形至长圆形，长约 1 厘米。种子多数，椭圆形，长约 1 毫米，灰褐色，8-12 纵条纹。花期 8-9 月，果期 9-10 月。

分布：全洞庭湖区分布，因过度使用除草剂而变得少见；湖南全省；全国。俄罗斯西伯利亚、日本、澳大利亚、东南亚、南亚、非洲。

生境：稻田、沟旁、浅水池塘等水湿处。海拔 20-1500 米处。

应用：全草清热解毒、退热消肿、利尿；野菜；作猪饲料；可观赏。

识别要点：植株矮小，高通常 12-35 厘米；叶片卵形至卵状披针形，2-7×0.8-5 厘米，基部钝圆或浅心形；花序常 3-5（-15）花，花蓝色。

558 梭鱼草 suo yu cao
Pontederia cordata L.

多年生挺水或湿生草本，高 80-150 厘米。地下茎粗壮，黄褐色。叶基生和茎生，基生叶多数，莲座状，茎生叶叶柄绿色，圆筒形，叶形多变，心状宽卵形、长卵形至（卵状）披针形，10-20（-25）×5-15 厘米，深绿或橄榄色，光滑无毛，基部深心形，渐尖头，全缘。花葶直立，通常高出叶面；（肉）穗状花序生于佛焰苞状叶鞘的腋部，长 5-20 厘米；花两性，两侧对称，密集，可逾 200 朵，径约 1 厘米；花被片 6，2 轮，花瓣状，倒卵状椭圆形（或披针形），或近圆形，蓝（紫）色，上方 2 枚各具 2 紧邻的黄绿色大斑点，裂片基部连接为筒状，蒴果，初期绿色，成熟后褐色；果皮坚硬，种子椭圆形，径 1-2 毫米。花果期 5-10 月。

分布：益阳、岳阳；湖南各大城市栽培；全国各地引种栽培或逸为野生。原产美洲，世界各地引种。

生境：浅水池塘、湖边、沟旁等水湿处栽培；静水及水流缓慢的水域中。

应用：水景观赏植物。

识别要点：挺水或湿生草本；叶片较大，长达 25 厘米，常倒卵状披针形；穗状花序密集多花，可逾 200 朵，上方 2 枚花被片各具 2 黄绿色大斑点。

鸢尾科 Iridaceae

559 蝴蝶花 hu die hua
Iris japonica Thunb.

多年生草本。直立根状茎较粗而节间密，横走的细而节间长。叶基生，暗绿色，有光泽，无明显中脉，剑形，20–60×1.5–3厘米。花茎有5–12侧枝，顶生总状圆锥花序；苞片3–5，膜质，包2–4花。花淡蓝或蓝紫色，径4.5–5.5厘米；花被筒长1.1–1.5厘米；外花被裂片卵圆形或椭圆形，长2.5–3厘米，有黄色斑纹，细齿缘，中脉有黄色鸡冠状附属物，内花被裂片椭圆形，长2.8–3厘米；花药白色，长0.8–1.2厘米；花柱分枝扁平，中脉淡蓝色，顶端裂片深裂成丝状，子房纺锤形。蒴果椭圆状卵圆形，长2.5–3厘米，无喙，6纵肋。种子黑褐色，不规则多面体。花期3–4月，果期5–6月。

分布： 全洞庭湖区；湖南全省；青海、陕西、甘肃、山西、华东（山东除外）、华中、华南、西南。日本、缅甸。

生境： 湖区平原林下沟边草丛或灌丛中；山坡较阴蔽而湿润的草地、疏林下或林缘草地。海拔（20–）400–800（–3400）米。

应用： 草药，全草清热解毒、消瘀逐水，治疗小儿发烧、肺病咯血、喉痛、外伤瘀血等；根茎清热解毒、消肿止痛、泻下通便、固脱；栽培花卉。

识别要点： 根状茎竹鞭状；地上茎不明显，扁圆形；叶基生；花茎分枝5–12；花淡蓝或蓝紫色，径4.5–5.5厘米，外花被裂片具鸡冠状附属物；蒴果椭圆状柱形，6明显纵肋，无喙。

560 黄菖蒲（黄鸢尾） huang chang pu
Iris pseudacorus L.

多年生草本，植株基部围有少量老叶残留的纤维。根状茎粗壮，径达2.5厘米，斜伸，节明显，黄褐色；须根黄白色，有皱缩的横纹。基生叶灰绿色，宽剑形，40–60×1.5–3厘米，渐尖头，基部鞘状，色淡，中脉较明显。花茎粗壮，60–70×0.4–0.6厘米，有明显纵棱，上部分枝，茎生叶比基生叶短窄；苞片3–4，膜质，绿色，披针形，6.5–8.5×1.5–2厘米，渐尖头；花黄色，径10–11厘米；花梗长5–5.5厘米；花被管长1.5厘米，外花被裂片卵圆形或倒卵形，约7×4.5–5厘米，爪部狭楔形，中央下陷呈沟状，有黑褐色条纹，内花被裂片较小，倒披针形，直立，约2.7×0.5厘米；雄蕊长约3厘米，花丝黄白色，花药黑紫色；花柱分枝淡黄色，约4.5×1.2厘米，顶端裂片半圆形，边缘有疏牙齿，子房绿色，三棱状柱形，约2.5×0.5厘米。花期5月，果期6–8月。

分布： 全洞庭湖区习见栽培；湖南各大城市栽培；全国各地常见栽培。原产欧洲，世界温带栽培。

生境： 河湖沿岸的湿地或沼泽地上，或湖边、池塘边、公园湿地栽培。

应用： 茎民间药用作催吐剂，富含丹宁，具辛辣刺激气味，也可治皮肤病及呼吸道疾病；观赏花卉；根富集重金属，可净化水质。

识别要点： 叶宽1.2–2.5厘米，中脉较明显；花茎有数个细长分枝；花黄色，径10–11厘米，外花被裂片卵圆形或倒卵形，中脉无任何附属物。

561　变色鸢尾 bian se yuan wei
Iris versicolor L.

多年生湿生或挺水草本，植株基部生有毛发状老叶残留纤维。根状茎圆柱形，斜伸，具明显环节，外包棕褐色老叶残留的纤维。叶两面略带灰白色，剑形，40-60×1.3-1.8 厘米，无明显中脉。花茎高 45-60 厘米，上部常 2-3 分枝，分枝长10-14 厘米；苞片 3-4，（狭）披针形，长 4-8 厘米，膜质缘，内含 2-3 花；花蓝紫色，径 8-9 厘米；花被管长 0.5-1 厘米，外花被裂片倒披针形，6-7×1-1.5 厘米，中脉上无附属物，内花被裂片狭倒披针形，较外轮短小，长约 3 厘米，直立；雄蕊长约 5 厘米，花药蓝紫色；花柱分枝片状，长约 6 厘米，拱形弯曲，蓝紫色，中脉上颜色略深，顶端裂片半圆形，子房三棱状柱形。蒴果三棱状圆柱形，长 4-5 厘米，钝头，无喙。花期 5 月，果期 6-9 月。

分布： 全洞庭湖区习见栽培；湖南各大城市栽培；全国各地常见栽培。原产美洲，世界各地栽培。

生境： 湖边、池塘边、公园湿地、庭院花境、路旁栽植；灌木林缘、阳坡地、林缘及水边湿地。

应用： 观赏花卉；根富集重金属，可净化水质。

识别要点： 与西藏鸢尾区别：花蓝紫色；外花被裂片中部无白色环形斑纹。与山鸢尾区别：外花被裂片倒披针形，内花被裂片长约 3 厘米。

562　黄花庭菖蒲（黄菖蒲）huang hua ting chang pu
Sisyrinchium exile E. P. Bicken.

多年生直立宿根草本，旱生、湿生或水生，高达 12 厘米；具粗大块状肉质宿根；茎细直，节明显，直立或斜生，生殖茎具纵翼，有节。叶线形、披针形至剑形，7-10×0.5-0.8 厘米，基部呈宽鞘状，平行脉。聚伞状圆锥花序，花单一或数朵顶生，花多两性，细小，径约 0.5 厘米；花被片离生，呈花瓣状披针形，6 片，大小不等，2 轮排列，辐射对称，每轮 3 枚大小相等，黄色，下半部带紫红色；雄蕊 3；花丝合生或偶离生，花柱 3 裂，自雄蕊间穿出，子房下位，3 室。蒴果球形，绿色，成熟后棕褐色，种子多数。花期 5 月。

分布： 岳阳、益阳、沅江，为外来入侵植物，已归化；湘北，分布新记录；福建，归化。原产北美洲，日本有分布。

生境： 低至中海拔潮湿地或田埂、路旁与沙质湿地、河湖沿岸的湿地或沼泽地上。

应用： 可作观赏草坪；护堤。

识别要点： 与鸢尾叶庭菖蒲（*Sisyrinchium iridifolium* Kunth）相似，但花黄色，而后者的花蓝色。

灯心草科 Juncaceae

563 翅茎灯心草 chi jing deng xin cao
Juncus alatus Franch. et Savat.

多年生草本，高 11–48 厘米；根状茎短而横走。茎丛生，直立，扁平，两侧有狭翅，宽 2–4 毫米，具不明显横隔。叶基生或茎生，前者多枚，后者 1–2；叶片扁平，线形，5–16×0.3–0.4 厘米，锐尖头，具不明显横隔或几无；叶鞘两侧压扁，膜质缘，松弛抱茎；叶耳小。（4–）7–27 头状花序排成聚伞状花序，花序长 3–12 厘米，花序常 3 分枝，上端分枝常向两侧伸展；花序梗长短不等，长者达 8 厘米；叶状总苞片长 2–9 厘米；头状花序扁平，3–7 花；苞片 2–3，宽卵形，膜质，2–2.5×约 1.5 毫米，急尖头；小苞片 1，卵形；花淡绿或黄褐色；花梗极短；花被片披针形，3–3.5×1–1.3 毫米，渐尖头，膜质缘，外轮背脊明显，内轮稍长；雄蕊 6；花药长圆形，长约 0.8 毫米，黄色；花丝基部扁平，长约 1.7 毫米；子房椭圆形，1 室；花柱短，柱头 3 分叉，长约 0.8 毫米。蒴果三棱状圆柱形，长 3.5–5 毫米，短钝突尖头，淡黄褐色。种子椭圆形，长约 0.5 毫米，黄褐色，具纵条纹。花期 4–7 月，果期 5–10 月。

分布： 全洞庭湖区；湖南全省；陕西、甘肃、河北、华东、华中、华南、西南。日本、朝鲜半岛。

生境： 水边、田边、湿草地和山坡林下阴湿处。海拔 20–2300 米。

应用： 茎髓及全草药用，清心降火、利尿通淋；湿地生态景观。

识别要点： 根状茎短而横走；茎丛生，扁平，有狭翅，具横隔；叶基生或 1–2 枚茎生，长 5–16 厘米，几无横隔；7–27 头状

花序排成常 3 分枝的聚伞状，叶状总苞片长 2–9 厘米；蒴果三棱状圆柱形。

564 星花灯心草 xing hua deng xin cao
Juncus diastrophanthus Buchen.

多年生草本，高 10–35 厘米。茎丛生，微扁，两侧略有窄翅，宽 1–2.5 毫米。叶基生和茎生，具鞘状低出叶；基生叶叶片较短；茎生叶 1–3，叶片线形，长 4–10 厘米，与基生叶均具短叶鞘，有不明显横隔；叶耳稍钝。（3–）6–24 头状花序排成顶生复聚伞状；头状花序 5–14 花，星芒状球形，径 0.6–1 厘米；叶状苞片线形，长 3–7 厘米，短于花序；苞片 2–3，披针形；小苞片 1，卵状披针形。花绿色；花被片窄披针形，外轮长 3–4 毫米，内轮稍长，具芒尖，膜质缘，中脉明显；雄蕊 3，1/2–2/3 花被片长；子房 1 室，花柱短，柱头 3 分叉，深褐色。蒴果三棱状长圆柱形，长 4–5 毫米，超过花被片，锐尖头，黄绿（褐）色，光亮。种子倒卵状椭圆形，长 0.5–0.7 毫米，两端有小尖头，黄褐色，具纵纹。花期 5–6 月，果期 6–7 月。

分布： 全洞庭湖区；长沙、沅陵；广西、甘肃、陕西、华东、华中、西南。日本、朝鲜半岛、印度。

生境： 湖、塘、沟边浅水或淤泥地；溪边、田边、疏林下水湿处。海拔（30–）600–1300 米。

应用： 全草清热利尿、消食；湿地生态景观。

识别要点： 与笄石菖近似，但植株通常较矮，茎微扁平，两侧略具狭翅；花被片内轮比外轮长，头状花序呈星芒状球形；蒴果三棱状长圆柱形。

565 灯心草 deng xin cao
Juncus effusus L.

多年生草本，高达 1.1 米；根状茎横走。茎丛生，直立，圆柱形，淡绿色，具纵条纹，径 1-4 毫米，茎内充满白色髓心。全为低出叶，鞘状或鳞片状，长 1-22 厘米，基部红（黑）褐色；叶片退化为刺芒状。聚伞花序假侧生，多花，排列紧密或疏散；总苞片生于顶端，直立，圆柱形，似茎延伸，长 5-28 厘米，锐尖头；小苞片 2，宽卵形，膜质，尖头；花淡绿色；花被片线状披针形，2-12.7×0.8 毫米，锐尖头，背脊增厚突出，黄绿色，膜质缘，外轮者稍长于内轮；雄蕊 3（-6），约 2/3 花被片长；花药长圆形，黄色，长约 0.7 毫米，稍短于花丝；子房 3 室；花柱极短；柱头 3 分叉，长约 1 毫米。蒴果长圆形或卵形，长约 2.8 毫米，钝或微凹头，黄褐色。种子卵状长圆形，长 0.5-0.6 毫米，黄褐色。花期 4-7 月，果期 6-9 月。

分布： 全洞庭湖区；湖南全省；全国。朝鲜半岛、日本、东南亚、南亚，世界温暖地区广布。

生境： 河湖边、池旁、水沟、稻田旁、草地、沼泽、向阳山沟、山谷或浅水中。海拔 20-3400 米。

应用： 髓心利尿、清凉、镇静；全草降心火、清肺热、清凉镇静、利尿通淋，治淋病、水肿、小便不利、湿热黄疸、心烦不寐、小儿夜啼、创伤，外用吹喉、治喉痹；湿地生态景观；供造纸、人造棉和编凉席、草帽、坐垫、草鞋；髓心作灯烛心用。

识别要点： 较粗高，茎纵纹浅，径达 3 毫米；小苞片宽卵形；花被片线状披针形，长 2-12.7 毫米，外轮稍长于内轮；种子卵状长圆形，黄褐色。

566 笄石菖（江南灯心草）ji shi chang
Juncus prismatocarpus R. Br.

多年生，高达 0.7 米，具根状茎。茎丛生，直立、斜上或平卧，圆柱形稍扁。叶短于花序；基生叶少，茎生叶 2-4；叶片扁平线形，10-25×0.2-0.4 厘米，渐尖头，具不完全横隔；叶鞘膜质缘，长 2-10 厘米，或带红褐色；叶耳稍钝。5-20（-30）头状花序成顶生复聚伞花序，具不等长花序梗；头状花序（4-）8-15（-20）花，半（近）球形，径 7-10 毫米；叶状总苞片 1，线形，短于花序；苞片多枚，宽卵形或卵状披针形，长 2-2.5 毫米，锐尖或尾尖头，膜质，1 脉；花具短梗；花被片狭（线状）披针形，3.5-4×1 毫米，外轮与内轮等长或稍短，尖锐头，具纵脉，狭膜质缘，绿或淡红褐色；雄蕊 3，花药线形，淡黄色；花丝长 1.2-1.4 毫米；花柱极短；柱头 3 分叉，细长弯曲。蒴果三棱状圆锥形，长 3.8-4.5 毫米，短尖头，1 室，淡（黄）褐色。种子长卵形，长 0.6-0.8 毫米，短小尖头，蜡黄色，具纵条纹及细微横纹。花期 3-6 月，果期 7-8 月。

分布： 全洞庭湖区；湖南全省；吉林、辽宁、河北、山西、陕西、宁夏、华东、华中、华南、西南。俄罗斯东部、日本、巴布亚新几内亚、新西兰、朝鲜半岛、东南亚、南亚、大洋洲。

生境： 水湿荒草地；池塘、水田、溪边、路旁沟边、疏林草地及山坡湿地。海拔 30-3000 米。

应用： 湿地生态景观；水田杂草。

识别要点： 与圆柱叶灯心草（变种）区别：后者植株常较高大；叶圆柱形，有时干后稍压扁，具明显的完全横隔膜，单管。

鸭跖草科 Commelinaceae

567 饭包草 fan bao cao
Commelina bengalensis L.

多年生披散草本。茎大部分匍匐，节上生根，上部及分枝上部上升，长达 70 厘米，被疏柔毛。叶具明显叶柄；叶片卵形，3-7×1.5-3.5 厘米，钝或急尖头，近无毛；叶鞘口沿有疏而长的睫毛。总苞片漏斗状，与叶对生，常数个集于枝顶，下部边缘合生，长 8-12 毫米，被疏毛，短急尖或钝头，柄极短；花序下面一枝具细长梗，具 1-3 朵不孕花，伸出佛焰苞，上面一枝数花，结实，不伸出佛焰苞；萼片膜质，披针形，长 2 毫米，无毛；花瓣蓝色，圆形，长 3-5 毫米；内面 2 枚具长爪。蒴果椭圆状，长 4-6 毫米，3 室，腹面 2 室，每室种子 2，开裂，后面一室种子 1 或 0，不裂。种子长近 2 毫米，多皱，具不规则网纹，黑色。花期夏秋。

分布： 沅江；湖南全省；陕西、河北、华东、华中、华南、西南。亚洲和非洲泛热带。

生境： 湿地、田边、路边。海拔 20-2300 米。

应用： 全草清热解毒、消肿利尿，治小儿肺炎、小便短赤、涩痛、疔疮；作猪饲料。

识别要点： 植物体被疏柔毛；茎大部分匍匐，节上生根；叶有明显的柄，叶片卵形至宽卵形，长不超过 7 厘米；佛焰苞下缘连合成漏斗状或风帽状；花瓣蓝色；蒴果 3 片裂，每室 2 籽。

568 鸭跖草 ya zhi cao
Commelina communis L.

一年生披散草本。茎匍匐生根，多分枝，长达 1 米，下部无毛，上部被短毛。叶（卵状）披针形，3-9×1.5-2 厘米。总苞片佛焰苞状，有 1.5-4 厘米的柄，与叶对生，折叠状，展开后为心形，短急尖头，基部心形，长 1.2-2.5 厘米，常具硬缘毛；聚伞花序，下面一枝仅 1 花，具长 8 毫米的梗，不孕；上面一枝 3-4 花，具短梗，几不伸出佛焰苞。花梗花期长 3 毫米，果期达 6 毫米，弯曲；萼片膜质，长约 5 毫米，内面 2 枚常靠近或合生；花瓣深蓝色；内面 2 枚具爪，长近 1 厘米。蒴果椭圆形，长 5-7 毫米，2 室，2 片裂。种子 4，长 2-3 毫米，棕黄色，一端平截、腹面平，有不规则窝孔。花果期 6-10 月。

分布： 全洞庭湖区；湖南全省；全国（新疆及青藏高原除外）。俄罗斯（远东地区）、日本、朝鲜半岛、中南半岛、北美洲。

生境： 湿地、田野、路边、荒土堆。

应用： 全草清热利湿、凉血解毒，为消肿利尿、清热解毒良药，对睑腺炎、咽炎、扁桃体炎、宫颈糜烂、腹蛇咬伤有良效；全草作农药；野菜；饲料；可观赏；种子油制皂。

识别要点： 叶片 3-9×2 厘米；佛焰苞折叠状，长 1.2-2.5 厘米，展开后为心形，短急尖头，常有硬缘毛；花瓣深蓝色；蒴果 2 室，每室种子 2。

569 水竹叶 shui zhu ye
Murdannia triquetra (Wall.) Bruckn.

多年生草本。根状茎长而横走，具叶鞘，节间长约6厘米，节上具须根。茎肉质，下部匍匐，节上生根，上部上升，多分枝，长达40厘米，节间长8厘米，密生一列白色硬毛，并与下一叶鞘的一列毛相连续。叶无柄，仅叶片下部有睫毛和叶鞘合缝处有一列毛，并与上一节上的衔接，叶其余部分无毛；叶片竹叶形，平展或稍折叠，2-6×0.5-0.8厘米，渐尖而头钝。花序通常单朵花，顶生兼腋生，花序梗长1-4厘米，顶生者梗长，腋生者短，花序梗中部有一条状苞片，有时苞片腋中生一朵花；萼片绿色，狭长圆形，浅舟状，长4-6毫米，无毛，果期宿存；花瓣粉红、紫红或蓝紫色，倒卵圆形，稍长于萼片；花丝密生长须毛。蒴果卵圆状三棱形，5-7×3-4毫米，两端钝或短急尖，每室种子（1）3（2）。种子短柱状，不扁，红灰色。花期（5-）9-10月，果期10-11月。

分布： 沅江、益阳、湘阴；湖南全省；陕西、华东、华中、华南、西南。印度、越南、老挝、柬埔寨。

生境： 水稻田边或湿地淤泥或草丛中。海拔10-1600米。

应用： 全草清热解毒、利尿消肿，治蛇虫咬伤；幼嫩茎叶可食用；优质饲料；稻田杂草。

识别要点： 水生或沼生草本；具长而横走的根状茎；叶片条状披针形，2-6×0.5-0.8厘米；花序常1（2-3）花，萼片长4-6毫米；蒴果长圆状三棱形，5-7×3-4毫米，两端稍钝；种子不扁。

谷精草科 Eriocaulaceae

570 谷精草 gu jing cao
Eriocaulon buergerianum Koern.

草本。叶线形，丛生，半透明，具横格，4-20×0.2-0.5厘米，7-12（-18）脉。花葶多数，长达30厘米，扭转，4-5棱；鞘状苞片长3-5厘米，口部斜裂；花序近球形，禾秆色，3-5×4-5毫米；总苞片倒卵形至近圆形，禾秆色，下半部较硬，上半部纸质，不反折，2-2.5×1.5-1.8毫米，无毛或边缘有少数毛；总（花）托常有密柔毛；苞片（长）倒卵形，1.7-2.5×0.9-1.6毫米，背面上部及顶端有白短毛；雄花花萼佛焰苞状，外侧裂开，3浅裂，长1.8-2.5毫米，背面及顶端多少有毛；花冠裂片3，近锥形，几等大，近顶处各有1黑色腺体，端部常有2细胞的白短毛；雄蕊6，花药黑色。雌花花萼合生，外侧开裂，顶端3浅裂，长1.8-2.5毫米，背面及顶端有短毛，外侧裂口边缘有毛，下长上短；花瓣3，离生，扁棒形，肉质，顶端各具1黑色腺体及若干白短毛，果成熟时毛易落，内面常有长柔毛；子房3室，花柱分枝3，短于花柱。种子矩圆状，长0.75-1毫米，具横格及"T"字形突起。花果期7-12月。

分布： 全洞庭湖区，偶见；湖南全省；江南各省。日本、朝鲜半岛。

生境： 稻田、水边。海拔20-1300米。

应用： 全草明目退翳，花序治风热眼疾、目翳畏光，作兽药。

识别要点： 苞片背面上部密生白色短毛；子房3室。与四国谷精草区别：后者总苞片超出花序。

禾本科 Gramineae, Poaceae

571 台湾剪股颖 tai wan jian gu ying
Agrostis canina L. var. **formosana** Hack.
[*Agrostis sozanensis* Hayata]

多年生草本，具根状茎。秆丛生，直立或基部稍倾斜上升，高达90厘米，径1-1.2毫米，3-5节。叶鞘无毛，上部叶鞘短于节间；叶舌干膜质，钝或平截头，长2-6毫米；叶片线形，7-20（-30）×0.2-0.5厘米，扁平或先端内卷成锥状，微粗糙。圆锥花序尖塔形或长圆形，15-30×3-10厘米，疏松开展，分枝达10余枚，少者2-4枚，平展或上举，下部有1/2-2/3裸露无小穗，细弱，微粗糙；小穗柄长1-3.5毫米；两颖近等长或第一颖稍长，脊上微粗糙，（渐）尖头；外稃长1.5-2毫米，钝或平截头，微具齿，5脉明显，中部以下生1芒，芒长0.8-2（-3）毫米，细直或微扭，基盘两侧有长0.2毫米的短毛；内稃长约0.5毫米；花药线形，长1-1.2毫米。花果期夏秋季。

分布: 全洞庭湖区；湖南全省；广东、华东（山东除外）、华中、西南（西藏除外）。

生境: 湿地、水边、路旁潮湿地，湿润山坡。海拔20-2700米。

应用: 牛、羊等家畜饲料；草坪草。

识别要点: 圆锥花序尖塔形或长圆形；外稃上的芒短而较直，着生于外稃的中部至近顶端，圆锥花序中部的小穗有时无芒。

572 剪股颖 jian gu ying
Agrostis matsumurae Hack. ex Honda
[*Agrostis clavata* Trin.]

多年生草本，具细弱的根状茎。秆丛生，直立，柔弱，20-50厘米×0.6-1毫米，常2节，顶节位于秆基1/4处。叶鞘松弛，平滑，长于或上部者短于节间；叶舌透明膜质，圆形头或具细齿，长1-1.5毫米；叶片直立，扁平，1.5-10厘米×1-3毫米，短于秆，微粗糙，上面绿或灰绿色，分蘖叶片长达20厘米。圆锥花序窄线形，或于开花时开展，5-15×0.5-3厘米，绿色，每节2-5细长分枝，主枝长达4厘米，直立或有时上升；小穗柄长1-2毫米，棒状，小穗长1.8-2毫米；第一颖稍长于第二颖，尖头，平滑，脊上微粗糙；外稃无芒，长1.2-1.5毫米，明显5脉，钝头，基盘无毛；内稃卵形，长约0.3毫米；花药微小，长0.3-0.4毫米。花果期4-7月。

分布: 全洞庭湖区；湖南全省；全国。欧亚大陆及北美洲寒温带与温暖地带，大洋洲传布。

生境: 草地、山坡林下、路边、田边、溪旁。海拔（10-）300-1700米。

应用: 幼嫩茎叶作牧草；草坪草。

识别要点: 植株直立，秆常2节；花序（黄）绿色，收缩呈线形，分枝长3-4（-6）厘米；外稃无芒，钝头；内稃卵形或长圆形，先端近无齿。

573 看麦娘 kan mai niang
Alopecurus aequalis Sobol.

一年生草本，高 15-40 厘米。秆少数丛生，细瘦，光滑，节处常膝曲。叶鞘光滑，短于其节间；叶舌膜质，长 2-5 毫米；叶片扁平，3-10×0.2-0.6 厘米。圆锥花序圆柱状，灰绿色，2-7×0.3-0.6 厘米；小穗椭圆形或卵状长圆形，长 2-3 毫米；颖膜质，基部互相连合，3 脉，脊上有细纤毛，侧脉下部有短毛；外稃膜质，钝头，等大于或稍长于颖，下部边缘互相连合，芒长 1.5-3.5 毫米，约于稃体下部 1/4 处伸出，隐藏或稍外露；花药橙黄色，长 0.5-0.8 毫米。颖果长约 1 毫米。花果期 4-8 月。

分布： 全洞庭湖区；湖南全省；全国。欧亚大陆及北美洲寒温带与温暖地带，大洋洲传布。

生境： 田间、水边、林下、路旁潮湿地。海拔 0-3500 米。

应用： 幼嫩茎叶作牧草；经酒曲发酵后作家畜饲料；生态景观。

识别要点： 较细矮，高 15-40 厘米；圆锥花序较细短，2-7×0.3-0.6 厘米；小穗短，长 2-3 毫米，芒长 2-3 毫米，不或微露；花药橙黄色，长 0.5-0.8 毫米。

574 日本看麦娘 ri ben kan mai niang
Alopecurus japonicus Steud.

一年生草本。秆少数丛生，直立或基部膝曲，3-4 节，高 20-50 厘米。叶鞘松弛；叶舌膜质，长 2-5 毫米；叶片扁平，上面粗糙，下面光滑，3-12×3-7 毫米。圆锥花序圆柱状，3-10×0.4-1 厘米；小穗长圆状卵形，长 5-6 毫米；颖仅基部互相连合，3 脉，脊上具纤毛；外稃略长于颖，厚膜质，下部边缘互相连合，芒长 8-12 毫米，近稃体基部伸出，上部粗糙，中部稍膝曲；花药淡色或白色，长约 1 毫米。颖果半椭圆形，长 2-2.5 毫米。花果期 2-5 月。

分布： 全洞庭湖区；湖南全省；内蒙古、陕西、东北、华东、华中、华南、西南。日本、朝鲜半岛。

生境： 田边及湿地。海拔 0-2000 米。

应用： 牧草；经酒曲发酵后作家畜饲料；生态景观。

识别要点： 稍粗壮，高 20-50 厘米；圆锥花序较粗长，3-10×0.4-1 厘米；小穗长 5-6 毫米；芒长 8-12 毫米，显著外露；花药灰白色，长约 1 毫米。

575 荩草 jin cao
Arthraxon hispidus (Thunb.) Makino

一年生草本。秆细弱，无毛，基部倾斜，高 30-60 厘米，多节，常分枝，基部节着地易生根。叶鞘短于其节间，生短硬疣毛；叶舌膜质，长 0.5-1 毫米，边缘具纤毛；叶片卵状披针形，2-4×0.8-1.5 厘米，基部心形，抱茎，除下部边缘生疣基毛外余均无毛。总状花序细弱，长 1.5-4 厘米，2-10 枚呈指状排列或簇生于秆顶；总状花序轴节间无毛，长为小穗的 2/3-3/4。无柄小穗卵状披针形，两侧压扁，长 3-5 毫米，灰绿或带紫色；第一颖草质，膜质缘，包住第二颖 2/3，7-9 脉，脉上粗糙至生疣基硬毛，顶端及边缘尤多，锐尖头；第二颖近膜质，与第一颖等长，舟形，脊上粗糙，3 脉，尖头；第一外稃长圆形，透明膜质，尖头，长为第一颖的 2/3；第二外稃与第一外稃等长，透明膜质，近基部伸出一膝曲的芒；芒长 6-9 毫米，基部扭转；雄蕊 2；花药黄或带紫色，长 0.7-1 毫米。颖果长圆形，与稃体等长。有柄小穗退化仅到针状刺，柄长 0.2-1 毫米。花果期 9-11 月。

分布：全洞庭湖区；湘西南、湘中、湘北；全国。亚洲、非洲、新几内亚岛、澳大利亚。

生境：生于山坡草地阴湿处。海拔 20-2300 米。

应用：茎叶杀菌，治久咳及洗疮；可供放牧；可作草坪草；全草压汁作黄色染料；可造纸。

识别要点：秆细弱，基部节着地易生根；叶鞘生短硬疣毛；叶片卵状披针形，2-4×0.8-1.5 厘米，仅下部边缘生疣基毛；总状花序 2-10 枚指状排列，轴无毛；雄蕊 2；颖果与稃体等长。

576 匿芒荩草 ni mang jin cao
Arthraxon hispidus (Thunb.) Makino var. **cryptatherus** (Hack.) Honda

形态特征与荩草（原变种）相似，主要区别为：其芒甚短或长为小穗的 1/2，通常包于小穗之内而不外露。花果期 9-11 月。

分布：全洞庭湖区；湖南全省；华北、华中、华东、华南、西南。日本。

生境：湖区平原旷野草地；山坡、旷野及沟边阴湿处。

应用：马、牛喜吃，牛越冬干饲料；可作草坪草。

识别要点：芒极短不外露。

577 毛秆野古草（野古草）mao gan ye gu cao
Arundinella hirta (Thunb.) Tanaka

多年生草本。根茎较粗壮，被淡黄色鳞片，须根径约1毫米。秆直立，高90-150厘米，径2-4毫米，质稍硬，被白色疣毛及疏长柔毛，后变无毛，节黄褐色，密被短柔毛。叶鞘被疣毛，边缘具纤毛；叶舌长约0.2毫米，上缘截平，具长纤毛；叶片15-40×约1厘米，长渐尖头，两面被疣毛。圆锥花序长15-40厘米，花序柄、主轴及分枝均被疣毛；孪生小穗柄分别长约1.5毫米及4毫米，较粗糙，具疏长柔毛；小穗长3-4.2毫米，无毛；第一颖长2.4-3.4毫米，渐尖头，3-7脉，常5脉；第二颖长2.8-3.6毫米，5脉；第一小花雄性，长3-3.5毫米，外稃3-5脉，内稃略短；第二小花长卵形，外稃长2.4-3毫米，无芒，常具0.2-0.6毫米的小尖头，基盘毛长1-1.6毫米，约为稃体的1/2。花果期8-10月。

分布：全洞庭湖区；湖南全省；甘肃、陕西、宁夏、东北、华北、华东、华中、华南、西南。日本、朝鲜半岛、俄罗斯东部。

生境：沿河湖堤岸、湖心小岛草丛中；山坡、路旁或灌丛中。海拔10-1500米。

应用：幼嫩时作牛、羊、马的饲料；生态景观；固堤保土；可作纤维原料。

识别要点：秆及花序柄具硬疣毛；花序柄有很长一段伸出叶鞘之外，小穗不具硬疣毛；第二外稃无芒，常具0.2-0.6毫米的小尖头。

578 芦竹 lu zhu
Arundo donax L.

多年生，具发达根状茎。秆粗大直立，（2-）3-6（-7）米×1-2.5（-3.5）厘米，坚韧，多数节，常生分枝。叶鞘长于其节间，无毛或颈部具长柔毛；叶舌截平，长约1.5毫米，先端具短纤毛；叶片扁平，30-50×3-5厘米，上面与边缘微粗糙，基部白色，抱茎。圆锥花序极大型，30-60（-90）×3-6厘米，分枝稠密，斜升；小穗长（8-）10-12毫米，2-4小花，小穗轴节长约1毫米；外稃中脉延伸成1-2毫米的短芒，背面中部以下密生长柔毛，毛长5-7毫米，基盘长约0.5毫米，两侧上部具短柔毛，第一外稃长约1厘米；内稃长约为外稃之半；雄蕊3，颖果细小黑色。为5倍、6倍和9倍的非整倍体。花果期9-12月。

分布：岳阳、益阳；湘中、湘南、湘西、湘北；华东、华中、华南、西南，南方各地栽培。亚洲、北非、南欧、大洋洲热带地区，世界广布。

生境：河岸道旁、砂质壤土上，庭院栽培。

应用：芽治疮疥、阴囊肿大；幼嫩枝叶的粗蛋白质达12%，是牲畜的良好青饲料；生态景观；秆为制管乐器中的簧片；优质纸浆和人造丝的原料；水土保持。

识别要点：与台湾芦竹区别：植株高大粗壮，秆高2-7米；小穗长8-12毫米；外稃柔毛长约5毫米。

579 野燕麦 ye yan mai
Avena fatua L.

一年生草本。须根较坚韧。秆直立，光滑无毛，高 60-120 厘米，2-4 节。叶鞘松弛，光滑或基部者被微毛；叶舌透明膜质，长 1-5 毫米；叶片扁平，10-30×0.4-1.2 厘米，微粗糙，或上面和边缘疏生柔毛。圆锥花序开展，金字塔形，长 10-25 厘米，分枝具棱角，粗糙；小穗长 18-25 毫米，2-3 小花，其柄弯曲下垂，顶端膨胀；小穗轴密生淡棕或白色硬毛，其节脆硬易断落，第一节间长约 3 毫米；颖草质，几相等，通常 9 脉；外稃质地坚硬，第一外稃长 15-20 毫米，背面中部以下具淡棕或白色硬毛，芒自稃体中部稍下处伸出，长 2-4 厘米，膝曲，芒柱棕色，扭转。颖果被淡棕色柔毛，腹面具纵沟，长 6-8 毫米。花果期 4-9 月。

分布： 全洞庭湖区；湖南全省；全国，早期归化种。原产欧洲及西亚和中亚，现世界温、寒带地区广布。

生境： 荒野、田埂、路旁、山坡草地、林缘。海拔 20-4300 米。

应用： 可代粮食，印第安人代粮食用；牛、马的青饲料；可作草坪草；造纸原料；小麦田间杂草；小麦黄矮病寄主。

识别要点： 秆直立，光滑无毛，高达 1.2 米；圆锥花序开展呈金字塔形；小穗 2-3 小花，柄弯垂，轴密生硬毛，易脱节；外稃质坚硬，长 15-20 毫米，2 浅裂齿头，被硬毛，膝曲芒长 2-4 厘米。

580 茵草 wang cao
Beckmannia syzigachne (Steud.) Fern.

一年生草本。秆直立，高 15-90 厘米，2-4 节。叶鞘无毛，多长于其节间；叶舌透明膜质，长 3-8 毫米；叶片扁平，5-20×0.3-1 厘米，粗糙或下面平滑。圆锥花序长 10-30 厘米，分枝稀疏，直立或斜升；小穗扁平，圆形，灰绿色，常 1 小花，长约 3 毫米；颖草质；边缘质薄，白色，背部灰绿色，具淡色横纹；外稃披针形，5 脉，常具伸出颖外的短尖头；花药黄色，长约 1 毫米。颖果黄褐色，长圆形，长约 1.5 毫米，先端具丛生短毛。花果期 4-10 月。

分布： 全洞庭湖区；湖南全省；全国。俄罗斯、蒙古国、日本、朝鲜半岛、中亚、欧洲、北美洲，世界广布种。

生境： 稻田、积水湿地、沟渠边及浅的流水中；亚高山草甸、半沼泽、河漫滩或水旁潮湿处。海拔 20-3800 米。

应用： 药用清热、利胃肠、益气，治感冒发热、食滞胃肠、身体乏力；谷粒可食，滋养健胃；家畜优质青饲料；湿地景观；水质净化；稻田杂草。

识别要点： 与毛颖茵草（变种）区别：后者颖上具硬毛；产我国东北地区。

581 四生臂形草 si sheng bi xing cao
Brachiaria subquadripara (Trin.) Hitchc.

一年生草本。秆高 20-60 厘米，纤细，下部平卧，节上生根，节膨大而生柔毛，节间具狭槽。叶鞘松弛，被疣基毛或具缘毛；叶片（线状）披针形，4-15×0.4-1 厘米，渐尖或急尖头，基部圆形，无毛或稀生短毛，边缘增厚而粗糙，常呈微波状。3-6 总状花序组成圆锥花序；总状花序长 2-4 厘米；主轴及穗轴无刺毛；小穗长圆形，3.5-4× 约 1.2 毫米，渐尖头，近无毛，通常单生；第一颖广卵形，长约为小穗之半，5-7 脉，包着小穗基部；第二颖与小穗等长，7 脉，第一小花中性，外稃与小穗等长，7 脉，内稃狭窄而短小；第二外稃草质，长约 3 毫米，锐尖头，具细横皱纹，边缘稍内卷，包着同质的内稃；鳞被 2，折叠，长约 0.6 毫米；雄蕊 3；花柱基分离。花果期 9-11 月。

分布： 沅江；湘南、湘北；江西、福建、贵州、云南、华南。亚洲热带、太平洋岛屿、大洋洲。

生境： 平原湖堤、田埂草丛中；丘陵草地、田野、疏林下或沙丘上。

应用： 牛、马饲料；可作草坪草；护坡、护堤地被植物；难除杂草。

识别要点： 秆高 20-60 厘米，下部平卧地面，节膨大而生柔毛，节间具狭槽；3-6 总状花序组成圆锥花序，小穗单生，狭长圆形，长 3-4 毫米；第一颖长为小穗的 1/3-1/2，第二外稃锐尖但不具小尖头。

582 雀麦 que mai
Bromus japonicus Thunb. ex Murr.

一年生草本。秆直立，高 40-90 厘米。叶鞘闭合，被柔毛；叶舌近圆形头，长 1-2.5 毫米；叶片两面生柔毛，12-30×0.4-0.8 厘米。圆锥花序疏展，20-30×5-10 厘米，2-8 分枝，向下弯垂；分枝细，长 5-10 厘米，上部生 1-4 小穗；小穗黄绿色，密生 7-11 小花，12-20× 约 5 毫米；颖近等长，脊粗糙，膜质缘，第一颖长 5-7 毫米，3-5 脉，第二颖长 5-7.5 毫米，7-9 脉；外稃椭圆形，草质，膜质缘，长 8-10 毫米，一侧宽约 2 毫米，9 脉，微粗糙，钝三角形头，芒自先端下部伸出，长 5-10 毫米，基部稍扁平，成熟后外弯；内稃 7-8× 约 1 毫米，两脊疏生细纤毛；小穗轴短棒状，长约 2 毫米；花药长 1 毫米。颖果长 7-8 毫米。花果期 5-7 月。

分布： 全洞庭湖区；湖南祁阳、衡山、长沙；东北、西北（青海除外）、华北、华东、华中、西南。欧亚温带、北非，北美洲传布。

生境： 山坡林缘、荒野路旁、河漫滩湿地。海拔 50-3500 米。

应用： 种子可酿酒；植株嫩时作饲料；观赏草坪草；茎、叶造纸。

识别要点： 秆高 40-90 厘米；叶片 12-30×0.4-0.8 厘米，与叶鞘生柔毛；圆锥花序疏展，长 20-30 厘米，分枝与小穗柄长于小穗；外稃无毛，长 8-10 毫米，芒生距顶端 1-2 毫米处，长 5-10 毫米，向外反曲。

583 无芒雀麦 wu mang que mai
Bromus inermis Leyss.

多年生，具横走根状茎。秆直立，疏丛生，高 50−120 厘米，无毛或节下具倒毛。叶鞘闭合，无毛或有短毛；叶舌长 1−2 毫米；叶片扁平，20−30×0.4−0.8 厘米，渐尖头，两面与边缘粗糙，无毛或边缘疏生纤毛。圆锥花序长 10−20 厘米，较密集，花后开展；分枝长达 10 厘米，微粗糙，2−6 小穗，3−5 枚轮生于主轴各节；小穗 6−12 花，长 15−25 毫米；小穗轴节间长 2−3 毫米，生小刺毛；颖披针，膜质缘，第一颖长 4−7 毫米，1 脉，第二颖长 6−10 毫米，3 脉；外稃长圆状披针形，长 8−12 毫米，5−7 脉，无毛，基部微粗糙，无芒，钝或浅凹缺头；内稃膜质，短于其外稃，脊具纤毛；花药长 3−4 毫米。颖果长圆形，褐色，长 7−9 毫米。花果期 7−9 月。

分布：岳阳；湖南长沙、湘北，为外来植物；湖北、山东、东北、西北、华北、西南。蒙古国、日本、欧洲、中亚、西亚，世界各地引种栽培。

生境：湖区平原草地、路边、宅旁空旷处；林缘草甸、山坡、谷地、河边路旁，为山地草甸草场优势种。海拔（30−）1000−3500 米。

应用：栽为牧草；人工草场和环保固沙的主要草种；是新疆和北方各地重要的草种。

识别要点：秆高 50−120 厘米；具横走根状茎；外稃无芒；花药长 3−4 毫米。

584 拂子茅 fu zi mao
Calamagrostis epigeios (L.) Roth

多年生，具根状茎。秆直立，平滑无毛或花序下稍粗糙，45−100×0.2−0.3 厘米。叶鞘平滑或稍粗糙，短于或基部者长于其间；叶舌膜质，长 5−9 毫米，长圆形，先端易破裂；叶片长扁平或边缘内卷，上面及边缘粗糙，下面较平滑，15−27×0.4−0.8（−1.3）厘米。圆锥花序紧密，圆筒形，劲直、具间断，10−25（−30）×1.5−4 厘米，分枝粗糙，直立或斜向上升；小穗长 5−7 毫米，淡绿或带淡紫色；两颖近等长或第二颖微短，渐尖头，1 脉，第二颖 3 脉，主脉粗糙；外稃透明膜质，长约为颖之半，2 齿头，基盘的柔毛几与颖等长，芒自稃体背中部附近伸出，细直，长 2−3 毫米；内稃长约为外稃的 2/3，细齿裂头；小穗轴不延伸于内稃之后，或有时仅于内稃之基部残留一微小的痕迹；雄蕊 3，花药黄色，长约 1.5 毫米。花果期 5−9 月。

分布：全洞庭湖区；湖南全省；全国。欧亚大陆温带地区。

生境：潮湿地及河岸沟渠旁。海拔 50−3900 米。

应用：生态景观；固定泥沙、保护河岸的良好材料。

识别要点：圆锥花序圆筒形，紧密劲直，具间断，长 10−25（−30）厘米；小穗长 5−7 毫米，小穗轴不延伸内稃之后；外稃长 3−3.5 毫米，芒长 2−3 毫米。

585 硬秆子草 ying gan zi cao
Capillipedium assimile (Steud.) A. Camus

多年生，亚灌木状草本。秆高 1.8–3.5 米，坚硬似小竹，多分枝，分枝常外展而将叶鞘撑破。叶片线状披针形，6–15×0.3–0.6 厘米，刺状渐尖头，基部渐窄，无毛或被糙毛。圆锥花序 5–12× 约 4 厘米，分枝簇生，疏散而开展，枝腋内有柔毛，小枝顶端有 2–5 节总状花序，总状花序轴节间易断落，长 1.5–2.5 毫米，边缘变厚，被纤毛。无柄小穗长圆形，长 2–3.5 毫米，背腹压扁，具芒，淡绿至淡紫色，有被毛的基盘；第一颖顶端窄而截平，背部粗糙乃至疏被小糙毛，2 脊，脊上被硬纤毛，脊间不明显 2–4 脉；第二颖与第一颖等长，钝或尖头，3 脉；第一外稃长圆形，钝头，长为颖的 2/3；芒膝曲扭转，长 6–12 毫米。具柄小穗线状披针形，常较无柄小穗长。花果期 8–12 月。

分布： 全洞庭湖区；湖南全省；华东、华中、华南、西南。印度、不丹、尼泊尔、日本、东南亚。

生境： 河边、林中或湿地上。

应用： 嫩叶为良好饲料；生态景观。

识别要点： 秆质坚硬似小竹，多具开展的分枝；叶片线状披针形，常具白粉，仅在基部具刚毛；有柄小穗较无柄小穗长出 1/2 或为其 2 倍；无柄小穗的第一颖背部扁平。

586 薏苡（老鸦珠）yi yi
Coix lacryma-jobi L.

一年生粗壮草本。秆直立丛生，高 1–2 米，节多分枝。叶鞘短于其节间，无毛；叶舌干膜质，长约 1 毫米；叶片扁平宽大，开展，10–40×1.5–3 厘米，基部圆形或近心形，中脉粗厚，在下面隆起，粗糙缘，通常无毛。总状花序腋生成束，长 4–10 厘米，直立或下垂，具长梗。雌小穗位于花序下部，包于总苞内；总苞骨质念珠状，卵圆形，7–10×6–8 毫米，珐琅质，坚硬，有光泽；第一颖卵圆形，喙状渐尖头，10 余脉，包围着第二颖及第一外稃；第二外稃短于颖，3 脉，第二内稃较小；雄蕊常退化；雌蕊柱头细长，伸出总苞外。颖果小，常不饱满。雄小穗 2–3 对，生总状花序上部，长 1–2 厘米；无柄雄小穗长 6–7 毫米，第一颖草质，边缘内折成脊，具不等宽之翼，钝头，多数脉，第二颖舟形；内、外稃膜质；第一、二小花雄蕊常 3，花药橘黄色，长 4–5 毫米；有柄雄小穗与无柄者相似，或较小而退化。花果期 6–12 月。

分布： 全洞庭湖区；湖南全省；全国（青藏高原除外）。亚洲东南部与太平洋岛屿，世界泛热带、非洲和美洲的热湿地带均有种植或逸生。

生境： 湿润的屋旁、池塘、河沟、山谷、溪涧或易受涝的农田，野生或栽培。海拔 20–2000 米。

应用： 观赏；作念佛穿珠用的菩提珠子；秆可供造纸。不能食用。

识别要点： 高达 2 米；叶片扁平宽大而开展，10–40×1.5–3 厘米；总苞珐琅质，坚硬，平滑而有光泽，顶端常无喙；颖果不饱满，淀粉少。

587 狗牙根 gou ya gen
Cynodon dactylon (L.) Pers.

低矮草本，具根茎。秆细而坚韧，下部匍匐地面蔓延甚长，节上常生不定根，直立部分高 10-30 厘米，径 1-1.5 毫米，秆壁厚，光滑无毛，有时两侧略压扁。叶鞘微具脊，无毛或有疏柔毛，鞘口常具柔毛；叶舌仅为 1 轮纤毛；叶片线形，1-12×0.1-0.3 厘米，通常两面无毛。穗状花序（2-）3-5(-6)，长 2-5(-6) 厘米；小穗灰绿或带紫色，长 2-2.5 毫米，仅 1 小花；颖长 1.5-2 毫米，第二颖稍长，均 1 脉，背部成脊，膜质缘；外稃舟形，3 脉，背部明显成脊，脊上被柔毛；内、外稃近等长，2 脉。鳞被上缘近截平；花药淡紫色；子房无毛，柱头紫红色。颖果长圆柱形。花果期 5-10 月。

分布： 全洞庭湖区；湖南全省；新疆、甘肃、陕西、河北、山西、华东、华中、华南、西南。世界热带至暖温带。

生境： 湖边堤岸、旷野；村庄附近、道旁、河岸、荒地山坡。海拔 0-2500 米。

应用： 全草清血、解热、生肌；放牧牧草、畜禽饲料；铺建草坪或球场；固堤保土；田间杂草。

识别要点： 具根茎；秆细而坚韧，下部匍匐地面蔓延甚长，节上常生不定根，直立部分高 10-30 厘米；叶舌为 1 轮白色纤毛；穗状花序（2-）3-5(-6)，长 2-5(-6) 厘米；小穗仅含 1 两性小花。

588 纤毛马唐（升马唐）xian mao ma tang
Digitaria ciliaris (Retz.) Koel.

一年生草本。秆基部横卧地面，节处生根和分枝，高 30-90 厘米。叶鞘常短于其节间，多少具柔毛；叶舌长约 2 毫米；叶片线形或披针形，5-20×0.3-1 厘米，上面散生柔毛，边缘稍厚，微粗糙。总状花序 5-8，长 5-12 厘米，呈指状排列于茎顶；穗轴宽约 1 毫米，边缘粗糙；小穗披针形，长 3-3.5 毫米，孪生于穗轴一侧；小穗柄微粗糙，截平头；第一颖小，三角形；第二颖披针形，长约为小穗的 2/3，3 脉，脉间及边缘生柔毛；第一外稃等长于小穗，7 脉，脉平滑，中脉两侧的脉间较宽而无毛，其他脉间贴生柔毛，边缘具长柔毛；第二外稃椭圆状披针形，革质，黄绿或带铅色，渐尖头；等长于小穗。花药长 0.5-1 毫米。花果期 5-10 月。

分布： 全洞庭湖区；湖南全省；几遍全国。世界热带、亚热带，但非洲少见。

生境： 生于路旁、荒野、荒坡、草地。

应用： 优良牧草；果园、旱田主要杂草。

识别要点： 与毛马唐相似，但第一外稃脉间及边缘具柔毛不同。

589 紫马唐 zi ma tang
Digitaria violascens Link

一年生直立草本。秆疏丛生，高 20-60 厘米，基部倾斜，具分枝，无毛。叶鞘短于节间，无毛或生柔毛；叶舌长 1-2 毫米；叶片线状披针形，质地较软，扁平，5-15×0.2-0.6 厘米，粗糙，基部圆形，无毛或上面基部及鞘口生柔毛。总状花序长 5-10 厘米，4-10 枚呈指状排列于茎顶或散生于长 2-4 厘米的主轴上；穗轴宽 0.5-0.8 毫米，边缘微粗糙；小穗椭圆形，1.5-1.8×0.8-1 毫米，每节 2-3；小穗柄稍粗糙；第一颖不存在；第二颖稍短于小穗，3 脉，脉间及边缘生柔毛；第一外稃与小穗等长，5-7 脉，脉间及边缘生柔毛；毛壁有小疣突，中脉两侧无毛或毛较少，第二外稃与小穗近等长，中部宽约 0.7 毫米，尖头，有纵行颗粒状粗糙，紫褐色，革质，有光泽；花药长约 0.5 毫米。花果期 7-11 月。

分布：全洞庭湖区；湖南全省；青海、新疆、陕西、河北、山西、华东、华中、华南、西南。南亚、东南亚、大洋洲热带、南美洲。

生境：山坡草地、路边、荒野。海拔 20-1000 米。

应用：作牧草；田间杂草。

识别要点：一年生；秆直立；总状花序 4-8，穗轴三棱形；小穗 3 枚簇生，椭圆形，长 1.5-1.8 毫米，被柔毛；第一颖不存在；第二颖 3 脉；第二小花成熟后多为黑紫或棕褐色。

590 长芒稗 chang mang bai
Echinochloa caudata Roshev.

秆高 1-2 米。叶鞘无毛或常有疣基毛（或毛脱落仅留疣基），或仅有粗糙毛或缘毛；叶舌缺；叶片线形，10-40×1-2 厘米，两面无毛，边缘增厚而粗糙。圆锥花序稍下垂，10-25×1.5-4 厘米；主轴粗糙，具棱，疏被疣基长毛；分枝密集，常再分小枝；小穗卵状椭圆形，常带紫色，长 3-4 毫米，脉上具硬刺毛，或疏生疣基毛；第一颖三角形，长为小穗的 1/3-2/5，尖头，3 脉；第二颖与小穗等长，芒长 0.1-0.2 毫米，5 脉；第一外稃草质，芒长 1.5-5 厘米，5 脉，脉上疏生刺毛，内稃膜质，具细端毛及细睫毛状缘毛；第二外稃草质，光亮，边缘包着同质内稃；鳞被 2，楔形，折叠，5 脉；雄蕊 3；花柱基分离。花果期夏秋季。

分布：全洞庭湖区；湖南全省；山西、新疆、东北、华北、华东（山东除外）、华中、西南。日本、朝鲜半岛、蒙古国、俄罗斯（远东地区）。

生境：田边、路旁及河边湿润处。

应用：可作牧草；杂交材料；稻田杂草。

识别要点：圆锥花序稍下垂；小穗卵状椭圆形，长 3-4 毫米，芒长 1.5-5 厘米，小穗和芒常带紫色。

591 光头稗 guang tou bai
Echinochloa colona (L.) Link

一年生草本。秆直立，高 10-60 厘米。叶鞘压扁而背具脊，无毛；叶舌缺；叶片扁平，线形，3-20×0.3-0.7 厘米，无毛，稍粗糙缘。圆锥花序狭窄，长 5-10 厘米；主轴具棱，通常无疣基长毛，棱边上粗糙。花序分枝长 1-2 厘米，排列稀疏，直立上升或贴向主轴，穗轴无疣基长毛或仅基部被 1-2 疣基长毛；小穗卵圆形，长 2-2.5 毫米，具小硬毛，无芒，较规则 4 行排列于穗轴的一侧；第一颖三角形，长约为小穗的 1/2，3 脉；第二颖与第一外稃等长而同形，小尖头，5-7 脉，间脉常不达基部；第一小花常中性，外稃 7 脉，内稃膜质而稍短于外稃，脊上被短纤毛；第二外稃椭圆形，平滑，光亮，边缘内卷，包着同质内稃；鳞被 2，膜质。花果期夏秋季。

分布： 全洞庭湖区；湖南永顺、大庸、长沙、湘北；新疆、河北、陕西、华东(山东除外)、华中、华南、西南。世界温暖地区。

生境： 田野、园圃、路边湿润地。

应用： 种子制糖、酿酒；饲料；田间杂草。

识别要点： 植株基部常向外开展；叶片宽不及 1 厘米；圆锥花序狭窄，长 5-10 厘米，无疣基长刚毛，分枝不再具小枝，直立上升或贴向主轴；小穗卵圆形，长不及 3 毫米，无芒；第一颖长为小穗的 1/2。

592 稗 bai
Echinochloa crusgalli (L.) P. Beauv.

一年生草本。秆高达 1.5 米，光滑无毛，基部倾斜或膝曲。叶鞘疏松裹秆，平滑无毛，长于(下部者)或短于(上部者)其节间；叶舌缺；叶片扁平，线形，10-40×0.5-2 厘米，无毛，粗糙缘。圆锥花序直立，近尖塔形，长 6-20 厘米；主轴具棱，粗糙或具疣基长刺毛；分枝斜上举或贴向主轴，有时再分小枝；穗轴粗糙或生疣基长刺毛；小穗卵形，长 3-4 毫米，脉上密被疣基刺毛，具短柄或近无柄，密集在穗轴一侧；第一颖三角形，长为小穗的 1/3-1/2，3-5 脉，脉具疣基毛，基部包卷小穗，尖头；第二颖与小穗等长，渐尖头或具小尖头，5 脉，脉具疣基毛；第一小花通常中性，外稃草质，上部 7 脉，脉具疣基刺毛，顶端延伸成一粗壮的芒，芒长 0.5-1.5 (-3) 厘米，内稃薄膜质，狭窄，2 脊；第二外稃椭圆形，平滑，光亮，成熟后变硬，小尖头，尖头上有一圈细毛，边缘内卷，包着同质内稃，但内稃顶端露出。花果期夏秋季。

分布： 全洞庭湖区；湖南全省；全国。世界亚热带至暖温带地区广布。

生境： 沼泽地、水湿地、沟边及水稻田中。

应用： 种子制糖、酿酒；饲料；田间杂草。

识别要点： 叶片宽 5-20 毫米；小穗长 3-4 毫米；圆锥花序开展，分枝柔软，常具小枝；芒长 0.5-1.5 厘米。

593 小旱稗 xiao han bai
Echinochloa crusgalli (L.) P. Beauv. var.
austro-japonensis Ohwi

与稗（原变种）形态特征相似，但植株高 20-40 厘米；叶片宽 2-5 毫米。圆锥花序较狭窄而细弱；小穗长 2.5-3 毫米，常带紫色，脉上无疣基毛，但疏被硬刺毛，无芒或具短芒。花果期 7-9 月。

分布： 全洞庭湖区；湖南全省；江苏、浙江、湖北、江西、广东、广西、贵州、云南。琉球群岛、菲律宾。

生境： 沟边或草地。

应用： 可作饲料；田间杂草。

识别要点： 叶片宽 2-5 毫米；圆锥花序狭而下垂，分枝贴向主轴，小穗长 2.5-3 毫米，无或具短芒。

594 无芒稗 wu mang bai
Echinochloa crusgalli (L.) P. Beauv. var. **mitis** (Pursh) Peterm.

与稗（原变种）形态特征相似，但秆高 50-120 厘米，直立，粗壮；叶片 20-30×0.6-1.2 厘米。圆锥花序直立，长 10-20 厘米，分枝斜上举而开展，常再分枝；小穗卵状椭圆形，长约 3 毫米，无芒或具极短芒，芒长常不超过 0.5 毫米，脉上被疣基硬毛。花果期 7-10 月。

分布： 全洞庭湖区；湘中、湘南、湘北；全国。世界亚热带至暖温带地区广布。

生境： 水边或路边草地。

应用： 谷粒作淀粉；秆、叶作饲料；绿肥；田间有害杂草。

识别要点： 叶片宽 5-12 毫米；小穗长约 3 毫米；圆锥花序开展，花序分枝挺直斜上举，常具小枝；无芒或芒长不超过 0.5 毫米，脉上有硬刺疣毛。

595 西来稗 xi lai bai
Echinochloa crusgalli (L.) P. Beauv. var. **zelayensis** (Kunth) Hitchc.

与稗（原变种）形态特征相似，但秆高 50-75 厘米；叶片 5-20×0.4-1.2 厘米；圆锥花序直立，长 11-19 厘米，分枝上不再分枝；小穗卵状椭圆形，长 3-4 毫米，小尖头而无芒，脉上无疣基毛，但疏生硬刺毛。花果期 7-10 月。

分布： 全洞庭湖区；湖南全省；几遍全国。美洲。

生境： 水边或稻田中。

应用： 谷粒作淀粉；秆、叶作饲料；绿肥；田间有害杂草。

识别要点： 叶片宽 4-12 毫米；花序直立，分枝直，不具小枝；小穗卵状椭圆形，长 3-4 毫米，无芒及疣毛。

596 牛筋草（蟋蟀草）niu jin cao
Eleusine indica (L.) Gaertn.

一年生草本。根系极发达。秆丛生，基部倾斜，高 10-90 厘米。叶鞘两侧压扁而具脊，松弛，无毛或疏生疣毛；叶舌长约 1 毫米；叶片平展，线形，10-15×0.3-0.5 厘米，无毛或上面被疣基柔毛。穗状花序 2-7 指状着生于秆顶，很少单生，3-10×0.3-0.5 厘米；小穗 4-7×2-3 毫米，3-6 小花；颖披针形，具脊，脊粗糙；第一颖长 1.5-2 毫米；第二颖长 2-3 毫米；第一外稃长 3-4 毫米，卵形，膜质，具脊，脊上有狭翼，内稃短于外稃，2 脊，脊上具狭翼。囊果卵形，长约 1.5 毫米，基部下凹，具明显波状皱纹。鳞被 2，折叠，5 脉。花果期 6-10 月。

分布： 全洞庭湖区；湖南全省；全国（青海及新疆除外）。世界热带和温带。

生境： 旷野、荒地及路旁。

应用： 全草清热解毒、利水补虚，全草煎水服，可防治乙型脑炎；牛羊饲料；草坪草；水土保持；绿肥；造纸、编织。

识别要点： 与穆相近，但为野生植物；植株较矮小，高不超过 1 米；花序分枝不弯曲；种子卵形。

597 纤毛披碱草（纤毛鹅观草）xian mao pi jian cao
Elymus ciliaris (Trin. ex Bunge) Tzvelev
[*Roegneria ciliaris* (Trip.) Nevski]

秆单生或成疏丛，直立，基部节常膝曲，高 40-80 厘米，平滑无毛，常被白粉。叶鞘无毛，稀基部叶鞘于接近边缘处具柔毛；叶片扁平，10-20×0.3-1 厘米，两面无毛，粗糙缘。穗状花序直立或多少下垂，长 10-20 厘米；小穗通常绿色，长 15-22 毫米（除芒外），（6）7-12 小花；颖椭圆状披针形，常具短尖头，两侧或一侧常具齿，5-7 脉，边缘与边脉上具纤毛，第一颖长 7-8 毫米，第二颖长 8-9 毫米；外稃长圆状披针形，背部被粗毛，边缘具长硬纤毛，上部明显 5 脉，通常在顶端两侧或一侧具齿，第一外稃长 8-9 毫米，顶端延伸成粗糙反曲的芒，长 10-30 毫米；内稃长为外稃的 2/3，钝头，脊上部具少许短小纤毛。花果期 4-7 月。

分布： 全洞庭湖区；湖南全省；陕西、甘肃、宁夏、东北、华北、华东、华中、西南。蒙古国、俄罗斯（远东地区）、朝鲜半岛、日本。

生境： 路旁、潮湿草地及山坡上。海拔（20-）1200-1600 米。

应用： 可作牲畜的饲料；生态景观；护坡。

识别要点： 植株高 40-90 厘米；叶片两面及边缘均无毛。外稃背部密生或疏生柔毛，边缘具较长的纤毛，颖的边缘及内稃脊的上部亦具纤毛；外稃先端芒粗糙反曲，长 1-3 厘米。

598 日本纤毛草（竖立鹅观草）ri ben xian mao cao
Elymus ciliaris (Trin. ex Bunge) Tzvelev var. **hackelianus**
(Honda) G. Zhu et S. L. Chen
[*Roegneria japonensis* (Honda) Keng]

秆疏丛，直立，高（40-）70-90 厘米。叶片线形，扁平，17-25×约 0.9 厘米，上面及边缘粗糙，下面较平滑。穗状花序直立或曲折稍下垂，长 10-22 厘米；小穗长 14-17 毫米（除芒外），7-9 小花；颖椭圆状披针形，锐尖头或具短尖头，偏斜，两侧或一侧具齿，5-7 明显脉，第一颖长 6-7 毫米，第二颖长 7-8 毫米；外稃长圆状披针形，边缘具短纤毛，背部粗糙，稀具短毛，先端两侧细齿缘，上部明显 5 脉，第一外稃长 8-8.5 毫米，芒粗糙、反曲，长 2-2.5 厘米；内稃长约为外稃的 2/3，截平头，脊上部 1/3 粗糙。花果期 5-9 月。

分布： 全洞庭湖区；长沙、宜章、湘北；黑龙江、山西、陕西、华东、华中、西南。日本、朝鲜半岛。

生境： 湖区湖边、旷野草地；山坡、路边和湿润草地。海拔 10-2300 米。

应用： 可作牲畜的饲料；生态景观；护坡。

识别要点： 株高 40-90 厘米；叶片线形，宽约 9 毫米，无毛；颖具小尖头，有齿，稍短于外稃；外稃背部被柔毛，边缘及颖的边缘具纤毛，芒长 2-2.5 厘米，粗糙而反曲；内稃长为外稃的 1/2-2/3。

599 鹅观草（柯孟披碱草）e guan cao
Elymus kamoji (Ohwi) S. L. Chen
[*Roegneria kamoji* Ohwi]

秆直立或基部倾斜，高达 1 米。叶鞘外缘常具纤毛；叶片扁平，5–40×0.3–1.3 厘米。穗状花序长 7–20 厘米，弯曲或下垂；小穗绿或带紫色，长 13–25 毫米（芒除外），3–10 小花；颖卵状（或长圆状）披针形，锐尖至短芒头，芒长 2–7 毫米，宽膜质缘，第一颖长 4–6 毫米，第二颖长 5–9 毫米；外稃披针形，较宽膜质缘，背部及基盘近无毛或仅基盘两侧具极微小的短毛，上部明显 5 脉，脉上稍粗糙，第一外稃长 8–11 毫米，具芒，芒粗糙，劲直或上部稍有曲折，长 20–40 毫米；内稃约与外稃等长，钝尖头，脊显著具翼，翼缘有细小纤毛。花果期 7–8 月。

分布： 全洞庭湖区；湖南全省；全国（青藏高原除外）。俄罗斯（远东地区）、日本、朝鲜半岛。

生境： 湖区旷野草地、田边、水边、路边；山坡和湿润草地。海拔 10–2300 米。

应用： 可作牲畜的饲料，叶质柔软而繁盛，产草量大，可食性高；生态景观；护坡。

识别要点： 叶宽 3–13 毫米；穗状花序长 7–20 厘米，弯曲；小穗常带紫色，长 13–25 毫米，小花 3–10；颖显著短于第一外稃，外稃宽膜质缘，无纤毛，芒远较稃体长；内稃脊上具翼，翼缘密生细纤毛。

600 知风草 zhi feng cao
Eragrostis ferruginea (Thunb.) P. Beauv.

多年生。秆丛生或单生，直立或基部膝曲，高达 1.1 米，粗壮，径约 4 毫米。叶鞘两侧极压扁，基部相互跨覆，长于其节间，光滑无毛，鞘口与两侧密生柔毛，叶鞘主脉常有腺点；叶舌退化为一圈短毛，长约 0.3 毫米；叶片平展或折叠，20–40×0.3–0.6 厘米，上部叶超出花序之上，光滑无毛或上面近基部偶疏生毛。圆锥花序大而开展，分枝节密，每节分枝 1–3，向上，枝腋间无毛；小穗柄长 5–15 毫米，在中部或偏上处有一腺体，在小枝中部也常存在，腺体多为长圆形，稍凸起；小穗长圆形，5–10×2–2.5 毫米，7–12 小花，黑紫色，有时黄绿色；颖开展，1 脉，第一颖披针形，长 1.4–2 毫米，渐尖头；第二颖长 2–3 毫米，长披针形，渐尖头；外稃卵状披针形，稍钝头，第一外稃长约 3 毫米；内稃短于外稃，脊上具有小纤毛，宿存；花药长约 1 毫米。颖果棕红色，长约 1.5 毫米。花果期 8–12 月。

分布： 全洞庭湖区；湖南全省；辽宁、河北、山西、陕西、甘肃、青海、广东、香港、广西、华东、华中、西南。朝鲜半岛、日本及东南亚。

生境： 路边或山坡草地。海拔 30–3300 米。

应用： 全草舒筋散瘀；优良饲料；生态景观；保土固堤，水土保持；秆叶造纸。

识别要点： 多年生；植物体具腺体；圆锥花序不紧缩成穗状；小穗轴节间不逐节脱落；小花两稃不同时脱落。与梅氏画眉草相似，但腺体位于花序小枝和小穗柄中部或中部以上不同。

601 乱草 luan cao
Eragrostis japonica (Thunb.) Trin.

秆直立或膝曲丛生，高达 1 米，径 1.5−2.5 毫米，3−4 节。叶鞘一般比节间长，松裹茎，无毛；叶舌干膜质，长约 0.5 毫米；叶片平展，3−25×0.3−0.5 厘米，光滑无毛。圆锥花序长圆形，6−15×1.5−6 厘米，花序长常超过植株一半，分枝纤细，簇生或轮生，腋间无毛。小穗柄长 1−2 毫米；小穗卵圆形，长 1−2 毫米，4−8 小花，成熟后紫色，自小穗轴由上而下逐节断落；颖近等长，长约 0.8 毫米，钝头，1 脉；第一外稃长约 1 毫米，广椭圆形，钝头，3 脉，侧脉明显；内稃长约 0.8 毫米，3 齿头，2 脊，脊上疏生短纤毛。雄蕊 2，花药长约 0.2 毫米。颖果棕红色并透明，卵圆形，长约 0.5 毫米。花果期 6−11 月。

分布： 全洞庭湖区；湘中、湘北；辽宁、华东、华中、华南、西南。朝鲜半岛、日本、印度、澳大利亚及非洲。

生境： 田野、路旁、河边及潮湿地。

应用： 全草清热凉血，治咯血、吐血；优良饲料；保土固堤，水土保持。

识别要点： 圆锥花序开展；小穗轴节间逐节断落；花序分枝腋间无柔毛；小枝和小穗柄上无腺点。与高画眉草区别：秆较细，径 1.5−2.5 毫米，高达 1 米；花序分枝簇生或轮生；小穗成熟后紫色。

602 画眉草 hua mei cao
Eragrostis pilosa (L.) P. Beauv.

一年生草本。秆丛生，直立或基部膝曲，15−60 厘米 ×1.5−2.5 毫米，通常 4 节，光滑。叶鞘松裹茎，长于或短于其节间，扁压，鞘缘近膜质，鞘口有长柔毛；叶舌为一圈纤毛，长约 0.5 毫米；叶片线形扁平或卷缩，6−20 厘米 ×2−3 毫米，无毛。圆锥花序开展或紧缩，10−25×2−10 厘米，分枝单生、簇生或轮生，多直立向上，腋间有长柔毛，小穗具柄，3−10×1−1.5 毫米，4−14 小花；颖膜质，披针形，渐尖头。第一颖长约 1 毫米，无脉，第二颖长约 1.5 毫米，1 脉；第一外稃长约 1.8 毫米，广卵形，尖头，3 脉；内稃长约 1.5 毫米，稍弓曲，脊上有纤毛，迟落或宿存；雄蕊 3，花药长约 0.3 毫米。颖果长圆形，长约 0.8 毫米。花果期 8−11 月。

分布： 全洞庭湖区；湖南全省；全国（海南除外）。几遍布全世界温暖地区。

生境： 路边、田地边、荒芜田野或草地。海拔（50−）500−2000 米。

应用： 全草利尿通淋、清热活血，治热淋、石淋、目赤痒痛、跌打损伤；优良饲料；园林中花带、花镜配置；保土固坡植物。

识别要点： 一年生；植物体不具腺体；花序分枝腋间具柔毛；小穗轴节间不断落；每一小花的外稃和内稃不同时脱落；第一颖不具脉，长约 1 毫米，第二颖长约 1.5 毫米。

603 假俭草 jia jian cao
Eremochloa ophiuroides (Munro) Hack.

多年生草本，具强壮的匍匐茎。秆斜升，高约20厘米。叶鞘压扁，多密集跨生于秆基，鞘口常有短毛；叶片条形，钝头，无毛，3−8×0.2−0.4厘米，顶生叶片退化。总状花序顶生，稍弓曲，压扁，4−6×约0.2厘米，总状花序轴节间具短柔毛。无柄小穗长圆形，覆瓦状排列于总状花序轴一侧，约3.5×1.5毫米；第一颖硬纸质，无毛，5−7脉，两侧下部有篦状短刺或几无刺，顶端具宽翅；第二颖舟形，厚膜质，3脉；第一外稃膜质，近等长；第二小花两性，外稃钝头；花药长约2毫米；柱头红棕色。有柄小穗退化或仅存小穗柄，披针形，长约3毫米，与总状花序轴贴生。花果期夏秋季。

分布： 全洞庭湖区；湖南全省；河南、长江流域及以南。中南半岛，美国东南部引种。

生境： 潮湿草地及湖河岸；山脚路边草地。海拔10−1200米。

应用： 放牧；温湿地区草坪草；保土护堤。

识别要点： 植株具强壮的长匍匐茎；第一颖两侧下部边缘之刺短而不明显；先端两侧具阔翅。

604 类蜀黍（墨西哥玉米）lei shu shu
Euchlaena mexicana Schrad.

[*Zea mays* L. subsp. *mexicana* (Schrad.) H. H. Iltis]

一年生高大草本。秆多分蘖，直立，高2−3米，或更高，实心。叶舌截形，不规则齿裂头；叶片宽大，达50×8厘米。花序单性；雌花序腋生，雌小穗长约7.5毫米，着生于肥厚序轴之凹穴内而呈圆柱状雌花序，全部为数枚苞鞘所包藏，雄花序组成大型顶生圆锥花序，雄小穗长约8毫米，孪生于延续的序轴的一侧；第一颖10余脉纹，尖头；第二颖5脉；鳞被2，截形头有齿，数脉。花果期秋冬季。

分布： 沅江栽培；河北、山西、广东、华中，引种栽培，可能从美国南部及印度引进。原产墨西哥，现世界多地引种。

生境： 池塘边、旱地栽培。海拔20−2000米。

应用： 牛、羊、猪、鱼、鸡、鸭、鹅都喜食的优良饲料。在热带地区种植，一年可割草4−6次。

识别要点： 一年生；秆直立，多分蘖，高2−3米，实心；叶片50×8厘米；雄花序为大型顶生圆锥花序，小穗长约8毫米；雌花序腋生，圆柱状，为数枚苞鞘所包藏；颖果斜卵圆形，光亮。

605 牛鞭草（脱节草）niu bian cao
Hemarthria altissima (Poir.) Stapf et C. E. Hubb.

多年生草本，根茎长而横走。秆直立部分高达1米，径约3毫米，一侧有槽。叶鞘膜质缘，鞘口具纤毛；叶舌膜质，白色，长约0.5毫米，上缘撕裂状；叶片线形，15-20×0.4-0.6厘米，两面无毛。总状花序单生或簇生，6-10×约0.2厘米。无柄小穗卵状披针形，长5-8毫米，第一颖草质，等长于小穗，背面扁平，7-9脉，两侧具脊，（长渐）尖头；第二颖厚纸质，贴生于总状花序轴凹穴中，先端游离；第一小花仅存膜质外稃；第二小花两性，外稃膜质，长卵形，长约4毫米；内稃薄膜质，长约为外稃的2/3，圆钝头，无脉。有柄小穗长约8毫米；第二颖完全游离于总状花序轴；第一小花中性，仅存膜质外稃；第二小花两稃均为膜质，长约4毫米。花果期夏秋季。

分布： 沅江、益阳；湖南全省；东北、华北、华东、华中、西南。北非、欧洲地中海沿岸各国、西南亚至东南亚。

生境： 湖边沙滩或淤泥草地；田地、水沟、河滩等湿润处。海拔20-1900米。

应用： 牛、羊、兔的优质饲料；生态景观；保土护堤。

识别要点： 有横走的根茎；小穗各颖先端无尾尖；总状花序轴成熟后较易逐节脱落。与扁穗牛鞭草不同的是：无柄小穗长5-8毫米；第一颖在先端以下收缩；有柄小穗长渐尖头。

606 丝茅（大白茅）si mao
Imperata cylindrica (L.) Raeusch. var. **major** (Nees) C. E. Hubbard

[*Imperata koenigii* (Retz.) Beauv.]

多年生，具被鳞片的横走长根状茎。秆直立，高达90厘米，节具白柔毛。叶鞘常聚集于秆基，无毛或上部及边缘具柔毛，鞘口具疣基柔毛；叶舌干膜质，长约1毫米，顶端具细纤毛；叶片线状披针形，10-40×0.2-0.8厘米，渐尖头，中脉在下面明显隆起，上面被细柔毛；顶生叶长1-3厘米。圆锥花序穗状，6-15×1-2厘米，分枝短密，或基部较稀疏；小穗柄长1-4毫米，顶端棒状膨大；小穗披针形，长2.5-4毫米，基部密生长丝状柔毛；两颖几相等，膜质，渐尖头，5脉，背部疏生长丝状柔毛，稍具缘毛；第一外稃卵状长圆形，约1/2颖长，尖头，具齿裂及少数纤毛；第二外稃长约1.5毫米；内稃宽大于长，约1.5毫米，平截头，无芒，微齿裂；雄蕊2，花药黄色，长2-3毫米，先熟；柱头2，紫黑色，自小穗顶端伸出。颖果椭圆形，长约1毫米。花果期5-8月。

分布： 全洞庭湖区；湖南全省；几遍全国。日本、斯里兰卡、印度、巴基斯坦、阿富汗、澳大利亚、朝鲜半岛、东南亚、新几内亚岛、西亚、东非。

生境： 空旷处；谷地河床、干旱草地、砍伐或火烧迹地、果园、撂荒地及田坎、堤岸和路边。

应用： 根、茎、花清热利尿、凉血、止血；根状茎味甜可食；牧草；景观；造纸；盖屋；护堤。

识别要点： 具横走的长根状茎；圆锥花序穗状；小穗基部的柔毛长于小穗的3倍；与白茅区别：秆节裸露，具长髭毛；花序较稀疏细弱；小穗长2.5-4毫米；花药长2-3毫米。

607 李氏禾 li shi he
Leersia hexandra Swartz.

多年生草本，具发达匍匐茎和细瘦根状茎。秆倾卧地面并于节处生根，直立部分高 40-50 厘米，节部膨大且密被倒生微毛。叶鞘短于其节间，多平滑；叶舌长 1-2 毫米，基部两侧下延与叶鞘边缘相愈合成鞘边；叶片披针形，5-12×0.3-0.6 厘米，粗糙，质硬，有时卷折。圆锥花序开展，长 5-10 厘米，分枝较细，直升，不具小枝，长 4-5 厘米，具角棱；小穗 3.5-4×1.5 毫米，小穗柄长约 0.5 毫米；无颖；外稃 5 脉，脊与边缘具刺状纤毛，两侧具微刺毛；内稃与外稃等长，较窄，3 脉；脊生刺状纤毛；雄蕊 6，花药长 2-2.5 毫米。颖果长约 2.5 毫米。花果期 6-8 月，热带地区秋冬季也开花。

分布： 全洞庭湖区；湖南全省；江苏、福建、江西、华南、西南。全球热带地区。

生境： 河沟、田岸、水边、湿地。

应用： 作牛、羊及草鱼饲料；水景；稻田杂草。

识别要点： 圆锥花序的主轴较细弱，分枝不具小枝，自分枝基部着生小穗；小穗长 3-4 毫米，两侧疏生微刺毛；雄蕊 6，花药长 2-2.5 毫米。

608 假稻（游草）jia dao
Leersia japonica (Makino) Honda

多年生草本。秆下部伏卧地面，节生多分枝的须根，上部向上斜升，高 60-80 厘米，节密生倒毛。叶鞘短于节间，微粗糙；叶舌长 1-3 毫米，基部两侧下延与叶鞘连合；叶片 6-15×0.4-0.8 厘米，粗糙或下面平滑。圆锥花序长 9-12 厘米，分枝平滑，直立或斜升，有角棱，稍压扁；小穗长 5-6 毫米，带紫色；外稃 5 脉，脊具刺毛；内稃 3 脉，中脉生刺毛；雄蕊 6，花药长 3 毫米。花果期夏秋季。

分布： 全洞庭湖区；湘西、湘北；陕西、河北、华东、华中、华南、西南。日本、韩国。

生境： 池塘、水田、溪沟、湖旁水湿地。

应用： 药用除湿利水，治风湿麻痹、下肢水肿；作牛、羊及草鱼饲料；水景；田间杂草。

识别要点： 与李氏禾极相似，但圆锥花序主轴粗壮；小穗长 5-6 毫米，两侧平滑无毛不同。

609 蓉草 rong cao
Leersia oryzoides (L.) Swartz.

多年生草本，具根状茎。秆下部倾卧，节着土生根，高 1-1.2 米，具分枝，节生髭毛，花序以下部分粗糙。叶鞘被倒生刺毛；叶片线状披针形，10-30×0.6-1 厘米，渐尖头，两面与边缘小刺状粗糙。圆锥花序疏展，15-20×10-15 厘米，分枝具 3-5 小枝，长达 10 厘米，下部长裸露，3 至数枚着生于主轴各节；小穗长约 5 (-6)×1.5-2 毫米，长椭圆形，短尖头；内稃与外稃相似，较窄，3 脉，脊上生刺毛；雄蕊 3，花药长 2-3 毫米。有时上部叶鞘中具隐藏花序，其小穗多不发育，花药长 0.5 毫米。花果期 6-9 月。

分布： 全洞庭湖区；湖南长沙、湘北；新疆、黑龙江、福建、海南。西南亚、欧洲、北非、北美洲，澳大利亚引种。

生境： 池塘、湖边、河岸沼泽湿地。海拔（20-）400-1100 米。

应用： 作牛、羊及草鱼饲料；生态水景。

识别要点： 叶鞘中常具隐花序和小穗；圆锥花序分枝具 3-5 小枝；小穗长 5-5.5 毫米；雄蕊 3，花药可长达 3 毫米，在隐藏小穗中退化，长 0.5 毫米。

610 千金子 qian jin zi
Leptochloa chinensis (L.) Nees

一年生草本。秆直立，基部膝曲或倾斜，高 30-90 厘米，平滑无毛。叶鞘无毛，大多短于其节间；叶舌膜质，长 1-2 毫米，常撕裂具小纤毛；叶片扁平或多少卷折，渐尖头，两面微粗糙或下面平滑，5-25×0.2-0.6 厘米。圆锥花序长 10-30 厘米，分枝及主轴均微粗糙；小穗多带紫色，长 2-4 毫米，3-7 小花；颖 1 脉，脊上粗糙，第一颖较短而狭窄，长 1-1.5 毫米，第二颖长 1.2-1.8 毫米；外稃钝头，无毛或下部被微毛，第一外稃长约 1.5 毫米；花药长约 0.5 毫米。颖果长圆球形，长约 1 毫米。花果期 8-11 月。

分布： 全洞庭湖区；湖南全省；陕西、河北、华东、华中、华南、西南。日本、斯里兰卡、印度、非洲、东南亚。

生境： 潮湿荒地、路边。海拔 20-1020 米。

应用： 牧草。

识别要点： 与虮子草相近，但叶鞘及叶片均无毛；花序分枝较粗壮，长 5-10 厘米；小穗（2）3-6（7）小花，长 2-4 毫米；第一颖长 1-1.5 毫米，第二颖长 1.2-1.8 毫米，常短于第一外稃。

611 虮子草 ji zi cao
Leptochloa panicea (Retz.) Ohwi

一年生草本。秆较细弱，高 30–60 厘米。叶鞘疏生疣基柔毛；叶舌膜质，多撕裂，或不规则齿裂头，长约 2 毫米；叶片质薄，扁平，6–18×0.3–0.6 厘米，无毛或疏生疣毛。圆锥花序长 10–30 厘米，分枝细弱，微粗糙；小穗灰绿或带紫色，长 1–2 毫米，2–4 小花；颖膜质，1 脉，脊上粗糙，第一颖较狭窄，渐尖头，长约 1 毫米，第二颖较宽，长约 1.4 毫米；外稃 3 脉，脉上被细短毛，第一外稃长约 1 毫米，钝头；内稃稍短于外稃，脊上具纤毛；花药长约 0.2 毫米。颖果圆球形，长约 0.5 毫米。花果期 7–10 月。

分布： 全洞庭湖区；湘西、湘北；陕西、山西、河北、华东（山东除外）、华中、华南、西南。亚洲、非洲和美洲的泛热带地区。

生境： 田野、路边和园圃内。

应用： 草质柔软，为优良牧草。

识别要点： 与千金子区别：花序分枝极细弱，长 2.5–6 厘米；叶鞘及叶片均具疣基长柔毛；小穗 2–4 小花，长 1–2 毫米；第一颖长 0.8–1 毫米，第二颖长 1.2–1.4 毫米。

612 多花黑麦草 duo hua hei mai cao
Lolium multiflorum Lamk.

一年生、越年生或短期多年生草本。秆直立或基部偃卧而节上生根，高 50–130 厘米，4–5 节，较细弱至粗壮。叶鞘疏松；叶舌长达 4 毫米，有时具叶耳；叶片扁平，10–20×0.3–0.8 厘米，无毛，上面微粗糙。穗形总状花序直立或弯曲，15–30×0.5–0.8 厘米；穗轴柔软，节间长 1–1.5 厘米，无毛，上面微粗糙；小穗 10–15（–22）小花，10–18×3–5 毫米；小穗轴节间长约 1 毫米，平滑无毛；颖披针形，质地较硬，5–7 脉，长 5–8 毫米，狭膜质缘，钝头，通常与第一小花等长；外稃长圆状披针形，长约 6 毫米，5 脉，基盘小，顶端膜质透明，细芒长约 5（–15）毫米，或上部小花无芒；两稃约等长，脊上具纤毛。颖果长圆形，长为宽的 3 倍。花果期 7–8 月。

分布： 全洞庭湖区，栽培或逸生；湘中、湘北；新疆、陕西、河北、贵州、云南、四川、江西引种栽培。非洲、欧洲、西南亚洲，引入世界各地种植。

生境： 湖区平原旷野草地、鱼池边、公园庭院草地；草甸草场、路旁湿地、庭院。

应用： 优良牧草；观赏草坪。

识别要点： 小穗 11–22 小花，侧生于穗轴上；外稃长圆状披针形，细芒长约 5（–15）毫米，或上部小花无芒；两稃约等长。

613 黑麦草 hei mai cao
Lolium perenne L.

多年生，具细弱根状茎。秆丛生，高30–90厘米，3–4节，质软，基部节上生根。叶舌长约2毫米；叶片线形，5–20×0.3–0.6厘米，柔软，具微毛，有时具叶耳。穗形穗状花序直立或稍弯，10–20×0.5–0.8厘米；小穗轴节间长约1毫米，平滑无毛；颖片披针形，为其小穗长的1/3，5脉，狭膜质缘；外稃长圆形，草质，长5–9毫米，5脉，平滑，基盘明显，无芒，或上部小穗具短芒，第一外稃长约7毫米；两稃等长，两脊生短纤毛。颖果长约为宽的3倍。花果期5–7月。

分布： 全洞庭湖区，栽培或逸生；湖南各大城市及森林公园栽培；全国各地广泛引种。欧亚大陆暖温带、北非。

生境： 湖区平原旷野草地；草甸草场、路旁湿地。

应用： 极高价值的饲料和干草；观赏草坪。

识别要点： 多年生；花期具分蘖叶；颖片长为小穗的1/3–1/2；外稃无芒；颖果成熟后不肿胀，厚约0.5毫米，长约为宽的3倍。

614 柔枝莠竹 rou zhi you zhu
Microstegium vimineum (Trin.) A. Camus

一年生草本。秆下部匍匐地面，节上生根，高达1米，多分枝，无毛。叶鞘短于其间，鞘口具柔毛；叶舌截形，长约0.5毫米，背面生毛；叶片粗糙缘，渐尖头，基部狭窄，中脉白色，4–8×0.5–0.8厘米。总状花序2–6，长约5厘米，近指状排列于长5–6毫米的主轴上，总状花序轴节间稍短于其小穗，较粗而压扁，生微毛，边缘疏生纤毛；无柄小穗长4–4.5毫米，基盘具短毛或无毛；第一颖披针形，纸质，背部有凹沟，贴生微毛，先端具网状横脉，脊锯齿状粗糙，内折边缘具丝状毛，尖或二齿头；第二颖中脉粗糙，渐尖头，无芒；雄蕊3，花药长约1毫米或较长。颖果长圆形，长约2.5毫米。有柄小穗相似于无柄小穗或稍短，小穗柄短于穗轴间。花果期8–11月。

分布： 全洞庭湖区；湘西南、湘中、湘（西）北；河北、山西、福建、华中、华南、西南。俄罗斯、朝鲜半岛、日本、印度、不丹、尼泊尔、伊朗、东南亚，北美洲及世界其他地区有传入。

生境： 平原荒地及湿地；林缘与阴湿草地。

应用： 家畜饲料；生态景观；造纸。

识别要点： 与莠竹不同的是：小穗无芒，无柄小穗长4–4.5毫米。

615 莠竹 you zhu

Microstegium vimineum subsp. **nodosum** (Kom.) Tzvel.

[*Microstegium vimineum* (Trin.) A. Camus; *Microstegium nodosum* (Kom.) Tzvel.]

一年生蔓性草本。秆高达 1.2 米，节无毛，下部横卧地面而节处生根，向上抽出开花分枝。叶鞘短于其节间，稍压扁，边缘与鞘口具长纤毛；叶舌短；叶片线状披针形，4-8×0.6-1.2 厘米，两面生柔毛，渐尖头，基部狭窄。总状花序生秆顶和上部叶鞘中，长 3-5 厘米，2-6 枚有间隔地互生于主轴上；总状花序轴节间长 3-4 毫米，顶端稍膨大，边缘具纤毛或散生柔毛；无柄小穗长 5-6 毫米，基盘微有短毛；第一颖披针形，草质，稍尖头，全缘或具 2 微齿，脊上部粗糙，稀具纤毛；背部有浅沟，脊间 2 脉，脉在先端呈网状汇合；第二颖中脉成脊，具纤毛，无芒，第一小花微小或仅存内稃；第二外稃长约 1 毫米，扭曲的芒伸出小穗外，长 7-9 毫米；第二内稃无，花药长 0.3-0.5 毫米。有柄小穗较无柄者稍短。花果期 8-11 月。

分布： 全洞庭湖区；湘西南、湘北；吉林、山西、陕西、江苏、广东、四川、云南。俄罗斯、朝鲜半岛、日本、印度。

生境： 平原荒地、水边湿地或浅水池中；林地、河岸、沟边、田野路旁的阴湿地草丛中。海拔（30-）400-1200 米。

应用： 家畜饲料；湿地水景；造纸。

识别要点： 总状花序轴节间粗而短于其小穗，边缘具纤毛；叶鞘内含隐藏小穗；第一外稃缺，其花药常退化不育。但小穗扭转膝曲，芒伸出小穗之外，长 9 毫米，无柄小穗长 5-6 毫米与柔枝莠竹不同。

616 五节芒 wu jie mang

Miscanthus floridulus (Labill.) Warb. ex Schum. et Laut.

多年生草本，根状茎发达。秆高 2-4 米，无毛，具白粉。叶鞘长于或上部者稍短于其节间，鞘节具微毛；叶舌长 1-2 毫米，顶端具纤毛；叶片长条状披针形，25-60×1.5-3 厘米，无毛或上面基部有柔毛，粗糙缘。圆锥花序长椭圆形，长 30-50 厘米，主轴长达花序的 2/3 以上；分枝通常 10 多枚簇生于基部各节，具二至三回小枝；总状花序长 10-20 厘米，穗轴不断落，节间与小穗柄都无毛；小穗卵状披针形，长 3-3.5 毫米，黄色，成对生于各节，一柄长（3-5 毫米），一柄短（2.5-3 毫米），均结实且同形，2 小花，仅第二小花结实；基盘毛稍长于小穗；第一颖两侧有脊，背部无毛；芒自膜质第二外稃裂齿间伸出，膝曲，雄蕊 3，花药长 1.2-1.5 毫米，橘黄色；花柱极短，柱头自小穗两侧伸出，紫黑色。花果期 5-10 月。

分布： 全洞庭湖区散布；湖南全省；华东（山东除外）、华中、华南、西南。亚洲东南部、西太平洋诸岛屿至波利尼西亚。

生境： 平原土丘、水边土岸；低海拔撂荒地与丘陵潮湿谷地和山坡或草地。

应用： 根茎清热利尿、止渴；嫩叶为牛饲料；造景、作绿篱、生态驳岸；茎造纸及人造丝浆；编席；盖屋；固土防沙。

识别要点： 秆高 2-4 米，节下具白粉，仅鞘节具微毛；叶片披针状线形，25-60×1.5-3 厘米；圆锥花序大型，具极多分枝，主轴延伸达花序的 2/3 以上，长于其总状花序分枝；小穗长 3-3.5 毫米。

617 南荻 nan di
Miscanthus lutarioriparium L. Liu ex Renvoize et S. L. Chen

[*Triarrhena lutarioripara* L. Liu ex Renvoize et S. L. Chen]

多年生高大竹状草本，根状茎发达。秆直立，带紫（褐）色，有光泽，常被蜡粉，高（3-）5.5-7.5 米；节部膨大，秆环隆起，与其芽均无毛，30 节以上具分枝，中下部节间长 20-24 厘米。叶鞘无毛，与其节间近等长，鞘节无毛；叶舌具绒毛，耳部被细毛；叶片带状，90-98× 约 4 厘米，短锯齿缘。圆锥花序长 30-40 厘米，主轴伸长达花序中部，由 100 余枚总状花序组成，稠密，腋间无毛；总状花序轴节间长约 5.5 毫米，短柄长 1.5 毫米，长柄长 3.5 毫米，腋间无毛或偶有毛；小穗 5-5.5×0.9 毫米；两颖不等长，第一颖渐尖头，长于其第二颖的 1/4，背部平滑无毛，边缘与上部有长柔毛，基盘柔毛约 2 倍小穗长；第一与第二外稃短于颖片，有缘毛，无芒；花药长约 2 毫米。颖果黑褐色，2-2.5×0.7-0.8 毫米，具宿存的二叉状花柱基，胚长为果体的 1/3-1/2。花果期 9-11 月。

分布：全洞庭湖区；湖南长沙（县）、望城、宁乡、张家界、湘北；长江中下游以南各省。

生境 湖洲、淤滩及夏季洪水淹灌的江岸河边。海拔 10-100 米。

应用：重要野生牧草；湿地造景；纤维质优高产，造优质纸；防沙固堤；生物质能源；编帘、席。

识别要点：秆高 3-7.5 米，30-42 节，分枝；大型圆锥花序长 30-40 厘米，分枝腋间无毛；花药长 1.5-2 毫米；颖果长 2-2.5 毫米。

618 突节荻 tu jie di
Miscanthus lutarioriparium L. Liu ex Renvoize et S. L. Chen var. **elevatinodis** L. Liu et P. F. Chen

[*Triarrhena lutarioripara* L. Liu ex Renvoize et S. L. Chen var. *elevatinodis* L. Liu et P. F. Chen]

特征与南荻（原变种）相似，但植株各部均短小，秆高 4.5-5 米，径 1.5-2 厘米，35 节左右，节明显突出；叶片质地薄，宽约 3 厘米，顶节以上秆的部分长 50-60 厘米，小穗较短，两颖近等长，第一颖长约 5 毫米。颖果较小，长约 1.8 毫米。花果期 8-11 月。

分布：汉寿及沅江；湖南长沙、湘北。

生境：湖洲沙壤土或河流边湿地。海拔 20-60 米。

应用：湿地造景；劈开制作手工艺品；编织凉席；造纸；防沙固堤植物；野生鸟类栖息。

识别要点：秆高 4.5-5 米，径 1.5-2 厘米，约 35 节，节明显突出。

619 铁秆柴 tie gan chai
Miscanthus lutarioriparium L. Liu ex Renvoize et S. L. Chen var. **Gonchaiensis** L. Liu f. **tiegangang** L. Liu
[*Triarrhena lutarioripara* L. Liu ex Renvoize et S. L. Chen var. *gongchai* L. Liu f. *purpureorosa* L. Liu]

与南荻（原变种）形态特征相似，但秆较细矮，老熟后淡紫红色；叶鞘及幼秆紫红色；裸露的根紫红色。花果期 8-11 月。

分布： 岳阳、湘阴、益阳、沅江、仙桃、松滋。

生境： 湖洲淤滩。海拔 30-60 米。

应用： 湿地造景；可造纸；防沙固堤植物。

识别要点： 秆较细矮，老时淡紫红色；叶鞘、幼秆及裸露的根紫红色。

620 芒 mang
Miscanthus sinensis Anderss.

多年生苇状草本。秆高 1-2 米，无毛或在花序以下疏生柔毛。叶鞘中部以上具污毛或后无毛，长于其节间；叶舌膜质，长 1-3 毫米，具纤毛；叶片线形，20-50×0.6-1 厘米，下面疏生柔毛及被白粉。圆锥花序直立，长 15-40 厘米，主轴无毛，延伸至花序的中部以下，节与分枝腋间具柔毛；分枝较粗硬，直立，不再分枝或基部分枝具第二次分枝，长 10-30 厘米；小枝节间三棱形，微粗糙缘，短柄长 2 毫米，长柄长 4-6 毫米；小穗披针形，长 4.5-5 毫米，黄色有光泽，基盘具等长于小穗的淡黄（白）色丝状毛；第一颖顶 3-4 脉，渐尖头，背部无毛；第二颖常 1 脉，上部边缘具纤毛；第一外稃长圆形，膜质，长约 4 毫米，边缘具纤毛；第二外稃短于第一外稃，2 裂，芒长 9-10 毫米，棕色，膝曲，稍扭曲，长约 2 毫米，第二内稃 1/2 外稃长；雄蕊 3，花药长 2-2.5 毫米，稃褐色；柱头羽状，长约 2 毫米，紫褐色，从小穗中部两侧伸出。颖果长圆形，暗紫色。花果期 7-12 月。

分布： 全洞庭湖区；湖南全省；几遍全国。日本、朝鲜半岛。

生境： 湖区平原或丘陵荒野；山地、丘陵和荒坡原野。海拔 20-2000 米。

应用： 根及幼茎汁散血去毒；牲畜饲料；造景、作绿篱；固沙防沙；盖茅屋；造纸及人造丝浆。

识别要点： 高 1-2 米；叶鞘中部以上具污毛或后无毛，长于其节间；叶片线形，20-50 厘米；圆锥花序扇形，主轴长不及花序一半；小穗长 4.5-5 毫米。

621 紫芒 zi mang
Miscanthus purpurascens Anderss.
[*Microstegium sinensis* Anderss.]

秆高逾 1 米，无毛或紧接花序部分具柔毛。叶鞘稍短于其节间，鞘节具髭毛，鞘口及上部边缘具纤毛；叶舌长 1–2 毫米，顶端具纤毛；叶片宽线形，60–80×约 1.5 厘米，长渐尖头，无毛或下面贴生柔毛。圆锥花序长达 30 厘米，主轴延伸至花序下部，分枝较少，腋间具柔毛；分枝长 10–20 厘米，节间长 6–8 毫米；小穗柄无毛，短柄长约 2 毫米，长柄长约 5 毫米；小穗披针形，长 5–5.5 毫米，基盘柔毛紫色，稍长或等长于小穗；第一、二颖几等长，渐尖头，背面及边缘生长柔毛，前者 2 脊，后者 1 脉；第一外稃长圆状披针形，较颖稍短，具纤毛；第二外稃狭窄披针形，长 4–4.5 毫米，上部边缘具纤毛，2 齿裂头，芒长 10–14 毫米，稍扭转、膝曲；第二内稃约 1/2 外稃长；雄蕊 3，花药长约 2.5 毫米，橘黄色；柱头紫黑色，自小穗中部两侧伸出。花果期 8–10 月。

分布： 全洞庭湖区广布；湘中、湘北；吉林、河北、山东、陕西、贵州、四川、湖北、江西、广东。俄罗斯（远东地区）、日本、朝鲜半岛。

生境： 湖区平原及丘陵旷野广布；阳坡路旁林缘灌丛中。海拔 30–1000 米。

应用： 牛饲料；造景、作绿篱；固土防沙；茎叶造纸。

识别要点： 高于 1 米；叶鞘稍短于其节间，鞘口及上部边缘具纤毛，鞘节具髭毛；圆锥花序主轴延伸至花序下部；小穗长 5–5.5 毫米；基盘柔毛紫色。

622 荻 di
Miscanthus sacchariflorus (Maxim.) Hack.
[*Triarrhena sacchariflora* (Maxim.) Nakai]

多年生，根状茎被鳞片。秆高达 2 米，节生柔毛。叶鞘无毛，长于或上部者稍短于其节间；叶舌长 0.5–1 毫米，具纤毛；叶片宽线形，20–50×0.5–1.8 厘米，无毛但上面基部密生柔毛，基部收缩，长渐尖头。圆锥花序伞房状，长 10–20 厘米；主轴无毛，分枝 10–20，腋间生柔毛；总状花序轴或具短柔毛；小穗柄腋间常有柔毛，短柄长 1–2 毫米，长柄长 3–5 毫米；小穗线状披针形，长 5–5.5 毫米，带褐色，基盘具长丝状柔毛；第一颖 2 脊间或具 1 脉，膜质长渐尖头，具长柔毛；第二与第一颖近等长，渐尖头，膜质，具纤毛，3 脉，背部无毛或有长柔毛；第一外稃稍短于颖，尖头，具纤毛；第二外稃狭披针形，3/4 颖片长，尖头，具纤毛，脉 1 或 0，稀具芒状尖头；第二内稃约 1/2 外稃长，具纤毛；雄蕊 3，花药长约 2.5 毫米；柱头紫黑色，自小穗中下部两侧伸出。颖果长圆形，长 1.5 毫米。花果期 8–10 月。

分布： 全洞庭湖区；湖南全省；东北、西北、华北、华东、华中。日本、朝鲜半岛、俄罗斯西伯利亚。

生境： 山坡草地和平原岗地、河岸湿地。海拔 10–2000 米。

应用： 全草清热活血，治妇女干血痨、潮热、产后失血口渴、牙痛；重要的野生牧草；景观营造；造纸；编帘、席；防沙固堤；生物质能源。

识别要点： 节密生柔毛；伞房状圆锥花序长约 20 厘米，分枝腋间、小穗柄基部与总状花序轴节间具柔毛；花药长 2.5–3 毫米；颖果长约 1.5 毫米。

623 类芦 lei lu
Neyraudia reynaudiana (Kunth) Keng ex Hitchc.

多年生，具木质根状茎，须根粗而坚硬。秆直立，2-3 米×0.5-1 厘米，通常节具分枝，节间被白粉；叶鞘无毛，仅沿颈部具柔毛；叶舌密生柔毛；叶片 30-60×0.5-1 厘米，扁平或卷折，长渐尖头，无毛或上面生柔毛。圆锥花序长 30-60 厘米，分枝细长，开展或下垂；小穗长 6-8 毫米，5-8 小花，第一外稃不孕，无毛；颖片短小；长 2-3 毫米；外稃长约 4 毫米，边脉有长约 2 毫米的柔毛，顶端具长 1-2 毫米向外反曲的短芒；内稃短于外稃。花果期 8-12 月。

分布： 岳阳、益阳；湖南全省；甘肃、湖北、江西、华东（山东除外）、华南、西南。印度、尼泊尔、日本、东南亚。

生境： 湖边、湿润草坡、溪沟边岩石缝中或河滩两岸、砾石草地。海拔 20-2000 米。

应用： 水景观赏、可作围篱；茎叶造纸及人造棉；保土固堤。

识别要点： 秆高 2-3 米；叶片长 30-60 厘米，宽达 1 厘米，叶鞘颈部具柔毛；小穗 4-8 花，长 6-8 毫米，最下部的小花不育；外稃长约 4 毫米，第一小花反具外稃且边脉无毛。

624 求米草 qiu mi cao
Oplismenus undulatifolius (Arduino) Beauv.

秆纤细，基部平卧地面，节处生根，上升部分高 20-50 厘米。叶鞘短于或上部者长于其节间，密被疣基毛；叶舌膜质，短小，长约 1 毫米；叶片扁平，（卵状）披针形，2-8×0.5-1.8 厘米，尖头，基部略圆形而稍不对称，通常具细毛。圆锥花序长 2-10 厘米，主轴密被疣基长刺柔毛；分枝短缩，有时下部的分枝延伸长达 2 厘米；小穗卵圆形，被硬刺毛，长 3-4 毫米，簇生于主轴或部分孪生；颖草质，第一颖长约为小穗之半，具长 0.5-1（-1.5）厘米硬直芒，3-5 脉；第二颖较长于第一颖，芒长约 2-5 毫米，5 脉；第一外稃草质，与小穗等长，7-9 脉，芒长 1-2 毫米，第一内稃通常缺；第二外稃草质，长约 3 毫米，平滑，结实时变硬，边缘包着同质的内稃；鳞被 2，膜质；雄蕊 3；花柱基分离。花果期 7-11 月。

分布： 全洞庭湖区；湖南全省；我国南北各省区。北半球暖温带至亚热带、印度高地、非洲。

生境： 疏林下阴湿处。海拔 30-2000 米。

应用： 牧草；作喜光、稍耐阴地被。

识别要点： 花序不分枝或分枝短缩，有时下部分枝延伸，但长仅达 2 厘米；小穗簇生或孪生。与竹叶草近似，但后者花序分枝长 2-3.5 厘米；分布于华南、西南。生于林缘路旁湿地。

625 稻（水稻）dao
Oryza sativa L.

一年生水生草本。秆直立，高 0.5-1.5 米，因品种而异。叶鞘松弛，无毛；叶舌披针形，长 1-2.5（-3）毫米，两侧基部下延长成叶鞘边缘，具 2 枚镰形抱茎的叶耳；叶片线状披针形，约 40×1 厘米，无毛，粗糙。圆锥花序大型疏展，长约 30 厘米，分枝多，棱粗糙，成熟期向下弯垂；小穗含 1 成熟花，两侧甚压扁，长圆状卵形至椭圆形，约 10×2-4 毫米；颖极小，仅在小穗柄先端留下半月形的痕迹，退化外稃 2，锥刺状，长 2-4 毫米；两侧孕性花外稃质厚，5 脉，中脉成脊，表面有方格状小乳状突起，厚纸质，密被细毛，有或无芒；内稃与外稃同质，3 脉，尖头而无喙；雄蕊 6，花药长 2-3 毫米。颖果约 5×2×1-1.5 毫米；胚比小，约 1/4 颖果长。花果期 4-11 月，因品种而异。

分布： 全洞庭湖区；湖南全省；我国南方为主要产稻区，北方各省均有栽种。亚洲热带广泛种植。

生境： 稻田栽培或半逸生于田野沟渠、湿地。海拔 10-2000 米。

应用： 主要粮食作物之一；也用于酿酒、制醋、提取淀粉等；米糠为良好饲料并可榨油；秆叶供作饲料、造纸、培养草菇、房顶覆盖防雨、苗床覆盖等；秆可搓绳、编制器物等。

识别要点： 一年生；叶舌尖，长达 3 厘米；圆锥花序具数次分枝；小穗长 8-10 毫米，宿存，成熟后穗轴延续而不易脱落；两稃尖头而无喙，密被细毛和小乳状突起，6-8×4 毫米；花药长约 2.5 毫米。

626 糠稷 kang ji
Panicum bisulcatum Thunb.

一年生草本。秆纤细，较坚硬，高 0.5-1 米，直立或基部伏地，节上可生根。叶鞘松弛，边缘被纤毛；叶舌膜质，长约 0.5 毫米，顶端具纤毛；叶片质薄，狭披针形，5-20×0.3-1.5 厘米，渐尖头，基部近圆形，几无毛。圆锥花序长 15-30 厘米，分枝纤细，斜举或平展，无毛或粗糙；小穗椭圆形，长 2-2.5 毫米，绿色或有时带紫色，具细柄；第一颖近三角形，长约为小穗的 1/2，1-3 脉，基部略微包卷小穗；第二颖与第一外稃同形且等长，均 5 脉，外被细毛或后脱落；第一内稃缺；第二外稃椭圆形，长约 1.8 毫米，尖头，表面平滑，光亮，成熟时黑褐色。鳞被 3 脉，约 0.26×0.19 毫米，（不）透明，折叠。花果期 9-11 月。

分布： 全洞庭湖区；湖南全省；我国东南部、中南部、南部、西南部和东北部。日本、菲律宾、印度、朝鲜半岛、大洋洲、太平洋岛屿。

生境： 稻田、沟渠边湿地；水边或荒野潮湿处。海拔 30-2000 米。

应用： 幼嫩时作牧草；可作景观草。

识别要点： 一年生；高 0.5-1 米；圆锥花序长 15-30 厘米，分枝纤细，斜举或平展；小穗椭圆形，长 2-2.5 毫米；第一颖长为小穗的 1/3-1/2；第二小花（谷粒）平滑，鳞被膜质，3-5 脉。

627 双穗雀稗 shuang sui que bai
Paspalum distichum L.

多年生。匍匐茎横走而粗壮，长达 1 米，向上直立部分高 20-40 厘米，节生柔毛。叶鞘短于其节间，背部具脊，边缘或上部被柔毛；叶舌长 2-3 毫米，无毛；叶片披针形，5-15×0.3-0.7 厘米，无毛。总状花序 2 枚对连，长 2-6 厘米；穗轴宽 1.5-2 毫米；小穗倒卵状长圆形，长约 3 毫米，尖头，疏生微柔毛；第一颖退化或微小；第二颖贴生柔毛，中脉明显；第一外稃 3-5 脉，通常无毛，尖头；第二外稃草质，等长于小穗，黄绿色，尖头，被毛。花果期 5-9 月。

分布：全洞庭湖区普遍；湖南全省；河北、华东、华中、华南、西南，为早期外来归化植物。全世界热带至暖温带地区。

生境：沟渠及池塘边缘或浅水中，田野潮湿处。海拔 20-2000 米。

应用：曾作一优良牧草引种，但常为造成作物减产的恶性杂草；湿地景观、生态驳岸。

识别要点：植株具长匍匐茎或根状茎；总状花序 2 枚，对生。但小穗长 3-3.5 毫米，椭圆形；总状花序长 3-5 厘米；穗轴硬直而与两耳草不同。

628 圆果雀稗 yuan guo que bai
Paspalum scrobiculatum L. var. **orbiculare** (G. Forster) Hack.
[*Paspalum orbiculare* Forst.]

多年生。秆直立，丛生，高 30-90 厘米。叶鞘长于其节间，无毛，鞘口有少数长柔毛，基部者具白色柔毛；叶舌长约 1.5 毫米；叶片长披针形至线形，10-20×0.5-1 厘米，大多无毛。总状花序长 3-8 厘米，2-10 枚相互间距排列于长 1-3 厘米的主轴上，分枝腋间有长柔毛；穗轴宽 1.5-2 毫米，边缘微粗糙；小穗椭圆形或倒卵形，长 2-2.3 毫米，单生于穗轴一侧，覆瓦状排列成 2 行；小穗柄微粗糙，长约 0.5 毫米；第二颖与第一外稃等长，3 脉，稍尖头；第二外稃等长于小穗，成熟后褐色，革质，有光泽，具细点状粗糙。花果期 6-11 月。

分布：全洞庭湖区；湖南全省；江苏、浙江、福建、江西、湖北、四川、贵州、云南、广西、广东。亚洲东南部、澳大利亚、波利尼西亚。

生境：低海拔荒坡、草地、路旁及田间。

应用：牧草；可观赏。

识别要点：与邻近种区别：小穗长约 2.2 毫米，第二颖及第一外稃均为 3 脉。

629 丝毛雀稗 si mao que bai
Paspalum urvillei Steud.

多年生。具短根状茎。秆丛生，高 50-150 厘米。叶鞘密生糙毛，鞘口具长柔毛；叶舌长 3-5 毫米；叶片无毛或基部生毛，15-30×0.5-1.5 厘米。总状花序 10-20，长 8-15 厘米，组成长 20-40 厘米的大型总状圆锥花序。小穗卵形，尖头，长 2-3 毫米，稍带紫色，边缘密生丝状柔毛；第二颖与第一外稃等长、同型，3 脉，侧脉位于边缘；第二外稃椭圆形，革质，平滑。花果期 5-10 月。

分布： 益阳、沅江；长沙、望城、宁乡，栽培或逸生；台湾、福建及香港作为牧草和观赏草种引种，为外来入侵植物。原产南美洲巴西等地，世界较温暖的地区已归化。

生境： 村旁、路边和荒地。海拔 30-2000 米。

应用： 幼时可作牧草；水边草地造景植物；可作固土护堤植物；为恶性杂草。

识别要点： 秆丛生，高达 1.5 米，不具匍匐根状茎；总状花序 10-20 组成长 20-40 厘米的圆锥花序；小穗卵形，长 2-3 毫米，稍带紫色，边缘密生 1-2 毫米长的丝状柔毛；第二小花等长于小穗。

630 狼尾草 lang wei cao
Pennisetum alopecuroides (L.) Spreng.

多年生。须根较粗壮。秆直立，丛生，高达 1.2 米，在花序下密生柔毛。叶鞘光滑，两侧压扁，主脉成脊，在基部者跨生状，秆上部者长于其节间；叶舌具长约 2.5 毫米纤毛；叶片线形，10-80×0.3-0.8 厘米，长渐尖头，基部生疣毛。圆锥花序直立，5-25×1.5-3.5 厘米；主轴密生柔毛；总梗长 2-3（-5）毫米；刚毛粗糙，淡绿或紫色，长 1.5-3 厘米；小穗单生，偶有双生，线状披针形，长 5-8 毫米；第一颖微小或缺，长 1-3 毫米，膜质，钝头，3-5 脉，1/3-2/3 小穗长；第一小花中性，第一外稃与小穗等长，7-11 脉；第二外稃与小穗等长，披针形，5-7 脉，边缘包着同质的内稃；鳞被 2，楔形；雄蕊 3，花药顶端无毫毛；花柱基部联合。颖果长圆形，长约 3.5 毫米。花果期夏秋季。

分布： 全洞庭湖区；湖南全省；南北各省区。日本、印度、朝鲜半岛、缅甸、巴基斯坦、越南、菲律宾、马来西亚、大洋洲及非洲。

生境： 堤岸或旷野草地；田岸、荒地、道旁及小山坡上。海拔 0-3200 米。

应用： 可作饲料；生态景观；编织或造纸；作土法打油的油杷子；可作固堤防沙植物。

识别要点： 秆直立丛生，高达 1.2 米；圆锥花序直立，5-25×1.5-3.5 厘米；主轴密生柔毛，总苞状的刚毛粗糙，不呈羽毛状，淡绿或紫色，长 1.5-3 厘米；小穗的总梗长 2-3（-5）毫米。

631 显子草 xian zi cao
Phaenosperma globosa Munro ex Benth.

多年生。根疏硬。秆单生或少数丛生，光滑无毛，直立，坚硬，高 1-1.5 米，4-5 节。叶鞘光滑，通常短于节间；叶舌质硬，长 5-15（-25）毫米，两侧下延；叶片宽线形，常翻转而使上面向下呈灰绿色，下面向上呈深绿色，两面粗糙或平滑，基部窄狭，渐尖细头，10-40×1-3 厘米。圆锥花序长 15-40 厘米，下部分枝多轮生，长 5-10 厘米，幼时斜上升，成熟时极开展；小穗背腹压扁，长 4-4.5 毫米；两颖不等长，第一颖长 2-3 毫米，明显 1 或 3 脉，两侧脉甚短，第二颖长约 4 毫米，3 脉；外稃长约 4.5 毫米，3-5 脉，两边脉不明显；内稃略短于或近等长于外稃；花药长 1.5-2 毫米。颖果倒卵球形，长约 3 毫米，黑褐色，具皱纹，成熟后露出稃外。花果期 5-9 月。

分布： 全洞庭湖区散见；湖南全省；甘肃、陕西、华北、华东、华中、华南、西南。朝鲜半岛、日本、印度。

生境： 山坡林下、山谷溪旁及路边草丛。海拔 50-2000 米。

应用： 可作牲畜的饲料；生态景观。

识别要点： 高大直立草本；圆锥花序顶生开展；小穗 1 小花，无芒，脱节于颖之下；外稃 3-5 脉，与第二颖等长；内稃稍短于外稃，2 脉；颖果倒卵球形，部分花柱宿存，成熟时露出于稃外。

632 䅟草 yi cao
Phalaris arundinacea L.

多年生，有根茎。秆通常单生或少数丛生，高达 1.4 米，6-8 节。叶鞘无毛，下部者长于而上部者短于节间；叶舌薄膜质，长 2-3 毫米；叶片扁平，幼嫩时微粗糙，6-30×1-1.8 厘米。圆锥花序紧密狭窄，长 8-15 厘米，分枝直上举，密生小穗；小穗长 4-5 毫米，无毛或有微毛；颖沿脊上粗糙，上部有极狭翼；孕花外稃宽披针形，长 3-4 毫米，上部有柔毛；内稃舟形，背具 1 脊，脊的两侧疏生柔毛；花药长 2-2.5 毫米；不孕外稃 2，退化为线形，具柔毛。花果期 6-8 月。

分布： 全洞庭湖区广布；长沙、望城、宁乡、湘北；云南、四川、东北、华北、西北、华东、华中。中亚、俄罗斯西伯利亚、欧洲、北半球温带地区广布。

生境： 湖河、沟渠边或湖河岸；沟谷林下、灌丛中、河滩草甸或水湿处。海拔 10-3700 米。

应用： 优良牧草；湿地生态景观；秆可编织用具或造纸。

识别要点： 与丝带草（变种）区别：后者叶片扁平，绿色而有白色条纹间于其中，柔软而似丝带。

633 芦苇 lu wei
Phragmites australis (Cav.) Trin. ex Steud.

多年生，根状茎发达。秆直立，1–3（–8）米 ×1–4 厘米，基部和上部的节间较短，最长节间 20–25（–40）厘米，节下被蜡粉。下部叶鞘短于而上部者长于其节间；叶舌密生一圈长约 1 毫米的缘毛，两侧缘毛长 3–5 毫米；叶片披针状线形，约 30×2 厘米，无毛，丝状长渐尖头。圆锥花序大型，20–40× 约 10 厘米，分枝多数，长 5–20 厘米；小穗稠密下垂，长约 12 毫米，柄长 2–4 毫米，无毛，4 花；颖 3 脉，第一颖长 4 毫米；第二颖长约 7 毫米；第一不孕外稃雄性，长约 12 毫米，第二外稃长 11 毫米，3 脉，长渐尖头，基盘延长，两侧密生等长于外稃的丝状柔毛，与无毛的小穗轴相连接处关节明显，成熟后易自关节上脱落；内稃长约 3 毫米，两脊粗糙；雄蕊 3，花药长 1.5–2 毫米，黄色；颖果长约 1.5 毫米。花果期 7–10 月。

分布： 全洞庭湖区广布；湖南全省；全国。全球广泛分布的多型种。

生境： 湖洲淤滩；江河湖泽、池塘沟渠沿岸和低湿地，各种有水源的空旷地带。海拔 10–2000 米。

应用： 根状茎供药用；茎、叶嫩时为饲料；水生生态景观；秆造纸、编席织帘及建棚；为固堤造陆先锋环保植物。

识别要点： 根状茎发达；秆 1–3（–8）米 ×1–4 厘米；叶片披针状线形，约 30×2 厘米；圆锥花序大型，小穗长 10–20 毫米，下垂；第一不孕外稃明显长大；外稃基盘两侧密生等长或长于其稃体的丝状柔毛。

634 水竹 shui zhu
Phyllostachys heteroclada Oliver

竿达 6 米 ×3 厘米，节间长达 30 厘米；粗竿中上部以下竿环较平坦，其上或细竿者则明显隆起。箨鞘背面带紫色，具白或淡褐色缘毛；箨耳小，淡紫色，卵形、长椭圆形或短镰形，具紫色繸毛；箨舌微凹至微拱形，具白色短缘毛；箨片直立，（狭长）三角形，绿紫色，舟形。末级小枝（1）2（3）叶；叶鞘除边缘外无毛；无叶耳，鞘口繸毛直立；叶舌短；叶片披针形，5.5–12.5×1–1.7 厘米，下面基部有毛。花枝呈紧密头状，长 1.5–2.2 厘米，侧生于老枝或顶生于具叶嫩枝，基部 4–6 鳞状苞片，后者托以 1 或 2 佛焰苞，顶端有（长）卵形缩小叶，前者佛焰苞 2–6，广卵形，向顶渐变狭，长 9–12 毫米，具端毛及小尖头，（1–）4–7 假小穗；苞片长 12 毫米。小穗长 15 毫米，小花 3–7，上部的不孕；颖 0–3，与苞片同形或与外稃相似；外稃披针形，长 8–12 毫米，与内稃被柔毛，9–13 脉，锥状渐尖头；内稃短于外稃；鳞被菱状卵形，长约 3 毫米，7 脉，具缘毛；花药长 5–6 毫米；花柱长约 5 毫米，柱头 3 或 2，羽毛状。笋期 5 月，花期 4–8 月。

分布： 益阳、沅江、湘阴、岳阳；湖南全省；黄河流域及其以南。

生境： 水边及林下；河流两岸及山谷中。

应用： 笋供食用；竿编竹凉席、制篾具。

识别要点： 粗竿中上部以下竿环平坦，细竿者凸隆；花枝头状；箨鞘绿紫色，具缘毛；箨耳淡紫色，具紫色繸毛；箨片直立，狭长三角形，绿紫色。

635 白顶早熟禾 bai ding zao shu he
Poa acroleuca Steud.

一至二年生。秆直立，高 30-50 厘米，3-4 节。叶鞘闭合，平滑无毛，顶生叶鞘短于其叶片；叶舌膜质，长 0.5-1 毫米；叶片质地柔软，7-15 厘米 ×2-4（-6）毫米，平滑或上面微粗糙。圆锥花序金字塔形，长 10-20 厘米；各节分枝 2-5，细弱，微糙涩，基部主枝长 3-8 厘米，中部以下裸露；小穗卵圆形，2-4 小花，长 2.5-3.5（-4）毫米，灰绿色；颖披针形，质薄，狭膜质缘，脊上部微粗糙，第一颖长 1.5-2 毫米，1 脉，第二颖长 2-2.5 毫米，3 脉；外稃长圆形，钝头，膜质缘，脊与边脉中部以下具长柔毛，间脉稍明显，无毛，第一外稃长 2-3 毫米；内稃短于外稃，脊具细长柔毛；花药淡黄色，长 0.8-1 毫米。颖果纺锤形，长约 1.5 毫米。花果期 5-6 月。

分布: 全洞庭湖区；湖南全省；陕西、宁夏、河北、吉林、辽宁、华东、华中、华南、西南。朝鲜半岛、日本。

生境: 湖区旷野草地、荒地、田野、宅旁、林下；沟边阴湿草地。海拔 20-2400 米。

应用: 作牲畜饲料；草坪草；护坡。

识别要点: 圆锥花序金字塔形；各节 2-5 分枝；小穗 2-4 小花；第一颖长 1.5-2 毫米；外稃长 2-3 毫米，脉间具微毛；基盘具绵毛；内稃两脊全具丝状毛。

636 早熟禾 zao shu he
Poa annua L.

一年生或冬性禾草。秆直立或倾斜，质软，高 6-30 厘米，全体平滑无毛。叶鞘稍压扁，中部以下闭合；叶舌长 1-3（-5）毫米，圆头；叶片扁平或对折，2-12×0.1-0.4 厘米，质地柔软，具横脉纹，急尖头呈船形，微粗糙缘。圆锥花序宽卵形，长 3-7 厘米，开展；各节 1-3 分枝，平滑；小穗卵形，3-5 小花，长 3-6 毫米，绿色；颖质薄，宽膜质缘，钝头，第一颖披针形，长 1.5-2（-3）毫米，1 脉，第二颖长 2-3（-4）毫米，3 脉；外稃卵圆形，宽膜质缘，明显 5 脉，脊与边脉下部具柔毛，间脉近基部有柔毛，基盘无绵毛，第一外稃长 3-4 毫米；内、外稃近等长，两脊密生丝状毛；花药黄色，长 0.6-0.8 毫米。颖果纺锤形，长约 2 毫米。花期 4-5 月，果期 6-7 月。

分布: 全洞庭湖区；湖南全省；全国。亚洲、欧洲、非洲、太平洋岛屿、大洋洲、北美洲和南美洲。

生境: 空旷草地、田地、园圃；平原和丘陵路旁草地、田野水沟或阴蔽荒坡湿地。海拔 10-4800 米。

应用: 可作牲畜的饲料；草坪草；护坡。

识别要点: 一年生；秆高 6-30 厘米，全体平滑无毛；叶鞘稍压扁，叶片扁平或对折；圆锥花序宽卵形，长 3-7 厘米，各节 1-3 分枝；小穗 3-5 小花，外稃长 3 毫米，花药长 0.6-0.8 毫米。

637　棒头草 bang tou cao
Polypogon fugax Nees ex Steud.

一年生草本。秆丛生，基部膝曲，大都光滑，高 10-75 厘米。叶鞘光滑无毛，多短于或下部者长于节间；叶舌膜质，长圆形，长 3-8 毫米，常 2 裂或不整齐裂齿头；叶片扁平，微粗糙或下面光滑，2.5-15×0.3-0.4 厘米。圆锥花序穗状，长圆形或卵形，较疏松，具缺刻或有间断，分枝长达 4 厘米；小穗长约 2.5 毫米（含基盘），灰绿或部分带紫色；颖长圆形，疏被短纤毛，2 浅裂头，芒从裂口处伸出，细直，微粗糙，长 1-3 毫米；外稃光滑，长约 1 毫米，微齿头，中脉延伸成长约 2 毫米而易脱落的芒；雄蕊 3，花药长 0.7 毫米。颖果椭圆形，一面扁平，长约 1 毫米。花果期 4-9 月。

分布： 全洞庭湖区；湖南全省；河北、山西、陕西、甘肃、新疆、华东、华中、华南、西南。俄罗斯、朝鲜半岛、日本、缅甸、印度、不丹、巴基斯坦、中亚、西亚，世界各地引种。

生境： 河流、沟渠、池塘及水田边湿地；山坡、田边、潮湿处。海拔 20-3900 米。

应用： 可作牲畜饲料；造景；护坡。

识别要点： 秆丛生，基部膝曲，光滑，高 10-75 厘米；叶片 2.5-15×0.3-0.4 厘米；穗状圆锥花序，长圆形或卵形，较疏松而有间断；小穗长约 2.5 毫米，灰绿或部分带紫色；颖片之芒短于或稍长于小穗。

638　河八王 he ba wang
Saccharum narenga (Nees ex Steud.) Wall. ex Hack.
[*Narenga porphyrocoma* (Hance) Bor.]

多年生。秆直立，高 1-3 米，节具长髭毛，节间被柔毛或白粉。下部叶鞘长于而上部者短于节间，遍生疣基柔毛，鞘口密生疣基长柔毛；叶舌厚膜质，长 3-4 毫米，钝圆头，具纤毛；叶片长线形，达 80×0.6-1.2 厘米，顶生者退化成锥形，基部渐窄而仅具肥厚的中肋，下面无毛，上面密生疣基柔毛，锯齿状粗糙缘。圆锥花序长 20-30 厘米，主轴被白色柔毛，节具柔毛，常 4 分枝；总状花序轴节间与小穗柄长约 2.5 毫米，先端稍膨大，疏生缘毛；无柄小穗披针形，长约 3 毫米，基盘具白紫色丝状毛，毛与小穗近等长；第一颖草质，2 脊，3 脉，钝头，上部边缘具纤毛，背部无毛或疏生少数柔毛；第二颖舟形，3 脉，背部无毛；第一外稃长圆形，近等长于颖，具缘毛；第二外稃较窄，稍短于颖，钝头，与边缘均具纤毛；第二内稃长约 1.5 毫米，顶端具长纤毛；鳞被楔形，长宽 0.5 毫米，截平头，纤毛长 0.8 毫米。雄蕊 3，花药长 1.5 毫米；柱头长约 1.5 毫米，自小穗中部以上之两侧伸出。花果期 8-11 月。

分布： 全洞庭湖区散见；湖南全省；华东（山东除外）、华中、华南、西南。东南亚热带地区。

生境： 多生于河边及山坡草地，耐干旱瘠薄。海拔 30-2000 米。

应用： 造景、观赏；作甘蔗的杂交亲本。

识别要点： 多年生，高达 3 米；叶片 80×0.6-1.2 厘米，上面及叶鞘密生疣基柔毛；圆锥花序长 20-30 厘米；小穗长约 3 毫米；基盘毛白紫色，长约 3 毫米。

639 荸草 fu cao
Setaria chondrachne (Steud.) Honda

多年生。具质厚的鳞片状横走根茎，密生棕色毛，秆直立或基部匍匐，高达 1.7 米，基部质硬，光滑或鞘节处生密毛。叶鞘除边缘及鞘口具白色长纤毛外，余均无毛或罕疏生疣基毛；叶舌长约 0.5 毫米，不规则撕裂状缘，具纤毛；叶片扁平，（披针状）线形，5–38×0.5–2 厘米，渐尖头，基部圆形，两面无毛，罕疏生疣基毛，表面粗糙。圆锥花序窄长，穗状，长 10–34 厘米，主轴具角棱，生短毛和极疏长柔毛，分枝处尤密，分枝斜向上举，下部的长 1–2.5（5）厘米；小穗椭圆形，尖头，长约 3 毫米，刚毛 1，较细弱粗糙，长 4–10 毫米；第一颖卵形，1/3–1/2 小穗长，3（5）脉，膜质缘；第二颖 3/4 小穗长，尖头，5（7）脉；第一小花中性，第一外稃与小穗等长，尖头，5 脉，内稃短于外稃，膜质，狭披针形；第二外稃等长于第一外稃，具喙状小尖头，平滑光亮，微现细纵条纹；花柱基部联合。花果期 8–10 月。

分布： 全洞庭湖区；湖南全省；华东（山东除外）、华中、华南、西南。日本、朝鲜半岛。

生境： 路旁、林下、山谷、平原、山坡草地或溪沟边、山井水边阴湿、半阴湿处。海拔 50–2000 米。

应用： 幼时可作牛羊饲料；可作景观草。

识别要点： 具鳞片状的横走长根茎；圆锥花序长而窄，呈穗状；可育小花平滑光亮。

640 大狗尾草 da gou wei cao
Setaria faberii R. A. W. Herrm.

一年生草本，具支柱根。秆粗壮而高大，直立或基部膝曲，高达 1.2 米，光滑无毛。叶鞘松弛，边缘具细纤毛，部分基部叶鞘膜质缘，无毛；叶舌密具 1–2 毫米长的纤毛；叶片线状披针形，10–40×0.5–2 厘米，无毛或两面具细疣毛，细长渐尖头，基部钝圆或渐窄狭几呈柄状，细锯齿缘。圆锥花序紧缩呈圆柱状，5–24×0.6–1.3 厘米（芒除外），通常垂头，主轴具较密长柔毛，花序基部不或偶有间断；小穗椭圆形，长约 3 毫米，尖头，刚毛 1–3，较粗而直，绿色，少浅褐紫色，粗糙，长 5–15 毫米；第一颖 1/3–1/2 小穗长，宽卵形，尖头，3 脉；第二颖 3/4 小穗长，少数 1/2 小穗长，尖头，5–7 脉，第一外稃与小穗等长，5 脉，内稃膜质，披针形，长为其 1/2–1/3，第二外稃与第一外稃等长，具细横皱纹，尖头，成熟后背部极膨胀隆起；鳞被楔形；花柱基部分离；颖果椭圆形，尖头。花果期 7–10 月。

分布： 全洞庭湖区；湖南全省；东北、华东、华中、华南、西南。日本西南、菲律宾，北美洲引种。

生境： 堤岸、山坡、路旁、田园或荒野。海拔 20–2000 米。

应用： 秆、叶可作牲畜饲料；生态景观。

识别要点： 与狗尾草高大植株的类型近似，但花序垂头，小穗长约 3 毫米，第二颖 2/3–1/2 小穗长，尖头，具较粗的横皱纹。

641 粱（小米）liang
Setaria italica (L.) P. Beauv.

一年生草本。秆粗壮，直立，高逾1米。叶鞘松裹秆，具密疣毛或无毛，具密缘毛；叶舌为一圈纤毛；叶片长（线状）披针形，10-45×0.5-3.3厘米，尖头，基部钝圆，上面粗糙，下面稍光滑。圆锥花序呈圆柱状或近纺锤状，通常下垂，基部多少有间断，10-40×1-5厘米，多变异，主轴密生柔毛，刚毛显著或稍长于小穗，黄、褐或紫色；小穗椭圆形或近圆球形，长2-3毫米，黄、橘红或紫色；第一颖1/3-1/2小穗长，3脉；第二颖稍短于或3/4小穗长，钝头，5-9脉；第一外稃与小穗等长，5-7脉，内稃薄纸质，披针形，长为其2/3，第二外稃等长于第一外稃，卵圆形或圆球形，质坚硬，平滑或具细点状皱纹，成熟后，自第一外稃基部和颖分离脱落；鳞被先端微波状；花柱基部分离。

分布： 沅江栽培；湖南全省，偶见栽培；全国各地栽培，黄河中上游为主要栽培区。欧亚大陆的热带至温带广泛栽培，世界各地零星栽培。

生境： 沟渠边空旷地栽培或逸生；田间栽培。

应用： 入药清热、清渴、滋阴、补脾肾和肠胃、利小便，治水泻；我国北方主粮之一；可酿酒；茎叶为牲畜的优等饲料，茎中含有白瑞香苷类而有时有毒；谷糠是猪、鸡的良好饲料。

识别要点： 秆粗壮直立；叶鞘松弛；近纺锤状圆锥花序常下垂；每小枝具3枚以上成熟小穗，长2-2.5毫米，微肿胀；谷粒自颖与第一外稃分离脱落。

642 金色狗尾草 jin se gou wei cao
Setaria pumila (Poiret) Roemer et Schultes

一年生草本；秆直立或基部倾斜膝曲，高达0.9米，光滑无毛。叶鞘下部扁压具脊，上部圆形，光滑无毛，膜质缘，光滑无纤毛；叶舌具一圈长约1毫米的纤毛，叶片线状（或狭）披针形，5-40×0.2-1厘米，长渐尖头，基部钝圆，上面粗糙，下面光滑，近基部疏生长柔毛。圆锥花序紧密呈圆柱状或狭圆锥状，3-17×0.4-0.8厘米，直立，主轴具短细柔毛，刚毛金（褐）黄色，粗糙，长4-8毫米，尖头，仅一个发育小穗，第一颖（宽）卵形，1/3-1/2小穗长，尖头，3脉；第二颖宽卵形，1/2-2/3小穗长，稍钝头，5-7脉，第一小花雄性或中性，第一外稃与小穗等长或微短，5脉，内稃膜质，等长且等宽于第二小花，2脉，雄蕊3或0；第二小花两性，外稃革质，等长于第一外稃。尖头，背部极隆起，横皱纹明显；鳞被楔形；花柱基部联合。花果期6-10月。

分布： 全洞庭湖区；湖南全省；全国。欧亚大陆亚热带至温带，现世界各地广布。

生境： 生于林边、山坡、路边和荒芜的园地及荒野。海拔20-2000米。

应用： 可作牧草，秆、叶为牲畜饲料；观赏草坪；田间杂草。

识别要点： 紧密圆柱状圆锥花序，宽4-8毫米，直立，主轴具短细柔毛；每小枝具1成熟小穗，长3-4毫米；每小穗具数枚或多数刚毛，金黄或稍带褐色，长4-8毫米；第一外稃纸质，不具皱纹。

643 狗尾草 gou wei cao
Setaria viridis (L.) P. Beauv.

一年生草本。秆直立或基部膝曲，高 1-100 厘米。叶鞘松弛，无毛或疏具柔毛或疣毛，缘具较长密绵毛状纤毛；叶舌极短，缘有长 1-2 毫米的纤毛；叶片扁平，长狭（或线状）披针形，（长）渐尖头，基部钝圆几呈截状或渐窄，4-30×0.2-1.8 厘米，无毛或疏被疣毛。圆锥花序紧密呈圆柱状或基部稍疏离，直立或稍弯垂，主轴被较长柔毛，2-15×0.4-1.3 厘米，刚毛长 4-12 毫米，直或稍扭曲，常绿色或褐黄至紫（红）色；2-5 小穗簇生或更多小穗生短小枝上，椭圆形，钝头，长 2-2.5 毫米，铅绿色；第一颖（宽）卵形，1/3 小穗长，钝或稍尖头，3 脉；第二颖几与小穗等长，椭圆形，5-7 脉；第一外稃与小穗等长，5-7 脉，钝头，其内稃短小狭窄；第二外稃椭圆形，钝头，具细点状皱纹，边缘内卷，狭窄；鳞被楔形，微凹头；花柱基分离；颖果灰白色。花果期 5-10 月。

分布： 全洞庭湖区；湖南全省；全国。原产欧亚大陆亚热带至温带地区，现全世界温带和亚热带地区广布。

生境： 荒野、道旁。海拔 10-4000 米。

应用： 秆、叶可入药，治痈瘀、面癣；全草加水煮沸 20 分钟后，滤出液可喷杀菜虫；可作饲料；生态景观；小穗可提炼糠醛；旱地杂草。

识别要点： 株高常 20-60 厘米；花序长 2-10 厘米，通常直立或微倾斜。而巨大狗尾草植株高常 60-90 厘米，花序长常 15-20 厘米，或更长，通常多少下垂。

644 巨大狗尾草 ju da gou wei cao
Setaria viridis (L.) Beauv. subsp. **pycnocoma** (Steud.) Tzvel.

与狗尾草（原亚种）的主要区别为：植株粗壮高大，60-150 厘米，基部数节具不定根，基部茎约 7 毫米。叶鞘较松，上部不太包秆，无毛，边缘密生细长纤毛；叶舌为一圈密长纤毛；叶片线形，16-32×1-1.7 厘米，两面无毛。圆锥花序 7-24×1.5-2.5 厘米（含刚毛），刚毛长 7-12 毫米，浅紫、浅褐或绿色，小穗长约 2.5 毫米以上等特征。其花序大，小穗密集，花序基部簇生小穗的小枝延伸而稍疏离等特征近似粱 [Setaria italica（L.）P. Beauv.]，但粱的小穗不连颖片脱落，第二外稃背部光亮无点状皱纹可以区别。

分布： 松滋、公安、石首、华容；湖南全省；黑龙江、吉林、内蒙古、河北、山东、陕西、甘肃、新疆、湖北、四川、贵州。欧洲、亚洲中部、俄罗斯西伯利亚和日本。

生境： 湖区旷野、田间；山坡、路边、灌木林。海拔 20-2700 米。

应用： 用途同狗尾草（原变种）。

识别要点： 植株高达 1.5 米；花序长常 15-20 厘米或更长，多少下垂，花序基部簇生小穗的小枝延伸。

645 高粱（蜀黍）gao liang
Sorghum bicolor (L.) Moench

一年生草本。秆粗壮，高达 5 米。叶鞘无毛或有白粉；叶舌硬膜质，有缘毛；叶片披针状线形，无毛，40–70×3–8 厘米，渐尖头，基部圆或微耳形，背面或有白粉，软骨质缘，具微细刺毛。圆锥花序疏松，主轴长 15–45 厘米，裸露，具纵棱，疏生柔毛，分枝 3–7，轮生，或有细毛，总梗直立或微弯；总状花序 3–6 节；无柄小穗（椭圆状）倒卵形，长 4.5–6 毫米，基盘具髯毛；两颖革质，具毛，黄绿转淡红至暗棕色；第一颖背部圆凸，边缘内折而具狭翼，向下变硬而有光泽，12–16 脉，有横脉，尖头或具 3 小齿；第二颖 7–9 脉，背部圆凸，近舟形，有细缘毛；外稃膜质，第一外稃披针形，缘毛长；第二外稃披针形至长椭圆形，2–4 脉，稍 2 裂，芒膝曲，长约 14 毫米；雄蕊 3，花药长约 3 毫米；花柱分离，柱头帚状。颖果两面平凸，3.5–4×2.5–3 毫米，淡红至红棕色，顶端微外露。有柄小穗柄长约 2.5 毫米，小穗线形至披针形，长 3–5 毫米，雄性或中性，宿存，褐至深红棕色；第一颖 9–12 脉，第二颖 7–10 脉。花果期 6–9 月。

分布： 全洞庭湖区；湖南全省，栽培；全国各地栽培。原产非洲，现全球温暖地区广泛栽培。

生境： 旱地栽培。海拔 10–2000 米。

应用： 谷粒食用；制糖酿酒；牲畜饲料；生态景观；秆制糖浆、造纸。

识别要点： 与甜高粱区别：秆常髓质，汁少而不太甜；叶绿色；无柄小穗的颖片较厚，硬革质，第一颖的脉仅在顶端明显。

646 甜高粱 tian gao liang
Sorghum bicolor (L.) Moench'Dochna'
[*Sorghum dochna* (Forssk.) Snowden]

一年生草本。秆粗壮，高达 4 米，汁多而甜。叶约 100×8 厘米；叶舌硬膜质；叶鞘无毛或有白粉。花序（稍）紧密，（椭圆状）长圆形，20–40×5–15 厘米；花序梗直立，主轴延伸；分枝近轮生，直立或斜升，具疏柔毛或细刺毛。无柄小穗椭圆形至倒卵状长圆形，长 4.5–6 毫米，基盘无毛或具髯毛；颖熟时硬纸质，第一颖钝头，12–15 脉，横脉 3–6，上部 1/3 处具脊，微呈狭翅，脊上具微刺毛，3 小齿头；第二颖舟形，7–9 脉，横脉 1–4，顶端具脊，有缘毛；外稃膜质透明，（长圆状）椭圆形，多少具毛，长 4–6 毫米；内稃椭圆形至卵形，近全缘或微 2 裂，具芒或无；花药长 3–4 毫米。颖果熟时顶端或两侧裸露，稀完全为颖所包，（长圆状或倒卵状）椭圆形，长 3.5–5 毫米。有柄小穗披针形，长 4–6 毫米，雄性或中性，宿存，第一颖 7–9 脉，第二颖 5–7 脉，无芒。花果期 6–9 月。

分布： 全洞庭湖区栽培；湖南全省，栽培；全国各地均有栽培，黄河以南为多。原产印度和缅甸，现世界各地有栽培。

生境： 堤岸及堤内空旷地栽培；旱地栽培。海拔 10–2000 米。

应用： 颖果食用、酿酒；秆甜如甘蔗，嚼食或榨糖；秆叶作饲料；生态景观。

识别要点： 与高粱区别：秆非髓质，甜而多汁；叶深绿色；无柄小穗的颖片较薄，成熟时硬纸质；第一颖的脉可延伸至中部或中部以下。

647 苏丹草 su dan cao
Sorghum sudanense (Piper) Stapf

一年生草本。高达 2.5 米，单生或多秆丛生。叶鞘长于或上部者短于节间，无毛或基部及鞘口具柔毛；叶舌硬膜质，棕褐色，具端毛；叶片（披针状）线形，15–30×1–3 厘米，尖锐头，中部以下逐渐收狭，两面无毛。圆锥花序狭长卵形至塔形，较疏松，长 15–30 厘米，主轴具棱及浅沟槽，分枝斜升，开展，细弱而弯曲，具小刺毛，下部分枝长 7–12 厘米，每分枝 2–5 节，具微毛。无柄小穗长椭圆形或带披针形，长 6–7.5 毫米；第一颖纸质，边缘内折，11–13 脉，具横脉，第二颖背部圆凸，5–7 脉，具横脉；第一外稃椭圆状披针形，透明膜质，长 5–6.5 毫米，无毛或具缘毛；第二外稃卵形或卵状椭圆形，长 3.5–4.5 毫米，顶端具裂缝，裂缝间芒长 10–16 毫米，雄蕊 3，花药长圆形，长约 4 毫米；花柱 2，柱头帚状。颖果椭圆形至倒卵状椭圆形，长 3.5–4.5 毫米。有柄小穗宿存，雄性或有时中性，长 5.5–8 毫米，绿黄至紫褐色；稃体透明膜质，无芒。花果期 7–9 月。

分布： 全洞庭湖区；湘中、湘北，常见栽培；宁夏、新疆、东北、华北、华东、华中、西南，栽培或归化。原产非洲，现世界各国引种栽培。

生境： 常栽植于鱼塘边，或田间栽培。海拔 10–2000 米。

应用： 草鱼饲料；牧草。

识别要点： 无根茎；圆锥花序分枝较细瘦，易折断；无柄小穗长椭圆状披针形至长椭圆形；颖果较小，成熟时完全为颖所包。

648 鼠尾粟 shu wei shu
Sporobolus fertilis (Steud.) W. D. Clayt.

多年生。秆直立，丛生，高达 1.2 米，坚韧，平滑无毛。叶鞘疏松裹茎，基部者较宽，平滑无毛或稀具极短缘毛，长于或上部者短于节间；叶舌长约 0.2 毫米，纤毛状；叶片质较硬，平滑无毛，或仅上面基部疏生柔毛，通常内卷，少数扁平，长渐尖，15–65×0.2–0.5 厘米。圆锥花序较紧缩呈线形，常间断，或稍密近穗形，7–44×0.5–1.2 厘米，分枝直立，与主轴贴生或倾斜，长 1–2.5 厘米，基部者达 6 厘米；小穗密生，灰绿略带紫色，长 1.7–2 毫米；颖膜质，第一颖小，长约 0.5 毫米，尖或钝头，1 脉；外稃等长于小穗，稍尖头，中脉 1 及侧脉 2；雄蕊 3，花药黄色，长 0.8–1 毫米。囊果红褐色，明显短于两稃，长 1–1.2 毫米，倒卵状椭圆形（长圆形），截平头。花果期 3–12 月。

分布： 全洞庭湖区；湖南全省；陕西、甘肃、河北、华东、华中、华南、西南。南亚、东南亚、日本、俄罗斯，世界各地偶见引种。

生境： 田野路边、山坡草地及山谷湿处和林下。海拔 50–2600 米。

应用： 嫩时作牧草；花序治头晕、腹泻、闭经；耐旱地被；固土护堤。

识别要点： 多年生；叶片 10–65×0.2–0.5 厘米；花序分枝较短密，呈间断线形或穗形；小穗长 1.7–2 毫米，带紫色；第一颖约 0.5 毫米，第二颖 1/2–2/3 外稃长；雄蕊 3，花药长 0.8–1 毫米。

649 三毛草 san mao cao
Trisetum bifidum (Thunb.) Ohwi

多年生。秆直立或基部膝曲，光滑无毛，高达1米，2-5节。叶鞘松弛，无毛，短于其节间；叶舌膜质，长0.5-2毫米；叶片扁平，50-150×3-6毫米，常无毛。圆锥花序疏展，长圆形，有光泽，黄（褐）绿色，长10-25厘米，分枝纤细，光滑无毛，每节多枚，多上升，稍开展，长达10厘米；小穗长6-8毫米，2-3小花；小穗轴节间长约1.5毫米，被白或浅褐色短毛；颖膜质，不相等，尖头，背脊粗糙，第一颖长2-3.5毫米，1脉，第二颖长4-6毫米，3脉；外稃黄绿或褐色，纸质，浅2裂头，裂片长1-1.5毫米，膜质缘，背部点状粗糙，第一外稃长6-7毫米，基盘毛长0.5毫米，顶端以下约2毫米处生芒，芒细弱，长7-10毫米，常向外反曲；内稃透明膜质，远短于外稃，长3.5-4毫米，背部弧形，微2裂头，2脊，被小纤毛；鳞被2，膜质，长约1毫米，齿裂头；雄蕊3，花药黄色，长0.5-1毫米。花期4-6月。

分布： 全洞庭湖区；湖南全省；甘肃、陕西、华东、华中、华南、西南。朝鲜半岛、日本、新几内亚岛。

生境： 湖边、池塘边、沟渠边草地；山坡路旁、林荫处及沟边湿草地。海拔（30-）500-2500米。

应用： 牛、羊等牲畜喜食的野生牧草；地被。

识别要点： 叶鞘松弛，短于其节间；圆锥花序疏松，多枚分枝细长，斜上升，与茎光滑无毛；第一内稃1/2-2/3外稃长；内稃背部弧形；芒向外反曲。

650 菰（茭瓜）gu
Zizania latifolia (Griseb.) Stapf

多年生，具匍匐根状茎。须根粗壮。秆高大直立，高1-2米，径约1厘米，具多数节，基部节上生不定根。叶鞘长于其节间，肥厚，有小横脉；叶舌膜质，长约1.5厘米，尖头；叶片扁平宽大，50-90×1.5-3厘米。圆锥花序长30-50厘米，分枝多数簇生，上升，果期开展；雄小穗长10-15毫米，两侧压扁，着生于花序下部或分枝上部，带紫色，外稃5脉，渐尖头具小尖头，内稃3脉，中脉成脊，具毛，雄蕊6，花药长5-10毫米；雌小穗圆筒形，18-25×1.5-2毫米，着生于花序上部和分枝下方与主轴贴生处，外稃5脉粗糙，芒长20-30毫米，内稃3脉。颖果圆柱形，长约12毫米，胚小形，1/8果体长。花果期夏秋季。

分布： 全洞庭湖区；湖南全省；陕西、甘肃、东北、华北、华东、华中、华南、西南。亚洲温带、日本、俄罗斯、欧洲。

生境： 湖沼、水边、沟渠及湿地中，常见栽培。

应用： 秆基为真菌寄生后变肥大而质嫩，称"茭瓜"，供蔬食；颖果称菰米或雕胡米，食用，有营养保健价值；优良饲料；湿地生态景观；鱼类的越冬场所；固堤造陆的先锋植物。

识别要点： 多年生高大直立草本，高1-2米，具匍匐根状茎；秆基常被真菌寄生而质嫩肥大；叶鞘肥厚，长于其节间，有小横脉；圆锥花序混杂，即下部的分枝上可着生雌、雄小穗。

651 细叶结缕草（天鹅绒草）xi ye jie lü cao
Zoysia pacifica (Goudswaard) M. Hotta et S. Kuroki

多年生草本。具匍匐茎。秆纤细，高 5-10 厘米。叶鞘无毛，紧密裹茎；叶舌膜质，长约 0.3 毫米，顶端碎裂为纤毛状，鞘口具丝状长毛；小穗窄狭，黄绿或有时略带紫色，2-3×0.6-1 毫米，披针形；第一颖退化，第二颖革质，顶端及边缘膜质，不明显 5 脉；外稃与第二颖近等长，1 脉，内稃退化；无鳞被；花药长约 0.8 毫米，花柱 2，柱头帚状。颖果与稃体分离。花果期 8-12 月。

分布：全洞庭湖区；湖南全省，栽培；我国东南部及南部，其他地区亦有引种。日本、菲律宾、泰国、太平洋岛屿，欧美各国已普遍引种。

生境：公园、庭院、操场、道路、缓坡空旷处栽培。海拔 20-2000 米。

应用：优良草坪草；保土固沙。

识别要点：具匍匐茎；叶片内卷如针状，质地较柔软，宽约 1 毫米；小穗 2-3×0.6-1 毫米。

652 中华结缕草 zhong hua jie lü cao
Zoysia sinica Hance

多年生。具横走根茎。秆直立，高 13-30 厘米，茎部常具枯萎的叶鞘。叶鞘无毛，长于或上部者短于其节间，鞘口具长柔毛；叶舌短而不明显；叶片淡（灰）绿色，背面色较淡，达 100×1-3 毫米，无毛，质地稍坚硬，扁平或边缘内卷。总状花序穗形，小穗排列稍疏，2-4×0.4-0.5 厘米，伸出叶鞘外；小穗（卵状）披针形，黄褐或略带紫色，4-5×1-1.5 毫米，具长约 3 毫米的小穗柄；颖光滑无毛，侧脉不明显，中脉近顶端与颖分离，延伸成小芒尖；外稃膜质，长约 3 毫米，明显中脉 1；雄蕊 3，花药长约 2 毫米；花柱 2，柱头帚状。颖果棕褐色，长椭圆形，长约 3 毫米。花果期 5-10 月。

分布：全洞庭湖区；湖南全省；东北、华东、华中、华南、河北。日本、朝鲜半岛。

生境：湖区湖岸沙地、草丛；海边沙滩、河岸、路旁草丛中。海拔 0-2000 米。

应用：牧草；叶片质硬，耐践踏，宜铺建球场草坪；保土固沙。

识别要点：叶片扁平或有时内卷；花序基部伸出叶鞘外；小穗在主轴上排列稍疏，（卵状）披针形，黄褐或带紫色，达 4-5×1.5 毫米，具长约 3 毫米的小穗柄。

天南星科 Araceae

653 菖蒲 chang pu
Acorus calamus L.

多年生草本。根茎横走，稍扁，分枝，径 5-10 毫米，黄褐色，芳香，肉质根多数，长 5-6 厘米，具毛发状须根。叶基生，基部两侧膜质叶鞘宽 4-5 毫米，向上渐狭，至叶长 1/3 处渐行消失、脱落。叶片剑状线形，90-100（-150）×1-2（-3）厘米，基部宽、对褶，中部以上渐狭，草质，绿色，光亮；中肋两面明显隆起，侧脉 3-5 对，平行，纤弱，大都伸延至叶尖。花序柄三棱形，长（15-）40-50 厘米；叶状佛焰苞剑状线形，长 30-40 厘米；肉穗花序斜向上或近直立，狭锥状圆柱形，4.5-6.5（-8）×0.6-1.2 厘米。花黄绿色，花被片约 2.5×1 毫米；花丝长 2.5 毫米；子房长圆柱形，长约 3 毫米。浆果长圆形，红色。花期（2-）6-9 月。

分布：全洞庭湖区；湖南全省；全国各地，常栽培。阿富汗、北亚、东亚、东南亚、南亚、西亚、北美洲，欧洲引种。

生境：水边、沼泽湿地或湖泊浮岛上，常有栽培。海拔 0-2800 米。

应用：根状茎为芳香健胃剂，治痰壅闭、神志不清、慢性气管炎、痢疾、肠炎、腹胀腹痛、食欲缺乏、风寒湿痹，外用敷疮疥，兽医用全草治牛臌胀病、肚胀病、百叶胃病、胀胆病、发疯狂、泻血痢、炭疽病、伤寒等；全株亦可作农药；湿地水景。

识别要点：叶具中肋，叶片剑状线形，长而宽，90-150×1-2（-3）厘米。

654 金钱蒲 jin qian pu
Acorus gramineus Soland. ex Aiton

多年生草本，高 20-30 厘米。根茎较短，长 5-10 厘米，横走或斜伸，芳香，外皮淡黄色，节间长 1-5 毫米；根肉质，多数，长达 15 厘米；须根密集。根茎上部多分枝，呈丛生状。叶基对折，两侧膜质叶鞘棕色，下部宽 2-3 毫米，上延至叶片中部以下，渐狭，脱落。叶片质地较厚，线形，绿色，长 20-30 厘米，极狭，宽不足 6 毫米，长渐尖头，无中肋，平行脉多数。花序柄长 2.5-9（-15）厘米。叶状佛焰苞短，长 3-9（-14）厘米，为肉穗花序长的 1-2 倍，稀比肉穗花序短，狭，宽 1-2 毫米。肉穗花序黄绿色，圆柱形，30-95×3-5 毫米，果序粗达 1 厘米，果黄绿色。花期 5-6 月，果 7-8 月成熟。

分布：全洞庭湖区；湖南全省，常栽培；内蒙古、西北、华东、华中、华南、西南，其他各地常栽培。俄罗斯东西伯利亚、朝鲜半岛、日本、东南亚。

生境：水旁湿地或岩石上。海拔 20-2600 米。

应用：根茎入药，镇痛健胃；观赏。

识别要点：叶不具中肋，叶片线形，较狭而短，宽不及 6 毫米；叶状佛焰苞短，长仅 3-9 厘米，为肉穗花序长的 1-2 倍。

655 野芋 ye yu
Colocasia antiquorum Schott

湿生草本。块茎球形，有多数须根；匍匐茎常从块茎基部外伸，长或短，具小球茎。叶柄肥厚，直立，长达 1.2 米；叶片薄革质，略发亮，盾状卵形，基部心形，长逾 50 厘米；前裂片宽卵形，锐尖，长稍过于宽，一级侧脉 4-8 对；后裂片卵形，钝，长约为前裂片的 1/2，2/3-3/4 甚至完全联合，基部弯缺宽钝三角形或圆形，基脉相交成 30-40 度的锐角。花序柄比叶柄短许多。佛焰苞苍黄色，长 15-25 厘米；管部淡绿色，长圆形，为檐部长的 1/2-1/5；檐部狭长线状披针形，渐尖头。肉穗花序短于佛焰苞；雌花序与不育雄花序等长，各长 2-4 厘米；能育雄花序和附属器各长 4-8 厘米。花期 6-8 月。

分布： 全洞庭湖区；湖南全省；南方各省。印度、缅甸、老挝、泰国、越南。

生境： 林下阴湿处、溪沟边湿地，有时栽培。海拔 20-1200 米。

应用： 块茎有毒。入药消炎解毒，外用治无名肿毒、疥疮、吊脚瘰（大腿深部脓肿）、痈肿疮毒、虫蛇咬伤、急性颈淋巴腺炎（贵州、江西）；水景。

识别要点： 与芋区别：块茎球形，匍匐茎端小球茎少而小；叶柄常紫色；附属器延长，约与雄花序等长。

656 芋 yu
Colocasia esculenta (L.) Schott

湿生草本。块茎通常卵形，常生多数小球茎，均富含淀粉。2-3 叶或更多。叶柄长于叶片，长 20-90 厘米，绿色，叶片卵状，长 20-50 厘米，短（渐）尖头，侧脉 4 对，斜伸达叶缘，后裂片浑圆，合生长度达 1/2-1/3，弯缺较钝，深 3-5 厘米，基脉相交成 30 度角，外侧脉 2-3，内侧脉 1-2，不显。花序柄常单生，短于叶柄。佛焰苞长短不一，一般约 20 厘米，管部绿色，约 4×2.2 厘米，长卵形；檐部披针形或椭圆形，长约 17 厘米，展开成舟状，边缘内卷，淡黄至绿白色。肉穗花序长约 10 厘米，短于佛焰苞；雌花序长圆锥状，长 3-3.5 厘米，下部粗 1.2 厘米；中性花序长 3-3.3 厘米，细圆柱状；雄花序圆柱形，4-4.5×7 厘米，骤狭头；附属器钻形，长约 1 厘米，粗不及 1 毫米。花期 2-4 月（云南）至 8-9 月（秦岭）。

分布： 全洞庭湖区，栽培或半逸野；湖南全省；全国各地，长期栽培，在南方逸生。原产我国和印度、马来半岛等地热带地方，埃及、菲律宾、印度尼西亚爪哇及世界泛热带地区也盛行栽种。

生境： 旱地、湿地或水田中栽培。

应用： 块茎入药治乳腺炎、口疮、痈肿、颈淋巴结核、烧烫伤、外伤出血；叶可治荨麻疹、疮疥；块茎食用，可作羹菜，也可代粮或制淀粉，或为主粮；叶柄可煮食或晒干贮用；全株作猪饲料；景观。

识别要点： 与野芋区别：块茎卵形，匍匐茎端小球茎多而大；叶柄绿色；附属器短，长约为（能育和不育）雄花序之半。

657 紫芋（野芋）zi yu
Colocasia tonoimo Nakai
[*Colocasia antiquorum* Schott f. *purpurea* Makino]

块茎粗，侧生有小球茎。1-5叶，高1-1.2米；叶紫褐色；叶片盾状，卵状箭形，基部弯缺，侧脉粗壮，波状缘，40-50×25-30厘米。花序柄外露部分长12-15厘米。佛焰苞管部长4.5-7.5厘米，具纵棱，绿或紫色，向上缢缩，变白色；檐部厚，席卷成角状，长19-20厘米，金黄色，基部前面张开，长约5厘米。肉穗花序两性：基部雌花序长3-4.5厘米，间杂棒状不育中性花，不育雄花序长1.5-2.2厘米，花黄色，顶部带紫色；雄花序长3.5-5.7厘米，雄花黄色；附属器角状，长2厘米，具细槽纹。子房绿色，长约1毫米，多少侧向压扁，柱头脐状凸出，黄绿色，4-5浅裂，1室，侧膜胎座5，胚珠多数，2列，卵形。雌花序中不育中性花黄色，棒状，截头，长3毫米。雄花倒卵形，淡绿色，顶部截平，边缘具纵长的药室，顶孔开裂。花期7-9月。

分布： 全洞庭湖区，野生或栽培；湖南全省；全国各地野生或栽培。日本引自我国。

生境： 林下阴湿处，湿地、水田或旱地栽培。

应用： 块茎及叶散结消肿、祛风解毒，治乳痈、无名肿毒、荨麻疹、疔疮、口疮、烧烫伤；块茎、叶柄、花序均可作蔬菜；湿地景观。

识别要点： 块茎粗厚，侧生小球茎倒卵形，多少具柄；叶柄紫色；雌花序中夹杂许多棒状中性花；附属器角状，长2厘米。

658 虎掌（狗爪半夏）hu zhang
Pinellia pedatisecta Schott

块茎近圆球形，径达4厘米，根密集，肉质，长5-6厘米；块茎四旁常生若干小球茎。1-3叶或更多，叶柄淡绿色，长20-70厘米，下部具鞘；叶片鸟足状分裂，裂片6-11，披针形，渐尖头，基部渐狭呈楔形，中裂片15-18×3厘米，两侧裂片依次渐短小，最外的有时长仅4-5厘米；侧脉6-7对，离边缘3-4毫米处弧曲，连结为集合脉，网脉不明显。花序柄长20-50厘米，直立。佛焰苞淡绿色，管部长圆形，2-4×约1厘米，向下渐收缩；檐部长披针形，锐尖，长8-15厘米，基部展平宽1.5厘米。肉穗花序：雌花序长1.5-3厘米；雄花序长5-7毫米；附属器黄绿色，细线形，长10厘米，直立或略呈"S"形弯曲。浆果卵圆形，绿至黄白色，小，藏于宿存的佛焰苞管部内。花期6-7月，果期9-11月。

分布： 全洞庭湖区；湖南全省；河北至长江流域、西至西南。

生境： 旷野荫蔽肥沃阴湿处；林下、山谷或河谷阴湿处。海拔20-1000米。

应用： 块茎有毒，主治心痛、寒热结气、积聚伏梁、伤筋痿拘缓，利水道，敷治肿毒；可观赏。

识别要点： 块茎近圆球形，径达4厘米；叶片鸟足状分裂。

659 半夏 ban xia
Pinellia ternata (Thunb.) Breitenbach

块茎圆球形，径 1–2 厘米。（1）2–5 叶；叶柄长 15–20 厘米，具鞘，鞘内、鞘部以上或叶柄顶端有珠芽；幼苗叶片卵状心形至戟形，为全缘单叶，2–3×2–2.5 厘米；老株叶片 3 全裂，裂片长圆状椭圆形或披针形，两头锐尖，中裂片 3–10×1–3 厘米；侧裂片稍短；全缘或浅波状圆齿缘，侧脉 8–10 对，细脉网状，密集，集合脉 2 圈。花序柄长 25–30（–35）厘米，长于叶柄。佛焰苞绿（白）色，管部狭圆柱形，长 1.5–2 厘米；檐部长圆形，绿或边缘青紫色，4–5×1.5 厘米，钝或锐尖。肉穗花序：雌花序长 2 厘米，雄花序长 5–7 毫米，其中间隔 3 毫米；附属器绿变青紫色，长 6–10 厘米，直立或"S"形弯曲。浆果卵圆形，黄绿色，先端渐狭为明显的花柱。花期 5–7 月，果期 8 月。

分布： 全洞庭湖区；湖南全省，有栽培；全国（内蒙古和青藏高原除外）。朝鲜半岛、日本，在欧洲和北美洲归化。

生境： 草坡、荒地、玉米地、田边或疏林下、旱地杂草中。海拔 30–2500 米。

应用： 块茎有毒，燥湿化痰、降逆止呕、镇静，治咳嗽痰多、恶心呕吐、咽喉肿痛，生用消肿痛，外用治急性乳腺炎、急慢性化脓性中耳炎；治牛喉双单鹅症、水牛生黄症、喉风症、炭疽（脾脏）病。

识别要点： 块茎圆球形，径 1–2 厘米；幼苗时单叶全缘，叶片卵状心形至戟形；老株叶片 3 全裂，裂片长圆状椭圆形或披针形，两头锐尖，中裂片 3–10×1–3 厘米，侧裂片稍短，全缘或浅波状圆齿缘。

660 大薸（水白菜）da piao
Pistia stratiotes L.

水生飘浮草本。有长而悬垂的根多数，须根羽状，密集。叶簇生成莲座状，叶片常因发育阶段不同而形异：倒三角形、倒卵形、扇形，以至倒卵状长楔形，1.3–10×1.5–6 厘米，截头状或浑圆头，基部厚，二面被毛，基部尤为浓密；叶脉扇状伸展，背面明显隆起成褶皱状。佛焰苞白色，长 0.5–1.2 厘米，外被茸毛。花期 5–11 月。

分布： 全洞庭湖区；湖南全省；山东、长江以南各省区，栽培或逸生，为外来入侵植物。亚洲、非洲、美洲三洲热带及亚热带地区。

生境： 小溪、淡水湖、池塘、水田中。

应用： 全草发汗利尿、止湿痒、消肿毒，外敷治无名肿毒，煮水可洗汗瘢、血热作痒、消跌打肿痛，煎水内服可通经、治水肿、小便不利、汗皮疹、臁疮、水蛊；猪饲料；点缀水面观赏；作蚊香原料。

识别要点： 水生飘浮草本；叶簇生成莲座状，叶片倒卵状三角形（或扇形、长楔形），截头状或浑圆头，二面被毛；叶脉扇状伸展；佛焰苞白色，外被茸毛。

浮萍科 Lemnaceae

661 浮萍（青萍）fu ping
Lemna minor L.

漂浮植物。叶状体对称，表面绿色，背面浅黄、绿白或常为紫色，近圆形，倒卵形或倒卵状椭圆形，全缘，1.5−5×2−3毫米，上面稍凸起或沿中线隆起，3脉，不明显，背面垂生1丝状根，根白色，长3−4厘米，根冠钝头，根鞘无翅。叶状体背面一侧具囊，新叶状体于囊内形成浮出，以极短的细柄与母体相连，随后脱落。雌花具1弯生胚珠，果实无翅，近陀螺状，种子具凸出的胚乳并具12−15纵肋。花果期5−9月。

分布： 全洞庭湖区；湖南全省；全国。世界温暖地区。

生境： 水田、池沼或其他静水水域，常与紫萍混生，形成密布水面的漂浮群落。海拔0−3000米。

应用： 全草发汗退热、利尿、止血、利水、消肿毒，治风湿脚气、风疹热毒、衄血、水肿、小便不利、斑疹不透、感冒发热无汗；作猪、鸭、鱼饲料；水景；稻田绿肥；水质净化。

识别要点： 漂浮植物；叶状体对称，倒卵形或倒卵状椭圆形，无柄，背面垂生1（绿）白色丝状根；胚珠弯生。

662 紫萍 zi ping
Spirodela polyrhiza (L.) Schleid.

叶状体扁平，阔倒卵形，5−8×4−6毫米，钝圆头，表面绿色，背面紫色，掌状脉5−11，背面中央生5−11根，根长3−5厘米，白绿色，根冠尖，脱落；根基附近的一侧囊内形成圆形新芽，萌发后，幼小叶状体渐从囊内浮出，由一细弱的柄与母体相连。肉穗花序有2雄花和1雌花。花期6−9月。

分布： 全洞庭湖区；湖南全省；全国。全球热带至温带。

生境： 水田、水塘、湖湾、水沟，常与浮萍形成覆盖水面的漂浮植物群落。海拔0−2900米。

应用： 全草发汗利尿，治感冒发热无汗、斑疹不透、水肿、小便不利、皮肤湿热；良好的猪、鸭、鱼饲料或饵料；水景；稻田肥料；水质净化。

识别要点： 根10条左右，叶状体广倒卵形；而少根紫萍根3−5条，叶状体长椭圆形至狭倒卵形。

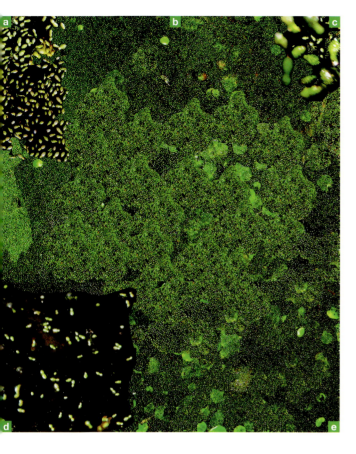

663 无根萍（芜萍，微萍）wu gen ping
Wolffia globosa (Roxb.) Hart. et Plas
[*Wolffia arrhiza* (L.) Horkel ex Wimm.]

漂浮水面或悬浮，细小如沙，为世界上最小的种子植物。叶状体卵状半球形，单一或 2 代连在一起，径 0.5-1.5 毫米，上面绿色，扁平，具多数气孔，背面明显凸起，淡绿色，表皮细胞五至六边形；无叶脉及根。花期 6-9 月。

分布： 全洞庭湖区；湖南全省；全国。世界热带及亚热带。

生境： 静水池沼中。海拔 0-1300 米。

应用： 云南傣族蔬食，味美；鱼、鸭、鹅饲料，草鱼、鲤鱼等幼鱼优良饲料；水质净化。

识别要点： 漂浮草本；植物体小如细沙；叶状体卵状半球形，无叶脉及根。

香蒲科 Typhaceae

664 水烛（狭叶香蒲）shui zhu
Typha angustifolia L.

多年生水生或沼生草本。根状茎乳（灰）黄色，先端白色。地上茎粗壮，高 1.5-2.5（-3）米。叶片 54-120×0.4-0.9 厘米，上部扁平，中部以下腹面微凹，背面向下逐渐隆起呈凸形；叶鞘抱茎。雌雄花序相距 2.5-6.9 厘米；雄花序轴具褐色扁柔毛，单出或分叉；叶状苞片 1-3，花后脱落；雌花序长 15-30 厘米，基部具 1 叶状苞片，较叶片宽，花后脱落；雄花由（2）3（4）雄蕊合生，花药长约 2 毫米，长矩圆形，单体花粉粒近球形、卵形或三角形，花丝短而细弱，下部合生成柄，长（1.5-）2-3 毫米；雌花具小苞片；孕性雌花柱头窄条形或披针形，长 1.3-1.8 毫米，花柱长 1-1.5 毫米，子房纺锤形，长约 1 毫米，具褐斑，子房柄长约 5 毫米；不孕雌花子房倒圆锥形，长 1-1.2 毫米，具褐斑，先端黄褐色，不育柱头短尖；子房柄基部生白色丝状毛，并向上延伸，与小苞片近等长，均短于柱头。小坚果长椭圆形，长约 1.5 毫米，具褐斑，纵裂。种子深褐色，长 1-1.2 毫米。花果期 6-9 月。

分布： 全洞庭湖区；娄底、长沙（县）、望城、宁乡、湘北；东北、西北、华北、华东、华中、云南、四川。俄罗斯、蒙古国、日本、尼泊尔、印度、巴基斯坦、阿富汗、东南亚、中亚、西亚、欧洲、北美洲、大洋洲。

生境： 湖泊、河流、池塘 1 米以上的浅水处，沼泽、沟渠、湿地及地表龟裂环境中。

应用： 花粉收敛止血、利尿；水景；叶造纸、编蒲包、蒲扇；蒲绒是良好的枕垫填充物；净水。

识别要点： 植株高大，达 1.5-2.5（-3）米；叶片长达 1.2 米；雄花序轴密生褐色扁柔毛，单出或分叉，花药长 2 毫米；雌花序粗大，与雄花序远离。

665 香蒲（东方香蒲）xiang pu
Typha orientalis C. Presl

多年生水生或沼生草本。根状茎乳白色。地上茎粗壮，高 1.3-2
米。叶片条形，40-70×0.4-0.9 厘米，光滑无毛，上部扁平，
下部腹面微凹，背面逐渐隆起呈凸形；叶鞘抱茎。雌、雄花
序密接；雄花序长 2.7-9.2 厘米，花序轴具白色弯曲柔毛，
叶状苞片 1-3，花后脱落；雌花序长 4.5-15.2 厘米，基部 1
叶状苞片，花后脱落；雄蕊 3，有时 2，或 4 枚合生，花药长
约 3 毫米，2 室，条形，花粉粒单体，花丝很短，基部合生
成短柄；雌花无小苞片；孕性雌花柱头匙形，外弯，长 0.5-
0.8 毫米，花柱长 1.2-2 毫米，子房纺锤形至披针形，柄长约
2.5 毫米；不孕雌花子房长约 1.2 毫米，近圆锥形，圆形头，
不育柱头宿存；白色丝状毛通常单生或几枚基部合生，长于
花柱而短于柱头。小坚果（长）椭圆形，具长形褐色斑点。
种子褐色，微弯。花果期 5-8 月。

分布: 全洞庭湖区；湘南、长沙（县）、望城、宁乡、湘北；
新疆、甘肃、陕西、云南、广东、东北、华北、华东、华中。
蒙古国、朝鲜半岛、日本、俄罗斯、菲律宾、缅甸、澳大利亚。

生境: 湖泊、池塘、沟渠、沼泽及河流缓流带。

应用: 花粉称蒲黄，入药收敛止血、利尿；幼叶基部和根状
茎先端可蔬食；水景；叶片用于编织、造纸；蒲绒作枕芯和
座垫的填充物；水质净化。

识别要点: 高 1.3-2 米；叶片长 40-70 厘米；雌、雄花序密接；
雌花无小苞片，柱头宽匙形，白色丝状毛与花柱近等长或超出。

莎草科 Cyperaceae

666 球柱草 qiu zhu cao
Bulbostylis barbata (Rottb.) Kunth

一年生草本，无根状茎。秆丛生，细，无毛，高达 25 厘米。
叶纸质，极细，线形，40-80×0.4-0.8 毫米，全缘，边缘微外卷，
渐尖头，背面叶脉间疏被微柔毛；叶鞘薄膜质，具白色长柔
毛状缘毛。苞片 2-3，极细，线形，边缘外卷，背面疏被微柔毛，
长 1-2.5 厘米或较短；长侧枝聚伞花序头状，具密聚的无柄
小穗 3 至数个；小穗（卵状）披针形，3-6.5×1-1.5 毫米，
基部钝或几圆形，急尖头，7-13 花；鳞片膜质，（近宽）卵形，
1.5-2×1-1.5 毫米，棕或黄绿色，外弯短尖头，仅被疏缘毛
或背面被疏微柔毛，背面具龙骨状突起，黄绿色脉 1，罕 3；
雄蕊 1，罕 2，花药长圆形，急尖头。小坚果倒卵形，三棱形，
0.8×0.5-0.6 毫米，白或淡黄色，具方形网纹，截形或微凹头，
具盘状花柱基。花果期 4-10 月。

分布: 湘阴；湖南全省；内蒙古、辽宁、河北、华东、华中、
华南。朝鲜半岛、日本、东南亚、南亚、澳大利亚、太平洋
岛屿、印度洋岛屿、北非，在北美洲和南美洲归化。

生境: 河滩沙地；海边沙地、田边、沙田中的湿地。海拔
130-500 米。

应用: 牛羊饲料；湿地植被。

识别要点: 小穗成簇地排列成头状长侧枝聚伞花序；鳞片棕
或黄绿色，外弯芒状短尖头；花药卵形或长圆状卵形。

667 短芒苔草 duan mang tai cao
Carex breviaristata K. T. Fu

根状茎斜伸。秆丛生，高达 40 厘米，纤细，扁三棱形，基部叶鞘暗褐色，裂成纤维状。叶长于或短于秆，宽 3–5 毫米，平张，粗糙缘。苞片叶状，短于花序，鞘长 1.2–2 厘米。小穗 3–4，远离，顶生雄小穗棒状圆柱形，15–30×2–3 毫米；小穗柄长 0.5–5 厘米；侧生雌性小穗圆柱形，17–30×3–4 毫米，花稍密生；小穗柄包藏于苞鞘内，最下部的伸出。雄花鳞片倒披针形，长 5–5.5 毫米，粗糙短尖头，淡白或淡褐色，中脉明显；雌花鳞片倒卵状长圆形，钝或圆形头，除芒长约 2.5 毫米，苍白色，背面中间绿色，3 脉，粗糙芒长 1.5–2 毫米。果囊（近等）长于鳞片，有时稍外曲，椭圆形或倒卵形，长约 3 毫米，膜质，淡绿色，多条脉，疏被微柔毛，基部渐狭成柄，上部渐狭成圆锥状外弯短喙，喙口具 2 齿。小坚果紧包于果囊中，三棱状倒卵形，长约 1.8 毫米，淡褐色，具短柄，先端缢缩成短颈并具环盘；花柱基部膨大成圆锥状，柱头 3。花果期 4–7 月。

分布： 全洞庭湖区；长沙、望城、宁乡、湘北；辽宁、陕西、甘肃、安徽、浙江、贵州、华中。

生境： 山坡草地、林下阴湿处。海拔（10–）400–1800 米。

应用： 牛羊饲料；候鸟食物；湿地景观。

识别要点： 苞片短于花序，苞鞘长达 2 厘米；小穗 3–4；雄小穗棒状圆柱形，雄花鳞片合抱不住小穗轴；雌小穗圆柱形，雌花鳞片白色中间绿色，芒长 1.5–2 毫米；果囊被微毛，具短喙，喙口有 2 齿。

668 青绿苔草 qing lü tai cao
Carex breviculmis R. Br.

根状茎短。秆丛生，高达 40 厘米，纤细，三棱形，稍粗糙，基部叶鞘淡褐色，裂成纤维状。叶短于秆，宽 2–3（–5）毫米，平张，粗糙缘，质硬。苞片最下部的叶状，长于花序，鞘长 1.5–2 毫米，其余的刚毛状，近无鞘。小穗 2–5，上部的接近，下部的远离，顶生小穗雄性，长圆形，10–15×2–3 毫米，近无柄，紧靠近雌小穗；侧生雌小穗长圆（柱）形或长圆状卵形，6–20×3–4 毫米，具稍密生的花，无柄或最下部的柄长 2–3 毫米。雄花鳞片倒卵状长圆形，渐尖具短尖头，膜质，黄白色，背面中间绿色；雌花鳞片（倒卵状）长圆形，截形或圆形头，2–2.5×1.2–2 毫米，芒长 2–3.5 毫米，膜质，苍白色，中间 3 脉绿色。果囊近等长于鳞片，钝三棱状倒卵形，2–2.5×1.2–2 毫米，膜质，淡绿色，多条脉，密被短柔毛，具短柄及圆锥状短喙，喙口微凹。小坚果被果囊紧包，卵形，长约 1.8 毫米，栗色，顶端缢缩成环盘；花柱基部膨大成圆锥状，柱头 3。花果期 3–6 月。

分布： 全洞庭湖区；长沙（县）、望城、宁乡、湘西、湘东；河北、山西、陕西、甘肃、青海、东北、华东、华中、华南、西南。俄罗斯（远东地区）、朝鲜半岛、日本、印度及缅甸。

生境： 生山坡草地、路边、山谷沟边。海拔（30–）400–2300 米。

应用： 牛羊饲料；可作常绿草坪和花坛植物。

识别要点： 小穗 2–5；雄小穗长圆形，柄极短，与雌小穗紧接；雄花白色鳞片中间绿或淡棕色，合抱不住小穗轴；雌花鳞片中间绿色，芒长 2–3.5 毫米。

669 短尖苔草 duan jian tai cao
Carex brevicuspis C. B. Clarke

根状茎短粗。秆高达 55 厘米，三棱形，坚硬，平滑，基部具深棕色分裂成纤维状的老叶鞘。叶长于秆，宽 5-10 毫米，平张，渐狭头。苞片短叶状，具长鞘。小穗 4-5，彼此远离，顶生 1 个雄性，窄圆柱形，长 2.5-4 厘米；小穗柄长约 4 厘米；侧生小穗大部分为雌花，顶端有少数雄花，圆柱形，3.7-7×0.9-1 厘米，花密生；最下部 1 个小穗柄长 5-7.5 厘米，平滑，其余的包藏于鞘内。雌花鳞片线状披针形，短尖头，黄褐色，3 脉绿色。果囊（近等）长于鳞片，斜展，（倒）卵形，连喙长 6-7 毫米，革质，棕色，无毛或有时疏被短硬毛，多脉隆起，基部收缩，先端急缩成长喙，喙长 3-4 毫米，无毛，喙口 2 尖齿。小坚果紧包于果囊中，三棱状卵形，长约 2 毫米，黑紫色，基部具弯柄，中部棱上缢缩，下部棱面凹陷，上部具 1 毫米长的喙，喙顶端稍膨大呈环状；花柱基部不膨大，柱头 3。果期 4-5 月。

分布： 全洞庭湖区；长沙（县）、望城、宁乡、湘北；安徽、浙江、江西、福建。

生境： 水边；山坡林下、溪旁。海拔 20-700 米。

应用： 牛羊饲料；候鸟食物；湿地景观。

识别要点： 秆中生；雌花鳞片褐色，线状披针形；雌小穗顶端具少数雄花，短于雌花部分；花柱基部不膨大；小坚果中部缢缩。

670 中华苔草 zhong hua tai cao
Carex chinensis Retz.

根状茎短，斜生，木质。秆丛生，高 20-55 厘米，纤细，钝三棱形，基部具褐棕色分裂成纤维状的老叶鞘。叶长于秆，宽 3-9 毫米，粗糙缘，淡绿色，革质。苞片短叶状，具长鞘，鞘扩大。小穗 4-5，远离，顶生 1 个雄性，窄圆柱形，长 2.5-4.2 厘米；小穗柄长 2.5-3.5 厘米；侧生小穗雌性，顶端和基部常具几朵雄花，花稍密；小穗柄直立，纤细。雄花鳞片倒披针形，芒长 7.5 毫米，棕色；雌花鳞片长圆状披针形，截形、微凹或渐尖头，淡白色，背面 3 脉绿色，延为粗糙长芒。果囊长于鳞片，斜展，菱形或倒卵形，近膨胀三棱形，长 3-4 毫米，膜质，黄绿色，疏被短柔毛，多脉，基部渐狭成柄，先端急缩成中等长的喙，喙口 2 齿。小坚果紧包于果囊中，菱状三棱形，棱面凹陷，先端骤缩成短喙，喙顶端膨大呈环状；花柱基部膨大，柱头 3。花果期 4-6 月。

分布： 全洞庭湖区；长沙（县）、望城、宁乡、湘东南；陕西、甘肃、湖北、江苏、安徽、浙江、福建、江西、广东、香港、西南。

生境： 山谷阴处、溪边岩石上或草丛中。海拔（30-）200-1700 米。

应用： 可作牛羊饲料；可作地被。

识别要点： 秆短于叶，小穗 4-5，顶生 1 个雄性，窄圆柱形，长 2.5-4.2 厘米，雄花鳞片棕色，具短芒；雌小穗基部具雄花，鳞片淡白色，具长芒；果囊菱形或倒卵形，被毛，长 3-4 毫米；小坚果中部不缢缩。

671 **灰化苔草** hui hua tai cao
Carex cinerascens Kükenth.

根状茎短，具长的匍匐茎。秆丛生，高 25-60 厘米，锐三棱形，平滑，仅花序下部稍粗糙，基部叶鞘无叶片，（黄）褐色，稍网状分裂。叶短于或等长于秆，平张，宽 2-4 毫米。苞片最下部的叶状，长于或等长于花序，无鞘，其余的刚毛状。小穗 3-5，上部 1-2 雄性，狭圆柱形，长 2-5 厘米；其余为雌小穗，稀顶端具少数雄花，狭圆柱形，15-30×2-4 毫米，花密生；下部的具柄，上部的无柄。雌花鳞片长圆状披针形，锐尖头，少钝头，具小短尖，长 2.5 毫米，深棕或带紫色，中间 3 脉淡黄绿色，窄的白色膜质边缘。果囊长于鳞片，卵形，长 3 毫米，膜质，灰、淡绿或黄绿色，脉不明显，具锈点，基部收缩成短柄，渐狭头成不明显的喙，喙口近全缘。小坚果稍紧包于果囊中，倒卵状长圆形，长约 1.5 毫米；花柱基部稍膨大，柱头 2。花果期 4-5 月。

分布： 全洞庭湖区；湘北；内蒙古、陕西、宁夏、东北、华东、华中。日本。

生境： 湖边、沼泽地或湿地。

应用： 可作牛羊饲料；湿地生态景观。

识别要点： 根状茎具长匍匐茎；最下部的苞片叶状；3-5 小穗，不密生成帚状，上部 1-2 雄性；果囊卵形，长于鳞片，达 3 毫米，脉不明显，具锈点，喙不明显，喙口近全缘，果囊边缘及喙缘无小刺。

672 **缘毛苔草** yuan mao tai cao
Carex craspedotricha Nelmes

根状茎短，木质。秆丛生，高 30-55 厘米，平滑，质软，下部约 1/3 具叶，基部具（淡）褐色、无叶片叶鞘，常细裂成纤维状。叶短于秆，宽 2-3 毫米，平张，柔软，长渐尖头，粗糙缘。苞片下部的叶状，长于花序，向上渐变为刚毛至鳞片状。小穗 8-13，宽卵形或卵圆形，5-10×3-8 毫米，雌雄顺序，有的顶生小穗均为雌花；穗状花序长 10-15 厘米，先端小穗接近，其余的远离。雌花鳞片狭卵形至椭圆形，长 1.8-2.5 毫米，苍白色，中间绿色，1 脉。果囊长于鳞片，椭圆形或卵形，扁平，3.5×1.2-1.5 毫米，中部以上为灰绿色具细锯齿的狭翅缘，两面中间具少数明显的脉，两侧及基部具宽的海绵状组织，基部收缩，先端急缩成喙，喙口 2 深裂。小坚果疏松包于果囊中，位于果囊中央，长圆形至长圆状卵形，仅 1/3 果囊宽，基部具短柄，近圆形头，具小尖头；花柱基部膨大，柱头 2。花果期 4 月。

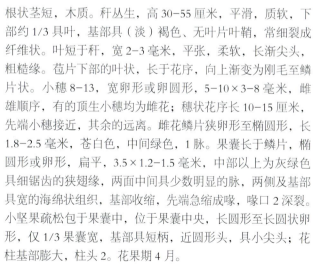

分布： 全洞庭湖区；长沙（县）、望城、宁乡、湘北；河南、浙江、福建、江西、广东及贵州。泰国北部。

生境： 水边湿地或湿草地。海拔 20-300 米。

应用： 可作牛羊饲料；湿地生态景观。

识别要点： 基部小穗的叶状苞片长于花序；小穗 8-13，宽卵形或卵圆形，长 5-10 毫米，雌雄顺序；果囊较大，长 3-3.5 毫米，两侧自基部至喙全部具宽海绵状组织；小坚果疏松包于果囊中央。

673 二形鳞苔草（垂穗苔草）er xing lin tai cao
Carex dimorpholepis Steud.

根状茎短。秆丛生，高达 80 厘米，锐三棱形，上部粗糙，基部具红(黑)褐色无叶片叶鞘。叶短于或等长于秆，宽 4-7 毫米，平张，边缘稍反卷。苞片下部的 2 枚叶状，长于花序，上部的刚毛状。小穗 5-6，接近，顶端 1 个雌雄顺序，长 4-5 厘米；侧生小穗雌性，上部 3 个基部具雄花，圆柱形，45-55×5-6 毫米；小穗柄纤细，长 1.5-6 厘米，向上渐短，下垂。雌花鳞片倒卵状长圆形，微凹或截平头，长 4-4.5 毫米，粗糙长芒长约 2.2 毫米，中间 3 脉淡绿色，两侧白色膜质，疏生锈色点线。果囊长于鳞片，椭圆形或椭圆状披针形，长约 3 毫米，略扁，红褐色，密生乳头状突起和锈点，基部楔形，顶端急缩成短喙，喙口全缘；柱头 2。花果期 4-6 月。

分布： 全洞庭湖区；长沙（县）、望城、宁乡、沅陵、湘南；东北、华东、华中、华南、陕西、甘肃、贵州、四川。朝鲜半岛、中南半岛、日本、斯里兰卡、印度、尼泊尔。

生境： 生沟边潮湿处及路边、草地。海拔（20- ）200-1300 米。

应用： 牛羊饲料；候鸟食物；造景。

识别要点： 下部的 2 枚叶状苞片长于花序，上部的刚毛状；5-6 小穗，顶端 1 个雌雄顺序，长 4-5 毫米；雌小穗宽 5-6 毫米，雄小穗宽 3 毫米，鳞片平截或微凹头，芒尖粗糙；果囊密生乳头状突起。

674 皱果苔草（弯囊苔草）zhou guo tai cao
Carex dispalata Boott ex A. Gray

根状茎粗，木质，具较粗长地下匍匐茎。秆高达 80 厘米，锐三棱形，中等粗，基部具红棕色无叶片叶鞘，鞘一侧常撕裂成网状。叶几等长于秆，宽 4-8 毫米，平张，2 侧脉明显，两面平滑，上端粗糙缘，近基部的叶鞘较长，上面的近无鞘。苞片叶状，下面的稍长于而上面的短于小穗，近无鞘。小穗 4-6，近离，集生秆上端，顶生雄小穗圆柱形，长 4-6 厘米，具柄；雌小穗圆柱形，长 3-9 厘米，近无或具短柄，密生多数雌花，或顶端具少数雄花。雄花鳞片狭披针形，急尖或钝头，长 5-5.5 毫米，红褐色，中脉 1，麦秆黄色；雌花鳞片（卵状）披针形，渐尖头，无或具小短尖或芒，长约 3 毫米，膜质，红褐色，中间黄绿色，3 脉。果囊稍长于鳞片，斜展转近水平展开，卵形，稍鼓胀三棱形，长 3-4 毫米，厚纸质，淡褐绿色，具横皱纹，无毛，基部钝圆，柄极短，顶端具中等长而稍弯的喙，上端呈红褐色，喙口斜截形，后期微缺。小坚果稍松包于果囊内，（椭圆状）倒卵形，三棱形，长约 2 毫米，具小短尖；柱头 3。花果期 5-7 月。

分布： 全洞庭湖区；长沙（县）、湘东；东北、华北、华东、华中、西南、陕西。朝鲜半岛、日本。

生境： 湖边湿地；沟边潮湿地或沼泽地。海拔（20- ）500-2900 米。

应用： 可作牛羊饲料；湿地生态景观；水质净化。

识别要点： 地下匍匐茎粗长；叶宽 4-8 毫米；4-6 小穗，顶生雄小穗长 4-6 厘米，鳞片红褐色，中间麦秆黄色；雌小穗长 3-9 厘米，鳞片紫红色，中间黄绿色；果囊秆黄色，具横皱纹，喙上部紫红色。

675 签草（芒尖苔草）qian cao
Carex doniana Spreng.

根状茎短，地下匍匐茎细长。秆高达60厘米，较粗壮，扁锐三棱形，基部具淡褐黄色叶鞘，鞘侧膜质部分开裂。叶稍（近等）长于秆，宽5~12毫米，平张，质较柔软，上面2侧脉明显，具鞘，老时裂成纤维状。苞片叶状，向上渐狭成线形，长于小穗，无鞘。小穗3~6，下面1~2间距稍长，上面的较密集，顶生雄小穗线状圆柱形，长3~7.5厘米，具柄；侧生雌小穗或顶端具少数雄花，长圆柱形，长3~7厘米，密生多花，具短柄至上部近无柄。雄、雌花鳞片卵状披针形，淡黄或稍带淡褐色，绿色中脉1，膜质，具短尖头；前者长3~3.5毫米，后者约2.5毫米。果囊近水平展开，长于鳞片，长圆状卵形，稍鼓胀三棱形，长3.5~4毫米，膜质，淡绿黄色，具不明显细脉，基部宽楔形或近钝圆，顶端具较短而直的喙，喙口2短齿。小坚果稍松包于果囊内，倒卵形，三棱形，长约1.8毫米，深黄色，短尖头；花柱基部不增粗，柱头3，细长，宿存。花果期4~10月。

分布： 全洞庭湖区；长沙（县）、望城、宁乡、湘东、湘西、湘北、甘肃、陕西、宁夏、华东（山东除外）、华中、华南、西南。日本、朝鲜半岛、菲律宾、印度尼西亚、印度、尼泊尔。

生境： 湖边、溪边、沟边、林下、灌木丛和草丛中潮湿处。海拔（20~）500~3000米。

应用： 可作牛羊饲料；湿地生态景观。

识别要点： 秆扁锐三棱形；叶宽5~12毫米；小穗3~6，顶生雄小穗长3~7.5厘米；雌小穗顶端或具雄花，长3~6厘米，鳞片卵状披针形，具短尖，淡黄褐色；果囊长圆状卵形，喙直；花柱宿存，柱头长。

676 异鳞苔草 yi lin tai cao
Carex heterolepis Bunge

根状茎短，具长匍匐茎。秆高达70厘米，三棱形，上部粗糙，基部具黄褐色细裂成网状的老叶鞘。叶与秆近等长，宽3~6毫米，平张，粗糙缘。苞片叶状，最下部1枚长于花序，无鞘。小穗3~6，顶生1雄小穗圆柱形，2~4×0.4厘米；小穗柄长0.8~2厘米；侧生小穗圆柱形，直立，1~4.5×0.6厘米；小穗无柄，仅最下部1个具短柄。雌花鳞片狭披针形或狭长圆形，长2~3毫米，淡褐色，中间淡绿色，1~3脉，渐尖头。果囊稍长于鳞片，倒卵形或椭圆形，扁双凸状，长2.5~3毫米，淡褐绿色，具密的乳头状突起和树脂状点线，基部楔形，上部急缩成稍短的喙，喙长约0.5毫米，喙口具2齿。小坚果紧包于果囊中，宽倒卵形或倒卵形，长2~2.2毫米，暗褐色；花柱基部不膨大，柱头2。花果期4~7月。

分布： 全洞庭湖区；长沙、望城、湘北；东北、内蒙古、河北、河南、山西、陕西、甘肃、山东、江西、湖北、云南。朝鲜半岛、日本。

生境： 沼泽地、水边。海拔20~1900米。

应用： 可作牛羊饲料；湿地生态景观。

识别要点： 叶宽3~6毫米；最下部1枚苞片长于花序；小穗3~6，顶生雄小穗宽4毫米，具柄；雌小穗约6毫米，鳞片紫红色，中间绿色，渐尖头，柱头早落；具脉果囊长于鳞片，喙口具2齿。

677 日本苔草 ri ben tai cao
Carex japonica Thunb.

根状茎短，具细长地下匍匐茎。秆疏丛生，高 20-40 厘米，较细，扁锐三棱形，棱稍粗糙，基部具淡褐色无叶片叶鞘，鞘缘常细裂成网状。上面的叶长于秆，基部的常短于秆，宽 3-4 毫米，稍坚挺，平张，明显侧脉 2，糙缘；具鞘。苞片叶状，下面的长于小穗，上面的 1-2 个短于小穗，无鞘。小穗 3-4，间距较长，顶生雄小穗线形，长 2-4 厘米，具小穗柄；侧生雌小穗，长圆状圆柱形，长 1.5-2.5 厘米，密生多数花，具短柄，往上（近）无柄。雄、雌花鳞片膜质，苍白或稍带淡褐色，3 脉，脉间淡绿色，渐尖头；前者披针形，长约 5 毫米；后者狭卵形，长 2.5-3 毫米。果囊斜展，长于鳞片，（椭圆状）卵形，稍鼓胀三棱形，长 4-4.5 毫米，纸质，黄绿或麦秆黄色，无毛，稍具光泽，脉不明显，基部宽楔形，顶端具中等长的喙，喙口白色膜质，具两短齿。小坚果稍疏松包于果囊中，（倒卵状）椭圆形，三棱形，长约 2 毫米，淡棕色；花柱基部稍增粗；柱头 3。花果期 5-8 月。

分布： 全洞庭湖区；长沙、望城、宁乡、湘（西）北；陕西、云南、四川、东北、华北、华中。朝鲜、日本。

生境： 湖区湖边草地或林下；林下或林缘阴湿处或山谷沟旁湿地。海拔（20-）1200-2000 米。

应用： 牛羊饲料；候鸟食物；湿地景观。

识别要点： 叶宽 3-4 毫米；小穗 3-4，疏离；顶生雄小穗线形，具长柄；雌小穗长圆状圆柱形，长 1-2.5 厘米，柄短或几无；

雌花鳞片狭卵形；果囊长 4-5 毫米，麦秆黄色，脉不明显，喙中等长。

678 舌叶苔草 she ye tai cao
Carex ligulata Nees ex Wight

根状茎粗短，木质。秆疏丛生，高达 70 厘米，三棱形，较粗壮，棱粗糙，基部具红褐色无叶片叶鞘。叶上部的长于秆，下部的叶片短，宽 6-12（-15）毫米，平张或边缘稍内卷，质较柔软，背面具明显小横隔脉，具锈色叶舌，叶鞘可长达 6 厘米。苞片叶状，长于花序，下面的苞片具稍长的鞘，往上鞘渐短或近无。小穗 6-8，下部的间距稍长，上部的较短，顶生雄小穗（长圆状）圆柱形，25-40×5-6 毫米，密生多数花，具小穗柄，往上柄渐短。雌花鳞片（宽）卵形，长约 3 毫米，急尖头，常具短尖，膜质，淡褐黄色，具锈色短条纹，无毛，中脉绿色。果囊近直立，长于鳞片，倒卵形，钝三棱形，长 4-5 毫米，绿褐色，具锈色短条纹，密被白色短硬毛，2 明显侧脉，基部楔形，顶端具中等长的喙，喙口 2 短齿。小坚果紧包于果囊内，椭圆形，三棱形，长 2.5-3 毫米，棕色，平滑；花柱短，基部稍增粗，柱头 3。花果期 5-7 月。

分布： 沅江；沅陵、湘东；陕西、山西、华东（山东除外）、华中、华南、西南。印度、尼泊尔、斯里兰卡、朝鲜半岛、日本。

生境： 湖区湖边草地或林下；山坡林下或草地、山谷沟边或河边湿地。海拔（30-）600-2000 米。

应用： 幼时可作牛羊饲料；造景。

识别要点: 植株较粗壮;叶舌锈色,叶鞘长,疏松包秆;6-8小穗疏排成穗状;雌小穗宽 5-6 毫米;果囊多列,倒卵形,长约 4.8 毫米,密被短硬毛。

679 卵果苔草(翅囊苔草)luan guo tai cao
Carex maackii Maxim.

根状茎短,木质。秆丛生,200-700×1.5-2 毫米,直立,近三棱形,上部粗糙,中下部具叶,基部具褐色无叶片的叶鞘。叶短于或近等长于秆,宽 2-4 毫米,平张,柔软,细锯齿缘。苞片基部的刚毛状,其余的鳞片状。小穗 10-14,卵形,5-10×4-6 毫米,雌雄顺序,花密生;穗状花序长圆柱形,长 2.5-6 厘米,先端紧密,下部稍远离。雌花鳞片卵形,急尖头,长 2.2-2.8 毫米,淡褐色,中间绿色,1 脉。果囊长于鳞片,卵形或卵状披针形,平凸状,长 3-3.2 毫米,膜质,背面 5-7 脉,腹面 4-5 脉,边缘内面具海绵状组织,外面具狭翅,上部稀疏锯齿缘,基部近圆形,先端渐狭成中等长的喙,喙口 2 齿裂。小坚果疏松包于果囊中,长圆形或长圆状卵形,微双凸状,长约 1.5 毫米,淡棕色,基部楔形,具短柄;花柱基部不膨大,柱头 2。花果期 5-6 月。

分布: 全洞庭湖区;长沙、湘北;江苏、安徽、浙江、东北、华中。俄罗斯(远东地区)、朝鲜、日本。

生境: 湖区湖边草地;溪边或湿地。

应用: 放牧牛羊;候鸟食物;湿地生态景观。

识别要点: 叶短于或近等长于秆,宽 2-4 毫米;基部小穗的苞片刚毛状,其余的鳞片状;果囊(披针状)卵形,边缘内面具海绵状组织,外面具狭翅。

680 套鞘苔草 tao qiao tai cao
Carex maubertiana Boott

根状茎粗短,木质,无地下匍匐茎。秆丛生,高 60-80 厘米,稍细而坚挺,钝三棱形,基部具褐色无叶片的鞘。叶较密生,上部的长于秆,下部的较短,宽 4-6 毫米,较坚挺,边缘稍外卷,背面有明显的小横隔脉,叶鞘较长,常上下互相套叠而紧包着秆,鞘口具明显的紫红色叶舌。苞片叶状,长于花序,具鞘。小穗 6-9,上面的小穗间距短,下面的小穗间距较长些,顶生小穗为雄小穗,狭圆柱形,长 2-3 厘米,具短柄;其余小穗为雌小穗,圆柱形,长 2-3 厘米,密生多数花,具短柄。雌花鳞片宽卵形,长约 1.8 毫米,急尖头,具短尖,膜质,淡黄色,具锈色短条纹,淡绿色中脉 1。果囊近直立,长于鳞片,宽倒卵形,钝三棱形,长约 3 毫米,膜质,黄绿色,具锈色短条纹,密被白色短硬毛,背面 2 明显侧脉,基部具短柄,顶端具较短的喙,喙口 2 短齿。小坚果紧包于果囊内,宽椭圆形,三棱形,长约 2 毫米,基部急狭成短柄,急尖头;花柱短,基部稍增粗,柱头 3。花果期 6-9 月。

分布: 全洞庭湖区;湖南全省;浙江、福建、湖北、四川、云南。越南、尼泊尔、印度。

生境: 湖边滩涂、堤岸草地;山坡林下或路边阴湿处。海拔(10-)400-1000 米。

应用: 幼时可作牛羊饲料;地被。

识别要点: 叶鞘上下互相套叠,较紧地包着秆,鞘口具明显的紫红色叶舌;雌花鳞片长约 1.8 毫米;果囊宽卵形,长约 3 毫米。

681 条穗苔草 tiao sui tai cao
Carex nemostachys Steud.

根状茎粗短，木质，具地下匍匐茎。秆高 40-90 厘米，粗壮，三棱形，上部粗糙，基部具黄褐色纤维状老叶鞘。叶长于秆，宽 6-8 毫米，较坚挺，下部折合，上部平张，2 侧脉明显，脉和边缘粗糙。苞片下面的叶状，往上呈刚毛状，长于或短于秆，无鞘。小穗 5-8，聚生于秆顶部，顶生雄小穗线形，长 5-10 厘米，近无柄；雌小穗长圆柱形，长 4-12 厘米，近无柄或下部的具短柄，密生多数花。雄花鳞片披针形，长约 5 毫米，具芒，芒常粗糙，膜质，边缘稍内卷；雌花鳞片狭披针形，长 3-4 毫米，芒粗糙，膜质，苍白色，1-3 脉。果囊后期向外张开，稍短于鳞片（含芒），（宽）卵形，钝三棱形，长约 3 毫米，膜质，褐色，具少数脉，疏被短硬毛，基部宽楔形，顶端具长喙，喙向外弯，喙口斜截形。小坚果较松地包于果囊内，宽倒卵形或近椭圆形，三棱形，长约 1.8 毫米，淡棕黄色；柱头 3。花果期 9-12 月。

分布：全洞庭湖区；湖南全省；陕西、山西、华东（山东除外）、华中、华南、西南。印度、孟加拉国、中南半岛、日本。

生境：湖区沟渠、水边草地；小溪旁、沼泽地或林下阴湿处。海拔（30-）300-1600 米。

应用：可用于水景美化；优良地被植物。

识别要点：叶长于秆，宽 6-8 毫米，下部折合；小穗 5-8；顶生线形雄小穗长 5-10 厘米；圆柱形雌小穗长 4-12 厘米，狭披针形鳞片长 3-4 毫米，具白芒；果囊长约 3 毫米，暗褐色，被短硬毛，喙常外弯。

682 镜子苔草 jing zi tai cao
Carex phacota Spreng.

根状茎短。秆丛生，高 20-75 厘米，锐三棱形，基部具淡（深）黄褐色叶鞘，细裂成网状。叶与秆近等长，宽 3-5 毫米，平张，边缘反卷。苞片下部的叶状，长于花序，无鞘，上部的刚毛状。小穗 3-5，接近，顶端 1 个雄性，稀顶部有少数雌花，线状圆柱形，45-65×1.5-2 毫米，具柄；侧生小穗雌性，稀顶部有少数雄花，长圆柱形，25-65×3-4 毫米，密花；小穗柄纤细，最下部的 1 枚长 2-3 厘米，向上渐短，略粗糙，下垂。雌花鳞片长圆形，长约 2 毫米（芒除外），截形或凹头，具粗糙芒尖，苍白色，中间淡绿色，具锈色点线，3 脉。果囊长于鳞片，宽卵形或椭圆形，2.5-3×约 1.8 毫米，双凸状，密生乳头状突起，暗棕色，无脉，基部宽楔形，顶端具短喙，喙口全缘或微凹。小坚果稍松地包于果囊中，近圆形或宽卵形，长 1.5 毫米，褐色，密生小乳头状突起；花柱长，基部不膨大；柱头 2。花果期 3-5 月。

分布：全洞庭湖区；湖南全省；华东、华南、西南。印度、尼泊尔、斯里兰卡、印度尼西亚、中南半岛、日本。

生境：水边湿地或草丛中，沟边、路旁潮湿处。海拔 100-1700 米。

应用：民间草药，带根全草解表透疹；地被。

识别要点：顶生雄小穗狭圆柱形，宽 1.5-2 毫米；侧生雌小穗较细，宽 3-4 毫米而与二形鳞苔草不同。

683 粉被苔草 fen bei tai cao
Carex pruinosa Boott

根状茎短。秆丛生，高 30-80 厘米，稍坚挺、平滑，基部具红褐色叶鞘。叶与秆近等长或短于秆，宽 3-5 毫米，平张，边缘反卷。苞片叶状，长于花序。小穗 3-5，顶生 1 个雄性，有时其上有数朵雌花，窄圆柱形，长 2-3 厘米，具纤细柄；侧生小穗雌性，有时其顶端具雄花，圆柱形，2-4×0.5-0.6 厘米；小穗柄纤细，长 1.5-3 厘米，下垂。雌花鳞片（长圆状）披针形，渐尖头，具短尖，长 2.8-3 毫米，中间绿色，两侧膜质，密生锈色点线，3 脉。果囊等长或稍长于鳞片，长圆状卵形，2.5-3×约 2 毫米，密生乳头状突起和红棕色树脂状小突起，具脉，基部宽楔形，顶端具短喙，喙口微凹。小坚果稍松地包于果囊中，宽卵形，双凸状，约 2×1.5 毫米，黄褐色；柱头 2。花果期 3-6 月。

分布：全洞庭湖区；新化、湘南、湘北；广东、广西、华东、华中、西南。印度、印度尼西亚。

生境：湖区旷野临水湿润草地；山谷、溪旁潮湿处、草地。海拔 50-2500 米。

应用：作牛羊饲料；可用于湿地造景。

识别要点：叶宽 3-5 毫米；小穗 3-5，具纤细柄；顶生 1 个雄小穗或具数朵雌花；侧生雌小穗下垂，2-4×0.5-0.6 厘米，或顶端具雄花；雌花鳞片（长圆状）披针形，渐尖头；果囊密生乳头状和树脂状突起。

684 横果苔草 heng guo tai cao
Carex transversa Boott

根状茎短。秆丛生，高 30-60 厘米，锐三棱形，基部具紫褐色无叶片叶鞘。叶短于或稍长于秆，宽 3-5 毫米，平张，较柔软，具较长叶鞘。苞片叶状，较小穗长，具苞鞘，鞘长约为小穗柄的 1/2。小穗 3-5，上部 2-3 个间距较短，下部的较疏远，顶生雄小穗狭圆柱形，长 1-1.5 厘米，具小穗柄；侧生小穗为雌小穗，宽圆柱形或近长圆形，长 2-3 厘米，具较长的柄，密生多数花。雄花鳞片狭披针形，长 7-10 毫米（其中芒长 2.5-4.5 毫米），膜质，淡黄色，1 脉；雌花鳞片卵形，长 4-5 毫米，渐尖头成长芒，膜质，两侧白色半透明，1-3 绿色脉。果囊斜展，较鳞片长或因鳞片具长芒而几等长于鳞片，（椭圆状）卵形，稍鼓胀三棱形，长 5.5-6.5 毫米，膜质，褐绿色，无毛，具多条明显的脉，基部宽楔形，顶端具长喙，喙口斜截形，后期稍呈 2 齿。小坚果稍松地包于果囊内，宽倒卵形，三棱形，长约 3 毫米，淡黄色，基部具短柄，小短尖头；柱头 3。花果期 4-5 月。

分布：沅江、益阳；安仁、长沙（县）、湘北；广东、华东。朝鲜、日本。

生境：湖区湖边林下；山坡林下或草丛中或阴湿处。海拔（20-）500-800 米。

应用：放牧牛羊；地被。

识别要点：叶状苞片较小穗长，具鞘；小穗 3-5，疏离至上部 2-3 个紧接，顶生雄小穗狭圆柱形，长 1-1.5 厘米；雌小穗宽圆柱形，长 2-3 厘米，鳞片卵形，具长芒；果囊长圆状卵形，长 5-6 毫米，具长喙。

685 单性苔草 dan xing tai cao
Carex unisexualis C. B. Clarke

根状茎匍匐、细长，具褐色叶鞘，鞘常细裂成纤维状。秆（10–）15–50 厘米 ×1.5–2 毫米，扁三棱形，基部叶鞘淡褐色。叶短于秆，宽 1.5–2.5 毫米，平张或对折，微弯曲，渐细尖头。苞片刚毛状或鳞片状。小穗 15–30，单性，稀雄雌顺序，雌小穗长圆状卵形，5–8× 约 4 毫米；雄小穗长圆形，约 6×2–3 毫米；雌雄异株，稀同株。雄花鳞片卵形，急尖头，3–3.5× 约 2 毫米，苍白绿色，中间绿色，雌花鳞片卵形，锐尖头具芒尖，长 2–3 毫米，苍白绿色，中间绿色，1脉，白色膜质缘，疏生锈点。果囊长于鳞片，卵形，平凸状，2–3×1–1.5 毫米，膜质，淡绿或苍白色，有锈点，两面具多条细脉，狭翅缘，翅中部以上具细锯齿，基部近圆形，具海绵状组织，有短柄，先端具喙，喙缘微粗糙，喙口深裂成 2齿。小坚果疏松包于果囊中，卵形或椭圆形，平凸状，长约 1.2 毫米，深褐色，有光泽，基部具短柄，圆形头具小尖头；花柱基部不膨大，柱头 2。花果期 4–6 月。

分布: 全洞庭湖区；湖南全省；陕西、华东（山东除外）、华中、西南。日本。

生境: 湖边、池塘边、沼泽地或杂草中。

应用: 牛羊饲料；可作湿润地观赏草坪草。

识别要点: 叶短于秆，宽 1.5–2.5 毫米，平张或对折；小穗 15–30，通常单性，雌雄异株，稀同株；果囊卵形，膜质，具少数锈点，狭翅缘，有短柄，喙口深裂成 2 齿。

686 扁穗莎草 bian sui suo cao
Cyperus compressus L.

丛生草本。秆高 5–25 厘米，锐三棱形。叶短于或几等长于秆，宽 1.5–3 毫米，折合或平张，灰绿色；叶鞘紫褐色。苞片 3–5，叶状，长于花序；长侧枝聚伞花序简单；辐射枝（1–）2–7，最长达 5 厘米；穗状花序近头状；花序轴很短，3–10 小穗，小穗排列紧密，斜展，线状披针形，8–17× 约 4 毫米，近四棱形，8–20 花；鳞片紧贴的覆瓦状排列，稍厚，卵形，芒长约 3 毫米，背面具龙骨状突起，中间较宽部分为绿色，两侧苍白或麦秆色，有时有锈色斑纹，脉 9–13；雄蕊 3，花药线形，药隔突出于花药顶端；花柱长，柱头 3，较短。小坚果倒卵形，三棱形，侧面凹陷，长约为鳞片的 1/3，深棕色，表面具密的细点。花果期 7–12 月。

分布: 全洞庭湖区；湖南全省；甘肃、河北、山西、辽宁、华东、华中、华南（含南沙）、西南。阿富汗、日本、巴布亚新几内亚、澳大利亚、马达加斯加、东南亚、南亚、太平洋岛屿、印度洋群岛、非洲、美洲。

生境: 空旷的田野里。海拔 20–1600 米。

应用: 全草养心、调经行气，外用治跌打损伤。

识别要点: 无匍匐根状茎；辐射枝 2–7；小穗在辐射枝延长的短缩轴上排成紧密的穗状花序，压扁，近头状；鳞片密覆瓦状排列，绿白或杂有麦秆黄色；小坚果长为鳞片的 1/3–1/2。

687 砖子苗 zhuan zi miao
Cyperus cyperoides (L.) Kuntze
[*Mariscus umbellatus* Vahl]

根状茎短。秆疏丛生，高 10-50 厘米，锐三棱形，平滑，基部膨大。叶短于或几等长于秆，宽 3-6 毫米，下部常折合，向上渐成平张；叶鞘褐或红棕色。叶状苞片 5-8，通常长于花序，斜展；长侧枝聚伞花序简单，辐射枝 6-12 或更多，长短不等，有时短缩，最长达 8 厘米；穗状花序圆筒形或长圆形，10-25×6-10 毫米，具多数密生小穗；小穗平展或稍俯垂，线状披针形，3-5× 约 0.7 厘米，具 1-2 小坚果；小穗轴具宽翅，翅披针形，白色透明；鳞片膜质，长圆形，钝头，无短尖，长约 3 毫米，边缘常内卷，淡黄或绿白色，背面多数脉，中间 3 脉明显，绿色；雄蕊 3，花药线形，药隔稍突出；花柱短，柱头 3，细长。小坚果狭长圆形，三棱形，长约为鳞片的 2/3，初期麦秆黄色，具微突起细点。花果期 4-10 月。

分布： 全洞庭湖区；湖南全省；陕西、甘肃、华东（山东除外）、华中、华南（含西沙）、西南。朝鲜半岛、日本、澳大利亚、夏威夷、东南亚、巴布亚新几内亚、南亚、热带非洲、马尔加什、大西洋岛屿，热带美洲归化。

生境： 湖区旷野草地、荒地；山坡阳处、路旁草地、溪边及松林下。海拔 20-3200 米。

应用： 全草止咳化痰、宣肺解表，治风寒感冒、咳嗽痰多；保土护堤。

识别要点： 根状茎短；秆基部膨大；叶状苞片 5-8，长于花序；长侧枝聚伞花序简单，穗状花序圆筒形，有花鳞片 1-3；鳞片（淡）黄色，紧抱小坚果。

688 异型莎草 yi xing suo cao
Cyperus difformis L.

一年生草本。秆丛生，稍粗，高达 65 厘米，扁三棱形，平滑。叶短于秆，宽 2-6 毫米，平张或折合；叶鞘稍长，褐色。苞片 2（3），叶状，长于花序；长侧枝聚伞花序简单，少数为复出，辐射枝 3-9，长短不等，最长达 2.5 厘米，或近无花梗；头状花序球形，具极多数小穗，径 5-15 毫米；小穗密聚，披针形或线形，2-8× 约 1 毫米，8-28 花；小穗轴无翅；鳞片排列稍松，膜质，近扁圆形，圆头，长不及 1 毫米，中间淡黄色，两侧深红紫或栗色，边缘白色透明，不明显 3 脉；雄蕊 2（1），花药椭圆形，药隔不突出于花药顶端；花柱极短，柱头 3，短。小坚果倒卵状椭圆形，三棱形，几与鳞片等长，淡黄色。花果期 7-10 月。

分布： 全洞庭湖区；湖南全省；全国（青藏高原除外）。俄罗斯、日本、澳大利亚、巴布亚新几内亚、马达加斯加、朝鲜半岛、西亚、中亚、南亚、太平洋岛屿、印度洋岛屿、非洲、欧洲，美洲归化。

生境： 湖边、稻田中或水边潮湿处、山坡草地。海拔 20-2000 米。

应用： 全草行气活血、通淋、利小便，治热淋、小便不通、跌打损伤；田间杂草。

识别要点： 一年生，具须根，秆丛生；聚伞花序简单，少数为复出，具 3-9 个辐射枝；小穗极多数组成密头状花序；鳞片扁圆形。

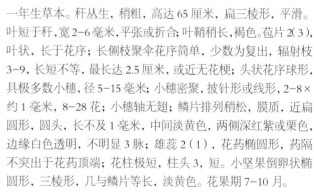

689　高秆莎草 gao gan suo cao
Cyperus exaltatus Retz.

根状茎短。秆粗壮，高 1–1.5 米，钝三棱形，平滑，基部生较多叶。叶与秆几等长，宽 6–10 毫米，粗糙缘；叶鞘长，紫褐色。叶状苞片 3–6，下面几枚较花序长；长侧枝聚伞花序（多次）复出，第一次辐射枝 5–10，长短不等，最长达 18 厘米；第二次辐射枝向外展开，长 1–4 厘米；穗状花序具柄，圆筒形，2–5×0.7–1 厘米，多数小穗；小穗近二列，排列较疏松或有时较紧密，斜展，长圆状披针形，扁平，4–6×1–1.5 毫米，6–16 花；小穗轴具狭翅，翅线形，白色透明；鳞片稍密，覆瓦状排列，（倒）卵形，长约 1.5 毫米，背面具龙骨状突起，绿色，3–5 脉，直的短尖头，两侧栗色或黄褐色，稍有光泽；雄蕊 3，花药线形，药隔突出于花药顶端；花柱细长，柱头 3。小坚果倒卵形或椭圆形，三棱形，长不及鳞片的 1/2，光滑。花果期 6–8 月。

分布： 岳阳；吉林、湖北、贵州、广东、海南、华东。巴布亚新几内亚、澳大利亚、东南亚、南亚、印度洋岛屿、热带非洲。

生境： 湖区池塘边；阴湿多水的地方。海拔 20–1100 米。

应用： 湿地生态景观；秆可供织席用。

识别要点： 长侧枝聚伞花序多次复出；穗状花序多或少具总花梗，小穗近二列，排列较松；鳞片具直的短尖头；花药线形。

690　头状穗莎草 tou zhuang sui suo cao
Cyperus glomeratus L.

一年生草本。秆散生，粗壮，高 50–95 厘米，钝三棱形，平滑，基部稍膨大，具少数叶。叶短于秆，宽 4–8 毫米，边缘不粗糙；叶鞘长，红棕色。叶状苞片 3–4，较花序长，粗糙缘；复出长侧枝聚伞花序，辐射枝 3–8，长短不等，最长达 12 厘米；穗状花序无总花梗，近圆形、椭圆形或长圆形，1–3×0.6–1.7 厘米；小穗极多数，多列，排列极密，线状披针形或线形，稍扁平，5–10×1.5–2 毫米，8–16 花；小穗轴具白色透明的翅；鳞片排列疏松，膜质，近长圆形，钝头，长约 2 毫米，棕红色，背面无龙骨状突起，脉极不明显，边缘内卷；雄蕊 3，花药短，长圆形，暗血红色，药隔突出于花药顶端；花柱长，柱头 3，较短。小坚果长圆形，三棱形，长为鳞片的 1/2，灰色，具明显的网纹。花果期 6–10 月。

分布： 湘阴；湘北；河北、河南、山西、陕西、甘肃、东北。欧洲中部、地中海区域、亚洲中部地区、亚洲东部温带地区及朝鲜和日本。

生境： 水边沙土上或路旁阴湿的草丛中。海拔 20–1300 米。

应用： 镇咳、祛痰，治气管炎、小儿肺炎、支气管肺炎、喘息性气管炎等呼吸道疾病。

识别要点： 一年生，无根状茎，具须根；聚伞花序具 3–8 辐射枝，小穗多列，排列极密，粗短，5–10×1.5–2 毫米，轴具白色透明的翅；鳞片排列疏松，膜质，红棕色，无短尖头。

691 风车草（旱伞草）feng che cao
Cyperus involucratus Rottboll

根状茎短，粗大，须根坚硬。秆稍粗壮，高 30–150 厘米，近圆柱状，上部稍粗糙，基部包裹以无叶的鞘，鞘棕色。苞片 20，长几相等，较花序长约 2 倍，宽 2–11 毫米，向四周展开，平展；多次复出长侧枝聚伞花序具多数第一次辐射枝，辐射枝最长达 7 厘米，每个第一次辐射枝具 4–10 个第二次辐射枝，最长达 15 厘米；小穗密集于第二次辐射枝上端，椭圆形或长圆状披针形，3–8×1.5–3 毫米，压扁，6–26 花；小穗轴不具翅；鳞片紧密的覆瓦状排列，膜质，卵形，渐尖头，长约 2 毫米，苍白色，具锈色斑点，或为黄褐色，3–5 脉；雄蕊 3，花药线形，顶端具刚毛状附属物；花柱短，柱头 3。小坚果椭圆形，近于三棱形，长为鳞片的 1/3，褐色。

分布： 全洞庭湖区；湖南全省，栽培或逸为野生；东南沿海各省逸生，全国南北各地有栽培。原产马尔加什、东非及阿拉伯半岛。

生境： 湖区湿地、农宅旁；森林、草原地区的大湖、河流边缘的沼泽中。海拔 20–400 米。

应用： 观赏，湿地造景。

识别要点： 秆密丛生，粗壮，具长鞘，无叶片；苞片多数，几等长；长侧枝聚伞花序（多次）复出，3–7 小穗辐射状排列于辐射枝顶端；小坚果椭圆形。

692 碎米莎草 sui mi suo cao
Cyperus iria L.

一年生草本，无根状茎。秆丛生，细弱或稍粗壮，高 8–85 厘米，扁三棱形，基部具少数叶，叶短于秆，宽 2–5 毫米，平张或折合，叶鞘红棕或棕紫色。叶状苞片 3–5，下面的 2–3 枚常较花序长；长侧枝聚伞花序复出，很少为简单的；辐射枝 4–9，最长达 12 厘米，各具穗状花序 5–10（或更多）；穗状花序（长圆状）卵形，长 1–4 厘米，5–22 小穗；小穗排列松散，斜展开，长圆形或（线状）披针形，压扁，4–10×约 2 毫米，6–22 花；小穗轴上近于无翅；鳞片排列疏松，膜质，宽倒卵形，微缺头具极短短尖，不突出于鳞片的顶端，背面具龙骨状突起，绿色，3–5 脉，两侧呈黄或麦秆黄色，上端边缘白色透明；雄蕊 3，花丝着生在环形的胼胝体上，花药短，椭圆形，药隔不突出于花药顶端；花柱短，柱头 3。小坚果倒卵形或椭圆形，三棱形，与鳞片等长，褐色，具密的微突起细点。花果期 6–10 月。

分布： 全洞庭湖区；湖南全省；几遍全国。亚洲、巴布亚新几内亚、大洋洲、太平洋岛屿、印度洋岛屿、马达加斯加、非洲北部，美洲归化。

生境： 田间、荒地、山坡、路旁阴湿处。海拔 20–2000 米。

应用： 块根行气、破血、消积止痛、通经络；田间杂草。

识别要点： 长侧枝聚伞花序复出；辐射枝 4–9，各具穗状花序 5–10；小穗直立或稍斜展，轴无翅；鳞片顶端具干膜质宽边，微缺，极短尖不突出于鳞片。

693 香附子 xiang fu zi
Cyperus rotundus L.

匍匐根状茎长，具椭圆形块茎。秆稍细弱，高 15-95 厘米，锐三棱形，平滑，基部块茎状。叶短于秆，宽 2-5 毫米，平张，鞘棕色，常裂成纤维状。叶状苞片 2-3（-5），常长于或有时短于花序；长侧枝聚伞花序简单或复出，辐射枝（2）3-10，最长达 12 厘米，穗状花序呈陀螺形，稍疏松，小穗 3-10，斜展，线形，10-30× 约 1.5 毫米，8-28 花；小穗轴具白色透明较宽翅；鳞片密覆瓦状排列，膜质，（长圆状）卵形，长约 3 毫米，急尖或钝头，无短尖，中间绿色，两侧紫红或红棕色，5-7 脉；雄蕊 3，花药长，线形，暗血红色，药隔突出于花药顶端；花柱长，柱头 3，细长，伸出鳞片外。小坚果长圆状倒卵形，三棱形，1/3-2/5 鳞片长，具细点。花果期 5-11 月。

分布： 全洞庭湖区；湖南全省；陕西、甘肃、东北、华北、华东、华中、华南、西南、南海岛礁。日本、朝鲜半岛、澳大利亚、马达加斯加、东南亚、巴布亚新几内亚、太平洋岛屿、印度洋岛屿、南亚、中亚、西亚、非洲、欧洲、美洲。

生境： 湖区旷野或水边草地、堤岸、田间、荒地；山坡荒地草丛中或水边潮湿处。海拔 10-2100 米。

应用： 块茎理气止痛、调经解郁，作健胃药及治疗妇科各症；固土护堤；田间杂草。

识别要点： 匍匐根状茎长，块茎椭圆形；辐射枝 3-10，细长斜展；穗状花序 3-10 小穗；穗轴具翅；鳞片暗红色，（长圆状）卵形，覆瓦状排列。

694 水莎草 shui suo cao
Cyperus serotinus Rottb.
[*Juncellus serotinus* (Rottb.) C. B. Clarke]

多年生草本，散生。根状茎长。秆高达 1 米，粗壮，扁三棱形，平滑。叶短于或有时长于秆，宽 3-10 毫米，平滑，基部折合，上面平张，背面中肋呈龙骨状突起。苞片 3-4，叶状，较花序长一倍多，宽达 8 毫米；复出长侧枝聚伞花序；第一次辐射枝 4-7，外展，长短不等，最长达 16 厘米。每一辐射枝 1-3 穗状花序，每一穗状花序 5-17 小穗；花序轴疏被短硬毛，小穗排列稍松，近平展，（线状）披针形，8-20× 约 3 毫米，10-34 花；小穗轴具白色透明的翅；鳞片初期排列紧密，后期较松，纸质，宽卵形，钝或圆头，有时微缺，长 2.5 毫米，背面中肋绿色，两侧（暗）红褐色，边缘黄白色透明，5-7 脉；雄蕊 3，花药线形，药隔暗红色；花柱很短，柱头 2，细长，具暗红色斑纹。小坚果椭圆形或倒卵形，平凸状，长约为鳞片的 4/5，棕色，稍有光泽，具突起的细点。花果期 7-10 月。

分布： 全洞庭湖区；湖南全省；全国。俄罗斯、朝鲜半岛、日本、越南、喜马拉雅山西北部、中亚、西亚、欧洲中部、地中海地区。

生境： 多生长于浅水中、水边沙土上，或有时亦见于路旁。海拔 20-2500 米。

应用： 全草止咳化痰，治慢性气管炎、闭经、经期头晕及小腹疼痛、痨伤、红肿疔疮；水景；农田杂草。

识别要点： 多年生；长侧枝聚伞花序复出或简单；5-17 小穗排成穗状，较肿胀，宽 3 毫米；鳞片舟形，（暗）红褐色，中肋绿色；雄蕊 3，花药线形。

695 荸荠 bi qi
Eleocharis dulcis (Burm. f.) Trin. ex Henschel
[*Heleocharis dulcis* (Burm. f.) Trin. ex Henschel]

匍匐根状茎细长，顶端生球茎。秆多数，丛生，直立，圆柱状，150–600×1.5–3 毫米，有多数横隔膜，秆干后现节，灰绿色，光滑无毛。叶缺如，秆基部有 2–3 叶鞘；鞘近膜质，绿黄、紫红或褐色，长 2–20 厘米，鞘口斜，急尖头。小穗顶生，圆柱状，15–40×6–7 毫米，淡绿色，钝或近急尖头，多数花，小穗基部 2 鳞片中空无花，抱小穗基部一周；其余鳞片全有花，覆瓦状排列，宽（或卵状）长圆形，钝圆头，3–5×2.5–4 毫米，背部灰绿色，近革质，干膜质缘，微黄色，具淡棕色细点，中脉 1；下位刚毛 7；较小坚果长一倍半，有倒刺；柱头 3。小坚果宽倒卵形，双凸状，顶端不缢缩，基部具领状环，约 2.4×1.8 毫米，成熟时棕色，光滑，具四至六角形网纹；花柱基扁，三角形，宽为小坚果的 1/2。花果期 5–10 月。

分布： 全洞庭湖区；湖南全省，野生或栽培；全国各地栽培。朝鲜半岛、日本、澳大利亚、马达加斯加、东南亚、南亚、太平洋岛屿、印度洋岛屿、热带非洲。

生境： 池沼中或水田中栽培。海拔 10–1500 米。

应用： 药用开胃解毒、消食积、健肠胃、明目、止咳化痰；地上全草清热利尿，治呃逆、小便不利；球茎含淀粉，生食、熟食味甘美，提取淀粉；水景。

识别要点： 匍匐根状茎细长，顶端生球茎；秆圆柱状，有横隔膜，有节，光滑毛；叶仅秆基部具 2–3 叶鞘；顶生小穗圆柱状，15–40×6–7 毫米，基部具 2 不育鳞片；近革质鳞片灰绿色，有淡棕色细点。

696 具刚毛荸荠 ju gang mao bi qi
Eleocharis valleculosa Ohwi var. **setosa** Ohwi
[*Heleocharis valleculosa* Ohwi f. *setosa* (Ohwi) Kitagawa]

有匍匐根状茎。秆多数或少数，单生或丛生，圆柱状，60–500×1–3 毫米，有少数锐肋条。叶缺如，秆基部有 1–2 膜质长叶鞘，鞘下部紫红色，鞘口平，高 3–10 厘米。小穗长圆状卵形或线状披针形，少椭圆形和长圆形，7–20×2.5–3.5 毫米，后期为麦秆黄色，有（极）多数密生的两性花；小穗基部有 2 鳞片中空无花，抱小穗基部 1/2–2/3 周及以上；其余鳞片全有花，（长圆状）卵形，钝头，3×1.7 毫米，背部淡绿或苍白色，1 脉，两侧狭，淡血红色，白色干膜质宽缘；下位刚毛 4，长超过小坚果，淡锈色，略弯曲，不外展，密具倒刺；柱头 2。小坚果圆倒卵形，双凸状，1×1 毫米，淡黄色；花柱基宽卵形，1/3 小坚果长，约 1/2 小坚果宽，海绵质。花果期 6–8 月。

分布： 全洞庭湖区；湖南全省；几遍全国。朝鲜半岛、日本。

生境： 湖区湖边积水洼地、水田中；浅水中。海拔 10–4300 米。

应用： 可作水面造景；水体净化；稻田杂草。

识别要点： 秆有少数锐肋条；小穗长圆状卵形或线状披针形，7–20×2.5–3.5 毫米，褐转麦秆黄色；小穗下部鳞片（长圆状）卵形，钝头；花柱基远狭于小坚果；4 下位刚毛上的密倒刺不张开，锈色。

697 牛毛毡 niu mao zhan
Eleocharis yokoscensis (Franch. et Sav.) Tang et Wang

[*Heleocharis yokoscensis* (Franch. et Sav.) Tang et Wang]

匍匐根状茎极细。秆多数，细如毫发，密丛生如牛毛毡，高 2-12 厘米。叶鳞片状，具鞘，鞘微红色，膜质，管状，高 5-15 毫米。小穗卵形，钝头，3×2 毫米，淡紫色，仅几花，所有鳞片全有花；鳞片膜质，下部少数鳞片近二列，基部 1 鳞片长圆形，钝头，背部淡绿色，3 脉，两侧微紫色，无色缘，抱小穗基部一周，2×1 毫米；其余鳞片卵形，急尖头，3.5×2.5 毫米，背部微绿色，1 脉，两侧紫色，边缘无色，全部膜质；下位刚毛 1-4，长为小坚果 2 倍，有倒刺；柱头 3。小坚果狭长圆形，无棱，呈浑圆状，顶端缢缩，1.8×0.8 毫米，微黄玉白色，表面细胞呈横矩形网纹，网纹隆起，细密，整齐，15 纵纹，约 50 条横纹；花柱基稍膨大呈短尖状，径约为小坚果宽的 1/3。花果期 4-11 月。

分布： 全洞庭湖区；湖南全省；几遍全国。俄罗斯（远东地区）、蒙古国、朝鲜半岛、日本、印度、东南亚。

生境： 水田中、池塘边或湿黏土中。海拔 10-3000 米。

应用： 药用发表散寒、祛痰平喘，治感冒咳嗽、痰多气喘、咳嗽失音；常用作水草缸前景草，湿地景观。

识别要点： 秆高 2-12 厘米，细若毫发；叶鳞片状，具鞘；小穗卵形，3×2 毫米，淡紫色；鳞片全有花，下部的近二列，花少数，柱头 3；小坚果表面细胞呈横矩形网纹。

698 拟二叶飘拂草 ni er ye piao fu cao
Fimbristylis diphylloides Makino

无或具很短根状茎；秆丛生，细，扁四棱形，具纵槽，高 15-50 厘米，基部具 1-2 无叶片叶鞘；鞘管状，长 2.5-6.5 厘米，鞘口斜截，急尖头，老叶鞘纤维状撕裂。叶短于或等长于秆，平展，疏细齿缘，急尖头，宽 1.2-2.2 毫米；鞘前面膜质，锈色，鞘口斜裂，无叶舌。苞片 4-6，远较花序短，刚毛状，细齿缘；长侧枝聚伞花序简单或近复出，1.5-6×2-6 厘米，辐射枝 4-8，粗糙，长 0.6-4 厘米；小穗单生辐射枝顶，（长圆状）卵形，钝或急尖头，2.5-7.5×1.5-2.5（-3）毫米，密生多花；鳞片膜质，宽卵形，钝头，长约 2 毫米，（红）褐色，白色干膜质缘，背面 3 脉绿色，稍龙骨状突起；雄蕊 2，花药长圆形，钝头，长 0.8 毫米，约 1/2 花丝长；花柱基部稍膨大，柱头 2-3，稍长于或几等长于花柱。小坚果宽倒卵形，三棱形或不等双凸状，长近 1 毫米，褐色，疏具疣状突起，具横长圆形网纹。花果期 6-9 月。

分布： 全洞庭湖区；湖南全省；四川、贵州、华东、华中、华南。日本、朝鲜半岛。

生境： 路边稻田埂上、溪旁、山沟潮湿地、水塘中或水稻田中。海拔 20-2100 米。

应用： 可作水景美化植物；杂草。

识别要点： 秆扁四棱形；叶宽 1.2-2.2 毫米，不侧扁；刚毛状苞片远短于花序，下部宽；聚伞花序简单或近复出；辐射枝 4-8，卵形小穗单生枝顶；鳞片宽卵形，极钝头，红褐色，有 3 条突起的绿色脉。

699 水虱草 shui shi cao
Fimbristylis miliacea (L.) Vahl
[*Fimbristylis littoralis* Gaud.]

无根状茎。秆丛生,高达 60 厘米,扁四棱形,具纵槽,基部具 1-3 无叶片叶鞘;鞘侧扁,鞘口斜裂,向上渐狭,长(1.5-)3.5-9 厘米。叶长(短或等长)于秆,侧扁,套褶,剑状,稀疏细齿缘,向上渐狭成刚毛状,宽 1-2 毫米;鞘侧扁,背面呈锐龙骨状,前面具锈色膜质边,鞘口斜裂,无叶舌。苞片 2-4,刚毛状,较花序短;长侧枝聚伞花序(多次)复出,稀简单,多小穗;辐射枝 3-6,细而粗糙,长 0.8-5 厘米;小穗单生辐射枝顶,(近)球形,极钝头,1.5-5×1.5-2 毫米;鳞片膜质,卵形,极钝头,长 1 毫米余,栗色,具白色狭边,背面具龙骨状突起,3 脉,沿侧脉处深褐色,中脉绿色;雄蕊 2,花药长圆形,钝头,长 0.75 毫米;花柱三棱形,基部稍膨大,柱头 3。小坚果(宽)倒卵形,钝三棱形,长 1 毫米,麦秆黄色,具疣状突起和横长圆形网纹。花果期 5-10 月。

分布: 全洞庭湖区;湖南全省;青海、陕西、甘肃、河北、华东、华中、华南、西南。日本、朝鲜半岛、东南亚、斯里兰卡、印度、澳大利亚。

生境: 溪边、沼泽地、水田及潮湿的山坡、路旁和草地。海拔 30-2000 米。

应用: 全草清热利尿、活血、解毒、消肿、祛痰定喘,治风热咳嗽、小便短赤、胃肠炎、跌打损伤、支气管炎、小便不利、小儿惊风;牧草;湿地地被;造纸。

识别要点: 秆扁四棱形,具纵槽;叶片剑状,与鞘均侧扁;苞片刚毛状;小穗(近)球形,长 1.5-5 毫米;鳞片卵形,钝圆头,长 1 毫米;柱头 3。

700 短叶水蜈蚣(水蜈蚣)duan ye shui wu gong
Kyllinga brevifolia Rottb.

匍匐根状茎长,被膜质褐色鳞片,每节上长一秆。秆列地散生,细弱,高 7-20 厘米,扁三棱形,平滑,基部不膨大;叶鞘 4-5,最下 2 个棕色干膜质,鞘口斜截形,渐尖头,上面 2-3 个顶端具叶片。叶柔弱,短于或稍长于秆,宽 2-4 毫米,平张,上部边缘和背面中肋上具细刺。叶状苞片 3,极展开,常向下反折;穗状花序 1,极少 2 或 3,(卵)球形,5-11×4.5-10 毫米,具极多数密生小穗。小穗(长圆状)披针形,压扁,约 3×0.8-1 毫米,1 花;鳞片膜质,长 2.8-3 毫米,下面的短于上面的,白色,少麦秆黄色,具锈斑,背面龙骨状突起绿色,具刺,具外弯的短尖头,脉 5-7;雄蕊 3-1,花药线形;花柱细长,柱头 2,长不及花柱的 1/2。小坚果倒卵状长圆形,扁双凸状,约 1/2 鳞片长,具密细点。花果期 5-9 月。

分布: 全洞庭湖区;湘中;湖北、贵州、四川、云南、华东(山东除外)、华南。日本、马尔加什、澳大利亚、印度、东南亚、西非、美洲。

生境: 湖区湖边草地、田野;山坡荒地、路旁草丛、田边、溪边、海边沙滩上。海拔 20-2800 米。

应用: 全草发汗退热、消肿解毒,主治感冒发热、疟疾、痢疾、蛇虫咬伤、乳糜尿;保土护堤。

识别要点: 根状茎长而匍匐;3 苞片极展开,常反折;穗状花序常单生,(卵)球形;鳞片背面龙骨突起绿色,具刺,无翅;小坚果 1/2 鳞片长。

701 水葱 shui cong
Schoenoplectus tabernaemontani (C. C. Gmelin) Palla
[*Scirpus validus* Vahl]

匍匐根状茎粗壮。秆圆柱状，高 1-2 米，平滑，基部 3-4 叶鞘，鞘长达 38 厘米，管状，膜质，最上一个具叶片。叶片线形，长 1.5-11 厘米。苞片 1，为秆的延长，直立，钻状，常短于少稍长于花序；长侧枝聚伞花序简单或复出，假侧生；辐射枝 4-13 或更多，长达 5 厘米，两面一凸一凹，锯齿缘；小穗单生或 2-3 簇生辐射枝顶，卵形或长圆形，急尖或钝圆头，5-10×2-3.5 毫米，多花；鳞片椭圆形或宽卵形，稍凹头具短尖，膜质，长约 3 毫米，棕或紫褐色，或基部色淡，背面有铁锈色突起小点，1 脉，具缘毛；下位刚毛 6，等长于小坚果，红棕色，有倒刺；雄蕊 3，花药线形，药隔突出；花柱中等长，柱头 2（-3），长于花柱。小坚果倒卵形或椭圆形，双凸状或少三棱形，长约 2 毫米。花果期 6-9 月。

分布：岳阳、益阳等地偶见栽培；湖南各大城市有栽培；东北、西北、华北、华东、湖北、西南。印度、巴基斯坦、尼泊尔、阿富汗、澳大利亚、东北亚、东南亚、中亚、西亚、太平洋岛屿、北非、欧洲、美洲。

生境：湖边或浅水塘中。海拔 10-3200 米。

应用：栽培作水景观赏用；云南一带常取其秆作为编伞、席的材料。

识别要点：秆圆柱状，高 1-2 米，具长鞘；1 苞片常短于花序；辐射枝 4-13，簇生小穗 1-3，卵形或长圆形，长 5-10 毫米；鳞片棕或紫褐色，有锈色突点。

702 三棱水葱（蔗草）san leng shui cong
Schoenoplectus triqueter (L.) Palla
[*Scirpus triqueter* L.]

匍匐根状茎长，红棕色。秆散生，粗壮，高 20-90 厘米，三棱形，基部 2-3 鞘，鞘膜质，横脉隆起，最上一鞘顶端具叶片。叶片扁平，13-55（-80）×1.5-2 毫米。苞片 1，为秆的延长，三棱形，长 1.5-7 厘米。简单长侧枝聚伞花序假侧生；辐射枝 1-8，三棱形，棱粗糙，长达 5 厘米，每辐射枝顶端簇生 1-8 小穗；小穗卵形或长圆形，6-12（-14）×3-7 毫米，密生多花；鳞片长（椭）圆形或宽卵形，微凹或圆形头，长 3-4 毫米，膜质，黄棕色，背面 1 中肋，稍延伸出顶端呈短尖，疏生缘毛；下位刚毛 3-5，等长或稍长于小坚果，全生倒刺；雄蕊 3，花药线形，药隔暗褐色，稍突出；花柱短，柱头 2，细长。小坚果倒卵形，平凸状，长 2-3 毫米，成熟时褐色，具光泽。花果期 6-9 月。

分布：全洞庭湖区；湖南全省；全国（海南除外）。印度、巴基斯坦、阿富汗、东亚、中亚、西亚、北非、欧洲、大西洋岛屿、美洲。

生境：水沟、水塘、山溪边或沼泽地。海拔 10-2300 米。

应用：开胃消食、清热利湿，治饮食积滞、胃纳不佳、呃逆饱胀、热淋、小便不利；湿地景观；全株造纸、织席、编草鞋及搓绳，人造纤维原料。

识别要点：匍匐根状茎长；秆、苞片与辐射枝三棱形，高达 90 厘米，基部具横脉隆起的鞘；辐射枝 1-8，簇生小穗 1-8，6-12×3-7 毫米；鳞片微凹或圆形头，黄棕色，具短尖，疏生缘毛。

703 猪毛草 zhu mao cao
Schoenoplectus wallichii (Nees) T. Koyama

丛生草本,无根状茎。秆细弱,高10-40厘米,平滑,基部2-3鞘,鞘管状,近膜质,长3-9厘米,上端开口处斜截形,口部干膜质缘,钝圆头或具短尖。叶缺如。苞片1,为秆的延长,直立,急尖头,长4.5-13厘米,基部稍扩大;小穗单生或2-3成簇,假侧生,长圆状卵形,急尖头,7-17×3-6毫米,淡(棕)绿色,10余至多数花;鳞片长圆状卵形,渐尖头,近革质,长4-5.5毫米,背面较宽部分为绿色,1中脉延伸出顶端呈短尖,两侧淡棕(绿或近白)色半透明,具深棕色短条纹;下位刚毛4,长于小坚果,上部生倒刺;雄蕊3,花药长圆形,药隔稍突出;花柱中等长,柱头2。小坚果宽椭圆形,平凸状,长约2毫米,黑褐色,有不明显的皱纹,稍具光泽。花果期9-11月。

分布: 全洞庭湖区;湖南全省;安徽、福建、浙江、江西、湖北、广东、广西、贵州、云南。朝鲜半岛、日本、菲律宾、马来西亚、缅甸、越南、印度。

生境: 稻田中或溪河旁近水处,有时常和谷精草属植物长在一起。海拔(30-)800-1300米。

应用: 全草清热利尿;可作水生观赏植物。

识别要点: 秆细弱,高10-40厘米;叶缺如;苞片1,长4.5-13厘米;假侧生小穗单生或2-3成簇,长圆状卵形,7-17×3-6毫米,淡(棕)绿色;近革质鳞片长圆状卵形,长4-5.5毫米,具短尖。

美人蕉科 Cannaceae

704 柔瓣美人蕉 rou ban mei ren jiao
Canna flaccida Salisb.

株高1.3-2米;茎绿色。叶片长圆状披针形,25-60×10-12厘米,渐尖头具线形尖头。总状花序直立,花疏少;苞片极小;花黄色,美丽,质柔而脆;萼片披针形,长2-2.5厘米,绿色;花冠管明显,长达萼的2倍;花冠裂片线状披针形,达8×1.5厘米,花后反折;外轮退化雄蕊3,圆形,5-7(-10)×2-3.5(-4)厘米;唇瓣圆形;发育雄蕊半倒卵形;花柱短,椭圆形。蒴果椭圆形,约6×4厘米。花期夏秋。

分布: 全洞庭湖区;湖南全省,栽培;我国南北均有栽培。原产南美洲。

生境: 沟边、宅旁、浅水池塘、公园栽培。

应用: 庭院观赏;水质净化。

识别要点: 花冠管长可达花萼之2倍,花冠裂片于花后反折;退化雄蕊比较宽大,5-10×2-4厘米,黄色。

705 **大花美人蕉** da hua mei ren jiao
Canna × generalis Bailey
[*Canna generalis* Bailey]

株高约 1.5 米，茎、叶和花序均被白粉。叶片椭圆形，达
40×20 厘米，叶缘及叶鞘紫色。总状花序顶生，连总花梗长
15-30 厘米；花大，较密集，每苞（1-）2 花；萼片披针形，
长 1.5-3 厘米；花冠管长 5-10 毫米，花冠裂片披针形，长
4.5-6.5 厘米；外轮退化雄蕊 3，倒卵状匙形，5-10×2-5 厘
米，颜色种种：红、橘红、淡黄或白色；唇瓣倒卵状匙形，
约 4.5×1.2-4 厘米；发育雄蕊披针形，约 4×2.5 厘米；子房
球形，径 4-8 毫米；花柱带形，离生部分长 3.5 厘米。花期
秋季。

分布： 全洞庭湖区；湖南全省，栽培；我国各地常见栽培。
原产美洲。

生境： 沟边、宅旁、公园栽培。

应用： 为一园艺杂交种，具各色大花，供观赏；浅水水质净化。

识别要点： 叶片椭圆形；花排列较密，黄、红、白及其中间色；
外轮退化雄蕊宽 2-5 厘米。

706 **美人蕉** mei ren jiao
Canna indica L.

植株全部绿色，高达 1.5 米。叶片卵状长圆形，10-30×10 厘米。
总状花序疏花，略超出于叶片之上；花红色，单生；苞片卵形，
绿色，长约 1.2 厘米；萼片 3，披针形，长约 1 厘米，绿色而
有时染红；花冠管长不及 1 厘米，花冠裂片披针形，长 3-3.5
厘米，绿或红色；外轮退化雄蕊 3-2，鲜红色，其中 2 枚倒
披针形，35-40×5-7 毫米，另一枚如存在则极小，15×1 毫米；
唇瓣披针形，长 3 厘米，弯曲；发育雄蕊长 2.5 厘米，花药室
长 6 毫米；花柱扁平，长 3 厘米，一半和发育雄蕊的花丝连合。
蒴果绿色，长卵形，有软刺，长 1.2-1.8 厘米。花果期 3-12 月。

分布： 全洞庭湖区；湖南全省，栽培或逸生；我国南北各地
常有栽培。原产印度。

生境： 沟边、宅旁、公园栽培。

应用： 根茎清热利湿、舒筋活络，治黄疸型肝炎、风湿麻木、
外伤出血、跌打损伤、子宫下垂、心气痛等；庭院观赏；茎
叶纤维可制人造棉、织麻袋、搓绳；叶提取芳香油，残渣作
造纸原料。

识别要点： 茎、叶全部绿色，不被粉霜；花冠及退化雄蕊红色。

707 兰花美人蕉 lan hua mei ren jiao
Canna orchioides Bailey

株高 1–1.5 米；茎绿色。叶片椭圆形至椭圆状披针形，30–40×8–16 厘米，短尖头，基部渐狭，下延，绿色。总状花序通常不分枝；花大，径 10–15 厘米；花萼长圆形，长约 2 厘米，花冠管长约 2.5 厘米，花冠裂片披针形，约 6×2 厘米，浅紫色，开花后一日内即反卷向下；外轮退化雄蕊 3，倒卵状披针形，达 10×5 厘米，质薄而柔，似皱纸，鲜黄至深红，具红色条纹或溅点，无纯白或粉红色；发育雄蕊与退化雄蕊相似，唯稍小，花药室着生于中部边缘；子房长圆形，宽约 6 毫米，密被疣状突起，花柱狭带形，分离部分长 4 厘米。花期夏至秋季。

分布： 全洞庭湖区；湖南全省，栽培；全国各大城市公园常有栽培。原产印度。

生境： 沟边、宅旁、公园栽培。

应用： 庭院观赏花卉。

识别要点： 茎、叶绿色；花冠裂片于花后反折；退化雄蕊鲜黄至深红，具红色条纹或溅点。

竹芋科 Marantaceae

708 再力花（水竹芋）zai li hua
Thalia dealbata Fraser

多年生挺水草本，连花序高逾 2 米，具根茎，全株附有白粉。单叶互生，有长叶柄，叶片长卵形或卵状披针形，浅灰蓝色，边缘紫色，50×25 厘米。复总状花序，花小，紫堇色，多数，每一对花外有苞片，花萼细小，花冠管状，内有深紫色花瓣状退化雄蕊 1 枚，有硬块的退化雄蕊 1 枚，基部浅紫色，顶部深紫色，帽状退化雄蕊 1 片包围着雌蕊，有 2 指状附着物，1 枚可孕的雄蕊。果实为蒴果。花果期 9–12 月。

分布： 全洞庭湖区；湖南各大城市栽培；我国南方各省及台湾引种。原产美国中、南部及墨西哥。

生境： 沼生、湿生、水生。

应用： 观赏价值极高的挺水花卉；富集重金属，净化水质。

识别要点： 高大挺水草本，全株附有白粉；叶柄长，叶片长卵形或卵状披针形，浅灰蓝色；花序轴长，花小，紫堇色，退化雄蕊花瓣状，深紫色。

主要参考文献
References

祁承经 . 1987. 湖南植物名录 . 长沙 : 湖南科学技术出版社

中国高等植物编辑委员会 . 2008–2012. 中国高等植物（第 1–14 卷）. 青岛 : 青岛出版社

中国科学院植物研究所 . 1972. 中国高等植物图鉴（第 1–5 卷）. 北京 : 科学出版社

中国科学院中国植物志编辑委员会 . 1959–2004. 中国植物志（第 1–80 卷）. 北京 : 科学出版社

Wu CY，Raven PH，Hong DY. 1994–2013. Flora of China (Vol. 2–25). Beijing: Science Press; St. Louis: Missouri Botanical Garden Press

学名索引
Index to Scientific Name

中文名索引

Index to Chinese Name

洞庭湖湿地植物名录
Dongting Lake Wetland Plants List

地钱科 Marchantiaceae

地钱 *Marchantia polymorpha* L.

葫芦藓科 Funariaceae

葫芦藓 *Funaria hygromitrica* Hedw.

提灯藓科 Mniaceae

匐灯藓（尖叶提灯藓）*Plagiomnium cuspidatum* (Hedw.) T. J. Kop.

金发藓科 Polytrichaceae

波叶仙鹤藓 *Atrichum undulatum* (Hedw.) P. Beauv.

东亚小金发藓（东亚金发藓）*Pogonatum inflexum* (Lindb.) Lac.

石松科 Lycopodiaceae

垂穗石松（灯笼草）*Lycopodium cernuum* L.

      Palhinhaea cernua (L.) Vasc. et Franco

卷柏科 Selaginellaceae

伏地卷柏 *Selaginella nipponica* Franch. et Sav.

翠云草 *Selaginella uncinata* (Desv.) Spring

木贼科 Equisetaceae

披散木贼 *Equisetum diffusum* D. Don

节节草 *Equisetum ramosissimum* Desf.

笔管草 *Equisetum ramosissimum* Desf. subsp. *debile* (Roxb. ex Vauch.) Hauke

瓶尔小草科 Ophioglossaceae

心叶瓶尔小草 *Ophioglossum reticulatum* L.

海金沙科 Lygodiaceae

海金沙 *Lygodium japonicum* (Thunb.) Sw.

陵齿蕨科（鳞始蕨科）Lindsaeaceae

乌蕨 *Odontosoria chinensis* (L.) J. Smith

  Stenoloma chusanum Ching

姬蕨科 Hypolepidaceae

姬蕨 *Hypolepis punctata* (Thunb.) Mett.

边缘鳞盖蕨 *Microlepia marginata* (Houtt.) C. Chr.

毛叶边缘鳞盖蕨 *Microlepia marginata* (Houtt.) C. Chr. var. *villosa* (Presl) Wu

蕨科 Pteridiaceae

蕨（蕨菜）*Pteridium aquilinum* (L.) Kuhn var. *latiusculum* (Desv.) Underw. ex Heller

毛轴蕨 *Pteridium revolutum* (Bl.) Nakai

凤尾蕨科 Pteridaceae
井栏边草 *Pteris multifida* Poir.

蜈蚣草 *Pteris vittata* L.

水蕨科 Parkeriaceae
水蕨 *Ceratopteris thalictroides* (L.) Brongn.

蹄盖蕨科 Athyriaceae
菜蕨（食用双盖蕨）*Diplazium esculentum* (Retz.) Sm.

　　　　　　　　Callipteris esculenta (Retz.) J. Sm. ex Moore et Houlst.

金星蕨科 Thelypteridaceae
渐尖毛蕨 *Cyclosorus acuminatus* (Houtt.) Nakai

铁角蕨科 Aspleniaceae
虎尾铁角蕨 *Asplenium incisum* Thunb.

鳞毛蕨科 Dryopteridaceae
中华复叶耳蕨 *Arachniodes chinensis* (Rosenst.) Ching

贯众 *Cyrtomium fortunei* J. Sm.

阔鳞鳞毛蕨 *Dryopteris championii* (Benth.) C. Chr.

红盖鳞毛蕨 *Dryopteris erythrosora* (Eaton) O. Ktze.

苹科 Marsileaceae
苹（田字草）*Marsilea quadrifolia* L.

槐叶苹科 Salviniaceae
槐叶苹 *Salvinia natans* (L.) All.

满江红科 Azollaceae
细叶满江红（蕨状满江红）*Azolla filiculoides* Lam.

满江红 *Azolla pinnata* R. Br. subsp. *asiatica* R. M. K. Saunders et K. Fowler

　　　Azolla imbricata (Roxb.) Nakai

杉科 Taxodiaceae
水杉 *Metasequoia glyptostroboides* Hu et W. C. Cheng

落羽杉 *Taxodium distichum* (L.) Rich.

池杉 *Taxodium distichum* (L.) Rich. var. *imbricatum* (Nuttall) Croom

　　　Taxodium ascendens Brongn.

胡桃科 Juglandaceae
枫杨 *Pterocarya stenoptera* C. DC.

杨柳科 Salicaceae
意大利杨（加杨，欧美杨）*Populus × canadensis* Moench. cv. '*I-214*'

　　　　　　　　　　Populus nigra × P. deltoides

垂柳 *Salix babylonica* L.

腺柳（河柳）*Salix chaenomeloides* Kimura

旱柳 *Salix matsudana* Koidz.

日本三蕊柳（三蕊柳，鸡婆柳）*Salix triandra* L. var. *nipponica* (Franch. et Sav.) Seemen

　　　　　　　　　　Salix nipponica Franch. et Sav.

榆科 Ulmaceae
榔榆 *Ulmus parvifolia* Jacq.

榆（白榆）*Ulmus pumila* L.

桑科 Moraceae
藤构（蔓构）*Broussonetia kaempferi* Sieb. var. *australis* Suzuki

楮（小构树）*Broussonetia kazinoki* Sieb.

构树 *Broussonetia papyrifera* (L.) L Hér. ex Vent.

水蛇麻 *Fatoua villosa* (Thunb.) Nakai

柘（柘树）*Maclura tricuspidata* Carr.

              Cudrania tricuspidata (Carr.) Bur. ex Lavallée

桑（桑树）*Morus alba* L.

鸡桑 *Morus australis* Poir.

大麻科 Cannabaceae

葎草 *Humulus scandens* (Lour.) Merr.

荨麻科 Urticaceae

序叶苎麻 *Boehmeria clidemioides* Miq. var. *diffusa* (Wedd.) H.-M.

苎麻 *Boehmeria nivea* (L.) Gaudich.

悬铃叶苎麻 *Boehmeria tricuspis* (Hance) Makino

糯米团 *Gonostegia hirta* (Bl.) Miq.

毛花点草 *Nanocnide lobata* Wedd.

紫麻 *Oreocnide frutescens* (Thunb.) Miq.

小叶冷水花 *Pilea microphylla* (L.) Liebm.

矮冷水花 *Pilea peploides* (Gaudich.) Hook. et Arn.

雾水葛 *Pouzolzia zeylanica* (L.) Benn.

檀香科 Santalaceae

百蕊草 *Thesium chinense* Turcz.

蓼科 Polygonaceae

金荞麦 *Fagopyrum dibotrys* (D. Don) Hara

何首乌 *Fallopia multiflora* (Thunb.) Harald.

萹蓄 *Polygonum aviculare* L.

蓼子草 *Polygonum criopolitanum* Hance

水蓼（辣蓼）*Polygonum hydropiper* L.

蚕茧蓼（蚕茧草）*Polygonum japonicum* Meisn.

显花蓼 *Polygonum japonicum* Meisn. var. *conspicuum* Nakai

愉悦蓼 *Polygonum jucundum* Meisn.

酸模叶蓼（马蓼）*Polygonum lapathifolium* L.

绵毛酸模叶蓼（绵毛马蓼）*Polygonum lapathifolium* L. var. *salicifolium* Sihbth.

密毛酸模叶蓼（密毛马蓼）*Polygonum lapathifolium* L. var. *lanatum* (Roxb.) Stew.

长鬃蓼（马蓼）*Polygonum longisetum* De Br.

红蓼（荭草）*Polygonum orientale* L.

杠板归 *Polygonum perfoliatum* L.

习见蓼 *Polygonum plebeium* R. Br.

丛枝蓼 *Polygonum posumbu* Buch.-Ham. ex D. Don

伏毛蓼 *Polygonum pubescens* Blume

箭头蓼（箭叶蓼，雀翘）*Polygonum sagittatum* L.

              Polygonum sieboldii Meisn.

刺蓼（廊茵）*Polygonum senticosum* (Meisn.) Franch. et Sav.

糙毛蓼（水湿蓼）*Polygonum strigosum* R. Br.

细叶蓼 *Polygonum taquetii* Lévl.

香蓼（粘毛蓼）*Polygonum viscosum* Buch.-Ham. ex D. Don

虎杖 *Reynoutria japonica* Houtt.

酸模 *Rumex acetosa* L.

皱叶酸模 *Rumex crispus* L.

齿果酸模 *Rumex dentatus* L.

羊蹄 *Rumex japonicus* Houtt.

长刺酸模 *Rumex trisetifer* Stokes

商陆科 Phytolaccaceae

垂序商陆（美洲商陆）*Phytolacca americana* L.

紫茉莉科 Nyctaginaceae

紫茉莉 *Mirabilis jalapa* L.

粟米草科 Molluginaceae

粟米草 *Mollugo stricta* L.

马齿苋科 Portulacaceae

马齿苋 *Portulaca oleracea* L.

土人参 *Talinum paniculatum* (Jacq.) Gaertn.

落葵科 Basellaceae

落葵（木耳菜）*Basella alba* L.

石竹科 Caryophyllaceae

无心菜 *Arenaria serpyllifolia* L.

簇生卷耳（簇生泉卷耳）*Cerastium fontanum* Baumg. subsp. *vulgare* (Hart.) Greut. et Burd.

Cerastium fontanum Baumg. subsp. *triviale* (Link) Jalas

球序卷耳 *Cerastium glomeatum* Thuill.

鹅肠菜（牛繁缕）*Myosotona quaticum* (L.) Moench

漆姑草 *Sagina japonica* (Sw.) Ohwi

雀舌草 *Stellaria alsine* Grimm

Stellaria uliginosa Murr.

繁缕 *Stellaria media* (L.) Cyr.

藜科 Chenopodiaceae

藜 *Chenopodium* album L.

小藜 *Chenopodium ficifolium* Smith

Chenopodium serotinum L.

土荆芥 *Dysphania ambrosioides* (L.) Mosyakin et Clemants

Chenopodium ambrosioides L.

地肤 *Kochia scoparia* (L.) Schrad.

苋科 Amaranthaceae

土牛膝 *Achyranthes aspera* L.

少毛牛膝 *Achyranthes bidentata* Blume var. *japonica* Miq.

喜旱莲子草（空心莲子草）*Alternanthera philoxeroides* (Matt.) Griseb.

莲子草 *Alternanthera sessilis* (L.) DC.

凹头苋 *Amaranthus blitum* L.

Amaranthus lividus L.

繁穗苋（老鸦谷）*Amaranthus cruentus* L.

Amaranthus paniculatus L.

绿穗苋 *Amaranthus hybridus* L.

反枝苋 *Amaranthus retroflexus* L.

刺苋 *Amaranthus spinosus* L.

苋 *Amaranthus tricolor* L.

皱果苋（绿苋）*Amaranthus viridis* L.

青葙 *Celosia argentea* L.

鸡冠花 *Celosia cristata* L.

毛茛科 Ranunculaceae

华北耧斗菜 *Aquilegia yabeana* Kitag.

短柱铁线莲 *Clematis cadmia* Buch.-Ham. ex Wall.

威灵仙 *Clematis chinensis* Osbeck

还亮草 *Delphinium anthriscifolium* Hance

禺毛茛 *Ranunculus cantoniensis* DC.

茴茴蒜 *Ranunculus chinensis* Bunge

毛茛 *Ranunculus japonicus* Thunb.

刺果毛茛 *Ranunculus muricatus* L.

石龙芮 *Ranunculus sceleratus* L.

扬子毛茛 *Ranunculus sieboldii* Miq.

猫爪草（小毛茛）*Ranunculus ternatus* Thunb.

天葵 *Semiaquilegia adoxoides* (DC.) Makino

东亚唐松草 *Thalictrum minus* L. var. *hypoleucum* (S. et Z.) Miq.

木通科 Lardizabalaceae

木通 *Akebia quinata* (Houtt.) Decne.

防己科 Menispermaceae

木防己 *Cocculus orbiculatus* (L.) DC.

千金藤（粉防己，金线钓乌龟）*Stephania japonica* (Thunb.) Miers

睡莲科 Nymphaeaceae

水盾草（白花穗莼）*Cabomba caroliniana* A. Gray

芡实 *Euryale ferox* Salisb. ex Konig et Sims

莲（荷花）*Nelumbo nucifera* Gaertn.

萍蓬草 *Nuphar pumila* (Timm) DC.

        Nuphar pumilum (Hoffm.) DC.

白睡莲 *Nymphaea alba* L.

红睡莲 *Nymphaea alba* L. var. *rubra* Lonnr.

金鱼藻科 Ceratopyllaceae

金鱼藻 *Ceratophyllum demersum* L.

三白草科 Saururaceae

蕺菜（鱼腥草）*Houttuynia cordata* Thunb.

三白草 *Saururus chinensis* (Lour.) Baill.

马兜铃科 Aristolochiaceae

马兜铃（青木香）*Aristolochia debilis* S. et Z.

藤黄科 Guttiferae

地耳草 *Hypericum japonicum* Thunb. ex Murray

元宝草 *Hypericum sampsonii* Hance

罂粟科 Papaveraceae

夏天无（伏生紫堇）*Corydalis decumbens* (Thunb.) Pers.

紫堇 *Corydalis edulis* Maxim.

蛇果黄堇 *Corydalis ophiocarpa* Hook. f. et Thoms.

黄堇 *Corydalis pallida* (Thunb.) Pers.

小花黄堇 *Corydalis racemosa* (Thunb.) Pers.

地锦苗（尖距紫堇）*Corydalis sheareri* S. Moore

珠芽地锦苗 *Corydalis sheareri* S. Moore f. *bulbillifera* H.-M.

博落回 *Macleaya cordata* (Willd.) R. Br.

山柑科（白花菜科）Capparidaceae

白花菜（羊角菜）*Gynandropsis gynandra* (L.) Briq.

        Cleome gynandra L.

醉蝶花 *Tarenaya hassleriana* (Chodat) Iltis

        Cleome spinosa Jacq.

十字花科 Cruciferae, Brassicaceae

油芥菜（高油菜）*Brassica juncea* (L.) Czern. et Coss. var. *gracilis* Tsen et Lee

青菜（小白菜）*Brassica rapa* L. var. *chinensis* (L.) Kit.

Brassica chinensis L.

油白菜（中国油菜）*Brassica rapa* L. var. *oleifera* DC.

Brassica chinensis L. var. *oleifera* Makino et Nemoto

芸苔（油菜，欧洲油菜）*Brassica rapa* L. var. *rapifera* Metzg.

Brassica rapa L. var. *oleifera* DC.; *Brassica campestris* L.

荠（荠菜）*Capsella bursa-pastoris* (L.) Medic.

弯曲碎米荠 *Cardamine flexuosa* With.

碎米荠 *Cardamine hirsuta* L.

毛果碎米荠 *Cardamine impatiens* L. var. *dasycarpa* (M. Bieb.) T. Y. Cheo et R. C. Fang

水田碎米荠 *Cardamine lyrata* Bunge

臭荠（肾果荠）*Coronopus didymus* (L.) J. E. Smith

Lepidium didymum L.

北美独行菜 *Lepidium virginicum* L.

诸葛菜（二月蓝）*Orychophragmus violaceus* (L.) O. E. Schulz

广州蔊菜（细子蔊菜）*Rorippa cantoniensis* (Lour.) Ohwi

无瓣蔊菜 *Rorippa dubia* (Pers.) Hara

风花菜（球果蔊菜）*Rorippa globosa* (Turc. ex Fisch. et C. A. Meyer) Hayek

蔊菜 *Rorippa indica* (L.) Hiern.

沼生蔊菜 *Rorippa palustris* (L.) Bess.

Rorippa islandica (Oed.) Borb.

景天科 Crassulaceae

珠芽景天（马尿花）*Sedum bulbiferum* Makino

凹叶景天 *Sedum emarginatum* Migo

垂盆草 *Sedum sarmentosum* Bunge

蔷薇科 Rosaceae

龙芽草（仙鹤草）*Agrimonia pilosa* Ledeb.

蛇莓 *Duchesnea indica* (Andr.) Focke

路边青（水杨梅）*Geum aleppicum* Jacq.

翻白草 *Potentilla discolor* Bunge

三叶委陵菜 *Potentilla freyniana* Bornm.

蛇含委陵菜（蛇含）*Potentilla kleiniana* Wight et Arn.

朝天委陵菜 *Potentilla supina* L.

杜梨 *Pyrus betulifolia* Bge.

月季花 *Rosa chinensis* Jacq.

小果蔷薇（山木香）*Rosa cymosa* Tratt.

软条七蔷薇（亨利蔷薇）*Rosa henryi* Boulenger

金樱子 *Rosa laevigata* Michx.

野蔷薇（多花蔷薇）*Rosa multiflora* Thunb.

粉团蔷薇（中华野蔷薇）*Rosa multiflora* Thunb. var. *cathayensis* Rehd. et Wils.

周毛悬钩子 *Rubus amphidasys* Focke ex Diels

寒莓 *Rubus buergeri* Miq.

山莓 *Rubus corchorifolius* L. f.

插田泡 *Rubus coreanus* Miq.

大红泡 *Rubus eustephanos* Focke

Rubus eustephanus Focke ex Diels

茅莓 *Rubus parvifolius* L.

空心泡 *Rubus rosifolius* Smith

Rubus rosaefolius Smith

灰白毛莓 *Rubus tephrodes* Hance

地榆 *Sanguisorba officinalis* L.

单瓣李叶绣线菊（单瓣笑靥花）*Spiraea prunifolia* S. et Z. var. *simpliciflora* (Nakai) Nakai

豆科 Leguminosae

合萌（田皂角）*Aeschynomene indica* L.

两型豆（三籽两型豆）*Amphicarpaea edgeworthii* Benth.

紫云英 *Astragalus sinicus* L.

宽序鸡血藤（宽序崖豆藤）*Callerya eurybotrya* (Drake) Schot

　　　　　　　　　　　　Millettia eurybotrya Drake

野扁豆（毛野扁豆）*Dunbaria villosa* (Thunb.) Makino

野大豆 *Glycine soja* S. et Z.

马棘（河北木蓝）*Indigofera bungeana* Walp.

　　　　　　　　　　Indigofera pseudotinctoria Matsum.

鸡眼草 *Kummerowia striata* (Thunb.) Schindl.

中华胡枝子 *Lespedeza chinensis* G. Don

截叶铁扫帚（截叶胡枝子）*Lespedeza cuneata* (Dum.-Cours.) G. Don

铁马鞭 *Lespedeza pilosa* (Thunb.) S. et Z.

南苜蓿 *Medicago polymorpha* L.

紫苜蓿 *Medicago sativa* L.

草木犀（黄香草木樨）*Melilotus officinalis* (L.) Pall.

葛麻姆（葛）*Pueraria montana* (Lour.) Merr. var. *lobata* (Willd.) Maes. et S. M. Alm. ex Sanj. et Pred.

　　　　　　　　Pueraria lobata (Willd.) Ohwi

鹿藿 *Rhynchosia volubilis* Lour.

决明 *Senna tora* (L.) Roxb.

　　　Cassia tora L.

红车轴草（红三叶）*Trifolium pratense* L.

白车轴草（白三叶）*Trifolium repens* L.

小巢菜 *Vicia hirsuta* (L.) S. F. Gray

救荒野豌豆 *Vicia sativa* L.

四籽野豌豆 *Vicia tetrasperma* (L.) Schreber

柳叶野豌豆（脉叶野豌豆）*Vicia venosa* (Willd.) Maxim.

贼小豆（山绿豆，小豇豆）*Vigna minima* (Roxb.) Ohwi et Ohashi

绿豆 *Vigna radiata* (L.) Wilczek

赤小豆（饭豆）*Vigna umbellata* (Thunb.) Ohwi et Ohashi

紫藤 *Wisteria sinensis* (Sims) Sweet

酢浆草科 Oxalidaceae

酢浆草 *Oxalis corniculata* L.

红花酢浆草（铜锤草）*Oxalis corymbosa* DC.

牻牛儿苗科 Geraniaceae

野老鹳草 *Geranium carolinianum* L.

尼泊尔老鹳草 *Geranium nepalense* Sweet

大戟科 Euphorbiaceae

铁苋菜（海蚌含珠）*Acalypha australis* L.

重阳木 *Bischofia polycarpa* (Lévl.) Airy Shaw

假奓包叶 *Discocleidion rufescens* (Franch.) Pax et Hoffm.

乳浆大戟（猫眼草）*Euphorbia esula* L.

泽漆（五朵云）*Euphorbia helioscopia* L.

地锦草（地锦）*Euphorbia humifusa* Willd. ex Schlecht.

斑地锦 *Euphorbia maculata* L.

钩腺大戟 *Euphorbia sieboldiana* Morr. et Decne

千根草 *Euphorbia thymifolia* L.

算盘子 *Glochidion puberum* (L.) Hutch.

落萼叶下珠 *Phyllanthus flexuosus* (S. et Z.) Muell.-Arg.

叶下珠 *Phyllanthus urinaria* L.

蜜甘草 *Phyllanthus ussuriensis* Rupr. et Maxim.

蓖麻 *Ricinus communis* L.

乌桕 *Triadica sebifera* (L.) Small

　　　Sapium sebiferum (L.) Roxb.

芸香科 Rutaceae

酸橙 *Citrus × aurantium* L.

　　　Citrus aurantium L.

臭辣吴萸（楝叶吴萸，臭辣树）*Tetradium glabrifolium* (Champ. ex Benth.) T. G. Hartley

　　　　　　　　Evodia fargesii Dode

枳（枳壳，枸橘）*Poncirus trifoliata* (L.) Raffin.

　　　　　Citrus trifoliata L.

竹叶花椒 *Zanthoxylum armatum* DC.

花椒 *Zanthoxylum bungeanum* Maxim.

苦木科 Simaroubaceae

臭椿（樗）*Ailanthus altissima* (Mill.) Swingle

楝科 Meliaceae

香椿 *Toona sinensis* (A. Juss.) Roem.

远志科 Polygalaceae

瓜子金 *Polygala japonica* Houtt.

无患子科 Sapindaceae

复羽叶栾树 *Koelreuteria bipinnata* Franch.

凤仙花科 Balsaminaceae

凤仙花 *Impatiens balsamina* L.

冬青科 Aquifoliaceae

枸骨 *Ilex cornuta* Lindl. et Paxt.

卫矛科 Celastraceae

南蛇藤 *Celastrus orbiculatus* Thunb.

扶芳藤 *Euonymus fortunei* (Turcz.) H.-M.

白杜（丝绵木）*Euonymus maackii* Rupr.

鼠李科 Rhamnaceae

马甲子 *Paliurus ramosissimus* (Lour.) Poir.

冻绿 *Rhamnus utilis* Decne.

葡萄科 Vitaceae, Ampelidaceae

蓝果蛇葡萄 *Ampelopsis bodinieri* (Lévl. et Vant.) Rehd.

乌蔹莓 *Cayratia japonica* (Thunb.) Gagnep.

地锦（爬山虎）*Parthenocissus tricuspidata* (S. et Z.) Planch.

蘡薁 *Vitis bryoniaefolia* Bge.

小叶葡萄 *Vitis sinocinerea* W. T. Wang

锦葵科 Malvaceae

苘麻 *Abutilon theophrasti* Medic.

蜀葵 *Alcea rosea* L.

　　　Althaea rosea (L.) Cavan.

木芙蓉 *Hibiscus mutabilis* L.

重瓣木芙蓉 *Hibiscus mutabilis* L. f. *plenus* (Andrews) S. Y. Hu

木槿 *Hibiscus syriacus* L.
紫花重瓣木槿 *Hibiscus syriacus* L. f. *violaceus* Gagn.
                Hibiscus syriacus L. var. *violaceus* L. f. Gagn.
冬葵 *Malva verticillata* L. var. *crispa* L.
      Malva crispa (L.) L.
白背黄花稔 *Sida rhombifolia* L.
地桃花（肖梵天花）*Urena lobata* L.

椴树科 Tiliaceae

田麻 *Corchoropsis tomentosa* (Thunb.) Makino
      Corchoropsis crenata S. et Z.

梧桐科 Sterculiaceae

马松子 *Melochia corchorifolia* L.

瑞香科 Thymelaeaceae

芫花 *Daphne genkwa* S. et Z.

胡颓子科 Elaeagnaceae

佘山羊奶子（佘山胡颓子）*Elaeagnus argyi* Lévl.
银果牛奶子（银果胡颓子）*Elaeagnus magna* (Serv.) Rehd.

堇菜科 Violaceae

堇菜（如意草）*Viola arcuata* Blume
          Viola verecunda A. Gray
戟叶堇菜 *Viola betonicifolia* J. E. Smith
七星莲 *Viola diffusa* Ging.
紫花堇菜 *Viola grypoceras* A. Gray
长萼堇菜 *Viola inconspicua* Blume
紫花地丁（犁头草）*Viola philippica* Cav.
三角叶堇菜 *Viola triangulifolia* W. Beck.
心叶堇菜 *Viola concordifolia* C. J. Wang
       Viola yunnanfuensis W. Beck. et H. de Boiss.

葫芦科 Cucurbitaceae

盒子草 *Actinostemma tenerum* Griff.
马泡瓜 *Citrullus melo* L. var. *agrestis* Naud.
       Citrullus melo subsp. *agrestis* (Naud.) Pangalo
王瓜 *Trichosanthes cucumeroides* (Ser.) Maxim.
栝楼 *Trichosanthes kirilowii* Maxim.
马㼎儿 *Zehneria japonica* (Thunb.) H. Y. Liu
      Zehneria indica (Lour.) Keraudren

千屈菜科 Lythraceae

水苋菜 *Ammannia baccifera* L.
千屈菜 *Lythrum salicaria* L.
节节菜 *Rotala indica* (Willd.) Koehne
圆叶节节菜 *Rotala rotundifolia* (Buch.-Ham. ex Roxb.) Koehne

菱科 Trapaceae

野菱（四角刻叶菱，细果野菱）*Trapa incisa* S. et Z.
           Trapa maximowiczii Korsh.; *Trapa incisa* S. et Z. var. *quadricaudata* Gluck.
菱（欧菱，四角菱）*Trapa natans* L.
        Trapa bispinosa Roxb.; *Trapa quadrispinosa* Roxb.

野牡丹科 Melastomataceae

地菍 *Melastoma dodecandrum* Lour.
金锦香 *Osbeckia chinensis* L. ex Walp.

柳叶菜科 Onagraceae

柳叶菜 *Epilobium hirsutum* L.

假柳叶菜 *Ludwigia epilobioides* Maxim.

卵叶丁香蓼 *Ludwigia ovalis* Miq.

丁香蓼 *Ludwigia prostrata* Roxb.

月见草（待霄草）*Oenothera biennis* L.

小二仙草科 Haloragaceae

粉绿狐尾藻 *Myriophyllum aquaticum* (Vell.) Verdc.

穗状狐尾藻 *Myriophyllum spicatum* L.

八角枫科 Alangiaceae

八角枫（华瓜木）*Alangium chinense* (Lour.) Harms

稀花八角枫 *Alangium chinense* (Lour.) Harms subsp. *pauciflorum* Fang

蓝果树科 Nyssaceae

喜树 *Camptotheca acuminata* Decne.

五加科 Araliaceae

常春藤 *Hedera nepalensis* K. Koch. var. *sinensis* (Tobl.) Rehd.

通脱木 *Tetrapanax papyrifer* (Hook.) K. Koch

伞形科 Umbelliferae, Apiaceae

积雪草（破铜钱）*Centella asiatica* (L.) Urban

蛇床 *Cnidium monnieri* (L.) Cuss.

细叶旱芹 *Cyclospermum leptophyllum* (Pers.) Sprag. ex Britt. et P. Wilson
　　　　　　　 Apium leptophyllum (Pers.) F. Muell.

野胡萝卜 *Daucus carota* L.

天胡荽 *Hydrocotyle sibthorpioides* Lam.

破铜钱 *Hydrocotyle sibthorpioides* Lam. var. *batrachium* (Hance) H.-M. ex Shan

普通天胡荽（香菇草）*Hydrocotyle vulgaris* L.

水芹 *Oenanthe javanica* (Bl.) DC.

卵叶水芹 *Oenanthe javanica* (Blume) DC. subsp. *rosthornii* (Diels) F. T. Pu
　　　　　　 Oenanthe rosthornii Diels

线叶水芹（中华水芹）*Oenanthe linearis* Wall. ex DC.
　　　　　　　　 Oenanthe sinensis Dunn

小窃衣（破子草）*Torilis japonica* (Houtt.) DC.

窃衣 *Torilis scabra* (Thunb.) DC.

紫金牛科 Myrsinaceae

紫金牛（矮地茶）*Ardisia japonica* (Thunb) Blume

报春花科 Primulaceae

泽珍珠菜 *Lysimachia candida* Lindl.

矮桃（珍珠菜）*Lysimachia clethroides* Duby

临时救（聚花过路黄）*Lysimachia congestiflora* Hemsl.

延叶珍珠菜 *Lysimachia decurrens* Forst. f.

红根草（星宿菜）*Lysimachia fortunei* Maxim

小叶珍珠菜（小叶星宿菜）*Lysimachia parvifolia* Franch. ex F. B. Forbes et Hemsley

巴东过路黄 *Lysimachia patungensis* H.-M.

睡菜科 Menyanthaceae

荇菜（莕菜）*Nymphoides peltata* (S. G. Gmel.) O. Kuntze
　　　　　　 Nymphoides peltatum (Gmel.) O. Kuntze

夹竹桃科 Apocynaceae

长春花 *Catharanthus roseus* (L.) G. Don.

络石 *Trachelospermum jasminoides* (Lindl.) Lem.

石血 *Trachelospermum jasminoides* (Lindl.) Lem. var. *heterophyllum* Tsiang

Trachelospermum jasminoides (Lindl.) Lem.

萝摩科 Asclepiadaceae

柳叶白前 *Cynanchum stauntonii* (Decne.) Schltr. ex Lévl.

华萝摩 *Metaplexis hemsleyana* Oliv.

茜草科 Rubiaceae

细叶水团花（水杨梅）*Adina rubella* Hance

四叶葎 *Galium bungei* Steud.

猪殃殃 *Galium spurium* L.

　　　　Galium aparine L. var. *tenerum* (Gren. et Godr.) Rchb.

金毛耳草 *Hedyotis chrysotricha* (Palib.) Merr.

白花蛇舌草 *Hedyotis diffusa* Willd.

耳叶鸡矢藤 *Paederia cavaleriei* Lévl.

鸡矢藤 *Paederia foetida* L.

　　　　Paederia scandens (Lour.) Merr.

毛鸡矢藤 *Paederia foetida* L. var. *tomentosa* (Bl.) D. S. Jiang et Y. L. Zhao

　　　　　Paederia scandens (Lour.) Merr. var. *tomentosa* (Bl.) H.-M.

东南茜草 *Rubia argyi* (Lévl. et Vaniot) Hara ex L. A. Lauener et D. K. Ferguson

白马骨 *Serissa serissoides* (DC.) Druce

阔叶丰花草 *Spermacoce alata* Aublet

　　　　　Borreria latifolia (Aubl.) K. Schum.

旋花科 Convolvulaceae

打碗花（小旋花）*Calystegia hederacea* Wall.

旋花（鼓子花）*Calystegia sepium* (L.) R. Br.

　　　　　　Calystegia silvatica (Kit.) Griseb. subsp. *orientalis* Brum.

长裂旋花 *Calystegia sepium* (L.) R. Br. var. *pubescens* (Lindl.) D. S. Jiang et Y. L. Zhao

　　　　Calystegia pubescens Lindl.; *Calystegia sepium* (L.) R. Br. var. *japonica* (Choisy) Makino

南方菟丝子 *Cuscuta australis* R. Br.

金灯藤（日本菟丝子）*Cuscuta japonica* Choisy

马蹄金 *Dichondra micrantha* Urban

　　　　Dichondra repens Forst.

蕹菜 *Ipomoea aquatica* Forsk.

牵牛（裂叶牵牛）*Ipomoea nil* (L.) Roth

　　　　　　Pharbitis nil (L.) Choisy

茑萝松（茑萝）*Ipomoea quamoclit* L.

　　　　　Quamoclit pennata (Desr.) Boj.

三裂叶薯（三裂牵牛）*Ipomoea triloba* L.

小牵牛（假牵牛）*Jacquemontia paniculata* (Burm. f.) Hall. f.

篱栏网 *Merremia hederacea* (Burm. f.) Hall. f.

紫草科 Boraginaceae

柔弱斑种草 *Bothriospermum zeylanicum* (J. Jacq.) Druce

　　　　　Bothriospermum tenellum (Hornem.) Fisch. et Mey

皿果草 *Omphalotrigonotis cupulifera* (Johnst.) W. T. Wang

附地菜 *Trigonotis peduncularis* (Trev.) Benth. ex Baker et Moore

马鞭草科 Verbenaceae

臭牡丹 *Clerodendrum bungei* Steud.

马缨丹（五色梅）*Lantana camara* L.

美女樱（草五色梅）*Glandularia* × *hybrida* (Hort. ex Groenl. et Rümpler) G. L. Nesom et Pruski

　　　　　Verbena hybrida Voss.

马鞭草 *Verbena officinalis* L.

过江藤 *Phyla nodiflora* (L.) Greene

柳叶马鞭草（南美马鞭草）*Verbena bonariensis* L.

黄荆 *Vitex negundo* L.

牡荆 *Vitex negundo* L. var. *canabifolia* (S. et Z.) H.-M.

单叶蔓荆 *Vitex trifolia* L. var. *simplicifolia* Cham.

　　　　Vitex rotundifolia L. f.

水马齿科 Callitrichaceae

沼生水马齿 *Callitriche palustris* L.

唇形科 Labiatae, Lamiaceae

筋骨草 *Ajuga ciliata* Bunge

金疮小草（青鱼胆）*Ajuga decumbens* Thunb.

紫背金盘 *Ajuga nipponensis* Makino

风轮菜 *Clinopodium chinense* (Benth.) O. Ktze.

邻近风轮菜 *Clinopodium confine* (Hance) O. Ktze.

细风轮菜（剪刀草，瘦风轮）*Clinopodium gracile* (Benth.) Matsum.

灯笼草 *Clinopodium polycephalum* (Vaniot) C. Y. Wu et Hsuan ex P. S. Hsu

小野芝麻 *Galeobdolon chinense* (Benth.) C. Y. Wu

白透骨消 *Glechoma biondiana* (Diels) C. Y. Wu et C. Chen

活血丹（连钱草）*Glechoma longituba* (Nakai) Kupr.

溪黄草 *Isodon serra* (Maxim.) Kudô

　　　　Rabdosia serra (Maxim.) Hara

夏至草 *Lagopsis supina* (Steph. ex Willd.) Ik.-Gal. ex Knorr.

宝盖草 *Lamium amplexicaule* L.

野芝麻 *Lamium barbatum* S. et Z.

益母草 *Leonurus japonicus* Houtt.

　　　　Leonurus artemisia (Lour.) S. Y. Hu

地笋（地瓜苗）*Lycopus lucidus* Turcz.

薄荷（野薄荷）*Mentha canadensis* L.

　　　　　　Menthaha localyx Briq.

留兰香 *Mentha spicata* L.

小花荠苧 *Mosla cavaleriei* Lévl.

小鱼仙草 *Mosla dianthera* (Buch.-Ham. ex Roxb.) Maxim.

石荠苧（石荠苧）*Mosla scabra* (Thunb.) C. Y. Wu et H. W. Li

紫苏（白苏）*Perilla frutescens* (L.) Britt.

耳齿紫苏 *Perilla frutescens* (L.) Britt. var. *auriculato-dentata* C. Y. Wu et Hsuan ex H. W. Li

回回苏 *Perilla frutescens* (L.) Britt. var. *crispa* (Thunb.) H.-M.

野生紫苏 *Perilla frutescens* (L.) Britt. var. *purpurascens* (Hayata) H. W. Li

　　　　Perilla frutescens (L.) Britt. var. *acuta* (Thunb.) Kudo

夏枯草 *Prunella vulgaris* L.

荔枝草 *Salvia plebeia* R. Br.

半枝莲 *Scutellaria barbata* D. Don

蜗儿菜（宝塔菜）*Stachys arrecta* L. H. Bailay

水苏 *Stachys japonica* Miq.

针筒菜 *Stachys oblongifolia* Benth.

茄科 Solanaceae

枸杞 *Lycium chinense* Mill.

番茄（西红柿）*Lycopersicon esculentum* Mill.

假酸浆 *Nicandra physaloides* (L.) Gaertn.

挂金灯 *Physalis alkekengi* L.var. *franchetii* (Mast.) Makino

苦蘵 *Physalis angulata* L.

小酸浆 *Physalis minima* L.

少花龙葵 *Solanum americanum* Mill.

       Solanum photeinocarpum Nakamura et S. Odashima

紫少花龙葵 *Solanum americanum* Mill. var. *violaceum* (Chen ex Wessely) D. S. Jiang et Y. L. Zhao

       Solanum photeinocarpum Nakamura et S. Odashima var. *violaceum* (Chen) C. Y. Wu et S. C. Huang

白英 *Solanum lyratum* Thunb.

龙葵 *Solanum nigrum* L.

珊瑚樱 *Solanum pseudo-capsicum* L.

珊瑚豆 *Solanum pseudo-capsicum* L. var. *diflorum* (Vell.) Bitter

醉鱼草科 Buddlejaceae

醉鱼草 *Buddleja lindleyana* Fort.

玄参科 Scrophulariaceae

虻眼 *Dopatrium junceum* (Roxb.) Bach.-Ham. ex Benth.

白花水八角 *Gratiola japonica* Miq.

异叶石龙尾 *Limnophila heterophylla* (Roxb.) Benth.

石龙尾 *Limnophila sessiliflora* (Vahl.) Blume

长蒴母草（长果母草）*Lindernia anagallis* (Burm. f.) Pennell

泥花草 *Lindernia antipoda* (L.) Alston

母草 *Lindernia crustacea* (L.) F. Muell

陌上菜 *Lindernia procumbens* (Krock.) Borbás

匍茎通泉草 *Mazus miquelii* Makino

通泉草 *Mazus pumilus* (Burm. f.) Steenis

       Mazus japonicus (Thunb.) O. Kuntze

弹刀子菜 *Mazus stachydifolius* (Turcz.) Maxim.

光叶蝴蝶草（长叶蝴蝶草）*Torenia asiatica* L.

       Torenia glabra Osbeck

直立婆婆纳 *Veronica arvensis* L.

蚊母草 *Veronica peregrina* L.

阿拉伯婆婆纳（波斯婆婆纳）*Veronica persica* Poir.

婆婆纳 *Veronica polita* Fries

水苦荬 *Veronica undulata* Wall. ex Jack

紫葳科 Bignoniaceae

厚萼凌霄（美国凌霄）*Campsis radicans* (L.) Seem. ex Bureau

爵床科 Acanthaceae

水蓑衣 *Hygrophila ringens* (L.) R. Brown ex Spreng.

       Hygrophila salicifolia (Vahl) Nees

爵床 *Justicia procumbens* L.

       Rostellularia procumbens (L.) Nees

胡麻科 Pedaliaceae

芝麻 *Sesamum indicum* L.

茶菱 *Trapella sinensis* Oliv.

列当科 Orobanchaceae

野菰 *Aeginetia indica* L.

       Aeginetia indica Roxb.

列当（草苁蓉）*Orobanche coerulescens* Steph.

狸藻科 Lentibulariaceae

黄花狸藻 *Utricularia aurea* Lour.

车前科 Plantaginaceae

车前 *Plantago asiatica* L.

平车前 *Plantago depressa* Willd.

大车前 *Plantago major* L.

北美车前（毛车前）*Plantago virginica* L.

忍冬科 Caprifoliaceae

忍冬（金银花）*Lonicera japonica* Thunb.

大花忍冬（灰毡毛忍冬）*Lonicera macrantha* (D. Don) Spreng.

　　　　　　　　　Lonicera macranthoides H.-M.

裂叶接骨草 *Sambucus adnata* Wall. ex DC. var. *pinnatilobatus* (G. W. Hu) D. S. Jiang et Y. L. Zhao

　　　　　Sambucus chinensis Lindl. var. *pinnatilobatus* G. W. Hu

接骨草（八棱麻，陆英）*Sambucus javanica* Blume

　　　　　　　Sambucus chinensis Lindl.

桔梗科 Campanulaceae

半边莲 *Lobelia chinensis* Lour.

蓝花参 *Wahlenbergia marginata* (Thunb.) A. DC.

异檐花（卵叶异檐花）*Triodanis perfoliata* (L.) Nieuwl. subsp. *biflora* (Ruiz. et Pav.) Lamm.

　　　　　　Triodanis biflora (Ruiz et Pav.) Greene

菊科 Compositae, Asteraceae

藿香蓟（胜红蓟）*Ageratum conyzoides* L.

熊耳草 *Ageratum houstonianum* Miller

黄花蒿 *Artemisia annua* L.

艾（艾蒿）*Artemisia argyi* Lévl. et Van.

茵陈蒿 *Artemisia capillaris* Thunb.

青蒿 *Artemisia caruifolia* Buch.-Ham. ex Roxb.

大头青蒿 *Artemisia caruifolia* Buch.-Ham. ex Roxb. var. *schochii* (Mattf.) Pamp.

牡蒿 *Artemisia japonica* Thunb.

五月艾 *Artemisia indica* Willd.

矮蒿 *Artemisia lancea* Van.

野艾蒿 *Artemisia lavandulaefolia* DC.

魁蒿 *Artemisia princeps* Pamp.

红足蒿 *Artemisia rubripes* Nakai

猪毛蒿 *Artemisia scoparia* Waldst. et Kit.

蒌蒿 *Artemisia selengensis* Turcz. ex Bess.

毛枝三脉紫菀（银柴胡）*Aster ageratoides* Turcz. var. *lasiocladus* (Hayata) H.-M.

白花鬼针草（金盏银盘）*Bidens pilosa* L. var. *radiata* Sch.-Bip.

狼杷草 *Bidens tripartita* L.

丝毛飞廉 *Carduus crispus* L.

天名精 *Carpesium abrotanoides* L.

石胡荽（鹅不食草）*Centipeda minima* (L.) A. Br. et Aschers.

野菊 *Chrysanthemum indicum* L.

　　　Dendranthema indicum (L.) Des Moul.

金鸡菊（小波斯菊）*Coreopsis basalis* (A. Dietr.) S. F. Blake

　　　　　　　Coreopsis drummondii Torr. et Gray

两色金鸡菊（蛇目菊）*Coreopsis tinctoria* Nutt.

芫荽菊 *Cotula anthemoides* L.

野茼蒿（革命菜）*Crassocephalum crepidioides* (Benth.) S. Moore

鳢肠（墨斗菜）*Eclipta prostrata* (L.)

一年蓬 *Erigeron annuus* (L.) Pers.

香丝草 *Erigeron bonariensis* L.

  Conyza bonariensis (L.) Cronq.

小蓬草（小白酒草，加拿大蓬）*Erigeron canadensis* L.

  Conyza canadensis (L.) Cronq.

多须公 *Eupatorium chinense* L.

白头婆（泽兰）*Eupatorium japonicum* Thunb.

茼蒿 *Glebionis coronaria* (L.) Cass. ex Spach

  Chrysanthemum coronarium L.

南茼蒿 *Glebionis segetum* (L.) Fourr.

  Chrysanthemum segetum L.

鼠麴草（拟鼠麴草）*Gnaphalium affine* D. Don

  Pseudognaphalium affine (D. Don) Anderberg

秋鼠麴草（秋拟鼠麴草）*Gnaphalium hypoleucum* DC.

  Pseudognaphalium hypoleucum (DC.) Hill. et B. L. Burtt

匙叶鼠麴草（匙叶合冠鼠麴草）*Gnaphalium pensylvanicum* Willd.

  Gamochaeta pensylvanica (Willd.) A. L. Cabrera

菊芋 *Helianthus tuberosus* L.

泥胡菜 *Hemisteptia lyrata* (Bunge) Fisch. et C. A. Meyer

  Hemistepta lyrata (Bunge) Bunge

旋覆花 *Inula japonica* Thunb.

苦荬菜（多头莴苣）*Ixeris polycephala* Cass.

马兰 *Kalimeris indica* (L.) Sch.-Bip.

  Aster indicus L.

长叶莴苣 *Lactuca dolichophylla* Kitam.

  Lactuca longifolia DC.

台湾翅果菊 *Lactuca formosana* Maxim.

  Pterocypsela formosana (Maxim.) Shih

翅果菊（山莴苣）*Lactuca indica* L.

  Pterocypsela indica (L.) Shih

稻槎菜 *Lapsanastrum apogonoides* (Maxim.) J. H. Pak et K. Bremer

  Lapsana apogonoides Maxim.

菊状千里光 *Senecio analogus* DC.

  Senecio laetus Edgew.; *Senecio chrysanthemoides* DC.

千里光 *Senecio scandens* Buch.-Ham. ex D. Don

虾须草 *Sheareria nana* S. Moore

蒲儿根 *Sinosenecio oldhamianus* (Maxim.) B. Nord.

豨莶 *Siegesbeckia orientalis* L.

腺梗豨莶 *Siegesbeckia pubescens* (Makino) Makino

  Siegesbeckia orientalis L. f. *pubescens* Makino

加拿大一枝黄花 *Solidago canadensis* L.

裸柱菊 *Soliva anthemifolia* (Juss.) R. Br.

苣荬菜 *Sonchus arvensis* L.

  Sonchus wightianus DC.

花叶滇苦菜（续断菊）*Sonchus asper* (L.) Hill

苦苣菜 *Sonchus oleraceus* L.

钻叶紫菀（美洲紫菀）*Symphyotrichum subulatum* (Michaux) G. L. Nesom

  Aster subulatus Michx.

蒲公英（蒙古蒲公英）*Taraxacum mongolicum* H.-M.

苍耳 *Xanthium strumarium* L.

  Xanthium sibiricum Patrin ex Widder

黄鹌菜 *Youngia japonica* (L.) DC.

泽泻科 Alismataceae

东方泽泻 *Alisma orientale* (Samuel.) Juz.

泽泻 *Alisma plantago-aquatica* L.

剪刀草（长瓣慈姑）*Sagittaria trifolia* L. f. *longiloba* (Turcz.) Makino
　　　　　　　　Sagittaria longiloba Engelm. ex J. G. Sm.

慈姑（华夏慈姑）*Sagittaria trifolia* L. subsp. *leucopetala* (Miq.) Q. F. Wang
　　　　　　　Sagittaria trifolia L. var. *sinensis* (Sims) Makino

水鳖科 Hydrocharitaceae

水筛 *Blyxa japonica* (Miq.) Maxim. ex Ascherson et Gürke

黑藻 *Hydrilla verticillata* (L. f.) Royle

罗氏轮叶黑藻 *Hydrilla verticillata* (L. f.) Royle var. *roxburghii* Casp.

水鳖 *Hydrocharis dubia* (Bl.) Backer

龙舌草（水车前，水白菜）*Ottelia alismoides* (L.) Pers.

苦草 *Vallisneria natans* (Lour.) Hara

眼子菜科 Potamogetonaceae

菹草 *Potamogeton crispus* L.

鸡冠眼子菜（水竹叶）*Potamogeton cristatus* Rgl. et Maack.

眼子菜 *Potamogeton distinctus* A. Benn.

竹叶眼子菜（马来眼子菜）*Potamogeton malaianus* Miq.
　　　　　　　　Potamogeton wrightii Morong

铺散眼子菜 *Potamogeton pectinatus* L. var. *diffusus* Hagstrom
　　　　　Stuckenia pectinata (L.) Börner

角果藻科 Zannichelliaceae

角果藻（角茨藻）*Zannichellia palustris* L.

茨藻科 Najadaceae

弯果茨藻 *Najas ancistrocarpa* A. Br. ex Magnus

草茨藻 *Najas graminea* Del.

粗齿大茨藻 *Najas marina* L. var. *grossedentata* Rendle

小茨藻 *Najas minor* All.

百合科 Liliaceae

薤头 *Allium chinense* G. Don

薤白（小根蒜）*Allium macrostemon* Bunge

韭（韭菜）*Allium tuberosum* Rottl. ex Spreng.

黄花菜（金针菜）*Hemerocallis citrina* Baroni

萱草 *Hemerocallis fulva* (L.) L.

禾叶山麦冬 *Liriope graminifolia* (L.) Baker

阔叶山麦冬 *Liriope muscari* (Decaisne) L. H. Bailey
　　　　　Liriope platyphylla F. T. Wang et T. Tang

山麦冬 *Liriope spicata* (Thunb.) Lour.

沿阶草 *Ophiopogon bodinieri* Lévl.

麦冬 *Ophiopogon japonicus* (L. f.) Ker-Gawl.

老鸦瓣（光慈姑）*Tulipa edulis* (Miq.) Baker

石蒜科 Amaryllidaceae

石蒜（老鸦蒜）*Lycoris radiata* (L'Her.) Herb.

葱莲（葱兰）*Zephyranthes candida* (Lindl.) Herb.

韭莲（风雨花）*Zephyranthes carinata* Herbert
　　　　　Zephyranthes grandiflora Lindl.

薯蓣科 **Dioscoreaceae**

黄独 *Dioscorea bulbifera* L.

薯蓣（山药）*Dioscorea polystachya* Turcz.

Dioscorea opposita Thunb.

雨久花科 **Pontederiaceae**

凤眼蓝（凤眼莲，水葫芦）*Eichhornia crassipes* (Mart.) Solms

鸭舌草 *Monochoria vaginalis* (Burm. f.) Presl ex Kunth

梭鱼草 *Pontederia cordata* L.

鸢尾科 **Iridaceae**

蝴蝶花 *Iris japonica* Thunb.

黄菖蒲（黄鸢尾）*Iris pseudacorus* L.

变色鸢尾 *Iris versicolor* L.

黄花庭菖蒲（黄菖蒲）*Sisyrinchium exile* E. P. Bicken.

灯心草科 **Juncaceae**

翅茎灯心草 *Juncus alatus* Franch. et Savat.

星花灯心草 *Juncus diastrophanthus* Buchen.

灯心草 *Juncus effusus* L.

笄石菖（江南灯心草）*Juncus prismatocarpus* R. Br.

鸭跖草科 **Commelinaceae**

饭包草 *Commelina bengalensis* L.

鸭跖草 *Commelina communis* L.

水竹叶 *Murdannia triquetra* (Wall.) Bruckn.

谷精草科 **Eriocaulaceae**

谷精草 *Eriocaulon buergerianum* Koern.

禾本科 **Gramineae, Poaceae**

台湾剪股颖 *Agrostis canina* L. var. *formosana* Hack.

Agrostis sozanensis Hayata

剪股颖 *Agrostis matsumurae* Hack. ex Honda

Agrostis clavata Trin.

看麦娘 *Alopecurus aequalis* Sobol.

日本看麦娘 *Alopecurus japonicus* Steud.

荩草 *Arthraxon hispidus* (Thunb.) Makino

匿芒荩草 *Arthraxon hispidus* (Thunb.) Makino var. *cryptatherus* (Hack.) Honda

毛秆野古草（野古草）*Arundinella hirta* (Thunb.) Tanaka

芦竹 *Arundo donax* L.

野燕麦 *Avena fatua* L.

茵草 *Beckmannia syzigachne* (Steud.) Fern.

四生臂形草 *Brachiaria subquadripara* (Trin.) Hitchc.

雀麦 *Bromus japonicus* Thunb. ex Murr.

无芒雀麦 *Bromus inermis* Leyss.

拂子茅 *Calamagrostis epigeios* (L.) Roth

硬秆子草 *Capillipedium assimile* (Steud.) A. Camus

薏苡（老鸦珠）*Coix lacryma-jobi* L.

狗牙根 *Cynodon dactylon* (L.) Pers.

纤毛马唐（升马唐）*Digitaria ciliaris* (Retz.) Koel.

紫马唐 *Digitaria violascens* Link

长芒稗 *Echinochloa caudata* Roshev.

光头稗 *Echinochloa colona* (L.) Link

稗 *Echinochloa crusgalli* (L.) P. Beauv.

小旱稗 *Echinochloa crusgalli* (L.) P. Beauv. var. *austro-japonensis* Ohwi

无芒稗 *Echinochloa crusgalli* (L.) P. Beauv. var. *mitis* (Pursh) Peterm.

西来稗 *Echinochloa crusgalli* (L.) P. Beauv. var. *zelayensis* (Kunth) Hitchc.

牛筋草（蟋蟀草）*Eleusine indica* (L.) Gaertn.

纤毛披碱草（纤毛鹅观草）*Elymus ciliaris* (Trin. ex Bunge) Tzvelev

　　　　　　　　　　　　Roegneria ciliaris (Trip.) Nevski

日本纤毛草（竖立鹅观草）*Elymus ciliaris* (Trin. ex Bunge) Tzvelev var. *hackelianus* (Honda) G. Zhu et S. L. Chen

　　　　　　　　　　　　Roegneria japonensis (Honda) Keng

鹅观草（柯孟披碱草）*Elymus kamoji* (Ohwi) S. L. Chen

　　　　　　　　　　Roegneria kamoji Ohwi

知风草 *Eragrostis ferruginea* (Thunb.) P. Beauv.

乱草 *Eragrostis japonica* (Thunb.) Trin.

画眉草 *Eragrostis pilosa* (L.) P. Beauv.

假俭草 *Eremochloa ophiuroides* (Munro) Hack.

类蜀黍（墨西哥玉米）*Euchlaena mexicana* Schrad.

　　　　　　　　　Zea mays L. subsp. *mexicana* (Schrad.) H. H. Iltis

牛鞭草（脱节草）*Hemarthria altissima* (Poir.) Stapf et C. E. Hubb.

丝茅（大白茅）*Imperata cylindrica* (L.) Raeusch. var. *major* (Nees) C. E. Hubbard

　　　　　　　Imperata koenigii (Retz.) Beauv.

李氏禾 *Leersia hexandra* Swartz.

假稻（游草）*Leersia japonica* (Makino) Honda

蓉草 *Leersia oryzoides* (L.) Swartz.

千金子 *Leptochloa chinensis* (L.) Nees

虮子草 *Leptochloa panicea* (Retz.) Ohwi

多花黑麦草 *Lolium multiflorum* Lamk.

黑麦草 *Lolium perenne* L.

柔枝莠竹 *Microstegium vimineum* (Trin.) A. Camus

莠竹 *Microstegium vimineum* subsp. *nodosum* (Kom.) Tzvel.

　　　Microstegium vimineum (Trin.) A. Camus; *Microstegium nodosum* (Kom.) Tzvel.

五节芒 *Miscanthus floridulus* (Labill.) Warb. ex Schum. et Laut.

南荻 *Miscanthus lutarioriparium* L. Liu ex Renvoize et S. L. Chen

　　Triarrhena lutarioripara L. Liu ex Renvoize et S. L. Chen

突节荻 *Miscanthus lutarioriparium* L. Liu ex Renvoize et S. L. Chen var. *elevatinodis* L. Liu et P. F. Chen

　　　　Triarrhena lutarioripara L. Liu ex Renvoize et S. L. Chen var. *elevatinodis* L. Liu et P. F. Chen

铁秆柴 *Miscanthus lutarioriparium* L. Liu ex Renvoize et S. L. Chen var. *gonchaiensis* L. Liu f. *tiegangang* L. Liu

　　　　Triarrhena lutarioripara L. Liu ex Renvoize et S. L. Chen var. *gongchai* L. Liu f. *purpureorosa* L. Liu

芒 *Miscanthus sinensis* Anderss.

紫芒 *Miscanthus purpurascens* Anderss.

　　Microstegium sinensis Anderss.

荻 *Miscanthus sacchariflorus* (Maxim.) Hack.

　　Triarrhena sacchariflora (Maxim.) Nakai

类芦 *Neyraudia reynaudiana* (Kunth) Keng ex Hitchc.

求米草 *Oplismenus undulatifolius* (Arduino) Beauv.

稻（水稻）*Oryza sativa* L.

糠稷 *Panicum bisulcatum* Thunb.

双穗雀稗 *Paspalum distichum* L.

圆果雀稗 *Paspalum scrobiculatum* L. var. *orbiculare* (G. Forster) Hack.

　　　　　Paspalum orbiculare Forst.

丝毛雀稗 *Paspalum urvillei* Steud.

狼尾草 *Pennisetum alopecuroides* (L.) Spreng.

显子草 *Phaenosperma globosa* Munro ex Benth.

虉草 *Phalaris arundinacea* L.

芦苇 *Phragmites australis* (Cav.) Trin. ex Steud.

水竹 *Phyllostachys heteroclada* Oliver

白顶早熟禾 *Poa acroleuca* Steud.

早熟禾 *Poa annua* L.

棒头草 *Polypogon fugax* Nees ex Steud.

河八王 *Saccharum narenga* (Nees ex Steud.) Wall. ex Hack.
   Narenga porphyrocoma (Hance) Bor.

莩草 *Setaria chondrachne* (Steud.) Honda

大狗尾草 *Setaria faberii* R. A. W. Herrm.

粱（小米）*Setaria italica* (L.) P. Beauv.

金色狗尾草 *Setaria pumila* (Poiret) Roemer et Schultes

狗尾草 *Setaria viridis* (L.) P. Beauv.

巨大狗尾草 *Setaria viridis* (L.) Beauv. subsp. pycnocoma (Steud.) Tzvel.

高粱（蜀黍）*Sorghum bicolor* (L.) Moench

甜高粱 *Sorghum bicolor* (L.) Moench 'Dochna'
   Sorghum dochna (Forssk.) Snowden

苏丹草 *Sorghum sudanense* (Piper) Stapf

鼠尾粟 *Sporobolus fertilis* (Steud.) W. D. Clayt.

三毛草 *Trisetum bifidum* (Thunb.) Ohwi

菰（茭瓜）*Zizania latifolia* (Griseb.) Stapf

细叶结缕草（天鹅绒草）*Zoysia pacifica* (Goudswaard) M. Hotta et S. Kuroki

中华结缕草 *Zoysia sinica* Hance

天南星科 Araceae

菖蒲 *Acorus calamus* L.

金钱蒲 *Acorus gramineus* Soland. ex Aiton

野芋 *Colocasia antiquorum* Schott

芋 *Colocasia esculenta* (L.) Schott

紫芋（野芋）*Colocasia tonoimo* Nakai
   Colocasia antiquorum Schott f. *purpurea* Makino

虎掌（狗爪半夏）*Pinellia pedatisecta* Schott

半夏 *Pinellia ternata* (Thunb.) Breitenbach

大藻（水白菜）*Pistia stratiotes* L.

浮萍科 Lemnaceae

浮萍（青萍）*Lemna minor* L.

紫萍 *Spirodela polyrhiza* (L.) Schleid.

无根萍（芜萍，微萍）*Wolffia globosa* (Roxb.) Hart. et Plas
   Wolffia arrhiza (L.) Horkel ex Wimm.

香蒲科 Typhaceae

水烛（狭叶香蒲）*Typha angustifolia* L.

香蒲（东方香蒲）*Typha orientalis* C. Presl

莎草科 Cyperaceae

球柱草 *Bulbostylis barbata* (Rottb.) Kunth

短芒苔草 *Carex breviaristata* K. T. Fu

青绿苔草 *Carex breviculmis* R. Br.

短尖苔草 *Carex brevicuspis* C. B. Clarke

中华苔草 *Carex chinensis* Retz.

灰化苔草 *Carex cinerascens* Kükenth.

缘毛苔草 *Carex craspedotricha* Nelmes

二形鳞苔草（垂穗苔草）*Carex dimorpholepis* Steud.

皱果苔草（弯囊苔草）*Carex dispalata* Boott ex A. Gray

签草（芒尖苔草）*Carex doniana* Spreng.

异鳞苔草 *Carex heterolepis* Bunge

日本苔草 *Carex japonica* Thunb.

舌叶苔草 *Carex ligulata* Nees ex Wight

卵果苔草（翅囊苔草）*Carex maackii* Maxim.

套鞘苔草 *Carex maubertiana* Boott

条穗苔草 *Carex nemostachys* Steud.

镜子苔草 *Carex phacota* Spreng.

粉被苔草 *Carex pruinosa* Boott

横果苔草 *Carex transversa* Boott

单性苔草 *Carex unisexualis* C. B. Clarke

扁穗莎草 *Cyperus compressus* L.

砖子苗 *Cyperus cyperoides* (L.) Kuntze

　　　Mariscus umbellatus Vahl

异型莎草 *Cyperus difformis* L.

高秆莎草 *Cyperus exaltatus* Retz.

头状穗莎草 *Cyperus glomeratus* L.

风车草（旱伞草）*Cyperus involucratus* Rottboll

碎米莎草 *Cyperus iria* L.

香附子 *Cyperus rotundus* L.

水莎草 *Cyperus serotinus* Rottb.

　　　Juncellus serotinus (Rottb.) C. B. Clarke

荸荠 *Eleocharis dulcis* (Burm. f.) Trin. ex Henschel

　　　Heleocharis dulcis (Burm. f.) Trin. ex Henschel

具刚毛荸荠 *Eleocharis valleculosa* Ohwi var. *setosa* Ohwi

　　　　Heleocharis valleculosa Ohwi f. *setosa* (Ohwi) Kitagawa

牛毛毡 *Eleocharis yokoscensis* (Franch. et Sav.) Tang et Wang

　　　Heleocharis yokoscensis (Franch. et Sav.) Tang et Wang

拟二叶飘拂草 *Fimbristylis diphylloides* Makino

水虱草 *Fimbristylis miliacea* (L.) Vahl

　　　Fimbristylis littoralis Gaud.

短叶水蜈蚣（水蜈蚣）*Kyllinga brevifolia* Rottb.

水葱 *Schoenoplectus tabernaemontani* (C. C. Gmelin) Palla

　　　Scirpus validus Vahl

三棱水葱（藨草）*Schoenoplectus triqueter* (L.) Palla

　　　　Scirpus triqueter L.

猪毛草 *Schoenoplectus wallichii* (Nees) T. Koyama

美人蕉科 Cannaceae

柔瓣美人蕉 *Canna flaccida* Salisb.

大花美人蕉 *Canna × generalis* Bailey

　　　　Canna generalis Bailey

美人蕉 *Canna indica* L.

兰花美人蕉 *Canna orchioides* Bailey

竹芋科 Marantaceae

再力花（水竹芋）*Thalia dealbata* Fraser

（Q-4232.01）

ISBN 978-7-03-057787-0

定价：380.00元